"十二五"普通高等教育本科国家级规划教材

化工原理

第五版

王志魁·主编

向　阳　王　宇·执行主编

刘　伟　刘丽英·主审

化学工业出版社

·北京·

《化工原理》（第五版）以物料衡算、能量衡算、物系平衡关系、传递速率及经济核算观点5个基本概念为基础，介绍了主要化工单元操作的基本原理、计算方法及典型设备。全书除绪论外共分7章，分别为流体流动、流体输送机械、沉降与过滤、传热、吸收、蒸馏、干燥。每章都编入适量的例题、习题及思考题。为满足不同读者的需求，本书还附赠了"蒸发"章节的pdf文件，读者可通过扫描目录后面的二维码下载使用。

本次修订基本保持了第四版的框架，对部分内容作了删改，增补了例题与习题；对基本概念、基本理论精益求精，文字叙述、公式推导简洁易懂，突出重点，主次分明，便于自学。《化工原理》（第五版）采用双色印刷，重点内容更加醒目；主要设备及原理配有动画与视频演示，可通过扫描二维码观看。为便于教学，本书还配备了电子教学课件和习题解答。

本书可作为高等学校少学时（70~100学时）化工原理课程的教材，也可作为相关专业高等职业学校以及科研、设计和生产部门科技人员的参考书。

图书在版编目（CIP）数据

化工原理/王志魁主编. —5版. —北京：化学工业出版社，2017.10（2024.1重印）
"十二五"普通高等教育本科国家级规划教材
ISBN 978-7-122-30427-8

Ⅰ.①化…　Ⅱ.①王…　Ⅲ.①化工原理-高等学校-教材　Ⅳ.①TQ02

中国版本图书馆CIP数据核字（2017）第194824号

责任编辑：徐雅妮　　　　　　　　　装帧设计：关　飞
责任校对：王素芹

出版发行　化学工业出版社（北京市东城区青年湖南街13号　邮政编码100011）
印　　刷　北京云浩印刷有限责任公司
装　　订　三河市振勇印装有限公司
787mm×1092mm　1/16　印张25¼　字数642千字　2024年1月北京第5版第12次印刷

购书咨询：010-64518888　　售后服务：010-64518899
网　　址：http://www.cip.com.cn
凡购买本书，如有缺损质量问题，本社销售中心负责调换。

定　　价：69.00元

前言

本书由北京化工大学化工原理教学团队精心组织编写，目的是为了满足各类高等院校少学时化工原理课程教学的需要，面向非化学工程类专业学生。本书第一版自1987年问世至今已有三十年，被众多高等院校采用并受到广大读者好评。本书第二版获化学工业出版社第一届优秀畅销书奖，第三版获第八届中国石油和化学工业优秀教材一等奖，第四版被评为"十二五"普通高等教育本科国家级规划教材。

党的二十大报告明确提出实施科教兴国战略，培养造就大批德才兼备的高素质人才。加快建设国家战略人才力量，努力培养造就更多青年科技人才、卓越工程师、大国工匠、高技能人才。为响应国家发展对人才培养的要求，满足社会与行业发展的新需求，并参考同行的反馈意见，本书在修订第五版时增加了新内容，不仅充实了教材的结构框架，还引入了丰富的电子资源，有助于培养学生的创新思维和解决实际问题的能力。第五版的重要特色是增配了过程原理、重点单元设备原理及结构的动画或录像，读者可扫码观看；对部分例题和习题进行了更新，增加了综合性工程案例题；对书中插图重新制作，并采用双色印刷，使重点内容更加醒目。此外，还对配套的教学课件与习题解答进行了同步更新。

本书主编王志魁先生已于2012年以87岁高龄仙逝。王先生多年来致力于化学工程专业的教学工作，对化工原理课程教学的发展做出了卓越贡献。特别是在传质与分离的单元操作方面形成了独特的教学观点，如将传递理论和工程实际紧密地结合，帮助学生培养以工程观点为主的思维方法；注重典型单元操作的设计型和操作型问题，加强理论和实际的联系，使学生能正确地分析复杂的工程问题，提高解决实际问题的能力。王先生将宝贵的教学经验凝结在教材中，并为本书的修订与完善孜孜不倦工作多年。在本书第五版出版之际，谨向王志魁先生为教书育人所做出的贡献表示敬意！

本次再版的修订工作由北京化工大学向阳、王宇完成，刘丽英、刘伟审阅。书中二维码链接的主要设备及原理素材资源由北京东方仿真软件技术有限公司提供技术支持。

由于编者学识有限，虽经努力，难免有不足之处，恳请读者批评指正。

编者
2023 年 7 月

第四版前言

本教材是根据各类高等院校少学时《化工原理》课程教学需要而编写的。自 1987 年问世，经 1998 年再版与 2005 年第三版至今，已有二十余年。受到了各高等院校广泛采用及广大读者的欢迎。本教材第二版获化学工业出版社第一届（1993～1998 年度）优秀畅销书奖，第三版获第八届中国石油和化学工业优秀教材一等奖。

本教材经众多院校的教学实践表明，教材的章节体系与内容尚能满足教学需要。本次修订基本上保持第三版的原有框架，对部分内容做了删除、修改或增补。修订的基本原则是精益求精，对于基本概念与基础理论的阐述，注重其科学性、严谨性、系统性、先进性及实用性。在文字叙述及公式推导方面，力求简洁易懂。

为了满足课堂教学需要，第四版教材配有电子教学课件与习题解答，供任课教师使用。

参加第四版教材编写者有王志魁、刘丽英、刘伟。编者学识有限，难免存在不妥，恳请读者批评指正。

编者
2010 年 2 月

第一版前言

本教材是根据化学工业部教育司关于增编高等院校少学时《化工原理》教材的要求而编写的。

1982年以来，北京化工学院根据本院某些专业的特点，以精选内容、突出重点、理论联系实际、便于教学为原则，自编了一套教学学时少（简称少学时）的《化工原理》教材，在本院已使用几届，并曾为十余所兄弟院校有关专业选用。本教材即在此基础上并按化工部教育司的要求作了适当修改而成。

1984年11月化学工业部教育司为本教材（少学时《化工原理》）召开了评审会，参加会议的有北京工业学院、吉林化工学院、沈阳化工学院、大连工学院、天津大学、河北化工学院、青岛化工学院、华东化工学院、武汉化工学院、四川轻化工学院、广西工学院、北京化工学院十二所院校的代表；浙江大学、南京化工学院和华南工学院提出了书面意见。会议认为教材的编写目的明确，并具有一定的教学实践基础，适用于少学时《化工原理》课程的教学需要，有一定的适应面和实际意义；考虑到教材的适用范围，并提出增加沉降与过滤的内容。会后根据所确定的编写原则和代表们提出的具体意见作了适当修改和增删。

本教材可供大学本科80～120学时《化工原理》课程的教学选用，如："高分子材料"、"橡胶工程与塑料工程"、"高分子材料加工机械"、"腐蚀与防护"、"化工生产过程自动化"、"化学工业管理工程"、"化工工业分析"等专业。本教材包括流体流动、流体输送机械、传热、吸收、蒸馏、干燥、沉降与过滤等章，删除了一般"化工原理"教材中的蒸发、萃取和流态化等内容。编写时注意了加强基础、理论联系实际和以工程观点和经济观点分析问题；力求保持其系统性和完整性。

编写过程中，许多兄弟院校从事《化工原理》课程教学的同志，提供意见、介绍资料；北京化工学院各级领导和传递工程教研室的同志们，在工作上给予各种协助和支持，在此一并表示感谢。由于水平有限，经验不足，缺点错误在所难免，欢迎批评指正。

编者
1985 年 7 月

目录

第六章 蒸 馏

第七章 干 燥

蒸发

（附赠蒸发章节仅提供 pdf 文件，请扫描二维码下载）

绪 论

一、化工过程与单元操作

化学工业是将自然界的各种物质经过化学反应和物理方法处理，制造成生产资料和生活资料的工业。一种产品的生产过程中，从原料到成品往往需要几个或几十个加工过程。其中除了化学反应过程外，还有大量的物理加工过程，统称为**化工过程**。

化学工业产品种类繁多。各种产品的生产过程中，使用着各种各样的物理加工过程。根据它们的操作原理，可以归纳为应用较广的数个基本操作过程，如流体输送、搅拌、沉降、过滤、热交换、蒸发、结晶、吸收、蒸馏、萃取、吸附以及干燥等。例如，乙醇、乙烯及石油等生产过程中都采用蒸馏操作分离液体混合物，所以蒸馏为一个基本操作过程。又如合成氨、硝酸及硫酸等生产过程中，都采用吸收操作分离气体混合物，所以吸收也是一个基本操作过程。又如尿素、聚氯乙烯及染料等生产过程中，都采用干燥操作以除去固体中的水分，所以干燥也是一个基本操作过程。此外，流体输送和热交换也为基本操作过程，应用更为广泛。这些基本操作过程称为**单元操作**（unit operation）。任何一种化工产品的生产过程都是由若干单元操作及化学反应过程组合而成的。化学反应在反应器内进行；各个单元操作，也都在相应的设备（apparatus）中进行。例如，蒸馏操作是在蒸馏塔内进行的，吸收操作在吸收塔内进行，干燥操作在干燥器内进行，如图 0-1 所示。不同的单元操作设备其结构有很大不同，为相应的单元操作过程提供必要的条件，使过程能有效地进行。在过程进行中，需要进行操作控制，根据规定的操作指标调节物料的进、出口流量以及内部的温度、压力、浓度及流动状态等，使过程能以适当的速率进行，得到所规定流量的合格产品或中间产品。单元操作不仅用在化工生产中，而且在石油、冶金、轻工、制药及原子能等工业及生物工程、

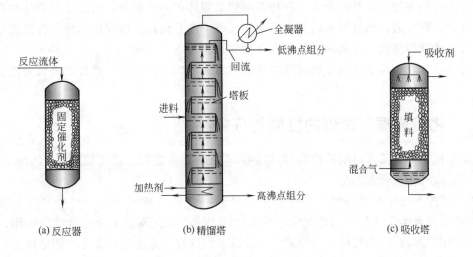

(a) 反应器　　　　　　　(b) 精馏塔　　　　　　　(c) 吸收塔

图 0-1　反应器与单元操作设备举例

环境保护工程中也广泛应用。

单元操作按其理论基础可分为下列 3 类。

(1) 流体流动过程（fluid flow process） 包括流体输送、搅拌、沉降、过滤等。

(2) 传热过程（热量传递过程）（heat transfer process） 包括热交换、蒸发等。

(3) 传质过程（质量传递过程）（mass transfer process） 包括吸收、蒸馏、萃取、吸附、干燥、结晶、膜分离等。

流体流动时，流体内部由于流体质点（或分子）的速度不同，它们的动量也就不同，在流体质点随机运动和相互碰撞过程中，动量从速度大处向速度小处传递，这称为动量传递。所以流体流动过程也称为动量传递过程（momentum transfer process）。

动量传递与热量传递和质量传递类似，热量传递是流体内部因温度不同，有热量从高温处向低温处传递，质量传递是因物质在流体内存在浓度差，物质将从浓度高处向浓度低处传递。在流体中的这 3 种传递现象（transport phenomena），都是由于流体质点（或分子）的随机运动所产生的。若流体内部有温度差存在，当有动量传递的同时必有热量传递；同理，若流体内部有浓度差存在时，也会同时有质量传递。若没有动量传递，则热量传递和质量传递主要是因分子的随机运动产生的现象，其传递速率较缓慢。要想增大传递速率，需要对流体施加外功，使其流动起来。

由上述可知流体流动的基本原理不仅是流体输送、搅拌、沉降及过滤的理论基础，也是传热与传质过程中各单元操作的理论基础，因为这些单元操作中的流体都处于流动状态。传热的基本原理不仅是热交换和蒸发的理论基础，也是传质过程中某些单元操作（例如干燥）的理论基础。因为干燥操作中不仅有质量传递，而且有热量传递。因此，流体力学、传热及传质的基本原理是各单元操作的理论基础。

上述的单元操作，有许多是用来分离混合物的。沉降与过滤用于非均相物系的分离，包括含尘或含雾的气体、含固体颗粒的悬浮液、由两种不互溶液体组成的乳浊液等。蒸发用于分离由挥发性溶剂和不挥发的溶质组成的溶液；吸收是利用各组分在液体溶剂中的溶解度不同分离气体混合物；蒸馏是利用各组分的挥发度不同来分离均相液体混合物；萃取是利用各组分在液体萃取剂中的溶解度不同来分离液体混合物或固体混合物；吸附是利用气体或液体中各组分对固体吸附剂表面分子结合力的不同，使其中一种或几种组分进行吸附分离；干燥是对湿固体物料加热，使其所含水分汽化而得到干固体产品的操作；结晶是利用冷却或溶剂汽化的方法，使溶液达到过饱和而析出晶体的操作。膜分离是利用固体薄膜（有机高分子膜或无机膜）或液体薄膜，对液体或气体混合物的选择性透过分离。

上述分离单元操作中，通常把沉降与过滤归属为机械分离操作，而其余归属为传质分离操作。

二、"化工原理"课程的性质与任务

为学习化工单元操作而编写的教材，在我国习惯上称之为"化工原理"（Principles of Chemical Engineering）。

"化工原理"是化工及其相关专业学生必修的一门基础技术课程，它在"高等数学"、"大学物理"、"大学化学"、"物理化学"等基础课与专业课之间起着承先启后的作用，是自然科学领域的基础课向工程科学的专业课过渡的入门课程。其主要任务是介绍流体流动、传热和传质的基本原理及主要单元操作的典型设备构造、操作原理、过程计算、设备选型及实验研究方法等。这些都密切联系生产实际，以培养学生运用基础理论分析和解决化工单元操作中各种工程实际问题的能力，为专业课学习和今后的工作打下较坚实的基础。

从上面介绍可知，单元操作种类很多，每种都有十分丰富的内容，在有限学时内，只有以 3 种传递现象的基本原理为主线，选择几种典型的单元操作，以物料衡算、能量衡算、平衡关系、传递速率、经济核算这 5 种基本概念（在绪论第五节介绍）为理论依据，掌握单元操作通用的学习方法和分析问题的思路，培养理论联系实际的观点方法，提高单元操作设备的设计计算、操作、选型、实验研究方法与技能，增加解决工程实际问题的能力。

三、物理量的单位与量纲

1. 国际单位制与法定计量单位

由于科学技术的迅速发展和国际学术交流的日益频繁以及理科与工科关系的进一步密切，国际计量会议制定了一种国际上统一的国际单位制，其国际代号为 SI（Système International d'Unités 的缩写）。国际单位制的单位是由基本单位和包括辅助单位在内的具有专门名称的导出单位构成的，分别列于表 0-1 和表 0-2。国际单位制中用于构成十进倍数和分数单位的词头列于表 0-3。

表 0-1　SI 基本单位

量的名称	长度	质量	时间	电流	热力学温度	物质的量	发光强度
单位名称	米	千克（公斤）	秒	安（培）	开［尔文］	摩（尔）	坎［德拉］
单位符号	m	kg	s	A	K	mol	cd

表 0-2　包括 SI 辅助单位在内的具有专门名称的 SI 导出单位（只列出本书常用的单位）

量 的 名 称	单位名称	单位符号	用 SI 基本单位和 SI 导出单位表示
［平面］角	弧度	rad	$rad = m/m = 1$
立体角	球面度	sr	$sr = m^2/m^2 = 1$
频率	赫［兹］	Hz	$Hz = s^{-1}$
力	牛［顿］	N	$N = kg \cdot m/s^2$
压力,压强,应力	帕［斯卡］	Pa	$Pa = N/m^2 = kg/(m \cdot s^2)$
能［量］,功,热	焦［耳］	J	$J = N \cdot m = kg \cdot m^2/s^2$
功率,辐［射能］通量	瓦［特］	W	$W = J/s = kg \cdot m^2/s^3$
摄氏温度[1]	摄氏度	℃	

[1] 摄氏温度是按式 $t = (T - 273.15)$ 定义的，式中 t 为摄氏温度，T 为热力学温度。摄氏温度间隔 $t_1 - t_2$ 或温度差 Δt 以及热力学温度间隔 $T_1 - T_2$ 或温度差 ΔT，单位既可用 K 也可用℃。

表 0-3　用于构成十进倍数和分数单位的词头（只列出本书常用的词头）

所表示的因数	词头名称 法文	词头名称 中文	词头符号	所表示的因数	词头名称 法文	词头名称 中文	词头符号
10^9	giga	吉［咖］	G	10^{-1}	deci	分	d
10^6	mega	兆	M	10^{-2}	centi	厘	c
10^3	kilo	千	k	10^{-3}	mili	毫	m
10^2	hecto	百	h	10^{-6}	micro	微	μ
10^1	deca	十	da	10^{-9}	nano	纳［诺］	n

1984 年，我国开始颁布实行法定计量单位。法定计量单位是以国际单位制的单位为基础，根据我国情况，适当增加了一些其他单位构成的，可与国际单位并用的我国法定计量单位列于表 0-4。本书全面采用法定计量单位，但读者在查阅物理、化学基础数据以及化学工程参考书时，可能遇到非法定计量单位，需要进行换算，在附录一中列出了化学、化工常见的非法定计量单位与法定计量单位的换算系数。

表 0-4 可与国际单位制的单位并用的我国法定计量单位（只列出本书常用的单位）

量的名称	单位名称	单位符号	换算关系和说明
时间	分	min	$1min = 60s$
	[小]时	h	$1h = 60min = 3600s$
	日,(天)	d	$1d = 24h = 86400s$
[平面]角	度	°	$1° = (\pi/180)rad$
	[角]分	′	$1' = (1/60)° = (\pi/10800)rad$
	[角]秒	″	$1'' = (1/60)' = (\pi/648000)rad$
体积	升	L;l	$1L = 1dm^3 = 10^{-3}m^3$
旋转速度	转每分	r/min	$1r/min = (1/60)s^{-1}$
质量	吨	t	$1t = 10^3 kg$
	原子质量单位	u	$1u \approx 1.660540 \times 10^{-27} kg$

2. 量纲

物理量的基本量的量纲（dimension）为其本身。SI 量制中，长度、质量、时间、电流、热力学温度、物质的量、发光强度 7 个基本量的量纲符号分别为 L、M、T、I、Θ、N、J。

导出量 Q 的量纲，其一般表达式为

$$\dim Q = L^\alpha M^\beta T^\gamma I^\delta \Theta^\zeta N^\xi J^\eta \tag{0-1}$$

式中，dim 为量纲符号；指数 α、β、γ…称为量纲指数。

例如，密度 ρ 的量纲写为 $\dim \rho = ML^{-3}$。

量纲表达式中所有量纲指数均为零的量，称为**量纲为 1 的量**，表示为

$$\dim Q = L^0 M^0 T^0 \cdots = 1$$

量纲为 1 的量，其单位名称是一，符号为 1。

例如，液体的相对密度 d 为该液体的密度 ρ 与 4 ℃时纯水的密度 $\rho_水$ 之比值，其量纲为

$$\dim d = ML^{-3} / ML^{-3} = M^0 L^0 = 1$$

过去把量纲指数均为零的量称为无量纲量。

3. 量纲一致性方程

物理量方程是与某一客观现象有关的各物理量之间关系的表达式。任何一个物理量方程，只要理论上合理，则该方程等号两边各项的量纲必定相等，称为**量纲一致性方程**（dimensionally homogeneous equation）。

例如，理想气体状态方程式

$$pV = nRT \tag{0-2}$$

理想气体是指分子本身没有体积，分子间没有作用力的气体，它在任何温度和压力下均能服从气体状态方程式。低压下的实际气体的行为接近于理想气体，因此常用理想气体状态方程式对低压气体进行计算。

气体压力 p $\dim p = ML^{-1}T^{-2}$；气体体积 V $\dim V = L^3$

因此，式(0-2) 等号左边的量纲为 ML^2T^{-2}。

气体的物质的量 n　　$\dim n = N$；热力学温度 T　　$\dim T = \Theta$，为了保证方程的量纲一致性，摩尔气体常数 R 的量纲应为 $\dim R = ML^2T^{-2}N^{-1}\Theta^{-1}$。

化学工程中的流体流动、传热和传质等过程中，由于影响因素较多，在不能推导出理论关联式时，通常用量纲分析法通过工程实验建立经验关联式。物理方程的量纲一致性是量纲分析法的基础，具体内容将在第一章流体流动和第四章传热中介绍。

4. 物理方程的单位一致性

任何物理量的大小都要用数值和单位表示。例如，同一压力，其单位不同，则数值也不同。$1kPa = 10^3Pa$，即压力的单位用 Pa 和 kPa，其数值相差 10^3 倍。

因此，在用物理方程式进行计算时，必须注意式中各项单位的一致性。例如，理想气体状态方程式 $pV = nRT$，若将式中气体压力 p 或气体的物质的量 n 的单位改变，则摩尔气体常数 R 的数值和单位也应作相应改变，以保持方程式各项单位的一致性，如下所示。

序号	p	V	n	T	R
1	Pa	m^3	mol	K	8.314　$Pa \cdot m^3/(mol \cdot K) = J/(mol \cdot K)$
2	kPa	m^3	kmol	K	8.314　$kPa \cdot m^3/(kmol \cdot K) = kJ/(kmol \cdot K)$
3	kPa	m^3	mol	K	8.314×10^{-3}　$kPa \cdot m^3/(mol \cdot K) = kJ/(mol \cdot K)$
4	Pa	m^3	kmol	K	8314　$Pa \cdot m^3/(kmol \cdot K) = J/(kmol \cdot K)$

本书采用第 2 项列出的单位。

5. 实验方程式的单位换算

实验方程式等号两边各项的单位往往不一致。目前有些实验方程式中的物理量单位不是法定计量单位，其换算方法举例说明如下。

例如，液体蒸气压的 Antoine 方程为

$$\lg p_s = A' - \frac{B}{t+C} \tag{a}$$

式中，A'、B、C 为 Antoine 常数，与物质种类有关，可由手册中查得；t 为温度，℃；p_s 为液体的蒸气压，mmHg。

试将蒸气压 p_s 的单位由 mmHg 改为 kPa，单位换算为 kPa 后的蒸气压符号用 $p°$ 表示。已知 $1kPa = 7.50061mmHg$，则有 $7.50061p° = p_s$，代入式(a)，得

$$\lg(7.50061p°) = A' - \frac{B}{t+C}$$

$$\lg p° = A' - 0.875097 - \frac{B}{t-C}$$

令

$$A = A' - 0.875097 \tag{b}$$

得

$$\lg p° = A - \frac{B}{t+C} \tag{c}$$

由上述单位换算可知，只要把计算 p_s(mmHg) 用的常数 A' 值，按式(b) 换算为常数 A 值，代入式(c)，即可求出 $p°$(kPa)。附录十列出了某些液体计算 $p°$ 的 Antoine 常数 A、B 及 C 的值。

四、混合物含量的表示方法

化工生产中所处理的物料，常常不是单一组分，而是由若干组分所构成的混合物。混合

物中，各组分的含量（或组成）有多种表示方法，下面介绍常用的几种。

1. 物质的量浓度与物质的量分数

（1）物质的量浓度　物质的量浓度（amount concentration），其定义是组分 i 的物质的量 n_i 除以混合物的体积 V，以符号 c_i 表示，即

$$c_i = n_i / V \tag{0-3}$$

物质的量浓度又简称为物质的**浓度**（过去称为摩尔浓度），单位为 $kmol/m^3$。

（2）物质的量分数（摩尔分数）　物质的量分数（amount fraction）又称为摩尔分数（mole fraction），其定义是组分 i 的物质的量 n_i 与混合物的物质的量 n 之比值，用于表示混合物中各组分的组成。对于**液体混合物**，以 x_i 表示，即

$$x_i = n_i / n \tag{0-4}$$

式中，n 为混合物中各组分物质的量之总和，即

$$n = n_1 + n_2 + \cdots = \sum n_i \tag{0-5}$$

显然，混合物中各组分的摩尔分数之和等于 1，即

$$x_1 + x_2 + \cdots = \sum x_i = 1 \tag{0-6}$$

2. 质量浓度与质量分数

（1）质量浓度　质量浓度（mass concentration）又称质量密度（mass density），其定义是组分 i 的质量 m_i 除以混合物的体积 V，以符号 ρ_i 表示，即

$$\rho_i = m_i / V \tag{0-7}$$

式中，ρ_i 的单位为 kg/m^3。

（2）质量分数　质量分数（mass fraction），其定义是组分 i 的质量 m_i 与混合物的总质量 m 之比值，用于表示混合物中各组分的组成，以符号 w_i 表示，即

$$w_i = m_i / m \tag{0-8}$$

显然，混合物中各组分的质量分数之和等于 1，即

$$\sum w_i = 1 \tag{0-9}$$

上述各组成（浓度）之间的换算关系列于表 0-5。

表 0-5　各组成（浓度）之间的换算关系

	项　目	浓度(c_A)/kmol·m^{-3}	摩尔分数(x_A 或 y_A)	质量浓度(ρ_A)/kg·m^{-3}	质量分数(w_A)
组分 A 的浓度及组成(双组分物系)	浓度(c_A)/kmol·m^{-3}		$c x_A$	$\dfrac{\rho_A}{M_A}$	$\dfrac{\rho w_A}{M_A}$
	摩尔分数(x_A 或 y_A)	$\dfrac{c_A}{c}$		$\dfrac{\rho_A / M_A}{\rho_A / M_A + \rho_B / M_B}$	$\dfrac{w_A / M_A}{w_A / M_A + w_B / M_B}$
	质量浓度(ρ_A)/kg·m^{-3}	$c_A M_A$	$\dfrac{\rho x_A M_A}{x_A M_A + x_B M_B}$		ρw_A
	质量分数(w_A)	$\dfrac{c_A M_A}{\rho}$	$\dfrac{x_A M_A}{x_A M_A + x_B M_B}$	$\dfrac{\rho_A}{\rho}$	

注：混合物的浓度 $c = c_A + c_B$，混合物的质量浓度 $\rho = \rho_A + \rho_B$，混合物平均摩尔质量 $M_m = M_A x_A + M_B x_B$；其中 $1 = x_A + x_B$，$1 = w_A + w_B$，A 为溶质，B 为溶剂。

表 0-5 中的 c 及 ρ 说明如下。

$$c = c_A + c_B$$

式中，c 为混合物的物质的量浓度（简称为混合物的浓度，即混合物中物质 A 的浓度与物质 B 的浓度之和），$kmol/m^3$ 或 $(kmolA + kmolB)/m^3$；c_A 为混合物中组分 A 的物质的量浓度，$kmol/m^3$；c_B 为混合物中组分 B 的物质的量浓度，$kmol/m^3$。

$$\rho = \rho_A + \rho_B$$

式中，ρ 为混合物的质量浓度（又称混合物的质量密度），kg/m^3 或 $(kgA + kgB)/m^3$；ρ_A 为混合物中物质 A 的质量浓度，kg/m^3；ρ_B 为混合物中物质 B 的质量浓度，kg/m^3。

3. 摩尔比与质量比

（1）摩尔比　由组分 A 与组分 B 组成的双组分混合物，若组分 B 的量在过程进行中保持不变，而组分 A 的量有增减。在这种情况下，以组分 B 的量为基准来表示组分 A 的组成，会给计算带来方便。摩尔比的定义表达式为

$$X = \frac{n_A}{n_B} \tag{0-10}$$

摩尔比 X 与摩尔分数 x 的关系为

$$X = \frac{x_A}{x_B} = \frac{x}{1-x} \quad （删去下标 A） \tag{0-11}$$

（2）质量比　质量比的定义表示式为

$$X' = m_A/m_B \tag{0-12}$$

质量比 X' 与质量分数 w 的关系为

$$X' = \frac{w_A}{w_B} = \frac{w}{1-w} \quad （删去下标 A） \tag{0-13}$$

【例 0-1】　200kg 湿物料中含水量的质量分数为 $w_1 = 50\%$，干燥后含水量的质量分数为 $w_2 = 5\%$，试计算除去的水分量为多少？

解　按题意，200kg 湿物料中含绝对干料 100kg，干燥前、后绝对干料量是不变的，计算时以绝对干料为基准计算较方便。湿物料的含水量以质量比表示为

干燥前　　　$X'_1 = \dfrac{湿物料中水分的质量}{湿物料中绝对干料的质量} = \dfrac{100}{100} = 1$

干燥后　　　$X'_2 = \dfrac{w_2}{1-w_2} = \dfrac{0.05}{1-0.05} = \dfrac{0.05}{0.95} = 0.0526$

除去的水分量　　$100 \times (1-0.0526) = 94.7kg$

4. 气体混合物组成的表示方法

（1）摩尔分数 y_i　气体混合物中组分 i 的摩尔分数通常用 y_i 表示，$y_i = n_i/n$

（2）压力分数　根据气体混合物的道尔顿（Dalton）定律，有

$$p = p_1 + p_2 + \cdots + p_i + \cdots \tag{0-14}$$

式中，p 为总压；p_i 为分压力。

对于理想气体混合物，组分 i 单独存在于体积 V 中所呈现的分压 p_i 可表示为

$$p_i = n_i RT/V \tag{0-15}$$

对气体混合物中所有组分，则有

$$p = (n_1 + n_2 + \cdots)RT/V = nRT/V \tag{0-16}$$

由前两式求得

$$p_i/p = n_i/n \tag{0-17}$$

即压力分数等于摩尔分数。

(3) 体积分数（φ_i）　根据理想气体混合物的阿马格（Amagat）定律，有

$$V = V_1 + V_2 + \cdots + V_i + \cdots \tag{0-18}$$

式中，V 为气体混合物的总体积，V_i 为组分 i 在总压 p 下单独存在时所具有的体积，称为分体积。对组分 i 可表示为

$$pV_i = n_iRT \tag{0-19}$$

对气体混合物中所有组分，则有

$$p(V_1 + V_2 + \cdots) = (n_1 + n_2 + \cdots)RT \tag{0-20}$$

因此，由前两式求得组分 i 的体积分数 φ_i

$$\varphi_i = V_i/V = n_i/n \tag{0-21}$$

由式(0-17) 与式(0-21) 可知，对理想气体混合物中各组分有下列关系

$$\text{摩尔分数＝压力分数＝体积分数} \tag{0-22}$$

理想气体是指分子本身没有体积，分子间没有作用力的气体。它在任何温度和压力下均能服从气体状态方程式

$$pV = nRT \tag{0-23}$$

式中，p 为气体压力，kPa；V 为气体体积，m^3；n 为气体的物质的量，kmol；T 为气体热力学温度，K；R 为摩尔气体常数，8.314kJ/(kmol·K)。

低压下实际气体的行为接近于理想气体，因此常用式(0-23) 对低压气体进行计算。

(4) 气体混合物中组分 i 的浓度 c_i　由式(0-15) 求得下列计算式

$$c_i = \frac{n_i}{V} = \frac{p_i}{RT} \tag{0-24}$$

(5) 双组分气体混合物中组分的摩尔比 Y　由式(0-15) 与式(0-19) 可得下列关系式

$$Y = \frac{n_A}{n_B} = \frac{p_A}{p_B} = \frac{V_A}{V_B} \tag{0-25}$$

即

$$\text{摩尔比＝分压力比＝分体积比} \tag{0-26}$$

【例 0-2】　已知空气的标准组成 O_2 体积分数为 20.95%、N_2 体积分数为 78.08%、CO_2 体积分数为 0.03%、Ar 体积分数为 0.94%，试计算空气的平均摩尔质量。

解　混合气体的平均摩尔质量 M_m 的计算式为

$$M_m = M_1y_1 + M_2y_2 + \cdots = \sum_{i=1}^{n}(M_iy_i) \tag{0-27}$$

式中，M_i 为混合气体中组分 i 的摩尔质量，kg/kmol；y_i 为混合气体中组分 i 的摩尔分数；n 为混合气体中的组分数。

组　成	O_2	N_2	CO_2	Ar
摩尔分数（y_i）	0.2095	0.7808	0.0003	0.0094
摩尔质量（M_i）	32.00	28.02	44.00	40.00

代入上式

$$M_m = 32 \times 0.2095 + 28.02 \times 0.7808 + 44 \times 0.0003 + 40 \times 0.0094 = 28.97\text{kg/kmol}$$

以上计算的空气平均摩尔质量，在工程上可圆整为 29kg/kmol。由于 CO_2 与 Ar 的含量

很少，通常按 $O_2 : N_2 = 21 : 79$ 计算。

五、单元操作中常用的基本概念

在研究化工单元操作时，经常用到下列 5 个基本概念，即物料衡算，能量衡算，物系的平衡关系，传递速率及经济核算。这 5 个基本概念贯穿于本课程的始终，在这里仅作简要说明，详细内容见各章。

物料衡算与能量衡算在单元操作设备的设计、操作、研究中都有重要作用。通过衡算，可以了解设备的生产能力、产品质量、能量消耗以及设备的性能和效率。在单元设备的理论研究中，也要通过衡算建立理论方程。

物料衡算和能量衡算时，要选定衡算系统，既可以是一个单元设备或几个单元设备的组合，也可以是设备的某一部分或设备的微元段。

1. 物料衡算

依据质量守恒定律，进入与离开某一化工过程的物料质量之差，等于该过程中累积的物料质量，即

输入量－输出量＝累积量

对于连续操作的过程，若各物理量不随时间改变，即处于稳定操作状态时，过程中不应有物料的累积。则物料衡算（material balance）关系为

输入量＝输出量

用物料衡算式可由过程的已知量求出未知量。物料衡算可按下列步骤进行。

① 首先根据题意画出各物流的流程示意图，物料的流向用箭头表示，并标上已知数据与待求量；

② 在写衡算式之前，要选定计算基准，一般选用单位进料量或排料量（质量、物质的量或体积等）、时间及设备的单位体积等作为计算的基准。在较复杂的流程示意图上应圈出衡算的范围，列出衡算式，求解未知量。

【**例 0-3**】 用连续操作的蒸发器把盐的组成质量分数为 w_F 的稀盐水溶液蒸发到组成质量分数为 w_W 的浓盐水溶液，每小时稀盐水溶液的进料量为 F kg。试求每小时所得浓盐水溶液量 W 及水分蒸发量 V 各为多少千克。

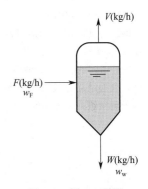

图 0-2　例 0-3 附图

解 各股物系的流程图如附图 0-2 所示，计算基准取 1h，由于是连续稳定操作，总物料衡算式为

$$F = V + W$$

溶质衡算式为　　　　　　$F w_F = W w_W$

由此两式解得　　　　　　$W = (w_F / w_W) F$

$$V = (1 - w_F / w_W) F$$

2. 能量衡算

本教材中所用到的能量主要有机械能和热能。能量衡算（energy balance）的依据是能量守恒定律。机械能衡算将在第一章流体流动中说明；热量衡算也将在传热、蒸馏、干燥等章中结合具体单元操作有详细说明，热量衡算的步骤与物料衡算的基本相同。

3. 物系的平衡关系

平衡状态是自然界中广泛存在的现象。例如，在一定温度下，不饱和的食盐溶液与固体食盐接触时，食盐向溶液中溶解，直到溶液为食盐所饱和，食盐就停止溶解，此时固体食盐表面

已与溶液成动平衡状态。反之，若溶液中食盐浓度大于饱和浓度，则溶液中的食盐会析出，使溶液中的固体食盐结晶长大，最终达到平衡状态。一定温度下食盐的饱和浓度就是这个物系的平衡浓度。当溶液中食盐的浓度低于饱和浓度时，固体食盐将向溶液中溶解；当溶液中食盐的浓度大于饱和浓度时，溶液中溶解的食盐会析出，最终都会达到平衡状态。从这个例子可以看出，平衡关系（equilibrium relation）可以用来判断过程能否进行以及进行的方向和能达到的限度。

4. 传递速率

仍以食盐溶解为例说明。食盐溶液中食盐浓度低时，溶解速率（单位时间内溶解的食盐质量）大；食盐浓度高时，溶解速率小。当溶液达到饱和浓度（即平衡状态）时，不再溶解，即溶解速率为零。由此可知，溶液浓度越是远离平衡浓度，其溶解速率就越大；溶液浓度越是接近平衡浓度，其溶解速率就越小。溶液浓度与平衡浓度之差值，可以看作是溶解过程的推动力（driving force）。另外，由实验得知，把一个大食盐块破碎成许多小块，溶液由不搅拌改为搅拌，都能使溶解速率加快。这是因为由大块变为许多小块，能使固体食盐与溶液的接触面积增大；由不搅拌变为搅拌，能使溶液质点对流。其结果能减少溶解过程的阻力（resistance）。因此，过程的传递速率（rate of transfer process）与推动力成正比，与阻力成反比，即

$$传递速率 = \frac{推动力}{阻力}$$

这个关系类似于电学中的欧姆定律。过程的传递速率是决定化工设备的重要因素，传递速率大时，设备尺寸可以小。

5. 经济核算

为生产定量的某种产品所需要的设备，根据设备的形式和材料的不同，可以有若干设计方案。对同一台设备，所选用的操作参数不同，会影响到设备费与操作费。因此，要用经济核算确定最经济的设计方案。

习　题

0-1 $1m^3$ 水中溶解 $0.05kmol$ CO_2，试求溶液中 CO_2 的摩尔分数。水的密度为 $1000kg/m^3$。

0-2 在压力为 $101325Pa$、温度为 $25℃$ 条件下，甲醇在空气中达到饱和状态。试求：①甲醇的饱和蒸气压 p_s；②空气中甲醇的组成（以摩尔分数 y_A、质量分数 w_A、浓度 c_A、质量浓度 ρ_A 表示）。

0-3 $1000kg$ 的电解液中含 NaOH 10%（质量）、NaCl 10%（质量）、H_2O 80%（质量），用真空蒸发器浓缩，食盐结晶分离后的浓缩液中含 NaOH 50%（质量）、NaCl 2%（质量）、H_2O 48%（质量）。试求：①水分蒸发量；②分离的食盐量；③食盐分离后的浓缩液量。在全过程中，溶液中的 NaOH 量保持一定。

本章符号说明

英文			
c	物质的量浓度，$kmol/m^3$	t	摄氏温度，℃
		V	体积，m^3
M	摩尔质量，$kg/kmol$	X'	质量比
m	物质质量，kg	w	质量分数
n	物质的量，$kmol$	X	摩尔比
p	压力，kPa	$x(y)$	摩尔分数
$p°$	饱和蒸气压，kPa	Y	摩尔比
R	摩尔气体常数，$kJ/(kmol \cdot K)$	希文	
T	热力学温度，K	ρ	质量浓度，质量密度，kg/m^3

第一章

流 体 流 动

本章学习要求

　掌握的内容

　　流体的密度与黏度的定义、单位和影响因素，压力的定义、计量标准和单位换算；流体静力学方程及应用；稳态流动与非稳态流动，连续性方程，伯努利方程及应用；流体流动类型及判据，牛顿黏性定律；管内流体流动的摩擦阻力损失计算；简单管路计算。

　熟悉的内容

　　层流与湍流的特征，流体在圆管内的速度分布；测速管、孔板流量计和转子流量计的基本结构、工作原理和流量方程；复杂管路的计算要点。

　了解的内容

　　层流内层与边界层。

　　气体和液体统称为流体。在化工生产中所处理的物料有很多是流体，这些流体需要贮存和输送。根据生产要求，往往需要用流体输送机械将这些流体按照生产程序从一个设备输送到另一个设备。化工厂中，管路纵横排列，与各种类型的设备连接，完成着流体输送的任务。除了流体输送外，化工生产中的传热、传质过程以及化学反应大都是在流体流动下进行的。流体流动状态对这些单元操作有着很大影响。为了能深入理解这些单元操作的原理，就必须掌握流体流动的基本原理。因此，流体流动的基本原理是本课程的重要基础。

　　流体的体积如果不随压力及温度变化，这种流体称为不可压缩流体；如果随压力及温度变化，则称为可压缩流体。实际流体都是可压缩的，但由于液体的体积随压力及温度变化很小，所以一般把它当作不可压缩流体；气体比液体有较大的压缩性，当压力及温度改变时，气体的体积会有很大的变化，应当属于可压缩流体。但是，如果压力或温度变化率很小时，气体通常也可以当作不可压缩流体处理。

　　本章将重点介绍流体在管内的流动规律及其应用，在这之前先介绍静止流体的规律及其应用。

第一节　流体静力学

　　流体静力学是研究流体在外力作用下的平衡规律，也就是说，研究流体在外力作用下处于静止或相对静止的规律。流体静力学的基本原理在化工生产中有着广泛的应用，例如压力、液位的测量等。本节主要讨论流体静力学的基本原理及其应用。

一、流体的压力

流体垂直作用于单位面积上的力称为流体的**压强**，习惯上称为流体的**压力**。作用于整个面积上的力称为总压力。在静止流体中，从各方向作用于某一点的压力大小均相等。

在法定单位制中，压力的单位是 N/m^2，称为帕斯卡，以 Pa 表示。1 标准大气压 = 101325Pa（760mmHg）。

压力可以有不同的计量标准。如以绝对真空为基准测得的压力称为**绝对压力**（absolute pressure），是流体的真实压力。

如以外界大气压为基准测得的压力则称为**表压**（gauge pressure）。工程上用压力表测得的流体压力，就是流体的表压。它是流体的绝对压力与外界大气压力的差值，即

表压＝绝对压力－大气压力

表压为正值时，通常称为正压；为负值时，则称为负压。通常把其负值改为正值，称为**真空度**（vacuum）。真空度与绝对压力的关系为

真空度＝大气压力－绝对压力

测量负压的压力表，又称为真空表。

绝对压力、表压和真空度的关系如图 1-1 所示。为了避免混淆，在写流体压力时要注明是绝对压力还是表压或真空度。

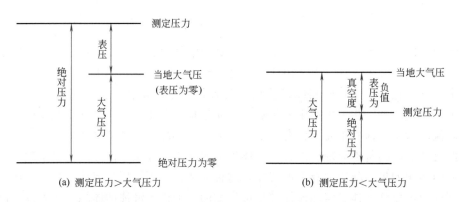

(a) 测定压力＞大气压力　　　　(b) 测定压力＜大气压力

图 1-1　绝对压力、表压和真空度的关系

【**例 1-1**】　用真空表测量某台离心泵进口的真空度为 30kPa，出口用压力表测量的表压为 170kPa。若当地大气压力为 101kPa，试求他们的绝对压力各为多少。

解　泵进口绝对压力　　　　　　$p_1＝101－30＝71kPa$

泵出口绝对压力　　　　　　$p_2＝170＋101＝271kPa$

二、流体的密度与比体积

（一）密度

单位体积流体的质量称为流体的密度，其表达式为

$$\rho = \frac{m}{V} \tag{1-1}$$

式中，ρ 为流体的密度，kg/m^3；m 为流体的质量，kg；V 为流体的体积，m^3。

　　液体的密度随压力的变化甚小（极高压力下除外），可忽略其影响，常称液体为不可压缩的流体，而其密度随温度稍有改变。常用液体的密度值参见附录四与附录五，附录五给出的是相对密度，即液体密度与 4℃ 水的密度之比值，4℃ 水的密度为 $1000kg/m^3$。

　　气体的密度随压力和温度的变化较大，当压力不太高、温度不太低时，气体的密度可近似地按理想气体状态方程式计算。由

$$pV = nRT = \frac{m}{M}RT \tag{1-2}$$

得
$$\rho = \frac{m}{V} = \frac{pM}{RT} \tag{1-3}$$

式中，p 为气体的压力（绝对压力），kPa；M 为气体的摩尔质量，$kg/kmol$；T 为气体的热力学温度，K；R 为摩尔气体常数，$8.314kJ/(kmol \cdot K)$；n 为气体的物质的量，$kmol$。

　　理想气体的标准状况（$T^{\ominus} = 273.15K$，$p^{\ominus} = 101.325kPa$）下的摩尔体积为 $V^{\ominus} = 22.4m^3/kmol$，密度为

$$\rho^{\ominus} = \frac{M}{22.4} \tag{1-4}$$

已知标准状况下的气体密度 $\rho^{\ominus}$，可按下式计算出其他温度 T 和压力 p 下该气体的密度。

$$\rho = \rho^{\ominus} \frac{T^{\ominus} p}{T p^{\ominus}} \tag{1-5}$$

　　生产中遇到的流体常常不是单一组分，而是由若干组分所构成的混合物。当气体混合物接近理想气体时，其密度仍可用式(1-3)计算。但式中的气体摩尔质量 M 应以混合气体的平均摩尔质量 M_m 代替。

　　当气体混合物各组分的密度已知，则可用下式计算混合气体的密度。

$$\rho_m = \sum_{i=1}^{n} (\rho_i y_i) \tag{1-6}$$

式中，ρ_i 为同温同压下组分 i 的密度，kg/m^3；y_i 为组分 i 的摩尔分数。

　　液体混合时，体积往往有所改变。假设混合液为**理想溶液**，则其体积等于各组分单独存在时的体积之和。若混合液中各组分的密度为已知，则以 1kg 混合液为基准，混合液的密度 ρ_m 可用下式近似计算。

$$\frac{1}{\rho_m} = \sum_{i=1}^{n} \frac{w_i}{\rho_i} \tag{1-7}$$

式中，w_i 为混合液中组分 i 的质量分数。

（二）比体积

　　单位质量流体的体积称为流体的比体积，用符号 v 表示，单位为 m^3/kg，则

$$v = \frac{V}{m} = \frac{1}{\rho} \tag{1-8}$$

即流体的比体积是密度的倒数。

【例 1-2】　已知氮氢混合气体中的 N_2 与 H_2 的体积比为 1：3，试求氮氢混合气体在压力 100kPa（绝对压力）和温度 25℃时的密度。

解　$p=100kPa$，$T=273+25=298K$；

各组分的摩尔质量 N_2 28.02kg/kmol，H_2 2.016kg/kmol；各组分的摩尔分数 N_2 0.25，H_2 0.75。则混合气的平均摩尔质量为

$$M_m=28.02\times0.25+2.016\times0.75=8.52kg/kmol$$

用式(1-3)计算氮氢混合气体的密度

$$\rho=\frac{pM_m}{RT}=\frac{100\times8.52}{8.314\times298}=0.344kg/m^3$$

【例 1-3】　已知苯与甲苯混合液中苯的质量分数为 0.6。试求混合液在 20℃下的密度。

解　从附录四查得 20℃下苯的密度为 879kg/m³，甲苯的密度为 867kg/m³，则

$$\frac{1}{\rho_m}=\frac{0.6}{879}+\frac{0.4}{867}$$

解得混合液的密度为

$$\rho_m=874kg/m^3$$

三、流体静力学基本方程式

流体静力学基本方程式是用于描述静止流体内部的压力沿着高度变化的数学表达式。对于不可压缩流体，密度不随压力变化，其静力学基本方程可用下述方法推导。

现从静止液体中任意划出一垂直液柱，如图 1-2 所示。液柱的横截面积为 A，液体密度为 ρ，若以容器器底为基准水平面，则液柱的上、下端面与基准水平面的垂直距离分别为 z_1 和 z_2，以 p_1 与 p_2 分别表示高度为 z_1 及 z_2 处的压力。

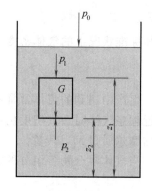

图 1-2　静力学基本方程的推导

在垂直方向上作用于液柱上的力有以下三个：

① 下端面所受的向上的总压力为 p_2A；

② 上端面所受的向下的总压力为 p_1A；

③ 整个液柱的重力 $G=\rho gA(z_1-z_2)$。

在静止液体中，上述三力之合力应为零，即

$$p_2A-p_1A-\rho gA(z_1-z_2)=0$$

此式中向上的力用正号，向下的力用负号。化简并消去 A，得

$$p_2=p_1+\rho g(z_1-z_2) \tag{1-9}$$

如果将液柱的上端面取在液面上，设液面上方的压力为 p_0，液柱下端面的压力为 p，液柱高度为 h，则上式可改写为

$$p=p_0+\rho gh \tag{1-9a}$$

式(1-9)及式(1-9a)称为静力学基本方程式。

由上式可知以下三点。

① 当液面上方的压力一定时，在静止液体内任一点压力的大小与液体本身的密度和该点距液面的深度有关。因此，在静止的、连续的同一液体内，处于同一水平面上的各点，因其深度相同，其压力亦相等。此压力相等的水平面称为等压面。

② 当液面的上方压力 p_0 有变化时，必将引起液体内部各点压力发生同样大小的变化。这就是巴斯噶原理。

③ 式(1-9a) 可改写为

$$\frac{p-p_0}{\rho g}=h \tag{1-9b}$$

由上式可知，压力或压力差的大小可用液柱高度来表示，液柱高度与其密度 ρ 大小有关。

虽然静力学基本方程式是用液体进行推导的，液体的密度可视为常数，而气体密度则随压力而改变，但考虑到气体密度随容器高低变化甚微，一般也可视为常数，故静力学基本方程亦适用于气体。

四、流体静力学基本方程式的应用

在化工生产中，有些化工仪表的操作原理是以流体静力学基本方程式为依据的。下面将介绍该方程式在压力和液面测量方面的应用。

(一) 压力测量

1. U 形管液柱压差计

U 形管液柱压差计（U-tube manometer）的结构如图 1-3 所示，它是一根内装指示液的 U 形玻璃管（称为 U 形管压差计）。指示液必须与被测流体不互溶，不起化学作用，且其密度要大于被测流体的密度。指示液随被测液体的不同而不同。常用的指示液有汞、四氯化碳、水和液体石蜡等。将 U 形管的两端与管路中的两截面相连通，若作用于 U 形管两端的压力 p_1 和 p_2 不等（图中 $p_1 > p_2$），则指示液就在 U 形管两端出现高差 R。利用 R 的数值，再根据静力学基本方程式，就可算出流体两点之间的压力差。

在图 1-3 中，U 形管下部的液体是密度为 ρ_0 的指示液，上部为被测流体，其密度为 ρ。图中 a、b 两点的压力是相等的，因为这两点都在同一种静止液体（指示液）的同一水平面上。通过这个关系，便可求出 (p_1-p_2) 的值。

根据流体静力学基本方程式，从 U 形管右侧来计算，可得

$$p_a=p_1+(m+R)\rho g$$

同理，从 U 形管的左侧计算，可得

$$p_b=p_2+m\rho g+R\rho_0 g$$

因为 $$p_a=p_b$$

所以 $$p_1+(m+R)\rho g=p_2+m\rho g+R\rho_0 g$$

$$p_1-p_2=R(\rho_0-\rho)g \tag{1-10}$$

测量气体时，由于气体的密度 ρ 比指示液的密度 ρ_0 小得多，故 $\rho_0-\rho\approx\rho_0$，式(1-10) 可简

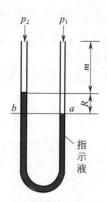

图 1-3 U 形管液柱压差计

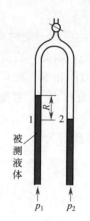

图 1-4 倒 U 形管压差计

化为

$$p_1 - p_2 = R\rho_0 g \tag{1-10a}$$

图 1-4 所示是倒 U 形管压差计。该压差计是利用被测量液体本身作为指示液的。压力差 $p_1 - p_2$ 可根据液柱高度差 R 进行计算。

【例 1-4】 如图 1-5 所示，常温水在管路中流过。为测定 a、b 两点的压力差，安装一 U 形压差计，指示液为汞。已知压差计读数 $R = 100\text{mmHg}$，试计算 a、b 两点的压力差。已知水与汞的密度分别为 1000kg/m^3 及 13600kg/m^3。

解 取管路截面 a、b 处压力分别为 p_a 与 p_b。根据连续、静止的同一液体内同一水平面上各点压力相等的原理，则

$$p_1 = p_1', \quad p_2 = p_2' \tag{a}$$

因

$$p_1' = p_a - x\rho_{\text{H}_2\text{O}} g$$

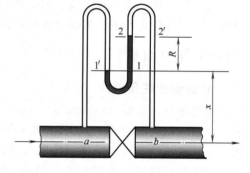

图 1-5 例 1-4 附图

$$p_1 = R\rho_{\text{Hg}} g + p_2 = R\rho_{\text{Hg}} g + p_2' = R\rho_{\text{Hg}} g + p_b - (R+x)\rho_{\text{H}_2\text{O}} g$$

根据式 (a)，$p_1 = p_1'$，则

$$p_a - p_b = x\rho_{\text{H}_2\text{O}} g + R\rho_{\text{Hg}} g - (R+x)\rho_{\text{H}_2\text{O}} g = R(\rho_{\text{Hg}} - \rho_{\text{H}_2\text{O}}) g$$

$$= 0.1 \times (13600 - 1000) \times 9.81 = 12.4\text{kPa}$$

2. 斜管压差计

当被测量的流体压力或压差不大时，读数 R 必然很小，为得到精确的读数，可采用如图 1-6 所示的斜管压差计（inclined manometer）。此时 R' 与 R 的关系为

$$R' = \frac{R}{\sin\alpha} \tag{1-11}$$

式中，α 为倾斜角，其值愈小，则 R 值放大为 R' 的倍数愈大。

3. 微差压差计

若斜管压差计所示的读数仍然很小，则可采用微差压差计（two-liquid manometer），其构造如图 1-7。在 U 形管中放置两种密度不同、互不相溶的指示液，管的上端有扩张室，扩张室有足够大的截面积，当读数 R 变化时，两扩张室中液面不致有明显的变化。

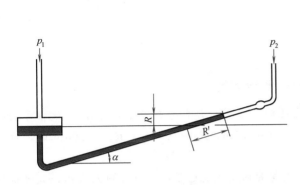

图 1-6　斜管压差计

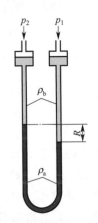

图 1-7　微差压差计

按静力学基本方程式，可推出

$$p_1 - p_2 = \Delta p = Rg(\rho_a - \rho_b) \tag{1-12}$$

式中，ρ_a、ρ_b 为重、轻两种指示液的密度，kg/m^3。

从上式可看出，对于一定的压差，$(\rho_a - \rho_b)$ 愈小则读数 R 愈大，所以应该使用两种密度接近的指示液。

（二）液面测定

化工厂中经常需要了解容器里液体的贮存量，或需要控制设备里液体的液面，因此要对液面进行测定。有些液面的测定方法是以静力学基本方程式为依据的。

图 1-8 为用液柱压差计测量液面的示意图。将一装有指示液 A 的 U 形管压差计的两端，分别与容器底部和平衡室（扩大室）相连，平衡室上方用气相平衡管与容器连接。平衡室中装的液体与容器里的液体 B 相同。所装液体量能使平衡室里液面高度维持在容器液面容许到达的最高液位。压差计的读数 R 指示容器里的液面高度，液面越高，读数越小。当液面达到最高允许液位时，压差计的读数为零。

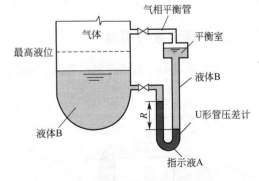

图 1-8　液面测量

【例 1-5】　为了确定容器中石油产品的液面，采用如图 1-9 所示的装置。压缩空气用调节阀调节流量，使其流量控制得很小，只要在鼓泡观察器内有气泡缓慢逸出即可。因此，气体通过吹气管的流动阻力可忽略不计。吹气管内压力用 U 形管压差计来测量。压差计读数 R 的大小，反映贮罐内液面的高度。指示

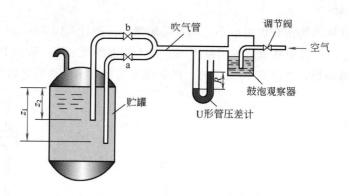

图 1-9　例 1-5 附图

液为汞。（1）分别由 a 管或由 b 管输送空气时，压差计读数分别为 R_1 或 R_2，试推导 R_1、R_2 分别同 z_1、z_2 的关系；（2）当 $(z_1-z_2)=1.5\text{m}$，$R_1=0.15\text{m}$，$R_2=0.06\text{m}$ 时，试求石油产品的密度 ρ_p 及 a 管深度 z_1。

解　（1）在附图所示的装置中，由于吹气管内空气流速很小，且管内无液体，故可认为贮罐中吹气管出口处的压力与 U 管差压计左侧水银柱上面的压力近似相等。依据压力与液柱高度的关系式，对于 a 管与 b 管分别求得

$$z_1 = R_1 \frac{\rho_{\text{Hg}}}{\rho_p} \qquad\qquad (a)$$

$$z_2 = R_2 \frac{\rho_{\text{Hg}}}{\rho_p} \qquad\qquad (b)$$

（2）将式（a）减去式（b）并经整理得

$$\rho_p = \frac{R_1 - R_2}{z_1 - z_2}\rho_{\text{Hg}} = \frac{0.15 - 0.06}{1.5} \times 13600 = 816\text{kg/m}^3$$

故

$$z_1 = 0.15 \times \frac{13600}{816} = 2.5\text{m}$$

（三）确定液封高度

在化工生产中，为了控制设备内气体压力不超过规定的数值，常常装有如图 1-10 所示的安全液封（或称为水封）装置。其作用是当设备内压力超过规定值时，气体就从液封管排出，以确保设备操作的安全。若设备要求压力不超过 p（表压），按静力学基本方程式，则水封管插入液面下的深度 h 为

$$h = \frac{p}{\rho_{\text{H}_2\text{O}}g} \qquad (1-13)$$

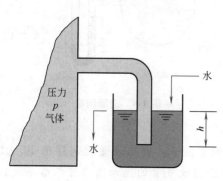

图 1-10　安全水封

为了安全起见，实际安装时管子插入液面

下的深度应比上式计算值略低。

第二节　管内流体流动的基本方程式

化工厂中流体大多是沿密闭的管路流动，因此了解管内流体流动的规律十分必要。反映管内流体流动规律的基本方程式有连续性方程式和伯努利方程式，本节主要围绕这两个方程式进行讨论。

一、流量与流速

（一）流量

1. 体积流量

单位时间内流体流经管路任一截面的体积称为体积流量（volumetric flow rate），以 q_V 表示，其单位为 m^3/s。

2. 质量流量

单位时间内流体流经管路任一截面的质量称为质量流量（mass flow rate），以 q_m 表示，其单位为 kg/s。体积流量与质量流量之间的关系为

$$q_m = \rho q_V \tag{1-14}$$

式中，ρ 为流体密度，kg/m^3。

（二）流速

1. 平均流速

流速是指单位时间内流体质点在流动方向上所流经的距离。实验证明，流体在管路内流动时，由于流体具有黏性，管路横截面上流体质点速度是沿半径变化的。管路中心流速最大，愈靠管壁流速愈小，在紧靠管壁处，由于流体质点黏附在管壁上，其流速等于零。但工程上，通常用体积流量除以管路截面积所得的值来表示流体在管路中的速度。此种速度称为平均速度（average velocity），简称流速，以 u 表示，单位为 m/s。流量与流速关系为

$$u = \frac{q_V}{A} \tag{1-15}$$

$$q_m = \rho q_V = \rho A u \tag{1-16}$$

式中，A 为管路的截面积，m^2。

2. 质量流速

单位时间内流体流经管路单位截面的质量称为质量流速（mass velocity），以 w 表示，单位为 $kg/(m^2 \cdot s)$。它与流速及流量的关系为

$$w = \frac{q_m}{A} = \frac{\rho A u}{A} = \rho u \tag{1-17}$$

由于气体的体积与温度、压力有关，显然，当温度、压力发生变化时，气体的体积流量与其相应的流速也将随之改变，但其质量流量不变。此时，采用质量流速比较方便。

3. 管路直径的估算

若以 d 表示管内径，则式(1-15) 可写成

$$u = \frac{q_V}{\frac{\pi}{4}d^2} = \frac{q_V}{0.785d^2}$$

得
$$d = \sqrt{\frac{q_V}{0.785u}} \tag{1-18}$$

流量一般由生产任务所决定，而合理的流速则应根据经济权衡决定，一般液体流速为 $0.5 \sim 3\text{m/s}$。气体为 $10 \sim 30\text{m/s}$。某些流体在管路中的常用流速范围可参阅本章表 1-3。

【例 1-6】 以内径 105mm 的钢管输送压力为 202.6kPa（绝对压力）、温度为 120℃ 的空气。已知空气在标准状况（$p^{\ominus} = 101.325\text{kPa}$，$T^{\ominus} = 273.15\text{K}$）下的体积流量为 630m³/h，试求此空气在管内的流速和质量流速。

解 依题意空气在标准状况下的流量应换算为操作状态下的流量。因压力不高，可应用理想气体状态方程计算。

$$q_V = q_V^{\ominus}\left(\frac{T}{T^{\ominus}}\right)\left(\frac{p^{\ominus}}{p}\right) = 630 \times \left(\frac{273+120}{273.15}\right) \times \frac{101.325}{202.6} = 453\text{m}^3/\text{h}$$

依式(1-15)，得流速

$$u = \frac{q_V}{0.785d^2} = \frac{453/3600}{0.785 \times \left(\frac{105}{1000}\right)^2} = 14.5\text{m/s}$$

取空气的平均摩尔质量为 $M_m = 28.9\text{kg/kmol}$，则实际操作状态下空气的密度为

$$\rho = \left(\frac{28.9}{22.4}\right) \times \left(\frac{273.15}{273+120}\right) \times \left(\frac{202.6}{101.325}\right) = 1.8\text{kg/m}^3$$

依式(1-17) 得质量流速

$$w = \rho u = 1.8 \times 14.5 = 26.1\text{kg/(m}^2 \cdot \text{s)}$$

【例 1-7】 某厂要求安装一根输水量为 30m³/h 的管路，试选择合适的管径。

解 依式(1-18)，管内径为 $d = \sqrt{\dfrac{q_V}{0.785u}}$，选取水在管内的流速 $u = 1.8\text{m/s}$，则

$$d = \sqrt{\frac{30/3600}{0.785 \times 1.8}} = 0.077\text{m} = 77\text{mm}$$

查附录二十一中无缝钢管规格，确定选用 ϕ89mm×4mm（外径 89mm，壁厚 4mm）的管子，其内径为

$$d = 89 - (4 \times 2) = 81\text{mm} = 0.081\text{m}$$

因此，水在输送管内的实际操作流速为

$$u = \frac{30}{0.785 \times (0.081)^2 \times 3600} = 1.62\text{m/s}$$

二、稳态流动与非稳态流动

流体在管路中流动时，在任一点上的流速、压力等有关物理参数都不随时间而改变，这种流动称为稳态流动（steady flow）。

若流动的流体中任一点上的物理参数有部分或全部随时间而改变，这种流动称为非稳态流动（unsteady flow）。例如，水自变动水位的贮水槽中经小孔流出，则水的流出速度依槽内水面的高低而变化。

在化工厂中，流体的流动大多为稳态流动。故除有特别指明者外，本书中所讨论的均系稳态流动问题。

三、连续性方程式

设流体在如图 1-11 所示的管路中作连续稳态流动，从截面 1—1 流入，从截面 2—2 流出。若在管路两截面之间无流体漏损，根据质量守恒定律，从截面 1—1 进入的流体质量流量 q_{m_1} 应等于从截面 2—2 流出的流体质量流量 q_{m_2}，即

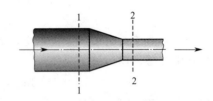

图 1-11　连续性方程式的推导

$$q_{m_1} = q_{m_2} \tag{1-19}$$

由式（1-16）得

$$\rho_1 A_1 u_1 = \rho_2 A_2 u_2 \tag{1-20}$$

推广到该管路系统的任意截面，则有

$$\rho A u = 常数 \tag{1-21}$$

式（1-21）称为**连续性方程式**（equation of continuity）。若流体不可压缩，$\rho =$ 常数，则式（1-21）可简化为

$$A u = 常数 \tag{1-22}$$

由此可知，在连续稳定的不可压缩流体的流动中，流体速度与管路的截面积成反比。截面积愈大之处流速愈小，反之亦然。

对于圆形管路，由式（1-22）可得

$$\frac{\pi}{4} d_1^2 u_1 = \frac{\pi}{4} d_2^2 u_2$$

或

$$\frac{u_1}{u_2} = \left(\frac{d_2}{d_1}\right)^2 \tag{1-23}$$

式中，d_1 及 d_2 分别为管路上截面 1 和截面 2 处的管内径。上式说明不可压缩流体在管路中的流速与管路内径的平方成反比。

【例 1-8】　如图 1-12 所示的输水管路，管内径 $d_1 = 2.5\text{cm}$；$d_2 = 10\text{cm}$；$d_3 = 5\text{cm}$。

（1）当流量为 4L/s 时，各管段的平

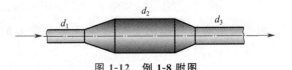

图 1-12　例 1-8 附图

均流速为多少？

（2）当流量分别增至 8L/s、减至 2 L/s 时，平均流速如何变化？

解 （1）根据式（1-15），则

$$u_1 = \frac{q_V}{A_1} = \frac{4 \times 10^{-3}}{\frac{\pi}{4} \times (2.5 \times 10^{-2})^2} = 8.15 \text{m/s}$$

由式（1-23）得

$$u_2 = u_1 \left(\frac{d_1}{d_2}\right)^2 = 8.15 \times \left(\frac{2.5}{10}\right)^2 = 0.51 \text{m/s}$$

$$u_3 = u_1 \left(\frac{d_1}{d_3}\right)^2 = 8.15 \times \left(\frac{2.5}{5}\right)^2 = 2.04 \text{m/s}$$

（2）各截面流速比例保持不变，流量增至 8L/s 时，流量增为原来的 2 倍，则各段流速亦增加至 2 倍，即

$$u_1 = 16.3 \text{m/s}, \quad u_2 = 1.02 \text{m/s}, \quad u_3 = 4.08 \text{m/s}$$

流量减小至 2L/s 时，即流量减小 1/2，各段流速亦为原值的 1/2，即

$$u_1 = 4.08 \text{m/s}, \quad u_2 = 0.26 \text{m/s}, \quad u_3 = 1.02 \text{m/s}$$

四、伯努利方程式

伯努利方程式（Bernoulli's equation）是管内流体流动机械能衡算式。

（一）伯努利方程式

假定流体无黏性（即在流动过程中无摩擦损失），在如图 1-13 所示的管路内作稳态流动，在管截面上流体质点的速度分布是均匀的。流体的压力、密度都取在管截面上的平均值，流体质量流量为

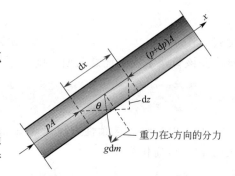

图 1-13 伯努利方程式的推导

q_m，管截面积为 A。在管路中取一微管段 $\mathrm{d}x$，微管段中的流体质量为 $\mathrm{d}m$。作用于此微管段的力有以下两个：

① 作用于两端的总压力分别为 pA 和 $-(p+\mathrm{d}p)A$；

② 质量为 $\mathrm{d}m$ 的流体，其重力为 $g\,\mathrm{d}m$。因 $\mathrm{d}m = \rho A \mathrm{d}x$，$\sin\theta \mathrm{d}x = \mathrm{d}z$，重力沿 x 方向的分力为

$$g\sin\theta \mathrm{d}m = g\rho A \sin\theta \mathrm{d}x = g\rho A \mathrm{d}z$$

由上述可知，作用于微管段流体上的各力沿 x 方向的分力之和为

$$pA - (p+\mathrm{d}p)A - g\rho A \mathrm{d}z = -A\mathrm{d}p - g\rho A \mathrm{d}z \tag{1-24}$$

另外，流体流经管路时，不仅压力发生变化，而且动量也要发生变化。流体流进微管段的流速为 u，流出的流速为 $(u+\mathrm{d}u)$，因此动量的变化速率为

$$q_m \mathrm{d}u = \rho A u \mathrm{d}u \tag{1-25}$$

根据动量原理，作用于微管段流体上的力的合力等于流动的动量变化的速率，由式（1-24）与式（1-25）得

$$\rho A u \mathrm{d}u = -A\mathrm{d}p - g\rho A \mathrm{d}z \tag{1-26}$$

化简，得
$$g\,\mathrm{d}z+\frac{\mathrm{d}p}{\rho}+u\,\mathrm{d}u=0 \qquad (1\text{-}27)$$

对不可压缩流体，ρ 为常数，对上式积分得

$$gz+\frac{p}{\rho}+\frac{u^2}{2}=常数 \qquad (1\text{-}28)$$

式(1-28) 称为**伯努利方程式**，适用于不可压缩非黏性的流体，通常把这种流体称为**理想流体**，故又称上式为**理想流体伯努利方程式**。

对于气体，若管路两截面间压力差很小，如 $p_1-p_2\leqslant0.2p_1$，密度 ρ 变化也很小，此时伯努利方程式仍可适用。计算时密度可采用两截面的平均值，可以作为不可压缩流体处理。

当气体在两截面间的压力差较大时，应考虑流体压缩性的影响，必须根据过程的性质（等温或绝热）按热力学方法处理，在此不再作进一步讨论。

（二）伯努利方程式的物理意义

伯努利方程的
物理意义

式(1-28) 等号左边由 gz、p/ρ 与 $u^2/2$ 三项所组成。gz 为单位质量（**1kg**）流体所具有的位能。因为质量为 m 的流体，其与水平基准面的距离为 z 时，则其位能为 mgz，所以单位质量流体的位能为 gz，其单位为

$$\frac{\mathrm{kg}\cdot\dfrac{\mathrm{m}}{\mathrm{s}^2}\cdot\mathrm{m}}{\mathrm{kg}}=\frac{\mathrm{N}\cdot\mathrm{m}}{\mathrm{kg}}=\frac{\mathrm{J}}{\mathrm{kg}}$$

p/ρ 为单位质量流体所具有的**静压能**，其单位为 $\dfrac{\mathrm{N/m^2}}{\mathrm{kg/m^3}}=\dfrac{\mathrm{N}\cdot\mathrm{m}}{\mathrm{kg}}=\dfrac{\mathrm{J}}{\mathrm{kg}}$。流动流体中的流体压力通常称为**静压**。因用测压管可测出它能使流体（液体）提升一定高度（$h=p/\rho g$），这一高度的液柱相对流动的液体来说是静止状态。

$u^2/2$ 为单位质量流体所具有的**动能**。因质量为 m、速度为 u 的流体所具有的动能为

$mu^2/2$，故 $u^2/2$ 为单位质量流体的动能，其单位为 $\dfrac{\mathrm{kg}\cdot\dfrac{\mathrm{m}^2}{\mathrm{s}^2}}{\mathrm{kg}}=\dfrac{\mathrm{kg}\cdot\dfrac{\mathrm{m}}{\mathrm{s}^2}\cdot\mathrm{m}}{\mathrm{kg}}=\dfrac{\mathrm{N}\cdot\mathrm{m}}{\mathrm{kg}}=\dfrac{\mathrm{J}}{\mathrm{kg}}$。

位能、静压能及动能均属于机械能，三者之和称为总机械能或总能量。式(1-28) 表明，这 3 种形式的能量可以相互转换，但总能量不会有所增减，即三项之和为一常数。所以，式(1-28) 是单位质量流体能量守恒方程式。

若将式(1-28) 各项均除以重力加速度 g，则得

$$z+\frac{p}{\rho g}+\frac{u^2}{2g}=常数 \qquad (1\text{-}29)$$

式(1-29) 中各项的单位为 m，可写成 $\dfrac{\mathrm{N}\cdot\mathrm{m}}{\mathrm{N}}=\dfrac{\mathrm{J}}{\mathrm{N}}$，即单位重量（1N）流体所具有的能量。式(1-29) 是**单位重量流体能量守恒方程式**。

因式(1-29) 中的 z、$p/\rho g$、$u^2/2g$ 的量纲都是长度，所以各种单位重量流体的能量都可以用流体液柱高度表示。因此，在流体力学中常把单位重量流体的能量称为**压头**（head），z 称为**位压头**，$p/\rho g$ 为**静压头**，$u^2/2g$ 为**动压头**或**速度压头**。而（$z+p/\rho g+u^2/2g$）为**总压头**。

五、实际流体机械能衡算式

（一）实际流体机械能衡算式

1. 机械能损失（压头损失）

实际流体由于有黏性，管截面上流体质点的速度分布是不均匀的。因此，管内流体的流速取管截面上的平均流速。另外，从 1 截面流至 2 截面时，会使一部分机械能转化为热能，而引起总机械能损失，下面通过图

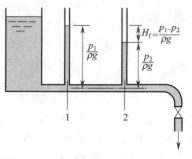

图 1-14　实际流体流动时压头损失

1-14所示的简单实验观察流体在等直径的直管中流动时的机械能损失。

在直管的截面 1 与截面 2 处各安装一根测压管，测得两截面处的静压头分别为 $p_1/\rho g$ 与 $p_2/\rho g$，而 $p_1/\rho g > p_2/\rho g$。因为是水平直管，则 $z_1 = z_2$。又因为管径不变，则 $u_2^2/2g = u_1^2/2g$。显然，1 截面处的压头之和大于 2 截面处的压头之和。两者之差即为实际流体在这段直管中流动时的压头损失。

由上述可知，实际流体在管路内流动时，由于流体的内摩擦作用，不可避免要消耗一部分机械能。因此必须在机械能量衡算时加入压头损失项，即

$$z_1 + \frac{p_1}{\rho g} + \frac{u_1^2}{2g} = z_2 + \frac{p_2}{\rho g} + \frac{u_2^2}{2g} + \sum H_{\mathrm f} \tag{1-30}$$

式中，$\sum H_{\mathrm f}$ 为压头损失，m。

由此方程式可知，只有当1—1截面处总压头大于2—2截面处总压头时，流体才能克服流体的内摩擦阻力流至2—2截面。

2. 外加机械能（外加压头）

在化工生产中，常常需要将流体从总压头较小的地方输送到较大的地方。如例 1-9 附图所示，将碱液从贮槽输送到蒸发器，这一过程是不能自动进行的，需要从外界向流体输入机械压头 H，以补偿管路两截面处的总压头之差以及流体流动时的压头损失 $\sum H_{\mathrm f}$，即

$$z_1 + \frac{p_1}{\rho g} + \frac{u_1^2}{2g} + H = z_2 + \frac{p_2}{\rho g} + \frac{u_2^2}{2g} + \sum H_{\mathrm f} \tag{1-31}$$

式中，H 为外加压头，m。

上式亦可写成如下形式，即

$$z_1 g + \frac{p_1}{\rho} + \frac{u_1^2}{2} + W = z_2 g + \frac{p_2}{\rho} + \frac{u_2^2}{2} + \sum h_{\mathrm f} \tag{1-32}$$

式中，$\sum h_{\mathrm f} = g \sum H_{\mathrm f}$，为单位质量流体的机械能损失，J/kg。$W = gH$，为单位质量流体的外加机械能，J/kg。

式(1-31) 及式(1-32)均为实际流体机械能衡算式，习惯上也称之为伯努利方程式。

（二）伯努利方程式的应用

伯努利方程是流体流动的基本方程式，它的应用范围很广。就化工生产过程来说，该方程式除用来分析和解决与流体输送有关的问题外，还用于流体流动过程中流量的测定以及调节阀流通能力的计算等。下面举例说明伯努利方程式的应用。

【例 1-9】 用泵将贮槽中的稀碱液送到蒸发器中进行浓缩，如图 1-15 所示。泵的进口管为 $\phi89\text{mm}\times3.5\text{mm}$ 的钢管，碱液在进口管的流速为 1.5m/s，泵的出口管为 $\phi76\text{mm}\times3\text{mm}$ 的钢管。贮槽中碱液的液面距蒸发器入口处的垂直距离为 7m，碱液经管路系统的机械能损失为 40J/kg，蒸发器内碱液蒸发压力（表压）保持在 20kPa，碱液的密度为 1100kg/m^3。试计算所需的外加机械能。

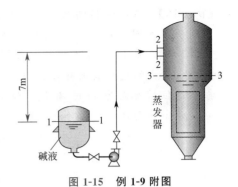

图 1-15 例 1-9 附图

解 取贮槽的液面 1—1 为基准面，蒸发器入口处管口为 2—2 截面，在 1—1 截面与 2—2 截面间列伯努利方程，即

$$gz_1 + \frac{u_1^2}{2} + \frac{p_1}{\rho} + W = gz_2 + \frac{u_2^2}{2} + \frac{p_2}{\rho} + \sum h_f$$

移项得

$$W = (z_2 - z_1)g + \frac{p_2 - p_1}{\rho} + \frac{u_2^2 - u_1^2}{2} + \sum h_f \qquad (a)$$

根据连续性方程，碱液在泵的出口管中的流速为

$$u_2 = u_0 \left(\frac{d_0}{d_2}\right)^2 = 1.5 \times \left(\frac{82}{70}\right)^2 = 2.06\text{m/s}$$

因贮槽液面比管路截面大得多，故可认为 $u_1 \approx 0$。将已知各值代入式（a），则输送碱液所需的外加机械能为

$$W = 7 \times 9.81 + \frac{20 \times 10^3}{1100} + \frac{(2.06)^2}{2} + 40 = 68.7 + 18.2 + 2.12 + 40 = 129\text{J/kg}$$

由本题可知，应用伯努利方程解题时，需要注意下列事项。

（1）选取截面 根据题意选择两个截面，以确定衡算系统的范围。两截面之间的流体必须连续、稳态流动，且充满整个衡算系统。作为已知条件的物理量及待求的物理量，应是截面上的或两截面之间的物理量。如图 1-15 所示的液体输送系统，应选 1—1 截面和 2—2 截面，而不能选 1—1 截面和 3—3 截面。这是因为流体流至 2—2 截面后即脱离管路系统，2—2 截面和 3—3 截面间已经不连续，不符合伯努利方程式的应用条件。

需要说明的是，只要在连续稳定的范围内，任意两个截面均可选用。不过，为了计算方便，截面常取在输送系统的起点和终点的相应截面，因为起点和终点的已知条件多。另外，两截面均应与流动方向相垂直。

（2）确定基准面 基准面是用以衡量位能大小的基准。为了简化计算，通常取相应于所选定的截面之中较低的一个水平面为基准面，如在图 1-15 中以 1—1 截面为基准面比较合适。这样，例 1-9 中 z_1 为零，z_2 值等于两截面之间的垂直距离，由于所选的 2—2 截面与基准水平面不平行，则 z_2 值应取 2—2 截面中心点到基准水平面之间的垂直距离。

（3）压力 压力的概念已在静力学中说明了。这里需要强调的是，伯努利方程式中的压力 p_1 与 p_2 只能同时使用表压或绝对压力，不能混合使用。

（4）外加机械能 应用式（1-32）计算所求得的外加机械能 W 是对每千克流体而言的。若要计算泵的轴功率，需将 W 乘以质量流量，再除以效率。详见第二章。

【例 1-10】 从高位槽向塔内加料，高位槽和塔内的压力均为大气压。如图 1-16 所示。要求料液在管内以 0.5m/s 的速度流动。试求高位槽的液面应该比塔入口处高出多少米？已知料液在管内的总压头损失为 1.2m 液柱。

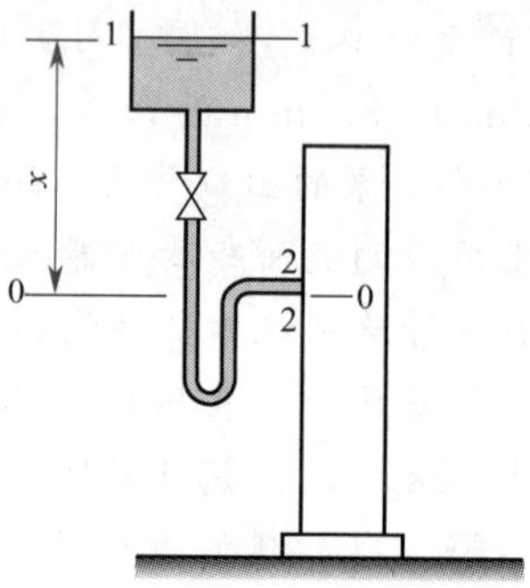

解 高位槽液面为 1—1 截面，料液的入塔口为 2—2 截面，在这两个截面之间列伯努利方程为

$$z_1 + \frac{p_1}{\rho g} + \frac{u_1^2}{2g} = z_2 + \frac{p_2}{\rho g} + \frac{u_2^2}{2g} + \sum H_f$$

以料液的入塔口水平面 0—0 为基准面，则有 $z_1 = x$，$z_2 = 0$。因两截面处的压力相同，则有 $p_1 = p_2 = 0$（表压）。

图 1-16　例 1-10 附图

高位槽截面与管截面相差很大，故高位槽截面的流速与管内流速相比其值很小，可以忽略不计，即 $u_1 = 0$。已知 $u_2 = 0.5$m/s，总压头损失 $\sum H_f = 1.2$m 液柱。

将已知数据代入伯努利方程，则得

$$x = \frac{0.5^2}{2 \times 9.81} + 1.2 = 1.21\text{m}$$

计算结果表明，动压头数值很小，位压头主要用于克服流体的内摩擦阻力。

第三节　管内流体流动现象

由前述可知，在使用伯努利方程式进行管路计算时，必须先知道机械能损失的数值。本节将讨论产生机械能损失的原因及管内速度分布等，以便为下一节讨论机械能损失计算提供必要的基础。

一、黏度

（一）牛顿黏性定律

流体流动时产生内摩擦力的性质称为黏性。流体黏性越大，其流动性就越小。从桶底把一桶甘油放完要比把一桶水放完慢得多，这是因为甘油流动时内摩擦力比水大。

设有上下两块平行放置而相距很近的平板，两板间充满着静止的液体，如图 1-17 所示。若将下板固定，对上板施加一恒定的外力，使上板以较小的速度作平行于下板的等速直线运动，则板间的液体也随之移动。紧靠上层平板的液体，因附着在板面上，具有与平板相同的速度；而紧靠下层板面的液体，也因附着于板面而静止不动；在两层平板之间的液体中形成上大下小的流速分布。此两平板间的液体可看成是许多平行于平板的流体层，层与层之间存在着速度差，即各液层之间存在着相对运动。由于液体分子间的引力以及分子的无规则热运动的结果，速度较快的液层对其相邻的速度较慢的液层有着拖动其向运动方向前进的力。而同时速度较慢的液层对其上速度较快的液层也作用着一个大小相等、方向相反的力，从而阻碍较快的液层的运动。这种运动着的流体内部相邻两流体层间由于分子运动而产生的相互作用力，称为流体的内摩擦力或黏滞力。流体运动时内摩擦力的大小体现了流体黏性的大小。

如图 1-17 所示，若 y 处流体层的速度为 u，在其垂直距离为 $\mathrm{d}y$ 处的邻近流体层的速度为 $u+\mathrm{d}u$，则 $\dfrac{\mathrm{d}u}{\mathrm{d}y}$ 表示速度沿法线方向上的变化率，称为速度梯度。实验证明，两流体层之间单位面积上的内摩擦力（或称为剪应力）τ 与垂直于流动方向的速度梯度成正比。即

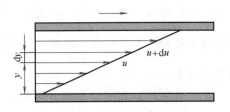

图 1-17 平板间流体速度变化

$$\tau = \mu \frac{\mathrm{d}u}{\mathrm{d}y} \tag{1-33}$$

式中，μ 为比例系数，称为**黏性系数**，或**动力黏度**，简称**黏度**（viscosity）。式(1-33) 所示的关系称为**牛顿黏性定律**。

由式(1-33) 可知，当 $\dfrac{\mathrm{d}u}{\mathrm{d}y}=1$ 时，$\mu=\tau$，所以黏度的物理意义为：当 $\dfrac{\mathrm{d}u}{\mathrm{d}y}=1$ 时，单位面积上所产生的内摩擦力大小。显然，流体的黏度越大，在流动时产生的内摩擦力也就越大。

从式(1-33) 可得黏度的单位为

$$[\mu] = \left[\frac{\tau}{\dfrac{\mathrm{d}u}{\mathrm{d}y}}\right] = \frac{\mathrm{N/m^2}}{\dfrac{\mathrm{m/s}}{\mathrm{m}}} = \frac{\mathrm{N \cdot s}}{\mathrm{m^2}} = \mathrm{Pa \cdot s}$$

在流体力学中，还经常把流体黏度 μ 与密度 ρ 之比称为**运动黏度**，用符号 ν 表示

$$\nu = \frac{\mu}{\rho} \tag{1-34}$$

其单位为 $\mathrm{m^2/s}$。

各种液体和气体的黏度数据均由实验测定。本书附录中给出了查取某些常用液体和气体黏度的图表。同一温度下，气体黏度远小于液体黏度。

温度对流体黏度的影响很大。当温度升高时，液体的黏度减小，而气体的黏度增大。压力对液体黏度的影响很小，可忽略不计，而气体的黏度在压力不是极高或极低的条件下，也可以认为与压力无关。

【例 1-11】 如图 1-18(a) 所示，汽缸内壁的直径 $D=12\mathrm{cm}$，活塞的直径 $d=11.96\mathrm{cm}$，活塞的厚度 $l=14\mathrm{cm}$，润滑油的黏度 $\mu=0.1\mathrm{Pa \cdot s}$，活塞往复运动的速度为 $1\mathrm{m/s}$。试问作用在活塞上的黏滞力为多少？

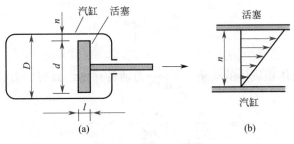

图 1-18 例 1-11 附图

解 因黏性作用，黏附在汽缸内壁的滑润油层速度为零，黏附在活塞外表面的润滑油层

与活塞速度相同，即 $u=1\mathrm{m/s}$。因此，汽缸壁与活塞间隙润滑油的速度由 0 增至 $1\mathrm{m/s}$，油层间相对运动产生剪应力，故用 $\tau=\mu\dfrac{\mathrm{d}u}{\mathrm{d}y}$ 计算。该剪应力乘以活塞面积，就是作用于活塞上的黏滞力 F。

我们将间隙 n 放大，并给出速度分布，如图 1-18(b) 所示。由于活塞与汽缸间隙 n 很小。速度分布图可以认为是直线分布。故

$$\frac{\mathrm{d}u}{\mathrm{d}y}=\frac{u}{n}\quad u=1\mathrm{m/s}=100\mathrm{cm/s}, n=\frac{1}{2}\times(12-11.96)\mathrm{cm}$$

故

$$\frac{\mathrm{d}u}{\mathrm{d}y}=\frac{u}{n}=\frac{100}{\dfrac{1}{2}\times(12-11.96)}=5\times10^3\,\mathrm{s}^{-1}$$

将此值代入式(1-33)，则剪应力为

$$\tau=\mu\,\frac{\mathrm{d}u}{\mathrm{d}y}=0.1\times5\times10^3=5\times10^2\,\mathrm{N/m^2}$$

接触面积为
$$A=\pi dl=\pi\times0.1196\times0.14=0.053\mathrm{m^2}$$

故作用在活塞上的黏滞力为

$$F=\tau A=5\times10^2\times0.053=26.5\mathrm{N}$$

（二）流体中的动量传递

如图 1-17 所示，沿流动方向相邻两流体层由于速度的不同，其动量也就不同。速度较快的流体层中的流体分子在随机运动的过程中，部分进入速度较慢的流体层中，与速度较慢的流体分子互相碰撞，使速度较慢的分子速度加快，动量增大。同时，速度较慢的流体层中亦有同量分子进入速度较快的流体层。因此，流体层之间的分子交换使动量从速度大的流体层向速度小的流体层传递。由此可见，分子动量传递是由于流体层之间速度不等，动量从速度大处向速度小处传递。这与在物体内部因温度不同，有热量从温度高处向温度低处传递是相似的。

牛顿黏性定律表达式即式(1-33) 就是表示这种分子动量传递的。将式(1-33) 改写成下列形式

$$\tau=\frac{\mu}{\rho}\frac{\mathrm{d}(\rho u)}{\mathrm{d}y}$$

由于 $\nu=\mu/\rho$，则
$$\tau=\nu\,\frac{\mathrm{d}(\rho u)}{\mathrm{d}y} \tag{1-35}$$

式中，$\rho u=\dfrac{mu}{V}$ 为单位体积流体的动量，$\dfrac{\mathrm{d}(\rho u)}{\mathrm{d}y}$ 为动量梯度。而剪应力的单位可表示为

$$[\tau]=\frac{\mathrm{N}}{\mathrm{m^2}}=\frac{\mathrm{kg\cdot m/s^2}}{\mathrm{m^2}}=\frac{\mathrm{kg\cdot m/s}}{\mathrm{m^2\cdot s}}$$

因此，剪应力可看作单位时间单位面积的动量，称为动量传递速率。则式(1-35) 表明，分子动量传递速率与动量梯度成正比。

（三）非牛顿型流体

上面所讨论的是一类在流动中形成的剪应力与速度梯度的关系完全符合牛顿黏性定律的流体，这类流体称为**牛顿型流体**（Newtonian fluid），如水、空气等就属于这一类流体。但工业中还有多种流体，并不服从牛顿黏性定律，如泥浆、某些高分子溶液、悬浮液等，这类流体称为**非牛顿型流体**（non-Newtonian fluid）。对于非牛顿型流体流动的研究，属于流变学（rheology）的范畴，这里不进行讨论。

二、流体流动类型与雷诺数

（一）雷诺实验

流体的流动类型，首先由雷诺（Reynolds）实验进行观察，雷诺实验装置如图 1-19 所示。在保持恒定液面的水槽侧面，安装一根玻璃管，玻璃管的液体入口为喇叭状，管出口有调节水流量的阀门，水槽上方的小瓶内充有有色液体作为指示剂。实验时，有色液体从瓶中流出，经喇叭口中心处的针状细管流入管内。从指示剂的流动情况可以观察到管内水流中质点的运动情况。

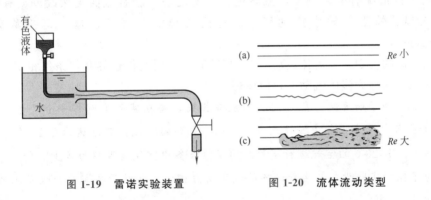

图 1-19　雷诺实验装置　　　　　　图 1-20　流体流动类型

流速小时，管中心的有色液体在管内沿轴线方向成一条轮廓清晰的细直线，平稳地流过整根玻璃管，与旁侧的水丝毫不相混合，如图 1-20(a) 所示。此实验现象表明，水的质点在管内都是沿着与管轴平行的方向作直线运动。当开大阀门使水流速逐渐增大到一定数值时，呈直线流动的有色细流便开始出现波动而成波浪形细线，并且不规则地波动，如图 1-20(b) 所示；速度再增，细线的波动加剧，然后被冲断而向四周散开，最后可使整个玻璃管中的水呈现均匀的颜色，如图 1-20(c) 所示。显然，此时流体的流动状况已发生了显著地变化。

（二）流动类型

上述实验表明：流体在管路中的流动状态可分为两种类型。

当流体在管中流动时，若其质点始终沿着与管轴平行的方向作直线运动，如图 1-20(a) 所示，质点之间互不混合。因此，充满整个管的流体就如一层一层的同心圆筒在平行地流动。这种流动状态称为**层流**（laminar flow）或**滞流**（viscous flow）。

当流体在管路中流动时，若指示剂与水迅速混合，如图 1-20(c) 所示，则表明流体质点除了沿着管路向前流动外，各质点的运动速度大小和方向都随时发生变化，质点间相互碰撞，相互混合。这种流动状态称为**湍流**（turbulent flow）或**紊流**。

根据不同的流体和不同的管径，所获得的实验结果表明：影响流体流动类型的因素除了流体的流速 u 外，还有管径 d，流体密度 ρ 和流体的黏度 μ。u、d、ρ 越大，μ 越小，就越容易从层流转变为湍流。雷诺得出结论：上述 4 个因素所组成的复合数群 $\dfrac{du\rho}{\mu}$ 是判断流体流动类型的准则。

这个数群称为**雷诺数**（Reynolds number）用 Re 表示。雷诺数的量纲表示如下

$$\dim Re = \dim\left(\frac{du\rho}{\mu}\right) = \frac{(\mathrm{L})\left(\dfrac{\mathrm{L}}{\mathrm{T}}\right)\left(\dfrac{\mathrm{M}}{\mathrm{L}^3}\right)}{\dfrac{\mathrm{M}}{(\mathrm{L})(\mathrm{T})}} = \mathrm{L}^0 \mathrm{M}^0 \mathrm{T}^0 = 1$$

上述结果表明，Re 是量纲为一的量。不管采用何种单位制，只要 Re 中各物理量采用同一单位制的单位，所求得的 Re 的数值必相同。根据大量的实验得知，$Re \leqslant 2000$ 时，流动类型为层流，该范围称为层流区；当 $Re \geqslant 4000$ 时，流动类型为湍流，该范围称为湍流区；而在 $2000 < Re < 4000$ 范围内，流动类型不稳定，可能是层流，也可能是湍流，与外界条件的干扰情况有关。例如，流体进入管子之前，若有截面突然改变、有障碍物存在、锐角入口、外来的轻微震动等，都易促成湍流的发生。这一范围称为**过渡区**（transition region）。

在两根不同的管中，当流体流动的 Re 相同时，只要流体边界几何条件相似，则流体流动状态也相同。这称为流体流动的相似原理。

【例 1-12】 为了研究某一操作过程的能量损失，特在实验室制作一个尺寸为生产设备 1/10 的实验设备，生产设备中操作流体为常压、80℃的空气，其流速为 2.5m/s。今在实验设备中拟用常压和 20℃的空气进行实验。问实验设备中空气速度应为多少？

解 为了保持实验设备与生产设备的流体动力相似，实验设备与生产设备中的 Re 值必须相等，即

$$\frac{d_1 u_1 \rho_1}{\mu_1} = \frac{d_2 u_2 \rho_2}{\mu_2}$$

式中，下标 1 为生产设备的数据，下标 2 为实验设备的数据。于是

$$u_2 = u_1 \left(\frac{d_1}{d_2}\right)\left(\frac{\rho_1}{\rho_2}\right)\left(\frac{\mu_2}{\mu_1}\right)$$

已知 $\qquad \dfrac{d_2}{d_1} = 0.1, \qquad \dfrac{\rho_2}{\rho_1} = \dfrac{T_1}{T_2} = \dfrac{(273+80)}{(273+20)} = 1.2$

20℃及 80℃时空气的黏度分别为 18.1μPa·s 及 21.1μPa·s，即

$$\frac{\mu_2}{\mu_1} = \frac{18.1}{21.1} = 0.858$$

故实验设备中空气速度应为

$$u_2 = 2.5\left(\frac{1}{0.1}\right) \times \left(\frac{1}{1.2}\right) \times 0.858 = 17.9 \text{m/s}$$

【例 1-13】 有一内径为 25mm 的水管，如管中流速为 1.0m/s，水温为 20℃。求：（1）管路中水的流动类型；（2）管路内水保持层流状态的最大流速。

解 （1）20℃时水的黏度为 10^{-3}Pa·s，密度为 998.2kg/m³，管中雷诺数为

$$Re = \frac{du\rho}{\mu} = \frac{0.025 \times 1 \times 998.2}{\dfrac{1}{1000}} = 2.5 \times 10^4 > 4000$$

故管中为湍流。

（2）因层流最大雷诺数为 2000，即

$$Re = \frac{du_{\max}\rho}{\mu} = 2000$$

故水保持层流的最大流速 $\quad u_{\max} = \dfrac{2000 \times 0.001}{0.025 \times 998.2} = 0.08\text{m/s}$

【例 1-14】 某低速送风管路，内径 $d = 200$mm，风速 $u = 3$m/s，空气温度为 40℃。求：（1）风道内气体的流动类型；（2）该风道内空气保持层流的最大流速。

解 （1）40℃空气的运动黏度为 16.96×10^{-6}m²/s，管中 Re 为

$$Re = \frac{ud}{\nu} = \frac{3 \times 0.2}{16.96 \times 10^{-6}} = 3.54 \times 10^4 > 4000$$

故管中为湍流。

（2）空气保持层流的最大流速为

$$u_{\max} = \frac{Re\nu}{d} = \frac{2000 \times 16.96 \times 10^{-6}}{0.2} = 0.17\text{m/s}$$

三、流体在圆管内的速度分布

流体在圆管内的速度分布是指流体流动时，管截面上质点的轴向速度沿半径的变化。由于层流与湍流是本质完全不同的两种流动类型，故两者速度分布规律不同。

(一) 流体在圆管中层流时的速度分布

由实验可以测得层流流动时的速度分布。沿着管径测定不同半径处的流速，标绘在图 1-21 上，速度分布为抛物线形状。管中心的速度最大，越靠近管壁速度越小，管壁处速度为 0。平均速度 u 为最大速度 $u_{\max}$ 的一半，即 $u = u_{\max}/2$。

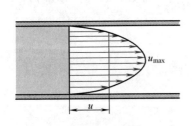

图 1-21　层流时的速度分布

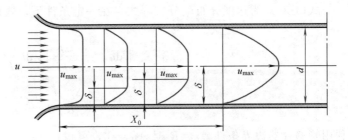

图 1-22　层流的进口起始段

实验证明，层流速度的抛物线分布规律并不是流体刚流入管口就立刻形成的，而是要流

过一段距离后才能充分发展成抛物线的形状。

如图 1-22 所示，流体在流入管口之前速度分布是均匀的。在进入管口之后，则靠近管壁的一层非常薄的流体层因附着在管壁上，其速度突然降为零。流体在继续流动的过程中，靠近管壁的各层流体由于黏性的作用而逐渐滞缓下来。又由于各截面上的流量为一定值，管中心处各点的速度必然增大。当流体深入到一定距离之后，管中心的速度等于平均速度的两倍时，层流速度分布的抛物线规律才算完全形成。尚未形成层流抛物线规律的这一段称为层流的进口起始段，X_0 称为进口起始段长度。实验证明，$X_0 = 0.05dRe$。

层流时速度分布还可以从理论上推导如下。

1. 速度分布方程式

如图 1-23 所示，流体在半径为 R 的水平管中作稳态流动。在流体中取一段长为 l、半径为 r 的流体圆柱体。在水平方向作用于此圆柱体的力有两端的总压力及圆柱体周围表面上的内摩擦力。

作用于圆柱体两端的总压力分别为

$$p_{01} = \pi r^2 p_1$$
$$p_{02} = \pi r^2 p_2$$

式中，p_1、p_2 分别为左、右端面上的压力，N/m^2。

流体作层流流动时内摩擦力，服从牛顿黏性定律，由式（1-33）写为

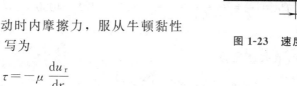

图 1-23　速度分布方程式推导

$$\tau = -\mu \frac{du_r}{dr}$$

式中，u_r 为半径 r 处的流速。式中的负号表示流速沿半径增加的方向而减小。

作用于流体圆柱体周围表面 $2\pi rl$ 上的内摩擦力为

$$F = -(2\pi rl)\mu \frac{du_r}{dr}$$

由于流体作等速流动，根据牛顿第二定律，这些力的合力等于零，即

$$\pi r^2 p_1 - \pi r^2 p_2 - \left(-2\pi rl\mu \frac{du_r}{dr}\right) = 0$$

故
$$\frac{du_r}{dr} = -\frac{\Delta p}{2\mu l}r \tag{1-36}$$

式中，Δp 为两端的压力差（$p_1 - p_2$）。

式（1-36）为速度分布微分方程式。在一定条件下，式中 $\dfrac{\Delta p}{2\mu l}$ ＝常数，故可积分如下

$$\int du_r = -\frac{\Delta p}{2\mu l}\int r\,dr$$

$$u_r = -\left(\frac{\Delta p}{2\mu l}\right)\frac{r^2}{2} + C$$

利用管壁处的边界条件，$r = R$ 时，$u_r = 0$，可得

$$C = \frac{\Delta p}{4\mu l}R^2$$

故
$$u_r = \frac{\Delta p}{4\mu l}(R^2 - r^2)$$
(1-37)

式(1-37) 为流体在圆管中层流时的速度分布方程。由此式可知，速度分布为抛物线形状。

2. 最大流速

最大流速 u_{max} 是以 $r = 0$ 代入上式求得，即
$$u_{max} = \frac{\Delta p}{4\mu l}R^2$$
(1-38)

3. 流量

根据管截面的速度分布，可求得通过管路整个截面的体积流量。如图 1-24 所示，取半径 r 处厚度为 dr 的一个微小环形面积，通过此环形截面积的体积流量为
$$dq_V = (2\pi r \, dr)u_r$$

式中，u_r 用式(1-37) 代入，求得
$$dq_V = \frac{\Delta p}{4\mu l}(R^2 - r^2)(2\pi r \, dr)$$

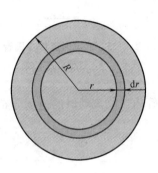

在整个截面积上积分，可得出管中的流量如下
$$\int_0^{q_V} dq_V = \frac{\pi \Delta p}{2\mu l}\int_0^R (R^2 r - r^3)dr$$
$$q_V = \frac{\pi \Delta p}{2\mu l}\left(\frac{R^4}{2} - \frac{R^4}{4}\right)$$

图 1-24 层流流量推导

故
$$q_V = \frac{\pi R^4 \Delta p}{8\mu l}$$

此式经许多实验证明是正确的，说明上述推理符合实际情况。

4. 平均流速

管截面上的平均流速为
$$u = \frac{q_V}{\pi R^2} = \frac{\dfrac{\pi R^4 \Delta p}{8\mu l}}{\pi R^2} = \frac{\Delta p}{8\mu l}R^2$$
(1-39)

式(1-39) 与式(1-38) 比较，得
$$u = \frac{1}{2}u_{max}$$
(1-40)

即层流时平均流速 u 为管中心最大流速的一半。

以管径 d 代替式(1-39) 中的半径 R，并改写为
$$\Delta p = 32\frac{\mu l u}{d^2}$$
(1-41)

式(1-41) 称为哈根（Hagen）**泊谡叶**（Poiseuille）**方程式**。此式表明，在层流流动时，用以克服摩擦阻力的压力差 Δp 与平均流速 u 的一次方成正比。

（二）流体在圆管中湍流时的速度分布

湍流时，流体中充满着各种大小的旋涡，流体质点除了沿管路轴线方向流动外，在管路截面上，流体质点的运动方向和速度大小随时在变化。但是，管内流体是稳态流动，对于整个管路截面来说，流体的平均速度是不变的。

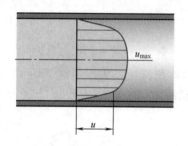

湍流时速度分布目前还不能利用理论推导求得，只能用实验方法得到。由实验测得速度分布如图 1-25 所示。从图中看出，速度分布可以分成两部分。即管中心部分与靠近管壁部分。

管中心部分为湍流主体，流体质点除了沿管路轴线方向流动外，还在截面上存在径向脉动，产生旋涡。因此，流速较快的质点带动较慢的质点，同时速度较慢的质点阻滞着速度较快的质点运动。这样，流体质点间进行着湍流动量传递，使管截面上的速度分布比较均匀。

图 1-25 湍流时流体在圆管中速度分布

雷诺数 Re 越大，即流体湍流程度越剧烈，速度分布曲线顶部区域越平坦。湍流时管截面的平均速度约为管中心最大速度的 0.82 倍，即 $u \approx 0.82 u_{\max}$。流体在光滑管内湍流流动时的速度分布在 $Re \leqslant 10^5$ 范围内可用下式表示

$$u_r = u_{\max}\left(1 - \frac{r}{R}\right)^{1/7} \tag{1-42}$$

式中，u_r 为半径在 r 处的流速，m/s；R 为管内半径，m。式（1-42）称为湍流速度分布的 **1/7 次方定律**（one-seventh power law）。

靠近管壁处属于层流层，沿半径方向的速度梯度较大，附在管壁上的一层流体的流速为零。由于液体有黏性，邻近管壁处的流体受管壁处流体层的约束作用，其流速不大，仍然保持一层作层流流动的流体薄层，称为**层流底层**（laminar sublayer），如图 1-26 所示。层流底层的厚度随 Re 的增大而减小。

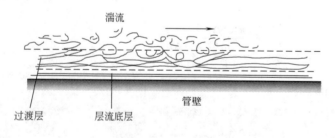

图 1-26 湍流流动　　　　　　　边界层分离演示

湍流核心部分与层流底层之间存在着过渡层。圆管内流体作湍流流动时的起始段长度大约等于 $(40 \sim 50)d$。

第四节　管内流体流动的摩擦阻力损失

上一节介绍了管内流体流动现象，在此基础上，本节将介绍伯努利方程式中的机械能损

失 $\sum h_{\mathrm{f}}$（单位为 J/kg）及压头损失 $\sum H_{\mathrm{f}}$（单位为 m 液柱）的计算，$\sum h_{\mathrm{f}}$ 与 $\sum H_{\mathrm{f}}$ 的关系为 $\sum h_{\mathrm{f}} = g\sum H_{\mathrm{f}}$。

流体的机械能损失或压头损失（head loss），是由于流体有黏性，流动时产生内摩擦使一部分机械能转化为热能而损失掉。通常把流体的机械能损失或压头损失称为摩擦阻力损失。简称为摩擦损失（friction loss）或阻力损失。

输送流体的管路是由管子、管件、阀门及流体输送机械等组成。管径、管长及管件、阀门种类的不同，会使流体的摩擦阻力损失大小不同。

管子规格以 $\phi A \times B$ 表示，A 为管外径，B 为管壁厚度。例如，$\phi 108\mathrm{mm} \times 4\mathrm{mm}$ 表示管外径为 108mm，壁厚为 4mm。

流体在一定直径的直管中流动，所产生的摩擦阻力损失称为直管摩擦阻力损失。

流体流经管件、阀门及设备进出口时所产生的摩擦阻力损失称为局部摩擦阻力损失。

直管摩擦阻力损失与局部摩擦阻力损失之和称为总摩擦阻力损失。

一、直管中流体摩擦阻力损失的测定

当流体流经等直径的直管时，动能没有改变。由伯努利方程式可知，此时流体的摩擦阻力损失应为

$$h_{\mathrm{f}} = \left(z_1 g + \frac{p_1}{\rho}\right) - \left(z_2 g + \frac{p_2}{\rho}\right)$$

因此，只要测出一直管段两截面上的静压能与位能，就能求出流体流经两截面之间的摩擦阻力损失。

对于水平等直径管路，流体的摩擦阻力损失应为

$$h_{\mathrm{f}} = \frac{p_1 - p_2}{\rho} = \frac{\Delta p}{\rho} \tag{1-43}$$

即对于水平等直径管路，只要测出两截面上的静压能，就可以知道两截面之间的摩擦阻力损失。

需要注意以下两点：

① 对于同一根直管，不管是垂直或水平安装，所测得的摩擦阻力损失相同；

② 只有水平安装时，摩擦损失等于两截面上的静压能之差。

流体在直管中作层流或湍流流动时，因其流动状态不同，所以两者产生摩擦损失的原因也不同。层流流动时，摩擦损失计算式可从理论推导得出。而湍流流动时，其计算式需要用理论与实验相结合的方法求得。下面分别介绍层流与湍流时的直管摩擦阻力损失的计算方法。

二、层流的摩擦阻力损失计算

流体层流时摩擦损失的计算式，可由前面介绍的式（1-41）哈根-泊谡叶方程式 $\Delta p = \dfrac{32\mu l u}{d^2}$ 导出。将此式等号两侧除以流体密度 ρ，求得摩擦阻力损失为

$$h_{\mathrm{f}} = \frac{\Delta p}{\rho} = \frac{32\mu l u}{d^2 \rho}$$

将上式改写为 $h_{\mathrm{f}} = \left[\dfrac{64}{\dfrac{du\rho}{\mu}}\right]\left(\dfrac{l}{d}\right)\left(\dfrac{u^2}{2}\right)$，得流体摩擦阻力损失计算式

$$h_f = \lambda \frac{l}{d} \frac{u^2}{2} \tag{1-44}$$

式中
$$\lambda = \frac{64}{\dfrac{du\rho}{\mu}} = \frac{64}{Re} \tag{1-45}$$

式(1-45) 经实验证明与实际完全符合。λ 称为**摩擦系数**（friction coefficient）或**摩擦因数**（friction factor）。

式 (1-44) 的流体摩擦阻力损失计算式对流体湍流时也适用，只是摩擦系数 λ 的计算式不同。

【例 1-15】 乌氏黏度计可通过测量一定体积 V 的流体，流过长度为 l 的毛细管的时间 t，计算流体的黏度。现知毛细管直径为 1mm，被测流体密度为 1040kg/m^3，流体的体积为 4.0cm^3，流过毛细管的时间为 120s，此时液体黏度为多少？

解 在毛细管的 b 截面与 c 截面处列伯努利方程，并以 c 截面为基准面，得

$$z_b + \frac{p_b}{\rho g} + \frac{u_b^2}{2g} = z_c + \frac{p_c}{\rho g} + \frac{u_c^2}{2g} + h_f$$

其中 $z_b = l$；$p_b = 0$（表压，忽略 ab 间的高度差）；

$u_b = u_c$；$z_c = 0$；$p_c = 0$（表压）

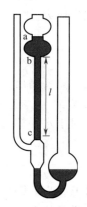

图 1-27　例 1-15 附图

假设毛细管内为层流

$$h_f = \lambda \frac{l}{d} \cdot \frac{u^2}{2g} = \frac{64}{Re} \cdot \frac{l}{d} \cdot \frac{u^2}{2g} = \frac{64}{\dfrac{d\rho u}{\mu}} \cdot \frac{l}{d} \cdot \frac{u^2}{2g} = \frac{32\mu l u}{d^2 \rho g}$$

则有
$$l = \frac{32\mu l u}{d^2 \rho g}$$

且
$$u = \frac{q_V}{\dfrac{\pi}{4}d^2} = \frac{4V}{\pi d^2 t}$$

整理得
$$\mu = \frac{d^2 \rho g}{32u} = \frac{d^2 \rho g}{32 \cdot \dfrac{4V}{\pi d^2 t}} = \frac{\pi \rho g d^4 t}{128V}$$

$$= \frac{3.14 \times 1040 \times 9.81 \times 0.001^4 \times 120}{128 \times 4.0 \times 10^{-6}} = 7.51 \times 10^{-3} (\text{Pa} \cdot \text{s}) = 7.51 \text{cP}$$

检验 Re 是否在层流范围

$$Re = \frac{d\rho u}{\mu} = \frac{d\rho \cdot \dfrac{4q_V}{\pi d^2}}{\mu} = \frac{4\rho q_V}{\pi \mu d} = \frac{4\rho V}{\pi \mu d t} = \frac{4 \times 1040 \times 4.0 \times 10^{-6}}{3.14 \times 7.51 \times 10^{-3} \times 0.001 \times 120}$$

$$= 5.88 < 2000$$

在层流范围内，计算结果成立。

三、湍流的摩擦阻力损失

（一）管壁粗糙度的影响

化工生产所铺设的管路，按其管材的性质和加工情况大致可分为光滑管与粗糙管。通常把玻璃管、铜管、铅管及塑料管等称为光滑管；把钢管和铸铁管称为粗糙管。实际上，即使是同一材料制造的管路，由于使用时间的不同、腐蚀及沾污程度的不同，管壁的粗糙度也会产生很大的差异。

在湍流流动的条件下，管壁粗糙度对摩擦损失有影响。管壁粗糙面凸出部分的**平均高度**，称为**绝对粗糙度**（absolute roughness），以 ε 表示。绝对粗糙度 ε 与管内径 d 之比值 ε/d 称为**相对粗糙度**（relative roughness）。表 1-1 列出某些工业管路的绝对粗糙度。

表 1-1　某些工业管路的绝对粗糙度

	管　路　类　别	绝对粗糙度 ε/mm		管　路　类　别	绝对粗糙度 ε/mm
金属管	无缝黄铜管、铜管及铝管	0.01～0.05	非金属管	干净玻璃管	0.0015～0.01
	新的无缝钢管或镀锌铁管	0.1～0.2		橡皮软管	0.01～0.03
	新的铸铁管	0.3		木管	0.25～1.25
	具有轻度腐蚀的无缝钢管	0.2～0.3		陶土排水管	0.45～6.0
	具有显著腐蚀的无缝钢管	0.5 以上		很好整平的水泥管	0.33
	旧的铸铁管	0.85 以上		石棉水泥管	0.03～0.8

流体流过粗糙管壁的情况如图 1-28 所示。

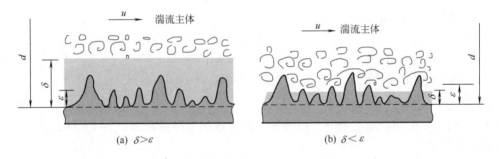

(a) $\delta>\varepsilon$　　　　　　　　　　(b) $\delta<\varepsilon$

图 1-28　流体流过粗糙管壁的情况

d—管内径；δ—层流底层厚度；ε—绝对粗糙度

流体层流流动时，由于流速较小，管壁粗糙度的大小对流体的速度分布没有影响，所以对流体的摩擦阻力损失或摩擦系数 λ 值没有影响。

在**流体湍流流动**条件下，如果层流底层的厚度 δ 大于壁面的绝对粗糙度 ε，即 $\delta>\varepsilon$，如图 1-28(a) 所示，流体如同流过光滑管壁（$\varepsilon=0$）。这种情况的流动称为**光滑管流动**（smooth pipe flow）。

随着流体的 Re 增大，湍流主体的区域扩大，层流底层厚度 δ 变薄。如果 $\delta<\varepsilon$，如图 1-28(b) 所示，管壁表面有一部分较高的突出点穿过层流底层，伸入湍流主体，阻挡流体的流动，产生旋涡，使摩擦阻力损失增大。

Re 越大，层流底层越薄，壁面上较小的突出点也会伸入湍流主体中。当 Re 增大到一定程度，层流底层很薄，壁面的突出点全部伸入湍流主体中。这种情况下的流体流动，称为**完全湍流**（complete turbulence），管子称为**完全粗糙管**（fully rough pipe）。

在一定的 Re 条件下，管壁粗糙度越大，则流体的摩擦阻力损失就越大。

（二）量纲分析法

层流时摩擦损失计算式可根据理论分析方法进行推导。而湍流的情况要复杂得多。因此，目前还不能完全用理论分析的方法建立湍流下摩擦损失的计算式。

此类复杂问题不仅在研究湍流时会遇到，而且在研究传热、传质等问题时也会遇到，通常需要通过实验解决。但进行实验时，每次只能改变一个变量，而将其他变量固定，若牵涉的变量很多，不仅实验工作量大，而且整理出来的数据不便于推广使用。因此，需要有一定的理论来指导实验工作，以便在实验中能有目的地测定为数不多的实验数据，以使实验结果能推广应用。量纲分析法（dimensional analysis）是化学工程实验研究中经常使用的方法之一。

量纲分析法的基础是量纲的一致性，即每一个物理方程式的两边不仅数值相等，而且量纲也必须相等。

量纲分析法的基本定理是 π 定理：设该现象所涉及的物理量数为 n 个，这些物理量的基本量纲数为 m 个，则该物理现象可用 $N = (n-m)$ 个独立的量纲为一的量之间的关系式表示。

下面介绍用量纲分析法求取湍流时摩擦损失计算式的方法。根据摩擦损失的分析及有关实验研究得知，由于流体内摩擦而产生的压力降 Δp 与管径 d、管长 l、流速 u、密度 ρ、黏度 μ 及管壁粗糙度 ε 等因素有关。以函数形式表示为

$$\Delta p = f(d, l, u, \rho, \mu, \varepsilon) \tag{1-46}$$

这 7 个物理量的量纲（dim）分别为

$$\begin{aligned}
&\dim p = MT^{-2}L^{-1} && \dim \varepsilon = L \\
&\dim d = L && \dim \rho = ML^{-3} \\
&\dim l = L && \dim \mu = MT^{-1}L^{-1} \\
&\dim u = LT^{-1}
\end{aligned} \tag{1-47}$$

其中共有 M、T、L 3 个基本量纲。根据 π 定理，量纲为一的量有 $N = 4$。将式(1-46)写成下列幂函数形式

$$\Delta p = K d^a l^b u^c \rho^d \mu^e \varepsilon^f \tag{1-48}$$

式中，常数 K 和指数 a、b、c⋯待确定。将式(1-47)代入上式得

$$ML^{-1}T^{-2} = L^a L^b (LT^{-1})^c (ML^{-3})^d (ML^{-1}T^{-1})^e L^f$$

故

$$ML^{-1}T^{-2} = M^{d+e} L^{a+b+c-3d-e+f} T^{-c-e}$$

根据量纲的一致性原则，得

对于 M $\qquad\qquad d+e=1$

对于 L $\qquad\qquad a+b+c-3d-e+f=-1$

对于 T $\qquad\qquad -c-e=-2$

上面 3 个方程式不能解出 6 个未知数，今设 b、e、f 为已知，求解 a、c、d 得

$$a = -b-e-f$$

$$c = 2-e$$

$$d = 1-e$$

将解得结果代入式(1-48) 得

$$\Delta p = K d^{-b-e-f} l^b u^{2-e} \rho^{1-e} \mu^e \varepsilon^f$$

把指数相同的物理量合并，求得下列 4 个量纲为一的量之间的关系式

$$\frac{\Delta p}{\rho u^2} = K \left(\frac{l}{d} \right)^b \left(\frac{d u \rho}{\mu} \right)^{-e} \left(\frac{\varepsilon}{d} \right)^f \tag{1-49}$$

式中，$\dfrac{d u \rho}{\mu}$ 称为雷诺数 Re；$\dfrac{\Delta p}{\rho u^2}$ 称为欧拉（Euler）数，用 Eu 表示。各量分别表示一定的物理意义，$Re = \dfrac{d u \rho}{\mu}$ 表示惯性力与黏性力之比，反映流体的流动状态和湍动程度，而 $Eu = \dfrac{\Delta p}{\rho u^2}$ 表示压力降与惯性力之比。因此，将其统称为**特征数**（characteristic number）。

根据实验得知，Δp 与 l 成正比，$b = 1$。则上式可写成

$$\frac{\Delta p}{\rho} = 2K \phi \left(Re, \frac{\varepsilon}{d} \right) \left(\frac{l}{d} \right) \left(\frac{u^2}{2} \right)$$

或

$$h_f = \frac{\Delta p}{\rho} = \psi \left(Re, \frac{\varepsilon}{d} \right) \left(\frac{l}{d} \right) \left(\frac{u^2}{2} \right)$$

上式与式(1-44) 比较可知，对于湍流有

$$\lambda = \psi \left(Re, \frac{\varepsilon}{d} \right) \tag{1-50}$$

由此可知，用上述量纲分析法，可将式(1-46)所表示的 7 个物理量之间的函数关系变成 3 个量纲为一的量之间的函数关系式(1-50)。λ 与 Re 及 $\dfrac{\varepsilon}{d}$ 的函数关系需由实验确定。有了摩擦系数，则湍流流动也可以用式(1-44)计算摩擦损失。

(三) 湍流时的摩擦系数

1. λ 与 Re 及 $\dfrac{\varepsilon}{d}$ 的关联图

摩擦系数 λ 与 Re 及 $\dfrac{\varepsilon}{d}$ 的函数关系，由实验确定。为使用方便，将其实验结果与层流的 $\lambda = \dfrac{64}{Re}$ 一并绘在图上，如图 1-29 所示。图上依雷诺数范围可分为如下 4 个区域。

(1) 层流区（$Re \leqslant 2000$）　$\lambda = \dfrac{64}{Re}$，λ 与 Re 为直线关系，而与 $\dfrac{\varepsilon}{d}$ 无关。h_f 与 u 的一次方成正比。

(2) 过渡区（$2000 < Re < 4000$）　流动类型不稳定，为安全计，按湍流计算 λ。

(3) 湍流区　光滑管曲线到虚线区域。λ 与 Re 及 ε/d 均有关系。在此区域内，对于一个 ε/d 值，画出一条 λ 与 Re 的关系曲线。最下一条曲线是光滑管曲线。

(4) 完全湍流区　图中虚线以上的区域。在此区域内，对于一定的 ε/d 值，λ 与 Re 的关系趋近于水平线，可看作 λ 与 Re 无关，而为定值。Re 一定时，λ 值随 ε/d 增大而增大。

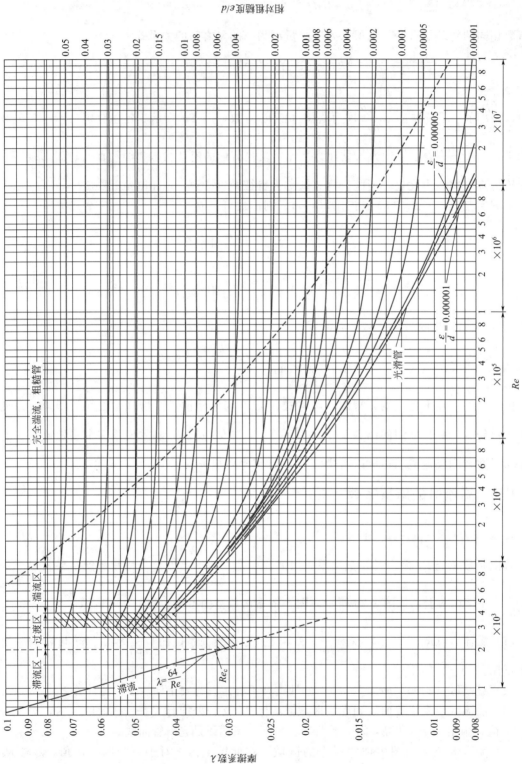

图 1-29 摩擦系数与雷诺数、相对粗糙度间的关系

在完全湍流区，由于 λ 与 Re 无关，从式 $h_f = \lambda \dfrac{l}{d}\dfrac{u^2}{2}$ 可知，流体的摩擦阻力损失 h_f 与流速 u 的平方成正比，此区域又称为阻力平方区。

2. λ 与 Re 及 ε/d 的关联式

按照式(1-50) 的 $\lambda = \varphi\left(Re, \dfrac{\varepsilon}{d}\right)$ 的函数关系，对湍流的摩擦系数实验数据进行关联，得出各种计算 λ 的关联式。

对于光滑管，有布拉修斯（Blasius）提出的关联式

$$\lambda = \frac{0.3164}{Re^{0.25}} \tag{1-51}$$

式(1-51) 适用于 $2.5 \times 10^3 < Re < 10^5$ 的光滑管。

对于湍流区的光滑管、粗糙管，直到完全湍流区，都能适用的关联式有下列两种。

考莱布鲁克（Colebrook）提出的关联式为

$$\frac{1}{\sqrt{\lambda}} = -2\lg\left(\frac{\varepsilon/d}{3.7} + \frac{2.51}{Re\sqrt{\lambda}}\right) \tag{1-52}$$

式中，λ 为隐函数，计算不方便。在完全湍流区，Re 对 λ 的影响很小，式中含 Re 项可以忽略。

哈兰德（Haaland）近期提出的关联式为

$$\frac{1}{\sqrt{\lambda}} = -1.8\lg\left[\left(\frac{\varepsilon/d}{3.7}\right)^{1.11} + \frac{6.9}{Re}\right] \tag{1-53}$$

式中，λ 为显函数，计算 λ 方便。

四、非圆形管的当量直径

前面介绍了圆管内流体的摩擦损失计算。当流体在非圆形管（如方形管、套管环隙等）内流动时，计算式 $h_f = \lambda \dfrac{l}{d}\dfrac{u^2}{2}$、$Re = \dfrac{du\rho}{\mu}$ 及 $\dfrac{\varepsilon}{d}$ 中的管径 d，需用非圆形管的当量直径（equivalent diameter）d_e 代替。

为此，引入水力半径 r_H 的概念，其定义为

$$r_H = \frac{流通截面积\ A}{湿润周边长度\ \Pi}$$

湿润周边长度是指管壁与流体接触的周边长度。

圆形管的水力半径应为

$$r_H = \frac{\dfrac{\pi}{4}d^2}{\pi d} = \frac{d}{4} \quad 或 \quad d = 4r_H$$

此式表明圆形管直径等于 4 倍水力半径，将这个概念推广到非圆形管。即非圆形管的当量直径 d_e 等于 4 倍的水力半径，即

$$d_e = 4r_H = \frac{4A}{\Pi} \tag{1 54}$$

但在计算非圆形管内流体的流速 u 时，应使用真实的截面积 A 计算，$u = \frac{q_V}{A}$。不能用 d_e 计算截面积。

对于圆形管

$$d_e = 4 \times \frac{\pi d^2/4}{\pi d} = d$$

对于套管的环隙，当外管的内径为 d_2，内管的外径为 d_1，则

$$d_e = 4 \times \frac{\pi(d_2^2 - d_1^2)/4}{\pi(d_1 + d_2)} = d_2 - d_1$$

对于边长分别为 a 与 b 的矩形管

$$d_e = \frac{4ab}{2(a+b)} = \frac{2ab}{(a+b)}$$

流体在非圆形管中湍流流动时，采用当量直径计算摩擦阻力损失较为准确，而层流流动时不够准确。需要对摩擦系数计算式 $\lambda = \frac{64}{Re}$ 中的 64 进行修正，写为

$$\lambda = \frac{c}{Re} \tag{1-55}$$

式中，c 值应根据非圆形管管截面形状而定，这里不详细介绍。

【例 1-16】　有正方形管路、宽为高的 3 倍的矩形管路和圆形管路，横截面积 A 均为 0.48m^2，试分别求出它们的湿润周边长度和当量直径。

解　（1）正方形管路

边长　　　　　　　　$a = \sqrt{A} = \sqrt{0.48} = 0.693\text{m}$

湿润周边长度　　　　$\Pi = 4a = 4 \times 0.693 = 2.77\text{m}$

当量直径　　　　　　$d_e = \frac{4A}{\Pi} = \frac{4 \times 0.48}{2.77} = 0.693\text{m}$

（2）矩形管路

边长　　　　　　　　$a \times b = a \times 3a = 3a^2 = A = 0.48\text{m}^2$

解得　　　　　　　　$a = \sqrt{\frac{0.48}{3}} = 0.4\text{m}$

湿润周边长度　　　　$\Pi = 2(a+b) = 2 \times (0.4 + 1.2) = 3.2\text{m}$

当量直径　　　　　　$d_e = \frac{4A}{\Pi} = \frac{4 \times 0.48}{3.2} = 0.6\text{m}$

（3）圆形管路

管径　　　　　　　　$\frac{\pi}{4}d^2 = A = 0.48$

解得
$$d=\sqrt{\frac{4\times 0.48}{\pi}}=0.78\text{m}$$

湿润周边长度
$$\Pi=\pi d=3.14\times 0.78=2.45\text{m}$$

当量直径
$$d_\text{e}=\frac{4A}{\Pi}=\frac{4\times\left(\dfrac{\pi}{4}d^2\right)}{\pi d}=d=0.78\text{m}$$

上述计算结果表明，流体流经截面的面积虽然相等，但因形状不同，湿润周边长度不等。湿润周边长度越短，当量直径越大，摩擦损失随当量直径加大而减小。因此，当其他条件相同时，方形管路比矩形管路摩擦损失少，而圆形管路又比方形管路摩擦损失少。从减少摩擦损失的观点来看，圆形截面是最佳的。

五、局部摩擦阻力损失

流体输送管路，除了有直管，还有阀门、弯头、三通和异径管等管件。当流体流过阀门和管件时，由于流动方向和流速大小的改变，会产生涡流，湍流程度增大，使摩擦阻力损失显著增大。这种由阀门和管件所产生的流体摩擦阻力损失称为局部摩擦阻力损失。

流体流过弯头

局部摩擦阻力损失的计算方法有两种：局部阻力系数法与当量长度法。

（一）局部阻力系数法

局部摩擦阻力损失通常与流体的动能 $\dfrac{u^2}{2}$ 成正比，即

$$h_\text{f}=\zeta\frac{u^2}{2} \tag{1-56}$$

式中，ζ 称为**局部阻力系数**（local resistance coefficient），其值由实验测定。常用阀门和管件的 ζ 值列于表 1-2 中。

表 1-2　管件和阀件的局部阻力系数与当量长度值（用于湍流）

名　称	阻力系数 ζ	当量长度与管径之比 l_e/d	名　称	阻力系数 ζ	当量长度与管径之比 l_e/d
弯头,45°	0.35	17	闸阀		
弯头,90°	0.75	35	全开	0.17	9
三通	1	50	半开	4.5	225
回弯头	1.5	75	截止阀		
管接头	0.04	2	全开	6.0	300
活接头	0.04	2	半开	9.5	475
止逆阀			角阀,全开	2	100
球式	70	3500	水表,盘式	7	350
摇板式	2	100			

流体从小管径管路流进大管径管路的突然扩大或从大管径管路流进小管径管路的突然缩小，这两种流动情况如图 1-30 所示。其 ζ 值可分别用下列二式计算。

突然扩大时
$$\zeta=\left(1-\frac{A_1}{A_2}\right)^2 \tag{1-57a}$$

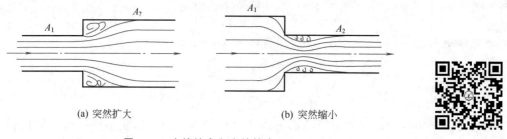

(a) 突然扩大　　　　　　　　　　　(b) 突然缩小

图 1-30　突然扩大和突然缩小

突然扩大和缩小

突然缩小时
$$\zeta = 0.5\left(1 - \frac{A_2}{A_1}\right)^2 \qquad\qquad (1\text{-}57b)$$

在计算突然扩大或突然缩小的局部摩擦损失时，式（1-56）中的**流速 u** 均为小管中的流速。由式（1-57a）与式（1-57b）可知，当 $A_1 = A_2$ 时，$\zeta = 0$，即等直径的直管无此项局部阻力损失。

当流体从管路流入截面较大的容器或气体从管路排放到大气中，即 $\frac{A_1}{A_2} \approx 0$ 时，由式（1-57a）可知 $\zeta = 1$。流体自容器进入管的入口，是自很大的截面突然缩小到很小的截面，相当于 $A_2/A_1 \approx 0$。此时，由式（1-57b）可知 $\zeta = 0.5$。

（二）当量长度法

此法是将流体流过管件或阀门所产生的局部摩擦阻力损失折合成流体流过长度为 l_e 的直管的摩擦阻力损失。l_e 称为管件、阀门的**当量长度**（equivalent length），l_e 值由实验测定。有了 l_e 值，可用下式计算局部摩擦阻力损失。

$$h_f = \lambda \frac{l_e}{d} \frac{u^2}{2} \qquad\qquad (1\text{-}58)$$

为了使用方便，l_e 的实验结果常用 l_e/d 值表示，表 1-2 列出了某些管件和阀门的 l_e/d 值。另外，ζ 值乘以 50 可以换算为 l_e/d 值。

六、管内流体流动的总摩擦阻力损失计算

管路系统的总摩擦阻力损失（即总机械能损失）包括直管摩擦阻力损失和所有管件、阀门等的局部摩擦阻力损失。若管路系统中的管径 d 不变，则总摩擦阻力损失计算式为

$$\sum h_f = \left[\lambda\left(\frac{l + \sum l_e}{d}\right) + \sum \zeta\right]\frac{u^2}{2} \qquad\qquad (1\text{-}59)$$

式中，$\sum l_e$、$\sum \zeta$ 分别为等直径管路中各当量长度、各局部阻力系数的总和。

【例 1-17】　如图 1-31 所示，常温水由一敞口贮罐用泵送入塔内，水的流量为 20m³/h，塔内压力为 196kPa（表压）。泵的吸入管长度为 5m，管径为 $\phi108\text{mm} \times 4\text{mm}$；泵出口到塔进口之间的管长为 20m，管径为 $\phi57\text{mm} \times 3.5\text{mm}$。塔进口前的截止阀半开。试求此管路系统输送水所需的外加机械能，取 $\varepsilon/d = 0.001$。

解　在 1—1 与 2—2 截面间列伯努利方程

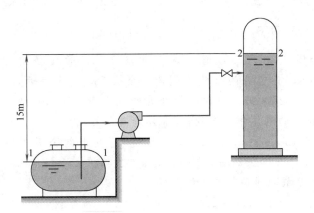

图 1-31　例 1-17 附图

$$W = (z_2 - z_1)g + \frac{p_2 - p_1}{\rho} + \frac{u_2^2 - u_1^2}{2} + \sum h_f$$

$z_2 - z_1 = 15\text{m}$，$p_1 = 0$（表压），$p_2 = 196\text{kPa}$（表压），贮罐和塔中液面都比管路截面大得多，故 $u_1 \approx u_2 \approx 0$。

常温下，水的密度 $\rho = 1000\text{kg/m}^3$，黏度 $\mu = 1\text{mPa} \cdot \text{s}$。水的流量 $q_V = 20\text{m}^3/\text{h}$。

（1）泵吸入管的 $\sum h_{f1}$

管内径 $d = 0.1\text{m}$，管长 $l = 5\text{m}$，管内水的流速为

$$u = \frac{20}{3600 \times \frac{\pi}{4} \times (0.1)^2} = 0.708\text{m/s}$$

$$Re = \frac{du\rho}{\mu} = \frac{0.1 \times 0.708 \times 1000}{0.001} = 7.08 \times 10^4$$

$\varepsilon/d = 0.001$，由图 1-29 查得 $\lambda = 0.0235$。管入口的 $\zeta = 0.5$，$90°$弯头的 $l_e/d = 35$。

$$\sum h_{f1} = \left[\lambda \left(\frac{l}{d} + \frac{l_e}{d} \right) + \zeta \right] \frac{u^2}{2} = \left[0.0235 \left(\frac{5}{0.1} + 35 \right) + 0.5 \right] \times \frac{(0.708)^2}{2} = 0.626\text{J/kg}$$

（2）泵出口到塔 2—2 截面之间的 $\sum h_{f2}$

管内径 $d = 0.05\text{m}$，管长 $l = 20\text{m}$，管内水的流速为

$$u = \left(\frac{0.1}{0.05} \right)^2 \times 0.708 = 2.83\text{m/s}$$

$$Re = \frac{du\rho}{\mu} = \frac{0.05 \times 2.83 \times 1000}{0.001} = 1.42 \times 10^5$$

$\varepsilon/d = 0.001$，由图 1-29 查得 $\lambda = 0.0215$。$90°$弯头 2 个，$l_e/d = 35 \times 2 = 70$，截止阀（半开）$l_e/d = 475$，水从管子流入塔内 $\zeta = 1.0$。

$$\sum h_{f2} = \left[\lambda \left(\frac{l}{d} + \frac{l_e}{d} \right) + \zeta \right] \frac{u^2}{2} = \left[0.0215 \left(\frac{20}{0.05} + 70 + 475 \right) + 1 \right] \times \frac{(2.83)^2}{2} = 85.4\text{J/kg}$$

（3）总摩擦阻力损失 $\sum h_f = \sum h_{f1} + \sum h_{f2} = 0.626 + 85.4 = 86\text{J/kg}$

则外加机械能 $W = 15 \times 9.81 + \dfrac{196 \times 10^3}{1000} + 86 = 429\text{J/kg}$

【例 1-18】 如图 1-32 所示，有一垂直管路系统，管内径为 100mm，管长为 16m，其中有两个截止阀，一个全开，一个半开，直管摩擦系数为 $\lambda = 0.025$。若只拆除一个全开的截止阀，其他保持不变。试问此管路系统的流体体积流量 q_V 将增加百分之几？

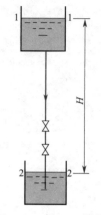

解 已知 $d = 0.1\text{m}$，$l = 16\text{m}$，$\lambda = 0.025$，查得截止阀全开时 $\zeta = 6.0$，半开时 $\zeta = 9.5$，管口突然缩小 $\zeta = 0.5$，管口突然扩大 $\zeta = 1$。

1—1 截面与 2—2 截面列伯努利方程，得

$$Hg = \sum h_f$$

拆除之前：流量 q_{V1}、流速 u_1、阻力损失 $\sum h_{f1}$；

拆除之后：流量 q_{V2}、流速 u_2、阻力损失 $\sum h_{f2}$。

拆除前与后，H 不变，故 $\sum h_{f1} = \sum h_{f2}$。

图 1-32 例 1-18 附图

$$\sum h_{f1} = \left(\lambda \frac{l}{d} + \sum \zeta\right)\frac{u_1^2}{2} = \left(0.025 \times \frac{16}{0.1} + 0.5 + 6.0 + 9.5 + 1\right)\frac{u_1^2}{2} = 21 \times \frac{u_1^2}{2}$$

$$\sum h_{f2} = \left(\lambda \frac{l}{d} + \sum \zeta\right)\frac{u_2^2}{2} = \left(0.025 \times \frac{16}{0.1} + 0.5 + 9.5 + 1\right)\frac{u_2^2}{2} = 15 \times \frac{u_2^2}{2}$$

因拆除阀门前后 H 不变，故 $\sum h_{f1} = \sum h_{f2}$，得 $21u_1^2 = 15u_2^2$，因而

$$\frac{q_{V2}}{q_{V1}} = \frac{u_2}{u_1} = \sqrt{\frac{21}{15}} = 1.18$$

即流量增加 18%。

第五节 管 路 计 算

管路计算是连续性方程式、伯努利方程式、摩擦阻力损失计算式、摩擦系数计算式及 Re 表达式的具体应用。

管路按其配置情况的不同，通常分为简单管路与复杂管路。下面分别介绍。

一、简单管路

简单管路是由单根管子及管件组成的流体输送系统。

（一）简单管路计算

简单管路的计算问题主要有下列 3 类。

① 已知 l、d、ε/d、q_V（或 u），求 $\sum h_f$。此类问题称为摩擦损失计算问题。

② 已知 l、d、ε/d、$\sum h_f$，求 u 或 q_V。此类问题称为流量计算问题。

③ 已知 l、$\sum h_f$、ε、q_V，求 d。此类问题称为管径计算问题。

解决上述问题，需要用下列计算式。

$$u = \frac{4q_V}{\pi d^2}, \quad \sum h_f = \lambda \frac{l}{d} \frac{u^2}{2}, \quad Re = \frac{du\rho}{\mu}, \quad \lambda = f(Re, \varepsilon/d)$$

式中，l 为管长与管件的当量长度之和，m；d 为管子内径，m；u 为流体的流速，m/s；q_V 为流体的体积流量，m³/s；$\sum h_f$ 为流体的摩擦阻力损失，J/kg；λ 为摩擦系数；ε 为绝对粗糙度，m；ε/d 为相对粗糙度。

图 1-29 中的不同区域，λ 的计算式不同。层流流动时，λ 的计算式为 $\lambda = 64/Re$；湍流流动，光滑管时，λ 的计算为式(1-51) 的 $\lambda = \dfrac{0.3164}{Re^{0.25}}$，$Re$ 的使用范围为 $2.5 \times 10^3 < Re < 10^5$；粗糙管完全湍流区，将式(1-52) 简化为 $\dfrac{1}{\sqrt{\lambda}} = -2\lg\left(\dfrac{\varepsilon/d}{3.7}\right)$。

在这 3 个区域内，$\sum h_f$、q_V（或 u）及 d 的计算问题，用上述计算式很容易解决。

从图 1-29 中的虚线至光滑管曲线之间的粗糙管湍流区是生产中常用的区域。下面重点介绍这个区域内的计算问题。

1. 第一类问题——$\sum h_f$ 的计算

计算式为
$$\sum h_f = \lambda \frac{l}{d} \frac{u^2}{2}$$

若已知 q_V，则 $u = \dfrac{4q_V}{\pi d^2}$，$Re = \dfrac{du\rho}{\mu}$，从图 1-29 查出 λ 值，或用 λ 计算式(1-53) 求出 λ 值，代入上式，可求出 $\sum h_f$。

【例 1-19】 如图 1-33 所示，生产中需将高位槽的水连续输送到低位槽中，输水量为 35 m³/h。管径为 $\phi89\text{mm} \times 3.5\text{mm}$，管长为 138m（包括管件的当量长度），管壁的相对粗糙度为 0.0001。水的密度为 1000kg/m³，黏度为 1mPa·s。试求两水槽水面高度应相差多少米。

解 已知 $l = 138$m，$d = 0.082$m，$\varepsilon/d = 0.0001$，$q_V = 35\text{m}^3/\text{h}$，$\rho = 1000\text{kg/m}^3$，$\mu = 1\text{mPa·s} = 10^{-3}\text{Pa·s}$。根据伯努利方程，可得

$$gH = \sum h_f = \lambda \frac{l}{d} \frac{u^2}{2}$$

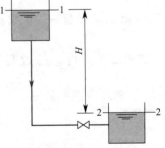

图 1-33 例 1-19 附图

本题是通过计算 $\sum h_f = \lambda \dfrac{l}{d} \dfrac{u^2}{2}$，求 H。先求流速

$$u = \frac{4q_V}{\pi d^2} = \frac{4 \times 35/3600}{\pi \times (0.082)^2} = 1.84\text{m/s}$$

$$Re = \frac{du\rho}{\mu} = \frac{0.082 \times 1.84 \times 10^3}{10^{-3}} = 1.51 \times 10^5 \text{（湍流）}$$

用湍流的 λ 计算式(1-53) 计算 λ 值，得 $\lambda = 0.017$，则两水槽液面的高差为

$$H = \frac{\sum h_f}{g} = \lambda \frac{l}{d} \frac{u^2}{2g} = 0.017 \times \frac{138}{0.082} \times \frac{(1.84)^2}{2 \times 9.81} = 4.94\text{m}$$

【例 1-20】 如图 1-34 所示，用泵将贮槽中 $20℃$ 的清水以 $36m^3/h$ 的流量输送至高位槽。两槽的液位恒定，液面相差 $20m$，输送管径为 $\phi108\times4mm$，管壁的绝对粗糙度为 $0.2mm$，管子总长为 $80m$（除调节阀以外的所有局部阻力的当量长度），调节阀为闸阀全开状态。试计算离心泵所需的轴功率（离心泵的效率为 60%）。

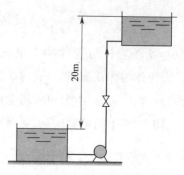

图 1-34　例 1-20 附图

解　　$u=\dfrac{q_V}{\dfrac{\pi}{4}d^2}=\dfrac{36/3600}{0.785\times0.1^2}=1.27m/s$

$20℃$ 时水的物性：$\mu=1.005\times10^{-3}Pa\cdot s$，$\rho=998.2kg/m^3$，则

$$Re=\frac{du\rho}{\mu}=\frac{0.1\times1.27\times998.2}{1.005\times10^{-3}}=1.26\times10^5$$

根据 $\dfrac{\varepsilon}{d}=\dfrac{0.2}{100}=0.002$，查得 $\lambda=0.025$。闸阀全开，查得 $\zeta=0.17$。

在贮槽 1 截面到高位槽 2 截面间列伯努利方程

$$z_1g+\frac{p_1}{\rho}+\frac{u_1^2}{2}+W=z_2g+\frac{p_2}{\rho}+\frac{u_2^2}{2}+\sum h_f$$

其中，$z_1=0$；$p_1=0$（表压），$u_1=0$，$z_2=20m$；$p_2=0$（表压），$u_2=0$

$$\sum h_f=\left(\zeta+\lambda\frac{l}{d}\right)\cdot\frac{u^2}{2}=\left(0.17+0.025\times\frac{80}{0.1}\right)\times\frac{1.27^2}{2}=16.3J/kg$$

则　　$W=z_2g+\sum h_f=20\times9.81+16.3=212.5J/kg$

$$P_e=Wq_V\rho=212.5\times\frac{36}{3600}\times998.2=2.12\times10^3W=2.12kW$$

$$P=\frac{P_e}{\eta}=\frac{2.12}{0.6}=3.53kW$$

2. 第二类问题——u 或 q_V 的计算

将式 $\sum h_f=\lambda\dfrac{l}{d}\dfrac{u^2}{2}$ 改写为 $\dfrac{1}{\sqrt{\lambda}}=u\sqrt{\dfrac{l}{2d\sum h_f}}$，与 $Re=\dfrac{du\rho}{\mu}$ 一起代入湍流的 λ 计算式 (1-52)，整理后消去 λ 值，得到计算流速 u 的计算式

$$u=-2\sqrt{\frac{2d\sum h_f}{l}}\lg\left(\frac{\varepsilon/d}{3.7}+\frac{2.51\mu}{d\rho}\sqrt{\frac{l}{2d\sum h_f}}\right) \tag{1-60}$$

这样，就避免了试差法计算。求出流速后，需验算是否是湍流，否则需改为层流计算。

【例 1-21】 如图 1-33 所示的输水管路。管长及管件的当量长度 $l=138m$，管内径 $d=0.082m$，相对粗糙度 $\varepsilon/d=0.0001$，两水槽的液面高差 $H=5m$。试求输水量为多少（m^3/h）。水的密度 $\rho=10^3kg/m^3$，黏度 $\mu=10^{-3}Pa\cdot s$。

解 根据伯努利方程可得

$$\sum h_f = gH = 9.81 \times 5 = 49.1 \text{J/kg}$$

本题是由伯努利方程式求出 $\sum h_f = 49.1 \text{J/kg}$，再从 $\sum h_f = \lambda \dfrac{l}{d} \dfrac{u^2}{2}$ 求流速 u，最后求出流量 q_V。

将已知数据代入式(1-60)，求得水的流速为

$$u = -2 \sqrt{\frac{2d \sum h_f}{l}} \lg\left(\frac{\varepsilon/d}{3.7} + \frac{2.51\mu}{d\rho} \sqrt{\frac{l}{2d \sum h_f}}\right)$$

$$= -2 \sqrt{\frac{2 \times 0.082 \times 49.1}{138}} \lg\left(\frac{0.0001}{3.7} + \frac{2.51 \times 10^{-3}}{0.082 \times 10^3} \sqrt{\frac{138}{2 \times 0.082 \times 49.1}}\right)$$

$$= 1.84 \text{m/s}$$

验算流动类型
$$Re = \frac{du\rho}{\mu} = \frac{0.082 \times 1.84 \times 10^3}{10^{-3}} = 1.51 \times 10^5 \ (\text{湍流})$$

流量
$$q_V = \frac{\pi}{4} d^2 u = \frac{\pi}{4} \times (0.082)^2 \times 1.84 = 9.72 \times 10^{-3} \text{m}^3/\text{s} = 35 \text{m}^3/\text{h}$$

3. 第三类问题——d 的计算

这类问题比第二类问题复杂，因为 $Re = \dfrac{du\rho}{\mu}$ 与 ε/d 中都有 d。需要用试差法计算。

将 $u = \dfrac{4q_V}{\pi d^2}$ 代入式 $\sum h_f = \lambda \dfrac{l}{d} \dfrac{u^2}{2}$，整理后得到计算管径的计算式

$$d = \lambda^{1/5} \left(\frac{8l q_V^2}{\pi^2 \sum h_f}\right)^{1/5} = \lambda^{1/5} K^{1/5} \tag{1-61}$$

式中的已知数
$$K = \frac{8l q_V^2}{\pi^2 \sum h_f} \ (\text{单位为 m}^5) \tag{1-62}$$

雷诺数
$$Re = \frac{du\rho}{\mu} = \frac{d\rho}{\mu}\left(\frac{4q_V}{\pi d^2}\right) = \frac{4\rho q_V}{\pi \mu d} \tag{1-63}$$

先假设 λ 值，用式(1-61)计算 $d = \lambda^{1/5} K^{1/5}$，再计算 $Re = \dfrac{4\rho q_V}{\pi \mu d}$ 及 ε/d。

利用图 1-29 或计算式求出 λ 值。如果所求的 λ 值与假设的不相等，将所求的 λ 值作为下一次的假设值重新计算，直到二者大致相等为止。

【**例 1-22**】 如图 1-33 所示的输水管路，两水槽的液面高差 $H = 5$m，要求水的流量 $q_V = 35 \text{m}^3/\text{h}$。若管长及管件的当量长度 $l = 138$m，管壁绝对粗糙度 $\varepsilon = 0.001$m，试求所需管径。水的密度 $\rho = 10^3 \text{kg/m}^3$，黏度 $\mu = 10^{-3} \text{Pa·s}$。

解 根据伯努利方程式，可得

$$\sum h_f = gH = 9.81 \times 5 = 49.1 \text{J/kg}$$

本题是由伯努利方程式求出 $\sum h_f = 49.1 \text{J/kg}$，再从 $\sum h_f = \lambda \dfrac{l}{d} \dfrac{u^2}{2}$ 求出管径 d。

用试差法计算 d 如下。

已知 $q_V = 35 \text{m}^3/\text{h} = 9.72 \times 10^{-3} \text{m}^3/\text{s}$，根据式(1-62) 计算 K 值

$$K = \frac{8 l q_V^2}{\pi^2 \sum h_f} = \frac{8 \times 138 \times (9.72 \times 10^{-3})^2}{\pi^2 \times 49.1} = 215 \times 10^{-6} \text{m}^5$$

$$K^{1/5} = (215 \times 10^{-6})^{1/5} = 0.815 \text{m}$$

根据式(1-61) $\qquad\qquad d = K^{1/5} \lambda^{1/5} = 0.185 \lambda^{1/5}$

根据式(1-63) $\qquad\qquad Re = \frac{4 \rho q_V}{\pi \mu d} = \frac{4 \times 10^3 \times 9.72 \times 10^{-3}}{\pi \times 10^{-3} d} = 12400/d$

先从图 1-29 纵坐标的中部选一个 $\lambda_1 = 0.03$，作为初始假设值。计算

$$d = 0.185 \lambda^{1/5} = 0.185 \times (0.03)^{1/5} = 0.0917$$

$$Re = 12400/d = 12400/0.0917 = 1.35 \times 10^5$$

$$\varepsilon/d = 0.001/0.0917 = 0.0109$$

代入式(1-53)，计算 λ

$$\frac{1}{\sqrt{\lambda}} = -1.8 \lg\left[\left(\frac{\varepsilon/d}{3.7}\right)^{1.11} + \frac{6.9}{Re}\right] = -1.8 \lg\left[\left(\frac{0.0109}{3.7}\right)^{1.11} + \frac{6.9}{1.35 \times 10^5}\right] = 5.03$$

求得 $\lambda_2 = 0.0395$。因 $\lambda_2 \neq \lambda_1$，下一次用 $\lambda_2 = 0.0395$ 为假设值，重新计算。计算到 $\lambda_4 = \lambda_3 = 0.0388$ 时完毕。

求得输水管的内径为

$$d = 0.185 \lambda^{1/5} = 0.185 \times (0.0388)^{1/5} = 0.0966 \text{m}$$

本题与例 1-19 的管路长度、水的流量及两水槽的液面差都相同，只是管壁的绝对粗糙度不同，导致所需管内径不同。绝对粗糙度大者，管内径需要大一些。

(二) 最适宜管径

例如，生产要求将贮槽中的液体用泵连续输送至高位槽中，如图 1-35 所示。已知输液高度 h、管长 l 及液体流量 q_V，求管径及泵的压头。

解法：根据伯努利方程式可得

$$H = h + \sum H_f$$

$$\sum H_f = \lambda \frac{l}{d} \frac{u^2}{2g}$$

q_V 为已知，当 d 增大时，u 减小。根据上式则 $\sum H_f$ 减小，H 也减小。由此可得出结论：管径增大，需要供给液体的机械能减小，反之亦然。

由此可见，管径的大小对设备费和操作动力费有影响。当管径减小时，虽然设备费用少，但泵的动力消耗增大，使得常用的操作费用增多。所以管径的大小需由经济核算决定。适宜的管径应使设备费与动力费之和为最小，如图 1-36 所示。

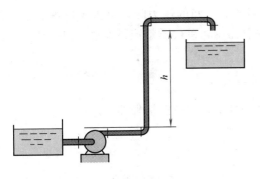

图 1-35　液体输送系统

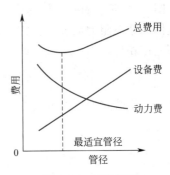

图 1-36　适宜管径

表 1-3 列出某些流体经济流速的大致范围，以供选择流速时作为参考。

表 1-3　某些流体在管路中的常用流速范围

流体的类别及情况	流速范围/m·s⁻¹	流体的类别及情况	流速范围/m·s⁻¹
自来水(0.3MPa 左右)	1～1.5	过热蒸汽	30～50
水及低黏度液体(0.1～1.0MPa)	1.5～3.0	蛇管、螺旋管内的冷却水	<1.0
高黏度液体	0.5～1.0	低压空气	12～15
工业供水(0.8MPa 以下)	1.5～3.0	高压空气	15～25
锅炉供水(0.8MPa 以下)	>3.0	一般气体(常压)	10～20
饱和蒸汽	20～40	真空操作下气体流速	<10

一般说来，对于密度大的流体，流速应取得小些，如液体的流速就比气体的小得多。对于黏度较小的液体，可采用较大的流速，而对于黏度大的液体，如油类、浓酸及浓碱液等，则所取流速就应比水及稀溶液低。对于含有固体杂质的流体，流速不宜太低，否则固体杂质在输送时容易沉积在管内。

当流体以大流量在长距离的管路中输送时，需根据具体情况并通过经济核算来确定适宜流速，使操作费用与设备费用之和为最低。

管子都有一定规格，所以根据选择的流速，按式 $d = \sqrt{\dfrac{q_V}{\dfrac{\pi}{4}u}}$ 求出管径后，还需查阅管子

的规格（见附录二十一），以选定确切的管径。

二、复杂管路

（一）并联管路

并联管路如图 1-37 所示，它是在主管某处分为几支，然后又汇合成一主管路。此类管路的特点分述如下。

（1）主管中的流量等于并联的各支管流量之和，对于不可压缩流体，则有

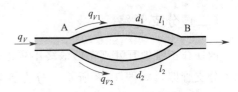

图 1-37　并联管路

$$q_V = q_{V1} + q_{V2} \tag{1-64}$$

（2）图 1-37 所示的并联管路中，A 与 B 两截面之间的压力降，由流体在各个分支管路中克服流体的摩擦阻力而造成。因此，在并联管路中，单位质量流体通过任何一根支管，摩擦损失都应该相等，即

$$h_{f1} = h_{f2} = h_{fAB} \tag{1-65}$$

因而在计算并联管路的摩擦损失时，只需计算一根支管的摩擦损失即可。

因

$$u = \frac{q_V}{A} = \frac{q_V}{\frac{\pi}{4}d^2}$$

故

$$h_f = \lambda \, \frac{l}{d} \, \frac{u^2}{2} = \frac{8\lambda l q_V^2}{\pi^2 d^5}$$

将上式代入式（1-65），则有

$$\frac{8\lambda_1 l_1 q_{V1}^2}{\pi^2 d_1^5} = \frac{8\lambda_2 l_2 q_{V2}^2}{\pi^2 d_2^5} = h_{fAB}$$

故各支管的流量比为

$$q_{V1} : q_{V2} = \sqrt{\frac{d_1^5}{\lambda_1 l_1}} : \sqrt{\frac{d_2^5}{\lambda_2 l_2}} \tag{1-66}$$

由上式可知，在并联管路中，各支管的流量之比值与其直径、长度（包括当量长度）有关。当改变某支管的阻力时，必将引起其余支管流量的改变。

将式（1-64）与式（1-66）联立求解，可求得其中一支管路的流量。例如，计算第 1 支管路的流量 q_{V1}，其计算式为

$$\frac{q_{V1}}{q_V} = \frac{q_{V1}}{q_{V1} + q_{V2}} = \frac{\sqrt{\dfrac{d_1^5}{\lambda_1 l_1}}}{\sqrt{\dfrac{d_1^5}{\lambda_1 l_1}} + \sqrt{\dfrac{d_2^5}{\lambda_2 l_2}}} \tag{1-67}$$

利用式（1-67）求解 q_{V1} 时，因雷诺数未知，无法确定摩擦系数 λ，需用试差法求解。

从图 1-29 可知，在完全湍流粗糙管区域（阻力平方区），摩擦系数 λ 与 Re 无关，只与相对粗糙度 ε/d 有关。因此，由已知的 ε_1/d_1 与 ε_2/d_2 数据，从图上查得 λ_1、λ_2，作为开始假设的 λ_1、λ_2。

用式（1-67）计算各支管的流量 q_{V1}、q_{V2}，再用 q_{V1}、q_{V2} 计算 Re_1、Re_2，再由 Re 与 ε/d 从图 1-29 查出 λ_1、λ_2，与前面的假设 λ_1、λ_2 值进行比较，直至计算值与假设值接近为止。

（二）分支管路

液体在主管处有分支，但最终不再汇合。这种管路称为分支管路，如图 1-38 所示。分支管路的计算可参考有关资料。

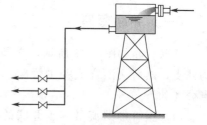

图 1-38　分支管路

第六节 流量的测定

化工生产中较常用的流量计是利用前述流体流动过程中机械能转化原理设计而成。下面介绍几种常用的流量计测量原理、构造及应用等。

一、测速管

测速管又称为皮托管（Pitot tube），用以测量管路中流体的点速度，其构造如图1-39所示。测速管由两根弯成直角的同心套管所组成，内管壁无孔，外管壁上近端点处沿管壁的圆周开有若干个测压小孔，两管之间环隙的端点是封闭的。测量流速时，测速管的管口正对着流体的流动方向，U形管差压计的两端分别与测速管的内管与套管环隙相连。

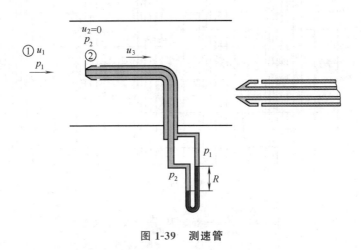

图 1-39 测速管

设在测速管前一小段距离的点①处流速为 u_1，压力为 p_1。当流体流至测速管管口点②处时，因内管内原已充满被测流体，故流体到达管口②处即被截住，速度降为零。于是动能转化为静压能，使压力增至 p_2。因此，内管所测得的是静压能 $\dfrac{p_1}{\rho}$ 和动能 $\dfrac{u_1^2}{2}$ 之和，合称冲压能（impact pressure energy），即

$$\frac{p_2}{\rho} = \frac{p_1}{\rho} + \frac{u_1^2}{2}$$

外管壁上的测压小孔与流体流动方向平行，所以外管测得的是流体静压能 $\dfrac{p_1}{\rho}$。故压差计的读数反映出冲压能与静压能之差，即

$$\frac{\Delta p}{\rho} = \frac{p_2}{\rho} - \frac{p_1}{\rho} = \left(\frac{p_1}{\rho} + \frac{u_1^2}{2}\right) - \frac{p_1}{\rho} = \frac{u_1^2}{2}$$

故得
$$u_1 = \sqrt{2\Delta p / \rho} \tag{1-68}$$

若该 U 形管压差计的读数为 R，指示液的密度为 ρ_0，流体的密度为 ρ，将压差计的计算式 $\Delta p = R(\rho_0 - \rho)g$ 代入式(1-68)，得

$$u_1 = \sqrt{\frac{2gR(\rho_0 - \rho)}{\rho}}$$ 　　　　　　　(1-69a)

若被测的流体为气体，因 $\rho_0 \gg \rho$，上式可简化成

$$u_1 = \sqrt{\frac{2gR\rho_0}{\rho}}$$ 　　　　　　　(1-69b)

测速管测得的是流体的点速度。因此，利用测速管可以测出管截面上流体的速度分布。要想得到管截面上的平均速度，可用测速管测出管中心处的最大速度 u_{max}，计算 $Re_{max} = \frac{du_{max}\rho}{\mu}$，然后利用图 1-40 下面的曲线求出平均流速 u。

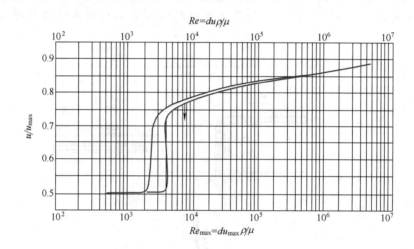

图 1-40　$\dfrac{u}{u_{max}}$—Re_{max} 及 $\dfrac{u}{u_{max}}$—Re 的关系

u—平均流速；u_{max}—最大流速

【例 1-23】　在 $\phi 273\text{mm} \times 6.5\text{mm}$ 空气管路中心处，安装毕托测速管，测量空气流量。空气温度为 30℃，测量点处的空气压力为 3kPa（表压）。U 形管压差计的读数 $R = 17\text{mm}$，指示液为水。当地大气压力为 101.3kPa。

解　空气的绝对压力 $p = 101.3 + 3 = 104.3\text{kPa}$，空气温度 $T = 273 + 30 = 303\text{K}$，空气密度 $\rho = \dfrac{pM}{RT} = \dfrac{104.3 \times 29}{8.314 \times 303} = 1.2\text{kg/m}^3$，空气黏度 $\mu = 1.86 \times 10^{-5}\text{Pa·s}$，水的密度 $\rho_0 = 1000\text{kg/m}^3$，压差计读数 $R = 17\text{mm}$ 水柱 $= 0.017\text{m}$ 水柱，则空气的最大流速为

$$u_{max} = \sqrt{\frac{2gR(\rho_0 - \rho)}{\rho}} = \sqrt{\frac{2 \times 9.81 \times 0.017 \times (1000 - 1.2)}{1.2}} = 16.7\text{m/s}$$

由于 $\rho_0 \gg \rho$，$\rho_0 - \rho \approx \rho_0$，则

$$u_{max} = \sqrt{\frac{2gR\rho_0}{\rho}} = \sqrt{\frac{2 \times 9.81 \times 0.017 \times 1000}{1.2}} = 16.7\text{m/s}$$

$$Re_{max} = \frac{du_{max}\rho}{\mu} = \frac{0.26 \times 16.7 \times 1.2}{1.86 \times 10^{-5}} = 2.8 \times 10^5$$

从图 1-40 查得 $\dfrac{u}{u_{max}} = 0.84$，则

$$u = 0.84 u_{max} = 0.84 \times 16.7 = 14\text{m/s}$$

管路中空气的质量流量

$$q_m = \frac{\pi}{4} d^2 u \rho = \frac{\pi}{4} \times (0.26)^2 \times 14 \times 1.2 = 0.892\text{kg/s}$$

二、孔板流量计

孔板流量计（orifice meter）是在管路中安装一片中央带有圆孔的板片构成的，其构造如图 1-41 所示。流体在①截面处（截面积为 A_1）速度为 u_1。当流体流过孔板的开孔（截面积为 A_0）时，由于截面积减小，流速增大。

孔处的流速以 u_0 表示。流体从孔板开孔流出后，由于惯性作用，截面继续收缩。达到孔板后面的②截面处（截面为 A_2），其截面收缩到最小，而流速达到最大，以 u_2 表示。流体截面的最小处称为缩脉（vena contracta）。再继续往前流动，流体截面积又逐渐扩大，而流速逐渐减小。当流到③截面处，流体又恢复到原有管路截面积，而流速也恢复到原有的流速。

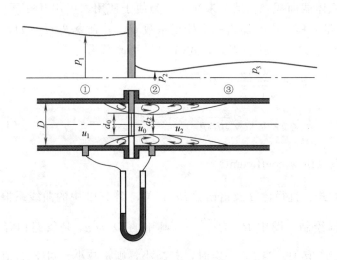

孔板流量计流动状态

图 1-41 孔板流量计

在流速变化的同时，流体压力也要发生变化。原来流体在①截面处压力为 p_1。流体收缩后，沿管路中心线上的流体压力就按照图中的曲线下降。到②截面即缩脉处降至 p_2，而后又随着流体截面的恢复而逐渐恢复。但由于在孔板出口处截面突然扩大，流体形成旋涡要消耗一部分机械能量，所以流体在③截面处的压力 p_3，不能恢复到原来的 p_1。

管路中流体的流量愈大，在孔板前后产生的压差 $\Delta p = p_1 - p_2$ 也就愈大，流量 q_V 与 Δp 互成一一对应关系。所以，只要用差压计测出孔板前后的压差 Δp，就能计算流量 q_V。这就是利用孔板流量计测量流量的原理。

流量方程式是表示压差、流量和开孔直径三者定量关系的方程式，它是分析和计算流量的一个重要公式。下面利用伯努利方程式和连续性方程式推导流量方程式。

对于图 1-41 所示的水平管路，在①与②截面列伯努利方程式，即

$$\frac{p_1}{\rho}+\frac{u_1^2}{2}=\frac{p_2}{\rho}+\frac{u_2^2}{2}$$

$$\frac{u_2^2-u_1^2}{2}=\frac{p_1-p_2}{\rho} \tag{1-70}$$

根据连续性方程式有

$$u_1=\frac{A_2}{A_1}u_2$$

将上式代入式(1-70)经整理后可得

$$u_2=\frac{1}{\sqrt{1-\left(\dfrac{A_2}{A_1}\right)^2}}\sqrt{\frac{2\Delta p}{\rho}} \tag{1-71}$$

式中，$\Delta p = p_1 - p_2$。由此可得流体质量流量方程式为

$$q_m=A_2u_2\rho=\frac{A_2}{\sqrt{1-\left(\dfrac{A_2}{A_1}\right)^2}}\sqrt{2\rho\Delta p} \tag{1-72}$$

式中，q_m 为质量流量，单位为 kg/s。

在推导流量方程式时，没有考虑两截面间的机械能量损失，实际上，机械能量损失是存在的。同时方程式中缩脉处的流体截面积 A_2 是个未知量，为便于使用，可用开孔面积 A_0 代替 A_2。由于这两个原因，流量方程式中要加入一个校正系数 C，并且令 $\beta=d_0/D$，故开孔与管路的面积比为 $A_0/A_1=(d_0/D)^2=\beta^2$。因此，式(1-72)可改写为

$$q_m=\frac{CA_0}{\sqrt{1-\beta^4}}\sqrt{2\rho\Delta p} \tag{1-73}$$

或
$$q_m=\alpha A_0\sqrt{2\rho\Delta p} \tag{1-74}$$

式中，$\alpha=\dfrac{C}{\sqrt{1-\beta^4}}$ 称为流量系数（flow coefficient）。

流量系数 α 与孔板的取压方式、直径比 β 及雷诺数 Re 有关，图 1-42 中的曲线系根据角接取压标准孔板流量系数的数据绘制。图中 Re 为 $\dfrac{Du_1\rho}{\mu}$，其中的 D 与 u_1 是管路内径和流速。由图 1-42 可知，α 与 Re 及 β^2 有关。当 Re 一定时，β^2 减小，则 α 减小。对于 β^2 值相同的标准孔板，其流量系数 α 只是 Re 的函数，并随着 Re 的增大而减小。对于某一定 β 值，当 Re 值超过某一限度，α 值随 Re 改变很小，可视为定值。流量计所测的流量范围最好是落在 α 为定值的区域里，使流体流量改变而 α 不改变。常用的 α 值为 0.6～0.7。

对于气体和蒸气，必须考虑流体流经孔板时由于压力降低而引起气体体积的增大。若以 ε 表示气体膨胀系数，在测量气体或蒸气流量时，式(1-74)可改写为

$$q_m=\varepsilon\alpha A_0\sqrt{2\rho\Delta p} \tag{1-75}$$

式中，ε 是压力比 p_2/p_1、绝热指数 κ 及直径比 β 的函数。ε 值可从流量测量相关专著查得。

用式(1-74)或式(1-75)计算流体的流量时，必须先确定流量系数 α 的数值，但 α 与 Re 有关，而管路中的流体的流速又为未知，故无法计算 Re 值。在这种情况下可采用试差法，即先假设 α 与 Re 无关，由已知 β^2 值直接从图 1-42 中查得 α，然后根据式(1-74)或式(1-75)

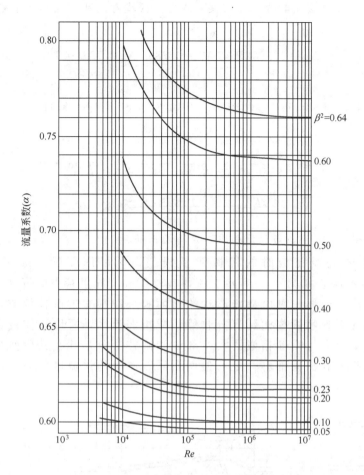

图 1-42　孔板流量计的 α 与 Re、β² 的关系曲线

算出流量 q_m，再通过流量求出流速 u_1，并根据 u_1 计算 Re 值。若根据所计算的 Re 值查出 α 值与原假设的相同，则表示原来的假定是正确的，否则须重新假设 Re 值，重复上述计算，直至所设的 α 值与计算的 α 值相符为止。

孔板流量计一般没有现成产品供应，需要根据具体流量要求，经过计算确定尺寸再加工制造。

孔板流量计安装位置的上下游需要有一段内径不变的直管作为稳定段，上游长度至少为管径的 10 倍，下游长度为管径的 5 倍。

孔板流量计构造简单，制造与安装都方便，其主要缺点是能量损失较大。

【例 1-24】 用孔板流量计测量某气体的流量。已知气体温度为 400℃，压力（表压）为 1.962MPa，管内径为 190mm，孔板孔径为 130mm。在此条件下气体的密度为 6.82kg/m³，黏度为 23.75μPa·s，孔板前后的压差为 58.86kPa，试求气体的质量流量（设气体膨胀系数 $\varepsilon=1$）。

解 用式(1-75) $q_m=\varepsilon\alpha A_0\sqrt{2\rho\Delta p}$ 计算气体质量流量

$$\beta^2=\left(\frac{d_0}{D}\right)^2=\left(\frac{0.13}{0.19}\right)^2=0.47$$

因 Re 未知，无法从图 1-41 查取 α。设 α 在定值区域内，用 β^2 值由图中查得

$$\alpha = 0.68$$

已知 $\mu = 23.75 \mu Pa \cdot s$，$\Delta p = 58.86 kPa$，$A_0 = 0.785 d_0^2 = 0.785(0.13)^2 = 0.0133 m^2$，代入式(1-75)，即

$$q_m = 1 \times 0.68 \times 0.0133 \sqrt{2 \times 6.82 \times 58.86 \times 10^3} = 8.1 kg/s$$

校核 Re 与 α 值

$$u = \frac{q_m}{0.785 D^2 \rho} = \frac{8.1}{0.785 \times 0.19^2 \times 6.82} = 42 m/s$$

$$Re = \frac{Du\rho}{\mu} = \frac{0.19 \times 42 \times 6.82}{23.75 \times 10^{-6}} = 2.3 \times 10^6$$

由图 1-41 查得 $\alpha = 0.68$，与原设相同，故所设正确。

为了减少流体流经孔板时的机械能量损失，可以用喷嘴（nozzle）或文丘里（venturi）管代替孔板，如图 1-43 所示。流体在喷嘴和文丘里管中的流动过程与孔板类似。喷嘴在流体流入的那一侧由特殊形状的曲面和一段很短的圆柱组成，它可以使流体在一定型面引导下在喷嘴内达到充分收缩，减小涡流区，所以流体流过喷嘴的能量损失较小。文丘里管有与喷嘴相似的收缩部分和圆柱部分，并在其后面加了一段扩散段。这样流体从收缩到扩大都有一定的型面引导，产生的涡流区更小，而机械能量损失也更小。

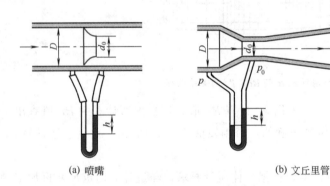

(a) 喷嘴　　　　　　　　(b) 文丘里管

文丘里流量计流动状态

图 1-43　喷嘴和文丘里流量计

对于已经加工好的流量测量装置，其流体的流量与压差在数量上的对应关系可以用实验方法进行标定。采用国家标准的相应规定进行计算就可以得到压差和流量的关系。如果新设计一个流量计，按国家标准计算后要严格地按照标准上的规定进行制造和安装，就能正确地测量流量。

三、转子流量计

如图 1-44 所示，转子流量计（rotameter）是由一根截面积逐渐向下缩小的锥形玻璃管和一个能上下移动而比流体重的转子所构成。流体由玻璃管底部流入，经过转子与玻璃管间的环隙，由顶部流出。

对于一定的流量，转子会停于相应位置，说明作用于转子的上升力（即作用于转子

下端与上端的压力差 $\Delta p A_f$）与转子的净重力（作用转子的重力 $V_f \rho_f g$ 与流体对转子的浮力 $V_f \rho g$ 之差）相等，即

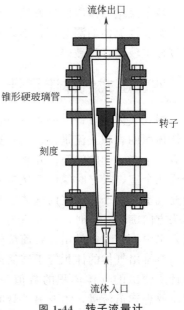

$$\Delta p A_f = V_f (\rho_f - \rho) g \qquad (1\text{-}76)$$

或 $\qquad \Delta p = V_f (\rho_f - \rho) g / A_f \qquad (1\text{-}77)$

式中，A_f 为转子最大直径处的截面积，m^2；V_f 为转子体积，m^3；ρ_f 为转子材料密度，kg/m^3；ρ 为流体密度，kg/m^3；Δp 为转子下端与上端的压力差，Pa。

从上式可知，对于一定转子和流体，其 A_f、V_f、ρ_f 及 ρ 等数值都是一定的，不论转子静止时停在什么位置，其 Δp 值总是一定的，与流量无关。当流量增大到某一定值时，在转子与玻璃管环隙处的流速增大使压差 Δp 增大，即上升力 $\Delta p A_f$ 增大。而净重力 $V_f (\rho_f - \rho) g$ 没有改变。因此，转子的上升力大于净重力，则转子上升到一定位置重新处于平衡状态。此时，Δp 又降至由式 (1-77) 所示的数值。

图 1-44　转子流量计

转子流量计的测量原理与孔板流量计基本相同，仿照孔板流量计的流量公式写出转子流量计体积流量（单位为 m^3/s）的计算式

$$q_V = C_R A_R \sqrt{\frac{2\Delta p}{\rho}}$$

将式(1-77)代入上式，得

$$q_V = C_R A_R \sqrt{\frac{2g V_f (\rho_f - \rho)}{A_f \rho}} \qquad (1\text{-}78)$$

式中，A_R 为环隙的截面积，m^2；C_R 为转子流量系数，由实验测定。

由上式可知，对于一定的转子和流体，根号内的各物理量为常数。若在流量测量范围内，其流量系数 C_R 也为常数，则流量只随环隙面积 A_R 而变。转子停止的位置愈高，环隙截面积愈大，流体的流量就愈大；反之，转子停止的位置愈低，则流量愈小。转子流量计的刻度在出厂前用某种流体进行标定。一般用于液体的是以 $20℃$ 的水进行标定，而用于气体的是以 $20℃$ 及 $101.3kPa$ 下的空气标定。当用于测量其他流体的流量时，必须对原有的流量刻度进行校正。

设流量系数 C_R 相同，由式(1-78)可得下列流量校正式

$$\frac{q_{V2}}{q_{V1}} = \sqrt{\frac{\rho_1 (\rho_f - \rho_2)}{\rho_2 (\rho_f - \rho_1)}} \qquad (1\text{-}79)$$

式中，各参数下标 1 表示出厂标定的流体；下标 2 表示实际被测流体。式(1-79)等号右边各物理量都是固定的数值。因此，被测流体的流量 q_{V2} 应等于流量计刻度上表示的流量 q_{V1} 乘以 $\sqrt{\dfrac{\rho_1 (\rho_f - \rho_2)}{\rho_2 (\rho_f - \rho_1)}}$ 的计算值。

对于气体转子流量计，当转子材料的密度 ρ_f 远大于气体的密度时，则上式可简化为

$$\frac{q_{V2}}{q_{V1}} = \sqrt{\frac{\rho_1}{\rho_2}} \qquad (1\text{-}80)$$

转子流量计读取流量方便，流体阻力小，测量精确度较高，对不同流体的适用性广，能用于腐蚀性流体的测量，且不易发生故障。缺点是玻璃管不能经受高温和高压，在安装和使用过程中玻璃容易破碎。

四、湿式气体流量计

湿式气体流量计（wet gas meter）是一种用来测量气体体积的容积式流量计，其构造见图1-45。流量计内装有一个能转动的转筒，并将一半转筒浸在水中。转筒分成几个室，操作时气体依次进入转筒内的一个室，称为充气室。由于充气室内气体压力的推动，转筒按图中箭头方向旋转。此时，充气室前方的排气室中部分空间浸入水中而使气体排出。转筒旋转一周，从入口进来而从出口排出气体的体积等于转筒内部几个室的体积。流量计所读出的气体体积的数值是某一段时间内的累计值。要想知道流量，需要另外计时。

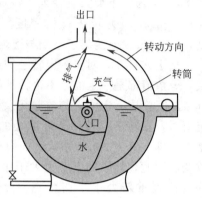

图 1-45　湿式气体流量计

湿式气体流量计由于很难加快转筒的旋转速度，故只用于小流量气体的测量，常在实验室中使用。

思考题

1-1　何谓绝对压力、表压和真空度？表压与绝对压力、大气压力之间有什么关系？真空度与绝对压力、大气压力有什么关系？

1-2　当气体温度不太低、压力不太高时，气体的密度如何计算？

1-3　若混合液接近理想溶液时，其密度如何计算？

1-4　流体静力学方程式有几种表达形式？他们都能说明什么问题？应用静力学方程分析问题时如何确定等压面？

1-5　如思考题1-5附图所示，在 A、B 两截面处的流速是否相等？体积流量是否相等？质量流量是否相等？

1-6　如思考题1-6附图所示，很大的水槽中水面保持恒定。试求：（1）当阀门关闭时，A、B、C 三点处的压力是否相同？（2）将阀门开启，使水流出时，各点的压力与阀门关闭时是否相同？

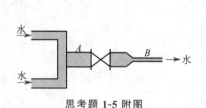

思考题 1-5 附图

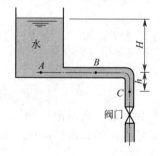

思考题 1-6 附图

1-7　何谓理想流体？实际流体与理想流体有何区别？如何体现在伯努利方程上？

1-8　如何利用伯努利方程测量等直径直管的机械能损失？测量什么量？如何计算？在测量机械能损失时，直管水平安装与垂直安装所测结果是否相同？

1-9　如何判断管路系统中流体流动的方向？

1-10　何谓牛顿黏性定律？流体黏性的本质是什么？

1-11　何谓流体的层流流动与湍流流动？如何判断流体的流动是层流还是湍流？

1-12　一定质量流量的水在一定内径的圆管中稳态流动，当水温升高时，Re 将如何变化？

1-13　在流体质点运动方面以及圆管中的速度分布方面，层流与湍流有什么不同？

1-14　层流时，管中心最大流速 u_{max} 的计算式是什么？管中心最大流速与平均流速有什么关系？

1-15　哈根-泊谡叶方程式是在什么条件下利用什么原理推导的？它能说明什么问题？

1-16　何谓层流底层？其厚度与哪些因素有关？

1-17　如何从哈根-泊谡叶方程式推导出流体在直管中作层流流动时的摩擦损失计算式？其摩擦系数 λ 如何计算？

1-18　管壁粗糙度对湍流流动时的摩擦阻力损失有何影响？何谓流体的光滑管流动？

1-19　何谓量纲分析法？量纲分析法的基础是量纲的一致性，何谓量纲的一致性？量纲分析的基本定理是 π 定理，何谓 π 定理？

1-20　摩擦系数 λ 与雷诺数 Re 及相对粗糙度 ε/d 的关联图分为 4 个区域。每个区域中，λ 与哪些因素有关？哪个区域的流体摩擦损失 h_f 与流速 u 的一次方成正比？哪个区域的 h_f 与 u^2 成正比？光滑管流动时的摩擦损失 h_f 与 u 的几次方成正比？

1-21　何谓局部摩擦阻力损失？如何计算？与流速 u 的几次方成正比？

1-22　简单管路计算问题可分为几类？已知条件是什么？待求量是什么？用什么计算式？

1-23　在用皮托测速管测量管中流体的点速度时，需要用液柱压差计测量什么压力与什么压力之差值？

1-24　在用皮托测速管测量管内流体的平均流速时，需要测量管中哪一点的流体流速，然后如何计算平均流速？

1-25　孔板流量计测量流体流量的原理是什么？为什么在设计孔板流量计时，应使流量系数 α 处于定值的区域里（即 Re 改变而 α 不改变的区域里）？

习　题

流体的压力

1-1　容器 A 中的气体表压为 60kPa，容器 B 中的气体真空度为 1.2×10^4 Pa。试分别求出 A、B 两容器中气体的绝对压力。该处环境的大气压力等于标准大气压力。

1-2　某设备进口的真空度为 12kPa，出口的表压为 157kPa，当地大气压力为 101.3kPa。试求此设备进、出口的绝对压力及出口和进口的压力差各为多少（Pa）。

流体的密度

1-3　正庚烷和正辛烷混合液中，正庚烷的摩尔分数为 0.4。试求该混合液在 20℃下的密度。

1-4　温度 20℃，苯与甲苯按 4∶6 的体积比进行混合，求其混合液的密度。

1-5　有一气柜，满装时可装有 6000m³ 混合气体，已知混合气体各组分的体积分数如下。

H_2	N_2	CO	CO_2	CH_4
0.4	0.2	0.32	0.07	0.01

操作压力的表压为 5.5kPa，温度为 40℃。试求：（1）混合气体在操作条件下的密度；（2）混合气体的量为多少（kmol）。

流体静力学

1-6　如习题 1-6 附图所示，有一端封闭的管子，装入若干水后，倒插入常温水槽中，管中水柱较水槽液面高出 2m，当地大气压力为 101.2kPa。试求：（1）管子上端空间的绝对压力；（2）管子上端空间的表压；（3）管子上端空间的真空度；（4）若将水换成四氯化碳，管中四氯化碳液柱较槽的液面高出多少米？

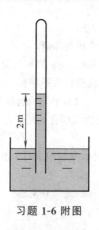

习题 1-6 附图

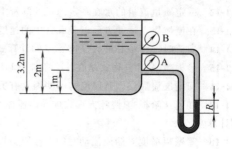

习题 1-8 附图

1-7 在 20℃ 条件下，在试管中先装入 12cm 高的水银，再在其上面装入 5cm 高的水。水银的密度为 13550kg/m³，当地大气压力为 101kPa。试求试管底部的绝对压力为多少（Pa）。

1-8 如习题 1-8 附图所示的容器内贮有密度为 1250kg/m³ 的液体，液面高度为 3.2m。容器侧壁上有两根测压管线，距容器底的高度分别为 2m 及 1m，容器上部空间的压力（表压）为 29.4kPa。试求：（1）压差计读数（指示液密度为 1400kg/m³）；（2）A、B 两个弹簧压力表的读数。

1-9 习题 1-9 附图所示的测压差装置，其 U 形压差计的指示液为水银，其他管中皆为水。若指示液读数为 $R=150mm$，试求 A、B 两点的压力差。

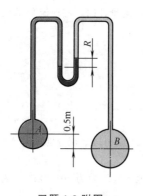

习题 1-9 附图

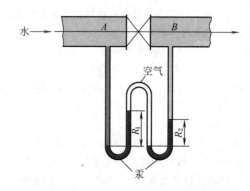

习题 1-10 附图

1-10 常温的水在如习题 1-10 附图所示的管路中流动，为测量 A、B 两截面间的压力差，安装了两个串联的 U 形管压差计，指示液为汞。测压用的连接管中充满水。两 U 形管的连接管中充满空气。若测压前两 U 形压差计的水银液面为同一高度，试推导 A、B 两点的压力差 Δp 与液柱压力计的读数 R_1、R_2 之间的关系式。

1-11 为了排除煤气管中的少量积水，用如习题 1-11 附图所示的水封设备，使水由煤气管路上的垂直管排出。已知煤气压力为 10kPa（表压），试计算水封管插入液面下的深度 h，最小应为多少 m。

流量与流速

1-12 有密度为 1800kg/m³ 的液体，在内径为 60mm 的管中输送至某处。若其流速为 0.8m/s，试求该液体的体积流量（m³/h）、质量流量（kg/s）与质量流速 [kg/(m²·s)]。

1-13 习题 1-13 附图所示的套管式换热器，其内管为 $\phi33.5mm \times 3.25mm$，外管为 $\phi60mm \times 3.5mm$。内管中有密度为 1150kg/m³、流量为 5000kg/h 的冷冻盐水流动。内、

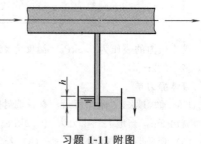

习题 1-11 附图

外管之间的环隙有绝对压力为 0.5MPa，进、出口平均温度为 0℃、流量为 160kg/h 的气体流动。在标准状况下（0℃，101.325kPa），气体的密度为 1.2kg/m³。试求气体和盐水的流速。

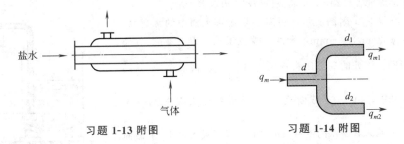

习题 1-13 附图   习题 1-14 附图

1-14 如习题 1-14 附图所示，从一主管向两支管输送 20℃的水。要求主管中水的流速约为 1.0m/s，支管 1 与支管 2 中水的流量分别为 20t/h 与 10t/h。试计算主管的内径，并从无缝钢管规格表中选择合适的管径，最后计算出主管内的流速。

1-15 若管内湍流速度分布为 $u_r = u_{max} \left(1 - \dfrac{r}{R} \right)^{1/7}$，试推导此时的 $\dfrac{u}{u_{max}}$ 值。

连续性方程与伯努利方程

1-16 常温的水在如习题 1-16 附图所示的管路中流动。在截面 1 处的流速为 0.5m/s，管内径为 200mm，截面 2 处的管内径为 100mm。由于水的压力，截面 1 处产生 1m 高的水柱。试计算在截面 1 与截面 2 之间所产生的水柱高度差 h 为多少（忽略从 1 到 2 处的压头损失）？

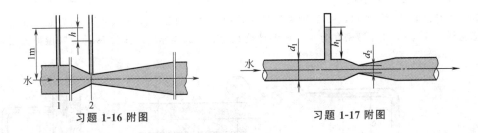

习题 1-16 附图   习题 1-17 附图

1-17 在习题 1-17 附图所示的水平管路中，水的流量为 2.5L/s。已知管内径 $d_1 = 5\text{cm}$，$d_2 = 2.5\text{cm}$，液柱高度 $h_1 = 1\text{m}$。若忽略压头损失，试计算收缩截面 2 处的静压头。

1-18 如习题 1-18 附图所示的常温下操作的水槽，下面的出水管直径为 $\phi 57\text{mm} \times 3.5\text{mm}$。当出水阀全关闭时，压力表读数为 30.4kPa。而阀门开启后，压力表读数降至 20.3kPa。设压力表之前管路中的压头损失为 0.5m 水柱，试求水的流量为多少 m³/h。

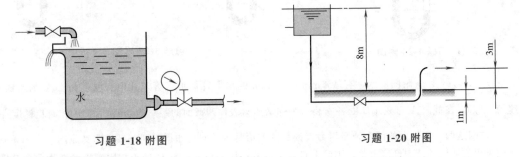

习题 1-18 附图   习题 1-20 附图

1-19 若用压力表测得输送水、油（密度为 880kg/m³）、98％硫酸（密度为 1830kg/m³）的某段水平等直径管路的压力降均为 49kPa，问三者的压头损失的数值是否相等，各为多少米液柱。

1-20 如习题 1-20 附图所示，有一高位槽输水系统，管径为 $\phi 57\text{mm} \times 3.5\text{mm}$。已知水在管路中流动的机械

能损失为 $\sum h_f = 4.5 \cdot \dfrac{u^2}{2}$（$u$ 为管内液体流速）。试求水的流量为多少

m³/h。欲使水的流量增加 20%，应将高位槽水面升高多少米？

1-21 如习题 1-21 附图所示，用离心泵输送水槽中的常温水。泵的吸入管为 $\phi 32\text{mm} \times 2.5\text{mm}$，管的下端位于水面以下 2m，并装有底阀与拦污网，该处的局部压头损失为 $8 \dfrac{u^2}{2g}$。若截面 2—2′ 处的真空度为 39.2kPa，由 1—1′ 截面至 2—2′ 截面的压头损失为 $\dfrac{1}{2} \cdot$

$\dfrac{u^2}{2g}$。试求：（1）吸入管中水的流量（m³/h）；（2）吸入口 1—1′ 截面的表压。

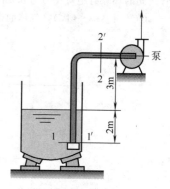

习题 1-21 附图

流体的黏度

1-22 当温度为 20℃ 及 60℃ 时，从附录查得水与空气的黏度各为多少？说明黏度与温度的关系。

雷诺数与流体流动类型

1-23 25℃ 的水在内径为 50mm 的直管中流动，流速为 2m/s。试求雷诺数，并判断其流动类型。

1-24 （1）温度为 20℃、流量为 4L/s 的水，在 $\phi 57\text{mm} \times 3.5\text{mm}$ 的直管中流动，试判断流动类型。（2）在相同的条件下，水改为运动黏度为 4.4cm²/s 的油，试判断流动类型。

1-25 20℃ 的水在 $\phi 219\text{mm} \times 6\text{mm}$ 的直管内流动。试求：（1）管中水的流量由小变大，当达到多少 m³/s 时能保证开始转为稳定湍流；（2）若管内改为运动黏度为 0.14cm²/s 的某种液体，为保持层流流动，管中最大平均流速应为多少？

管内流体流动的摩擦阻力损失

1-26 如习题 1-26 附图所示，用 U 形管液柱压差计测量等直径管路从截面 A 到截面 B 的摩擦损失 $\sum h_f$。若流体密度为 ρ，指示液密度为 ρ_0，压差计读数为 R。试推导出用读数 R 计算摩擦损失 $\sum h_f$ 的计算式。

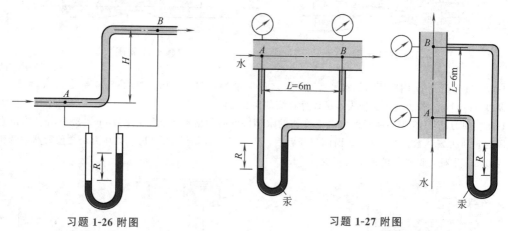

习题 1-26 附图   习题 1-27 附图

1-27 如习题 1-27 附图所示，有 $\phi 57\text{mm} \times 3.5\text{mm}$ 的水平管与垂直管，其中有温度为 20℃ 的水流动，流速为 3m/s。在截面 A 与截面 B 处各安装一个弹簧压力表，两截面的距离为 6m，管壁的相对粗糙度 $\dfrac{\varepsilon}{d} = 0.004$。试问这两个直管上的两个弹簧压力表读数的差值是否相同？如果不同，试说明其原因。

如果用液柱压差计测量压力差，则两个直管上的液柱压差计的读数 R 是否相同？指示液为汞，其密度为 13600kg/m³。

1-28 有一输送水的等直径（内径为 d）垂直管路，在相距 H 高度的两截面间安装一 U 形管液柱压差计。当管内水的流速为 u 时，测得压差计中水银指示液读数为 R。当流速由 u 增大到 u' 时，试求压差计中

水银指示液读数 R' 是 R 的多少倍。设管内水的流动处于粗糙管完全湍流区。

1-29 水的温度为 10℃，流量为 330L/h，在直径 $\phi57mm\times3.5mm$、长度 100m 的直管中流动。此管为光滑管。（1）试计算此管路的摩擦损失；（2）若流量增加到 990L/h，试计算其摩擦损失。

1-30 试求下列换热器的管间隙空间的当量直径：（1）如习题 1-30 附图（a）所示，套管式换热器外管为 $\phi219mm\times9mm$，内管为 $\phi114mm\times4mm$；（2）如习题 1-30 附图（b）所示，列管式换热器外壳内径为 500mm，列管为 $\phi25mm\times2mm$ 的管子 174 根。

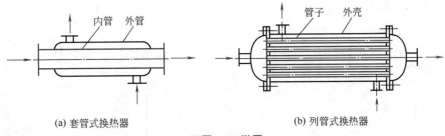

(a) 套管式换热器   (b) 列管式换热器

习题 **1-30** 附图

1-31 常压下 35℃ 的空气以 12m/s 的流速流经 120m 长的水平管。管路截面为长方形，高 300mm，宽 200mm，试求空气流动的摩擦损失，设 $\varepsilon/d_e=0.0005$。

1-32 把内径为 20mm、长度为 2m 的塑料管（光滑管），弯成倒 U 形，作为虹吸管使用。如习题 1-32 附图所示，当管内充满液体，一端插入液槽中，另一端就会使槽中的液体自动流出。液体密度为 1000kg/m³，黏度为 1mPa·s。槽内液面恒定。要想使输液量为 1.7m³/h，虹吸管出口端距离槽内液面的距离 h 需要多少米？

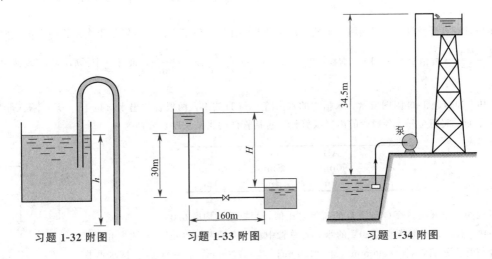

习题 **1-32** 附图   习题 **1-33** 附图   习题 **1-34** 附图

1-33 如习题 1-33 附图所示，有黏度为 1.7mPa·s、密度为 765kg/m³ 的液体，从高位槽经直径为 $\phi114mm\times4mm$ 的钢管流入表压为 0.16MPa 的密闭低位槽中。液体在钢管中的流速为 1m/s，钢管的相对粗糙度 $\varepsilon/d=0.002$，管路上的阀门当量长度 $l_e=50d$。两液槽的液面保持不变，试求两槽液面的垂直距离 H。

1-34 如习题 1-34 附图所示，用离心泵从河边的吸水站将 20℃ 的河水送至水塔。水塔进水口到河水水面的垂直高度为 34.5m。管路为 $\phi114mm\times4mm$ 的钢管，管长 1800m，包括全部管路长度及管件的当量长度。若泵的流量为 30m³/h，试求水从泵获得的外加机械能为多少？钢管的相对粗糙度 $\varepsilon/d=0.002$。

1-35 在水塔的输水管设计过程中，若输水管长度由最初方案缩短 25%，水塔高度不变，试求水的流量将如何变化？变化了百分之几？水在管中的流动在阻力平方区，且输水管较长，可以忽略局部摩擦阻力损失及动压头。

管路计算

1-36 用 $\phi168mm\times9mm$ 的钢管输送流量为 $60000kg/h$ 的原油，管长为 $100km$，油管最大承受压力为 $15.7MPa$。已知 $50℃$ 时油的密度为 $890kg/m^3$，黏度为 $181mPa\cdot s$。假设输油管水平铺设，其局部摩擦阻力损失忽略不计，试问为完成输油任务，中途需设置几个加压站？

1-37 如习题 1-37 附图所示，温度为 $20℃$ 的水，从水塔用 $\phi108mm\times4mm$ 钢管输送到车间的低位槽中，低位槽与水塔的液面差为 $12m$，管路长度为 $150m$（包括管件的当量长度）。试求管路的输水量为多少 m^3/h（钢管的相对粗糙度 $\frac{\varepsilon}{d}=0.002$）。

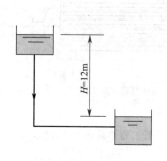

习题 1-37 附图

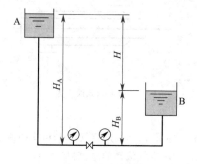

习题 1-38 附图

1-38 如习题 1-38 附图所示，温度 $20℃$ 的水从高位槽 A 输送到低位槽 B，两水槽的液位保持恒定。当阀门关闭时水不流动，阀前与阀后的压力表读数分别为 $80kPa$ 与 $30kPa$。当管路上的阀门在一定的开度下时水的流量为 $1.7m^3/h$。试计算所需的管径。输水管的长度及管件的当量长度共为 $42m$，管子为光滑管。

本题是计算光滑管的管径问题。虽然可以用试差法计算，但不方便。最好是用光滑管的摩擦系数计算式 $\lambda=\dfrac{0.3164}{Re^{0.25}}$（适用于 $2.5\times10^3<Re<10^5$）与 $\sum h_f=\lambda\dfrac{l}{d}\dfrac{u^2}{2}$ 及 $u=\dfrac{4q_V}{\pi d^2}$，推导一个 $\sum h_f$ 与 q_V 及 d 之间的计算式式。

1-39 如习题 1-39 附图所示，水槽中的水由管 C 与 D 放出，两根管的出水口位于同一水平面，阀门全开。各段管的内径及管长（包括管件的当量长度）分别为

	AB	BC	BD
d	50mm	25mm	25mm
l	20m	7m	11m

试求阀门全开时，管 C 与管 D 的流量之比值，摩擦系数均取 0.03。

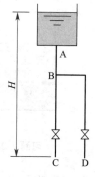

习题 1-39 附图

1-40 有一并联管路输送 $20℃$ 的水，若总管中水的流量为 $9000m^3/h$，两根并联管的管径与管长分别为 $d_1=500mm$，$l_1=1400m$；$d_2=700mm$，$l_2=800m$。试求两根并联管中的流量各为多少？管壁绝对粗糙度为 $0.3mm$。

流量的测定

1-41 在管径 $\phi325mm\times8mm$ 的管路中心处，安装皮托测速管，测量管路中流过的空气流量。空气温度为 $21℃$，压力为 1.47×10^5Pa（绝对压力）。用斜管压差计测量，指示液为水，读数为 $200mm$，倾斜角度为 20 度。试计算空气的质量流量。

1-42 $20℃$ 的水在 $\phi108mm\times4mm$ 的管路中输送，管路上安装角接取压的孔板流量计测量流量，孔板的孔径为 $50mm$。U 形管压差计指示液为汞，读数 $R=200mm$。试求水在管路中的质量流量。

1-43 现有 $40℃$ 水在 $\phi57mm\times3.5mm$ 的钢管中流过，拟在管路中安装一标准孔板流量计，用以测量水的流量，采用角接取压法用 U 形压差计测量孔板前后的压差，以水银为指示液。现已知水的流量范围为 $10\sim18m^3/h$，并希望在最大流量下压差计读数不超过 $600mm$。试确定孔板孔径。

本章符号说明

英文

A	面积，m^2	t	温度，℃
d	管径，m	u	流速，m/s
d_e	当量直径，m	v	比体积，m^3/kg
d_0	孔径，m	W	外加能量，J/kg
g	自由落体加速度，m/s^2	w	质量流速，$kg/(m^2 \cdot s)$
H	外加压头，m	z	高度，位压头，m

H_f 压头损失（单位重量流体的机械能损失），m

h_f 能量损失（单位质量流体的机械能损失），J/kg

l 管长，m

l_e 局部阻力的当量长度，m

M 摩尔质量，kg/kmol

m 质量，kg

p 流体压力（压强），Pa

q_m 质量流量，kg/s(kg/h)

q_V 体积流量，$m^3/s(m^3/h$ 或 L/h)

R 压差计读数，m 液柱

R 摩尔气体常数（8.314），$kJ/(kmol \cdot K)$

Re 雷诺数

r 半径，m

T 热力学温度，K

希文

α 流量系数

ε 绝对粗糙度

ζ 局部阻力系数

λ 摩擦系数

μ 黏度，Pa·s

ν 运动黏度，m^2/s

Π 湿润周边长度，m

ρ 密度，kg/m^3

上标

$\ominus$ 标准状况

下标

max 最大

第二章

流体输送机械

本章学习要求

掌握的内容

离心泵的工作原理、性能参数和特性曲线；离心泵的工作点与流量调节；离心泵的汽蚀现象和安装高度。

熟悉的内容

离心泵的串联和并联操作，离心泵的类型与选用；往复泵的工作原理和流量调节；离心式通风机的工作原理、性能参数和特性曲线；真空泵的类型和选用。

了解的内容

其他类型化工用泵的工作原理和特性；往复式压缩机的工作原理。

在化工生产中，常常需要将流体从低处输送到高处，或从低压送至高压，或沿管路送至较远的地方。为此，需要对流体加入机械能，以提高流体的位能、静压能、流速或功能，克服管路阻力等。为流体提供能量的机械称为流体输送机械。

化工生产中，输送的流体种类很多。流体的温度、压力等操作条件，流体的性质（黏性、腐蚀性）、流量以及所需要提供的能量等方面有很大的不同。为了适应不同情况下的流体输送要求，因而需要不同结构和特性的流体输送机械。流体输送机械根据工作原理的不同通常分为四类，即离心式、往复式、旋转式及流体动力作用式。

气体与液体不同，气体具有可压缩性，因此，气体输送机械与液体输送机械不尽相同。用于输送液体的机械称为泵，用于输送气体的机械称为风机及压缩机。

流体输送机械是通用机械，它在化工生产以及国民经济许多领域中都有着广泛地应用，如压缩空气可供液体搅拌、风力输送及供气动执行机构等各个生产环节使用。

本章将结合化工生产的特点，讨论流体输送机械的作用原理、基本构造与性能及有关计算，以达到能正确选择和使用的目的。至于其具体设计与详细结构，则属于专门领域，不在本课程讨论范围之内。

第一节 离 心 泵

离心泵（centrifugal pump）具有结构简单、流量大且均匀、操作方便的优点。离心泵在化工生产中得到广泛应用，约占化工用泵的80%～90%。

一、离心泵的工作原理

最简单的离心泵工作原理如图 2-1 所示。在蜗壳形泵壳 2 内，有一固定在泵轴 7 上的工作叶轮 1。叶轮上有 6～12 片稍微向后弯曲的叶片 3，叶片之间形成了使液体通过的通道。泵壳中央有一个液体吸入口处与吸入管 4 连接。液体经底阀和吸入管进入泵内。泵壳上的液体压出口与排出管 6 连接，泵轴用电机或其他动力装置带动。启动前，先将泵壳内灌满被输送的液体。启动后泵轴带动叶轮旋转，叶片之间的液体随叶轮一起旋转，在离心力的作用下，液体沿着叶片间的通道从叶轮中心进口处被甩到叶轮外围，以高速流入泵壳，液体流到蜗形通道后，由于截面逐渐扩大，大部分动能转变为静压能。于是液体以较高的压力从压出口进入排出管，输送到所需的场所。

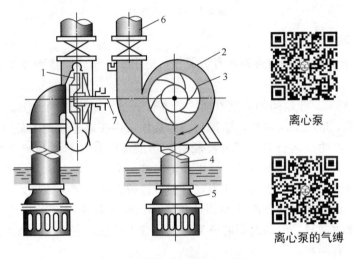

图 2-1　离心泵的构造和装置

1—叶轮；2—泵壳；3—叶片；4—吸入管；

5—底阀；6—排出管；7—泵轴

当叶轮中心的液体被甩出后，泵壳的吸入口处就形成了一定的真空，外面的大气压力迫使液体经底阀、吸入管进入泵内，填补了液体排出后的空间。这样，只要叶轮旋转不停，液体就源源不断地被吸入与排出。

离心泵若在启动前未充满液体，则泵壳内存在空气。由于空气密度很小，所产生的离心力也很小。此时，在吸入口处所形成的真空不足以将液体吸入泵内。虽启动离心泵，但不能输送液体。此现象称为气缚（air binding）。为便于使泵内充满液体，在吸入管底部安装带吸滤网的底阀，底阀为止逆阀，滤网是为了防止固体物质进入泵内而损坏叶轮的叶片或妨碍泵的正常操作。

二、离心泵的主要部件

离心泵的主要部件有叶轮和泵壳。

(一) 叶轮

叶轮是离心泵的重要部件，对它的要求是在流体能量损失最小的情况下，使单位重量流体获得较高的能量。按结构可分为以下 3 种。

1. 开式叶轮

如图 2-2(a) 所示，叶轮吸入口一侧没有前盖板，而另一侧也没有后盖板。制造简单，清洗方便，不易堵塞，适用于输送含较多固体的悬浮液或输送浆状、糊状液体。

(a) 开式　　　　　　　　(b) 半开式　　　　　　　　(c) 闭式

图 2-2　叶轮的类型

2. 半开式叶轮

如图 2-2(b) 所示，没有前盖板而有后盖板，适用于输送含固体颗粒和杂质的液体。

3. 闭式叶轮

如图 2-2(c) 所示，叶轮两侧分别有前、后盖板，流道是封闭的。因而这种叶轮液体流动摩擦阻力损失小，适用于高扬程，输送洁净的液体。一般离心泵大多采用闭式叶轮。

闭式或半开式叶轮在运行时，离开叶轮的高压液体使叶轮后盖板所受压力高于吸入口侧。因此，叶轮受到指向吸入侧的轴向推力。轴向推力会使叶轮与泵壳接触而产生摩擦，严重时会引起泵的震动。为了减小轴向推力，可在后盖板上相对于吸入口处开几个平衡孔［如图 2-3(a) 所示］，让一部分高压液体漏到低压区，以减小叶轮两侧的压力差。这种结构简单，但增加了内部泄漏量。内部泄漏的液流会扰乱进入叶轮的主液流，增大液流摩擦阻力损失，使泵的效率略有降低。

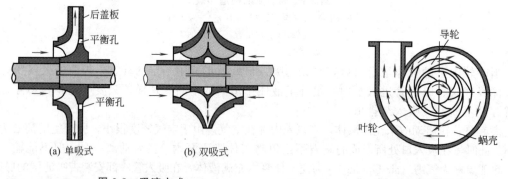

(a) 单吸式　　　　　　　　(b) 双吸式

图 2-3　吸液方式

图 2-4　泵壳与导轮

按吸液方式的不同，叶轮可分为单吸（single suction）和双吸（double suction）两种，如图 2-3 所示。单吸式构造简单，液体从叶轮一侧被吸入；双吸式叶轮两侧对称，液体从叶轮两侧吸入。显然，双吸式具有较大的吸液能力，而且基本上可以消除轴向推力。

（二）泵壳

离心泵的外壳多做成蜗壳形，其内有一个截面逐渐扩大的蜗形通道，如图 2-1 所示。叶轮在泵壳内顺着蜗形通道逐渐扩大的方向旋转。由于通道逐渐扩大，以高速度从叶轮四周抛出的液体可逐渐降低流速，减少能量损失，从而使部分动能有效地转化为静压能。因此，蜗壳不仅能收集和导出液体，同时又是能量转换装置。

为了减少液体进入蜗壳时的碰撞，有的离心泵在叶轮与泵壳之间安装固定的导轮，如图2-4所示，导轮具有4～7片逐渐转向的叶片，叶轮甩出的高速液体流过导轮叶片间的流道时将动能转换为静压能，并能减小流动能量损失。导轮多用于多级离心泵中。

泵壳与轴要密封好，以免液体漏出泵外，或外界空气漏进泵内。

三、离心泵的主要性能参数

为了正确选择和使用离心泵，需要了解离心泵的性能。离心泵的主要性能参数为流量、扬程、功率、效率、转速和汽蚀余量等。

（一）流量

泵的流量（又称送液能力）是指单位时间内泵所输送的液体体积。单位有 m^3/s、m^3/min 或 m^3/h。

（二）扬程 H

泵的扬程（又称压头）是指单位重量（1N）液体流经泵所获得的能量，单位为 $J/N = m$（指 m 液柱）。目前，在生产中扬程的单位仍习惯用被输送液体的液柱高度 m 表示。对于一定的泵和一定的液体，在一定转速下，泵的扬程 H 与流量 q_V 有关。

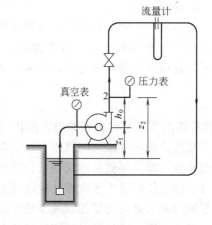

图 2-5 压头的测定

泵的 H 与 q_V 的关系可用实验方法测定，实验装置如图2-5所示。在泵的进、出口管路处分别安装真空表和压力表，在这两处管路截面1、2间列伯努利方程，得

$$0 + \frac{p_v}{\rho g} + \frac{u_1^2}{2g} + H = h_0 + \frac{p_M}{\rho g} + \frac{u_2^2}{2g} + \sum H_f$$

或

$$H = h_0 + \frac{p_M - p_v}{\rho g} + \frac{u_2^2 - u_1^2}{2g} + \sum H_f \qquad (2-1)$$

式中，h_0 为两截面间垂直距离，m；p_M 为压力表读数（表压），Pa；p_v 为真空表读数（负表压值），Pa；u_1、u_2 为吸入管、排出管中液体流速，m/s；$\sum H_f$ 为两截面间管路中的压头损失，m。

由于两截面之间管路很短，其压头损失 $\sum H_f$ 可忽略不计。又因两截面的动压头差 $\frac{u_2^2 - u_1^2}{2g}$ 很小，通常也可不计。则式(2-1) 可写为

$$H = h_0 + \frac{p_M - p_v}{\rho g} \qquad (2-2)$$

【**例 2-1**】 某离心泵用20℃清水测定扬程 H。测得流量为720m^3/h，泵出口压力表读数为 0.4MPa，泵吸入口处真空表读数为 -0.028MPa，两截面间垂直距离为 0.41m。

解 查得 20℃水的密度 998.2kg/m^3

$$p_M = 0.4\text{MPa}, \quad p_v = -0.028\text{MPa}, \quad h_0 = 0.41\text{m}$$

代入式(2-2)，得泵的扬程

$$H = 0.41 + \frac{4 \times 10^5 - (-2.8 \times 10^4)}{998.2 \times 9.81} = 44.1\text{m}$$

（三）功率与效率

1. 轴功率 P 与有效功率 P_e

功率是指单位时间内所做的功，如果在 1s 内把 1N 重的物体提高 1m 高，就对物体做了 $1\text{N} \cdot \text{m}$ 的功，则功率等于 $1\dfrac{\text{N} \cdot \text{m}}{\text{s}}$ 或 1W。

泵的功率有输入的轴功率 P 与输出的有效功率 P_e。轴功率是指泵轴所需的功率。离心泵一般用电动机驱动，其轴功率就是电动机传给泵轴的功率。有效功率是指单位时间内液体从泵中叶轮获得的有效能量。因为离心泵排出的液体质量流量为 $q_V\rho$，所以泵的有效功率为

$$P_e = q_V \rho g H \tag{2-3}$$

式中，P_e 为有效功率，W；q_V 为泵的流量，m^3/s；ρ 为液体密度，kg/m^3；H 为泵的扬程，m；g 为重力加速度，m/s^2。

2. 效率 η

离心泵工作时，泵内存在各种功率损失，致使从电动机输入的轴功率 P 不能全部转变为液体的有效功率 P_e，二者之差即为泵内损失功率，其大小用泵效率 η 来衡量。泵的效率等于有效功率与轴功率之比，其表达式为

$$\eta = \frac{P_e}{P} \tag{2-4}$$

η 值反映出泵工作时机械能损失的相对大小，一般约为 $0.6 \sim 0.85$，大型泵可达 0.90。

泵内造成功率损失的原因有：①泵内的流体流动摩擦损失（又称水力损失），使叶轮给出的能量不能全部被液体获得，仅获得有效扬程 H；②泵内有部分高压液体泄漏到低压区，使排出的液体流量小于流经叶轮的流量而造成功率损失，称为流量损失（又称容积损失）；③泵轴与轴承之间的摩擦以及泵轴密封处的摩擦等造成的功率损失，称为机械损失。

离心泵启动或运转时可能超过正常负荷，所配电动机的功率应比泵的轴功率大些。电动机功率大小在泵样本中有说明。

四、离心泵的特性曲线

（一）离心泵的特性曲线

离心泵的 H、P、η 与 q_V 之间的关系曲线称为**特性曲线**（characteristic curves）。其数值通常是指额定转速和标定状况（大气压 101.325kPa，20℃清水）下的数值，可用实验测得。通常在泵的产品样本中附有泵的主要性能参数和特性曲线，供选泵和操作参考。图 2-6 表示某型号离心水泵在转速 $n = 2900\text{r/min}$ 下用 20℃清水测得的特性曲线。

（1）$H\text{-}q_V$ 曲线　表示 H 与 q_V 的关系，通常 H 随 q_V 的增大而减小。不同型号的离心泵，$H\text{-}q_V$ 曲线的形状有所不同。有的离心泵 $H\text{-}q_V$ 曲线较平坦，其特点是流量变化较大而

压头变化不大；而有的泵 $H\text{-}q_V$ 曲线陡降，当流量变动很小时扬程变化很大，适用于扬程变化大而流量变化小的情况。

（2）$P\text{-}q_V$ 曲线　表示 P 与 q_V 的关系，P 随 q_V 的增大而增大。显然，当 $q_V=0$ 时，P 最小。因此，启动离心泵时，应关闭出口阀，使电动机的启动电流减至最小，以保护电动机。待运转正常后再开启出口阀，调节到所需的流量。

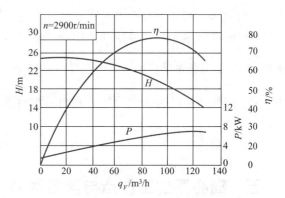

图 2-6　某离心水泵的特性曲线

（3）$\eta\text{-}q_V$ 曲线　表示 η 与 q_V 的关系，开始 η 随 q_V 的增大而增大，达到最大值后，又随 q_V 的增大而下降。曲线上最高效率点即为泵的设计工况点，在该点所对应的扬程和流量下操作最为经济。实际生产中，泵很难恰好在设计工况点下运转，所以各种离心泵都规定一个高效区，一般取最高效率以下 7％范围内为高效区。

工程上也将离心泵最高效率点定为额定点，与该点对应的流量称为额定流量。

（二）离心泵的转速对特性曲线的影响

离心泵的特性曲线是在一定转速 n 下测定的，当 n 改变时，泵的流量 q_V、扬程 H 及功率 P 也相应改变。对同一型号泵、同一种液体，在效率 η 不变的条件下，q_V、H、P 随 n 的变化关系如下式所示

$$\frac{q_{V2}}{q_{V1}}=\frac{n_2}{n_1},\qquad \frac{H_2}{H_1}=\left(\frac{n_2}{n_1}\right)^2,\qquad \frac{P_2}{P_1}=\left(\frac{n_2}{n_1}\right)^3 \tag{2-5}$$

式中，q_{V1}、H_1、P_1 及 q_{V2}、H_2、P_2 分别为 n_1 及 n_2 时的特性参数。

式（2-5）称为**比例定律表达式**。当泵的转速变化小于 20％时，效率基本不变。

（三）液体黏度和密度的影响

离心泵生产厂提供的特性曲线是用 20℃清水测得的。当被输送液体的黏度及密度与水的相差较大时，必须对特性曲线进行校正。

1. 黏度的影响

离心泵用于输送黏度大于水的液体时，泵的流量、扬程都减小，轴功率增大，效率下降。即泵的特性曲线会发生变化，黏度越大，其变化越明显。产生变化的原因有以下几点：

① 因为液体黏度增大，叶轮内液体流速降低，使流量减小；

② 因为液体黏度增大，液体流经泵内时的流动摩擦损失增大，使扬程减小；

③ 因液体黏度增大，叶轮前、后盖板与液体之间的摩擦而引起能量损失增大，使所需要的轴功率增大。

由于上述原因，结果使泵效率下降。通常，当液体的运动黏度 $\nu>20\times10^{-6}\,\mathrm{m}^2/\mathrm{s}$ 时，离心泵的特性参数需要换算，可参考离心泵专著。

2. 密度的影响

离心泵的流量 q_V 等于叶轮周边出口截面积与液体在周边处的径向速度之乘积，这些因素不受液体密度影响，所以对液体的密度变化，泵的流量不会改变。离心泵的扬程 H 与液

体密度也无关。离心力与液体的质量成正比,液体密度为单位体积液体的质量,所以液体离心力与液体密度成正比。液体在泵内在离心力作用下从低压 p_1 变为高压 p_2 而排出,所以 (p_2-p_1) 与液体密度成正比。因为 (p_2-p_1) 及 ρg 分别与密度 ρ 成正比,所以 $\dfrac{p_2-p_1}{\rho g}$ 与密度无关。因泵的扬程 $H \propto \dfrac{p_2-p_1}{\rho g}$,所以扬程与液体密度无关。泵的轴功率 P 随液体密度 ρ 的变化关系,由式(2-3)与式(2-4)可知为 $P=\dfrac{q_V \rho g H}{\eta}$,故轴功率 P 随液体密度 ρ 增大而增大。

五、离心泵的工作点与流量调节

离心泵安装在一定的管路系统中,以一定转速工作时,其流量与扬程的关系不仅与离心泵本身的特性有关,并且与管路的工作特性有关。

(一) 管路特性方程与管路特性曲线

在图 2-7 所示的管路系统中,被输送的液体要求离心泵供给的压头 H 可由 1—1 与 2—2 两截面间的伯努利方程求得,即

$$H=\Delta z + \frac{\Delta p}{\rho g} + \frac{\Delta u^2}{2g} + \Sigma H_f \qquad (2\text{-}6)$$

对特定的管路系统,$\Delta z + \dfrac{\Delta p}{\rho g}$ 为固定值,与管路中的液体流量 q_V 无关。

令
$$H_0 = \Delta z + \frac{\Delta p}{\rho g} \qquad (2\text{-}7)$$

因液体贮槽与高位槽的截面比管路截面大很多,则槽中液体流速很小,可忽略不计,即 $\dfrac{\Delta u^2}{2g} \approx 0$。式(2-6)可简化为

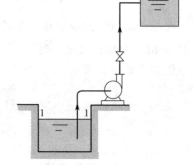

图 2-7 管路系统

$$H=H_0 + \Sigma H_f \qquad (2\text{-}8)$$

式中的压头损失为

$$\Sigma H_f = \left(\lambda \frac{l+\Sigma l_e}{d} + \Sigma \zeta \right) \frac{u^2}{2g}$$

将 $u=\dfrac{q_V}{\frac{\pi}{4}d^2}$ 代入上式得

$$\Sigma H_f = \frac{8}{\pi^2 g} \left(\lambda \frac{l+\Sigma l_e}{d^5} + \frac{\Sigma \zeta}{d^4} \right) q_V^2 \qquad (2\text{-}9)$$

式中,q_V 为管路中液体流量,m^3/s;d 为管子内径,m;$l+\Sigma l_e$ 为管路中的直管长度与局部阻力的当量长度之和,m;ζ 为局部阻力系数;λ 为摩擦系数。

对于一定的管路系统,d、l、l_e 及 ζ 均为定值。λ 是 Re 的函数,也是 q_V 的函数。当 Re 较大时,λ 随 Re 的变化很小,可视为常数。

令
$$k=\frac{8}{\pi^2 g} \left(\lambda \frac{l+\Sigma l_e}{d^5} + \frac{\Sigma \zeta}{d^4} \right) \qquad (2\text{-}10)$$

则式（2-9）可写为

$$\sum H_\mathrm{f} = kq_V^2$$

代入式（2-8），得**管路特性方程**为

$$H = H_0 + kq_V^2 \tag{2-11}$$

式（2-11）表示管路中液体流量 q_V 与要求泵提供的压头 H 之间的关系。应注意此式中 q_V 的单位 $\mathrm{m^3/s}$。

将式（2-11）的关系标绘在图 2-8 所示的 $H\text{-}q_V$ 坐标图上，得到**管路特性曲线**。式中的 k 为管路特性系数，他与管路长度、管径、摩擦系数及局部阻力系数有关。在其他条件一定时，若改变管路中的调节阀开关程度，其局部阻力系数必将改变。因而管路特性系数 k 和管路特性曲线的斜率也随着改变。k 值较大的管路可称为高阻力管路；k 值较小的管路则称为低阻力管路。

（二）工作点

输送液体是依靠泵和管路系统共同完成的。一台离心泵安装在一定的管路系统中工作，包括阀门开度也一定时，就有一定的流量与压头。此流量与压头是离心泵特性曲线与管路特性曲线交点处的流量与压头。此点称为泵的**工作点**（duty point），如图 2-8 中 P 点所示。显然，该点所表示的流量 q_V 与压头 H 既是管路系统所要求，又是离心泵所能提供的。若该点所对应效率是在最高效率区，则该工作点是适宜的。

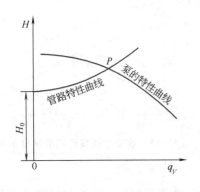

图 2-8　离心泵的工作点

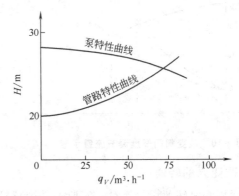

图 2-9　例 2-2 附图

【例 2-2】　在内径为 150mm、长度为 280m 的管路系统中，用离心泵输送清水。已知该管路局部摩擦阻力损失的当量长度为 85m；摩擦系数可取为 0.03。离心泵特性曲线如图 2-9 所示。若 $\left(\Delta z + \dfrac{\Delta p}{\rho g}\right)$ 为 20m（水柱），试求离心泵的工作点。

解　$H_0 = \Delta z + \dfrac{\Delta p}{\rho g} = 20\mathrm{m}$（水柱）

$$d = 0.15\mathrm{m}, \ l = 280\mathrm{m}, \ l_\mathrm{e} = 85\mathrm{m}, \ \lambda = 0.03$$

管路特性系数

$$k = \frac{8}{\pi^2 g}\left(\lambda\,\frac{l + l_\mathrm{e}}{d^5}\right) = \frac{8}{3.14^2 \times 9.81}\left(0.03 \times \frac{280 + 85}{0.15^5}\right) = 11930$$

代入式（2-11），得

$$H = H_0 + kq_V^2 = 20 + 11930 q_V^2 \quad (q_V\ \text{的单位为}\ \mathrm{m^3/s})$$

在附图上标绘出管路特性曲线，它与离心泵特性曲线的交点即工作点的流量 $q_V = 74\text{m}^3/\text{h}$，压头 $H = 25\text{m}$（水柱）。

（三）流量调节

泵在实际操作过程中，经常需要调节流量。从泵的工作点可知，调节流量实质上就是改变离心泵的特性曲线或管路特性曲线，从而改变泵的工作点的问题。所以，离心泵的流量调节应从两方面考虑，其一是在排出管线上装适当的调节阀，以改变管路特性曲线；其二是改变离心泵的转速，以改变泵的特性曲线，两者均可以改变泵的工作点，以调节流量。

1. 改变阀门开度

改变阀门开度调节流量，实质上就是关小或开大阀门来增大或减小管路阻力，从而改变管路特性曲线。如图 2-10 所示，阀门的开度为 k 时的管路特性曲线为 k 线，此时泵的工作点为 A。当阀门关小到 k' 时，管路的局部阻力增加，管路特性曲线变陡，如图中曲线 k' 所示。工作点由 A 移到 B，流量由 q_{VA} 减小到 q_{VB}，对流量 q_{VB} 来说，阀门开度为 k 时管路阻力损失为 $H_C - H_0$，k' 时为 $H_B - H_0$，$H_B - H_C$ 为阀门开度由 k 减小到 k' 时所增加的阻力损失。这种流量调节方法简便灵活，在工业生产及生活中广泛采用，但不太经济，对于需要经常调节且调节幅度不大的系统较为适宜。一般只在较小流量的离心泵管路系统中使用。

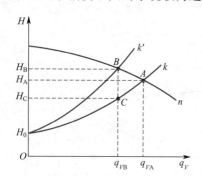

图 2-10   改变阀门开度调节流量示意

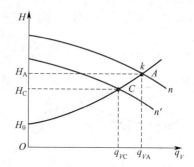

图 2-11   改变叶轮转速调节流量示意

2. 改变泵的转速

改变离心泵转速调节流量，实质上是维持管路特性曲线不变，而改变泵的特性曲线（如图 2-11 所示），泵由转速 n 减小到 n'，则其特性曲线移到线 n' 的位置，工作点沿着管路特性曲线由 A 移到 C，流量和压头都相应减小。这种变速调节流量的方法没有节流引起的附加能量损失，比较经济，但需要变速装置或能变速的原动机，如直流电动机、汽轮机等。另外，改变转速时，要注意其转速不得超过泵的额定转速，以免叶轮强度和电动机负荷超过允许值。

【例 2-3】 某输水管路系统中，离心泵在转速为 $n = 2900\text{r/min}$ 时的特性曲线方程为 $H = 25 - 5q_V^2$，管路特性方程为 $H = 10 + kq_V^2$，q_V 的单位为 m^3/min。试求：（1）$k = 2.5$ 时工作点流量 q_{VA} 与扬程 H_A；（2）阀门关小到 $k' = 5.0$ 时的工作点流量 q_{VB} 与扬程 H_B；（3）对于流量 q_{VB}，因阀门开度由 $k = 2.5$ 关小到 $k = 5.0$，管路阻力损失增加了多少？（4）若不用改变阀门开度而用改变转速，使流量从 q_{VA} 调到 q_{VB}，试求转速应调到多少？

解 （1）已知 $n = 2900\text{r/min}$ 时，离心泵的特性方程为

$$H = 25 - 5q_V^2 \tag{a}$$

$k = 2.5$ 时，管路特性方程为

$$H = 10 + kq_V^2 = 10 + 2.5q_V^2 \tag{b}$$

式（a）与式（b）联立求解，得工作点 A 的流量为

$$q_{VA} = 1.41 \text{m}^3/\text{min} = 84.8 \text{m}^3/\text{h}$$

扬程为

$$H_A = 25 - 5q_V^2 = 25 - 5 \times (1.41)^2 = 15\text{m（水柱）}$$

离心泵的特性曲线与管路特性曲线，如图 2-12 所示。

（2）$k = 5.0$ 时，管路特性方程为

$$H = 10 + kq_V^2 = 10 + 5q_V^2 \tag{c}$$

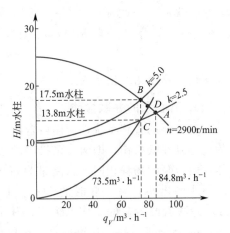

图 2-12 例 2-3 附图

式（c）与式（a）联立求解，得工作点 B 的流量为

$$q_{VB} = \sqrt{1.5} = 1.22 \text{m}^3/\text{min} = 73.5 \text{m}^3/\text{h}$$

扬程为 $H_B = 25 - 5q_{VB}^2 = 25 - 5 \times 1.5$

$$= 17.5\text{m（水柱）}$$

（3）将图中 B 点的流量 $q_V = \sqrt{1.5}\ \text{m}^3/\text{min}$，代入管路特性方程式（b），求得管路特性曲线上 C 点的扬程为

$$H_C = 10 + 2.5q_V^2 = 10 + 2.5 \times 1.5 = 13.8\text{m（水柱）}$$

阀门关小增加的阻力损失为 $H_B - H_C = 17.5 - 13.8 = 3.7\text{m（水柱）}$

（4）改变泵的转速，使工作点从 A 变到 C，点 C 的流量与扬程为

$$q_{VC} = q_{VB} = 73.5 \text{m}^3/\text{h}, \quad H_C = 13.8\text{m（水柱）}$$

原工作点 A 与新工作点 C 不在等效率曲线上。所以不能用比例定律直接从 A 点的流量、扬程、转速换算到 C 点流量、扬程下的转速。

为了求出工作点 C 的离心泵转速 n_C，首先要在转速为 2900r/min 泵的特性曲线上找出与点 C 等效率的点 D，C 点与 D 点的数据才符合比例定律。求等效点 D 的方法如下。

由比例定律，可以写出

$$\frac{q_{VC}}{q_{VD}} = \frac{n_C}{n_D}, \quad \frac{H_C}{H_D} = \left(\frac{n_C}{n_D}\right)^2$$

消去式中的转速比 n_C/n_D，得

$$\frac{H_C}{q_{VC}^2} = \frac{H_D}{q_{VD}^2} = K\text{（常数）}$$

写为 $H = Kq_V^2$，此式为离心泵在不同转速下的**等效率方程**。

用 C 点的 $H_C = 13.8\text{m（水柱）}$，$q_{VC} = \sqrt{1.5}\ \text{m}^3/\text{min}$，计算常数 K

$$K = \frac{H_C}{q_{VC}^2} = \frac{13.8}{1.5} = 9.2\ \frac{\text{m（水柱）}}{(\text{m}^3/\text{min})^2}$$

通过 C 点的等效方程为

$$H = 9.2q_V^2 \tag{d}$$

离心泵特性方程式（a）与等效率方程式（d）联立求解，得 $n = 2900\text{r/min}$ 时泵特性曲线上 D 点的流量与扬程为

$$q_{VD} = 1.33 \text{m}^3/\text{min} = 79.6 \text{m}^3/\text{h}, \quad H_D = 16.2\text{m（水柱）}$$

利用等效率条件下的比例定律表达式计算图中 C 点的转速为

$$n_C = n_D \frac{q_{VC}}{q_{VD}} = 2900 \times \frac{1.22}{1.33} = 2660\text{r}/\text{min}$$

转速变化的百分数为

$$\frac{2900-2660}{2900} \times 100 = 8.3\% < 20\%$$

在比例定律适用范围之内。

3. 离心泵的并联操作

对一定的管路系统，使用一台离心泵流量太小，不能满足要求时，可采用两台型号相同的离心泵并联操作，即两台泵排出的液体汇合送入同一管路系统，如图 2-13（a）所示。显然，两台泵的扬程相同，总流量为每台泵的流量之和。按这个条件，可由单台泵的 H-q_V 曲线 I 画出两台泵并联时的 H-q_V 曲线 II，如图 2-13（b）所示。原来的单台泵工作点为 A，并联后两台泵的工作点为 B，其中一台泵的工作点为 C。B 点的扬程 $H_并$ 比单台泵操作时的 $H_单$ 高一些，其流量 $q_{V并}$ 比单台泵操作时的 $q_{V单}$ 增大了，但达不到 $q_{V单}$ 的两倍，而是 C 点流量 $q'_{V单}$ 的两倍。若管路特性曲线越平坦，则并联后的流量 $q_{V并}$ 就越接近单台泵操作时流量的两倍，所以并联操作能使低阻力管路系统的流量增加较多。而高阻力管路系统的流量增加较少。并联操作时，泵的台数不宜过多。因为台数越多，所增加的流量越少，即每台泵的流量越少。

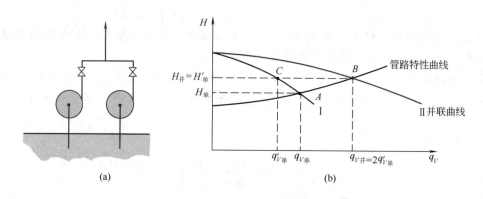

图 2-13　离心泵的并联操作

4. 离心泵的串联操作

为了能使管路系统的输液距离增大、流量增多（属于高阻力管路系统），需要提高泵的扬程。为此，可采用两台型号相同的离心泵串联操作，即第一台泵排出的液体进入第二台泵，然后排入管路系统，如图 2-14（a）所示。显然，两台泵的流量相同，总扬程为每台泵的扬程之和。按这个条件，可由单台泵的 H-q_V 曲线 I 画出两台泵串联时的 H-q_V 曲线 II，如图 2-14（b）所示。单台泵的工作点为 A，串联后两台泵的工作点为 B，其中一台泵的工作点为 C。B 点的流量 $q_{V串}$ 比单台泵操作时的 $q_{V单}$ 增多了，其扬程 $H_串$ 比单台泵操作时的 $H_单$ 也增大了，但达不到 $H_单$ 的两倍，而是 C 点扬程 $H'_单$ 的两倍。

多台泵串联操作，相当于一台多级泵。多级泵的结构紧凑，安装、维修也方便，因而可选用多级泵代替多台串联泵使用。

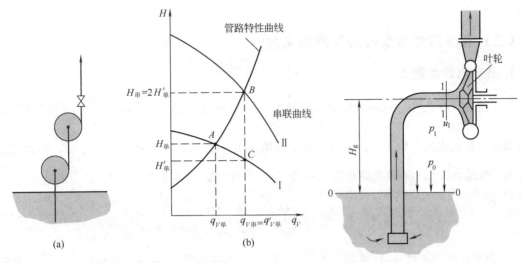

图 2-14 离心泵的串联操作   图 2-15 离心泵吸液示意

六、离心泵的汽蚀现象与安装高度

(一) 汽蚀现象

离心泵的吸液管路如图 2-15 所示。以贮液槽的液面为基准面，列出槽液面 0—0 与泵入口 1—1 截面间的伯努利方程，得

$$\frac{p_1}{\rho g} = \frac{p_0}{\rho g} - H_g - \frac{u_1^2}{2g} - \sum H_f \tag{2-12}$$

由此式可知，贮槽液面上方 p_0 一定时，若泵的安装高度 H_g 越高或吸液管路内液体流速 u_1 与压头损失 $\sum H_f$ 越大，则 p_1 就越小。但在离心泵操作中，不允许 p_1 低于该处温度下的液体饱和蒸气压 p_v。更确切地讲，应该是叶轮入口最低压力点处的压力不允许低于该处温度下的液体饱和蒸气压 p_v，而应该高于 p_v。泵入口处的压力 p_1 应该更高一些，以便克服流体阻力推动液体流入叶轮。

当叶轮入口最低压力点处的压力降到液体在该处温度下的饱和蒸气压 p_v 时，液体将有部分汽化，同时还会有溶解于液体中的气体解吸出来，生成大量小气泡。这些小气泡随液体流到叶轮内压力高于 p_v 区域时，小气泡便会突然破裂，其中的蒸气会迅速凝结，周围的液体将以高速冲向刚消失的气泡中心，造成很高的局部冲击压力，冲击叶轮，发生噪声，引起震动。金属表面受到压力大、频率高的冲击而剥蚀以及气泡内夹带的少量氧气等活泼气体对金属表面的电化学腐蚀等，使叶轮表面呈现海绵状、鱼鳞状破坏。这种现象称为**汽蚀**（cavitation）。

离心泵的汽浊

离心泵开始发生汽蚀时，汽蚀区域较小，对泵的正常工作没有明显影响。但当汽蚀发展到一定程度时，气泡产生量较大，泵内液体流动的连续性遭到破坏，泵的流量、扬程和效率均会明显下降，不能正常操作。

为了避免汽蚀的发生，泵的安装高度不能太高，可用泵规格表中给出的**汽蚀余量**〔国外教材中称为净正吸入压头（net positive suction head），以简写 NPSH 表示〕对泵的安装高

度 H_g 加以限制。下面介绍汽蚀余量的含义以及如何用汽蚀余量确定泵的最大允许安装高度。

（二）有效汽蚀余量与必需汽蚀余量

1. 有效汽蚀余量 Δh_a

为了避免汽蚀发生，液体经吸入管到达泵入口处所具有的压头 $\left(\dfrac{p_1}{\rho g}+\dfrac{u_1^2}{2g}\right)$ 不仅能克服流体阻力使液体被推进叶轮入口，而且应大于液体在工作温度下的饱和蒸气压头 $\dfrac{p_v}{\rho g}$，其差值为有效压头余量，常称为**有效汽蚀余量**（available NPSH）Δh_a，单位为 m（液柱）。表达式为

$$\Delta h_a = \left(\frac{p_1}{\rho g}+\frac{u_1^2}{2g}\right)-\frac{p_v}{\rho g} \tag{2-13}$$

由式（2-12）与式（2-13）可知，若 p_0 一定，且液体流速 u_1 及温度各保持一定，当泵的安装高度 H_g 增高压头损失 $\sum H_f$ 增大，$\dfrac{p_1}{\rho g}$ 将减小，从而使有效汽蚀余量 Δh_a 减小。Δh_a 的大小与吸液管路高度、管径等有关，而与泵本身无关。

2. 必需汽蚀余量 Δh_r

必需汽蚀余量（reguired NPSH）Δh_r 是表示液体从泵入口流到叶轮内最低压力点 K 处的全部压头损失。它与泵的结构尺寸及液体流量有关。对于某一台泵，若流量不变，则 Δh_r 不变。若泵入口的压力 p_1 减小时，其叶轮内最低压力点 K 处的压力 p_k 相应减小，但 Δh_r 不变。

若泵的有效汽蚀余量不变，而其必需汽蚀余量 Δh_r 越小，泵越不易发生汽蚀。因为泵入口处的压头余量 Δh_a 在用于压头损失 Δh_r（即上述必需汽蚀余量）之后，所剩余的压头就越多。这表示液体流到叶轮内最低压力点 K 时，其压头 $\dfrac{p_K}{\rho g}$ 高出 $\dfrac{p_v}{\rho g}$ 就越多，所以不会发生汽蚀。Δh_a 与 Δh_r 的关系如图 2-16 所示。

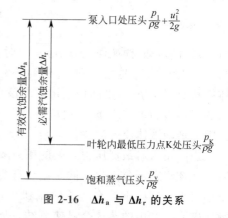

图 2-16 Δh_a 与 Δh_r 的关系

判别汽蚀的条件是：$\Delta h_a > \Delta h_r$ 时，$p_K > p_v$，不汽蚀；

$$\Delta h_a = \Delta h_r \quad 时，\quad p_K = p_v，$$

开始发生汽蚀；

$$\Delta h_a < \Delta h_r \quad 时，\quad p_K < p_v，严重汽蚀。$$

（三）离心泵的最大安装高度

式（2-13）代入式（2-12）求得

$$H_g = \frac{p_0}{\rho g}-\frac{p_v}{\rho g}-\Delta h_a-\sum H_f \tag{2-14}$$

并且由式（2-12）与式（2-13）可知随着泵的安装高度 H_g 增高，$\dfrac{p_1}{\rho g}$ 减小，有效汽蚀余量 Δh_a 将减小。当 Δh_a 减少到与必需汽蚀余量 Δh_r 相等时 $p_k = p_v$，则是开始发生汽蚀的临界情

况。此时的安装高度称为最大安装高度，以 H_{gmax} 表示。Δh_r 不能用计算方法确定，只能用实验方法求得。对于某一型号的离心泵，若流量一定，则 Δh_r 为一定值。它是确定 H_{gmax} 的重要数据。将式(2-14) 改写为

$$H_{gmax}=\frac{p_0}{\rho g}-\frac{p_v}{\rho g}-\Delta h_r-\sum H_f \tag{2-15}$$

（四）允许汽蚀余量与最大允许安装高度

为了保证泵的安全操作，不发生汽蚀，式(2-15) 中的必需汽蚀余量 Δh_r 上加一个安全余量 0.3m，作为允许汽蚀余量 Δh，即

$$\Delta h=\Delta h_r+0.3$$

离心泵规格表中列出的汽蚀余量就是允许汽蚀余量 Δh。

将式(2-15) 中的 Δh_r 用 Δh 代替，则得最大允许安装高度计算式

$$H_{g允许}=\frac{p_0}{\rho g}-\frac{p_v}{\rho g}-\Delta h-\sum H_f \tag{2-16}$$

式中 p_0 为贮槽液面上方的绝对压力，Pa（当贮槽敞口时，p_0 即为当地环境大气压）；p_v 为液体在工作温度下的饱和蒸气压，Pa；Δh 为允许汽蚀余量，m；$\sum H_f$ 为吸入管路的压头损失，m。

泵的实际安装高度 H_g 必须低于最大允许安装高度 $H_{g允许}$。离心泵在操作过程中，不产生汽蚀的条件是有效汽蚀余量不小于允许汽蚀余量。

【例 2-4】　某台离心水泵，从样本上查得其汽蚀余量 $\Delta h=2$m（水柱）。现用此泵输送敞口水槽中 40℃清水，若泵吸入口距水面以上 4m 高度处，吸入管路的压头损失为 1m（水柱），当地环境大气压力为 0.1MPa。如图 2-17 所示。试求该泵的安装高度是否合适。

解　40℃水的饱和水蒸气压 $p_v=7.377$kPa，密度 $\rho=992.2$kg/m³。已知 $p_0=100$kPa，$\sum H_f=1$m（水柱），$\Delta h=2$m（水柱），代入式(2-16) 中，可得泵的最大允许安装高度

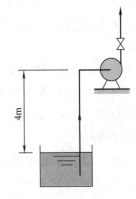

图 2-17　例 2-4 附图

$$H_{g允许}=\frac{p_0-p_v}{\rho g}-\Delta h-\sum H_f=\frac{(100-7.377)\times 10^3}{992.2\times 9.81}-2-1=6.51\text{m}$$

实际安装高度 $H_g=4$m，小于 6.51m，故合适。

【例 2-5】　如图 2-18 所示，用离心泵将精馏塔塔釜的液体送至贮槽，已知塔内液面上方的真空度为 70kPa，且液体处于沸腾状态，其密度为 920kg/m³。现拟将泵安装于塔釜液面以下 2.0m 处，在操作流量下，吸入管路压头损失为 0.6m，所用泵的允许汽蚀余量为

2.0m，问该泵的安装位置是否合适？若不合适，应如何调整？

解 因塔内液体处于沸腾状态，则液面上方的压力为溶液的饱和蒸汽压，即 $p_0 = p_v$。故该泵的允许安装高度为

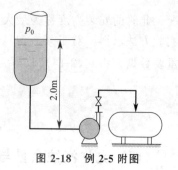

$$H_{g允许} = \frac{p_0 - p_v}{\rho g} - \Delta h - \sum H_f = -2.0 - 0.6 = -2.6\text{m}$$

而实际安装高度 $H_{g实} = -2.0\text{m} > H_{g允}$，说明此泵安装不当，泵不能正常操作，故应调整其位置。为安全起见，泵应安装在液面下方 3.0m 以下，即从原来的安装位置至少再下移 1.0m。

图 2-18 例 2-5 附图

七、离心泵的类型与选用

(一) 离心泵的类型

离心泵的种类很多，常用的类型有清水泵、耐腐蚀泵、油泵和杂质泵等。下面对这些泵作简要介绍，详情可参阅泵的产品样本。

1. 清水泵

清水泵一般用于工业生产（输送物理、化学性质与清水类似的液体）、城市给排水和农业排灌。

IS 型单级单吸式离心泵（轴向吸入）系列是我国第一个按国际标准（ISO）设计、研制的，全系列共有 29 个品种。该系列泵输送介质的温度不超过 80℃，口径 40～200mm，流量范围 6.3～400m³/h，扬程范围 5～125m。

以 IS50-32-250 为例说明型号中各项意义。IS——国际标准单级单吸清水离心泵；50——泵吸入口直径，mm；32——泵排出口直径，mm；250——泵叶轮的名义尺寸，mm。

如果输送液体流量要求较大而扬程不高时，可选用 S 型单级双吸离心泵；如果扬程要求较高，可选用 D、DG 型多级离心泵；如果输送温度低于 150℃ 的流体，可选用 IS_R 型单级单吸式离心泵，其是 IS 系列变型产品，高效节能。

2. 耐腐蚀泵

输送酸、碱、盐等腐蚀性液体时，需用耐腐蚀泵。不同性质的腐蚀性液体，采用不同材料制造。长期以来使用 F 型单级单吸式离心泵，近年已推出若干新产品。例如，IH 型化工离心泵是单级单吸式耐腐蚀离心泵，可输送不含固体颗粒、黏度类似于水、具有腐蚀性的液体，介质温度为 −20～105℃，是采用 ISO 国际标准设计的系列产品，效率比 F 型泵高，为节能产品；CZ 型流程泵系用各种耐腐蚀合金材料制造，可输送各种温度和浓度的硝酸、硫酸、盐酸、磷酸等无机酸和有机酸、各种温度和浓度的 NaOH 和碳酸钠等碱性溶液和各种盐溶液、各种液态石油化工产品、有机化合物以及其他腐蚀性液体。

3. 油泵

油泵对密封要求高，以免易燃液体泄漏。过去一直使用 Y 型离心油泵，但近年已生产

出石油化工流程泵系列产品，其结构型式多，品种规格全，效率高，质量好。例如，SJA 型单级单吸悬臂式离心流程泵，输送介质温度为 $-196 \sim 450℃$。

（二）选择

选择离心泵应以能满足液体输送的工艺要求为前提，选择步骤如下所述。

1. 确定输送系统的流量与压头

流量一般为生产任务所规定。根据输送系统管路的安排，用伯努利方程式计算管路所需的压头。

2. 选择泵的类型与型号

根据输送液体性质和操作条件确定泵的类型。按已确定的流量和压头从泵样本或产品目录选出合适的型号。需要注意的是，如果没有适合的型号，则应选定泵的压头和流量都稍大的型号；如果同时有几个型号适合，则应列表比较选定。然后按所选定型号，进一步查出其详细性能数据。

3. 校核泵的特性参数

如果输送液体的黏度和密度与水相差很大，则应核算泵的流量与压头及轴功率。

【例 2-6】 如图 2-19 所示，需安装一台泵，将流量 $45 \text{m}^3/\text{h}$、温度 $20℃$ 的河水输送到高位槽，高位槽水面高出河面 10m，管路总长度为 15m，其中吸入管路长为 5m。试选一台离心泵，并确定安装高度。

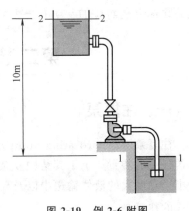

图 2-19 例 2-6 附图

解 流量 $q_V = 45 \text{m}^3/\text{h}$，$20℃$ 水的 $\rho = 998.2 \text{kg/m}^3$，$\mu = 1.005 \times 10^{-3} \text{Pa·s}$，选管内流速 $u = 2.5 \text{m/s}$，估算管内径

$$d = \sqrt{\frac{q_V}{3600 \times \frac{\pi}{4} u}} = \sqrt{\frac{45}{3600 \times \frac{\pi}{4} \times 2.5}} = 0.08 \text{m}$$

选 $\phi 88.5 \text{mm} \times 4 \text{mm}$ 水煤气管，内径 $d = 80.5 \text{mm}$，则管内流速

$$u = \frac{q_V}{3600 \times \frac{\pi}{4} d^2} = \frac{45}{3600 \times \frac{\pi}{4} \times (0.0805)^2} = 2.46 \text{m/s}$$

$$Re = \frac{du\rho}{\mu} = \frac{0.0805 \times 2.46 \times 998.2}{1.005 \times 10^{-3}} = 1.97 \times 10^5$$

钢管绝对粗糙度取 $\varepsilon = 0.35 \text{mm}$，相对粗糙度 $\varepsilon/d = \dfrac{0.35}{80.5} = 0.0043$，查得摩擦系数 $\lambda = 0.028$，截止阀（全开）$l_e/d = 300$，两个 $90°$ 弯头 $l_e/d = 35 \times 2 = 70$，带滤水器的底阀（全开）$l_e/d = 420$，管出口突然扩大 $\zeta = 1$。

管路的压头损失

$$\Sigma H_f = \lambda \left(\frac{l + \Sigma l_e}{d} + \zeta \right) \frac{u^2}{2g} = 0.028 \left(\frac{15}{0.0805} + 300 + 70 + 420 + 1 \right) \frac{2.46^2}{2 \times 9.81} = 8.44 \text{m （水柱）}$$

以河面（1—1 截面）为基准面，在 1—1 截面与 2—2 截面间列伯努利方程，得扬程

$$H = \Delta Z + \Sigma H_f = 10 + 8.44 = 18.4 \text{m （水柱）}$$

根据已知流量 $q_V = 45 \text{m}^3/\text{h}$，扬程 $H = 18.4$（水柱），可从离心泵规格表中选用型号为 IS80-65-125 的泵。其允许汽蚀余量 $\Delta h = 3.0 \sim 3.5 \text{m}$（水柱），因 Δh 随流量增大而增大，计算泵的最大允许安装高度 H_{gmax} 时，应选取最大流量下的 Δh 值。这里取 $\Delta h = 3.5 \text{m}$（水柱）。

20℃ 水的饱和蒸气压 $p_v = 2.335 \text{kPa}$，当地环境的大气压力 $p_0 = 101.3 \text{kPa}$，吸入管长 $l = 5 \text{m}$。吸入管压头损失

$$\Sigma H_f = \lambda \left(\frac{l}{d} + \frac{\Sigma l_e}{d} \right) \frac{u^2}{2g} = 0.028 \times \left(\frac{5}{0.0805} + 420 + 35 \right) \times \frac{2.46^2}{2 \times 9.81} = 4.47 \text{m （水柱）}$$

泵的最大允许安装高度

$$H_{g允} = \frac{p_0 - p_v}{\rho g} - \Delta h - \Sigma H_f = \frac{(101.3 - 2.335) \times 10^3}{998.2 \times 9.81} - 3.5 - 4.47 = 2.13 \text{m}$$

泵的实际安装高度 H_g 应小于 2.13m，这里取 1.5m。

第二节　其他类型化工用泵

一、往复泵

往复泵（reciprocating pump）是利用活塞的往复运动将能量传递给液体，以完成液体输送任务的装置。由于其结构复杂、流量脉动等原因，一般情况较少使用。但在压力高、流量小、黏度大的液体输送中以及要求精确计量和流量随压力变化不大的情况下，仍采用各种形式的往复泵。

（一）往复泵的工作原理

如图 2-20 所示，往复泵的主要部件有泵缸、活塞、活塞杆、吸入阀和排出阀。吸入阀和排出阀均为单向阀。电动往复泵通常是用曲柄连杆机构，把电动机的旋转运动变为活塞的往复运动。当活塞向右移动时，泵缸的容积增大而形成低压。排出阀受排出管内液体压力作用而关闭；吸入阀受贮槽液面与泵缸内的压差作用而打开，使液体吸入泵缸。当活塞向左移动时，由于活塞的推压，缸内液体压力增大，吸入阀关闭，排出阀开启，使液体排出泵缸，

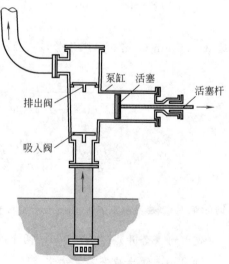

图 2-20　往复泵装置示意

完成一个工作循环。活塞在泵缸内两端间移动的距离称为行程（stroke）。

往复泵也有用蒸汽机驱动的，泵的活塞和蒸汽机的活塞连在一根活塞杆上。

往复泵启动前不用灌泵，能自动吸入液体，即有自吸能力。但实际操作中，仍希望在启动时泵缸内有液体，这样不仅可以立即吸、排液体，而且可避免活塞在泵缸内干摩擦，以减少磨损。往复泵的转速（即往复频率）对泵的自吸能力有影响。若转速太大，液体流动阻力增大，当泵缸内压力低于液体饱和蒸气压时，会造成泵的抽空而失去吸液能力。因此，往复泵转速 n 不能太高，一般 $n=80\sim200\text{r/min}$，吸入高度（安装高度）为 $4\sim5\text{m}$。

（二）往复泵的类型与流量

往复泵的常见类型如图 2-21 所示。

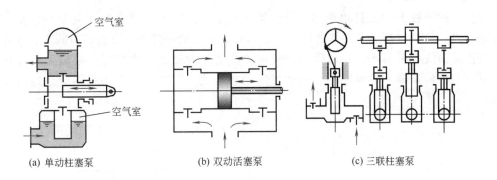

（a）单动柱塞泵　　　　（b）双动活塞泵　　　　（c）三联柱塞泵

图 2-21　往复泵类型示意

活塞往复一次，只吸入和排出液体各一次，称为单动泵（single acting pump）。单动泵的排液是周期性间断进行的。在排液阶段，由于电动机的旋转运动变为活塞的往复运动，其瞬时流量不均匀，形成半波形曲线，如图 2-22（a）所示。双动泵（double acting pump）虽然能不间断排液，但流量仍不均匀。若采用 3 台单动泵连接在同一根曲轴的 3 个曲柄上，各台泵活塞运动的相位差为 $2\pi/3$，可改善流量的均匀程度。3 台泵联合操作称为三联泵。图 2-21 中的柱塞泵用于向高压系统输送液体。

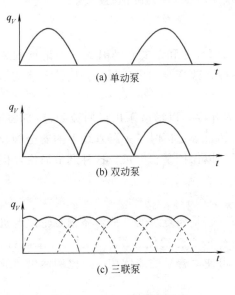

（a）单动泵

（b）双动泵

（c）三联泵

图 2-22　往复泵的流量曲线

提高管路中液体流量均匀性的另一方法是在泵的进、出口处装有空气室，如图 2-21（a）所示。它是利用气体的压缩与膨胀来缓冲贮存或放出部分液体，以减小管路中流量的不均匀性。

往复泵的理论平均流量 $q_{V理}$ 按下式计算。

单动泵　　　$q_{V理}=ASn$　　　　　（2-17）

双动泵　　　$q_{V理}=(2A-a)Sn$　　　（2-18）

式中，$q_{V理}$ 为往复泵的理论流量，m^3/min；A 为活塞（或柱塞）的截面积，$A = \frac{\pi}{4}D^2$，D 为活塞直径，m；S 为活塞（或柱塞）的行程，m；n 为活塞（或柱塞）的往复频率，$1/min$；a 为活塞（或柱塞）杆截面积，m^2。

在泵的操作中，由于吸入阀和排出阀启、闭滞后的漏液以及填料函处漏液，实际平均流量 q_V 小于 $q_{V理}$，二者的关系为

$$q_V = \eta_V q_{V理} \tag{2-19}$$

式中，η_V 为容积效率，一般约为 $0.9 \sim 0.97$。但随着泵转速增大，将受汽蚀的影响而降低，有时可降到 0.8 以下。

（三）往复泵的扬程与流量调节

1. 往复泵的扬程

往复泵的扬程 H（或排出压力）与流量几乎无关，图 2-23 所示为往复泵在恒定转速下的特性曲线；只是在扬程（或排出压力）较高时，容积效率降低，流量稍有减少。工作点仍由管路特性曲线与泵的 H-q_V 曲线交点确定。往复泵的最大允许扬程（或最大允许排出压力）由泵的机械强度、密封性能及电动机的功率等决定，工作点的扬程不应超过最大允许扬程。

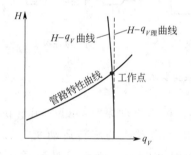

图 2-23　往复泵特性曲线与工作点

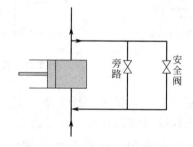

图 2-24　旁路调节流量示意

2. 往复泵的流量调节

由式(2-17)可知，往复泵的流量与泵本身的几何尺寸和泵的转速有关，不论扬程为多大，只要往复一次，就能排出一定体积的液体。所以，改变泵的出口阀门开度是不能调节流量的。通常采用下列调节方法。

（1）旁路调节　如图 2-24 所示，改变旁路阀的开度，以增减泵出口回流到进口处的流量，来调节进入管路系统的流量。当泵出口的压力超过规定值时，旁路管线上的安全阀会被高压液体顶开，液体流回进口处，使泵出口处减压，以保护泵和电机。这种调节简便，但增加功率消耗。

（2）改变原动机转速　以调节活塞的往复频率。

（3）改变活塞（或柱塞）的行程　例如计量泵，它是往复泵的一种，靠偏心轮使电机的旋转运动变为柱塞的往复运动。在一定转速下，改变偏心轮的偏心距，以改变柱塞的行程，可精确调节流量。若用一台电机带动几台计量泵，可使每台泵的液体按一定比例输出。故这种泵又称为比例泵。

把液体吸入泵腔内，再用减小容积的方式，使液体受推挤以高压排出，这类泵称为

容积式泵或正位移泵（positive displacement pump）。往复泵是正位移泵的一种，往复泵的许多特性是正位移泵的共同特性。例如，理论流量由活塞截面积、行程及往复频率决定，而与管路特性无关；泵对流体提供的压头只由管路特性决定。这些性质称为正位移特性。

二、齿轮泵

齿轮泵（gear pump）也属正位移泵。如图 2-25 所示，齿轮泵主要是由椭圆形泵壳和两个齿轮组成。其中一个齿轮为主动齿轮，由传动机构带动，另一个为从动齿轮，与主动齿轮相啮合而随之作反方向旋转。当齿轮转动时，因两齿轮的齿相互分开而形成低压，吸入液体，并沿壳壁把液体推送到排出腔。在排出腔内，两齿轮相互合拢使液体受挤形成高压而排出。如此靠齿轮的旋转位移吸入和排出液体。齿轮泵能产生较高扬程，流量较均匀。适用于流量小、无固体颗粒的各种油类等高黏度液体的输送。具有构造简单、维修方便、价格低廉、运转可靠等优点。

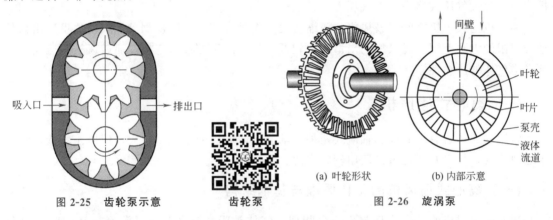

吸入口　　　　　　　　排出口

图 2-25　齿轮泵示意　　　　　齿轮泵

间壁

叶轮
叶片
泵壳
液体流道

(a) 叶轮形状　　　(b) 内部示意

图 2-26　旋涡泵

三、旋涡泵

如图 2-26 所示，旋涡泵（vortex pump）的泵壳内壁为圆形，吸入口与排出口均在泵壳的顶部，两者由间壁隔开。间壁与叶轮的间隙非常小，以减少液体由排出口漏回吸入口。在圆盘形叶轮两侧的边缘处，沿半径方向铣有许多长条形凹槽，构成叶片，以辐射状排列。叶轮两侧平面紧靠泵壳，间隙很小。而叶轮上的叶片周围与泵壳之间有一定空隙，形成了液体流道。

泵壳内充满液体后，当叶轮旋转时，叶片推着液体向前运动的同时，叶片槽中的液体在离心力作用下，甩向流道，流道内的液体压力增大，导致流道与叶片槽之间产生旋涡流。叶片带着液体从吸入口流到排出口的过程中，经过许多次的旋涡流作用，液体压力逐渐增大，最后达到出口压力而排出。流量较小时，旋涡流作用次数较多，扬程和功率均较大。当流量增大时扬程急剧降低，故一般适用于小流量液体的输送。因为流量小时功率大，所以旋涡泵在启动时不要关闭出口阀，并且流量调节应采用旁路回流调节法。在相同的叶轮直径和转速条件下，旋涡泵的扬程约为离心泵的 2～4 倍。由于泵内流体的旋涡流作用，流动摩擦损失增大，所以旋涡泵的效率较低，一般为 30%～40%。

旋涡泵构造简单，制造方便，扬程较高，在化工生产中得到广泛应用。用于小流量、高扬程和低黏度液体，也可以作为耐腐蚀泵使用，其叶轮和泵壳等用不锈钢或塑料等材料制造。

第三节 气体输送机械

气体输送机械有许多与液体输送机械相似之处，但是气体具有压缩性，当压力变化时，其体积和温度将随之发生变化。气体压力变化程度常用压缩比表示。压缩比为气体排出与吸入压力（绝对压力）的比值。气体输送机械通常按出口压力或压缩比的大小分类如下。

(1) 通风机（fan） 出口表压不大于15kPa，压缩比不大于1.15；

(2) 鼓风机（blower） 出口表压为10～300kPa，压缩比为1.1～4；

(3) 压缩机（compressor） 出口表压大于300kPa，压缩比大于4；

(4) 真空泵（vacuum pump） 用于抽出设备内的气体，排到大气，使设备内产生真空，排出压力为大气压或略高于大气压力。

通风机与鼓风机之间、鼓风机与压缩机之间很难有统一的明确划分界限，这里给出只是划分界限的大致范围。通风机的出口压力较低，气体的压缩性可忽略；而鼓风机和压缩机必须考虑气体的压缩性。

一、离心式通风机

常用的通风机有离心式和轴流式两种，轴流式通风机的送气量较大，但风压较低，常用于通风换气，而离心式通风机使用较为广泛。

（一） 离心式通风机的工作原理与基本结构

离心式通风机的工作原理与离心泵相似。气体被吸入通风机后，流经旋转的叶轮过程中，在离心力的作用下，其静压和速度都有提高，当气体进入机壳内流道时，流速逐渐减慢而转变为静压，进一步提高了静压，因此气体流经通风机提高了机械能。

离心式通风机的机壳为蜗壳形，机壳内的气体流道有矩形与圆形两种。低、中压风机多用矩形，高压风机多为圆形流道。通风机一般为单级，根据叶轮上的叶片大小、形状，分为多翼式风机（multiblade fan）和涡轮式风机（turbo fan），如图2-27和图2-28所示。

多翼式离心风机，叶轮内、外径之比较大，叶片数目较多，约为36～64片前弯叶片。叶片的径向长度较短，其宽度较大，约为叶轮外径的1/2。这种风机尺寸较小，结构上只适用大风量、低风压及低转速。由于是低转速、低风压，其功率与噪声均较小，通常用于通风换气和空调设备上。

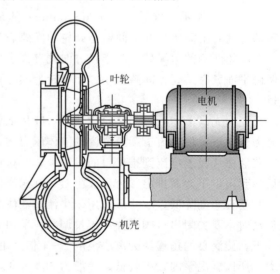

图2-27 单级涡轮式通风机

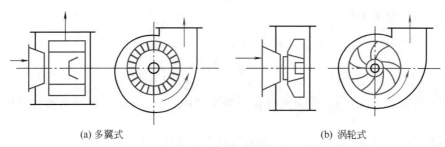

(a) 多翼式　　　　　　　　　　(b) 涡轮式

图 2-28　离心式通风机

　　涡轮式离心风机叶轮上的叶片数目较少，约为 12～24 片较长的后弯叶片，与离心泵的叶片相似。这种风机的风压较高，有风量较小的小型风机，也有风量较大的大型风机，其性能稳定，效率较高，应用较广。

（二）离心式通风机的性能参数与特性曲线

1. 性能参数

　　（1）**流量**（又称为风量）　是指单位时间内流过风机进口的气体体积，即体积流量，以 q_V 表示，单位为 m^3/s、m^3/min 或 m^3/h。

　　通风机内的气体压力变化不大，一般可忽略气体的压缩性。所以，通风机的体积流量是指单位时间内流过通风机内任一处或管路的气体体积。

　　离心式通风机性能表上的风量是指空气在标定条件（20℃，101.3kPa）下的数值，以 q_{V0} 表示。若操作条件下的风量为 q_V、密度为 ρ，则标定状况下的风量为

$$q_{V0}=q_V\rho/\rho_0 \tag{2-20}$$

标定状况下空气密度 $\rho_0=1.2kg/m^3$。

　　（2）**风压**

　　① 全风压　单位体积气体流经通风机后所获得的总机械能，称为通风机的全风压，以 p_t 表示，单位为 $J/m^3=N\cdot m/m^3=N/m^2=Pa$。全风压可用实验测定。

　　如图 2-29 所示，在通风机的进、出口截面之间列伯努利方程，忽略两截面间的位差（Z_2-Z_1）和阻力损失 $\sum H_f$，则得通风机对单位重量（1N）气体提供的总机械能（压头）为

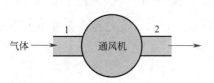

气体 ←→ 1　通风机　2 →

静压　p_{s1}　　　　　p_{s2}
动压　$p_{d1}=\dfrac{\rho u_1^2}{2}$　　$p_{d2}=\dfrac{\rho u_2^2}{2}$

图 2-29　通风机的风压

$$H=\frac{p_{s2}-p_{s1}}{\rho g}+\frac{u_2^2-u_1^2}{2g} \tag{2-21}$$

　　式中，各项单位为 $J/N=N\cdot m/N=m$（气柱）。

　　上式各项乘以 ρg，得全风压

$$p_t=\rho g H=(p_{s2}-p_{s1})+\left(\frac{\rho u_2^2}{2}-\frac{\rho u_1^2}{2}\right) \tag{2-22}$$

式中，各项单位为 $J/m^3=N\cdot m/m^3=N/m^2=Pa$，各项为**单位体积气体所具有的机械能**，并均有压力的单位。p_s 表示**静压**，令 $p_d=\dfrac{\rho u^2}{2}$，称为**动压**。则静压与动压之和（p_s+p_d），称为**全压**。

将式（2-22）全风压改写为

$$p_t - (p_{s2} - p_{s1}) + (p_{d2} - p_{d1}) \tag{2-23}$$

或
$$p_t = (p_{s2} + p_{d2}) - (p_{s1} + p_{d1}) \tag{2-24}$$

出口全压　　　进口全压

式中，p_t 为全风压，Pa；p_{s1} 为通风机进口静压，Pa；p_{s2} 为通风机出口静压，Pa；$p_{d1} = \dfrac{\rho u_1^2}{2}$ 为通风机进口动压，Pa；$p_{d2} = \dfrac{\rho u_2^2}{2}$ 为通风机出口动压，Pa。

由式（2-24）可知，通风机的全风压 p_t 为出口截面的全压 $(p_{s2} + p_{d2})$ 与进口截面的全压 $(p_{s1} + p_{d1})$ 之差值。

② 全风压、静风压与动风压的关系　将式（2-24）改写为

全风压　　　　$p_t = (p_{s2} - p_{s1}) - p_{d1} + p_{d2} = (p_{s2} - p_{s1} - p_{d1}) + p_{d2} \tag{2-25}$

通风机的全风压 p_t 为静风压 p_{st} 与动风压 p_d 之和。

通风机的动风压 p_d 为出口截面的动压 p_{d2}，即 $p_d = p_{d2}$。

通风机的静风压为　　　　$p_{st} = (p_{s2} - p_{s1}) - p_{d1}$

$$p_{st} = 全风压 \ p_t - 动风压 \ p_d$$

③ 全风压与气体密度的关系　由式（2-22）可知，全风压 p_t 与压头 H 的关系为

$$p_t = \rho g H$$

当 H 为一定时，全风压 p_t 与气体密度 ρ 成正比。气体密度分别为 ρ 与 ρ' 时的全风压 p_t 与 p_t' 的关系为

$$\frac{p_t'}{p_t} = \frac{\rho'}{\rho} \quad 或 \quad p_t' = p_t \frac{\rho'}{\rho} \tag{2-26}$$

通风机性能表上的全风压 p_{t0} 是在标定条件下用空气测定的。若操作条件下（温度 T，压力 p）气体（空气或其他气体）密度 ρ 与标定条件（温度 $T^{\ominus} = 293\text{K}$，压力 $p^{\ominus} = 101.3\text{kPa}$）的空气密度 $\rho_0 = 1.2\text{kg/m}^3$ 不同，在选用通风机之前，应先把操作条件下所需要的全风压 p_t 换算成标定条件下的全风压 p_{t0}，其换算式为

$$p_{t0} = p_t \frac{1.2}{\rho} \tag{2-27}$$

式中，p_{t0} 为 101.3kPa、20℃ 下的全风压；p_t 为操作条件下的全风压；ρ 为操作条件下气体密度，kg/m^3。

从上式可知，操作条件下气体密度 ρ 大，则标准条件下的全风压 p_{t0} 小。

【例 2-7】有一安装进风管路及出风管路的通风机，由吸入口测得的静压为 -368Pa，动压为 64Pa，出口静压为 186Pa，动压为 123Pa，试求通风机的全风压和静风压各为多少？

解　入口 $p_{s1} = -368\text{Pa}$，$p_{d1} = 64\text{Pa}$

出口 $p_{s2} = 186\text{Pa}$，$p_{d2} = 123\text{Pa}$

全风压　$p_t = (p_{s2} + p_{d2}) - (p_{s1} + p_{d1}) = (186 + 123) - (-368 + 64) = 613\text{Pa}$

静风压　$p_{st} = p_t - p_{d2} = 613 - 123 = 490\text{Pa}$

【**例 2-8**】　有一台离心通风机在 $n = 1000\text{r/min}$ 下能输送空气（$\rho = 1.2\text{kg/m}^3$）的流量 $q_V = 0.3\text{m}^3/\text{min}$，全风压 $p_t = 600\text{Pa}$。若在转速、流量不变条件下，用此风机输送 $\rho' = 1.0\text{kg/m}^3$ 的气体，试求其全风压 p_t'。

解　利用式(2-26)计算 p_t'

$$p_t' = p_t \frac{\rho'}{\rho} = 600 \times \frac{1.0}{1.2} = 500\text{Pa}$$

（3）功率与效率

有效功率　　　　　　　　　　　$P_e = p_t q_V$

式中，P_e 为有效功率，W；p_t 为全风压，Pa；q_V 为风量，m^3/s。

轴功率　　　　　　　　　　　　$P = \dfrac{P_e}{\eta}$

式中，P 为轴功率，W；η 为全风压效率。

2. 特性曲线

离心式通风机在一定转速下的特性曲线如图2-30所示，图中有风量 q_V 与全风压 p_t、静风压 p_{st}、轴功率 P、效率 η 等四条关系曲线。通风机的特性曲线是在标定条件 P（20℃，101.3kPa）下用空气测定的。计算功率 P 时，可用操作条件下的风量 q_V 与风压 p_t，也可用标定条件下的风量 q_{V0} 与风压 p_{t0}，计算结果一样。

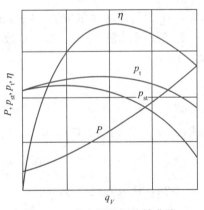

图 2-30　离心通风机特性曲线

二、鼓风机和压缩机

（一）气体压缩所需外功

气体的压缩过程有等温压缩和绝热压缩。若理想气体由状态 p_1、T_1 压缩后变为状态 p_2、T_2，等温过程有 $T_2 = T_1$，而绝热过程有

$$T_2 = T_1 \left(\frac{p_2}{p_1}\right)^{\frac{\kappa-1}{\kappa}} \tag{2-28}$$

式中，κ 为绝热指数。若气体压缩过程为介于等温和绝热过程之间的多变过程，则用多变指数 m 代替绝热指数 κ。

气体压缩过程如图 2-31 所示。

$A \rightarrow B$：单位质量的气体在一定压力 p_1 下被吸入，其比体积为 v_1，气体对输送机械做功 $p_1 v_1$（$ABB'O$）。

$B \rightarrow C$：气体从 p_1 被压缩到 p_2 所需外功为 $\int_1^2 p(-\text{d}v)$。

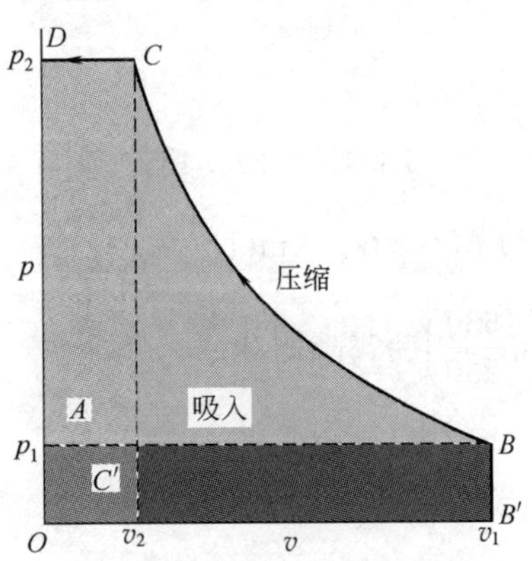

图 2-31　气体压缩过程

$C \rightarrow D$：在一定排出压力 p_2 下，输送机械排出气体所需外功 $p_2 v_2$。

故输送机械对单位质量气体所做的压缩功为

$$W = \underline{} + \underline{} - \underline{} = \underline{} \tag{2-29}$$

$$= \int_1^2 p(-\mathrm{d}v) + p_2 v_2 - p_1 v_1 = \int_1^2 v \mathrm{d}p$$

等温压缩过程 $pv = p_1 v_1 = p_2 v_2 = C$（常数），代入式(2-29)，得等温压缩 **1kg** 气体所需外功 $W_{iso}/(\mathbf{kJ \cdot kg^{-1}})$ 为

$$W_{iso} = p_1 v_1 \ln(p_2 / p_1) \tag{2-30}$$

式中，p_1、p_2 分别为吸入和排出气体的压力（绝压），kPa；v_1 为吸入气体的比体积，m³/kg。

由式(1-2) 与式(1-8) 求得的

$$v_1 = \frac{RT_1}{p_1 M} \tag{2-31}$$

代入式(2-30)，得

$$W_{iso} = \frac{RT_1}{M} \ln(p_2 / p_1) \tag{2-32}$$

式中，M 为气体的摩尔质量，kg/kmol；R 为摩尔气体常数，$R = 8.314 \mathrm{kJ/(kmol \cdot K)}$。

绝热压缩过程 $pv^\kappa = C$（常数），代入式(2-29)，得绝热压缩 **1kg** 气体所需外功 $W_{ad}/(\mathbf{kJ \cdot kg^{-1}})$ 为

$$W_{ad} = \frac{\kappa}{\kappa - 1} p_1 v_1 \left[\left(\frac{p_2}{p_1} \right)^{(\kappa - 1)/\kappa} - 1 \right] \tag{2-33}$$

将式(2-31) 代入式(2-33)，得

$$W_{ad} = \frac{\kappa}{\kappa - 1} \frac{RT_1}{M} \left[\left(\frac{p_2}{p_1} \right)^{(\kappa - 1)/\kappa} - 1 \right] \tag{2-34}$$

将式(2-28) 代入式(2-34)，得

$$W_{ad} = \frac{\kappa}{\kappa - 1} \frac{R}{M} (T_2 - T_1) \tag{2-35}$$

【例 2-9】 压缩机吸入温度为 7℃，质量流量为 2.4kg/s 的氧气从吸入压力 230kPa 压缩到 630kPa，均为绝对压力，绝热指数为 1.4。试求氧气绝热压缩后的温度、等温压缩和绝热压缩所需理论功率，假设为理想气体。

解 (1) 压缩后氧气的温度 T_2 用式(2-28) 计算

$$T_2 = T_1 \left(\frac{p_2}{p_1} \right)^{(\kappa - 1)/\kappa} = (273 + 7) \left(\frac{630}{230} \right)^{(1.4 - 1)/1.4} = 373.4 \mathrm{K} = 100.4℃$$

(2) 等温压缩所需的外功 用式(2-32) 计算，氧气的 $M = 32 \mathrm{kg/kmol}$

$$W_{iso} = \frac{RT_1}{M} \ln \left(\frac{p_2}{p_1} \right) = \frac{8.314 \times (273 + 7)}{32} \ln \left(\frac{630}{230} \right) = 73.3 \mathrm{kJ/kg}$$

流量为 2.4kg/s 氧气等温压缩所需理论功率为 $73.3 \times 2.4 = 176 \mathrm{kW}$

(3) 绝热压缩所需的外功 用式(2-35) 计算

$$W_{ad} = \frac{\kappa}{\kappa - 1} \frac{R}{M} (T_2 - T_1) = \frac{1.4}{1.4 - 1} \times \frac{8.314}{32} (373.4 - 280) = 84.9 \mathrm{kJ/kg}$$

流量为 2.4kg/s 氧气的绝热压缩所需理论功率为 84.9×2.4＝204kW

计算结果表明，绝热压缩所需的外功比等温压缩的大。

（二）离心式鼓风机和压缩机

离心式鼓风机又称为涡轮鼓风机（turbo blower），离心式压缩机又称为涡轮压缩机（turbo compressor）。两者的工作原理相同，构造也基本相同，主要由蜗形壳与叶轮组成，但压缩机的压缩比较大。

1. 离心式鼓风机

单级叶轮的鼓风机进、出口的最大压力差约为 20kPa。要想有更大的压力差，需用多级叶轮，图 2-32 所示为二级叶轮离心鼓风机。由于压缩比不太大，各级叶轮直径大致相等，气体压缩时所产生的热量不多，无冷却装置。

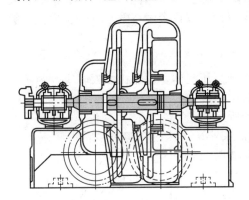
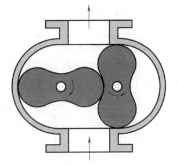

图 2-32　二级叶轮离心鼓风机　　　图 2-33　罗茨鼓风机　　　罗茨鼓风机工作原理

2. 离心式压缩机

离心压缩机的压缩比较大，采用多级叶轮，其绝热压缩所产生的热量很大，气体排出温度可达 100℃以上，因此需要冷却装置进行降温，使其接近等温压缩。冷却方法有两种：①在机壳外侧安装冷水夹套；②使多级叶轮分成几段，每段有 2～3 级叶轮，段与段之间设有中间冷却器，从第 1 段引出热气体，经中间冷却器降温后，再进入第 2 段叶轮，如此类推。气体体积逐级缩小很多，所以叶轮直径和宽度也逐级缩小。

离心式鼓风机和压缩机的特点为气体流量大而均匀；效率高；运转平稳可靠；结构紧凑，尺寸小；气体不与润滑系统接触，不会被油污染。它们广泛应用于化工、石油化工生产中，例如大型合成氨装置中使用的高压离心压缩机，其出口压力高达 30MPa。

（三）旋转式鼓风机

化工生产中，罗茨鼓风机（Roots blower）是最常用的一种旋转式鼓风机，其工作原理与齿轮泵相似。如图 2-33 所示，在机壳内有两个转子，两个转子之间、转子与机壳之间的间隙很小，保证转子能自由旋转，而同时不会有过多的气体从排出口的高压区向吸入口的低压区泄漏。两个转子旋转方向相反，气体从一侧吸入，从另一侧排出。

罗茨鼓风机的气体流量与转速成正比。在一定转速下，出口压力增大时，气体通过转子与机壳的间隙泄漏增多，流量略有减少，但通常看作流量基本不变。气体出口压力一般在 80kPa 以下，流量约为 10m³/s 以下。一般用旁路阀调节流量，操作温度不能超过 85℃，以免转子受热膨胀而卡住，风机出口应安装安全阀和气体稳压罐。

（四）往复式压缩机

往复式压缩机
工作原理

往复压缩机（reciprocating compressor）的基本构造和工作原理，与往复泵类似。由于气缸内活塞的往复运动，使气体完成吸入、压缩和排出工作循环。下面重点说明气缸余隙、压缩比与排气量和多级压缩的关系。

1. 气缸余隙和压缩比对排气量的影响

往复压缩机的排气量是指单位时间内排出的气体体积。在排气阶段，排气终了时，活塞和气缸盖之间必须留有一定空隙，称为余隙。余隙体积（clearance volume）中残留高压气体。在吸气阶段，活塞刚开始反向移动时，由于缸内气压大于吸入阀外面的气压，低压气体进不来，先是余隙体积中残留的高压气体膨胀，当膨胀到缸内气压低于吸入阀外的气压时，吸入阀自动打开，开始吸气。因为有余隙，循环一次的吸气量小于活塞扫过的体积。余隙体积和压缩比越大，吸气量就越小，排气量也必然减少。因此，余隙体积和压缩比都不能太大，应有限制。余隙体积与活塞扫过体积之比称为**余隙比**（或称**余隙系数**）以 ε 表示。一般 ε 在 $0.03\sim0.10$ 范围内。

2. 压缩比与多级压缩

每压缩一次所允许的压缩比不能太大，若为了得到高压气体，压缩比太大时应改为多级压缩，每级压缩比可减小。多级压缩的各级之间设有中间冷却器，可降低气体温度，以减小压缩功。用图 2-34 所示的理想压缩循环来比较单级压缩与二级压缩所需外功的大小。由图可知气体由压力 p_1 压缩到压力 p_2，单级等温压缩（$B—C$）所需外功，要比绝热压缩（$B—C'$）少 $C'BC$ 大小面积的功。实际上，单级压缩过程在活塞完成一个行程这样短的时间内不可能通过气缸壁传出大量的热量，所以达不到等温压缩所需的少量外功。若采用二级压缩，使第一级排出的压力为 p_2' 的气体经中间冷却器冷却到原来的温度 T_1（实际上是等压过程，其途径为 $B'—B''$），再进入第二级，最终压缩到 p_2，所减小的压缩功面积等于 $C'B'B''C''$。当级数增

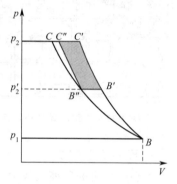

图 2-34　二级压缩所需外功

加到三级或更多时，必将进一步降低所需的压缩功。降低压缩功的最大极限是以面积 $C'BC$ 大小表示的压缩功。级数太多，所减少的动力费用将被增加的设备投资费用所抵消。实际生产中，压缩级数决定于最终压力和压缩机的排气量（即生产能力）。级数与压力之间关系的大致范围见表 2-1；排气量与各级压缩比的关系列于表 2-2 中。对于小型压缩机，其动力费用显得不那么重要，压缩比可以适当高一些。

表 2-1　压力与级数

级数	1	2	3	4,5	5,6	6,7
压力/MPa	约 0.7	0.7~1	2~6	约 20	约 30	约 100

表 2-2　排气量与各级压缩比

排气量/m³·min⁻¹	0.1~1.5(小型)	1.5~15(中型)	20 以上(大型)
压缩比	6~12	5~8	2~4

当总压缩比 p_2/p_1 与级数 z 均为一定，分配到各级的压缩比相同时，总压缩功最小。每级的压缩比 R 可按下式计算。

$$R = \sqrt[z]{p_2/p_1} \tag{2-36}$$

往复压缩机的特点是适应性强,在气体输送机械中,其排出压力范围最广,从低压到高压都适用。但其外形尺寸大,结构复杂,易损部件多,气流脉动,常用于中、小流量与压力较高的场合。

三、真空泵

真空泵的类型很多,下面简单介绍几种常用的真空泵。

(一) 往复真空泵

往复真空泵的基本结构和操作原理与往复压缩机相同,只是真空泵在低压下操作,气缸内外压差很小,所用阀门必须更加轻巧,启闭方便。另外,当所需达到的真空度较高时,如95kPa 的真空度,则压缩比约为 20。这样高的压缩比,余隙中残余气体对真空泵的抽气速率影响必然很大。为了减小余隙影响,在真空泵气缸两端之间设置一条平衡气道,在活塞排气终了时,使平衡气道短时间连通,余隙中残余气体从一侧流向另一侧,以降低残余气体的压力,减小余隙的影响。

(二) 水环真空泵

如图 2-35 所示,水环真空泵的外壳为圆形,壳内有一偏心安装的转子,转子上有叶片。泵内装有一定量的水,当转子旋转时形成水环,故称为水环真空泵。由于转子偏心安装而使叶片之间形成许多大小不等的小室。在转子的右半部,这些密封的小室体积扩大,气体便通过右边的进气口被吸入。当旋转到左半部,小室的体积逐渐缩小,气体便由左边的排气口被压出。水环真空泵最高可达 85kPa 的真空度。这种泵的结构简单、紧凑,没有阀门,经久耐用。但是,为了维持泵内液封以及冷却泵体,运转时需不断向泵内充水。所能产生的真空度受泵体内水的温度限制。当被抽吸的气体不宜与水接触时,可以换用其他液体,称为液环真空泵。

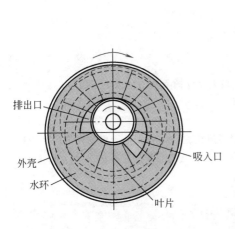

图 2-35　水环真空泵结构示意

水环真空泵

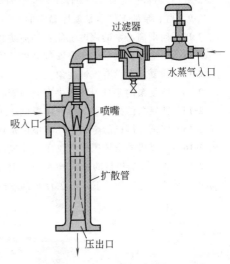

图 2-36　水蒸气喷射泵

(三) 喷射泵

喷射泵 (jet pump) 是属于流体动力作用式的流体输送机械,它是利用流体流动时动能和静压能的相互转换来吸送流体。它既可用来吸送液体，又可用来吸送气体。在化工生产中，喷射泵用于抽真空时称为喷射式真空泵。

喷射泵的工作流体一般为水蒸气或高压水。前者称为水蒸气喷射泵，后者称为水喷射泵。图 2-36 所示为一单级水蒸气喷射泵，水蒸气在高压下以很高的速度从喷嘴喷出，在喷射过程中，水蒸气的静压能转变为动能，产生低压将气体吸入。吸入的气体与水蒸气混合后进入扩散管，速度逐渐降低，压力随之升高，而后从压出口排出。

单级水蒸气喷射泵仅能达到 90kPa 的真空度，为了达到更高的真空度，需采用多级水蒸气喷射泵。也可用高压空气及其他流体作为工作流体使用。

喷射泵的主要优点是结构简单，制造方便，可用各种耐腐蚀材料制造，没有传动装置。主要缺点是效率低，只有 10%～25%。喷射泵除用于抽真空外，还常作为小型锅炉的注水器，这样既能利用锅炉本身的水蒸气来注水，又能回收水蒸气的热能。

思考题

2-1 流体输送机械有何作用？

2-2 离心泵在启动前，为什么泵壳内要灌满液体？启动后，液体在泵内是怎样提高压力的？泵入口的压力处于什么状态？

2-3 离心泵的主要性能参数有哪些？其定义与单位是什么？

2-4 离心泵的特性曲线有几条？其曲线形状是什么样子？离心泵启动时，为什么要关闭出口阀门？

2-5 什么是液体输送机械的扬程（或压头）？离心泵的扬程与流量的关系是怎样测定的？液体的流量、泵的转速、液体的黏度对扬程有何影响？

2-6 在测定离心泵的扬程与流量的关系时，当离心泵出口管路上的阀门开度增大后，泵出口压力及进口处的液体压力将如何变化？

2-7 离心泵操作系统的管路特性方程是怎样推导的？它表示什么与什么之间的关系？

2-8 管路特性方程 $H = H_0 + kq_V^2$ 中的 H_0 与 k 的大小，受哪些因素的影响？

2-9 离心泵的工作点是怎样确定的？流量的调节有哪几种常用的方法？

2-10 何谓离心泵的汽蚀现象？如何防止发生汽蚀？

2-11 影响离心泵最大允许安装高度的因素有哪些？

2-12 往复泵有没有汽蚀现象？

2-13 往复泵的流量由什么决定？与管路情况是否有关？

2-14 往复泵的扬程（泵对液体提供压头）与什么有关？最大允许扬程是由什么决定的？

2-15 何谓通风机的全风压？其单位是什么？如何计算？

2-16 通风机的全风压与静风压及动风压有什么关系？

2-17 为什么通风机的全风压 p_t 与气体密度有关？在选用通风机之前，需先把操作条件下的全风压 p_t 用密度 ρ 换算成标定条件下（密度为 1.2kg/m³）的全风压 p_{t0}。但为什么离心泵的压头 H 却与密度无关？

习题

离心泵特性

2-1 某离心泵用 15℃ 的水进行性能实验，水的体积流量为 540m³/h，泵出口压力表读数为 350kPa，泵入口真空表读数为 30kPa。若压力表与真空表测压截面间的垂直距离为 350mm，吸入管和压出管内径分别为 350mm 和 310mm，试求泵的扬程。

2-2 原来用于输送水的离心泵，现改为输送密度为 1400kg/m³ 的水溶液，其他性质可视为与水相同。

若管路状况不变，泵前后两个开口容器的液面间的高度不变，试说明：（1）泵的压头（扬程）有无变化；（2）若在泵出口装一压力表，其读数有无变化；（3）泵的轴功率有无变化。

2-3　某台离心泵在转速为 1450r/min 时，水的流量为 18m³/h，扬程为 20m（H_2O）。试求：（1）泵的有效功率，水的密度为 1000kg/m³；（2）若将泵的转速调节到 1250r/min 时，泵的流量与扬程将变为多少。

管路特性曲线、工作点、等效率方程

2-4　用离心泵将水由敞口低位槽送往密闭高位槽，高位槽中的气相表压为 98.1kPa，两槽液位相差 4m 且维持恒定。已知输送管路为 $\phi45mm\times2.5mm$，在泵出口阀门全开的情况下，整个输送系统的总长为 20m（包括所有局部阻力的当量长度），设流动进入阻力平方区，摩擦系数为 0.02。在输送范围内该离心泵的特性方程为 $H=28-6\times10^5 q_V^2$（q_V 的单位为 m³/s，H 的单位为 m）。水的密度可取为 1000kg/m³。试求：（1）离心泵的工作点；（2）若在阀门开度及管路其他条件不变的情况下，而改为输送密度为 1200kg/m³ 的碱液，则离心泵的工作点有何变化？

2-5　在一化工生产车间，要求用离心泵将冷却水由贮水池经换热器送到另一敞口高位槽，如习题 2-5 附图所示。已知高位槽液面比贮水池液面高出 10m，管内径为 75mm，管路总长（包括局部阻力的当量长度在内）为 400m。液体流动处于阻力平方区，摩擦系数为 0.03。流体流经换热器的局部阻力系数为 $\zeta=32$。

离心泵在转速 $n=2900$r/min 时的 H-q_V 特性曲线数据见下表。

试求：（1）管路特性方程；（2）工作点的流量与扬程；（3）若采用改变转速的方法，将第（2）问求得的工作点流量调节到 3.5×10^{-3} m³/s，应将转速调节到多少（参看例 2-3）。

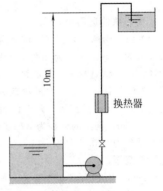

习题 2-5 附图

$q_V/m^3 \cdot s^{-1}$	0	0.001	0.002	0.003	0.004
H/m	26	25.5	24.5	23	21
$q_V/m^3 \cdot s^{-1}$	0.005	0.006	0.007	0.008	
H/m	18.5	15.5	12	8.5	

2-6　用离心泵将水从水池送至敞口高位槽，已知两容器的液位差为 10m，输送管路的管径为 $\phi57mm\times3.5mm$，管长为 100m（包括所有局部阻力的当量长度），设流动已进入阻力平方区，摩擦系数为 0.028。该泵在转速为 2900r/min 时的特性方程为 $H=30-3.42\times10^5 q_V^2$。试求：（1）该工况下的输水量；（2）转速降低 10% 时的输水量（q_V 的单位为 m²/s，H 的单位为 m）。

2-7　用离心泵将水从敞口贮槽送至密闭高位槽。高位槽中的气相表压为 127.5kPa，两槽液位相差 7m，且维持恒定。已知该泵的特性方程为 $H=40-7.2\times10^4 q_V^2$（$H-m$，q_V-m^3/s），当管路中阀门全开时，输水量为 0.01m³/s，且流动已进入阻力平方区。试求：（1）管路特性方程；（2）若阀门开度及管路其他条件均不变，改为输送密度为 1200kg/m³ 的碱液，求碱液的输送量。

离心泵的并联及串联

2-8　（1）若习题 2-5 中的第 2 问修改为两台相同泵的并联操作，管路特性曲线不变，试求泵工作点的流量与扬程；（2）若改为两台泵串联操作，管路特性曲线不变，试求泵工作点的流量与扬程。

离心泵的安装高度

2-9　用型号为 IS 65-50-125 的离心泵将敞口水槽中的水送出，吸入管路的压头损失为 4m，当地环境大气的绝对压力为 98kPa。试求：（1）水温 20℃ 时泵的安装高度；（2）水温 80℃ 时泵的安装高度。

2-10　用离心泵将密闭容器中的有机液体送出，容器内液面上方的绝压为 85kPa。在操作温度下液体的密度为 850kg/m³，饱和蒸气压为 72.12kPa。吸入管路的压头损失为 1.5m，所选泵的允许汽蚀余量为 3.0m。现拟将泵安装在液面下 2.5m 处，问该泵能否正常操作？

2-11　用离心泵输送 80℃ 热水，今提出如下两种方案（如习题 2-11 附图所示）。若二方案的管路长度（包括局部阻力的当量长度）相同，离心泵的汽蚀余量 $\Delta h=2$m，环境大气压力为 101.33kPa。试问这两种流程方案是否能完成输送任务？为什么？

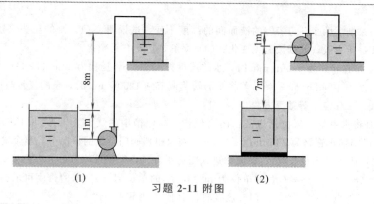

习题 2-11 附图

离心泵的选用

2-12 用离心泵从江中取水送入贮水池内,池中水面高出江面20m,管路长度(包括局部阻力的当量长度)为45m。水温为20℃,管壁相对粗糙度 $\varepsilon/d=0.001$。要求输水量为 $20\sim25\mathrm{m}^3/\mathrm{h}$。(1)试选择适当管径;(2)试选择一台离心泵。

2-13 有一台离心泵的额定流量为16.8m^3/h,扬程为18m。试问此泵是否能将密度为1060$\mathrm{kg/m}^3$、流量为250L/min的液体从敞口贮槽向上输送到表压为30kPa的设备中?敞口贮槽与高位设备的液位垂直距离为8.5m。管路的管径为 $\phi75.5\mathrm{mm}\times3.75\mathrm{mm}$,管长为124m(包括直管长度与所有管件的当量长度),摩擦系数为0.03。

往复泵

2-14 有一台双动往复泵,其活塞的行程为300mm,活塞直径为180mm,活塞杆直径为50mm。若活塞每分钟往复55次,其理论流量为多少?实验测得此泵在26.5min内能使一直径为3m的圆形贮槽的水位上升2.6m,试求泵的容积效率(即实际流量/理论流量)。

气体输送机械

2-15 有一台离心式通风机进行性能实验,测得的数据如下:空气温度为20℃,风机出口的表压为230Pa,入口的真空度为150Pa,送风量为3900m^3/h。吸入管与排出管的内径分别为300mm和250mm,风机转速为1450r/min,所需轴功率为0.81kW。试求风机的全风压、静风压及全风压效率。

2-16 仓库里有一台离心式通风机,其铭牌上的流量为 $1.27\times10^3\mathrm{m}^3/\mathrm{h}$,全风压为1.569kPa,现想用它输送密度为1.0$\mathrm{kg/m}^3$ 的气体,气体流量为 $1.27\times10^3\mathrm{m}^3/\mathrm{h}$,全风压为1.3kPa。试问该风机是否能用?

2-17 有温度为25℃、流量为60$\mathrm{m}^3/\mathrm{min}$的空气,从101kPa压缩到505kPa(均为绝对压力),绝热指数为1.4,试求空气绝热压缩后的温度,并求等温压缩和绝热压缩所需理论功率。假设为理想气体。

本章符号说明

英文

D	直径,m	p	压力,Pa
g	自由落体加速度,$\mathrm{m/s}^2$	p_v	饱和蒸气压,真空表的负表压,Pa
H	泵的扬程(压头),m液柱	q_V	流量,m^3/s
H_g	泵的安装高度,m	T	热力学温度,K
Δh	汽蚀余量,m	u	速度,m/s
l	长度,m	V	体积,m^3
l_e	当量长度,m	W_iso	等温压缩功,kJ/kg
m	多变指数	W_ad	绝热压缩功,kJ/kg
P	轴功率,W	希文	
P_e	有效功率,W	η	效率
n	转速,1/s 或 r/min	κ	绝热指数或比热容比
p_st	静风压,Pa	λ	摩擦系数
p_t	全风压,Pa	ρ	密度,$\mathrm{kg/m}^3$

第三章

沉降与过滤

本章学习要求

掌握的内容

非均相物系的重力沉降和离心沉降的基本计算；过滤基本方程；恒压过滤方程及应用；板框压滤机的结构及计算。

熟悉的内容

沉降区域的划分；降尘室的构造、操作和计算。

了解的内容

旋风分离器、增稠器、沉降式离心机的构造和选型；转筒真空过滤机和离心过滤机的构造和选型；非均相物系分离过程的强化。

第一节 概 述

一、非均相物系的分离

许多化工生产过程中，要求分离非均相物系（heterogeneous system）。含尘和含雾的气体属于气态非均相物系。悬浮液、乳浊液及泡沫液等属于液态非均相物系。

非均相物系中处于分散状态的物质统称为分散物质或分散相，例如气体中的尘粒、悬浮液中的颗粒、乳浊液中的液滴。非均相物系中处于连续状态的物质则统称为分散介质或连续相，例如气态非均相物系中的气体、液态非均相物系中的连续液体。

非均相物系分离的目的有以下 3 点。

① 回收分散物质，例如从结晶器排出的母液中分离出晶粒；

② 净制分散介质，例如除去含尘气体中的尘粒；

③ 劳动保护和环境卫生等。因此，非均相物系的分离，在工业生产中具有重要意义。

含尘气体及悬浮液的分离，工业上最常用的方法有沉降法与过滤法。沉降分离法是使气体或液体中的固体颗粒受重力、离心力或惯性力作用而沉降的方法；过滤分离法是利用气体或液体能通过过滤介质而固体颗粒不能穿过过滤介质的性质进行分离的，如袋滤法。此外，对于含尘气体，还有液体洗涤除尘法和电除尘法。液体洗涤除尘法是使含尘气体与水或其他液体接触，洗去固体颗粒的方法。电除尘法是使含尘气体中颗粒在高压电场内受电场力的作用而沉降分离的方法。这两种方法及过滤法都可用于分离含有 $1\mu m$ 以下的颗粒的气体。但应注意的是，液体洗涤除尘法往往产生大量废水，会造成废水处理的困难；电除尘法不仅设备费较多，而且操作费也较高。

本章将重点地介绍重力沉降、离心沉降及过滤等分离法的操作原理及设备。

颗粒在流体中作重力沉降或离心沉降时，要受到流体的阻力作用。因此在这里先介绍颗粒与流体相对运动时所受的阻力。

二、颗粒与流体相对运动时所受的阻力

如图 3-1 所示，当流体以一定速度绕过静止的固体颗粒流动时，由于流体的黏性，会对颗粒有作用力。反之，当固体颗粒在静止流体中移动时，流体同样会对颗粒有作用力。这两种情况的作用力性质相同，通常称为**曳力**（drag force）或**阻力**。

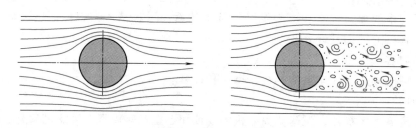

图 3-1　流体绕过颗粒的流动

只要颗粒与流体之间有相对运动，就会有这种阻力产生。除了上述两种相对运动情况外，还有颗粒在静止流体中作沉降时的相对运动，或运动着的颗粒与流动着的流体之间的相对运动。对于一定的颗粒和流体，无论何种相对运动，只要相对运动速度相同，流体对颗粒的阻力就一样。

当流体密度为 ρ，黏度为 μ，颗粒直径为 d_p，颗粒在运动方向上的投影面积为 A，颗粒与流体的相对运动速度为 u，则颗粒所受的阻力 F_d 可用下式计算

$$F_d = \zeta A \frac{\rho u^2}{2} \tag{3-1}$$

式中，量纲为一的阻力系数（drag coefficient）ζ 是流体相对于颗粒运动时的雷诺数 $Re = d_p u \rho / \mu$ 的函数，即

$$\zeta = \phi(Re) = \phi(d_p u \rho / \mu) \tag{3-2}$$

此函数关系需由实验测定。球形颗粒的 ζ 实验数据如图 3-2 所示。

图中曲线大致可分为 3 个区域，各区域的曲线可分别用不同的计算式表示为

层流区（$10^{-4} < Re < 2$）	$\zeta = 24/Re$	(3-3)
过渡区（$2 < Re < 500$）	$\zeta = 10/\sqrt{Re}$	(3-4)
湍流区（$500 < Re < 2 \times 10^5$）	$\zeta = 0.44$	(3-5)

这 3 个区域又分别称为**斯托克斯**（Stokes）**区**、**阿仑**（Allen）**区**、**牛顿**（Newton）**区**。其中斯托克斯区的计算式是准确的，其他两个区域的计算式是近似的。

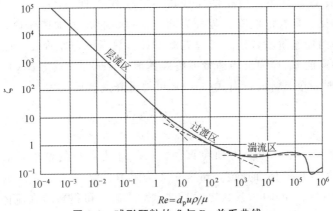

图 3-2　球形颗粒的 ζ 与 Re 关系曲线

第二节　重力沉降

由地球引力作用而发生的颗粒沉降过程，称为**重力沉降**（gravity settling）。

一、沉降速度

（一）球形颗粒的自由沉降

单个颗粒在流体中沉降，或者颗粒群在流体中分散得较好，而颗粒在互不接触、互不碰撞的条件下沉降，称为**自由沉降**（free settling）。

当一个球形颗粒放在静止流体中，颗粒密度 ρ_p 大于流体密度 ρ 时，则颗粒将在重力作用下作沉降运动。设颗粒的初速度为零，则颗粒最初只受**重力** F_g 与**浮力** F_b 的作用。重力向下，浮力向上。当颗粒直径为 d_p 时，有

$$F_g = \frac{\pi}{6} d_p^3 \rho_p g \tag{3-6}$$

$$F_b = \frac{\pi}{6} d_p^3 \rho g \tag{3-7}$$

此时，作用于颗粒上的这两个外力之和不等于零，颗粒将产生加速度。当颗粒开始下沉时，受到流体向上作用的阻力 F_d。令 u 为颗粒与流体相对运动速度，由式（3-1）有

$$F_d = \zeta \frac{\pi d_p^2}{4} \cdot \frac{\rho u^2}{2} \tag{3-8}$$

根据牛顿第二定律，颗粒的重力沉降运动基本方程式应为

$$F_g - F_b - F_d = m \frac{du}{d\tau} \tag{3-9}$$

将式（3-6）至式（3-8）的关系代入此式，整理得

$$\frac{du}{d\tau} = \left(\frac{\rho_p - \rho}{\rho_p} \right) g - \frac{3\zeta\rho}{4 d_p \rho_p} u^2 \tag{3-10}$$

由此式可知，右边第一项与 u 无关，第二项随 u 的增大而增大。因此，随着颗粒向下沉降，

u 逐渐增大，$du/d\tau$ 逐渐减小。当 u 增加到某一定数值 u_t 时，$du/d\tau=0$。于是颗粒开始作匀速沉降运动。可见，颗粒的沉降过程分为两个阶段，起初为加速阶段，而后为匀速阶段。对于小颗粒，沉降的加速阶段较短，可以忽略不计，只考虑匀速阶段。在匀速阶段中，颗粒相对于流体的运动速度 u_t 称为沉降速度或终端速度（terminal velo city）。

当 $du/d\tau=0$ 时，令 $u=u_t$，由式(3-10) 可得沉降速度计算式

$$u_t=\sqrt{\frac{4gd_p(\rho_p-\rho)}{3\zeta\rho}} \tag{3-11}$$

式中，u_t 为沉降速度，m/s；d_p 为颗粒直径，m；ρ_p 为颗粒的密度，kg/m^3；ρ 为流体的密度，kg/m^3；g 为自由落体加速度，m/s^2；ζ 为阻力系数。

式(3-11) 与式(3-2)的阻力系数 ζ 关系式联立求解，可得颗粒在流体中的沉降速度 u_t。

对于球形颗粒，将不同 Re 范围的阻力系数 ζ 计算式(3-3) 至式(3-5) 代入上式，可得各区域的沉降速度计算式如下。

层流区（$Re<2$）　　　　$u_t=gd_p^2(\rho_p-\rho)/18\mu$ $\tag{3-12}$

式(3-12) 称为斯托克斯式或斯托克斯定律。

过渡区（$2<Re<500$）　　$u_t=\left[\dfrac{4g^2(\rho_p-\rho)^2}{225\mu\rho}\right]^{1/3}d_p$ $\tag{3-13}$

湍流区（$500<Re<2\times10^5$）　$u_t=\sqrt{3.03g(\rho_p-\rho)d_p/\rho}$ $\tag{3-14}$

由此三式可知，u_t 与 d_p、ρ_p 及 ρ 有关。d_p 及 ρ_p 愈大，则 u_t 就愈大。层流区与过渡区中，u_t 还与流体黏度 μ 有关。液体黏度约为气体黏度的 50 倍，故颗粒在液体中的沉降速度比在气体中的小很多。

（二）沉降速度的计算

已知球形颗粒直径，要计算沉降速度时，需要根据 Re 值从式(3-12)、式(3-13) 及式(3-14) 中选择一个计算式。但由于 u_t 为待求量，所以 Re 值是未知量。这就需要用试差法进行计算。例如，当颗粒直径较小时，可先假设沉降属于层流区，则用斯托克斯式(3-12)求出 u_t。然后用所求出的 u_t 计算 Re 值，检验 Re 值是否小于 2。如果计算的 Re 值不在所假设的流型区域，则应另选用其他区域的计算式求 u_t，直到用所求 u_t 计算的 Re 值符合于所用计算式的流型范围为止。

【例 3-1】 一直径为 1.0mm、密度为 $2500kg/m^3$ 的玻璃球在 20℃的水中沉降，试求其沉降速度。

解 由于颗粒直径较大，先假设流型处于过渡区，用式(3-13) 计算 u_t。

$$u_t=\left[\frac{4g^2(\rho_p-\rho)^2}{225\mu\rho}\right]^{1/3}d_p=\left[\frac{4\times(9.81)^2\times(2500-1000)^2}{225\times10^{-3}\times10^3}\right]^{1/3}\times10^{-3}=0.157m/s$$

校核流型，$Re=d_pu_t\rho/\mu=10^{-3}\times0.157\times10^3/10^{-3}=157$，故属于过渡区，与假设相符。

当已知沉降速度，求颗粒直径时，也需要用类似的试差法计算。

（三）影响沉降速度的其他因素

（1）颗粒形状　颗粒与流体相对运动时所受的阻力与颗粒的形状有很大关系。颗粒的形状偏离球形愈大，其阻力系数就愈大。实际上颗粒的形状很复杂，目前还没有确切的方法来

表示颗粒的形状，所以在沉降问题中一般不深究颗粒的形状。这个问题可以采用下述方法处理，即测定非球形颗粒的沉降速度，用沉降速度公式计算出粒径。这样求出来的非球形颗粒的直径称为当量球径（diameter of equivalent sphere）。即用球形颗粒直径来表示沉降速度与其相同的非球形颗粒的直径，并对沉降过程进行设计计算。

（2）壁效应　当颗粒在靠近器壁的位置沉降时，由于器壁的影响，其沉降速度较自由沉降速度小，这种影响称为壁效应（wall effect）。

（3）干扰沉降　当非均相物系中的颗粒较多，颗粒之间相互距离较近时，颗粒沉降会受到其他颗粒的影响，这种沉降称为干扰沉降（hindered settling）。干扰沉降比自由沉降的速度小。

二、降尘室

利用重力沉降分离含尘气体中的尘粒，是一种最原始的分离方法。一般作为预分离之用，分离粒径较大的尘粒。

本节介绍最典型的水平流动型降尘室（dust-settling chamber）的操作原理。降尘室如图 3-3 所示。

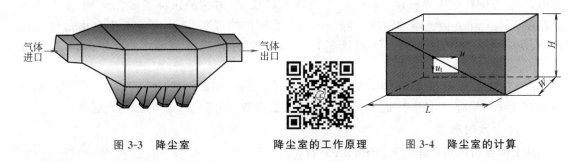

气体进口　气体出口

图 3-3　降尘室　　　　降尘室的工作原理　　图 3-4　降尘室的计算

1. 停留时间与沉降时间

含尘气体由管路进入降尘室后，因流道截面积扩大而流速降低。只要气体从降尘室进口流到出口所需要的停留时间等于或大于尘粒从降尘室的顶部沉降到底部所需的沉降时间，则尘粒就可以分离出来。这种重力降尘室，通常可分离粒径为 $50\mu m$ 以上的粗颗粒，作为预除尘用。

如图 3-4 所示，降尘室的长度为 L，如果颗粒运动的水平分速度 u 与气体的流速 u 相同，则颗粒在降尘室的停留时间为 L/u；若颗粒的沉降速度为 u_t，则颗粒在高度为 H 的降尘室中的沉降时间为 H/u_t。

颗粒在降尘室中分离出来的条件是停留时间≥沉降时间，即

$$L/u \geqslant H/u_t \tag{3-15}$$

2. 临界粒径 d_{pc}

若已知含尘气体的体积流量 q_{Vs}（单位为 m^3/s），则含尘气体在降尘室中的流速为

$$u = q_{Vs}/HW$$

此式代入式(3-15)，则得尘粒在降尘室中的沉降速度应满足的条件为

$$u_t \geqslant \frac{q_{Vs}}{WL} \tag{3-16}$$

即尘粒的沉降速度 u_t 应大于或等于 q_{Vs}/WL。或者说，某些粒径的尘粒，其沉降速度 u_t 大于或等于 q_{Vs}/WL 时，则能全部分离出来。

含尘气体中的尘粒大小不一，颗粒大者沉降速度快，颗粒小者较慢。设其中有一种粒径能满足式(3-16)中的条件

$$u_{tc} = \frac{q_{Vs}}{WL} \tag{3-17}$$

则此粒径称为能 100% 除去的最小粒径，或称为临界粒径（critical particle diameter），以 d_{pc} 表示。u_{tc} 为临界粒径颗粒的沉降速度。

只要粒径为 d_{pc} 的颗粒能够沉降下来，则比其大的颗粒在离开降尘室之前都能沉降下来。

将式(3-17)的临界粒径 d_{pc} 所对应的沉降速度 u_{tc}，代入沉降速度计算式(3-12)至式(3-14)，可求出临界粒径 d_{pc}。

假如尘粒的沉降速度处于层流区（斯托克斯定律区），将式(3-17)代入式(3-12)，可得颗粒的临界粒径计算式为

$$d_{pc} = \sqrt{\frac{18\mu}{(\rho_p - \rho)g} u_{tc}} = \sqrt{\frac{18\mu}{(\rho_p - \rho)g} \times \frac{q_{Vs}}{WL}} \tag{3-18}$$

式中，d_{pc} 为颗粒的临界粒径，m；u_{tc} 为与临界粒径 d_{pc} 对应的沉降速度，m/s；μ 为流体的黏度，Pa·s；ρ 为流体的密度，kg/m³；ρ_p 为颗粒的密度，kg/m³；g 为自由落体加速度，m/s²；q_{Vs} 为含尘气体的体积流量，m³/s；W 为降尘室宽度，m；L 为降尘室长度，m。

由式(3-17)与式(3-18)可知，当 q_{Vs} 一定时，d_{pc} 及 u_{tc} 与降尘室的底面积 WL 成反比，而与高度 H 无关。同时，当 d_{pc} 与 u_{tc} 一定时，q_{Vs} 与底面积 WL 成正比，而与高度 H 无关。

3. 降尘室的形状

从上面分析可知，降尘室宜做成扁平形状。

当含尘气体的体积流量 q_{Vs} 不变，若使降尘室的高度 H 为原来的 1/2，而临界粒径颗粒的沉降速度 u_{tc} 不变时，则尘粒的沉降时间将缩短一半。同时，因气体流速 u 为原来的两倍，则尘粒在降尘室中的停留时间也为原来的 1/2。

应注意的是气速 u 不能太大，以免干扰尘粒沉降，或把沉下来的尘粒重新卷起来。一般流速 u 不超过 3m/s。

多层隔板降尘室　如图 3-5 所示，将降尘室用水平隔板分为 N 层，每层高度为 H/N。

由于气体流动的截面积未变，所以颗粒的水平流速 u 不变。由式(3-15)可知颗粒的停留时间 L/u 不变。

同时，要求临界粒径颗粒的沉降时间 H/u_{tc} 等于停留时间，而停留时间不变。因为颗粒的沉降高度为原来的 1/N，则临界粒径颗粒的沉降速度 u_{tc}

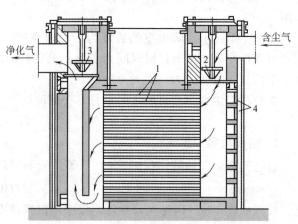

图 3-5　多层隔板降尘室

1—隔板；2,3—调节阀；4—除灰口

可以降为原来的 $1/N$，临界粒径降为原来的 $\sqrt{1/N}$，使更小的尘粒也能分离。一般可分离 $20\mu m$ 以上的颗粒，但多层隔板降尘室排灰不方便。

4. 降尘室的计算

从层流区（斯托克斯定律区）的计算式(3-18)可知，降尘室的计算问题可分为下列 3 类。

① 若已知气体处理量 q_{Vs}、物性数据（气体密度 ρ，黏度 μ 及颗粒密度 ρ_p）及要求除去的最小颗粒直径（临界粒径 d_{pc}），则可计算降尘室的底面积 WL。

② 若已知降尘室底面积 WL、物性数据及临界粒径 d_{pc}，则可计算气体处理量 q_{Vs}。

③ 若已知降尘室底面积 WL、物性数据及气体处理量 q_{Vs}，则可计算临界粒径 d_{pc}。

【例 3-2】 用高 2m、宽 2.5m、长 5m 的重力降尘室分离空气中的粉尘。在操作条件下空气的密度为 $0.779 kg/m^3$，黏度为 $2.53\times10^{-5} Pa\cdot s$，流量为 $1.25\times10^4 m^3/h$。粉尘的密度为 $2000 kg/m^3$。试求粉尘的临界直径。

解 已知空气流量 $q_{Vs}=1.25\times10^4 m^3/h$，密度 $\rho=0.779 kg/m^3$，黏度 $\mu=2.53\times10^{-5} Pa\cdot s$。

粉尘的密度 $\rho_p=2000 kg/m^3$，降尘室的宽度 $W=2.5m$，长度 $L=5m$。与临界粒径 d_{pc} 对应的沉降速度 u_{tc}，用式(3-17)计算

$$u_{tc}=\frac{q_{Vs}}{WL}=\frac{1.25\times10^4/3600}{2.5\times5}=0.278 m/s$$

假设临界粒径颗粒的沉降属于层流区，用式(3-18)计算粉尘的临界粒径。

$$d_{pc}=\sqrt{\frac{18\mu}{(\rho_p-\rho)g}u_t}=\sqrt{\frac{18\times2.53\times10^{-5}}{2000\times9.81}\times0.278}=80.3\times10^{-6} m=80.3\mu m$$

验算流型

$$Re=\frac{d_{pc}u_{tc}\rho}{\mu}=\frac{80.3\times10^{-6}\times0.278\times0.779}{2.53\times10^{-5}}=0.687(<2)$$

故属于层流区，与假设相符。

三、悬浮液的沉聚

（一）增稠器

悬浮液放在大型容器里，其中的固体颗粒在重力下沉降，得到澄清液与稠浆的操作，称为**沉聚**（sedimentation）。当原液中固体颗粒的浓度较低，而为了得到澄清液时的操作，常称为澄清。所用设备称为澄清器（clarifier）。从较稠的原液中尽可能把液体分离出来而得到稠浆的设备，称为增稠器（thickener）。

工业上处理大量悬浮液时多用连续式增稠器。如图 3-6 所示，增稠器是一个带锥形底的圆槽，直径一般为 $10\sim100m$。原液经中心处的进料管送至液面下 $0.3\sim1.0m$ 处。固体颗粒在上部自由沉降区边沉降边向圆周方向分散，而液体向上流动。在这个区域里，当液体流速小于颗粒的沉降速度时，就能得到澄

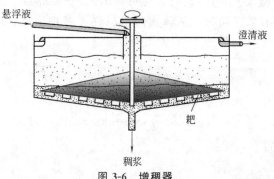

图 3-6　增稠器

清液。澄清液经槽的周边溢流出去，这称为**溢流**（over flow）。沉降区的下部为增稠压缩区，在这个区域里，由于转动缓慢的齿形耙的挤压作用，挤出更多的液体，同时把稠浆移动到槽底中心处，用泥浆泵从底部排出管连续排出。排出的稠浆称为**底流**（under flow）。有时为了节省沉降面积，而把增稠器做成多层式。

（二）絮凝剂

液体中所含固体颗粒的粒径大小会有差别，含有颗粒直径较大的液体，一般称为悬浮液；含有颗粒直径小于 $1\mu m$ 的液体，一般称为溶胶。溶胶中细小颗粒的分离要比悬浮液中较大颗粒的分离更为困难。为了促进细小颗粒絮凝成较大颗粒以增大沉降速度，可往溶胶中加入少量电解质。例如，河水净化时常加入明矾 $[KAl(SO_4)_2 \cdot 12H_2O]$，使水中细小污物沉淀。因为这些微粒常带负电荷，而明矾水解时产生带正电的 $Al(OH)_3$ 胶状物质，与水中微粒聚集成大颗粒而一起沉降。凡能促进溶胶中微粒絮凝的物质称为**絮凝剂**（coagulant）。常用的电解质除了明矾还有三氧化铝、绿矾（硫酸亚铁）、三氯化铁等。一般用量为 $40\sim200mg/kg$。近年来，已研究出某些高分子絮凝剂。

第三节 离 心 沉 降

依靠离心力的作用，使流体中的颗粒产生沉降运动，称为**离心沉降**（centrifugal settling）。由前节的重力沉降内容可知，当颗粒较小时，其沉降速度小，需要较大的沉降设备。为了提高生产能力，可使用离心沉降，用离心力场强化重力场。

一、离心分离因数

如图 3-7 所示，以一定角速度 ω 旋转的圆筒，筒内装有密度为 ρ、黏度为 μ 的液体。液体中悬浮有密度为 ρ_p、直径为 d_p、质量为 m 的球形颗粒。假设筒内液体与圆筒有相同的转速。当站在旋转轴上观测颗粒的运动时，忽略颗粒的重力沉降，则有离心力沿旋转半径向外作用于颗粒。

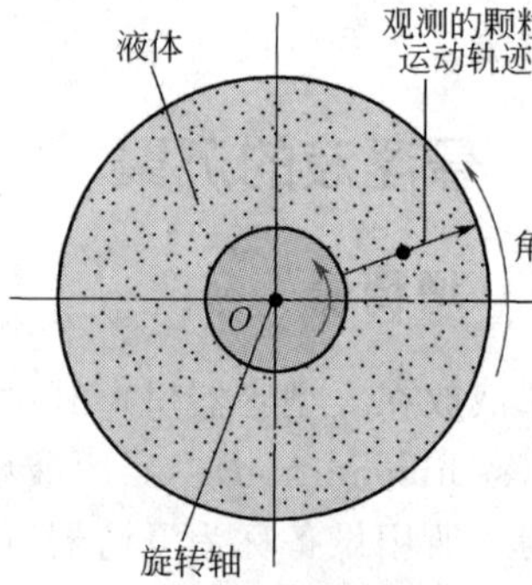

图 3-7 转筒内颗粒在流体中的运动

$$F_c = mr\omega^2$$

式中，r 为颗粒到旋转轴中心的距离。由此式可知，为了增大 F_c 可以提高 ω 也可以增大 r。提高 ω，比增大 r 更有效。同时，从转筒的机械强度考虑，r 不宜太大。由于 ω 与转速 N 的关系为 $\omega = 2\pi N/60$，则有

$$F_c \approx \frac{mrN^2}{100}$$

式中，转速 N 的单位为 r/min。

同一颗粒所受的离心力与重力之比，为

$$K_c = \frac{r\omega^2}{g} \approx \frac{rN^2}{900} \tag{3-19}$$

称为离心分离因数（separation factor）是表示离心力大小的指标。

二、离心沉降速度

颗粒在离心力场中沉降时，在径向沉降方向上所受的作用力有

$$离心力 = \frac{\pi}{6} d_p^3 \rho_p r \omega^2$$

$$浮力(向中心) = \frac{\pi}{6} d_p^3 \rho \, r \omega^2$$

$$阻力(向中心) = \zeta \frac{\pi d_p^2}{4} \times \frac{\rho \left(\dfrac{dr}{d\tau}\right)^2}{2}$$

若这 3 个力达到平衡，则有

$$\frac{\pi}{6} d_p^3 r \omega^2 (\rho_p - \rho) - \zeta \frac{\pi d_p^2}{4} \times \frac{\rho \left(\dfrac{dr}{d\tau}\right)^2}{2} = 0$$

此时，颗粒在径向上相对于流体的速度 $dr/d\tau$ 就是它在这个位置上的离心沉降速度。

$$\frac{dr}{d\tau} = \sqrt{\frac{4 d_p (\rho_p - \rho)}{3 \zeta \rho} r \omega^2} \tag{3-20}$$

此式与式(3-11) 相比，可知颗粒的离心沉降速度与重力沉降速度 u_t 具有相似的关系式，只是式(3-11) 中的重力加速度换为离心加速度 $r\omega^2$。但在一定的条件下，重力沉降速度是一定的，而离心沉降速度随着颗粒在半径方向上的位置不同而变化。

在沉降分离中，沉降速度较小的颗粒才考虑用离心沉降。所以离心沉降设计计算的对象为小颗粒。小颗粒沉降时所受的流体阻力一般处于斯托克斯区，即阻力系数为 $\zeta = 24/Re$。代入式(3-20)，得

$$\frac{dr}{d\tau} = \frac{d_p^2 (\rho_p - \rho)}{18 \mu} r \omega^2 \tag{3-21}$$

由此式可知，在斯托克斯区域颗粒的离心沉降速度 $dr/d\tau$ 与 r 成正比。在沉降过程中，$dr/d\tau$ 随着 r 的增大而增大。

三、旋风分离器

旋风分离器（cyclone separator）是利用离心力作用净制气体的设备，其结构简单，制造方便，分离效率高，并可用于高温含尘气体的分离，所以在生产中得到广泛应用。

（一）构造与操作

如图 3-8 所示，含尘气体从圆筒上部的长方形切线进口进入旋风分离器。进口的气速约为 15～20m/s。含尘气体在器内沿圆筒内壁旋转向下流动。到了圆锥部分，由于旋转半径缩小而切向速度增大，并继续旋转向下流动。到了圆锥的底部附近转变为上升气流，最后由上部出口管排出。在气体旋转流动过程中，颗粒由于离心力作用向外沉降到内壁后，沿内壁落入灰斗。

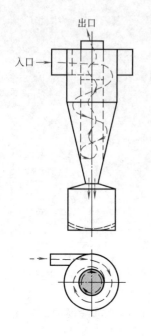

图 3-8 旋风分离器内的气流　　　旋风分离器　　　图 3-9 旋风分离器的尺寸比例

工业上广泛使用的旋风分离器有两种型式，如图 3-9 所示。图中给出了其结构尺寸的例子。

若切向速度 $u_i = 20\text{m/s}$，旋转半径为 $r = 0.3\text{m}$，则离心分离因数

$$K_c = \frac{r\omega^2}{g} = \frac{u_i^2}{gr} = \frac{(20)^2}{9.81 \times 0.3} = 136$$

这表明颗粒在此条件下的离心沉降速度为重力沉降速度的 136 倍。

（二）临界粒径

与重力降尘室的情况相同，临界粒径是分离器能够 100% 除去的最小粒径。推导临界粒径计算式所用的假设有以下几个。

① 进入旋风分离器的气流在器内按入口形状（即宽度为 b）沿圆筒旋转 n 圈，沉降距离为 b，即由内旋转半径 $r = (0.5D - b)$ 沉降到 $D/2$ 处；

② 器内颗粒与气流的流速相同，它们的平均切向流速等于进口气速 u_i；

③ 颗粒的沉降运动服从斯托克斯定律。由式（3-21）可知，在半径 $r = (0.5D - b)$ 处粒径 d_p 的颗粒向筒壁半径方向的沉降速度为

$$\frac{dr}{d\tau} = \frac{d_p^2(\rho_p - \rho)}{18\mu}r\omega^2 = \frac{d_p^2(\rho_p - \rho)}{18\mu} \times \frac{u_i^2}{r} \qquad (3-22)$$

由此式可知，r 小而 u_i 一定时，沉降速度大，对于气流以切向流入的旋风分离器，时间 $\tau = 0$ 时，颗粒在 $(0.5D - b)$ 处；$\tau = \tau_t$ 时，颗粒沉降到器壁，即 $D/2$ 处，则有

$$\int_{\frac{D}{2}-b}^{\frac{D}{2}} r\,dr = \frac{(\rho_p - \rho)d_p^2}{18\mu}u_i^2 \int_0^{\tau_t} d\tau$$

积分得

$$\tau_t = \frac{9\mu b(D-b)}{(\rho_p - \rho)d_p^2 u_i^2} \tag{3-23}$$

式中，τ_t 为沉降时间。气流的平均旋转半径 $r_m = (D-b)/2$，则旋转 n 圈的停留时间为

$$\tau = \frac{2\pi r_m n}{u_i} \tag{3-24}$$

若在各种不同粒径的尘粒中，有一种粒径的尘粒所需沉降时间 τ_t 等于停留时间 τ，则该粒径就是理论上能完全分离的最小粒径，即临界粒径，用 d_{pc} 表示。由式（3-23）与式（3-24）等号右边值相等可求得

$$d_{pc} = 3\sqrt{\frac{\mu b}{\pi n(\rho_p - \rho)u_i}} \tag{3-25}$$

计算时通常取 $n=5$。

（三）压力损失

气体通过旋风分离器的压力损失 Δp_x（单位为 Pa），可用进口气体动压 $\rho u_i^2/2$ 的某一倍数表示为

$$\Delta p = \frac{\zeta \rho u_i^2}{2} \tag{3-26}$$

式中的阻力系数用下式计算

$$\zeta = \frac{30bh\sqrt{D}}{d^2\sqrt{L+H}} \tag{3-27}$$

式中，分离器尺寸符号与图 3-9 中的相同。由于分离器各部分的尺寸都是 D 的倍数，所以只要进口气速 u_i 相同，不管多大的旋风分离器，其压力损失都相同。因此，压力损失相同时，小型分离器的 $b=D/5$ 值较小，由式（3-25）可知小型分离器的临界粒径较小。由此可知，用若干个小型分离器并列组成一个分离器组来代替一个大的分离器，可以提高分离效率。旋风分离器的压力损失一般约为 $1\sim2$kPa。

【例 3-3】 温度为 20℃、压力为 0.101MPa、流量为 2.5m³/s 的含尘空气用图 3-9（a）所示的旋风分离器除尘。尘粒的密度为 2500kg/m³。最大允许压力损失为 2.0kPa 时，试求：（1）分离器尺寸；（2）临界粒径。

解 （1）查得 20℃、0.101MPa 时空气的密度 $\rho = 1.21$kg/m³，黏度 $\mu = 1.81 \times 10^{-5}$Pa·s。

根据图 3-9（a）中尺寸比例，由式（3-27）计算阻力系数

$$\zeta = \frac{30\left(\dfrac{D}{5}\right)\left(\dfrac{3}{5}D\right)\sqrt{D}}{\left(\dfrac{D}{2}\right)^2\sqrt{D+2D}} = 8.3$$

由式（3-26）得　　　　　　$u_i = \sqrt{2\times2000/(8.3\times1.21)} = 20$m/s

气体流量　　　　　$q_V = 2.5\text{m}^3/\text{s} = bhu_i = \left(\dfrac{D}{5}\right)\left(\dfrac{3}{5}D\right)(20) = 2.4D^2$

解得　　　　　　　　　　　$D = 1.02$m

由此求得旋风分离器的其他尺寸为：

$$L=1.02\text{m}，H=2.04\text{m}，b=0.204\text{m}，h=0.612\text{m}，d=0.51\text{m}$$

（2）把求得的 u_i 与 b 值代入式(3-25)，求得临界粒径

$$d_{pc}=3\sqrt{\frac{\mu b}{\pi n \rho_p u_i}}=3\sqrt{\frac{1.81\times10^{-5}\times0.204}{3.14\times5\times2500\times20}}=6.5\times10^{-6}\text{m}=6.5\mu\text{m}$$

旋风分离器能分离气体中粒径为 $5\sim200\mu\text{m}$ 的尘粒。为了能分离含尘气体中不同大小的尘粒，一般由重力降尘室、旋风分离器及袋滤器组成除尘系统。含尘气体先在重力降尘室中除去较大的尘粒，然后在旋风分离器中除去大部分的尘粒，最后在袋滤器中除去较小的尘粒。实际过程中，可根据尘粒的粒度分布及除尘的目的要求，省去其中某个除尘设备。

四、旋液分离器

旋液分离器（hydraulic cyclone）是利用离心力的作用，使悬浮液中固体颗粒增稠或使粒径不同及密度不同的颗粒进行分级。其结构（如图 3-10 所示）及操作原理与上面介绍的旋风分离器相似。

悬浮液从圆筒上部的切向进口进入器内，旋转向下流动。液流中的颗粒受离心力作用，沉降到器壁，并随液流下降到锥形底的出口，成为较稠的悬浮液而排出，称为底流。澄清的液体或含有较小较轻颗粒的液体，则形成向上的内旋流，经上部中心管从顶部溢流管排出，称为溢流。

由于液体的黏度 μ 约为气体的 50 倍，液体的 $(\rho_p-\rho)$ 比气体的小，并且悬浮液的进口速度也比含尘气体的小，由式(3-21)可知，同样大小和密度的颗粒，悬浮液在旋液分离器中的沉降速度远小于含尘气体在旋风分离器中的沉降速度。因此，要达到同样的临界粒径要求，则旋液分离器的直径要比旋风分离器小很多。

旋液分离器的圆筒直径一般为 $75\sim300\text{mm}$。悬浮液进口速度一般为 $5\sim15\text{m/s}$。压力损失约为 $50\sim200\text{kPa}$。分离的颗粒直径约为 $10\sim40\mu\text{m}$。

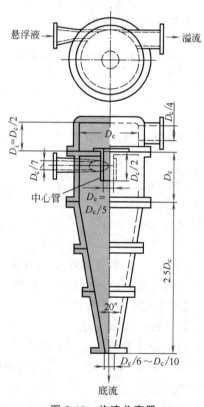

图 3-10　旋液分离器

五、沉降式离心机

沉降式离心机是利用离心沉降的原理分离悬浮液或乳浊液的机械。

（一）管式离心机

如图 3-11 所示。管式离心机（tubular-bowl centrifuge）有内径为 $75\sim150\text{mm}$、长度约为 1500mm、转速约为 15000r/min 的管式转鼓。其离心分离因数可达 $K_c\approx13000$，也有高达 $K_c\approx10^5$ 的超速离心机。其液体处理量约为 $0.2\sim2\text{m}^3/\text{h}$。转鼓内装有 3 个纵向平板，以使料液迅速达到与转鼓相同的角速度。管式离心机可用于分离乳浊液及含细颗粒的稀悬浮液。

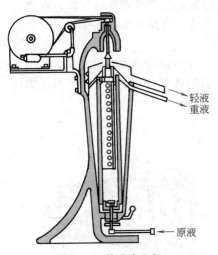

图 3-11 管式离心机

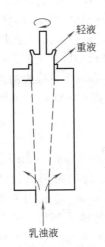

图 3-12 分离乳浊液的管式
离心机操作原理

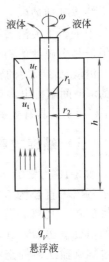

图 3-13 分离悬浮液的
管式离心机操作原理

分离乳浊液的管式离心机的操作原理如图 3-12 所示。转鼓由转轴带动旋转。乳浊液由底部进入，在转鼓内从下向上流动过程中，由于两种液体的密度不同而分成内、外两液层。外层为重液层，内层为轻液层。到达顶部后，轻液与重液分别从各自的溢流口排出。

分离悬浮液的管式离心机，其操作原理如图 3-13 所示。流量为 q_V 的悬浮液从底部进入。悬浮液由密度为 ρ 的液体与密度为 ρ_p 的少量颗粒形成。假设转鼓内的液体以转鼓的旋转角速度 ω 随着转鼓旋转。液体由下向上流动过程中，颗粒由液面 r_1 处沉降到转鼓内表面 r_2 处。凡沉降所需时间小于或等于在转鼓内停留时间的颗粒，均能沉降除去。

图 3-13 所示的管式离心机用于分离悬浮液时，应把重液排出口封闭，以便颗粒沉降在转鼓内壁。运转一段时间后，停车卸渣并清洗机器。

（二）碟式离心机

如图 3-14 所示，碟式离心机（disk-bowl centrifuge）的转鼓内装有许多直径为 $200 \sim 800\text{mm}$ 的碟片，碟片数一般为 $30 \sim 150$ 片，两个碟片的间隙为 $0.15 \sim 1.3\text{mm}$。其分离因数约为 700。这种离心机可以分离乳浊液中轻、重两液相，例如油类脱水、牛乳脱脂等；也可以澄清含少量细小颗粒固体的悬浮液。

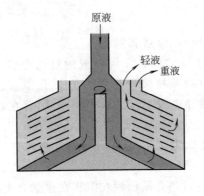

图 3-14 碟式离心机

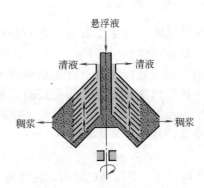

图 3-15 排渣碟式离心机

分离乳浊液的碟式离心机的碟片上开有小孔。乳浊液通过小孔流到碟片的间隙。在离心力作用下，重液沿着每个碟片的斜面沉降，并向转鼓内壁移动，由重液出口连续排出。而轻液沿着每个碟片的斜面向上移动，汇集后由轻液出口排出。

澄清悬浮液用的碟式离心沉降机的碟片上不开孔，只有一个清液排出口，沉积在转鼓内壁上的沉渣间歇排出，只适用于固体颗粒含量很少的悬浮液。当固体颗粒含量较多时，可采用如图3-15所示的具有喷嘴排渣的碟式离心沉降机，例如淀粉的分离。

（三）螺旋式离心机

图 3-16 为螺旋式离心机（scroll-type centrifuge）的示意图。直径为 300～1300mm 的圆锥形转鼓绕水平轴旋转，其离心分离因数可达 600。转鼓内有可旋转的螺旋输送器，其转数比转鼓的转数稍低。悬浮液通过螺旋输送器的空心轴送入机内中部。沉积在转鼓壁面的沉渣被螺旋输送器沿斜面向上推到排出口而排出。澄清液从转鼓另一端溢流出去。这种离心机可用于分离固体颗粒含量较多的悬浮液，其生产能力较大，也可以在高温、高压下操作，例如催化剂回收。

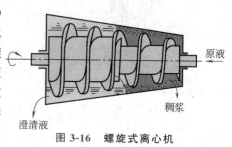

图 3-16　螺旋式离心机

第四节　过　　滤

过滤（filtration）是使含固体颗粒的非均相物系通过布、网等多孔性材料，分离出固体颗粒的操作。虽有含尘气体的过滤和悬浮液的过滤之分，但通常所说"过滤"系指悬浮液的过滤。本节介绍悬浮液的过滤理论与设备。

一、悬浮液的过滤

图 3-17 为过滤操作的示意图。悬浮液通常又称为滤浆或料浆（slurry）。过滤用的多孔性材料称为过滤介质（filtering medium）。留在过滤介质上的固体颗粒称为滤饼（filter cake）或滤渣。通过滤饼和过滤介质的清液称为滤液（filtrate）。

（一）两种过滤方式

（1）深层过滤　当悬浮液中所含颗粒很小，而且含量很少（液体中颗粒的体积<0.1%）时，可用较厚的粒状床层做成的过滤介质（例如，自来水净化用的砂层）进行过滤。由于悬浮液中的颗粒尺寸比过滤介质孔道直径小，当颗粒随液体进入床层内细长而弯曲的孔道时，靠静电及分子力的作用而附着在孔道壁上。过滤介质床层上面没有滤饼形成。因此，这种过滤称为深层过滤（deep bed filtration）。由于它用于从稀悬浮液中得到澄清液体，所以又称为澄清过滤，例如自来水的净化及污水处理等。

（2）滤饼过滤　悬浮液过滤时，液体通过过滤介质而颗粒沉积在过滤介质的表面形成滤饼。当然颗粒尺寸比过滤介质的孔径大时，会形成滤饼。不过，当颗粒尺寸比过滤介质孔径小时，过滤开始会有部分颗粒进入过滤介质孔道，迅速发生"架桥现象"，如图 3-18 所示。但也会有少量颗粒穿过过滤介质而与滤液一起流走。随着滤渣的逐渐堆积，过滤介质上面会形成滤饼层。此后，滤饼层就成为有效的过滤介质而得到澄清的滤液。这种过滤称为**滤饼过滤**（cake filtration），它适用于颗粒含量较多（液体中颗粒的体积＞1％）的悬浮液。化工生产中所处理的悬浮液颗粒含量一般较多，故本节只讨论滤饼过滤。

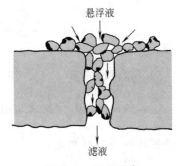

图 3-18　架桥现象

（二）过滤介质

过滤介质的作用是使液体通过而使固体颗粒截留住。因此，要求过滤介质的孔道比颗粒小，或者过滤介质孔道虽比颗粒大，但颗粒能在孔道上架桥，只使液体通过。工业上常用的过滤介质有以下几种。

① 织物介质　这种过滤介质使用的最多。有棉、麻、丝、毛及各种合成纤维织成的滤布，还有铜、不锈钢等金属丝编织的滤网。

② 堆积的粒状介质　由砂、木炭等堆积成较厚的床层，用于深层过滤。

③ 多孔性介质　是由陶瓷、塑料、金属等粉末烧结成型而制得的多孔性板状或管状介质。

过滤介质的选择，要考虑悬浮液中液体性质（例如，酸、碱性）、固体颗粒含量与粒度、操作压力与温度及过滤介质的机械强度与价格等因素。

（三）助滤剂

当悬浮液中的颗粒很细时，过滤时很容易堵死过滤介质的孔隙，或所形成的滤饼在过滤的压力差作用下孔隙很小，阻力很大，使过滤困难。为了防止这种现象发生，可使用助滤剂（filter aid）。常用的助滤剂有以下几种。

① 硅藻土　它是由硅藻土经干燥或煅烧、粉碎、筛分而得到粒度均匀的颗粒，其中主要成分为含 80％～95％ SiO_2 的硅酸；

② 珍珠岩　它是珍珠岩粉末在 1000℃ 下迅速加热膨胀后，经粉碎、筛分得到粒度均匀的颗粒，其主要成分为含 70％ SiO_2 的硅酸铝；

③ 石棉　为石棉粉与少量硅藻土混合而成；

④ 炭粉、纸浆粉等。

助滤剂有两种使用方法。其一是先把助滤剂单独配成悬浮液，使其过滤，在过滤介质表面上先形成一层助滤剂层，然后进行正式过滤。其二是在悬浮液中，加入助滤剂一起过滤，这样得到的滤饼较为疏松，可压缩性减小，滤液容易通过。由于滤渣与助滤剂不容易分开，若过滤的目的是回收滤渣，就不能把助滤剂与悬浮液混合在一起。助滤剂的添加量一般在固体颗粒质量的 0.5％ 以下。

（四）悬浮液量、固体量、滤液量及滤渣量之间的关系

悬浮液过滤所得的滤液量与悬浮液中所含液体量不相等，因为湿滤渣中含有一部分液体。因此在讨论过滤问题时，需要了解悬浮液量、固体量、滤液量及滤渣量之间的关系。

$$
\text{悬浮液}\begin{cases} \text{滤液，密度} \rho \text{，体积} V \\ \text{湿滤渣，密度} \rho_c \to \begin{cases} \text{液体} \\ \text{干渣，密度} \rho_p \end{cases} \end{cases}
$$

（1）湿滤渣密度 ρ_c 的计算

C 为湿滤渣与其中所含干渣的质量比，即 C kg 湿渣与 1kg 干渣对应。湿滤渣体积 $\dfrac{C}{\rho_c}$ 与干渣体积 $\dfrac{1}{\rho_p}$ 有下列关系。

$$
\frac{C}{\rho_c} = \frac{1}{\rho_p} + \frac{C-1}{\rho} \tag{3-28}
$$

式中，ρ_c 为湿滤渣密度，kg/m^3；ρ_p 为干渣密度，kg/m^3；ρ 为滤液密度，kg/m^3。

用式(3-28)可求出湿滤渣的密度 ρ_c。

（2）干渣质量与滤液体积的比值 w

设悬浮液中固体颗粒的质量分数以 X 表示，单位为 kg 固体/kg 悬浮液。C 与 X 的乘积 CX 为单位质量悬浮液可得湿滤渣的质量，单位为 kg 湿渣/kg 悬浮液。$(1-CX)$ 为单位质量悬浮液可得滤液的质量，单位为 kg 滤液/kg 悬浮液。

$X/(1-CX)$ 为干渣与滤液的质量比，由 $X/(1-CX)$ 与滤液密度 ρ 可求得干渣质量与滤液体积的比值

$$
w = \frac{X}{(1-CX)/\rho} \quad \text{kg 干渣/m}^3 \text{滤液} \tag{3-29}
$$

式中，w 也称为单位体积滤液所对应的干渣质量。

（3）湿滤渣质量与滤液体积的比值为 wC，kg 湿滤渣/m^3 滤液。

（4）湿滤渣体积与滤液体积的比值为

$$
v = \frac{wC}{\rho_c} \tag{3-30}
$$

式中，ρ_c 为湿滤渣密度，kg/m^3；v 为单位体积滤液所对应的湿滤渣的体积。

【例 3-4】 已知 1kg 悬浮液中含 0.04kg 固体颗粒，湿滤渣、干渣及滤液的密度分别为 $\rho_c = 1400 kg/m^3$，$\rho_p = 2600 kg/m^3$，$\rho = 1000 kg/m^3$。试求：（1）湿滤渣与其中所含干渣的质量比 C；（2）干渣质量与滤液体积的比值 w；（3）湿滤渣体积与滤液体积的比值 v。

解 已知 $X = 0.04$ kg 干渣/kg 悬浮液，$\rho_c = 1400 kg/m^3$，$\rho_p = 2600 kg/m^3$，$\rho = 1000 kg/m^3$。

（1）由式(3-28)得

$$
\frac{C}{1400} = \frac{1}{2600} + \frac{C-1}{1000}
$$

解得 $C = 2.15$ kg 湿滤渣/kg 干渣。

（2）由式(3-29)得

$$
w = \frac{X\rho}{1-CX} = \frac{0.04 \times 1000}{1 - 2.15 \times 0.04} = 43.8 \text{kg 干渣/m}^3 \text{滤液}
$$

（3）由式(3-30)得

$$
v = \frac{wC}{\rho_c} = \frac{43.8 \times 2.15}{1400} = 0.0673 \text{m}^3 \text{湿滤渣/m}^3 \text{滤液}
$$

二、过滤速率基本方程式

单位时间内滤过的滤液体积称为过滤速率，单位为 m³/s。单位过滤面积的过滤速率称为过滤速度，单位为 m/s。设过滤面积为 A，过滤时间为 $d\tau$，滤液体积为 dV，则过滤速率为 $dV/d\tau$，而过滤速度为 $dV/Ad\tau$。

过滤速率基本方程式是描述滤液量随过滤时间的变化关系的，可用于计算为获得一定量的滤液（或滤饼）所需要的过滤时间。

过滤操作的特点是，随着操作过程的进行，滤饼厚度逐渐增大，过滤的阻力就逐渐增大。如果在一定的压力差（p_1-p_2）条件下操作，过滤速率必逐渐减小。如果想保持一定的过滤速率，可以随着过滤操作的进行逐渐增大压力差，来克服逐渐增大的过滤阻力。因此，可以写成

$$过滤速度=\frac{过滤推动力}{过滤阻力} \tag{3-31}$$

式中，过滤推动力就是压力差 $\Delta p=\Delta p_c+\Delta p_m$，过滤阻力包括滤饼阻力和过滤介质阻力，如图 3-19 所示。

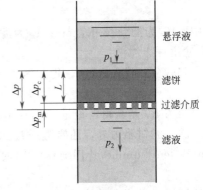

过滤阻力与滤液性质及滤饼层性质有关。考虑到过滤时滤饼层内有很多细微孔道，滤液流过孔道的流速很小，其流动类型属于层流。因此，在这里可以借用第一章中流体在圆管内层流流动时的哈根-泊谡叶方程式(1-41)描述滤液通过滤饼的流动，即

$$u=\frac{d^2\Delta p_c}{32\mu l}=\frac{\Delta p_c}{32\mu l/d^2} \tag{3-32}$$

式中，u 为滤液在滤饼层毛细孔道内的流速，m/s；Δp_c 为滤液通过滤饼层的压力降；μ 为滤液的黏度，Pa·s；l 为滤饼层中毛细孔道的平均长度，m；d 为滤饼层中毛细孔道的平均直径，m。

图 3-19　过滤的推动力与阻力

滤饼层中毛细孔道的平均长度 l 与滤饼厚度 L 成正比关系。用 V_c 表示滤饼体积，由于滤饼厚度 L 与单位过滤面积的滤饼体积 V_c/A 成正比，所以 l 与 V_c/A 成正比。设比例系数为 α，则有

$$l=\alpha V_c/A \tag{a}$$

滤液在滤饼层毛细孔道内的流速 u 与过滤速度 $dV/Ad\tau$ 成正比，设比例系数为 β，则有

$$u=\beta\frac{dV}{Ad\tau} \tag{b}$$

对于一定性质的滤饼层，其中的毛细孔道平均直径 d 应为定值。因无法测量，将其并入常数项内。

将式(a) 与式 (b) 代入式(3-32)，求得任一瞬时的过滤速度 $dV/Ad\tau$ 与滤饼层两侧的压力降 Δp_c 的关系式为

$$\frac{dV}{Ad\tau}=\frac{\Delta p_c}{\left(\dfrac{32\alpha\beta}{d^2}\right)\mu\dfrac{V_c}{A}}$$

令 $r=32\alpha\beta/d^2$，则有

$$\frac{dV}{A\,d\tau} = \frac{\Delta p_c}{r\mu\dfrac{V_c}{A}} \qquad\qquad (c)$$

式中，$\dfrac{dV}{A\,d\tau}$ 为过滤速度，m/s；V 为滤液体积，m^3；A 为过滤面积，m^2；τ 为过滤时间，s；Δp_c 为滤液通过滤饼的压力降，Pa；V_c 为滤饼体积，m^3；μ 为滤液的黏度，Pa·s；r 为比例系数，$1/m^2$。

式（c）表明任一瞬间的过滤速度 $dV/A\,d\tau$ 与滤饼层两侧的压力差 Δp_c 成正比，与当时的滤饼厚度（$L \propto V_c/A$）及滤液黏度 μ 成反比。式中的比例系数 r 反映了滤饼的特性。

滤液通过滤饼的推动力为 Δp_c，滤饼阻力为

$$R_c = r\mu V_c/A \qquad\qquad (d)$$

此式表明在单位过滤面积上所形成的滤饼为 V_c/A（m^3 滤饼/m^2 面积）时的滤饼阻力。式中，比例系数 r，表示单位过滤面积上的滤饼为 $1m^3$（即 $V_c/A=1$）时的阻力，称为**滤饼的比阻**（specific cake resistance），单位为 $1/m^2$。

滤饼体积 V_c 与滤液体积 V 之间的关系为

$$V_c = vV \qquad\qquad (e)$$

式中，V_c 为滤饼体积，m^3；V 为滤液体积，m^3；v 为单位体积滤液所对应的滤饼体积，m^3 滤饼/m^3 滤液。

将式（e）代入式（d），得

$$R_c = r\mu vV/A \qquad\qquad (3\text{-}33)$$

滤饼阻力 R_c 是获得滤液量 V 时所形成的滤饼层的阻力。

除了滤饼阻力外，还要考虑过滤介质阻力。可以把过滤介质阻力看作获得当量滤液量（equivalent volume of filtrate）V_e 时所形成的滤饼层的阻力，表示为

$$R_m = r\mu vV_e/A \qquad\qquad (3\text{-}34)$$

而滤液通过过滤介质的压力降表示为 Δp_m。

由上述分析可知，滤液通过滤饼层及过滤介质的总压力降即总推动力，可表示为

$$\Delta p = \Delta p_c + \Delta p_m \qquad\qquad (3\text{-}35)$$

过滤阻力为滤饼阻力与过滤介质阻力之和，可表示为

$$R_c + R_m = \frac{r\mu v(V+V_e)}{A} \qquad\qquad (3\text{-}36)$$

因此，由式（3-31）、式（3-35）与式（3-36）得过滤速度方程式。

$$\frac{dV}{A\,d\tau} = \frac{\Delta p}{r\mu v(V+V_e)/A} \qquad\qquad (3\text{-}37)$$

| 过滤速率方程 | $\dfrac{dV}{d\tau} = \dfrac{A\Delta p}{r\mu v(V+V_e)/A}$ | (3-38) |

式中，$\dfrac{dV}{d\tau}$ 为瞬时的过滤速率，m^3 滤液/s；Δp 为滤液通过滤饼层及过滤介质的总压力降，Pa；V 为生成厚度为 L 的滤饼所获得的滤液体积，m^3；V_e 为过滤介质的当量滤液体积，m^3；r 为滤饼的比阻，$1/m^2$；μ 为滤液的黏度，Pa·s；v 为单位体积滤液所对应的滤饼体积，m^3 滤饼/m^3 滤液；A 为过滤面积，m^2。

过滤速率方程式（3-38）是表示过滤操作中某一瞬时的过滤速率 $dV/d\tau$ 与过滤面积 A、

压力差 Δp、滤液黏度 μ，当时的滤饼厚度 v $(V+V_e)/A$ 及滤饼的比阻 r（反映滤饼特性）之间的关系。

在现有过滤设备上进行过滤时，要想提高过滤速率 $dV/d\tau$，可以适当地增大过滤压力差 Δp，增大操作温度，使滤液黏度降低，或选用阻力低的过滤介质。

要想用过滤速率方程式(3-38)求出过滤时间 τ 与滤液量 V 之间的关系式，还需要依据具体操作情况进行积分运算。

间歇操作的过滤机，例如板框压滤机可以在恒压、恒速或先恒速后恒压下操作，而连续操作的过滤机，例如转筒真空过滤机都在恒压下操作。总之，恒压操作的过滤机较多，下面只讨论恒压过滤的计算。

三、恒压过滤

（一）滤液体积与过滤时间的关系

恒压过滤时，滤液体积 V 与过滤时间 τ 的关系如图 3-20 所示。曲线 OB 表示实际过滤操作的 V 与 τ 的关系，而曲线 $O'O$ 表示与过滤介质阻力对应的虚拟滤液体积 V_e 与虚拟过滤时间 τ_e 的关系。

式(3-38)进行积分，可以得到 V 与 τ 的关系。恒压过滤时，Δp 为常数。对于一定的悬浮液和过滤介质，μ、r、v 及 V_e 也均为常数。故式(3-38)的积分为

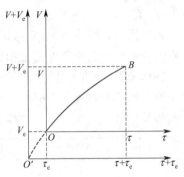

图 3-20　恒压过滤时滤液体积 V
与过滤时间 τ 的关系

$$\int_0^V (V+V_e)dV = \frac{A^2 \Delta p}{\mu r v} \int_0^\tau d\tau$$

得

$$\frac{V^2}{2} + VV_e = \frac{A^2 \Delta p}{\mu r v}\tau$$

令

$$K = \frac{2\Delta p}{\mu r v} \tag{3-39}$$

由上式得恒压过滤方程式为

$$V^2 + 2VV_e = KA^2\tau \tag{3-40}$$

式(3-40)表示在恒压条件下滤液体积 V 与过滤时间 τ 的关系。

令

$$q = \frac{V}{A}, \quad q_e = \frac{V_e}{A}$$

将式(3-40)的恒压过滤方程式改写为 q 与 τ 的关系式

$$q^2 + 2qq_e = K\tau \tag{3-41}$$

式中，q 为单位过滤面积获得的滤液体积，m^3/m^2；τ 为过滤时间，s；q_e 为过滤常数；V'_e 为单位过滤面积获得的虚拟滤液体积（与过滤介质阻力对应），m^3/m^2；K 为过滤常数，m^2/s。

由式(3-39)可知，过滤常数 $K=2\Delta p/\mu r v$，表明 K 与过滤的压力降 Δp 及悬浮液性质、温度（表现在 μ、r、v 上）有关。

恒压过滤方程式(3-41)中的过滤常数 q_e 与 K 由实验测定。

（二）过滤常数的测定

应用恒压过滤方程式计算过滤时间，需要知道过滤常数 q_e 与 K。各种悬浮液的性质及浓度不同，其过滤常数会有很大差别。由于没有可靠的预测方法，工业设计时要用悬浮液在小型实验设备中测定过滤常数。下面举例说明实验时应测哪些数据，以及如何整理数据，得到过滤常数。

将恒压过滤方程式(3-41)改写成

$$\frac{\tau}{q} = \frac{1}{K}q + \frac{2}{K}q_e \qquad (3-42)$$

即在恒压过滤时，τ/q 与 q 之间具有线性关系。直线的斜率为 $1/K$，截距为 $2q_e/K$。实验时，测定不同过滤时间 τ 所获得的单位过滤面积的滤液体积 q 的数据。并将数据 τ/q 与 q 标绘于图中，连成一条直线，可得到直线的斜率 $1/K$ 与截距 $2q_e/K$。从而可以得到过滤常数 K 与 q_e 值。

必须注意，因 $K = 2\Delta p/\mu r v$，其值与悬浮液性质、温度及压力差有关。因此，只有在工业生产条件与实验条件完全相同时才可直接使用实验测定的过滤常数 K 与 q_e。

【例 3-5】 含有 $CaCO_3$ 质量分数为 13.9% 的水悬浮液，用板框压滤机在 20℃ 下进行过滤实验。过滤面积为 $0.1m^2$。实验数据列于下表中，试求过滤常数 K 与 q_e。表中的表压实际上就是压差。

表压/Pa	滤液量(V)/dm³	过滤时间(τ)/s	表压/Pa	滤液量(V)/dm³	过滤时间(τ)/s
3.43×10^4	2.92	146	10.3×10^4	2.45	50
	7.80	888		9.80	660

解 两种压力下的 K 与 q_e 分别计算如下。

（1）表压 $3.43 \times 10^4 Pa$ 时

$$q_1 = \frac{2.92}{10^3 \times 0.1} = 2.92 \times 10^{-2} \, \mathrm{m^3/m^2}, \quad \frac{\tau_1}{q_1} = \frac{146}{2.92 \times 10^{-2}} = 5.0 \times 10^3 \, \mathrm{m^2 \cdot s/m^3}$$

$$q_2 = \frac{7.80}{10^3 \times 0.1} = 7.8 \times 10^{-2} \, \mathrm{m^3/m^2}, \quad \frac{\tau_2}{q_2} = \frac{888}{7.8 \times 10^{-2}} = 1.14 \times 10^4 \, \mathrm{m^2 \cdot s/m^3}$$

因实验数据只有两点，不必画图，可直接用式(3-42)解出 K 与 q_e。联立求解方程式

$$5.0 \times 10^3 = \frac{2.92 \times 10^{-2}}{K} + \frac{2q_e}{K} \quad \text{与} \quad 1.14 \times 10^4 = \frac{7.8 \times 10^{-2}}{K} + \frac{2q_e}{K}$$

可得 $\qquad\qquad K = 7.62 \times 10^{-6} \, \mathrm{m^2/s}, \quad q_e = 4.46 \times 10^{-3} \, \mathrm{m^3/m^2}$

（2）表压为 $10.3 \times 10^4 Pa$ 时，用同样方法求得

$$K = 1.57 \times 10^{-5} \, \mathrm{m^2/s}, \quad q_e = 3.74 \times 10^{-3} \, \mathrm{m^3/m^2}$$

从此例题可知，不同压力下测得的过滤常数值不同。当生产中所用的压力与实验时的压力相等时，则实验测得的过滤常数可直接用于生产。

【例 3-6】 试用上例题中在两种压差条件下测得的 K 与 q_e 求出滤饼的比阻 r。已知 $1kg$ 湿滤渣的含水量在 $p_1 = 3.43 \times 10^4 Pa$ 时为 $0.37kg$，在 $p_2 = 10.3 \times 10^4 Pa$ 时为 $0.32kg$。固体颗粒密度为 $2700kg/m^3$。

解 本题先计算为获得 $1m^3$ 滤液所应得到的湿滤渣体积 v，然后计算滤饼比阻与压差的关系。

（1）计算 v

由上例已知，1kg 悬浮液中含固体 $CaCO_3$ 质量为 $X = 0.139$kg/kg 悬浮液。已知 $p_1 = 3.43 \times 10^4$Pa 时，湿滤渣中含水量为 0.37kg 水/kg 湿滤渣，则湿滤渣与其中固体的质量比为

$$C_1 = 1/(1 - 0.37) = 1.59\text{kg 湿滤渣/kg 固体}$$

滤液为水，其密度为 $\rho = 1000$kg/m³。用式(3-28)计算湿渣密度 ρ_{C1}

$$\frac{C_1}{\rho_{C1}} = \frac{1}{\rho_p} + \frac{C_1 - 1}{\rho}$$

$$\rho_{C1} = \frac{1.59}{\dfrac{1}{2700} + \dfrac{1.59 - 1}{1000}} = 1656\text{kg/m}^3$$

用式(3-29)与式(3-30)计算 v

$$v_1 = \frac{X\rho}{1 - C_1 X} \times \frac{C_1}{\rho_{C1}} = \frac{0.139 \times 1000}{1 - 1.59 \times 0.139} \times \frac{1.59}{1656} = 0.171\text{m}^3 \text{ 湿滤渣/m}^3 \text{ 滤液}$$

已知 $p_2 = 10.3 \times 10^4$Pa 时，湿滤渣中含水量为 0.32kg 水/kg 湿滤渣，则

$$C_2 = 1/(1 - 0.32) = 1.47\text{kg 湿滤渣/kg 固体}$$

$$\rho_{C2} = \frac{C_2}{\dfrac{1}{\rho_p} + \dfrac{C_2 - 1}{\rho}} = \frac{1.47}{\dfrac{1}{2700} + \dfrac{1.47 - 1}{1000}} = 1749\text{kg/m}^3$$

$$v_2 = \frac{X\rho}{1 - C_2 X} \times \frac{C_2}{\rho_{C2}} = \frac{0.139 \times 1000}{1 - 1.47 \times 0.139} \times \frac{1.47}{1749} = 0.147\text{m}^3 \text{ 湿滤渣/m}^3 \text{ 滤液}$$

（2）计算滤饼的比阻 r

将【例 3-5】中 K 与 q_e 的计算结果及本例题（1）中 v 的计算结果列于下表中。

Δp/Pa	K/m²·s⁻¹	q_e/m³·m⁻²	v/m³ 湿滤渣·(m³ 滤液)⁻¹	r/m⁻²
3.43×10^4	7.62×10^{-6}	4.46×10^{-3}	0.171	5.26×10^{13}
10.3×10^4	1.57×10^{-5}	3.74×10^{-3}	0.147	8.92×10^{13}

20℃ 时水的黏度 $\mu = 1.0 \times 10^{-3}$Pa·s，用式(3-39)计算比阻 r。
$\Delta p = 3.43 \times 10^4$Pa 时，

$$r = 2\Delta p/(K\mu v) = 2 \times 3.43 \times 10^4/(7.62 \times 10^{-6} \times 1.0 \times 10^{-3} \times 0.171)$$
$$= 5.26 \times 10^{13}\,1/\text{m}^2$$

同理，$\Delta p = 10.3 \times 10^4$Pa 时的计算结果见附表。

由计算结果可知，操作压力为原来的 3 倍时，滤饼的比阻为原来的 1.7 倍。

（三）过滤计算

从恒压过滤方程式(3-40)与式(3-41)可知，过滤计算是滤液体积 V、过滤时间 τ 及过滤面积 A 之间的计算，下面举例说明。

【例 3-7】　想用一台工业用板框压滤机过滤例 3-5 中的含 $CaCO_3$ 粉末的悬浮液。在表压 10.3×10^4Pa、20℃ 条件下过滤 3 小时得到 6m³ 滤液。所用过滤介质与例 3-5 的相同。试求

所需要的过滤面积与湿滤渣体积。

解 【例 3-5】中已给出 $p=10.3\times10^4\,\mathrm{Pa}$ 时的过滤常数 $K=1.57\times10^{-5}\,\mathrm{m^2/s}$, $q_e=3.74\times10^{-3}\,\mathrm{m^3/m^2}$。可用式(3-41) 求出所需要的过滤面积 A,

$$q^2+2q_e q-K\tau=0$$

所以

$$q=-q_e+\sqrt{q_e^2+K\tau}$$
$$=-3.74\times10^{-3}+\sqrt{(3.73\times10^{-3})^2+1.57\times10^{-5}\times3\times3600}$$
$$=0.408\,\mathrm{m^3/m^2}$$

故过滤面积
$$A=V/q=6/0.408=14.7\,\mathrm{m^2}$$

在【例 3-6】中已求出单位体积滤液所对应的湿滤渣体积为 $v=0.155\,\mathrm{m^3}$ 湿滤渣$/\mathrm{m^3}$ 滤液。本题的滤液量 $V=6\,\mathrm{m^3}$ 滤液,则湿滤渣体积为

$$vV=0.155\times6=0.93\,\mathrm{m^3}$$

四、过滤设备

工业上使用的过滤设备有各种形式,这里只介绍最典型的板框压滤机（间歇操作）、转筒真空过滤机（连续操作）和过滤式离心机。

(一) 板框压滤机

板框压滤机 (plate-and-frame filter press) 的历史悠久,目前仍广泛应用,由许多块滤板和滤框交替排列组装,如图 3-21 与图 3-22 所示。滤框是方形框,其右上角的圆孔是滤浆通道,此通道与框内相通,使滤浆流进框内。滤框左上角的圆孔是洗水通道。滤板两侧表面做成纵横交错的沟槽,形成凹凸不平的表面,凸起部分用来支撑滤布,凹槽是滤

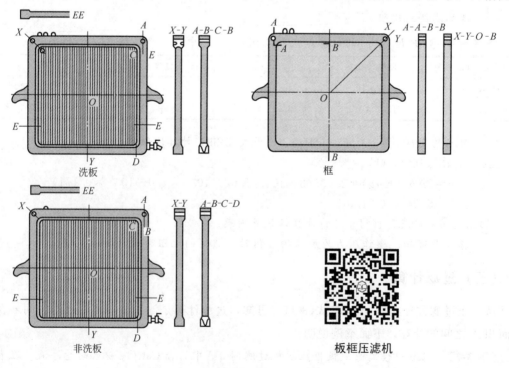

洗板 　　　框

非洗板 　　　板框压滤机

图 3-21　压滤机的板与框

液的流道。滤板右上角的圆孔是滤浆通道；左上角的圆孔是洗水通道。滤板有两种：一种是左上角的洗水通道与两侧表面的凹槽相通，使洗水流进凹槽，这种滤板称为洗涤板；而另一种滤板的洗水通道与两侧表面的凹槽不相通，称为非洗涤板。为了避免这两种板和框的安装次序有错，在铸造时常在板与框的外侧面分别铸有 1 个、2 个或 3 个小钮。非洗涤板为一钮板，框带两个钮，洗涤板为三钮板。三者的排列顺序如图 3-22 所示。滤板的两侧表面放上滤布。

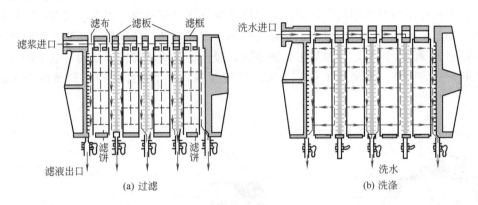

图 3-22 压滤机的过滤与洗涤

过滤时，用泵把滤浆送进右上角的滤浆通道，由通道流进每个滤框里。滤液穿过滤布沿滤板的凹槽流至每个滤板下角的阀门排出。固体颗粒积存在滤框内形成滤饼，直到框内充满滤饼为止。

若需要洗涤滤饼，则由过滤阶段转入洗涤阶段。如果洗水沿滤浆的通道进入滤框，由于框中已积满了滤渣，洗水将只通过上部滤渣而流至滤板的凹槽中，造成洗水的短路，不能将全部滤饼洗净。因此，洗涤阶段中是将洗水送入洗水通道，经洗涤板左上角的洗水进口进入板的两侧表面的凹槽中，然后，洗水横穿滤布和滤饼，最后由非洗涤板下角的滤液出口排出。在此阶段中，洗涤板下角的滤液出口阀门关闭。

洗涤阶段结束后，打开板框，卸出滤饼、洗涤滤布及板、框，然后重新组装，进行下一个操作循环。

板与框可用金属、木材或塑料制造。操作压力一般为 $0.3\sim1\mathrm{MPa}$。

板框压滤机结构简单，价格低廉，占地面积小，过滤面积大。并可根据需要增减滤板的数量，调节过滤能力。它对物料的适应能力较强，由于操作压力较高，对颗粒细小而液体黏度较大的滤浆也能适用。但由于间歇操作，生产能力低，卸渣清洗和组装阶段需用人力操作，劳动强度大，所以它只适用于小规模生产。近年出现了各种自动操作的板框压滤机，使劳动强度得到减轻。

（二）转筒真空过滤机

1. 转筒真空过滤机的构造与操作

转筒真空过滤机（rotary-drum vacuum filter）是工业上应用较广的连续操作的过滤机，如图 3-23 所示。其主要部件为**转筒**（转数约为 $0.1\sim3\mathrm{r/min}$），转筒表面有一层金属网，网上覆盖着滤布。筒的下部浸入滤浆槽中。沿转筒的周边用隔板分成 12 个小过滤室，每个室分别与转筒端面圆盘上的一个孔用细管连通。此圆盘随着转筒旋转，故称为转动盘。转动盘与安装在支架上的固定盘之间的接触面用弹簧力紧密配合，保持密封。在与转动盘接触的固定盘表面上有 3 个长短不等的圆弧凹槽，分别与滤液排出管（真空管）、洗水排出管（真空管）及空气吸进管相通。因此，转动盘上的小孔有几个与固定盘上的连接滤液管的凹槽相通，有几个与连接洗水管的凹槽相通，另几个与连接空气吹进管的凹槽相通。由于转动盘与固定盘的这种配合能使过滤机转筒的 12 个小过滤室分配到固定盘上的 3 个圆弧凹槽上。故转动盘与固定盘合在一起称为分配头。转筒旋转时，借分配头的作用，能使转筒上的 12 个小过滤室依次分别与滤液排出管，洗液排出管及空气吹进管相通。因而转筒旋转一周的过程中，每个小过滤室可依次进行过滤、洗涤、吸干、吹松卸渣等项操作。而整个转筒圆周在任何瞬间都划分为几个区域，有过滤区、洗涤区、吸干区及吹松卸渣区。固定盘上的 3 个圆弧凹槽之间有一定距离，这是为了从一个操作区过渡到另一个操作区时不致使两个区域互相串通。

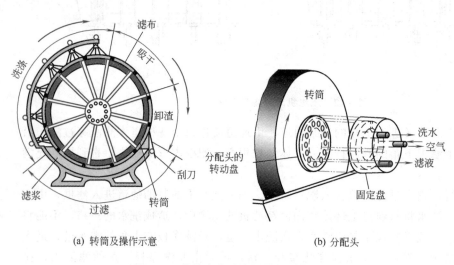

(a) 转筒及操作示意 (b) 分配头

图 3-23　转筒真空过滤机操作示意

转筒真空过滤机

转筒真空过滤机能自动连续操作，适用于处理量大而固体颗粒含量较多的滤浆。但由于在真空下操作，其过滤推动力最高只有 0.1MPa，对于滤饼阻力较大的物料适应能力较差。

2. 转筒真空过滤机的生产能力

过滤机单位时间获得的滤液量称为生产能力，以 Q 表示。转筒真空过滤机的转筒表面浸入滤浆中的分数称为浸液率，表示为

$$\psi = \frac{\text{转筒浸液面积}}{\text{转筒总表面积}} = \frac{\text{浸液角度}}{360°} \tag{3-43}$$

转筒上任何一部分表面在旋转一周的过程中，只有与滤浆接触的一段时间内进行过滤操作。因此，某一瞬时开始进入滤浆中的转筒表面经过过滤区，最后从滤浆中出来，这一段时间为该表面旋转一周的有效过滤时间。

若转筒的转速为 N，单位为 1/s；单位时间获得的总滤液量为 Q，单位为 m^3/s。则转筒旋转一周的时间为 $1/N$，在这个时间内转筒任何一部分表面经过过滤区的有效过滤时间为

$$\tau = \frac{\psi}{N} \tag{3-44}$$

另外，转筒旋转一周获得的滤液量为 Q/N，换算为单位面积的滤液量为

$$q = \frac{Q}{AN} \tag{3-45}$$

由上述可知，若以转筒旋转一周为基准，转筒任何一部分表面旋转一周的有效过滤时间为 $\tau = \psi/N$，在这个时间内每单位面积获得的滤液量为 $q = Q/AN$。把 q 与 τ 代入恒压过滤方程式(3-41)，得

$$\left(\frac{Q}{AN}\right)^2 + 2q_e\left(\frac{Q}{AN}\right) = K\left(\frac{\psi}{N}\right) \tag{3-46}$$

各项除以 Q/AN，得

$$\frac{Q}{AN} = K\frac{A\psi}{Q} - 2q_e \tag{3-47}$$

由此式可知，改变转筒的转速进行连续过滤，将测得的数据（Q/AN）与（$A\psi/Q$）绘于图中，连成一条直线，其斜率即为 K，从截距可得 q_e。

解式(3-46) 得 $\dfrac{Q}{AN} = \sqrt{q_e^2 + \dfrac{K\psi}{N}} - q_e$，由此得

$$Q = AN\left(\sqrt{q_e^2 + \frac{K\psi}{N}} - q_e\right) \tag{3-48}$$

若过滤介质阻力可忽略不计，则上式可写为

$$Q = A\sqrt{K\psi N} \tag{3-49}$$

此式表达了转筒真空过滤机各参数对其生产能力的影响。

（三）离心过滤机

离心过滤机（centrifugal filter）有过滤用的转鼓，转鼓上有许多小孔，称为滤筐。滤筐里面装有滤网。离心过滤是使悬浮液在滤筐内与滤筐一起旋转，由于离心力作用，液体产生径向压差，通过滤饼、滤网及滤筐而流出。根据卸渣方式的不同，有间歇操作与连续操作之分。

（1）悬筐式离心机　悬筐式离心机（suspended-basket centrifuge）是一种间歇操作的离心机，图 3-24 为其结构示意。滤筐悬挂在挠性旋转轴上。操作时，悬浮液通过进料管（图中未表示）送至旋转轴上的圆盘，靠离心力作用飞溅到滤筐，滤液由滤筐外侧流出。

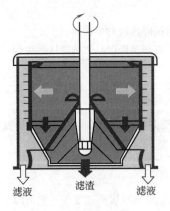

图 3-24　悬筐式离心机

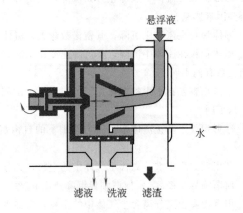

图 3-25　往复活塞推渣离心机

当滤筐内的滤渣达到允许厚度时，停止加料。继续运转一段时间，滤渣经过洗涤和干燥阶段后卸渣。这种离心机的分离因数约为 500～1000，能分离颗粒直径为 0.05～5mm 的悬浮液。

（2）往复活塞推渣离心机　图 3-25 为往复活塞推渣离心机（reciprocating-pusher centrifuge）的操作原理示意。悬浮液由进料管送进旋转的圆锥形加料斗中，在离心力作用下液体沿加料斗的锥形面流动，均匀地沿圆周分散到滤筐的过滤段。滤液透过滤网而形成滤渣层。活塞推渣器与加料斗一同做往复运动，将滤渣间断地沿着滤筐内表面向排渣口方向推动。滤渣经过洗涤段和干燥段，最后由排渣口排出。推渣器的往复运动是先向前推，随即后退，经过一段时间形成一定厚度的滤渣层后再次向前推，如此重复进行推渣。活塞的行程约为滤筐全长的 1/10，往复次数约为每分钟 30 次。这种离心机的分离因数约为 300～700，其生产能力大，适用于分离固体颗粒浓度较浓、粒径较大（0.1～5mm）的悬浮液，在生产中得到广泛应用。

（3）离心力自动卸渣离心机　如图 3-26 所示，离心力自动卸料离心机又称为锥篮离心机（conical basket centrifuge）。悬浮液从上部进料管进入圆锥形滤筐底部中心，靠离心力均匀分布在滤筐上，滤液透过滤筐而形成滤渣层。滤渣靠离心力作用克服滤网的摩擦阻力，沿滤筐向上移动，经过洗涤段和干燥段，最后从顶端排出。这种离心机结构简单，造价低廉，功率消耗小。但对悬浮液的浓度和固体颗粒大小的波动敏感。其生产能力较大，分离因数约为 1500～2500，可分离固体颗粒浓度较浓、粒度为 0.04～1mm 的悬浮液。在各种结晶产品的分离中广泛应用。

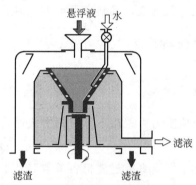

图 3-26　离心力自动卸料离心机

思考题

3-1　固体颗粒与流体相对运动时的阻力系数 ζ 在层流区（斯托克斯区）与湍流区（牛顿区）有何不同？

3-2　球形颗粒在流体中从静止开始沉降，经历哪两个阶段？何谓固体颗粒在流体中的沉降速度？沉降速度受哪些因素影响？

3-3　固体颗粒在流体中沉降，其雷诺数越大，流体黏度对沉降速度的影响如何？

3-4　固体颗粒在流体中沉降，其沉降速度在层流区（斯托克斯沉降区）和湍流区（牛顿沉降区）与颗粒直径的关系有何不同？

3-5　某微小颗粒在水中按斯托克斯定律沉降，试问在 50℃ 水中的沉降速度与在 20℃ 水中的沉降速度比较，有何不同？

3-6　球形颗粒于静止流体中在重力作用下的自由沉降都受到哪些力的作用？其沉降速度受哪些因素影响？

3-7　利用重力降尘室分离含尘气体中的尘粒，其分离的条件是什么？

3-8　何谓临界粒径 d_{pc}？何谓临界沉降速度 u_{tc}？

3-9　用重力降尘室分离含尘气体中的尘粒，当临界粒径 d_{pc} 与临界沉降速度为一定值时，含尘气体的体积流量 q_{Vs} 与降尘室的底面积 WL 及高度 H 有什么关系？

3-10　当含尘气体的体积流量 q_{Vs} 一定时，临界粒径 d_{pc} 及临界沉降速度 u_{tc} 与降尘室的底面积 WL 有什么关系？与高度 H 有何关系？

3-11　如果已知含尘气体中的临界粒径颗粒的沉降速度 u_{tc}，如何计算多层隔板式降尘室的气体处理量 q_{Vs}？

3-12　何谓离心分离因数？提高离心分离因数的途径是什么？

3-13　离心沉降与重力沉降有何不同？在什么情况下不用重力沉降分离非均相物系，而用离心沉降进行分离？有哪几种分离设备用到离心沉降原理？

3-14　对于旋风分离器，提高离心分离因数的有效方法是什么？

3-15　要想提高过滤速率，可以采取哪些措施？

3-16　恒压过滤方程式中，操作压力的影响表现在哪里？

3-17　恒压过滤的过滤常数 K 与哪些因素有关？

习　题

沉降

3-1　密度为 $1030kg/m^3$、直径为 $400\mu m$ 的球形颗粒在 $150℃$ 的热空气中降落，求其沉降速度。

3-2　密度为 $2500kg/m^3$ 的玻璃球在 $20℃$ 的水中和空气中以相同的速度沉降，试求在这两种介质中沉降的颗粒直径之比值，假设沉降处于斯托克斯定律区。

3-3　降尘室的长度为 $10m$，宽为 $5m$，其中用隔板分为 20 层，间距为 $100mm$，气体中悬浮的最小颗粒直径为 $10\mu m$，气体密度为 $1.1kg/m^3$，黏度为 $21.8×10^{-6}Pa\cdot s$，颗粒密度为 $4000kg/m^3$。试求：（1）最小颗粒的沉降速度；（2）若需要最小颗粒沉降，气体的最大流速不能超过多少 m/s？（3）此降尘室每小时能处理多少立方米的气体？

3-4　有一重力降尘室，长 $4m$，宽 $2m$，高 $2.5m$，内部用隔板分成 25 层。炉气进入降尘室时的密度为 $0.5kg/m^3$，黏度为 $0.035mPa\cdot s$。炉气所含尘粒的密度为 $4500kg/m^3$。现要用此降尘室分离 $100\mu m$ 以上的颗粒，试求可处理的炉气流量。

3-5　温度为 $200℃$、压力为 $101.33kPa$ 的含尘空气，用图 3-9（a）所示的旋风分离器除尘。尘粒密度为 $2000kg/m^3$。若旋风分离器直径为 $0.65m$，进口气速为 $21m/s$。试求：（1）气体处理量（标准状况）为多少（m^3/s）；（2）气体通过旋风分离器的压力损失；（3）尘粒的临界直径。

过滤

3-6　悬浮液中固体颗粒浓度（质量分数）为 $0.025kg$ 固体$/kg$ 悬浮液，滤液密度为 $1120kg/m^3$，湿滤渣与其中固体的质量比为 $2.5kg$ 湿滤渣$/kg$ 干渣，试求与 $1m^3$ 滤液相对应的湿滤渣体积 v，m^3 湿滤渣$/m^3$ 滤液。固体颗粒密度为 $2900kg/m^3$。

3-7　用板框压滤机过滤某悬浮液，共有 20 个滤框，每个滤框的两侧有效过滤面积为 $0.85m^2$，试求 1 小时过滤所得滤液量为多少 m^3。已知过滤常数 $K=4.97×10^{-5}m^2/s$，$q_e=1.64×10^{-2}m^3/m^2$。

3-8　将习题 3-6 的悬浮液用板框压滤机在过滤面积为 $100cm^2$、过滤压力 $53.3kPa$ 条件下进行过滤，所测数据为

过滤时间/s	8.4	38	84	145
滤液量/mL	100	300	500	700

试求过滤常数 K 与 q_e 及滤饼的比阻 r。已知滤液的黏度为 $3.4mPa\cdot s$。

3-9　将习题 3-6 及习题 3-8 中的悬浮液用板框压滤机在相同压力下进行过滤。共有 20 个滤框，滤框厚度为 $60mm$，每个滤框的两侧有效过滤面积为 $0.85m^2$，试求滤框内全部充满滤渣所需要的时间。固体颗粒密度为 $2900kg/m^3$。

在习题 3-6 中已给出湿滤渣质量与其中固体质量的比值 $2.5kg$ 湿滤渣$/kg$ 干渣，并计算出每立方米

滤液相对应的湿滤渣体积，即 $v=0.0505\mathrm{m}^3$ 湿滤渣/m^3 滤液。

在习题 3-8 中已求出恒压过滤的过滤常数 $K=4.967\times10^{-5}\mathrm{m}^2/\mathrm{s}$，$q_e=1.64\times10^{-2}\mathrm{m}^3/\mathrm{m}^2$。

3-10 用板框压滤机过滤某悬浮液，恒压过滤 10 分钟，得滤液 $10\mathrm{m}^3$。若过滤介质阻力忽略不计，试求：(1) 过滤 1 小时后的滤液量；(2) 过滤 1 小时后的过滤速率 $\mathrm{d}V/\mathrm{d}\tau$。

3-11 若转筒真空过滤机的浸液率 $\psi=1/3$，转速为 $2\mathrm{r/min}$，每小时得滤液量为 $15\mathrm{m}^3$，试求所需过滤面积。已知过滤常数 $K=2.7\times10^{-4}\mathrm{m}^2/\mathrm{s}$，$q_e=0.08\mathrm{m}^3/\mathrm{m}^2$。

■ 本章符号说明 ■

英文

符号	说明
A	面积，m^2
b	进口宽度，m
C	湿滤渣与其中含有固体的质量比
D	直径，m
d	直径，m
d_p	颗粒直径，m
d_{pc}	临界颗粒直径，m
F_c	离心力，N
g	重力加速度，$\mathrm{m/s}^2$
H	高度，m
h	高度，m
K	过滤常数，m^2/s
K_c	离心分离因数
L	长度，滤饼厚度，m
l	长度，m
m	质量，kg
N	转速，$1/\mathrm{s}$ 或 $\mathrm{r/min}$
n	旋转圈数
p	压力，Pa
Δp	压力降，Pa
Δp_c	滤液通过滤饼的压力降，Pa
Δp_m	滤液通过过滤介质的压力降，Pa
q	单位过滤面积的滤液体积，$\mathrm{m}^3/\mathrm{m}^2$

符号	说明
q_e	单位过滤面积的当量滤液体积，$\mathrm{m}^3/\mathrm{m}^2$
q_{Vs}	体积流量，m^3/s
r	半径，m
r	滤饼比阻，$1/\mathrm{m}^2$
Re	颗粒沉降雷诺数
u	速度，相对运动速度，$\mathrm{m/s}$
u_t	沉降速度，$\mathrm{m/s}$
u_{tc}	临界粒径时的沉降速度，$\mathrm{m/s}$
u_i	进口气速，$\mathrm{m/s}$
V	滤液体积，m^3
V_e	过滤介质的当量滤液体积，m^3
v	单位体积滤液对应的湿滤渣体积
W	宽度，m
w	单位体积滤液对应的干滤渣质量，$\mathrm{kg/m}^3$
X	悬浮液中固体颗粒的质量分数

希文

符号	说明
ζ	阻力系数
μ	黏度，$\mathrm{Pa\cdot s}$
ρ	流体密度，滤液密度，$\mathrm{kg/m}^3$
ρ_p	固体颗粒密度，干滤渣密度，$\mathrm{kg/m}^3$
ρ_C	湿滤渣密度，$\mathrm{kg/m}^3$
τ	时间，s
ω	角速度，$\mathrm{rad/s}$

第四章

传　热

本章学习要求

掌握的内容

传热导基本原理，傅里叶定律及应用，平壁与圆筒壁一维稳态热传导计算及分析；对流传热基本原理，牛顿冷却定律，影响对流传热的主要因素；无相变管内强制对流传热系数关联式及其应用，Nu、Re、Pr、Gr 等无量纲数群的物理意义及计算；总传热速率方程和热负荷计算，平均温度差计算，总传热系数计算及分析，污垢热阻计算，传热面积计算，强化传热途径。

熟悉的内容

对流传热系数经验式建立的一般方法；蒸气冷凝与液体沸腾的对流传热系数计算；壁温计算；热辐射基础概念及两灰体间辐射传热计算；列管式换热器的结构特点及选型计算。

了解的内容

加热剂、冷却剂的种类及选用；其他常用换热器的结构特点及应用。

第一节　概　述

在物体内部或物系之间，只要存在温度差，就会发生从高温处向低温处的热量传递。自然界和生产领域中普遍存在着这种以温度差为推动力的热量传递现象。热量传递简称为传热（heat transfer 或 heat transmission）。

一、传热过程的应用

在工业生产中，传热过程所涉及的主要问题有 3 类，分别简要介绍如下。

1. 物料的加热与冷却

例如，化学反应过程都要在一定的温度下进行。因此，原料进入反应器之前，常需加热或冷却到一定温度。另外，在反应进行过程中，反应物常需吸收或放出一定的热量。因此，需要不断地输入或输出热量。

在蒸发、蒸馏、干燥与结晶等单元操作中，也有物料的加热与冷却设备。

物料的加热与冷却设备要求传热效果好，传热速率大。这样可使设备紧凑，设备费用低。

2. 热量与冷量的回收利用

热量与冷量都是能量，在能源短缺的今天，有效回收利用热量与冷量以节约能源是非常重要的，是降低生产成本的重要措施之一。例如，利用锅炉排出的烟道气的废热，预热燃料燃烧所需要的空气。

热量与冷量的回收利用也需要传热效果好、传热速率大的传热设备。随着传热技术的进步，出现了许多新型高效的传热设备。

3. 设备与管路的保温

许多设备与管路在高温或低温下操作，为了减少热量与冷量的损失，在设备与管路的外表面包上绝热材料的保温层，要求保温层的传热速率低。

由上述可知，传热过程在化工生产中有广泛的应用，是重要的化工单元操作之一。

二、热量传递的基本方式

根据热量传递机理的不同，有 3 种基本热传递方式：传导（conduction）、对流（convection）和辐射（radiation）。

（一）热传导

热传导简称导热。物体内部或两个直接接触的物体之间若存在温度差，热量会从高温部分向低温部分传递。从微观角度来看，导热是物质的分子、原子和自由电子等微观粒子的热运动产生的热传递现象。在气体中，高温区的气体分子动能大于低温区的气体分子动能，动能大小不同的分子相互碰撞，使热量从高温区向低温区传递。在非金属固体中，主要是由相邻分子的热振动与碰撞传递热量的；而在金属中，热传导主要是依靠其自由电子的迁移实现的。至于液体的导热机理，至今尚不清楚，近乎介于气体与固体之间。

（二）对流

在流体中，冷、热不同部位的流体质点作宏观移动和混合，将热量从高温处传递到低温处的现象称为对流方式传递热量。例如，靠近暖气片的空气受热膨胀而向上浮升，周围的冷空气流向暖气片，形成空气的对流，将热量带到房间内各处。这种由于流体内部冷、热部分的密度不同而产生的对流称为自然对流（natural convection）。若冷、热两部分流体的对流是在泵、风机或搅拌等外力作用下产生的，则称为强制对流（forced convection）。由于流体中存在温度差，必然也同时存在流体分子间的热传导。

（三）热辐射

物质因本身温度的原因激发产生电磁波，向空间传播，则称为热辐射。热辐射的电磁波波长主要位于 $0.38\sim100\mu m$ 波段内，属于可见光线和红外线范围。任何物体只要温度在热力学温度零度以上，都不断地向外界发射热辐射能，不需任何介质而以电磁波在空间传播。当被另一物体部分或全部吸收时即变为热能。

实际传热过程中，这 3 种传热方式可单独或同时存在。

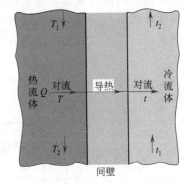

图 4-1 套管式换热器

三、两流体通过间壁换热与传热速率方程式

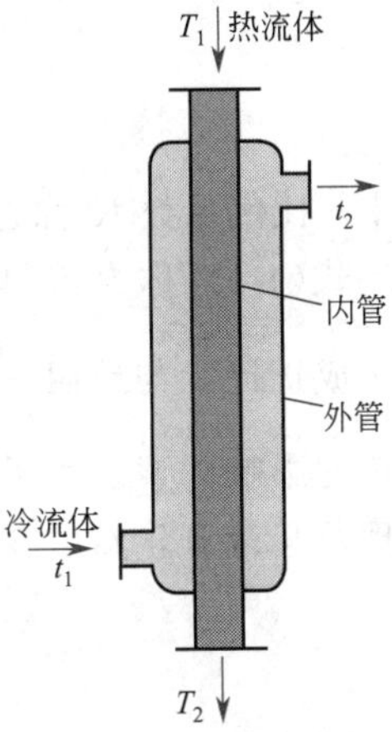

(一) 间壁式换热器

工业生产中,冷、热两流体的热交换大多数情况下采用间壁式换热器。图 4-1 所示的套管式换热器是其中最简单的一种。它是由两根直径不同的直管套在一起构成的,一种流体在内管中流动,另一种流体在两根管的环隙中流动。其内管壁的表面积为传热面积,若传热部分的管长为 l,管径为 d,则传热面积 $A = \pi d l$,单位为 m^2。两流体通过传热面传递进行热交换,热流体温度由 T_1 降至 T_2,冷流体温度由 t_1 升至 t_2。

(二) 传热速率与热流密度

(1) **传热速率** Q (rate of heat transfer) 又称**热流量** (rate of heat flow),是指单位时间内通过传热面传递的热量,单位为 W (或 J/s)。

(2) **热流密度** q (density of heat flow rate) 又称**热通量** (heat flux),是指单位时间内通过单位传热面积传递的热量,单位为 W/m^2。热流密度与传热速率的关系为 $q = Q/A$。

(三) 稳态传热与非稳态传热

物体中各点温度不随时间变化的热量传递过程,称为**稳态传热** (steady-state heat transfer);反之则称为非稳态传热。稳态传热时,在同一热流方向上的传热速率为常量。连续生产中的传热过程多为稳态传热;而在开车、停车以及改变操作条件时,所经历的传热过程则为非稳态传热。

本章所讨论的内容均属稳态传热。

(四) 两流体通过间壁的传热过程

如图 4-2 所示,冷、热流体通过间壁的传热过程由对流、导热、对流 3 个过程串联而成。

① 热流体以对流方式将热量传递到间壁的一侧壁面。

② 热量从间壁的一侧壁面以导热方式传递到另一侧壁面。

③ 最后以对流方式将热量从壁面传递给冷流体。

流体与壁面之间的热量传递以对流方式为主,并伴有流体分子热运动引起的热传导。通常把这一传热过程称为**对流传热** (convective heat transfer)。

图 4-2 两流体通过间壁的传热过程

(五) 传热速率方程式

传热过程的推动力是两流体的温度差。因沿传热管长度不同位置的温度差不同,通常在传热计算时使用平均温度差,以 Δt_m 表示,单位为 K (或℃)。经验指出,在稳态传热过程中,传热速率 Q 与传热面积 A 和两流体的温度差 Δt_m 成正比。即得**传热速率方程式**为

$$Q = KA\Delta t_m = \frac{\Delta t_m}{\dfrac{1}{KA}} = \frac{推动力}{热阻} \tag{4-1}$$

式中，比例系数 K 称为总传热系数（overall heat transfer coefficient），单位为 $W/(m^2 \cdot K)$。

式(4-1) 称为传热速率方程式，它是传热计算的基本方程式。传热速率 Q 与推动力 Δt_m 成正比，与热阻 $\dfrac{1}{KA}$ 成反比。式中 K、A、Δt_m 是传热过程的三要素，K 中包括对流与导热的影响因素。为了计算 K 值，首先分别在第二、第三节讨论热传导和对流传热的基本原理及其计算，然后在第四节讨论 Q、Δt_m 及 K 的计算。

第二节　热　传　导

只有固体中有纯热传导，本节只讨论各向同性，质地均匀固体物质的热传导。

一、傅里叶定律

（一）温度场和温度梯度

某一瞬时，空间（或物体内）所有各点的温度分布称为**温度场**（temperature field）。在同一时刻，温度场中所有温度相同的点相连接而构成的面称为等温面。不同的等温面与同一平面相交的交线，称为等温线，它是一簇曲线，图 4-3(a) 表示某热力管路截面管壁内的温度分布，图中虚线代表不同温度的等温线。因为物体内任一点不能同时具有一个以上的不同温度，所以温度不同的等温面（线）不能相交。在等温面上不存在温度差，只有穿越等温面才有温度变化。自等温面上某一点出发，沿不同方向的温度变化率不相同，而以该点等温面法线方向上的温度变化率最大，称为**温度梯度**（temperature gradient）。所以，温度梯度表示温度场内某一点等温面法线方向的温度变化率。它是一个向量，其方向与给定点等温面的法线方向一致，以温度增加的方向为正。

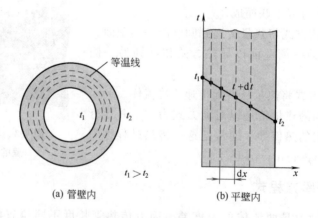

图 4-3　壁内温度分布

对于一维稳态热传导，温度只沿 x 向变化，则温度梯度可表示为 $\dfrac{dt}{dx}$。当 x 坐标轴方向与温度梯度方向（指向温度增加的方向）一致时，dt/dx 则为正值，反之则为负值。

（二）傅里叶定律

傅里叶定律（Fourier's law）是热传导的基本定律。实践证明，在质地均匀的物体内，若等温面上各点的温度梯度相同，则单位时间内传导的热量 Q 与温度梯度 dt/dx 及垂直于热流方向的传热面积 A 成正比，即

$$Q = -\lambda A \frac{dt}{dx} \tag{4-2}$$

式中，Q 为传热速率，W；A 为传热面积，即垂直于热流方向的截面积，m^2；λ 为热导率（thermal conductivity）或导热系数，$W/(m \cdot K)$ 或 $W/(m \cdot ℃)$；$\dfrac{dt}{dx}$ 为沿 x 方向的温度梯度，K/m 或 $℃/m$。x 方向为热流方向，即温度降低的方向，故 dt/dx 为负值。因传热速率 Q 为正值，故式中加上负号。

式(4-2)为傅里叶定律表达式。

二、热导率

热导率由式(4-2)得

$$\lambda = -\frac{Q}{A \dfrac{dt}{dx}} \tag{4-3}$$

式(4-3)即热导率 λ 的定义式。热导率在数值上等于温度梯度为 $1℃/m$，单位时间内通过单位传热面积的热量。故热导率的大小表征着物质的导热能力，它是物质的一个重要热物性

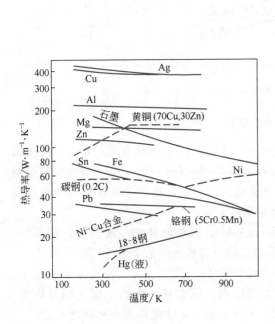

图 4-4　金属的热导率

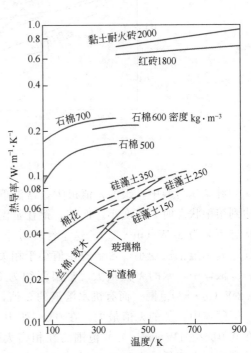

图 4-5　绝热材料热导率

参数。

影响物质热导率的因素很多，其中主要是物质种类（固体、液体和气体）和温度。各种物质的热导率通常都是用实验方法测定的。一般来说，纯金属的热导率最大，合金次之，再依次为建筑材料、液体、绝热材料，而气体的最小。常用金属材料、绝热材料、液体、气体的热导率与温度的关系在图 4-4～图 4-7 中给出。表 4-1 中列出了各类物质热导率大致范围，以及常用物质的热导率。

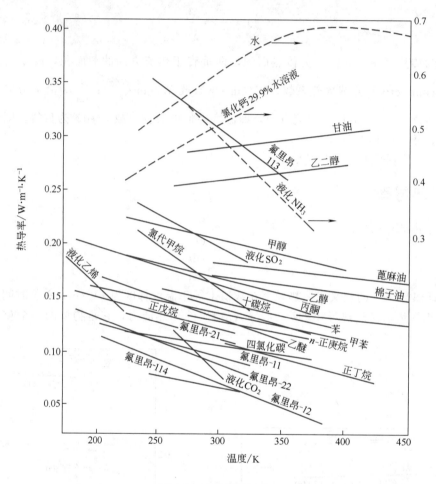

图 4-6　液体的热导率

纯金属材料中，银的 λ 值最大，常温下可达 427W/(m·℃)。其次有铜、铝等。纯金属达到熔融状态时 λ 值变小。例如，铝在常温固态时 λ 为 230W/(m·℃)，但在 700℃的熔融状态下 λ 为 92W/(m·℃)。这个性质对非金属也适用。例如水，从冰变为水，再变为水蒸气，其 λ 值依次变小。合金的 λ 值小于相关的纯金属的 λ 值。

液体中，水的 λ 值最大，常温下约为 0.6W/(m·℃)。有机液体的一般较小，在 0.1～0.2W/(m·℃) 范围。而有机水溶液的 λ 值，高于相关的纯有机液体的 λ 值。

气体中，氢的 λ 值最大，在 0℃、常压下为 0.163W/(m·℃)。而一般气体 λ 值较小，在 0.01～0.1W/(m·℃) 范围。在相当大的压力范围内，压力对气体的 λ 值无明显影响。只有当压力很低（小于 2.7kPa）或很高（大于 200MPa）时，λ 才随压力增加而增大。

绝热材料的 λ 值，一般在 0.2W/(m·℃) 以下，不仅与材料组成和温度有关，而且与

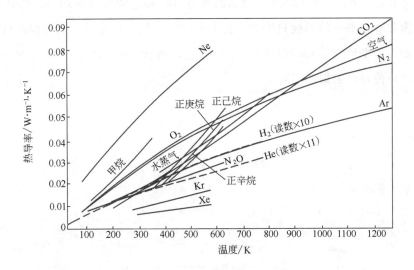

图 4-7　气体热导率

密度和湿度有关。这种材料呈纤维状或多孔结构，其孔隙中含有 λ 值小的空气。密度越小，则所含空气就越多。但如果密度太小，孔隙尺寸太大，其中空气的自然对流传热与辐射传热作用增强，反而使 λ 增大。所以这些材料有一最佳密度，使其 λ 为最小，通常由实验测定。

表 4-1　各类物质热导率大致范围

物质种类	λ 数值范围 /$W \cdot m^{-1} \cdot K^{-1}$	常用物质的 λ 值 /$W \cdot m^{-1} \cdot K^{-1}$
纯金属	20～400	(20℃)银 427，铜 398，铝 236，铁 81
合金	10～130	(20℃)黄铜 110，碳钢 45，灰铸铁 40，不锈钢 15
建筑材料	0.2～2.0	(20～30℃)普通砖 0.7，耐火砖 1.0，水泥 0.30，混凝土 1.3
液体	0.1～0.7	(20℃)水 0.6，甘油 0.28，乙醇 0.172，60%甘油 0.38，60%乙醇 0.3
绝热材料	0.02～0.2	(20～30℃)保温砖 0.15，石棉粉(密度为 500kg/m^3)0.16，矿渣棉 0.06，玻璃棉 0.04
气体	0.01～0.6	(0℃，常压)氢 0.163，空气 0.0244，CO_2 0.0137，甲烷 0.03，乙烷 0.018

　　绝热材料的多孔结构使其容易吸收水分，λ 值增大，保温性能变差。所以露天设备进行隔热保温时应采取防水措施。此外，在选用绝热材料时还应考虑材料所能承受的温度。

　　实验证明，大多数物质的热导率，在温度变化范围不大时与温度近似呈线性关系，可用下式表示

$$\lambda = \lambda_0 (1 + \alpha t) \tag{4-4}$$

式中，λ 为物质在温度 t℃时的热导率，W/(m・℃)；λ_0 为物质在 0℃时的热导率，W/(m・℃)；α 为温度系数，对大多数金属材料和液体为负值，而对大多数非金属材料和气体为正值，℃$^{-1}$。由图 4-6 可知，液体中水的 λ 与 t 不呈线性关系，甘油的 α 为正值。

　　在热传导过程中，因物质各处温度不同，λ 也就不同。所以在计算时应取最高温度 t_1 下的 λ_1 与最低温度 t_2 下的 λ_2 的算术平均值，或由平均温度 $t = (t_1 + t_2)/2$ 求出 λ 值。

三、平壁的稳态热传导

(一) 单层平壁的稳态热传导

下面讨论单层平壁稳态热传导（steady state conduction）的传热速率计算。

图 4-8 所示为一平壁。壁厚为 b，壁的面积为 A，假定壁的材质均匀，热导率 λ 不随温度变化，视为常数，平壁的温度只沿着垂直于壁面的 x 轴方向变化，故等温面皆为垂直于 x 轴的平行平面。若平壁两侧面的温度 t_1 及 t_2 恒定，则当 $x=0$ 时，$t=t_1$；$x=b$ 时，$t=t_2$，故为稳态一维热传导，根据傅里叶定律

$$Q = -\lambda A \frac{\mathrm{d}t}{\mathrm{d}x}$$

分离变量后积分

$$\int_{t_1}^{t_2} \mathrm{d}t = -\frac{Q}{\lambda A} \int_0^b \mathrm{d}x$$

求得传热速率方程式为

$$Q = \frac{\lambda}{b} A(t_1 - t_2) \tag{4-5}$$

或

$$Q = \frac{t_1 - t_2}{\dfrac{b}{\lambda A}} = \frac{\Delta t}{R} = \frac{传热推动力}{热阻} \tag{4-5a}$$

由此式可知，传热速率 Q 与传热推动力 Δt 成正比，与热阻 $R = b/\lambda A$ 成反比。壁厚 b 越厚，或传热面积 A 与热导率 λ 越小，则热阻 R 就越大。

式(4-5) 也可写成

$$q = \frac{Q}{A} = \frac{\lambda}{b}(t_1 - t_2) \tag{4-6}$$

式中，q 为单位面积的传热速率，称为热流密度，单位为 $\mathrm{W/m^2}$。

【例 4-1】 现有一厚度为 240mm 的砖壁，内壁温度为 600℃，外壁温度为 150℃。试求通过每平方米砖壁壁面的传热速率（热流密度）。已知该温度范围内砖壁的平均热导率 $\lambda = 0.60\mathrm{W/(m \cdot ℃)}$。

解 $$q = \frac{Q}{A} = \frac{\lambda}{b}(t_1 - t_2) = \frac{0.60}{0.24} \times (600 - 150) = 1125\mathrm{W/m^2}$$

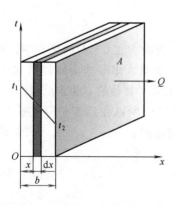

图 4-8 单层平壁稳态热传导

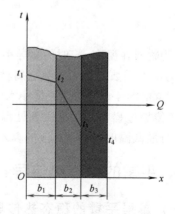

图 4-9 多层平壁的稳态热传导

（二）多层平壁的稳态热传导

今以图 4-9 所示的三层平壁为例，讨论多层平壁的稳态热传导问题。假定各层壁的厚度分别为 b_1、b_2、b_3，各层材质均匀，热导率分别为 λ_1、λ_2、λ_3，皆视为常数，层与层之间接触良好，相互接触的表面上温度相等，各等温面亦皆为垂直于 x 轴的平行平面。壁的面积均为 A，在稳态导热过程中，单位时间内穿过各层的热量必相等，即传热速率相同

$$Q = Q_1 = Q_2 = Q_3$$

由式（4-5a）可知

$$Q = \frac{\Delta t_1}{\dfrac{b_1}{\lambda_1 A}} = \frac{\Delta t_2}{\dfrac{b_2}{\lambda_2 A}} = \frac{\Delta t_3}{\dfrac{b_3}{\lambda_3 A}}$$

因 $\Delta t = t_1 - t_4 = \Delta t_1 + \Delta t_2 + \Delta t_3$，由上式求得

$$Q = \frac{\Delta t}{\dfrac{b_1}{\lambda_1 A} + \dfrac{b_2}{\lambda_2 A} + \dfrac{b_3}{\lambda_3 A}} = \frac{\Delta t}{\sum\limits_{i=1}^{3} R_i} = \frac{总推动力}{总热阻} \tag{4-7}$$

式（4-7）表明，多层平壁稳态热传导的总推动力等于各层推动力之和，总热阻等于各层热阻之和。并且，因各层的传热速率相等，所以各层的传热推动力与其热阻之比值都相等，也等于总推动力与总热阻之比值。在多层平壁中，热阻大的壁层，其温度差也大。

【例 4-2】有一燃烧炉，炉壁由 3 种材料组成，如图 4-10 所示。最内层是耐火砖，中间为保温砖，最外层为建筑砖。已知：

耐火砖　　$b_1 = 150\text{mm}$，$\lambda_1 = 1.06\text{W/(m} \cdot \text{℃)}$
保温砖　　$b_2 = 310\text{mm}$，$\lambda_2 = 0.15\text{W/(m} \cdot \text{℃)}$
建筑砖　　$b_3 = 240\text{mm}$，$\lambda_3 = 0.69\text{W/(m} \cdot \text{℃)}$

今测得炉的内壁温度为 1000℃，耐火砖与保温砖之间界面处的温度为 946℃。试求：（1）单位面积的热损失；（2）保温砖与建筑砖之间界面的温度；（3）建筑砖外侧温度。

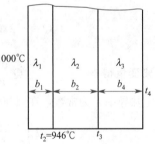

图 4-10　例 4-2 附图

解　用下标 1 表示耐火砖，2 表示保温砖，3 表示建筑砖。t_3 为保温砖与建筑砖的界面温度，t_4 为建筑砖的外侧温度。因系稳态热传导，所以 $q_1 = q_2 = q_3 = q$。

（1）热损失 q

$$q = \frac{Q}{A} = \frac{\lambda_1}{b_1}(t_1 - t_2) = \frac{1.06}{0.15}(1000 - 946) = 381.6\text{W/m}^2$$

（2）保温砖与建筑砖的界面温度 t_3

$$q = \frac{\lambda_2}{b_2}(t_2 - t_3)，381.6 = \frac{0.15}{0.31}(946 - t_3)$$

解得　　　　　　　　　　　　　　$t_3 = 157.3\text{℃}$

（3）建筑砖外侧温度 t_4

$$q = \frac{\lambda_3}{b_3}(t_3 - t_4), \quad 381.6 = \frac{0.69}{0.24}(157.3 - t_4)$$

解得
$$t_4 = 24.6\,℃$$

现将本题中各层温度差与热阻的数值列表如下。

材料	温度差/℃	热阻$(b/\lambda A)/℃ \cdot W^{-1}$
耐火砖	$\Delta t_1 = 1000 - 946 = 54$	0.142
保温砖	$\Delta t_2 = 946 - 157.3 = 788.7$	2.07
建筑砖	$\Delta t_3 = 157.3 - 24.6 = 132.7$	0.348

由表可见，热阻大的保温层，分配于该层的温度差亦大，即温度差与热阻成正比。

四、圆筒壁的稳态热传导

在化工生产中，所用设备、管路及换热器管子多为圆筒形，所以通过圆筒壁的热传导非常普遍。

(一) 单层圆筒壁的稳态热传导

如图 4-11 所示，设圆筒的内半径为 r_1，内壁温度为 t_1，外半径为 r_2，外壁温度为 t_2。温度只沿半径方向变化，等温面为同心圆柱面。圆筒壁与平壁不同点是其传热面积随半径而变化。在半径 r 处取一厚度为 dr 的薄层，若圆筒的长度为 l，则半径为 r 处的传热面积为 $A = 2\pi r l$。根据傅里叶定律，对此薄圆筒层可写出传热速率为

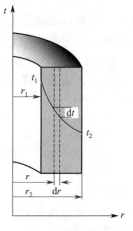

$$Q = -\lambda A \frac{dt}{dr} = -\lambda 2\pi r l \frac{dt}{dr} \qquad (4-8)$$

分离变量得
$$Q \frac{dr}{r} = -2\pi l \lambda \, dt$$

假定热导率 λ 为常数，在圆筒壁的内半径 r_1 和外半径 r_2 间进行积分

$$Q \int_{r_1}^{r_2} \frac{dr}{r} = -2\pi l \lambda \int_{t_1}^{t_2} dt$$

$$Q \ln \frac{r_2}{r_1} = 2\pi l \lambda (t_1 - t_2)$$

图 4-11　单层圆筒壁的
稳态热传导

移项得

$$Q = 2\pi l \lambda \frac{t_1 - t_2}{\ln \frac{r_2}{r_1}} = \frac{t_1 - t_2}{\frac{1}{2\pi l \lambda} \ln \frac{r_2}{r_1}} = \frac{\Delta t}{R} \qquad (4-9)$$

由式(4-8) 与式(4-9) 得 $\dfrac{dt}{dr} = -\dfrac{t_1 - t_2}{\ln \dfrac{r_2}{r_1}} \cdot \dfrac{1}{r}$。由此可知，圆筒壁内的温度分布是一对数

曲线（如图 4-11 所示），其温度梯度随 r 增大而减小。

另外值得注意，在稳态下通过圆筒壁的传热速率 Q 与坐标 r 无关，但热流密度

$$q = \frac{Q}{A} = \frac{Q}{2\pi l r} = \frac{t_1 - t_2}{\frac{r}{\lambda} \ln \frac{r_2}{r_1}}$$

却随坐标 r 变化。因此，工程上为了计算方便，按单位圆筒壁长度计算传热速率，记为 q_1，单位是 W/m。

$$q_1 = \frac{Q}{l} = 2\pi\lambda \frac{t_1 - t_2}{\ln \frac{r_2}{r_1}} \tag{4-10}$$

可见，当比值 r_2/r_1 一定时，q_1 与坐标 r 无关。

式(4-9)也可改写为单层平壁类似形式的计算式

$$Q = \frac{2\pi l(r_2 - r_1)\lambda(t_1 - t_2)}{(r_2 - r_1)\ln\frac{2\pi r_2 l}{2\pi r_1 l}} = \frac{(A_2 - A_1)\lambda(t_1 - t_2)}{(r_2 - r_1)\ln\frac{A_2}{A_1}} = \frac{\lambda}{b}A_m(t_1 - t_2) \tag{4-11}$$

式中，A_m 为对数平均面积，$A_m = \dfrac{A_2 - A_1}{\ln\dfrac{A_2}{A_1}}$。当 $A_2/A_1 < 2$ 时，可用算术平均值 $A_m = \dfrac{A_2 + A_1}{2}$ 近似

计算。或用对数平均半径 $r_m = \dfrac{r_2 - r_1}{\ln\dfrac{r_2}{r_1}}$ 计算 $A_m = 2\pi r_m l$。当 $r_2/r_1 < 2$ 时，可用 $r_m = \dfrac{r_1 + r_2}{2}$ 近似

计算。

【例 4-3】 有外径为 426mm 的水蒸气管路，管外覆盖一层厚为 400mm 的保温层，如图 4-12 所示。保温材料的热导率随温度 t 的变化关系为 $\lambda = 0.5 + 0.0009t$ W/(m·K)。水蒸气管路外表面温度为 150℃，保温层外表面温度为 40℃。试计算该管路每米长的散热量。

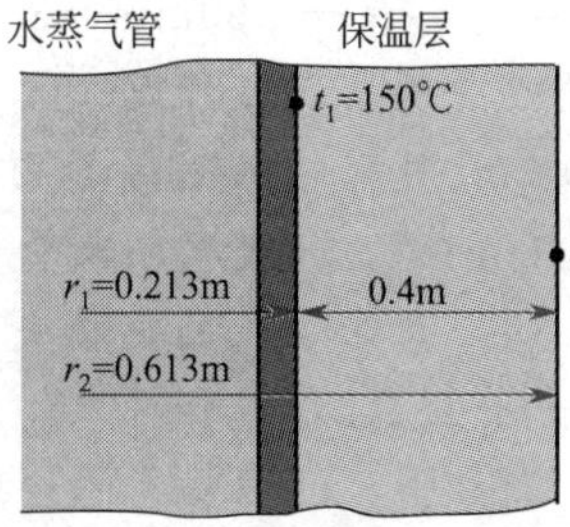

图 4-12 例 4-3 附图

解 管路每米长的散热量 q_1

$$q_1 = -\lambda \cdot 2\pi r \cdot \frac{dt}{dr} = -2\pi(0.5 + 0.0009t)r\frac{dt}{dr}$$

$$q_1 \int_{r_1}^{r_2} \frac{dr}{r} = -2\pi \int_{t_1}^{t_2} (0.5 + 0.0009t)dt$$

$$q_1 \ln\frac{r_2}{r_1} = -2\pi\left(0.5t + \frac{9 \times 10^{-4}}{2}t^2\right)\Big|_{t_1}^{t_2} = 2\pi\left[0.5(t_1 - t_2) + \frac{9 \times 10^{-4}}{2}(t_1^2 - t_2^2)\right]$$

$$q_1 = \frac{\pi(t_1 - t_2) + \pi \times 9 \times 10^{-4}(t_1^2 - t_2^2)}{\ln\frac{r_2}{r_1}} = \frac{\pi(150 - 40) + \pi \times 9 \times 10^{-4}(150^2 - 40^2)}{\ln\frac{0.613}{0.213}} = 383\text{W/m}$$

(二) 多层圆筒壁的稳态热传导

如图 4-13 所示，以三层圆筒壁为例，推导多层圆筒壁稳态热传导的传热速率方程式。各层壁厚分别为 $b_1 = r_2 - r_1$，$b_2 = r_3 - r_2$，$b_3 = r_4 - r_3$。假设各层材料的热导率 λ_1、λ_2、λ_3 皆视为常数，层与层之间接触良好，相互接触的表面温度相等，各等温面皆为同心圆柱

面。多层圆筒壁的稳态热传导过程中，单位时间内穿过各层的热量相等，即

$$Q=Q_1=Q_2=Q_3$$

因而由式(4-9) 有

$$Q=\frac{2\pi l\lambda_1(t_1-t_2)}{\ln\dfrac{r_2}{r_1}}=\frac{2\pi l\lambda_2(t_2-t_3)}{\ln\dfrac{r_3}{r_2}}=\frac{2\pi l\lambda_3(t_3-t_4)}{\ln\dfrac{r_4}{r_3}}$$

进而求得传热速率方程为

$$Q=\frac{2\pi l\ (t_1-t_4)}{\dfrac{1}{\lambda_1}\ln\dfrac{r_2}{r_1}+\dfrac{1}{\lambda_2}\ln\dfrac{r_3}{r_2}+\dfrac{1}{\lambda_3}\ln\dfrac{r_4}{r_3}} \qquad (4\text{-}12)$$

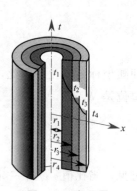

图 4-13　多层圆筒壁的稳态热传导

单位圆筒壁长度的传热速率计算式为

$$\frac{Q}{l}=\frac{2\pi\ (t_1-t_4)}{\dfrac{1}{\lambda_1}\ln\dfrac{r_2}{r_1}+\dfrac{1}{\lambda_2}\ln\dfrac{r_3}{r_2}+\dfrac{1}{\lambda_3}\ln\dfrac{r_4}{r_3}} \qquad (4\text{-}13)$$

式(4-12) 也可写成与多层平壁类似的计算式。

$$Q=\frac{t_1-t_4}{\dfrac{b_1}{\lambda_1 A_{m1}}+\dfrac{b_2}{\lambda_2 A_{m2}}+\dfrac{b_3}{\lambda_3 A_{m3}}}$$

式中，A_{m1}、A_{m2}、A_{m3} 分别为各层圆筒壁的平均面积。

【例 4-4】 在一 $\phi 60mm\times3.5mm$ 的钢管外包有两层绝热材料，里层为 40mm 的氧化镁粉，平均热导率 $\lambda=0.07W/(m\cdot℃)$，外层为 20mm 的石棉层，其平均热导率 $\lambda=0.15W/(m\cdot℃)$。现用热电偶测得管内壁温度为 500℃，最外层表面温度为 80℃，管壁的热导率 $\lambda=45W/(m\cdot℃)$。试求每米管长的热损失及两层保温层界面的温度。

解 (1) 每米管长的热损失

$$q_1=\frac{2\pi(t_1-t_4)}{\dfrac{1}{\lambda_1}\ln\dfrac{r_2}{r_1}+\dfrac{1}{\lambda_2}\ln\dfrac{r_3}{r_2}+\dfrac{1}{\lambda_3}\ln\dfrac{r_4}{r_3}}$$

此处，$r_1=\dfrac{0.053}{2}=0.0265m$，$r_2=0.0265+0.0035=0.03m$，$r_3=0.03+0.04=0.07m$，$r_4=0.07+0.02=0.09m$，则

$$q_1=\frac{2\times3.14\times(500-80)}{\dfrac{1}{45}\ln\dfrac{0.03}{0.0265}+\dfrac{1}{0.07}\ln\dfrac{0.07}{0.03}+\dfrac{1}{0.15}\ln\dfrac{0.09}{0.07}}=191W/m$$

(2) 保温层界面温度 t_3

$$q_1=\frac{2\pi(t_1-t_3)}{\dfrac{1}{\lambda_1}\ln\dfrac{r_2}{r_1}+\dfrac{1}{\lambda_2}\ln\dfrac{r_3}{r_2}}$$

$$191=\frac{2\times3.14\times(500-t_3)}{\dfrac{1}{45}\ln\dfrac{0.03}{0.0265}+\dfrac{1}{0.07}\ln\dfrac{0.07}{0.03}}$$

解得

$$t_3=132℃$$

第三节　对流传热

　　对流传热是在流体流动过程中发生的热量传递现象，它是依靠流体质点的移动进行热量传递的，故与流体的流动情况密切相关。工业上遇到的对流传热常指间壁式换热器中两侧流体与固体壁面之间的热交换，亦即流体将热量传给固体壁面或者由壁面将热量传给流体的过程称之为对流传热（或称对流给热）。

一、对流传热方程与对流传热系数

　　若热流体与冷流体分别沿间壁两侧平行流动，则两流体的传热方向垂直于流动方向。如图 4-14 所示，在垂直于流动方向的某一截面 A—A 上，从热流体到冷流体的温度分布用粗实线表示。若两侧流体为湍流流动，热流体一侧的湍流主体的最高温度经过渡区、层流底层降至壁面温度 T_w，而冷流体一侧壁面温度 t_w 经层流底层、过渡区降至冷流体湍流主体最低温度。

　　当流体为湍流流动时，不管湍流主体的湍动程度多大，紧靠壁面处总有一薄层流体沿着壁面作层流流动，称为层流底层。在层流底层中，垂直于流体流动方向的热量传递主要以导热方式进行。又由于大多数流体的热导率较小，该层热阻较大，从而温度梯度也较大。在层流底层与湍流之间有一过渡区，过渡区内的热量传递是传导与对流的共同作用。而湍流主体中，由于流体质点的剧烈运动，各部分的动量与热量传递充分，其传热阻力很小，因而温度梯度较小。总之，流体与固体壁面之间的对流传热过程的热阻主要集中在层流底层中。

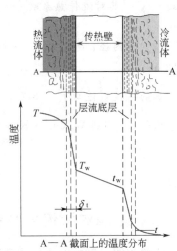

图 4-14　对流传热的温度分布

　　流体对壁面的对流传热推动力在热流体一侧应该是该截面上湍流主体最高温度与壁面温度 T_w 的温度差；而冷流体一侧则应该是壁面温度 t_w 与湍流主体最低温度的温度差。但由于流动截面上的湍流主体的最高温度和最低温度不易测定，所以工程上通常用该截面处流体平均温度（热流体为 T，冷流体为 t）代替最高温度和最低温度。这种处理方法就是假设把过渡区和湍流主体的传热阻力全部叠加到层流底层的热阻中，在靠近壁面处构成一层厚度为 δ 的流体膜，称为有效膜（effective film）。假设膜内为层流流动，而膜外为湍流，即把所有热阻都集中在有效膜中。这一模型称为对流传热的膜理论模型（film theory model）。当流体的湍动程度增大，则有效膜厚度 δ 会变薄，在相同的温度差条件下，对流传热速率会增大。

　　由于对流传热与流体的流动情况、流体性质、对流状态及传热面的形状等有关，其影响因素较多，有效膜厚度 δ 难以测定，所以用 α 代替单层壁传热速率方程 $Q = \dfrac{\lambda}{\delta} A \Delta t$ 中的 $\dfrac{\lambda}{\delta}$，得

$$Q = \alpha A \Delta t = \Delta t \Big/ \left(\frac{1}{\alpha A} \right) \tag{4-14}$$

式(4-14) 称为**对流传热速率方程**，也称为**牛顿冷却公式**。

式中 Q 为对流传热速率，W；A 为传热面积，m^2；Δt 为对流传热温度差，℃（对热流体，$\Delta t = T - T_w$；对冷流体，$\Delta t = t_w - t$）；α 为对流传热系数（convective heat-transfer coefficient）或称膜系数（film coefficient），$W/(m^2 \cdot K)$ 或 $W/(m^2 \cdot ℃)$。

牛顿冷却公式是将复杂的对流传热过程的传热速率 Q 与推动力和热阻的关系用一简单的关系式(4-14)表达出来。但如何求得各种具体传热条件下的对流传热系数 α 的值，成为解决对流传热问题的关键。这里还应指出，间壁两侧流体沿壁面流动过程中的传热，流体从进口到出口温度是不断变化的，或是升高或是降低。由于不同流动截面上的流体温度不同，α 值也就不同。因此，间壁换热器的计算中，需要求出传热管长的平均 α 值，这将在 α 关联式中介绍。

对流传热速率方程是对流传热计算的重要方程之一，下面举例初步说明其用途。

【例 4-5】 有一换热器，水在管径为 $\phi 25mm \times 2.5mm$、管长为 2m 的管内从 30℃ 被加热到 50℃。其对流传热系数 $\alpha = 2000 W/(m^2 \cdot K)$，传热量为 $Q = 2500W$，试求管内壁平均温度 t_w。

解 管内径 $d = 0.02m$，管长 $l = 2m$，管内表面积（即传热面积）$A = \pi d l = \pi \times 0.02 \times 2 = 0.126 m^2$。

水的温度：进口 $t_1 = 30℃$，出口 $t_2 = 50℃$，平均温度 $t = \dfrac{30 + 50}{2} = 40℃$。

已知 $\alpha = 2000 W/(m^2 \cdot K)$，$Q = 2500W$，代入对流传热速率方程

$$Q = \alpha A (t_w - t)$$
$$2500 = 2000 \times 0.126 \times (t_w - 40)$$

解得

$$t_w = 49.9℃$$

二、影响对流传热系数的因素

实验表明，影响对流传热系数 α 的因素有以下 5 个方面。

(1) 流体的物理性质 有密度 $\rho / kg \cdot m^{-3}$、比热容 $c_p / J \cdot kg^{-1} \cdot K^{-1}$、热导率 $\lambda / W \cdot m^{-1} \cdot K^{-1}$、黏度 $\mu / Pa \cdot s$、体积膨胀系数 β / K^{-1} 等。物性因流体的相态（液态或气态）、温度及压力而变化。

(2) 流体对流起因 有强制对流和自然对流两种。强制对流是流体在泵、风机或流体压头等作用下产生的流动，其流速 u 的改变对 α 有较大影响。自然对流是流体内部冷（温度 t_1）、热（温度 t_2）各部分的密度 ρ 不同所产生的浮升力作用而引起的流动。因 $t_2 > t_1$，所以 $\rho_2 < \rho_1$。若流体的体积膨胀系数为 β，则 ρ_1 与 ρ_2 的关系为 $\rho_1 = \rho_2 (1 + \beta \Delta t)$，$\Delta t = t_2 - t_1$。于是在重力场内，单位体积流体由于密度不同所产生的浮升力为

$$(\rho_1 - \rho_2) g = \rho_2 g \beta \Delta t$$

通常，强制对流的流速比自然对流的高，因而 α 也高。如空气自然对流的 α 值约为 $5 \sim 25 W/(m^2 \cdot ℃)$，而强制对流的 α 值可达 $10 \sim 250 W/(m^2 \cdot ℃)$。

(3) 流体流动状态 当流体为湍流流动时，湍流主体中流体质点呈混杂运动，热量传递充分，且随着 Re 增大，靠近固体壁面的有效层流膜厚度变薄，提高传热速率，即 α 增大。当流体为层流流动时，流体中无混杂的质点运动，所以其 α 值较湍流时的小。

(4) 流体的相态变化 上述诸影响因素是针对无相变化的单相介质而言。在传热过程中，有相变化时（如蒸气在冷壁面上冷凝以及液体在热壁面上的沸腾），其 α 值比无相变时的大很多。因为相变时液体吸收汽化热 $r(J/kg)$ 变为蒸气，或蒸气放出汽化热变为液体。

对于同一液体，其 r 比 c_p 大得多，所以有相变时的 α 值比无相变时的 α 值大。

（5）传热面的形状、相对位置与尺寸　形状有圆管、翅片管、管束、平板、螺旋板等；传热面有水平放置、垂直放置以及管内流动、管外沿轴向流动或垂直于轴向流动等；传热面尺寸有管内径、管外径、管长、平板的宽与长等。通常把对流体流动和传热有决定性影响的尺寸称为特征尺寸，在 α 计算式中都有说明。

由上述分析可见，影响对流传热的因素很多，故对流传热系数的确定是一个极为复杂的问题。各种情况下的对流传热系数尚不能推导出理论计算式，需用实验测定。为了减少实验工作量，实验前用量纲分析法将影响对流传热系数的诸因素组成若干个量纲为一的量，再借助实验确定这些量纲为一的量（或称特征数）在不同情况下的相互关系，得到不同情况下计算 α 的关联式。

三、对流传热的特征数关系式

量纲分析法曾在第一章用于求取湍流摩擦阻力损失的特征数关联式，同样，也可用来求得无相变化时对流传热系数的特征数关联式。

流体无相变化时，影响对流传热系数 α 的因素有流速 u、传热面的特征尺寸 l、流体黏度 μ、热导率 λ、比热容 c_p 以及单位质量流体的浮升力 $\beta g \Delta t$，以函数形式表示为

$$\alpha = f(u, l, \mu, \lambda, \rho, c_p, \beta g \Delta t) \tag{4-15}$$

流体无相变时的对流传热现象所涉及的物理量有 8 个，这些物理量的量纲有质量 M、长度 L、时间 T、温度 Θ 4 个。根据 π 定理，此现象可用 $8-4=4$ 个独立的量纲为一的量（特征数）之间的关系式表示，即

$$\frac{\alpha l}{\lambda} = K \left(\frac{l u \rho}{\mu} \right)^a \left(\frac{c_p \mu}{\lambda} \right)^b \left(\frac{l^3 \rho^2 \beta g \Delta t}{\mu^2} \right)^c \tag{4-16}$$

式中，各特征数的名称、符号及意义见表 4-2。

表 4-2　特征数的名称、符号及意义

特征数名称	符　号	意　义
努塞尔数 （Nusselt number）	$Nu = \dfrac{\alpha l}{\lambda}$	表示对流传热系数的特征数
雷诺数 （Reynolds number）	$Re = \dfrac{l u \rho}{\mu}$	表示流体的流动状态和湍动程度对对流传热的影响
普朗特数 （Prandtl number）	$Pr = \dfrac{c_p \mu}{\lambda}$	表示流体物性对对流传热的影响
格拉晓夫数 （Grashof number）	$Gr = \dfrac{\beta g \Delta t\, l^3 \rho^2}{\mu^2}$	表示自然对流对对流传热的影响

将式（4-16）中各特征数用其符号表示，可写成

$$Nu = K Re^a Pr^b Gr^c \tag{4-17}$$

此式为无相变化条件下对流传热的特征数关联式的一般形式。针对各种不同情况下的对流传热，式中的系数 K 和指数 a、b、c 需用实验确定，所得的特征数关联式是一种半经验公式。在使用这种关联式计算 α 时应注意下列几点。

（1）适用范围　各关联式中，都规定各特征数的数值适用范围，这是根据实验数据确定的，使用时不能超出适用范围。

（2）特征尺寸　参与对流传热过程的传热面几何尺寸往往不止一个，在建立特征数关联

式时，通常是选用对流体的流动和传热有决定性影响的尺寸，作为特征数 Nu、Re、Gr 中的特征尺寸 l。如管内对流传热时，特征尺寸用管内径 d；非圆形管的对流传热时，特征尺寸常取当量直径 d_e。

（3）定性温度　流体在对流传热过程中，从进口到出口温度是变化的。确定特征数中流体的物性参数如 c_p、μ、ρ 等所依据的温度即为定性温度。不同的关联式确定定性温度的方法往往不同，如有的用流体进、出口温度的算术平均值 t_m，也有的用壁面温度 t_w 或膜温 $\dfrac{t_m+t_w}{2}$。所以在选用关联式时，必须遵照该式的规定，计算定性温度。

四、流体无相变时对流传热系数的经验关联式

式(4-17)是无相变化条件下对流传热的特征数关联式的一般式。下面分别介绍强制对流与自然对流时的对流传热系数计算方法。

（一）流体在管内强制对流传热

流体在管内强制流动进行冷却或加热，是工业上重要的传热过程。下面分别介绍流体在管内呈湍流、过渡区和层流时的 α 计算。

1. 圆形直管强制湍流时的对流传热系数

强制湍流时的传热速率较大，所以大多数的工业传热过程中的流体，呈强制湍流状态，自然对流的影响可忽略不计，式(4-17) 中 Gr 可以略去。

（1）对于低黏度流体，通常采用下列关联式

$$Nu=0.023Re^{0.8}Pr^n \tag{4-18}$$

此式的应用条件如下所述。

① Nu、Re 中特征尺寸 l 取管内径 d。

② 定性温度取流体进、出口温度的算术平均值。

③ 应用范围为 $Re>10^4$，$0.7<Pr<120$，管长与管径之比 $l/d\geqslant60$，流体黏度 $\mu<2\text{mPa}\cdot\text{s}$。

④ 式(4-18) 中 Pr 的指数 n 需满足以下条件：流体被加热时，$n=0.4$；流体被冷却时，$n=0.3$。

这是考虑到流体的层流底层中温度对流体黏度 μ 和热导率 λ 的影响。液体被加热时，层流底层温度高于主体温度。对液体而言，温度升高，其 μ 会减小，层流底层厚度变薄，而大多数液体的 λ 虽也有减小，但不显著，总的结果是使 α 增大。反之，液体被冷却时，使 α 减小。又因液体 $Pr>1$，$Pr^{0.4}>Pr^{0.3}$，所以液体被加热时取 $n=0.4$，被冷却时取 $n=0.3$。这样才能使式(4-18) 的 α 计算值与实际相符。而气体被加热时，层流底层温度升高，其 μ 会增大，底层厚度变厚，虽然气体的 λ 也略有增大，但总的效果是 α 减小。又因气体 $Pr<1$，故 $Pr^{0.4}<Pr^{0.3}$，所以气体被加热时取 $n=0.4$，被冷却时取 $n=0.3$。

为了计算方便，将式(4-18) 写成

$$\alpha=0.023\frac{\lambda}{d}\left(\frac{du\rho}{\mu}\right)^{0.8}\left(\frac{c_p\mu}{\lambda}\right)^n \tag{4-19}$$

应注意：$Pr=c_p\mu/\lambda$ 中 c_p 的单位是 $\text{J}/(\text{kg}\cdot\text{K})$，而不是 $\text{kJ}/(\text{kg}\cdot\text{K})$。

（2）对于**高黏度液体**，可采用下列关联式

$$\alpha = 0.027 \frac{\lambda}{d} \left(\frac{du\rho}{\mu}\right)^{0.8} \left(\frac{c_p\mu}{\lambda}\right)^{0.33} \left(\frac{\mu}{\mu_w}\right)^{0.14} \tag{4-20}$$

此式的应用条件如下：

① 应用范围为 $Re > 10^4$，$0.6 < Pr < 16700$，$l/d > 60$；

② 特征尺寸取管内径 d；

③ 定性温度，除黏度 μ_w 取壁温外，其余均取液体进、出口温度的算术平均值。但由于壁温未知，往往要用试差法计算。

为了避免试差，工程上的处理方法如下：

a. 当液体被加热时，取 $(\mu/\mu_w)^{0.14} = 1.05$；

b. 当液体被冷却时，取 $(\mu/\mu_w)^{0.14} = 0.95$。

（3）对于**短管**，当 $l/d < 60$ 时，用式(4-19)、式(4-20) 计算的 α 值，应乘以管入口效应校正系数 $\varepsilon_1 = 1 + \left(\frac{d}{l}\right)^{0.7}$。这是因为管子入口处的流体扰动程度较大，热阻较小，则 α 较大。由于管入口效应，使短管的整个管长的平均 α 值比长管的平均 α 值大一些。

（4）对于**弯管**，在用式(4-19)、式(4-20) 计算的 α 值上，再乘以弯管效应校正系数 $\varepsilon_R = 1 + 1.77\frac{d}{R}$。流体在弯管内流动（如图 4-15 所示）时，由于离心力的作用，产生二次环流，扰动增大，其 α 值较直管的大一些。

图 4-15 弯管特征尺寸

【例 4-6】 常压下，空气在管长为 4m、管径为 $\phi 60mm \times 3.5mm$ 的钢管中流动，流速为 10m/s，温度由 150℃升至 250℃。试求：（1）管壁对空气的对流传热系数；（2）若空气流速变为 15m/s，管壁对空气的对流传热系数为多少。

解 （1）定性温度 $\Delta t_m = \dfrac{150+250}{2} = 200℃$，查 200℃时空气的物性数据（见附录八）如下：$\lambda = 0.0393 W/(m \cdot ℃)$，$\mu = 2.6 \times 10^{-5} Pa \cdot s$，$\rho = 0.746 kg/m^3$，$Pr = 0.68$。$d = 0.053m$，$\dfrac{l}{d} = \dfrac{4}{0.053} = 75.5 > 60$，则

$$Re = \frac{du\rho}{\mu} = \frac{0.053 \times 10 \times 0.746}{2.6 \times 10^{-5}} = 1.52 \times 10^4 > 10^4 \quad (湍流)$$

$$\alpha = 0.023 \frac{\lambda}{d} Re^{0.8} Pr^{0.4} = 0.023 \times \frac{0.0393}{0.053} \times (1.52 \times 10^4)^{0.8} \times (0.68)^{0.4}$$

$$= 32.4 W/(m^2 \cdot ℃)$$

（2）若 $u' = 15m/s$，$\alpha \propto Re^{0.8} \propto u^{0.8}$，$Re$ 增大，仍为湍流

$$\alpha' = \alpha \left(\frac{u'}{u}\right)^{0.8} = 32.4 \times \left(\frac{15}{10}\right)^{0.8} = 44.8 W/(m^2 \cdot ℃)$$

2. 圆形直管内过渡区时的对流传热系数

当 $Re = 2300 \sim 10000$ 时，流体流动处于过渡区，在用湍流公式(4-19)、式(4-20)计算出 α 值后，再乘以校正系数 f。

$$f = 1 - \frac{6 \times 10^5}{Re^{1.8}} \qquad (4-21)$$

【例 4-7】 一套管换热器，外管为 $\phi 89\text{mm} \times 3.5\text{mm}$ 钢管，内管为 $\phi 25\text{mm} \times 2.5\text{mm}$ 钢管，管长为 2m。环隙中为 $p = 100\text{kPa}$ 的饱和水蒸气冷凝，冷却水在内管中流过，进口温度为 15℃，出口为 35℃。冷却水流速为 0.4m/s，试求管壁对水的对流传热系数。

解 此题为水在圆形直管内流动，定性温度 $t = \dfrac{15 + 35}{2} = 25℃$，特征尺寸 $d = 0.02\text{m}$。

查 25℃ 时水的物性数据（见附录三）如下：$c_p = 4.179 \times 10^3 \text{J/(kg·K)}$，$\rho = 997\text{kg/m}^3$，$\lambda = 60.8 \times 10^{-2}\text{W/(m·K)}$，$\mu = 90.27 \times 10^{-5}\text{Pa·s}$。

$$Re = \frac{du\rho}{\mu} = \frac{0.02 \times 0.4 \times 997}{90.27 \times 10^{-5}} = 8836 \text{（过渡区）}$$

$$Pr = \frac{c_p \mu}{\lambda} = \frac{4.179 \times 10^3 \times 90.27 \times 10^{-5}}{60.8 \times 10^{-2}} = 6.2$$

$$l/d = 2/0.02 = 100$$

α 可按式(4-19)计算，水被加热，$n = 0.4$。校正系数为

$$f = 1 - \frac{6 \times 10^5}{Re^{1.8}} = 1 - \frac{6 \times 10^5}{8836^{1.8}} = 0.953$$

$$\alpha = 0.023 \frac{\lambda}{d} Re^{0.8} Pr^{0.4} f = 0.023 \times \frac{0.608}{0.02} \times (8836)^{0.8} \times (6.2)^{0.4} \times 0.953$$

$$= 1981 \text{W/(m}^2 \text{·K)}$$

3. 圆形直管内强制层流时的对流传热系数

只有在小管径、水平管、壁面与流体之间的温差比较小、流速比较低的情况下才有严格的层流传热。在其他情况下往往伴有自然对流传热。当 $Gr < 2.5 \times 10^4$ 时，自然对流的影响可忽略不计，α 可用下列关联式计算。

$$Nu = 1.86 \left(RePr \frac{d}{l} \right)^{\frac{1}{3}} \left(\frac{\mu}{\mu_w} \right)^{0.14} \qquad (4-22)$$

此式的应用范围为 $Re < 2300$；$RePr\dfrac{d}{l} > 10$。特征尺寸为管内径。定性温度除 μ_w 取壁温外，均取流体进、出口温度的算术平均值。

当 $Gr > 2.5 \times 10^4$ 时，自然对流的影响不能忽略，由式(4-22)计算的 α 值应乘以校正系数

$$f = 0.8(1 + 0.015 Gr^{1/3}) \qquad (4-23)$$

【例 4-8】 机油（14 号润滑油）在内径为 10mm、长度为 7.7m 的管内流动，流速为 0.31m/s，油的温度从 90℃ 冷却到 70℃，管内壁面温度为 20℃。试求流体与管壁之间的对流传热系数。

解 流体的定性温度 $t = \dfrac{90+70}{2} = 80℃$，查得油的物性数据：$\rho = 857.5\text{kg/m}^3$，$c_p = 2.194 \times 10^3 \text{J/(kg} \cdot ℃)$，$\lambda = 0.1431\text{W/(m} \cdot ℃)$，$\mu = 2.11 \times 10^{-2}\text{Pa} \cdot \text{s}$，$\beta = 6.5 \times 10^{-4}\text{K}^{-1}$，$Pr = 323$。壁温 $t_w = 20℃$，查得 $\mu_w = 3.67 \times 10^{-1}\text{Pa} \cdot \text{s}$。

已知 $d = 0.01\text{m}$，$l = 7.7\text{m}$，$u = 0.31\text{m/s}$，则

$$Re = \frac{du\rho}{\mu} = \frac{0.01 \times 0.31 \times 857.5}{2.11 \times 10^{-2}} = 126 \text{（层流）}$$

$$RePr\frac{d}{l} = 126 \times 323 \times \frac{0.01}{7.7} = 52.9 \text{（}>10\text{）}$$

$$Gr = \frac{\beta g \Delta t d^3 \rho^2}{\mu^2} = \frac{6.5 \times 10^{-4} \times 9.81 \times (80-20) \times 0.01^3 \times 857.5^2}{(2.11 \times 10^{-2})^2} = 632$$

Gr 小于 2.5×10^4，故可忽略自然对流的影响。

$$\alpha = 1.86\frac{\lambda}{d}\left(RePr\frac{d}{l}\right)^{\frac{1}{3}}\left(\frac{\mu}{\mu_w}\right)^{0.14} = 1.86 \times \frac{0.1431}{0.01} \times (52.9)^{\frac{1}{3}} \times \left(\frac{2.11 \times 10^{-2}}{3.67 \times 10^{-1}}\right)^{0.14}$$

$$= 66.9\text{W/(m}^2 \cdot ℃)$$

4. 流体在非圆形管内强制对流时的对流传热系数

此时，仍可采用上述各关联式计算，但需将特征尺寸由管内径改为当量直径 d_e。当量直径按下式计算。

$$d_e = 4 \times \frac{\text{流体流动截面积}}{\text{润湿周边}}$$

用当量直径方法计算非圆形管内的对流传热系数虽然比较简便，但计算结果欠准确。另一种方法是选用非圆形管路由实验求得的计算对流传热系数的关联式，在此不详述。

（二）流体在管外强制对流传热

流体在管外垂直流过时，分为流体垂直流过单管和垂直流过管束两种情况。由于工业上所用换热器中多为流体垂直流过管束，故仅介绍这种情况的计算方法。

流体流过
圆管和管束

流体垂直流过管束时的对流传热很复杂，管束的排列又分为直列和错列两种，如图 4-16 所示。对第一排管子，不论直列还是错列，流体流动情况相同。但从第二排开始，流体在错列管束间通过时受到阻拦，使湍动增强，故错列式管束的对流传热系数大于直列式。

流体在管束外垂直流过时的对流传热系数可用下式计算。

$$Nu = C\varepsilon Re^n Pr^{0.4} \tag{4-24}$$

式中，C、ε、n 均由实验确定，其值见表 4-3。此式的使用范围为 $Re = 5 \times 10^3 \sim 7 \times 10^4$，$x_1/d = 1.2 \sim 5$，$x_2/d = 1.2 \sim 5$。流速 u 取流动方向上最窄通道处的流速，定性温度取流体进、出口温度的算术平均值，特征尺寸取管子的外径 d。

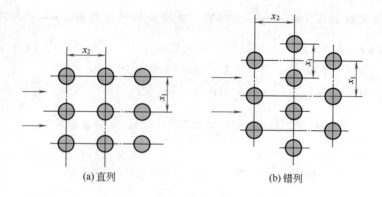

图 4-16 管束的排列

表 4-3 流体垂直于管束流动时的 C、ε 和 n 值

排数	直 列		错 列		C
	n	ε	n	ε	
1	0.6	0.171	0.6	0.171	$x_1/d = 1.2 \sim 3$ 时
2	0.65	0.157	0.6	0.228	$C = 1 + 0.1 x_1/d$
3	0.65	0.157	0.6	0.290	$x_1/d > 3$ 时
4	0.65	0.157	0.6	0.290	$C = 1.3$

由于用式(4-24)求出各排的对流传热系数不同，故管束的平均对流传热系数可按下式计算。

$$\alpha_m = \frac{\alpha_1 A_1 + \alpha_2 A_2 + \alpha_3 A_3 + \cdots}{A_1 + A_2 + A_3 + \cdots} = \frac{\sum \alpha_i A_i}{\sum A_i} \qquad (4\text{-}25)$$

式中，α_i 为各排的对流传热系数，$W/(m^2 \cdot ℃)$；A_i 为各排传热管的外表面积，m^2。

(三) 大空间自然对流传热

大空间自然对流是指传热壁面放置在很大的空间内，由于壁面温度与周围流体的温度不同而引起自然对流，并且周围没有阻碍自然对流的物体。例如，管路或设备表面与周围大气之间的传热。

大空间自然对流传热时，其特征数关联式可由式(4-17)写成

$$Nu = C(GrPr)^n \qquad (4\text{-}26)$$

或

$$\alpha = C \frac{\lambda}{l} \left(\frac{\beta g \Delta t l^3 \rho^2}{\mu^2} \times \frac{c_p \mu}{\lambda} \right)^n \qquad (4\text{-}26a)$$

式中，C 与 n 由实验测定，列于表 4-4 中。Gr 中的 $\Delta t = t_w - t$，t_w 为壁温，t 为流体温度。定性温度取膜温，即 $t_m = (t_w + t)/2$。

表 4-4 式(4-26) 中的 C 和 n 值

壁面形状	特征尺寸	C	n	$(GrPr)$范围
水平圆管	外径	1.09	1/5	$1 \sim 10^4$
$d < 0.2m$	d	0.53	1/4	$10^4 \sim 10^9$
		0.13	1/3	$10^9 \sim 10^{12}$

续表

壁面形状	特征尺寸	C	n	$(GrPr)$范围
垂直管或板 $l<1$m	高度 l	1.36	1/5	$<10^4$
		0.59	1/4	$10^4 \sim 10^9$
		0.10	1/3	$10^9 \sim 10^{12}$

【例 4-9】　一垂直水蒸气管，管径为 $\phi 152$mm $\times 4.5$mm，管长为 0.5m，若管外壁温度为 $110℃$，周围空气温度为 $20℃$，试计算该管单位时间内散失热量。

解　定性温度 $t=\dfrac{110+20}{2}=65℃$，查 $65℃$ 时空气的物性数据为：$\lambda=2.93\times10^{-2}$W/(m·℃)，

$\beta=\dfrac{1}{T}=\dfrac{1}{273+65}=2.96\times10^{-3}$K^{-1}，$\rho=1.05$kg/m^3，$\mu=2.04\times10^{-5}$Pa·s，$Pr=0.695$，则

$$Gr=\frac{\beta g \Delta t l^3 \rho^2}{\mu^2}=\frac{2.96\times10^{-3}\times9.81\times(110-20)\times0.5^3\times1.05^2}{(2.04\times10^{-5})^2}=8.57\times10^8$$

$$GrPr=8.57\times10^8\times0.695=5.96\times10^8$$

查表 4-4 得 $C=0.59$，$n=1/4$，得代入关联式 $\alpha=C\dfrac{\lambda}{l}(GrPr)^n$

$$\alpha=0.59\times\frac{2.93\times10^{-2}}{0.5}\times(5.96\times10^8)^{1/4}=5.39\text{W/(m}^2\cdot\text{K)}$$

求得散热量为 $Q=\alpha A \Delta t=\alpha \pi d l \Delta t=5.39\times\pi\times0.152\times0.5\times(110-20)=116$W

五、流体有相变时的对流传热

化工生产中，常用冷凝器和蒸发器等传热设备。这些设备具有蒸气冷凝和液体沸腾等相变化的对流传热过程。

(一) 蒸气冷凝时的对流传热

1. 蒸气冷凝方式

蒸气在壁面上的冷凝方式有两种，即膜状冷凝（filmwise condensation）和滴状冷凝（dropwise condensation）。

(1) 膜状冷凝　冷凝液很好地润湿壁面，在壁面上形成一层连续的液膜。液膜在重力作用下沿壁面向下流动，越往下液膜越厚。蒸气在液膜表面冷凝，释放出的热量通过液膜以导热和对流方式传给壁面。冷凝液润湿壁面的能力主要取决于表面张力和对壁面的附着力这两者的关系。若附着力大于表面张力，则会形成膜状冷凝，否则会形成滴状冷凝。

(2) 滴状冷凝　冷凝液在壁面上聚集成许多分散的液滴，沿壁面落下，互相合并成更大的液滴，露出冷凝壁面，使蒸气能在壁面上冷凝，其热阻比膜状冷凝时的小，其对流传热系数可能比膜状冷凝时高出 $5 \sim 10$ 倍。

到目前为止，尽管人们想了许多办法，但仍难以实现持久性滴状冷凝。故工业用冷凝器中的冷凝过程多为膜状冷凝，而且按膜状冷凝计算较为安全可靠。本节仅介绍饱和蒸气膜状冷凝时对流传热系数的计算方法。

2. 蒸气在水平管外膜状冷凝时的对流传热系数

蒸气在水平管外冷凝的对流传热系数可用下式计算

$$\alpha = 0.725\left(\frac{\rho^2 g\lambda^3 r}{n^{2/3}\mu d_o\Delta t}\right)^{1/4} \tag{4-27}$$

式中，r 为比汽化热，取饱和温度 t_s 下的数值，J/kg；ρ 为冷凝液的密度，kg/m³；λ 为冷凝液的热导率，W/(m·K)；μ 为冷凝液的黏度，Pa·s；Δt 为饱和温度 t_s 与壁面温度 t_w 之差，$\Delta t = t_s - t_w$；n 为水平管束在垂直列上的管子数，若为单根水平管，则 $n=1$。

定性温度取膜温，即 $t = \dfrac{t_s + t_w}{2}$。特征尺寸取管外径 d_o。

3. 蒸气在垂直管外（或板上）膜状冷凝时的对流传热系数

如图 4-17 所示，蒸气在**垂直管外（或板上）**冷凝，液膜以层流状态从顶端向下流动，逐渐变厚，局部对流传热系数 α 减小。若壁面高度足够高且冷凝液量较大时，则壁面的下部冷凝液膜会变为湍流流动，此时局部 α 值反而会增大。这里仍用雷诺数判断层流与湍流。

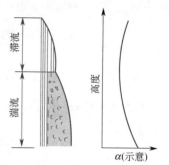

液膜为层流（$Re < 1800$）时，对流传热系数计算式为

$$\alpha = 1.13\left(\frac{\rho^2 g\lambda^3 r}{\mu l\Delta t}\right)^{\frac{1}{4}} \tag{4-28}$$

液膜为湍流（$Re > 1800$）时，对流传热系数计算式为

$$\alpha = 0.0077\left(\frac{\rho^2 g\lambda^3}{\mu^2}\right)^{\frac{1}{3}}Re^{0.4} \tag{4-29}$$

图 4-17　蒸气在垂直管外（或板上）膜状冷凝

式中，特征尺寸 l 取垂直管长或板高。定性温度及其余各量同式(4-27)。式(4-29) 中的 α 值是包括层流区域在内的沿整个高度的平均 α 值。

冷凝液的液膜流动有层流与湍流之分，故在计算 α 时应先假设液膜的流型。求出 α 值后需要计算 Re，看是否在所假设的流型范围内。

下面介绍冷凝液液膜沿壁面流动的 **Re 表达式**。

若冷凝液液膜的流动截面积为 S，壁面的湿润周边长度为 Π，则当量直径 $d_e = \dfrac{4S}{\Pi}$，得

$$Re = \frac{d_e u\rho}{\mu} = \frac{4\dfrac{S}{\Pi}u\rho}{\mu}$$

冷凝液的质量流量 $q_m = Su\rho$，代入上式，得

$$Re = \frac{4\dfrac{q_m}{\Pi}}{\mu} \tag{4-30}$$

蒸气冷凝放出的热流量为 $\qquad\qquad Q = q_m r \qquad\qquad$ (a)

式中，r 为比汽化热，单位为 J/kg。

蒸气冷凝时，蒸气向壁面的对流传热速率为

$$Q = \alpha A\Delta t = \alpha\Pi l\Delta t \qquad\qquad (b)$$

式中，A 为传热面积，$A = \Pi l$；l 为壁面高度；Π 为湿润周边长度；Δt 为蒸气的饱和温度 t_s 与壁面温度 t_w 之差，$\Delta t = t_s - t_w$。

由式(a)与式(b)得

$$q_m r = \alpha \Pi l \Delta t \quad \text{或} \quad \frac{q_m}{\Pi} = \frac{\alpha l \Delta t}{r} \tag{4-31}$$

代入式(4-30)，求得冷凝液的液膜沿壁面流动的 **Re** 表达式为

$$Re = \frac{4\alpha l \Delta t}{r\mu} \tag{4-32}$$

式中，α 为对流传热系数，$W/(m^2 \cdot ℃)$；l 为壁面高度，m；Δt 为蒸气的饱和温度 t_s 与壁面温度 t_w 之差，即 $\Delta t = t_s - t_w$，℃；r 为比汽化热，取饱和温度 t_s 下的数值，J/kg；μ 为冷凝液的黏度，$Pa \cdot s$，为膜温 $t = \dfrac{t_s + t_w}{2}$ 下的黏度。

【例 4-10】　温度为 120℃ 的饱和水蒸气在单根管外冷凝。管外径为 60mm，管长为 1m。管外壁面温度为 100℃。试计算：(1) 管子垂直放置时的水蒸气冷凝对流传热系数；(2) 冷凝液膜从层流转变为湍流时的临界高度；(3) 管子水平放置时的水蒸气冷凝对流传热系数。

解　(1) 已知 $t_s = 120℃$，查得水蒸气的比汽化热 $r = 2205 \times 10^3 J/kg$。

冷凝液膜的平均温度 $t_m = \dfrac{120 + 100}{2} = 110℃$，查得水的物性参数值为：$\rho = 951 kg/m^3$，$\lambda = 68.5 \times 10^{-2} W/(m \cdot ℃)$，$\mu = 25.9 \times 10^{-5} Pa \cdot s$。$\Delta t = t_s - t_w = 120 - 100 = 20℃$，$l = 1m$，假设液膜为层流，则

$$\alpha = 1.13 \left(\frac{\rho^2 g \lambda^3 r}{\mu l \Delta t} \right)^{1/4} = 1.13 \left(\frac{951^2 \times 9.81 \times 0.685^3 \times 2205 \times 10^3}{25.9 \times 10^{-5} \times 1 \times 20} \right)^{1/4} = 6670 W/(m^2 \cdot K)$$

检验 Re，由式(4-32)得

$$Re = \frac{4\alpha l \Delta t}{r\mu} = \frac{4 \times 6670 \times 1 \times 20}{2205 \times 10^3 \times 25.9 \times 10^{-5}} = 934 < 1800 \text{（层流）}$$

(2) 冷凝液膜从层流转变为湍流时的临界高度 l_c

临界 $Re = 1800$，由式(4-32)得

$$\alpha_c = \frac{1800 r \mu}{4 l_c \Delta t} \tag{a}$$

代入式(4-28)得

$$l_c = \left(\frac{1800}{1.13 \times 4} \right)^{4/3} \times \frac{r}{\Delta t \lambda} \left(\frac{\mu^5}{\rho^2 g} \right)^{1/3} = \left(\frac{1800}{1.13 \times 4} \right)^{4/3} \times \frac{2205 \times 10^3}{20 \times 0.685} \left[\frac{(25.9 \times 10^{-5})^5}{951^2 \times 9.81} \right]^{1/3}$$

$$= 2.397 m$$

代入式(a)，得临界高度处的对流传热系数

$$\alpha_c = \frac{1800 \times 2205 \times 10^3 \times 25.9 \times 10^{-5}}{4 \times 2.397 \times 20} = 5360 W/(m^2 \cdot K)$$

用另一方法计算 α_c 如下。由式(4-28)可得 $\alpha_c = \alpha (l/l_c)^{1/4}$，将第(1)问求得 $l = 1m$ 时的 $\alpha = 6670 W/(m^2 \cdot K)$ 代入得

$$\alpha_c = \alpha (l/l_c)^{1/4} = 6670 \times (1/2.397)^{1/4} = 5360 W/(m^2 \cdot K)$$

用第二种方法求 α_c 更简单一些。

(3) 管子水平放置时，特征尺寸为管外径 $d_o = 0.06m$，令式(4-27)中的 $n = 1$，并与式(4-28)相除，得

$$\frac{\alpha'}{\alpha} = \frac{0.725}{1.13}\left(\frac{l}{d_o}\right)^{1/4} = \frac{0.725}{1.13}\left(\frac{1}{0.06}\right)^{1/4} = 1.3$$

故单根管水平放置时的冷凝传热系数为

$$\alpha' = 6670 \times 1.3 = 8671 \text{W}/(\text{m}^2 \cdot \text{K})$$

4. 影响冷凝传热的因素

从前面讨论可知，流体的物性、冷凝壁面尺寸及放置位置以及冷凝传热温度差等都是影响膜状冷凝传热的因素。下面补充说明其他一些重要影响因素。

（1）不凝性气体的影响 前面讨论的是纯净蒸气冷凝。而工业蒸气中往往含有空气等微量不凝性气体，在连续冷凝操作中会越积累越多。而在冷凝液膜表面上形成一层气膜，其热导率很小，使热阻增大，α 大大减小。例如，当蒸气中不凝性气体含量为 1% 时，冷凝时的 α 可降低 60% 左右。因此，在换热器的蒸气冷凝一侧应安装排气口，定期排放不凝性气体。

（2）蒸气流速和流向的影响 前面讨论的冷凝传热系数中忽略了蒸气流速的影响，故只符合蒸气流速较低的情况。当蒸气流速较高时（对于水蒸气，流速大于 10m/s），会对液膜表面产生明显的黏滞摩擦力。若蒸气向下流动，与液膜的流向相同，则可加速液膜流动，膜厚变薄，液膜的热阻减小。同时，由于蒸气流速较高，液膜表面的不凝性气体会被吹散，气相热阻也减小。因此，冷凝过程的总热阻减小，α 增大。如果蒸气流速很大，不论是向下还是向上流动，液膜会被吹离壁面，使冷凝传热过程增强。

（3）蒸气过热的影响 过热蒸气的冷凝包括冷却与冷凝两个过程，液膜表面仍维持饱和温度 t_s，只有远离液膜的地方维持过热温度，故冷凝传热的温度差仍为 $(t_s - t_w)$。实验证明，用前述关联式计算的 α 值，其误差约为 3%，可以忽略不计。但在计算时应将饱和蒸气的比汽化热 r 改为 $r' = r + c_p(t_v - t_s)$，c_p 为过热蒸气的比热容，t_v 为过热蒸气温度。

（4）传热面的形状与布置 冷凝液膜为膜状冷凝传热的主要热阻，如何减薄液膜厚度降低热阻，是强化膜状冷凝传热的关键。

对垂直壁面（板或管），在壁面上开若干纵向沟槽，凝液由槽峰流到槽底，借重力顺槽下流。当凝液增多或壁面较长时，槽深也应相应加深。纵槽面的冷凝传热系数 α 可比光滑面提高约 4 倍。

对水平布置的管束，凝液从上部各排管子流到下部管排，液膜变厚，使 α 变小。若能设法减少垂直方向上管排数目，或将管束由直列改为错列，皆可增大 α 值。

（二）液体沸腾时的对流传热

容器内液体温度高于饱和温度时，液体汽化而形成气泡的过程，称为沸腾。如蒸汽锅炉、蒸发器中液体的沸腾汽化都属于沸腾传热过程。液体沸腾有两种情况，一种是液体在管内流动过程中加热沸腾，称为管内沸腾；另一种是把加热面浸入大容器的液体中，液体被壁面加热而引起无强制对流的沸腾现象，称为大容器内沸腾或池内沸腾（pool boiling）。本节主要讨论液体在大容器内沸腾。

1. 大容器饱和沸腾现象

液体加热沸腾的主要特征是在液体内部的加热壁面上不断有气泡生成、长大、脱离和浮升到液体表面。在一定压力下，若液体饱和温度为 t_s，液体主体温度为 t_1，则 $\Delta t = t_1 - t_s$ 称为液体的过热度。过热度是液体中气泡存在和成长的条件，也是气泡形成的条件。过热度越大，则越容易生成气泡，生成的气泡数量多。紧靠加热壁面处（壁面温度 t_w）的液体过热度最大，为 $\Delta t = t_w - t_s$，所以壁面上最容易生成气泡。壁面除了过热度最大之外，还有汽化核心存在。加热壁面有许多粗糙不平的小坑和划痕等，这些地方残留有微量气体，当它们被加热，就会膨胀生成气泡，成为汽化核心。$\Delta t = t_w - t_s$ 愈大，生成气泡越多，气泡内表面的液体继续汽化，气泡长大到某一直径后，当浮力大于对壁面的附着力时就脱离壁面，向上浮升。在浮升过程中，周围的过热液体继续对其加热，直径继续增大，可一直浮升到液体表面，冲破液面与气相混合，这就是饱和沸腾过程。

在沸腾传热过程中，由于气泡在加热面上不断生成、长大、脱离和浮升，远处温度较低的液体不断流向加热面，使靠近壁面的液体处于剧烈扰动状态，一方面是液体对流，另一方面是液体不断汽化。所以，对于同一种液体，沸腾传热系数 α 远大于无相变时的 α 值。

2. 沸腾曲线

图 4-18 给出了水在 101.325kPa 压力下饱和沸腾时 α 与 $\Delta t = t_w - t_s$ 的关系曲线，称为沸腾曲线。

（1）**AB 段**　加热壁面的过热度 Δt 很小（$\Delta t \leqslant 5\text{K}$），只有少量气泡产生，而且这些气泡不能脱离壁面，因此看不到沸腾现象，热量依靠自然对流由壁面传递到液体主体，蒸发在液体自由表面进行，α 随 Δt 的增大略有增大。这一区段称为**自然对流区**。

（2）**BC 段**　随着加热壁面的过热度 Δt 不断加大，汽化核心数增多，气泡的生成速度、成长速度以及浮升

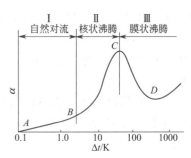

图 4-18　常压下水沸腾时
α 与 Δt 的关系

速度都加快。气泡的激烈运动使液体受到剧烈的搅拌作用，使 α 值随 Δt 的增大而迅速增大。这一区段称为**核状沸腾**（nucleate boiling）区。

（3）**CD 段**　随着 Δt 继续增大，气泡的生成多而快，从而连成一片，形成气膜，覆盖在加热壁面上，使液体不能与加热壁面接触。由于气膜热阻大，使 α 急剧下降到 D 点。D 点以后，Δt 再增大，加热壁面温度 t_w 进一步增高，壁面全部被气膜覆盖，壁面的热量除了通过导热与膜内蒸气的对流传给液体之外，辐射的传热量急剧增大，使点 D 以后的沸腾传热的 α 进一步增大。这一区段称为**膜状沸腾**（film boiling）区。膜状沸腾传热需要通过气膜，所以其 α 值比核状沸腾时的小。

由核状沸腾转变为膜状沸腾的转变点称为**临界点**（C 点）。临界点处的 Δt 称为临界温度差 Δt_c；与该点对应的热流密度称为临界热流密度 q_c。工业设备中的液体沸腾一般应在核状沸腾区操作，控制 Δt 不大于临界点 Δt_c。否则，一旦变为膜状沸腾，不仅 α 会急剧下降，而且因加热壁面温度过高，有可能导致加热壁面烧毁。因此，也把 C 点称为**烧毁点**。水在常压下饱和沸腾的临界温度差 $\Delta t_c \approx 25\text{K}$，临界热流密度 $q \approx 1.25 \times 10^6 \text{W/m}^2$。

3. 影响沸腾传热的因素

由于影响核状沸腾的因素很多，虽然发表了很多 α 关联式，但计算结果相差很大，至今尚无可靠的通用关联式。说明了核状沸腾传热的复杂性，在工程上针对不同的具体条件进行

实验测定，可能更为可靠。下面就几个主要影响因素作简要说明。

（1）液体物性　在一般情况下，液体的热导率和密度增大、黏度和表面张力减小，都能增大沸腾传热速率。液体的表面张力小，则容易润湿壁面，生成的气泡呈圆形，附着在壁面上的面积较小，容易脱离壁面，较小直径时就能脱离，对沸腾传热有利。

（2）温度差　前面已经讨论了温度差 $\Delta t = t_w - t_s$ 对沸腾传热的影响，Δt 增大能增大 α 值，Δt 是影响沸腾传热的重要参数。在双对数坐标图上，**核状沸腾阶段的 α 与 Δt 近似呈直线关系**。故可以得到关系式 $\alpha = C\Delta t^m$，C 与 m 由实验测定。对于不同的液体和加热面材料，可测得不同的 C 与 m 值。

（3）操作压力　提高操作压力即提高液体的饱和温度，从而使液体的黏度和表面张力均下降，有利于气泡的生成和脱离壁面。在核状沸腾阶段，在相同的 Δt 条件下提高操作压力可提高 α 值。在上述关系式 $\alpha = C\Delta t^m$ 的基础上，已提出下列形式的关系式。

$$\alpha = C\Delta t^m p^n$$

对于水，在 $10^5 \sim 4\times10^6$ Pa 压力（绝压）范围内有下列经验式

$$\alpha = 0.123\Delta t^{2.33} p^{0.5} \tag{4-33}$$

式中，p 为沸腾绝对压力，Pa；$\Delta t = t_w - t_s$，t_w 为加热壁面温度，t_s 为沸腾液体的饱和温度。

（4）加热面状况　加热面清洁，没有油污时，α 值较高。壁面粗糙，汽化核心较多，则生成的气泡较多，可强化沸腾传热。因此，可以采用机械加工等方法使沸腾表面粗糙化。

除了上述因素之外，设备结构、加热面形状和材料性质以及液层深度都会对沸腾传热有影响。

六、选用对流传热系数关联式的注意事项

本节主要内容是对流传热速率方程和对流传热系数关联式。对流传热速率方程是在分析间壁与流体之间的对流传热过程基础上，引入了有效层流膜的概念，把全部热阻集中于有效层流膜内而建立，并使对流传热系数 α 与有效膜联系起来，凡能减少有效膜热阻的因素也就是增大 α 的因素。

对流传热是一个复杂的传热过程，大致分为强制对流、自然对流、蒸气冷凝和液体沸腾等类型。强制对流又有湍流、过渡区和层流之分。不同类型对流传热的 α 计算式是本节重点内容。α 计算大体可分为两类，一类是用量纲分析法将 α 的影响因素整理成以幂函数形式表示的量纲为一的特征数之间的关系式，用实验确定关系式中的系数和指数，属于半经验关联式。另一类是纯经验关系式。在选用这些方程时应注意以下几点。

① 针对所要解决的传热问题类型，选择适当的关系式。

② 要注意关系式的应用范围、特征尺寸的选择和定性温度的确定。

③ 应注意正确使用各物理量的单位，各特征数的量纲应为一。对于纯经验关系式，必须使用公式所要求的单位。

④ 应注意学会分析关系式中各物理量对 α 的影响，其影响大小可以通过指数的大小来判断。

⑤ 一般情况下，α 值的大致范围如下（见表4-5），单位为 $W/(m^2 \cdot K)$。

表 4-5　不同传热类型的 α 值范围

传 热 类 型	α	传 热 类 型	α
空气自然对流	5～25	水蒸气冷凝	5000～15000
空气强制对流	30～300	有机蒸气冷凝	500～3000
水自然对流	200～1000	水沸腾	1500～30000
水强制对流	1000～8000	有机物沸腾	500～15000
有机液体强制对流	500～1500		

应注意，强制对流时，液体的 α 值比空气的大；水强制对流的 α 值比有机液体的大；同一液体，有相变化时的 α 值比无相变化时的大。

第四节　两流体间传热过程的计算

前面介绍了热传导和对流传热，他们是两流体间传热计算的基础。

在第一节曾介绍了冷、热两流体通过间壁的传热过程，其传热速率方程式为

$$Q=KA\Delta t_{\mathrm{m}} \tag{4-34}$$

式中，Q 为传热速率，W；K 为总传热系数，W/(m² · ℃)；A 为传热面积，m²；Δt_{m} 为两流体的平均温度差，℃。

通常在设计计算冷、热两流体间的传热面积 A 时，需要计算出两流体之间所需传递的热量 Q（称为热负荷）、平均温度差 Δt_{m} 及总传热系数 K 等，下面分别介绍。

一、热量衡算

在传热计算中，首先要确定换热器的热负荷。图 4-19 的列管式换热器若保温良好，无热损失时，单位时间内热流体放出的热量等于冷流体吸收的热量，即热量衡算式为

$$Q=q_{m1}(H_1-H_2)=q_{m2}(h_2-h_1) \tag{4-35}$$

式中，Q 为热负荷，W；q_{m1}、q_{m2} 为热、冷流体的质量流量，kg/s；H_1、H_2 为热流体进、出口的比焓，J/kg；h_1、h_2 为冷流体进、出口的比焓，J/kg。

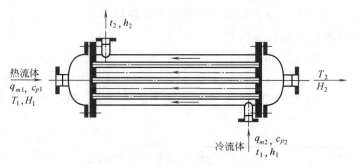

图 4-19　换热器热量衡算

若换热器内两流体均无相变化，且流体的比热容 c_p 可视为不随温度变化（或取流体平均温度下的比热容）时，式(4-35)可表示为

$$Q=q_{m1}c_{p1}(T_1-T_2)=q_{m2}c_{p2}(t_2-t_1) \tag{4-36}$$

式中，c_{p1}、c_{p2} 为热、冷流体的平均定压比热容，J/(kg·℃)；T_1、T_2 为热流体的进、出口温度，℃；t_1、t_2 为冷流体的进、出口温度，℃。

若换热器中一侧有相变，例如热流体为饱和蒸气冷凝，而冷流体无相变化，则式(4-35)可表示为

$$Q=q_{m1}r=q_{m2}c_{p2}(t_2-t_1) \tag{4-37}$$

式中，r 为饱和蒸气的比汽化热，J/kg。

若冷凝液出口温度 T_2 低于饱和温度 T_s 时，则有

$$Q=q_{m1}[r+c_{p1}(T_s-T_2)]=q_{m2}c_{p2}(t_2-t_1) \tag{4-38}$$

【例 4-11】 试计算压力为 150kPa，流量为 1500kg/h 的饱和水蒸气冷凝后并降温至 50℃时所放出的热量。

解 查水蒸气表，压力 150kPa 时的饱和温度 $t_s=111℃$，比汽化热 $r=2.229\times10^6$ J/kg。冷凝水从 $T_s=111℃$ 降至 $T_2=50℃$，平均温度 $t=\dfrac{111+50}{2}=80.5℃$，比热容 $c_{p1}=4.196\times10^3$ J/(kg·℃)。由式(4-38) 得

$$Q=q_{m1}[r+c_{p1}(T_s-T_2)]=\frac{1500}{3600}[2.229\times10^6+4.196\times10^3\times(111-50)]=1.035\times10^6 \text{W}$$

二、传热平均温度差

根据间壁两侧流体温度沿传热面是否有变化，即是否有升高或降低，可将传热分为恒温传热和变温传热两类。

（一）恒温传热

例如，间壁的一侧为饱和蒸气冷凝，冷凝温度恒定为 T，而另一侧为液体沸腾，沸腾温度恒定为 t，即两侧流体温度沿传热面无变化，温度差亦处处相等，可表示为 $\Delta t_m=T-t$。

（二）变温传热

若间壁的一侧或两侧流体沿传热面的不同位置温度不同，即流体从进口到出口，温度有了变化，或是升高或是降低，这种情况的传热称为变温传热。

1. 一侧变温传热与两侧变温传热

图 4-20 是一侧流体变温时的温差变化情况。例如，一侧为饱和蒸气冷凝，温度恒定为 T，而另一侧为冷流体，温度从进口的 t_1 升到出口的 t_2，如图 4-20(a) 所示。又如，一侧为热流体从进口的 T_1 降至出口的 T_2，而另一侧为液体沸腾，温度恒定为 t，如图 4-20(b)

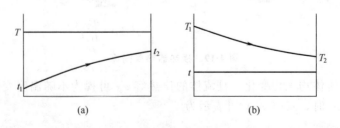

图 4-20 一侧流体变温时的温差变化

所示。

图 4-21 是两侧流体变温下的温度差变化情况。其中（a）是**逆流**，即冷、热两流体在传热面两侧流向相反；（b）是**并流**，冷、热两流体流向相同。

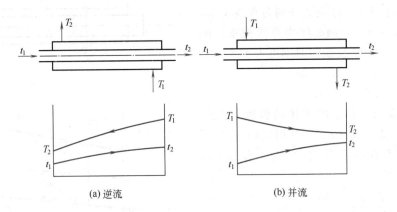

图 4-21　两侧流体变温下的温度差变化

图 4-22 是错流和折流的示意图。两侧的冷、热流体垂直交叉流动，称为**错流**。若一侧流体只沿一个方向流动，而另一侧流体反复改变流向，两侧流体时而并流，时而逆流，称为**折流**。

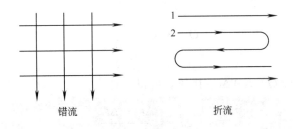

图 4-22　错流与折流

在变温传热时，沿传热面温度差是变化的，所以在传热计算中需求出传热过程的平均温度差 Δt_m。下面推导两侧变温传热逆流和并流操作时的平均温度差计算式。

2. 平均温度差 Δt_m

假设：①热、冷流体的质量流量 q_{m1} 与 q_{m2} 均为常数；②热、冷流体的比热容 c_{p1} 与 c_{p2} 及总传热系数 K 沿传热面均不变；③忽略换热器的热损失。

今在换热器中取一微元段为研究对象，其传热面积为 $\mathrm{d}A$，在 $\mathrm{d}A$ 内热流体因放热而温度下降 $\mathrm{d}T$，冷流体因受热而温度上升 $\mathrm{d}t$，传热量为 $\mathrm{d}Q$（如图 4-23 所示）。列出 $\mathrm{d}A$ 段内热量衡算的微分式得

$$\mathrm{d}Q = q_{m1}c_{p1}\mathrm{d}T = q_{m2}c_{p2}\mathrm{d}t \tag{4-39}$$

因此

$$\frac{\mathrm{d}Q}{\mathrm{d}T} = q_{m1}c_{p1} = 常数$$

$$\frac{\mathrm{d}Q}{\mathrm{d}t} = q_{m2}c_{p2} = 常数$$

因而有

$$\frac{\mathrm{d}(T-t)}{\mathrm{d}Q}=\frac{\mathrm{d}T}{\mathrm{d}Q}-\frac{\mathrm{d}t}{\mathrm{d}Q}=\frac{1}{q_{m1}c_{p1}}-\frac{1}{q_{m2}c_{p2}}=常数$$

这说明 Q 与 T、Q 与 t 分别为直线关系，并且 Q 与 $\Delta t=T-t$ 也必然为直线关系。由图 4-23 可知，Δt-Q 直线的斜率可表示为

$$\frac{\mathrm{d}\Delta t}{\mathrm{d}Q}=\frac{\Delta t_1-\Delta t_2}{Q} \qquad (a)$$

在微元段内，热、冷流体的温度 T 与 t 可视为不变，$\Delta t=T-t$，则利用式(4-34) 写出传热速率方程的微分式为 $\mathrm{d}Q=K\Delta t\,\mathrm{d}A$，代入式(a)，得

$$\frac{\mathrm{d}(\Delta t)}{K\Delta t\,\mathrm{d}A}=\frac{\Delta t_1-\Delta t_2}{Q}$$

分离变量并积分

$$\frac{1}{K}\int_{\Delta t_2}^{\Delta t_1}\frac{\mathrm{d}(\Delta t)}{\Delta t}=\frac{\Delta t_1-\Delta t_2}{Q}\int_0^A\mathrm{d}A$$

得

$$\frac{1}{K}\ln\frac{\Delta t_1}{\Delta t_2}=\frac{\Delta t_1-\Delta t_2}{Q}A$$

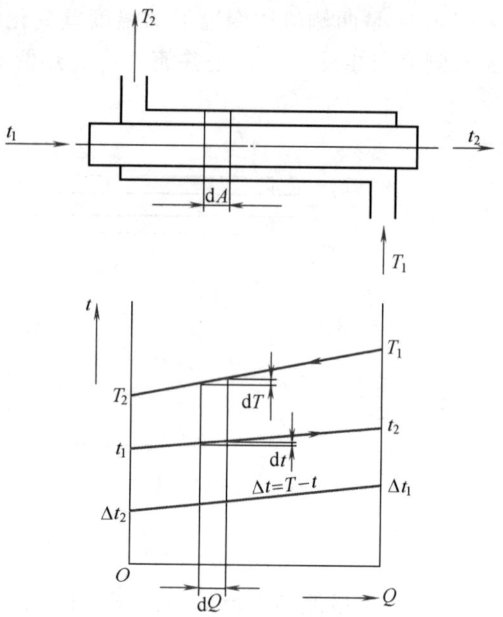

移项得

$$Q=KA\frac{\Delta t_1-\Delta t_2}{\ln\dfrac{\Delta t_1}{\Delta t_2}} \qquad (b)$$

图 4-23 平均温度差计算

式(b) 与传热基本方程 $Q=KA\Delta t_{\mathrm{m}}$ 比较，可得

$$\Delta t_{\mathrm{m}}=\frac{\Delta t_1-\Delta t_2}{\ln\dfrac{\Delta t_1}{\Delta t_2}} \qquad (4-40)$$

因此，对于变温传热，平均温度差是换热器进、出口处两侧流体温度差 Δt_1 与 Δt_2 的对数平均值，故称为**对数平均温度差**。这个推导结果不仅对两侧流体变温传热的逆流操作和并流操作适用，而且对一侧流体变温传热也适用。计算时需注意，通常把温度差中较大者作为 Δt_1，较小者为 Δt_2，以使式(4-40) 中的分子和分母都为正数。

算术平均值总是大于对数平均值，但当 $\dfrac{\Delta t_1}{\Delta t_2}<2$ 时，可用算术平均值代替对数平均值，其误差不超过 4%。

【例 4-12】 现用一列管式换热器加热原油，原油进口温度为 100℃，出口温度为 150℃；某反应物作为加热剂，进口温度为 250℃，出口温度为 180℃。试求：(1) 并流与逆流的平均温度差；(2) 若原油流量为 1800kg/h，比热容为 2kJ/(kg·℃)，总传热系数 K 为 100W/(m²·℃)，求并流和逆流时所需传热面积；(3) 若要求加热剂出口温度降至 150℃，试求此时并流和逆流的 Δt_{m} 和所需传热面积，逆流时的加热剂量可减小多少（设加热剂的比热容和 K 不变）？

解 见图 4-24。

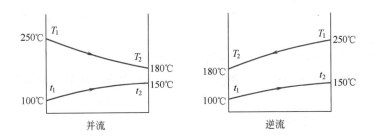

图 4-24　例 4-12 附图

（1）并流 $\Delta t_1 = T_1 - t_1 = 250 - 100 = 150℃$，$\Delta t_2 = T_2 - t_2 = 180 - 150 = 30℃$，则

$$\Delta t_{m并} = \frac{\Delta t_1 - \Delta t_2}{\ln \dfrac{\Delta t_1}{\Delta t_2}} = \frac{150 - 30}{\ln \dfrac{150}{30}} = 74.6℃$$

逆流 $\Delta t_1 = 250 - 150 = 100℃$，$\Delta t_2 = 180 - 100 = 80℃$，则 $\dfrac{\Delta t_1}{\Delta t_2} = \dfrac{100}{80} = 1.25 < 2$，

$$\Delta t_{m逆} = \frac{\Delta t_1 + \Delta t_2}{2} = \frac{100 + 80}{2} = 90℃$$

（2）热负荷　原油 $q_{m2} = 1800\text{kg/h}$，$c_{p2} = 2 \times 10^3 \text{J/(kg·℃)}$，$t_1 = 100℃$，$t_2 = 150℃$

$$Q = q_{m2}c_{p2}(t_2 - t_1) = \frac{1800}{3600} \times 2 \times 10^3 \times (150 - 100) = 5 \times 10^4 \text{W}, \quad K = 100\text{W/(m}^2 \cdot ℃)$$

传热面积　　　　并流　$A_并 = \dfrac{Q}{K\Delta t_{m并}} = \dfrac{5 \times 10^4}{100 \times 74.6} = 6.7\text{m}^2$

　　　　　　　　逆流　$A_逆 = \dfrac{Q}{K\Delta t_{m逆}} = \dfrac{5 \times 10^4}{100 \times 90} = 5.56\text{m}^2$

（3）并流 $\Delta t_1 = 150℃$，$\Delta t_2 = 150 - 150 = 0$，$\Delta t_{m并} = 0$，$A_并 = \infty$。

　　逆流 $\Delta t_1 = 100℃$，$\Delta t_2 = 150 - 100 = 50℃$，$\Delta t_{m逆} = \dfrac{100 - 50}{t_{\ln}\dfrac{100}{50}} = 72℃$。

$$A_逆 = \frac{5 \times 10^4}{100 \times 72} = 6.94\text{m}^2$$

因为 Q 不变，故

$$\frac{q'_{m1}}{q_{m1}} = \frac{c_{p1}(T_1 - T_2)}{c_{p1}(T_1 - T'_2)} = \frac{250 - 180}{250 - 150} = \frac{70}{100} = 0.7$$

即逆流时加热剂用量比原来减少了 30%，而传热面积增加了 $\left(\dfrac{6.94 - 5.56}{5.56}\right) \times$

$100\% = 24.8\%$。

　　从例 4-12 的计算结果可知以下两点。

　　① 在相同的进、出口温度条件下，平均温度差 $\Delta t_{m逆} > \Delta t_{m并}$，故传热面积 $A_逆 < A_并$。

　　② 并流操作时，热流体出口温度 T_2 总是大于冷流体出口温度 t_2。在极限情况下，当 $T_2 = t_2$ 时，平均温度差 $\Delta t_{m并} = 0$，则传热面积 $A_并 = \infty$。但逆流操作时，热流体出口温度 T_2 不仅可以降到冷流体出口温度 t_2，而且如果传热面积 $A_逆$ 足够大，则 T_2 可以低于 t_2。这就表明逆流操作时，热流体（或加热剂）用量可以比并流操作时少。同理，并流操

作时，冷流体出口温度 t_2 总是小于热流体出口温度 T_2。但逆流操作时，冷流体出口温度 t_2 却可以升高到大于热流体出口温度 T_2。这也表明冷流体（或冷却剂）用量也是逆流操作时少。

因为逆流操作有上述优点，工程上多采用逆流操作。

当要求控制换热器的流体出口温度时，可采用并流操作。例如，流体加热时，可以避免出口温度高于某一规定温度；冷却时，也可以避免低于某一规定的温度。

3. 折流和错流的平均温度差

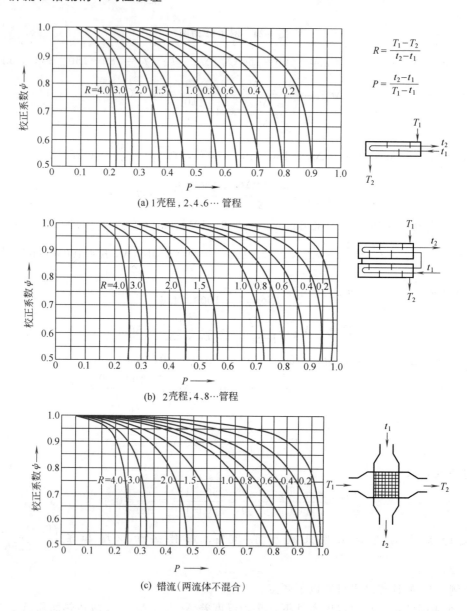

(a) 1壳程，2、4、6…管程

(b) 2壳程，4、8…管程

(c) 错流（两流体不混合）

图 4-25 温差校正系数 ψ

对于折流和错流的平均温度差计算，是先按逆流算出对数平均温度差 $\Delta t_{m\text{逆}}$，再乘以温差校正系数 ψ，即

$$\Delta t_m = \psi \Delta t_{m\text{逆}} \tag{4-41}$$

校正系数 ψ 是辅助量 R 与 P 的函数，即 $\psi = f(R, P)$。

$$R = \frac{T_1 - T_2}{t_2 - t_1} = \frac{\text{热流体的温降}}{\text{冷流体的温升}}$$

$$P = \frac{t_2 - t_1}{T_1 - t_1} = \frac{\text{冷流体的温升}}{\text{两流体的最初温差}}$$

根据 R 与 P 的数值，从图 4-25 中可查出 ψ 值。流体从换热器的一端流到另一端，称为一个流程。管内的流程称为管程，管外的流程，称为**壳程**。折流时，管程数一般用偶数。

由于温差校正系数 ψ 恒小于 1，故折流和错流时的平均温度差总小于逆流。但应使温差校正系数 $\psi > 0.9$。当 $T_2 \leqslant t_2$ 时，$\psi \leqslant 0.8$，此时应增加壳程数以提高 ψ 值，至少不小于 0.8，使传热过程更接近于逆流操作。

【**例 4-13**】 换热器壳程的热流体进、出口温度分别为 120℃ 和 75℃，管程冷流体进、出口温度分别为 20℃ 和 50℃。试求单壳程、双管程的列管式换热器的平均温度差。

解 已知 $T_1 = 120℃$，$T_2 = 75℃$，$t_1 = 20℃$，$t_2 = 50℃$，则

$$\Delta t_{m逆} = \frac{\Delta t_1 - \Delta t_2}{\ln \dfrac{\Delta t_1}{\Delta t_2}} = \frac{(T_1 - t_2) - (T_2 - t_1)}{\ln \dfrac{T_1 - t_2}{T_2 - t_1}} = \frac{(120 - 50) - (75 - 20)}{\ln \dfrac{120 - 50}{75 - 20}} = 62.2$$

$$R = \frac{T_1 - T_2}{t_2 - t_1} = \frac{120 - 75}{50 - 20} = 1.5, \qquad P = \frac{t_2 - t_1}{T_1 - t_1} = \frac{50 - 20}{120 - 20} = 0.3$$

由图 4-25(a) 查得 $\psi = 0.935$，单壳程、双管程平均温度差为

$$\Delta t_m = \psi \Delta t_{m逆} = 0.935 \times 62.2 = 58.2℃$$

三、总传热系数

前面已介绍了传热基本方程式 $Q = KA\Delta t_m$ 中的热负荷 Q 与平均温度差 Δt_m 的计算。本节是在热传导和对流传热的基础上介绍总传热系数 K 的计算。如何正确确定 K 值，是传热过程计算中的一个重要问题。

(一) 圆筒壁的总传热系数计算式

热、冷流体通过间壁的传热过程，是由对流传热、热传导、对流传热的 3 个过程串联而成。其微元段中的温度分布如图 4-26 所示。

热流体一侧的对流传热速率

$$dQ = \alpha_1 (T - T_w) dA_1 = \frac{T - T_w}{\dfrac{1}{\alpha_1 dA_1}} \tag{a}$$

间壁的传热速率
$$dQ = \frac{\lambda}{b} (T_w - t_w) dA_m = \frac{T_w - t_w}{\dfrac{b}{\lambda dA_m}} \tag{b}$$

冷流体一侧的对流传热速率

$$dQ = \alpha_2(t_w - t)dA_2 = \frac{t_w - t}{\dfrac{1}{\alpha_2 dA_2}} \qquad \text{(c)}$$

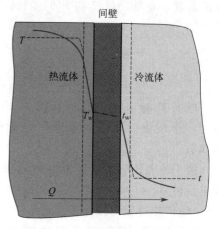

式中，α_1、α_2 为热流体的对流传热系数、冷流体的对流传热系数，$W/(m^2 \cdot \text{℃})$；dA_1、dA_2 为热流体侧的微元段传热面积、冷流体侧的微元段传热面积，m^2；dA_m 为以管内、外平均面积表示的微元段传热面积，m^2。

在稳态传热条件下，两侧的对流传热速率及间壁的传热速率都应相等。由式(a)～式(c) 得

$$dQ = \frac{T - t}{\dfrac{1}{\alpha_1 dA_1} + \dfrac{b}{\lambda dA_m} + \dfrac{1}{\alpha_2 dA_2}} = \frac{\text{总推动力}}{\text{总热阻}}$$

图4-26　微元段中热、冷流体
传热的温度分布

与传热速率方程微分式 $dQ = K(T-t)dA$ 相比，得

$$\frac{1}{K dA} = \frac{1}{\alpha_1 dA_1} + \frac{b}{\lambda dA_m} + \frac{1}{\alpha_2 dA_2} \qquad (4\text{-}42)$$

在一定条件下，式中乘积 $K dA$ 是一定的。当传热面为圆筒壁时，虽然 $dA_1 \neq dA_2 \neq dA_m$，但传热面积取 dA_1 或 dA_2 都可以，只要使 K 值随着所取的传热面不同而改变，以保持 $K dA = K_1 dA_1 = K_2 dA_2 = K_m dA_m$ 就可以了。$dA_1 = (\pi d_1)dL$，$dA_2 = (\pi d_2)dL$，$dA_m = (\pi d_m)dL$。

（1）若取 $dA = dA_1$，则式(4-42) 可改写为

$$\frac{1}{K_1} = \frac{1}{\alpha_1} + \frac{b dA_1}{\lambda dA_m} + \frac{dA_1}{\alpha_2 dA_2} = \frac{1}{\alpha_1} + \frac{b d_1}{\lambda d_m} + \frac{d_1}{\alpha_2 d_2} \qquad (4\text{-}42a)$$

式中，K_1 称为以传热面 A_1 为基准的总传热系数。

圆筒壁的外径 d_2 与内径 d_1 的平均直径 d_m 以对数平均值表示为

$$d_m = \frac{d_2 - d_1}{\ln \dfrac{d_2}{d_1}} = \frac{2b}{\ln \dfrac{d_2}{d_1}}$$

式中，b 为圆筒壁厚度。式(4-42a) 中，$\dfrac{b d_1}{\lambda d_m}$ 可写成 $\dfrac{d_1}{2\lambda}\ln\dfrac{d_2}{d_1}$，则有

$$\frac{1}{K_1} = \frac{1}{\alpha_1} + \frac{d_1}{2\lambda}\ln\frac{d_2}{d_1} + \frac{d_1}{\alpha_2 d_2} \qquad (4\text{-}42b)$$

（2）若取 $dA = dA_2$，则式(4-42) 可改写为

$$\frac{1}{K_2} = \frac{d_2}{\alpha_1 d_1} + \frac{b d_2}{\lambda d_m} + \frac{1}{\alpha_2} \qquad (4\text{-}42c)$$

或

$$\frac{1}{K_2} = \frac{d_2}{\alpha_1 d_1} + \frac{d_2}{2\lambda}\ln\frac{d_2}{d_1} + \frac{1}{\alpha_2} \qquad (4\text{-}42d)$$

式中，K_2 称为以传热面 A_2 为基准的总传热系数。

（3）若取 $dA = dA_m$，则式(4-42) 可改写为

$$\frac{1}{K_m} = \frac{d_m}{\alpha_1 d_1} + \frac{b}{\lambda} + \frac{d_m}{\alpha_2 d_2} \tag{4-42e}$$

式中，K_m 称为以传热面 A_m 为基准的总传热系数。

在推导总传热系数 K 的计算式(4-42) 时，虽然在传热管长上取了一微元段 dA，但用该式计算的 K 值，对整个传热管长也适用。因为在对流传热系数 α 计算时，是用定性温度查出流体物性参数，是计算流体从进口到出口整个传热管长的平均 α 值为常数。所以，用式 (4-42) 求得的总传热系数，也是整个传热管长的平均值。

（二）污垢热阻

换热器操作一段时间后，其传热表面常有污垢积存，使传热速率减小。污垢层虽不厚，但热阻很大。在计算总传热系数 K 值时，污垢热阻一般不可忽视。由于污垢层的厚度及其热导率不易估计，工程计算时，通常是根据经验选用**污垢热阻**（fouling resistance）。污垢热阻 R_d 的倒数称为**污垢系数**（dirty factor），表示为 $\alpha_d = \dfrac{1}{R_d}$，单位为 $W/(m^2 \cdot K)$。常见流体污垢热阻的经验值列于表 4-6。若传热管壁两侧流体的污垢热阻用 R_{d1}、R_{d2} 表示，按串联热阻的概念，以传热面积 A_1 为基准的总传热系数计算式为

$$\frac{1}{K_1} = \frac{1}{\alpha_1} + R_{d1} + \frac{bd_1}{\lambda d_m} + R_{d2}\frac{d_1}{d_2} + \frac{d_1}{\alpha_2 d_2} \tag{4-43}$$

对于易结垢的流体，或换热器使用过久，污垢层很厚时，必使传热速率严重下降，故换热器要根据具体工作条件定期清洗。

表 4-6　常用流体的污垢热阻

流　体	污垢热阻/$m^2 \cdot K \cdot kW^{-1}$	流　体	污垢热阻/$m^2 \cdot K \cdot kW^{-1}$
水(速度$<1m/s, t<47℃$)		不含油（劣质）	0.09
蒸馏水	0.09	往复机排出	0.176
海　水	0.09	液体	
清净的河水	0.21	处理过的盐水	0.264
未处理的凉水塔用水	0.58	有机物	0.176
已处理的凉水塔用水	0.26	燃料油	1.056
已处理的锅炉用水	0.26	焦油	1.76
硬水、井水	0.58	气体	
水蒸气		空气	0.26~0.53
不含油(优质)	0.052	溶剂蒸汽	0.14

【例 4-14】　有一套管式换热器，传热管为 $\phi 25mm \times 2.5mm$ 钢管。CO_2 气体在管内流动，对流传热系数为 $40W/(m^2 \cdot ℃)$；冷却水在传热管外流动，对流传热系数为 $3000W/(m^2 \cdot ℃)$。试求：（1）总传热系数；（2）若管内 CO_2 气体的对流传热系数增大一倍，总传热系数会增加多少？若管外水的对流传热系数增大一倍，总传热系数会增加多少？

解　$d_1 = 0.02m$, $d_2 = 0.025m$, $d_m = \dfrac{d_1 + d_2}{2} = \dfrac{0.02 + 0.025}{2} = 0.0225m$, $b = 0.0025m$, $\alpha_1 = 40W/(m^2 \cdot K)$, $\alpha_2 = 3000W/(m^2 \cdot K)$, 查得碳钢的热导率 $\lambda = 45W/(m \cdot K)$。取管内 CO_2 侧污垢热阻 $R_{d1} = 0.53 \times 10^{-3} m^2 \cdot K/W$，取管外水侧污垢热阻 $R_{d2} = 0.21 \times 10^{-3} m^2 \cdot K/W$。

(1) 以内表面积 A_1 为基准的总传热系数 K_1

$$\frac{1}{K_1}=\frac{1}{\alpha_1}+R_{d1}+\frac{bd_1}{\lambda d_m}+R_{d2}\frac{d_1}{d_2}+\frac{d_1}{\alpha_2 d_2} \tag{a}$$

$$=\frac{1}{40}+0.53\times10^{-3}+\frac{0.0025\times0.02}{45\times0.0225}+0.21\times10^{-3}\times\frac{0.02}{0.025}+\frac{0.02}{3000\times0.025}$$

$$=2.5\times10^{-2}+5.3\times10^{-4}+4.94\times10^{-5}+1.68\times10^{-4}+2.67\times10^{-4}$$

$$=2.6\times10^{-2}\,\mathrm{m^2\cdot K/W}$$

$$K_1=38.5\,\mathrm{W/(m^2\cdot K)}$$

以外表面积 A_2 为基准的总传热系数 K_2

$$\frac{1}{K_2}=\frac{1}{\alpha_2}+R_{d2}+\frac{bd_2}{\lambda d_m}+R_{d1}\frac{d_2}{d_1}+\frac{d_2}{\alpha_1 d_1} \tag{b}$$

$$=\frac{1}{3000}+0.21\times10^{-3}+\frac{0.0025\times0.025}{45\times0.0225}+0.53\times10^{-3}\times\frac{0.025}{0.02}+\frac{0.025}{40\times0.02}$$

$$=3.26\times10^{-2}\,\mathrm{m^2\cdot K/W}$$

$$K_2=30.7\,\mathrm{W/(m^2\cdot K)}$$

若传热管长为 L，则管内表面积 $A_1=\pi d_1 L=\pi\times0.02\times L=6.28\times10^{-2}L$，外表面积 $A_2=7.85\times10^{-2}L$。则得 $K_1 A_1=K_2 A_2=2.41\,\mathrm{W/K}$，即以内、外表面积计算的总传热系数与传热面的乘积相等。

从上述计算结果可知，管内 CO_2 侧热阻最大，占总热阻的 96%，管壁热阻最小，只占 0.19%。因此，总传热系数 K 值接近于 CO_2 气体侧的对流传热系数，即接近于 α 较小的一个。

(2) 若管内 CO_2 气体的对流传热系数增大一倍，其他条件不变，将式(a) 中的 $\alpha_1=40\,\mathrm{W/(m^2\cdot K)}$ 改为 $\alpha_1'=80\,\mathrm{W/(m^2\cdot K)}$，则 $\frac{1}{\alpha_1'}=\frac{1}{80}=0.0125$，求得 $\frac{1}{K_1'}=1.35\times10^{-2}\,\mathrm{m^2\cdot K/W}$，$K_1'=74\,\mathrm{W(m^2\cdot K)}$，即总传热系数增大了 92.2%。

若管外水的对流传热系数增大一倍，即 $\alpha_2'=6000\,\mathrm{W/(m^2\cdot K)}$，则得 $\frac{1}{K_1'}=2.59\times10^{-2}\,\mathrm{m^2\cdot K/W}$，$K_1'=38.6\,\mathrm{W/(m^2\cdot K)}$，即总传热系数仅增大了 0.26%。

本例中，CO_2 侧的对流传热系数 α 值远小于水侧的 α 值，所以 CO_2 侧的热阻远大于水侧的热阻。CO_2 侧的热阻为主要热阻，因此减小 CO_2 侧热阻对提高 K 值非常有效。

【例 4-15】 温度为 $60\,℃$ 的润滑油在外径为 $10\,mm$ 的铜管中流动。为了减少热损失，在铜管外包裹热导率为 $0.1\,\mathrm{W/(m\cdot℃)}$ 的绝热材料。试计算热量损失与绝热材料厚度的关系。如图 4-27 所示假设绝热材料的内表面温度为润滑油温度 ($60\,℃$)，保温层外表面对周围空气的对流 (包括热辐射) 传热系数 $\alpha=10\,\mathrm{W/(m^2\cdot℃)}$，周围空气温度为 $20\,℃$。

解 保温层内径 $d_1=0.01\,m$，计算保温层外径 d_2 与热量损失的关系。若管长为 l，则传热面以外表面积计算为

$$A=\pi d_2 l$$

温度差为 $$\Delta t=t_1-t_2=60-20=40\,℃$$

由式(4-42d) 写出总传热系数为

$$K=\frac{1}{\dfrac{d_2}{2\lambda}\ln\dfrac{d_2}{d_1}+\dfrac{1}{\alpha_2}}=\frac{1}{\dfrac{d_2}{2\times0.1}\ln\dfrac{d_2}{0.01}+\dfrac{1}{10}}$$

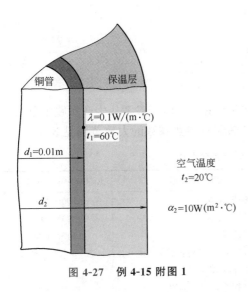

图 4-27　例 4-15 附图 1

图 4-28　例 4-15 附图 2

$$= \frac{1}{5d_2\ln(100d_2)+0.1} \tag{a}$$

热量损失计算式为

$$Q=KA\Delta t=K\cdot\pi d_2 l\cdot\Delta t \tag{b}$$

将式 (a) 代入式 (b)，得单位管长的热量损失为

$$q=\frac{Q}{l}=K\pi d_2\Delta t=\frac{\pi\times 40d_2}{5d_2\ln(100d_2)+0.1}$$

$$=\frac{125.6}{5\ln(100d_2)+\dfrac{0.1}{d_2}}$$

令式中的 d_2 从裸管外径 $d_1=0.01\mathrm{m}$ 开始计算，将计算结果标绘在图 4-28 中，由图可知，随着保温层外径增大，热损失增大，达到最大值后，热损失随着保温层直径增大而减小。这是由于上述 q 的计算式中两项热阻随着 d_2 的变化不同而引起的。

从图中可知，当 $d_2=0.05\mathrm{m}$ 时的热损失与裸管时的热损失 $q=12.6\mathrm{W/m}$ 相同。因此，保温层外径应大于 $0.05\mathrm{m}$，以减少热损失。

图 4-28 中热损失达到最大值时的外径称为临界直径 d_c。理论上可以证明临界直径的计算式为

$$d_c=\frac{2\lambda}{\alpha}$$

式中，λ 为保温材料的热导率，$\mathrm{W/(m\cdot K)}$；α 为保温层外表面与环境的对流传热系数，$\mathrm{W/(m^2\cdot K)}$。

(三) 平壁与薄壁管的总传热系数计算

当传热壁为平壁或薄壁管时，$A_1\approx A_2\approx A_m$，式 (4-43) 可简化为

$$\frac{1}{K}=\frac{1}{\alpha_1}+R_{d1}+\frac{b}{\lambda}+R_{d2}+\frac{1}{\alpha_2} \tag{4-44}$$

当传热壁热阻很小，可忽略，且流体清洁，污垢热阻也可忽略时，则式 (4-44) 可简化为

$$\frac{1}{K} = \frac{1}{\alpha_1} + \frac{1}{\alpha_2} \tag{4 45}$$

由此式可知，K 必趋近且小于 α_1 与 α_2 中较小的值。

（四）换热器中总传热系数的经验值

在工艺设计时，往往需要对换热器传热面积做初步估算，这时需参考从生产实践中总结的各种流体之间传热时的总传热系数经验值。列管式换热器总传热系数的大致范围见表 4-7。

表 4-7　列管式换热器中 K 值大致范围

两　流　体	$K/(W \cdot m^{-2} \cdot K^{-1})$	两　流　体	$K/(W \cdot m^{-2} \cdot K^{-1})$
水-水	700～1800	液体沸腾-液体	100～800
有机物-水		液体沸腾-气体	10～60
有机物黏度 $\mu < 0.5\text{mPa} \cdot s$	300～800	水蒸气冷凝-水	1500～4700
$\mu = 0.5 \sim 1.0\text{Pa} \cdot s$	200～500	水蒸气冷凝-有机物⎫	
$\mu > 1.0\text{Pa} \cdot s$	50～300	有机物冷凝-水　　⎬	
有机物-有机物		有机物黏度 $\mu < 0.5\text{mPa} \cdot s$	500～1200
冷流体黏度 $\mu < 1.0\text{mPa} \cdot s$	100～350	$\mu = 0.5 \sim 1.0\text{mPa} \cdot s$	200～700
$\mu > 1.0\text{mPa} \cdot s$	50～250	$\mu > 1.0\text{mPa} \cdot s$	50～350
液体-气体	10～60	有机物冷凝-有机物	40～350
气体-气体	10～40	水蒸气冷凝-水沸腾	1500～4700
蒸气冷凝-气体	20～250	水蒸气冷凝-有机物沸腾	500～1200

当总传热系数缺乏可靠的经验数据时，也常通过生产中现用的工艺条件相仿、结构类似的换热器进行测定。其传热面积 A 已知，测出两流体的流量和进、出口温度，求出热负荷 Q 和平均温度差 Δt_m，用传热速率方程式 $Q = KA\Delta t_m$ 就可求出总传热系数 K。

【例 4-16】 现测定一传热面积为 2m^2 的列管式换热器的总传热系数 K 值。已知热水走管程，测得其流量为 1500kg/h，进口温度为 $80℃$，出口温度为 $50℃$；冷水走壳程，测得进口温度为 $15℃$，出口为 $30℃$，逆流流动。

解　热水温度 $T_1 = 80℃$，$T_2 = 50℃$，平均温度 $T_m = \dfrac{80+50}{2} = 65℃$，查得热水的比热容 $c_p = 4.18 \times 10^3 \text{J/(kg} \cdot \text{K)}$。热水的流量 $q_m = 1500\text{kg/h}$，则热负荷为 $Q = q_m c_p (T_1 - T_2) = \dfrac{1500}{3600} \times 4.18 \times 10^3 (80-50) = 5.23 \times 10^4 \text{W}$

逆流时平均温度差　　　　$80℃ \longrightarrow 50℃$　　$\Delta t_1 = 80 - 30 = 50℃$

　　　　　　　　　　　　$30℃ \longleftarrow 15℃$　　$\Delta t_2 = 50 - 15 = 35℃$

因 $\dfrac{\Delta t_1}{\Delta t_2} = \dfrac{50}{35} < 2$，$\Delta t_m = \dfrac{50+35}{2} = 42.5℃$。传热面积 $A = 2\text{m}^2$，则总传热系数

$$K = \frac{Q}{A\Delta t_m} = \frac{5.23 \times 10^4}{2 \times 42.5} = 615 \text{W/(m}^2 \cdot \text{K)}$$

四、壁温计算

在传热过程计算中，当计算自然对流、强制对流的层流、冷凝、沸腾时的对流传热系数以及选用换热器类型和管材时，都需要知道壁温。热量从热流体通过间壁传给冷流体，两侧流体对壁面的对流传热速率及间壁的传热速率在稳态条件下必相等。即方程式为

$$Q=\frac{T-T_{\mathrm{w}}}{\dfrac{1}{\alpha_1 A_1}}=\frac{T_{\mathrm{w}}-t_{\mathrm{w}}}{\dfrac{b}{\lambda A_{\mathrm{m}}}}=\frac{t_{\mathrm{w}}-t}{\dfrac{1}{\alpha_2 A_2}} \tag{4-46}$$

式中，T、t、T_{w} 及 t_{w} 分别为热、冷流体及管壁的平均温度。利用这些方程式就可求出壁温，壁温总是接近 α 较大一侧的流体温度。若 $\alpha_1 \approx \alpha_2$，则壁温 $t_{\mathrm{w}} \approx \dfrac{T+t}{2}$。

若管壁两侧有污垢，还应考虑污垢热阻的影响。方程式可写成

$$Q=\frac{T-T_{\mathrm{w}}}{\left(\dfrac{1}{\alpha_1}+R_{\mathrm{d1}}\right)\dfrac{1}{A_1}}=\frac{T_{\mathrm{w}}-t_{\mathrm{w}}}{\dfrac{b}{\lambda A_{\mathrm{m}}}}=\frac{t_{\mathrm{w}}-t}{\left(\dfrac{1}{\alpha_2}+R_{\mathrm{d2}}\right)\dfrac{1}{A_2}} \tag{4-47}$$

【例 4-17】 在一由 $\phi25\mathrm{mm}\times2.5\mathrm{mm}$ 碳钢管构成的废热锅炉中，管内通入高温气体，进口 $500℃$，出口 $400℃$。管外为 $p=1\mathrm{MPa}$ 压力的水沸腾。已知高温气体对流传热系数 $\alpha_1=250\mathrm{W}/(\mathrm{m}^2\cdot℃)$，水沸腾的对流传热系数 $\alpha_2=10000\mathrm{W}/(\mathrm{m}^2\cdot℃)$。忽略污垢热阻。试求管内壁平均温度 T_{w} 及管外壁平均温度 t_{w}。

解 （1）总传热系数 以管子内表面积 A_1 为基准，碳钢的 $\lambda=45\mathrm{W}/(\mathrm{m}\cdot\mathrm{K})$，$d_1=20\mathrm{mm}$，$d_2=25\mathrm{mm}$，$d_{\mathrm{m}}=22.5\mathrm{mm}$，$b=0.0025\mathrm{m}$，则

$$K_1=\frac{1}{\dfrac{1}{\alpha_1}+\dfrac{b}{\lambda}\dfrac{d_1}{d_{\mathrm{m}}}+\dfrac{1}{\alpha_2}\dfrac{d_1}{d_2}}=\frac{1}{\dfrac{1}{250}+\dfrac{0.0025}{45}\dfrac{20}{22.5}+\dfrac{1}{10000}\dfrac{20}{25}}=242\mathrm{W}/(\mathrm{m}^2\cdot℃)$$

（2）平均温度差 $p=1\mathrm{MPa}$ 时，水的饱和温度为 $t=180℃$，$T_1=500℃$，$T_2=400℃$

$$\Delta t_1=T_1-t=500-180=320℃, \qquad \Delta t_2=T_2-t=400-180=220℃$$

$$\Delta t_{\mathrm{m}}=\frac{320+220}{2}=270℃$$

（3）计算单位面积传热量

$$\frac{Q}{A_1}=K_1\Delta t_{\mathrm{m}}=242\times270=65340\mathrm{W}/\mathrm{m}^2$$

（4）管壁温度

热流体的平均温度
$$T=\frac{500+400}{2}=450℃$$

管内壁温度
$$T_{\mathrm{w}}=T-\frac{Q}{\alpha_1 A_1}=450-\frac{65340}{250}=188.6℃$$

管外壁温度
$$t_{\mathrm{w}}=T_{\mathrm{w}}-\frac{bQ}{\lambda A_{\mathrm{m}}}=T_{\mathrm{w}}-\frac{bQ}{\lambda A_1}\cdot\frac{A_1}{A_{\mathrm{m}}}$$

$$=T_{\mathrm{w}}-\frac{bQd_1}{\lambda A_1 d_{\mathrm{m}}}=188.6-\frac{0.0025}{45}\times65340\times\frac{20}{22.5}=185.4℃$$

计算结果表明：①由于水沸腾的 α_2 比高温气体的 α_1 大很多，所以壁温接近于水沸腾的温度；②因管壁热阻很小，管壁两侧的温度比较接近；③若水侧有污垢，壁温会升高。例如，水侧污垢热阻为 $5\times10^{-4}\mathrm{m}^2\cdot\mathrm{K}/\mathrm{W}$，则计算的管内壁温度 $T_{\mathrm{w}}=211℃$，外壁温度 $t_{\mathrm{w}}=208℃$。

五、传热计算示例

传热速率方程 $Q=KA\Delta t_m$ 是传热基本方程，应熟练掌握该式中各项的意义、单位和不同情况下的求法。并以此方程为基础，把热量衡算、平均温度差、总传热系数以及热传导方程、对流传热方程和对流传热系数等内容联系起来，学会分析、解决传热过程的问题。其中，总传热系数的确定是解决传热问题的关键。

【例 4-18】 有一碳钢制造的套管换热器，其内管直径为 $\phi89mm\times3.5mm$，流量为 2000kg/h 的苯在内管中从 80℃冷却到 50℃。冷却水在环隙从 15℃升到 35℃。苯的对流传热系数 $\alpha_1=230W/(m^2\cdot K)$，水的对流传热系数 $\alpha_2=290W/(m^2\cdot K)$。忽略污垢热阻。试求：(1) 冷却水消耗量；(2) 并流和逆流操作时所需传热面积；(3) 如果逆流操作时所采用的传热面积与并流时的相同，计算冷却水出口温度与消耗量，假设总传热系数随温度的变化忽略不计。

解 (1) 冷却水消耗量计算

	平均温度	比热容	流量
苯	$T=\dfrac{80+50}{2}=65℃$	$c_{p1}=1.86\times10^3 J/(kg\cdot℃)$	$q_{m1}=2000kg/h$
水	$t=\dfrac{15+35}{2}=25℃$	$c_{p2}=4.178\times10^3 J/(kg\cdot℃)$	

热负荷 Q，苯放出的热量

$$Q=q_{m1}c_{p1}(T_1-T_2)=\frac{2000}{3600}\times1.86\times10^3\times(80-50)=3.1\times10^4\,W$$

冷却水消耗量 $\quad q_{m2}=\dfrac{Q}{c_{p2}(t_2-t_1)}=\dfrac{3.1\times10^4\times3600}{4.178\times10^3\times(35-15)}=1336kg/h$

(2) 并流与逆流操作时所需传热面积计算

以内表面积 A_1 为基准的总传热系数 K_1，碳钢的热导率 $\lambda=45W/(m\cdot K)$

$$\frac{1}{K_1}=\frac{1}{\alpha_1}+\frac{bd_1}{\lambda d_m}+\frac{d_1}{\alpha_2 d_2}=\frac{1}{230}+\frac{0.0035\times0.082}{45\times0.0855}+\frac{0.082}{290\times0.089}$$

$$=4.35\times10^{-3}+7.46\times10^{-5}+3.18\times10^{-3}=7.6\times10^{-3}m^2\cdot K/W$$

$K_1=131.6W/(m^2\cdot K)$，本题管壁热阻与其他传热阻力相比很小，可忽略不计。

并流操作

$$\begin{array}{l} 80\longrightarrow50 \\ \underline{15\longrightarrow35} \\ \quad65\quad\ \ 15 \end{array}\qquad \Delta t_{m并}=\frac{65-15}{\ln\dfrac{65}{15}}=34.1℃$$

传热面积 $\quad A_{1并}=\dfrac{Q}{K_1\Delta t_{m并}}=\dfrac{3.1\times10^4}{131.6\times34.1}=6.91m^2$

逆流操作

$$\begin{array}{l} 80\longrightarrow50 \\ \underline{35\longleftarrow15} \\ \quad45\quad\ \ 35 \end{array}\qquad \Delta t_{m逆}=\frac{45+35}{2}=40℃$$

传热面积 $\quad A_{1逆}=\dfrac{Q}{K_1\Delta t_{m逆}}=\dfrac{3.1\times10^4}{131.6\times40}=5.89m^2$

因 $\Delta t_{m并} < \Delta t_{m逆}$，$A_{1并} > A_{1逆}$。$\dfrac{A_{1并}}{A_{1逆}} = \dfrac{\Delta t_{m逆}}{\Delta t_{m并}} = 1.17$

（3）如果逆流操作时所采用的传热面积与并流时的相同，计算冷却水出口温度与消耗量。

$$A_1 = 6.91 \text{m}^2, \quad \Delta t_m = \frac{Q}{K_1 A_1} = \frac{3.1 \times 10^4}{131.6 \times 6.91} = 34.1℃$$

冷却水出口温度以 t_2' 表示，则

$$
\begin{array}{c}
80 \longrightarrow 50 \\
t_2' \longleftarrow 15 \\
\hline
\Delta t' \quad\quad 35
\end{array}
\qquad \Delta t_m = \frac{\Delta t' + 35}{2} = 34.1, \quad \Delta t' = 33.2℃
$$

冷却水出口温度　　　　　　　　　　$t_2' = 80 - 33.2 = 46.8℃$

水的平均温度　　　　　　　　　　$t' = \dfrac{15 + 46.8}{2} = 30.9℃$

水的比热容　　　　　　　　　　$c_{p2}' = 4.174 \times 10^3 \text{J}/(\text{kg} \cdot ℃)$

冷却水消耗量　　　$q_{m2} = \dfrac{Q}{c_{p2}'(t_2' - t_1)} = \dfrac{3.1 \times 10^4 \times 3600}{4.174 \times 10^3 \times (46.8 - 15)} = 841 \text{kg/h}$

逆流操作比并流操作可节省冷却水　　$\dfrac{1336 - 841}{1336} \times 100 = 37.1\%$

使逆流与并流的传热面积相同，则逆流时冷却水出口温度由原来的 35℃ 变为 46.6℃，在热负荷相同条件下，冷却水消耗量减少了 37.1%。

【例 4-19】 有一套管式换热器，在管径为 $\phi 38\text{mm} \times 2\text{mm}$ 的内管中有流速为 1.5m/s 的水从 25℃ 加热到 55℃，在内管与外套管的环隙中有压力为 140kPa 的饱和水蒸气冷凝放热，其对流传热系数 $\alpha_2 = 10^4 \text{W}/(\text{m}^2 \cdot \text{K})$。水蒸气冷凝侧的污垢热阻取 $10^{-4} \text{m}^2 \cdot \text{K/W}$，水侧为 $10^{-4} \text{m}^2 \cdot \text{K/W}$。管壁热阻忽略不计，试求水蒸气消耗量和所需传热面积。

解　（1）水蒸气消耗量计算

查水蒸气在 140kPa 压力下的饱和温度 $T = 109.2℃$，比汽化热 $r = 2.234 \times 10^6 \text{J/kg}$。水的平均温度 $t = \dfrac{t_1 + t_2}{2} = \dfrac{25 + 55}{2} = 40℃$，查得比热容 $c_{p1} = 4.174 \times 10^3 \text{J}/(\text{kg} \cdot \text{K})$，密度 $\rho = 992.2 \text{kg/m}^3$，黏度 $\mu = 65.6 \times 10^{-5} \text{Pa} \cdot \text{s}$，热导率 $\lambda = 63.38 \times 10^{-2} \text{W(m} \cdot \text{K)}$，普朗特数 $Pr = 4.31$。内管内径 $d_1 = 0.034\text{m}$，水的流速 $u = 1.5\text{m/s}$。

水的质量流量　$q_{m1} = \dfrac{\pi}{4} d_1^2 u \rho = \dfrac{\pi}{4} \times (0.034)^2 \times 1.5 \times 992.2 = 1.35 \text{kg/s}$

热负荷　$Q = q_{m1} c_{p1}(t_2 - t_1) = 1.35 \times 4.174 \times 10^3 \times (55 - 25) = 1.69 \times 10^5 \text{W}$

水蒸气消耗量　$q_{m2} = \dfrac{Q}{r} = \dfrac{1.69 \times 10^5}{2.234 \times 10^6} = 7.56 \times 10^{-2} \text{kg/s} = 272 \text{kg/h}$

（2）传热面积计算

水的雷诺数　$Re = \dfrac{d_1 u \rho}{\mu} = \dfrac{0.034 \times 1.5 \times 992.2}{65.6 \times 10^{-5}} = 7.71 \times 10^4$（湍流）

水侧的对流传热系数 $\alpha_1 = 0.023 \dfrac{\lambda}{d_1} Re^{0.8} Pr^n$，水被加热 $n = 0.4$

$$\alpha_1 = 0.023 \times \frac{0.6338}{0.034} \times (7.71 \times 10^4)^{0.8} \times 4.31^{0.4} = 6.246 \times 10^3 \, \text{W/(m}^2 \cdot \text{K)}$$

总传热系数 $K_1 = \dfrac{1}{\dfrac{1}{\alpha_1} + R_{d1} + R_{d2}\dfrac{d_1}{d_2} + \dfrac{d_1}{\alpha_2 d_2}} = \dfrac{1}{\dfrac{1}{6.246 \times 10^3} + 10^{-4} + \left(10^{-4} + \dfrac{1}{10^4}\right)\dfrac{34}{38}}$

$$= 2277 \, \text{W/(m}^2 \cdot \text{K)}$$

平均温度差

$$
\begin{array}{ccc}
109.2 & & 109.2 \\
\dfrac{25}{84.2} & \longrightarrow & \dfrac{55}{54.2}
\end{array}
\qquad \Delta t_m = \frac{84.2 + 54.2}{2} = 69.2 \, ℃
$$

传热面积

$$A_1 = \frac{Q}{K_1 \Delta t_m} = \frac{1.69 \times 10^5}{2277 \times 69.2} = 1.07 \, \text{m}^2$$

【例 4-20】 有一单壳程双管程列管式换热器，用 130℃ 饱和水蒸气将 30000kg/h 的乙醇水溶液从 30℃ 加热到 80℃。列管换热器由 78 根 $\phi25\text{mm} \times 2.5\text{mm}$、长 3m 的钢管管束组成，乙醇水溶液走管程，饱和水蒸气走壳程。水蒸气的冷凝传热系数为 $10000\text{W/(m}^2 \cdot \text{K)}$，钢的导热系数为 $45\text{W/(m} \cdot \text{K)}$，忽略污垢热阻及热损失。试问此换热器能否完成任务。

[已知该乙醇水溶液在定性温度下的密度为 880kg/m^3，黏度为 $1.2 \times 10^{-3}\text{Pa} \cdot \text{s}$，比热容为 $4.02\text{kJ/(kg} \cdot \text{K)}$，导热系数为 $0.42\text{W/(m} \cdot \text{K)}$。]

解 生产任务所需的换热能力为

$Q_{\text{需要}} = q_{m2}c_{p2}(t_2 - t_1) = 30000/3600 \times 4.02 \times 10^3 \times (80 - 30) = 1.67 \times 10^6 \, \text{W}$

$$\Delta t_m = \frac{(130 - 30) - (130 - 80)}{\ln \dfrac{130 - 30}{130 - 80}} = 72.1 \, ℃$$

$$A_1 = 78 \times 3.14 \times 0.02 \times 3 = 14.7 \, \text{m}^2$$

$$u = \frac{30000}{3600 \times 880 \times 0.785 \times 39 \times 0.02^2} = 0.773 \, \text{m/s}$$

$$Re = \frac{0.02 \times 0.773 \times 880}{1.2 \times 10^{-3}} = 1.13 \times 10^4 > 10^4 \, (湍流)$$

$$Pr = \frac{4.02 \times 10^3 \times 1.2 \times 10^{-3}}{0.42} = 11.5$$

$$\frac{l}{d_1} = \frac{3}{0.02} = 150 > 60$$

则

$$\alpha_1 = 0.023 \times \frac{0.42}{0.02} \times (1.13 \times 10^4)^{0.8} \times 11.5^{0.4} = 2242 \, \text{W/(m}^2 \cdot \text{K)}$$

$$\frac{1}{K_1} = \frac{1}{\alpha_1} + \frac{b}{\lambda}\frac{d_1}{d_m} + \frac{1}{\alpha_2}\frac{d_1}{d_2} = \frac{1}{2242} + \frac{0.02}{0.0225} \times \frac{0.0025}{45} + \frac{1}{10^4} \times \frac{0.02}{0.025} = 5.76 \times 10^{-4} \, \text{m}^2 \cdot \text{K/W}$$

得

$$K_1 = 1736 \, \text{W/(m}^2 \cdot \text{K)}$$

$$Q = K_1 A_1 \Delta t_m = 1736 \times 14.7 \times 72.1 = 1.84 \times 10^6 \, \text{W}$$

$Q > Q_{\text{需要}}$，所以能完成任务。

【例 4-21】 有一列管式换热器，按传热管的内表面积计算的传热面积为 $A_1=50\text{m}^2$。流量为 $5200\text{m}^3/\text{h}$(标准状况 $p^{\ominus}=101325\text{Pa}$，$T^{\ominus}=273.15\text{K}$)的常压空气，在管内从 20℃ 加热到 90℃。压力为 200kPa 的饱和水蒸气，在壳程冷凝放热。试求：(1)总传热系数；(2)当空气流量增加 $\dfrac{1}{4}$，其出口温度变为多少？(3)若不想让空气出口温度改变，饱和水蒸气压力应调节到多少？(4)若不调节水蒸气压力，而改变管长，试求管长为原管长的多少倍。

假设空气在管内呈湍流流动，水蒸气冷凝侧热阻和管壁热阻均很小，忽略不计。

解 (1) 计算总传热系数

空气流量 $q_{V0}=5200\text{m}^3/\text{h}=1.444\text{m}^3/\text{s}$，空气平均温度 $t=\dfrac{20+90}{2}=55℃$，查得空气标准状况下的密度 $\rho_0=1.293\text{kg/m}^3$，比热容 $c_p=1.005\times10^3\text{J/(kg·K)}$，则热负荷

$$Q=q_{V0}\rho_0 c_p(t_2-t_1)=1.444\times1.293\times1.005\times10^3\times(90-20)=1.31\times10^5\text{W}$$

查得水蒸气在 200kPa 下的饱和温度为 120℃，则平均温度差为

$$\Delta t_m=\frac{(120-20)-(120-90)}{\ln\left(\dfrac{120-20}{120-90}\right)}=58.1℃$$

已知传热面积 $A_1=50\text{m}^2$，则总传热系数为

$$K_1=\frac{Q}{A_1\Delta t_m}=\frac{1.31\times10^5}{50\times58.1}=45.1\text{W/(m}^2\cdot\text{K)}$$

(2) 当空气流量增加 $\dfrac{1}{4}$，其出口温度变为多少？

$$K_1\approx\alpha_1$$

流量增加前 $\qquad q_{V0}\rho_0 c_p(90-20)=\alpha_1 A_1 58.1 \qquad\qquad\qquad (a)$

流量增加后 $q'_{V0}=\dfrac{5}{4}q_{V0}$，流速 $u'=\dfrac{5}{4}u$，由式(4-19)知 $\alpha_1\propto u^{0.8}$，$\alpha'_1\propto u'^{0.8}$，故 $\alpha'_1=\left(\dfrac{5}{4}\right)^{0.8}\alpha_1$。流量增加后，其出口温度以 t'_2 表示。

$$\frac{5}{4}q_{V0}\rho_0 c_p(t'_2-20)=\left(\frac{5}{4}\right)^{0.8}\alpha_1 A_1\frac{(120-20)-(120-t'_2)}{\ln\left(\dfrac{120-20}{120-t'_2}\right)} \qquad (b)$$

由式(a) 与式(b) 得

$$\frac{70}{\left(\dfrac{5}{4}\right)^{0.2}(t'_2-20)}=\frac{58.1}{\dfrac{t'_2-20}{\ln\left(\dfrac{100}{120-t'_2}\right)}}$$

解得 $\qquad \ln\left(\dfrac{100}{120-t'_2}\right)=1.15,\qquad \dfrac{100}{120-t'_2}=3.16,\qquad t'_2=88.4℃$

(3) 流量增加后，t_2 不改变，求水蒸气温度 T'

$$\frac{5}{4}q_{V0}\rho_0 c_p(90-20)=\left(\frac{5}{4}\right)^{0.8}\alpha_1 A_1\frac{(T'-20)-(T'-90)}{\ln\left(\dfrac{T'-20}{T'-90}\right)} \tag{c}$$

由式（a）与式（c）得

$$\ln\left(\frac{T'-20}{T'-90}\right)=1.15,\qquad \frac{T'-20}{T'-90}=3.16,\qquad T'=122.4℃$$

查得水蒸气压力为 214.7kPa，即压力应调节到 214.7kPa。

（4）流量增加后，T 不改变，而改变管长，即改变传热面积大小。

$$\frac{5}{4}q_{V0}\rho_0 c_p(t_2-t_1)=\left(\frac{5}{4}\right)^{0.8}\alpha_1 A_1'\frac{(120-20)-(120-90)}{\ln\left(\dfrac{120-20}{120-90}\right)} \tag{d}$$

由式（a）与式（d）得 $\dfrac{1}{\frac{5}{4}}=\dfrac{A_1}{\left(\frac{5}{4}\right)^{0.8}A_1'}$，则 $\dfrac{A_1'}{A_1}=\left(\dfrac{5}{4}\right)^{0.2}=1.046$。若传热管根数为 n，管内径

为 d_1，管长为 l，则传热面积 $A_1=\pi d_1 ln$，故 $\dfrac{A_1'}{A_1}=\dfrac{l'}{l}=1.046$，即 $l'=1.046l$，管长为原管长的 1.046 倍。流量增加后传热面积 $A_1'=50\times1.046=52.3\text{m}^2$。

【例 4-22】 有一台运转中的单程逆流列管式换热器，热空气在管程由 120℃ 降至 80℃，其对流传热系数 $\alpha_1=50\text{W}/(\text{m}^2\cdot\text{K})$。壳程的冷却水从 15℃ 升至 90℃，其对流传热系数 $\alpha_2=2000\text{W}/(\text{m}^2\cdot\text{K})$，管壁热阻及污垢热阻皆可不计。当冷却水量增加一倍时，试求：（1）水和空气的出口温度 t_2' 和 T_2'，忽略流体物性参数随温度的变化；（2）传热速率 Q' 比原来增加了多少？

解 （1）当冷却水流量增加一倍时，计算水和空气的出口温度 t_2' 和 T_2'

水的流量增加前 $T_1=120℃$，$T_2=80℃$，$t_1=15℃$，$t_2=90℃$，$\alpha_1=50\text{W}/(\text{m}^2\cdot\text{K})$，$\alpha_2=2000\text{W}/(\text{m}^2\cdot\text{K})$

$$K=\frac{1}{\dfrac{1}{\alpha_1}+\dfrac{1}{\alpha_2}}=\frac{1}{\dfrac{1}{50}+\dfrac{1}{2000}}=48.8\text{W}/(\text{m}^2\cdot\text{K})$$

$$\Delta t_m=\frac{(T_1-t_2)-(T_2-t_1)}{\ln\dfrac{T_1-t_2}{T_2-t_1}}=\frac{(120-90)-(80-15)}{\ln\dfrac{120-90}{80-15}}=45.3℃$$

$$Q=q_{m1}c_{p1}(T_1-T_2)=q_{m2}c_{p2}(t_2-t_1)=KA\Delta t_m$$

将 $T_1-T_2=120-80=40℃$，$t_2-t_1=90-15=75℃$ 代入上式，得

$$40q_{m1}c_{p1}=75q_{m2}c_{p2}=48.8\times45.3A \tag{a}$$

水流量增加后 $\alpha_2'=2^{0.8}\alpha_2$，则

$$K'=\frac{1}{\dfrac{1}{\alpha_1}+\dfrac{1}{2^{0.8}\alpha_2}}=\frac{1}{\dfrac{1}{50}+\dfrac{1}{2^{0.8}\times2000}}=49.3\text{W}/(\text{m}^2\cdot\text{K})$$

$$\Delta t_m'=\frac{(T_1-t_2')-(T_2'-t_1)}{\ln\dfrac{T_1-t_2'}{T_2'-t_1}}=\frac{(120-t_2')-(T_2'-15)}{\ln\dfrac{120-t_2'}{T_2'-15}}$$

$$Q' = q_{m1}c_{p1}(T_1 - T_2') = 2q_{m2}c_{p2}(t_2' - t_1) = K'A\Delta t_m'$$

$$q_{m1}c_{p1}(120 - T_2') = 2q_{m2}c_{p2}(t_2' - 15) = 49.3A\frac{120 - t_2' - (T_2' - 15)}{\ln\dfrac{120 - t_2'}{T_2' - 15}} \tag{b}$$

由式（a）与式（b）中的物料衡算式，求得

$$\frac{40}{120 - T_2'} = \frac{75}{2(t_2' - 15)} \quad 或 \quad t_2' - 15 = \frac{75}{80}(120 - T_2') \tag{c}$$

由式（a）与式（b）中的第一项与第三项，求得

$$\frac{40}{120 - T_2'} = \frac{48.8 \times 45.3}{49.3 \times \dfrac{120 - T_2' - (t_2' - 15)}{\ln\dfrac{120 - t_2'}{T_2' - 15}}} \tag{d}$$

将式（c）代入式（d），得

$$\ln\frac{120 - t_2'}{T_2' - 15} = 0.0558, \qquad \frac{120 - t_2'}{T_2' - 15} = 1.057 \tag{e}$$

由式（c）与式（e）得 $\qquad t_2' = 61.9℃, \qquad T_2' = 69.9℃$

（2）传热速率 Q' 比原来的 Q 增加了多少？

$$\frac{Q'}{Q} = \frac{q_{m1}c_{p1}(T_1 - T_2')}{q_{m1}c_{p1}(T_1 - T_2)} = \frac{T_1 - T_2'}{T_1 - T_2} = \frac{120 - 69.9}{120 - 80} = 1.25$$

即传热速率增加了 25%。

第五节 热 辐 射

当物体温度较高时，热辐射往往成为主要的传热方式。在工程技术和日常生活中，辐射传热是常见的现象，例如各种工业用炉、辐射干燥、食品烤箱及太阳能热水器等。最为常见的辐射现象是太阳对大地的照射。近年来，人类对太阳能的利用促进了对辐射传热的研究。

本节简要介绍热辐射的基本概念与基本定律及其应用。

一、热辐射的基本概念

（一）热辐射的物理本质

凡是热力学温度在零度以上的物体，由于物体内部原子复杂的激烈运动能以电磁波的形式对外发射热辐射线，并向周围空间作直线传播。当与另一物体相遇时，则可被吸收、反射和透过，其中被吸收的热辐射线又转变为热能。热辐射线的波长主要集中在 $\lambda = 0.1 \sim 1000\mu m$ 范围内，其中 $\lambda = 0.1 \sim 0.38\mu m$ 为紫外线，$\lambda = 0.38 \sim 0.76\mu m$ 为可见光，$\lambda = 0.76 \sim 1000\mu m$ 红外线。热辐射线的大部分能量位于红外线波长范围的 $0.76 \sim 20\mu m$ 之间。

热辐射线的传播不需要任何介质，在真空中能很快地传播。

（二）吸收率、反射率与透过率

如图 4-29 所示，当投射到物体表面上的辐射能为 Q，其中一部分能量 Q_α 被该物体吸收，一部分能量 Q_ρ 被该物体反射，一部分能量 Q_τ 透过该物体。依能量守恒定律，有

$$Q_\alpha + Q_\rho + Q_\tau = Q$$

令 $Q_\alpha/Q = \alpha$，称为吸收率；$Q_\rho/Q = \rho$，称为反射率；$Q_\tau/Q = \tau$，称为透过率。则得

$$\alpha + \rho + \tau = 1 \tag{4-48}$$

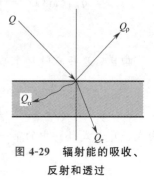

图 4-29　辐射能的吸收、反射和透过

（三）透热体、白体与黑体

1. 透热体

当物体的透过率 $\tau = 1$ 时，则表示该物体对投射来的热辐射线既不吸收也不反射，而是全部透过，这种物体称为**透热体**。

自然界只有近似的透热体，例如分子结构对称的双原子气体（O_2、N_2 和 H_2 等）可视为透热体。但是，分子结构不对称的双原子气体和多原子气体，如 CO、CO_2、SO_2、CH_2 和水蒸气等，一般都具有较大的辐射能力和吸收能力。

2. 白体

物体的反射率 ρ 是表明物体反射辐射能的本领，当 $\rho = 1$ 时称为**绝对白体**，或简称为**白体**。实际物体中不存在绝对白体，但有的物体接近于白体。如表面磨光的铜，其反射率可达 0.97。

3. 黑体

当物体的吸收率 $\alpha = 1$ 时，则表示该物体能全部吸收投射来的各种波长的热辐射线，这种物体称为绝对黑体，或简称为**黑体**（black body）。黑体是对热辐射线吸收能力最强的一种理想化物体，实际物体没有绝对的黑体。引入黑体这个概念，可以使实际物体的辐射能力的计算简化。

（四）固体、液体与气体的热辐射特点

1. 固体与液体的热辐射特点

固体和液体不能透过热辐射线，其透过率 $\tau = 0$。因此，其吸收率 α 与反射率 ρ 之和为 1，即

$$\alpha + \rho = 1 \tag{4-49}$$

这表明对热辐射线不能透过的物体，其反射能力越大，则其吸收能力就越小；反之，其反射能力越小，则其吸收能力就越大。

固体和液体向外发射热辐射线以及吸收投射来的热辐射线都是在物体表面上进行的，因此，其表面情况对热辐射的影响较大。

2. 气体的热辐射特点

气体的辐射和吸收是在整个气体容积内进行的。因为投射到气体的热辐射能进入气体容积内部，沿途被气体分子逐渐吸收。气体容积发射的热辐射能也是整个容积内气体分子发射的热辐射能的总和。因此，气体所发射的和吸收的热辐射能都是在整个气体容积内沿射线行程进行的。

二、物体的辐射能力与斯蒂芬-波尔兹曼定律

下面分别介绍黑体的辐射能力与实际物体的辐射能力。

(一) 黑体的辐射能力与斯蒂芬-波尔兹曼定律

在一定温度下，物体在单位时间内由单位面积所发射的全部波长（从 0 到∞）的辐射能称为该物体在该温度下的辐射能力（emissive power），以 E 表示，即

$$E = Q/A \qquad (4\text{-}50)$$

式中，E 为辐射能力，W/m^2；Q 为辐射能，W；A 为物体表面积，m^2。

理论研究证明，黑体的辐射能力 E_b 可用斯蒂芬-波尔兹曼（Stefan-Boltzmann）定律表示为

$$E_b = \sigma T^4 \qquad (4\text{-}51)$$

式中，E_b 为黑体的辐射能力，W/m^2；σ 为斯蒂芬-波尔兹曼常数，$\sigma = 5.67 \times 10^{-8} W/(m^2 \cdot K^4)$；$T$ 为黑体表面的热力学温度，K。

在应用时，通常将上式写成

$$E_b = C_b \left(\frac{T}{100} \right)^4 \qquad (4\text{-}52)$$

式中，C_b 为黑体的辐射系数，$C_b = 5.67 W/(m^2 \cdot K^4)$。

斯蒂芬-波尔兹曼定律表明黑体的辐射能力与其热力学温度的四次方成正比，故该定律又称为四次方定律。四次方定律是热辐射的基本定律，是辐射传热计算的基础。

【**例 4-23**】 试计算一黑体表面温度分别为 20℃ 及 600℃ 时辐射能力的变化。

解 （1）黑体在 20℃ 时的辐射能力

$$E_{b1} = C_b \left(\frac{T}{100} \right)^4 = 5.67 \times \left(\frac{273+20}{100} \right)^4 = 418 W/m^2$$

（2）黑体在 600℃ 时的辐射能力

$$E_{b2} = C_b \left(\frac{T}{100} \right)^4 = 5.67 \times \left(\frac{273+600}{100} \right)^4 = 32930 W/m^2$$

$$\frac{E_{b2}}{E_{b1}} = \frac{32930}{418} = 78.8$$

由此例题可见，同一黑体温度变化 $600/20 = 30$ 倍，而辐射能力 E_{b2} 为原辐射能力 E_{b1} 的 78.8 倍，说明温度对辐射能力的影响在低温时影响较小，往往可以忽略，而高温时则可成为主要的传热方式。

(二) 实际物体的辐射能力、黑度与灰体

1. 实际物体的辐射能力

在一定温度下，黑体的辐射能力比任何物体的辐射能力都大，也就是说黑体的辐射能力最大。

为了说明实际物体在某一温度下的辐射能力的大小，可以将其与同温度下黑体的辐射能力进行对比。通过对比，就很容易确定实际物体的辐射能力大小。

实际物体的辐射能力 E 与同温度下黑体的辐射能力 E_b 之比值称为该物体的黑度

(blackness)，以 ε 表示，即

$$\varepsilon = E/E_b \tag{4-53}$$

式中，E 为实际物体的辐射能力，W/m^2；E_b 为黑体的辐射能力，W/m^2；ε 为黑度。

由式（4-52）与式（4-53）可求得实际物体的辐射能力 E 的计算式为

$$E = \varepsilon C_b \left(\frac{T}{100}\right)^4 \tag{4-54}$$

或

$$E = C \left(\frac{T}{100}\right)^4 \tag{4-55}$$

式中，C 为实际物体的辐射系数，$C = 5.67\varepsilon\ W/(m^2 \cdot K^4)$。

2. 黑度 ε

在同一温度下，实际物体的辐射能力 E 恒小于黑体的辐射能力 E_b，故黑度 $\varepsilon < 1$。黑度表示实际物体的辐射能力接近黑体辐射能力的程度，实际物体的黑度大，其辐射能力就大。

实际物体的黑度只与自身状况有关，包括表面的材料、温度及表面状况（粗糙度、氧化程度）。同一金属材料，磨光表面的黑度较小，而粗糙表面的黑度较大；氧化表面的黑度常比非氧化表面高一些。金属的黑度常随温度的升高而略有增大。非金属材料的黑度一般较大，在 $0.85 \sim 0.95$ 之间，与表面关系不大。表 4-8 中列出了几种材料表面的黑度 ε 值。凡是表中黑度与温度均列有两个数值时，中间温度下的黑度可按线性内插法求取。

表 4-8　几种材料表面的黑度 ε 值

材料类别与表面状况	温度/℃	黑　　度	材料类别与表面状况	温度/℃	黑　　度
钢板（磨光）	$940 \sim 1100$	$0.55 \sim 0.61$	铝（磨光）	$225 \sim 575$	$0.039 \sim 0.057$
钢板（氧化）	$200 \sim 600$	0.8	铝（氧化）	$200 \sim 600$	$0.11 \sim 0.19$
铸铁（磨光）	200	0.21	红砖	20	0.93
铸铁（氧化）	$200 \sim 600$	$0.64 \sim 0.78$	耐火砖	$500 \sim 1000$	$0.8 \sim 0.9$
紫铜（磨光）	20	0.03	玻璃（磨光）	38	0.9
紫铜（氧化）	20	0.78	玻璃（平滑）	38	0.94

3. 灰体

为了便于对实际物体进行辐射传热计算，再引入一个新概念——灰体（gray body）。图 4-30 所示为一定温度下黑体、灰体及实际物体的单色辐射能力与波长的关系曲线。单色辐射能力（又称光谱辐射能力）的定义是辐射物体在单位时间内单位面积上，在某一波长 λ 下单位波长间隔向空间辐射的能量，用符号 E_λ 表示，其单位为 $W/(m^2 \cdot \mu m)$，即

$$E_\lambda = dE/d\lambda$$

黑体的单色辐射能力用符号 $E_{b\lambda}$ 表示。

图中黑体的曲线是根据理论推导的 $E_{b\lambda}$ 与波长 λ 及温度 T 的关系式绘制出来的，其曲线下面到横轴之间的面积就是黑体在该温度下的辐射能力 E_b，它是实际物体辐射能力比较的标准。

实际物体的单色辐射能力与波长的关系比较复杂，如图 4-30 所示。为了衡量实际物体的辐射能力，前面已引入了黑度的定义。使图中实际物体的曲线变成了灰体的光滑曲线，该曲线表示灰体的辐射光谱分布是连续的，并且单色辐射能力分布曲线与该温度下的黑体单色辐射能力分布曲线相似。灰体也是一种理想化物体，在工程计算中，一般都近似地把实际物体视为灰体。

图 4-30 中，灰体的曲线下面到横轴之间的面积为灰体在该温度下的辐射能力 E。黑体

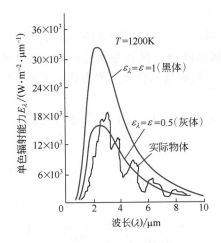

图 4-30　黑体与灰体辐射能力和实
际物体辐射能力的比较

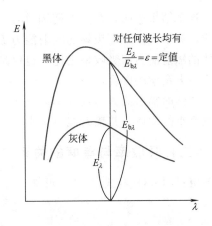

图 4-31　灰体的黑度不随波
长变化的示意

曲线下面的面积与灰体曲线下面的面积之比值，就是该灰体的黑度值。因此，前面介绍的实际物体辐射能力 E 的计算式(4-54)与式(4-55)就是灰体的辐射能力计算式。同时，对任一波长，灰体的单色辐射能力 E_λ 与黑体的单色辐射能力 $E_{b\lambda}$ 之比值均等于灰体的黑度 ε，即灰体的黑度不随波长而变化，如图 4-31 所示。

三、克希霍夫定律

现在讨论物体表面的辐射能力与其吸收率的关系，以及物体表面的吸收率与其黑度的关系。

（一）辐射能力 E 与吸收率 α 的关系

如图 4-32 所示，假设有两个无限大的平行平壁，且两个壁面的距离很小，每个壁面所发射的辐射能全部投射到对方的壁面上。

两个壁面中一个是黑体，一个是灰体。他们的温度、辐射能力、黑度及吸收率分别以符号或数值示于图中，且 $T>T_b$。

如图 4-32 所示，灰体表面向黑体发射的辐射能 E 全部被黑体表面吸收。同时，黑体表面向灰体发射的辐射能 E_b 仅被灰体表面吸收了 αE_b，其余部分 $(1-\alpha)E_b$ 被灰体表面反射回到黑体表面，被黑体全部吸收。因此，灰体单位面积、单位时间损失的热能为 $E-\alpha E_b$。

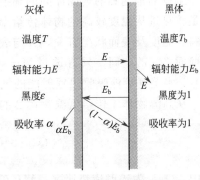

图 4-32　克希霍夫定律的推导

当灰体与黑体的温度相同，即 $T=T_b$ 时，两壁面之间虽然也在进行辐射传热，但此时两壁面之间处于热平衡状态，因而灰体所损失的热能为零。则有

$$E-\alpha E_b=0$$

求得
$$\frac{E}{\alpha}=E_b \tag{4-56}$$

这个结果表明，在热平衡辐射时，任何灰体的辐射能力 E 与其对黑体辐射能的吸收率 α 之比，等于同温度下黑体的辐射能力 E_b。因为黑体的辐射能力仅是温度的函数，所以任何灰体的辐射能力与吸收率之比，也仅是温度的函数，而与物质的性质、表面状态无关。这是克希霍夫定律的内容之一。

物体的辐射能力与吸收率成正比，说明吸收率大的物体，其向外的辐射能力也大；反之吸收率小的物体，其辐射能力也小。

（二）吸收率与黑度的关系

由式（4-53）与式（4-56）可知

$$\alpha=\varepsilon=E/E_b \tag{4-57}$$

式（4-57）说明了任何灰体对黑体辐射能的吸收率等于同温度下该灰体的黑度。

黑体的吸收率 $\alpha=1$，其黑度 ε_b 也等于 1。

实际物体的吸收率 α 不仅取决于物体自身的表面材料、温度及粗糙度等，并且与投射来的辐射能波长有关，因此实际物体的吸收率很难确定。但灰体的黑度 ε 只取决于本身的表面材料、温度及粗糙度等，其数值可通过实验测定。根据克希霍夫定律，灰体的吸收率 α 等于其黑度 ε。这样，只要把实际物体视为灰体，就可以确定其吸收率 α 的数值。

对于工业上常用的波长在 $0.76\sim20\mu m$ 范围内的辐射能，大多数物体对其吸收率随波长变化不大。因此，通常把这些物体视为灰体。在以后的讨论中，均把实际物体作为灰体看待。

四、两固体间的辐射传热

这里介绍辐射传热速率的计算及其强化与削弱的方法。

（一）辐射传热速率的计算

工业上常遇到的两固体间的辐射传热，通常可视为灰体之间的辐射传热。辐射传热的结果是将热量从温度较高的物体传给温度较低的物体。两固体之间的辐射传热不仅与两固体的材料、温度及表面状况有关，并与表面大小、形状、距离及相对位置有关。这里只限于介绍两壁面之间的空间，只有透过率 $\tau=1$ 的透热性气体（例如空气），不考虑在两壁面间有 CO_2、水蒸气等能吸收热辐射能的气体。

从高温物体 1 传给低温物体 2 的辐射传热速率 Q_{1-2}，一般用下式计算。

$$Q_{1-2}=C_{1-2}\varphi A\left[\left(\frac{T_1}{100}\right)^4-\left(\frac{T_2}{100}\right)^4\right] \tag{4-58}$$

式中，Q_{1-2} 为辐射传热速率，W；C_{1-2} 为总辐射系数，$W/(m^2 \cdot K^4)$；φ 为角系数；A 为辐射传热面积，m^2；T_1、T_2 为分别为热、冷物体表面的热力学温度，K。

角系数 φ 表示从表面 1 发射的总热辐射能（包括自身辐射与反射辐射）中，到达表面 2 上的分数，其数值与两物体表面的形状、尺寸、相对位置及距离有关。

总辐射系数 C_{1-2} 与两个壁面的黑度 ε_1、ε_2 及黑体的辐射系数 C_b 有关。

若两个物体的表面积不相等时，辐射传热面积 A 取其中较小的一个。

下面介绍不同辐射传热情况下的传热面积 A 的确定以及角系数 φ 的数值、总辐射系数 C_{1-2} 的计算。

① 两个面积为无限大（或面积很大）而距离很近的平行平壁，每个壁面所发射的辐射能全部投射到对方的壁面上。壁面 1 与壁面 2 的面积分别为 A_1 与 A_2，黑度分别为 ε_1 与 ε_2。

在该条件下，辐射传热面积 $A=A_1=A_2$，角系数 $\varphi=1$，总辐射系数 C_{1-2} 用下式计算。

$$C_{1-2}=\frac{C_{\mathrm{b}}}{\dfrac{1}{\varepsilon_1}+\dfrac{1}{\varepsilon_2}-1} \tag{4-59}$$

式中，C_{b} 为黑体的辐射系数，$C_{\mathrm{b}}=5.67\mathrm{W/(m^2\cdot K^4)}$。

② 两个面积大小有限且相等的平行壁面，每个壁面所发射的辐射能只有部分投射到对方的壁面上。

在该条件下，辐射传热面积 $A=A_1=A_2$；角系数小于 1，可根据壁面形状（长方形或圆形）以及壁面尺寸与两壁面间距之比值，从图 4-33 查得；总辐射系数 C_{1-2} 用下式计算。

$$C_{1-2}=\varepsilon_1\varepsilon_2C_{\mathrm{b}} \tag{4-60}$$

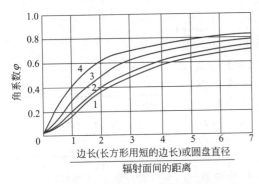

图 4-33　平行面间直接辐射传热的角系数

1—圆盘形；2—正方形；3—长方形（边之
比为 2：1）；4—长方形（狭长）

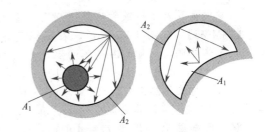

图 4-34　一物体被另一物体包围的热辐射

③ 一物体被另一物体包围时的辐射传热如图 4-34 所示，表面 A_1 与 A_2 的黑度分别为 ε_1 与 ε_2，表面温度分别为 T_1 与 T_2。在该条件下，辐射传热面积 A 用被包围物体的表面积 A_1，角系数 $\varphi=1$，总辐射系数 C_{1-2} 计算式为

$$C_{1-2}=\frac{C_{\mathrm{b}}}{\dfrac{1}{\varepsilon_1}+\dfrac{A_1}{A_2}\left(\dfrac{1}{\varepsilon_2}-1\right)} \tag{4-61}$$

一物体被另一物体包围时辐射传热，若 $T_2>T_1$，则式（4-58）计算的辐射传热速率 Q_{1-2} 为负值，这表明热量从表面 2 向表面 1 传递。

下面讨论式（4-61）应用时的两种简化情况。

① 当 $A_1/A_2\approx1$ 时，式（4-61）可以简化为式（4-59），即可按无限大平行平壁计算。

② 当被包围物的表面积 A_1 比包围物的 A_2 很小，即 $A_1\ll A_2$ 时，$A_1/A_2\approx0$，且 ε_2 不过分小，则有 $\dfrac{A_1}{A_2}\left(\dfrac{1}{\varepsilon_2}-1\right)\rightarrow0$。由式（4-61）得

$$C_{1-2}=\varepsilon_1C_{\mathrm{b}} \tag{4-62}$$

此时，辐射传热与 A_2、ε_2 无关，即不需要知道 A_2 与 ε_2。

从上述几种情况的总辐射系数 C_{1-2} 计算式可知，两物体表面的黑度 ε_1 与 ε_2 愈大，则总辐射系数 C_{1-2} 就愈大，因此辐射传热速率 Q_{1-2} 就愈大。

【**例 4-24**】 有一根外径为 0.1m、表面已被氧化的铸铁管，其温度为 400℃，插入截面为 0.2m 见方的耐火砖烟道中。烟道内壁温度为 1000℃。试求管与耐火砖壁间每米管长热辐射的热量。

解 $T_1 = 400 + 273 = 673$K，$T_2 = 1000 + 273 = 1273$K。每米铸铁管外表面积 $A_1 = \pi d \cdot L = \pi \times 0.1 \times 1 = 0.314\text{m}^2$，每米耐火砖壁表面积 $A_2 = 4 \times 0.2 \times 1 = 0.8\text{m}^2$。查黑度得：铸铁管 $\varepsilon_1 = 0.71$，耐火砖 $\varepsilon_2 = 0.9$。铁管被烟道包围 $\varphi = 1$，$A = A_1 = 0.314\text{m}^2$。

用式(4-61) 计算 C_{1-2} 得

$$C_{1-2} = \frac{C_b}{\dfrac{1}{\varepsilon_1} + \dfrac{A_1}{A_2}\left(\dfrac{1}{\varepsilon_2} - 1\right)} = \frac{5.67}{\dfrac{1}{0.71} + \dfrac{0.314}{0.8}\left(\dfrac{1}{0.9} - 1\right)} = 3.9\text{W/(m}^2 \cdot \text{K}^4)$$

用式(4-58) 计算辐射传热速率

$$Q_{1-2} = C_{1-2}\varphi A\left[\left(\frac{T_1}{100}\right)^4 - \left(\frac{T_2}{100}\right)^4\right]$$

$$= 3.9 \times 1 \times 0.314 \times \left[\left(\frac{673}{100}\right)^4 - \left(\frac{1273}{100}\right)^4\right] = -2.96 \times 10^4 \text{ W}$$

答案中负号表示铸铁管从烟道耐火砖壁吸收热量。

【**例 4-25**】 如图 4-35 所示，在高温气体的管道中心安装一支热电偶，测量高温气体的温度。已知管道内表面温度为 200℃，热电偶指示温度为 400℃，高温气体对热电偶表面的对流传热系数 $\alpha = 50\text{W/(m}^2 \cdot \text{K})$，热电偶表面的黑度 $\varepsilon = 0.4$。试计算高温度气体的真实温度。

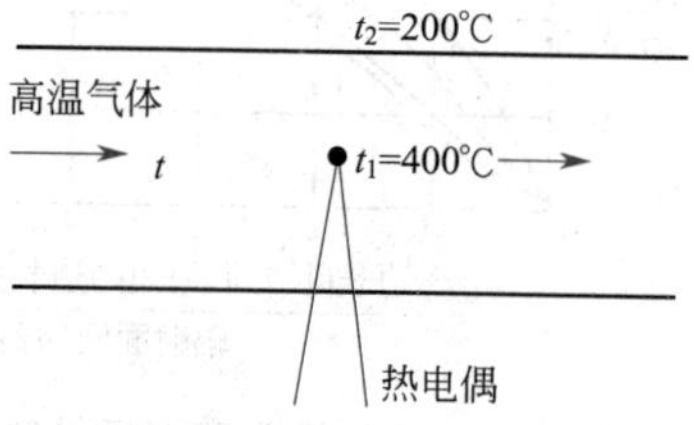

解 已知热电偶温度 $t_1 = 400℃$，管道内表面温度 $t_2 = 200℃$，高温气体的真实温度以 t 表示。

在稳态条件下，高温气体以对流传热方式向热电偶传递热量的同时，热电偶表面向管道的内表面辐射传热，二者的传热速率应相等。

热电偶表面积以 A 表示，则有

$$\underset{\text{对流传热}}{\alpha A(t - t_1)} = \underset{\text{辐射传热}}{\varphi C_{1-2} A\left[\left(\frac{t_1 + 273}{100}\right)^4 - \left(\frac{t_2 + 273}{100}\right)^4\right]}$$

$$\alpha = 50\text{W/(m}^2 \cdot \text{K)}, \quad \varphi = 1, \quad C_{1-2} = \varepsilon_1 C_b = 0.4 \times 5.67\text{W/(m}^2 \cdot \text{K}^4)$$

$$50(t - 400) = 0.4 \times 5.67 \times 1 \times \left[\left(\frac{400 + 273}{100}\right)^4 - \left(\frac{200 + 273}{100}\right)^4\right]$$

解得 $t = 470℃$

通过本例的计算结果，说明以下两点。

① 热电偶的指示温度低于气体的真实温度，这是因为管道内表面温度低，热电偶对管道表面产生辐射传热所引起的。

② 为了提高热电偶测量气体温度的准确性，可以使管道采取保温措施，以提高管道内表面温度。更有效的办法是在热电偶周围设置遮热板，阻挡热电偶向管道内表面的热辐射。

图4-35 处图中：

$t_2 = 200℃$

高温气体 → t • $t_1 = 400℃$ →

热电偶

图 4-35　例 4-24 附图

（二） 辐射传热的强化与削弱方法

工程中有时需要强化与削弱物体之间的辐射传热速率，这里简要介绍两种常用的方法。

1. 改变物体表面的黑度

从辐射传热速率计算式(4-58)可知，当物体的相对位置、表面温度、辐射面积一定时，要想改变辐射传热速率，可以利用改变物体表面黑度的方法。例如，为了增大室内各种电器设备表面的散热量，可在其表面涂上黑度较大的油漆，油漆的黑度为 $0.92\sim0.96$。而在需要减少辐射传热时，可在物体表面上镀以黑度较小的银、铅等薄层。保温瓶的瓶胆就采用这种方法减少热损失。玻璃的黑度为 0.94，银的黑度为 0.02。经计算可知，瓶胆夹层的玻璃表面上不镀银的热损失是镀银时的 88 倍。同时，瓶胆夹层中抽成真空，以减少导热与对流传热。

2. 采用遮热板

为了削弱辐射传热速率，常在两个辐射传热表面之间插入薄板，以阻挡辐射传热。这种薄板称为遮热板。通过下面的例题说明遮热板的作用。

【例 4-26】 车间内有一高 0.5m、宽 0.5m 的铸铁炉门，其表面温度为 600℃，室温为 30℃。试求：(1) 炉门的辐射散热速率；(2) 若炉门前很近处平行放置一块与炉门同样尺寸的铝板（表面氧化）作为遮热板，达到稳定辐射传热时，试求炉门的辐射散热速率，并与无遮热板时相比，它是无遮热板时的百分之几？

解 炉门被四壁包围，炉门温度 $T_1=600+273=873\mathrm{K}$，室内壁面温度等于室温，$T_2=30+273=303\mathrm{K}$。炉门面积 $A_1=0.5\times0.5=0.25\mathrm{m}^2$，由表 4-8 查得铸铁的黑度 $\varepsilon_1=0.78$。

(1) 因炉门被四壁包围，$\varphi=1$，$A=A_1=0.25\mathrm{m}^2$。因炉门面积 A_1 比四壁面积 A_2 小很多，C_{1-2} 用式(4-62) 计算，即

$$C_{1-2}=\varepsilon_1 C_b=0.78\times5.67=4.42\mathrm{W/(m^2\cdot K^4)}$$

炉门的辐射散热速率用式(4-58) 计算

$$Q_{1-2}=\varphi C_{1-2}A\left[\left(\frac{T_1}{100}\right)^4-\left(\frac{T_2}{100}\right)^4\right]=4.42\times1\times0.25\times\left[\left(\frac{873}{100}\right)^4-\left(\frac{303}{100}\right)^4\right]$$
$$=6330\mathrm{W}$$

(2) 放置铝板后，炉门对铝板的辐射散热速率 Q_{1-3} 等于铝板对周围壁面的辐射散热速率 Q_{3-2}，下标 3 表示铝板，则有

$$Q_{1-3}=Q_{3-2} \tag{a}$$

$$Q_{1-3}=C_{1-3}\varphi_{1-3}A_1\left[\left(\frac{T_1}{100}\right)^4-\left(\frac{T_3}{100}\right)^4\right] \tag{b}$$

$$Q_{3-2}=C_{3-2}\varphi_{3-2}A_3\left[\left(\frac{T_3}{100}\right)^4-\left(\frac{T_2}{100}\right)^4\right] \tag{c}$$

炉门面积 A_1 与铝板面积 A_3 相等，为边长 0.5m 的正方形，则辐射传热面积 $A=A_1=A_3=0.25\mathrm{m}^2$。

炉门与遮热板距离很近，两者之间的辐射可视为两无限大平板间的热辐射，角系数 $\varphi_{1-3}=1$，查得铝板黑度 $\varepsilon_3=0.15$，C_{1-3} 用式(4-59) 计算，即

$$C_{1-3}=\frac{C_b}{\dfrac{1}{\varepsilon_1}+\dfrac{1}{\varepsilon_3}-1}=\frac{5.67}{\dfrac{1}{0.78}+\dfrac{1}{0.15}-1}=0.816$$

将已知数据代入式(b)，得

$$Q_{1-3}=0.816\times1\times0.25\times\left[\left(\frac{873}{100}\right)^4-\left(\frac{T_3}{100}\right)^4\right] \tag{d}$$

铝板被四壁包围，$\varphi_{3-2}=1$，$A=A_3=0.25\mathrm{m}^2$，因 $A_3\ll A_2$，C_{3-2} 用式(4-62) 计算，

$C_{3-2} = \varepsilon_3 C_b = 0.15 \times 5.67 = 0.851$。

将已知数据代入式(c)，得

$$Q_{3-2} = 0.851 \times 1 \times 0.25 \times \left[\left(\frac{T_3}{100}\right)^4 - \left(\frac{303}{100}\right)^4\right] \tag{e}$$

由式(a)、(d) 及 (e) 求得铝板温度 $T_3 = 733K = 460℃$。

放置铝板后，炉门的辐射散热速率为

$$Q_{1-3} = 0.816 \times 1 \times 0.25 \times \left[\left(\frac{873}{100}\right)^4 - \left(\frac{733}{100}\right)^4\right] = 596W$$

与无遮热板时对比，有遮热板时的散热量仅为无遮热板的 $\frac{596}{6330} \times 100 = 9.4\%$。

由上述计算结果可知，设置遮热板是减少辐射散热量行之有效的方法。

五、辐射与对流的联合传热

当化工设备外表面温度与周围空间的温度不同时，会从设备表面向周围辐射传热，同时也会有设备表面与空气之间的对流传热。

对流传热速率 Q_c 计算式为

$$Q_c = \alpha_c A_1 (T_1 - T_2) \tag{4-63}$$

式中，Q_c 为对流传热速率，W；α_c 为对流传热系数，W/(m²·K)；T_1 为设备表面温度，K；T_2 为周围空气与包围物的温度，K；A_1 为设备表面面积，m²。

将辐射传热速率 Q_r 写成对流传热速率计算式的形式，为

$$Q_r = \alpha_r A_1 (T_1 - T_2) \tag{4-64}$$

式中，Q_r 为辐射传热速率，W；α_r 为辐射传热系数，W/(m²·K)。

辐射与对流的总传热速率为

$$Q = Q_c + Q_r = (\alpha_c + \alpha_r) A_1 (T_1 - T_2) \tag{4-65}$$

将辐射传热速率计算式(4-58) 代入式(4-64)，用 $\varphi = 1$，$A = A_1$，求得辐射传热系数计算式为

$$\alpha_r = \frac{C_{1-2}\left[\left(\dfrac{T_1}{100}\right)^4 - \left(\dfrac{T_2}{100}\right)^4\right]}{T_1 - T_2} \tag{4-66}$$

式中，C_{1-2} 为总辐射系数，W/(m²·K⁴)。

辐射传热速率与两物体的热力学温度的四次方之差成正比，因此在高温条件下，即使是两物体之间的温度差较小，也会产生很大的辐射传热速率，这一点要特别注意。

如果空气温度与周围的包围物温度不同，不能把式(4-63) 与式(4-64) 联合写成式(4-65)，需要分开计算。

第六节　换　热　器

工业生产中换热器用量大，类型多。通常需要在了解各种换热器的结构、特点与用途的基础上，根据生产工艺要求，通过计算，选用适当的换热器。

本节先介绍换热器分类及各种换热器的结构、特点与用途，进而介绍常用的列管式换热器选用计算有关问题与计算步骤，并简要介绍传热过程的强化措施。

一、换热器的分类

（一）按用途分类

换热器按用途不同可分为加热器、冷却器、冷凝器和蒸发器等。

（二）按冷、热流体的传热方式分类

1. 两流体直接接触式换热器

这类换热器是冷、热流体直接接触进行热量传递的，常用于热气体用水直接冷却，以及热水用空气冷却。在传热过程中，伴有水的汽化，使气体增湿。这种换热器也用于水溶液蒸发器排出的水蒸气用冷却水直接冷却冷凝。

2. 蓄热式换热器

蓄热式换热器通常简称蓄热器。如图 4-36 所示，蓄热器中装有热容量较大的耐火砖等蓄热材料，其构造简单，常用于回收气体的热量或冷量。

热气体与冷气体交替流过蓄热器。当热气体流过蓄热器时，将热量传给蓄热材料；当冷气体流过蓄热器时，蓄热材料将热量传给冷流体。

冷、热气体交替时，会有一定程度的混合。当不允许混合时，不能使用蓄热式换热器。

3. 间壁式换热器

这类换热器使用的最多，热流体与冷流体用间壁隔开，热流体的热量通过间壁传给冷流体。下面简要介绍各种间壁式换热器的结构、特点与用途。

二、间壁式换热器

（一）夹套式换热器

如图 4-37 所示，夹套式换热器是在容器外壁安装夹套，器壁与夹套之间为加热介质或冷却介质的通道。当用水蒸气进行加热时，水蒸气由夹套上部接管进入，冷凝水从下部接管排出。冷却时，液体冷却介质应从夹套下部进入，上部排出。夹套式换热器结构简单，常用于反应器或容器中物料的加热或冷却。由于容器的器壁为传热面积，相对容器中物料的容积来说，其传热面积较小。为了缩短物料的加热或冷却时间，可以设法增大传热面积或提高传热系数。增大传热面积的方法是在容器中安装蛇管，加热介质或冷却介质在蛇管中通过。为了提高对流传热系数，可以在容器中安装搅拌器，使液体强制对流；在夹套中安装螺旋挡板等，以提高流体湍动程度，并能避免流体在夹套中偏流。

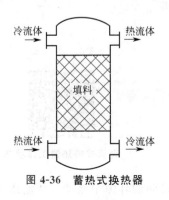

图 4-36 蓄热式换热器

图 4-37 夹套式换热器

（二）沉浸式蛇管换热器

如图 4-38 所示，用金属管弯制成的蛇管，安装在容器中液面以下。容器中流动的液体与蛇管中的流体进行热量交换。这种换热器结构简单，适用于管内流体为高压或腐蚀性流体。为了提高管外流体的对流传热系数，容器中可安装搅拌器，增大液体的湍动程度。

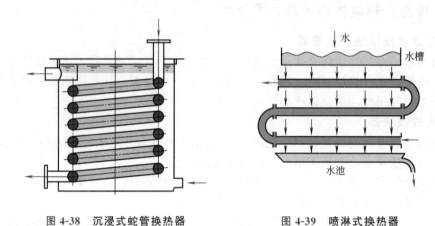

图 4-38　沉浸式蛇管换热器　　　　　图 4-39　喷淋式换热器

（三）喷淋式换热器

喷淋式换热器用于管内流体的冷却，可以是高压流体。

如图 4-39 所示，冷却用水进入排管上方的水槽，经水槽的齿形上沿均匀分布，向下依次流经各层管子表面，最后收集于水池中。管内热流体下进上出，与冷却水作逆流流动，进行热量交换。

喷淋式换热器一般安装在室外，冷却水被加热时会有部分汽化，带走一部分汽化热，提高传热速率。其结构简单，管外清洗容易，但占用空间较大。

（四）套管式换热器

套管式换热器是由两种直径的直管套在一起，制成若干根同心套管。外管与外管用接管串联，内管与内管用 U 形弯头串联，组成套管式换热器，如图 4-40 所示。

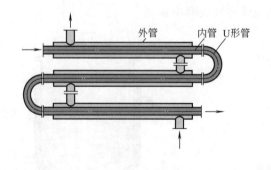

图 4-40　套管式换热器　　　　　套管式换热器工作状态

一种流体在内管中流动，另一流体在内管与外管之间的环隙中流动。两流体可以逆流流动，其平均温度差较大。由于可以适当选择管径，使内管与环隙的流体呈湍流状态，故传热系数较大。

这种换热器结构简单，能耐高压。根据传热过程的需要，可以增减串联的套管数目。其缺点是单位传热面的金属消耗量较大。当流体压力较高或流量不大时，采用套管式换热器较为合适。

（五）螺旋板式换热器

如图 4-41 所示，螺旋板式换热器（spiral plate heat exchanger）是由两张平行而有一定距离的薄钢板卷制成螺旋状。在螺旋的中心处，焊有一块隔板，分成互不相通的两个流道，冷、热流体分别在两流道中流动，螺旋板即是传热面。

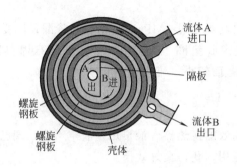

图 4-41　螺旋板式换热器　　　　螺旋板式换热器工作状态

螺旋板的两侧焊有盖板，一侧盖板上开有一种流体的进口，而另一侧开有另一流体的出口，两流体逆流流动。

由于流体的流速较高以及离心力作用，流体的对流传热系数较大，但流体阻力亦较大。

螺旋板式换热器的结构紧凑，单位体积的传热面积较大。操作压力不能超过 2MPa，温度不能太高，一般在 350℃ 以下。

（六）板式换热器

板式换热器由一组长方形薄金属板平行排列，用夹紧装置组装于支架上，如图 4-42 所示。

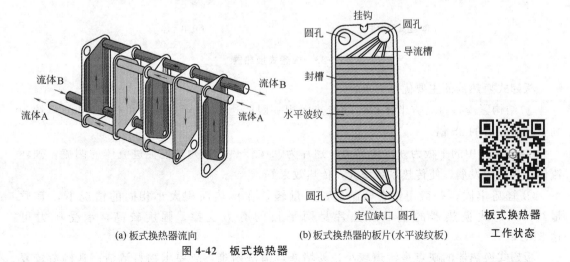

(a) 板式换热器流向　　　(b) 板式换热器的板片(水平波纹板)　　板式换热器工作状态

图 4-42　板式换热器

两相邻板片的边缘衬以密封垫片（橡胶或压缩石棉等）压紧。板片四角有圆孔，形成流体的进、出通道。冷、热流体在板片两侧逆向流动，通过板片进行换热。板片被压制成各种槽形或波纹形的表面，既能增大板片的机械强度和传热面积，又能增强流体的湍动程度。

板式换热器的主要优点有以下3个。

① 总传热系数大，这是因为板面压制成波纹或沟槽，在低流速下就能达到湍流。

② 结构紧凑，单位体积设备的传热面积大。单位体积的传热面积约为列管式换热器的6倍。

③ 因为拆装方便，可以根据传热的需要增减板片数，调节传热面积。检修和清洗也很方便。

主要缺点是允许的操作压力较低，最高不超过 2MPa，否则容易渗漏；因受垫片耐热性能的限制，操作温度不能太高，如合成橡胶垫圈不超过 130℃，压缩石棉垫圈也应低于250℃；处理量不大，因板间距小，流道截面较小，流速亦不能过大。

（七）板翅式换热器

板翅式换热器是一种轻巧、紧凑、高效的换热器。最早用于航空工业，现已逐渐在石油化工、天然气液化、气体分离等部门中应用，获得良好效果。

板翅式换热器的基本结构如图 4-43 所示。是一组波纹状翅片装在两块平板之间，两侧用封条密封，组成单元体。再将若干个单元体叠在一起，用钎焊焊牢，制成逆流或错流式板束。然后将带有进、出口的集流箱焊到板束上，制成板翅片换热器。

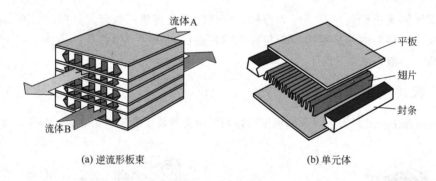

图 4-43　板翅式换热器

板翅式换热器的主要优点如下。

① 结构紧凑，每立方米体积内的传热面积一般能达 2500m²，最高可达 4300m²，约为列管式换热器的 29 倍。

② 单元体中的平板为一次传热面，翅片为二次传热面，翅片能促进流体的湍流，破坏流体边界层的发展，使传热系数增大，传热效果好。

③ 轻巧牢固，一般用铝合金制造，质量轻，在传热面积大小相同的情况下，其质量约为列管式换热器的 1/10。翅片是两平板的有力支撑，强度较高，承受压力可达 5MPa。

板翅式换热器的缺点是流道较小，易堵塞，清洗困难，故要求物料清洁；其构造较复杂，内漏后很难修复。

（八）热管式换热器

热管式换热器常用于高温气体向低温气体传递热量。

如图 4-44（a）所示，热管式换热器是在长方形壳体中安装许多热管（heat pipe），壳体中间有隔板，使高温气体与低温气体隔开。

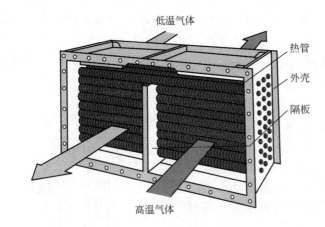

(a) 热管式换热器

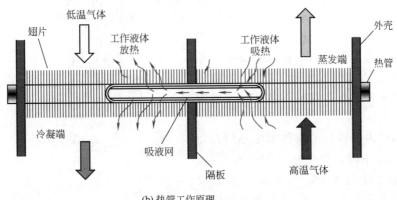

(b) 热管工作原理

图 4-44　热管式换热器

热管是在金属管外表装有翅片的一种新型传热元件，其工作原理如图 4-44（b）所示。在一根抽去不凝性气体的金属管内表面覆盖一层有毛细孔结构的吸液网，管内还装有一定量的工作液体，工作液体渗透到吸液网中。热管的一端为蒸发端，另一端为冷凝端。工作液体在蒸发端从高温气体得到热量而蒸发为蒸气，在蒸气压力差的作用下流向冷凝端，向低温气体放出热量而冷凝为液体。此冷凝液在吸液网的毛细管作用下流回蒸发端，再次受热而汽化。如此反复循环，不断地将热量从蒸发端传到冷凝端。

热管式换热器的特点是如下所述。

① 热管内的工作液体在蒸发端沸腾汽化，在冷凝端冷凝为液体，沸腾与冷凝的传热系数都很大。

② 热管外壁有翅片，增大了气体与管外壁之间的传热面积。这对于对流传热系数很小

的气体来说，会减小气体与管外壁的对流传热的热阻。

热管的材质可用不锈钢、铜、镍、铝等，载热介质可用液氮、液氨、甲醇、水及液态金属钾、钠、银等。温度在−200～2000℃之间都可应用。这种新型的换热装置传热能力大，构造简单，应用日趋广泛。

（九）列管式换热器

列管式换热器又称管壳式换热器，在化工生产中被广泛使用。它的结构简单、坚固、制造较容易，处理能力大，适应性能好，操作弹性较大，尤其在高压、高温和大型装置中使用更为普遍。

1. 固定管板式换热器（fixed-tube-sheet heat exchanger）

这种换热器主要由壳体、管束、管板（又称花板）、封头和折流挡板等部件组成。管束两端用胀接法或焊接法固定在管板上。图4-45为单壳程、单管程换热器。

为提高管程的流体流速，可采用多管程。即在两端封头内安装隔板，使管子分成若干组，流体依次通过每组管子，往返多次。管程数增多，可提高管内流速和对流传热系数，但流体的机械能损失相应增大，结构复杂，故管程数不宜太多，以2、4、6程较为常见。图4-46为单壳程、四管程固定管板式换热器。同样，为提高壳程流体流速，以提高对流传热系数，可在壳程内安装折流挡板，常用的有圆缺形（或称弓形）和圆盘形两种，如图4-47和图4-48所示。

换热器因管内、管外的流体温度不同，壳体和管束的温度不同，其热膨胀程度也不同。若两者温度相差较大（50℃以上），可引起很大的内应力，使设备变形，管子弯曲，甚至从管板上松脱。因此，必须采取消除或减小热应力的措施，称为热补偿。对固定管板式换

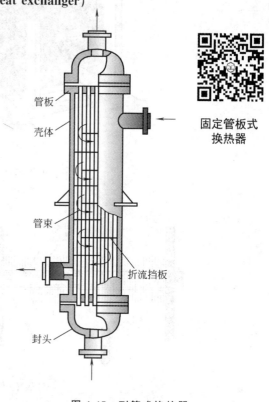

固定管板式换热器

图4-45　列管式换热器

热器，当温差稍大，而壳体内压力又不太高时，可在壳体上安装热补偿圈（或称膨胀节，见图4-46）以减小热应力。当温差较大时，通常采用浮头式或U形管式换热器。

2. 浮头式换热器（floating head heat exchanger）

这种换热器有一端管板不与壳体相连，可沿轴向自由伸缩，如图4-49所示。这种结构不但可完全消除热应力，而且在清洗和检修时，整个管束可以从壳体中抽出。因此，尽管其结构较复杂，造价较高，但应用仍较普遍。

3. U形管式换热器（U-bend exchanger）

图4-50所示为U形管式换热器，每根管子都弯成U形，两端固定在同一块管板上，因此，每根管子皆可自由伸缩，从而解决热补偿问题。这种结构较简单，质量轻，适用于高温高压条件。其缺点是管内不易清洗，并且因为管子要有一定的弯曲半径，其管板利用率较低。

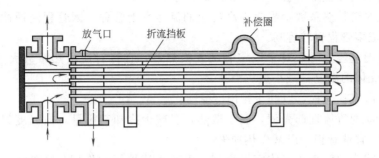

图 4-46 具有补偿圈的单壳程、四管程固定管板式换热器

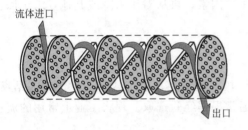

图 4-47 圆缺形折流挡板

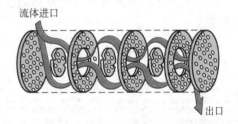

图 4-48 圆盘形折流挡板

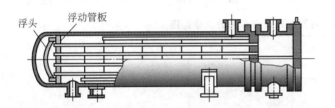

图 4-49 浮头式换热器

浮头式换热器工作状态

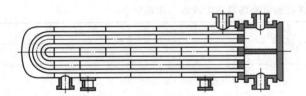

图 4-50 U 形管式换热器

U 形管式换热器工作状态

三、列管式换热器选用计算中有关问题

(一) 流体流经管程或壳程的选择原则

① 不清洁或易结垢的流体宜走容易清洗的一侧。对于直管管束，宜走管程；对于 U 形管管束，宜走壳程。

② 腐蚀性流体宜走管程，以免壳体和管束同时被腐蚀。

③ 压力高的流体宜走管程，以避免制造较厚的壳体。

④ 为增大对流传热系数，需要提高流速的流体宜走管程，因管程流通截面积一般比壳程的小，且做成多管程也较容易。

⑤ 两流体温差较大时，对于固定管板式换热器，宜将对流传热系数大的流体走壳程，以减小管壁与壳体的温差，减小热应力。

⑥ 蒸气冷凝宜在壳程，以利于排出冷凝液。

⑦ 需要冷却的流体宜选壳程，便于散热，以减少冷却剂用量。但温度很高的流体，其热能可以利用，宜选管程，以减少热损失。

⑧ 黏度大或流量较小的流体宜走壳程，因有折流挡板的作用，在低 Re 下（$Re > 100$）即可达到湍流。

以上各点往往不能兼顾，视具体问题而考虑主要因素，再从对压力降或其他要求予以校核选定。

（二）流体流速的选择

流体在壳程或管程中的流速增大，不仅对流传热系数增大，也可减少杂质沉积或结垢，但流体阻力也相应增大。故应选择适宜的流速，通常根据经验选取。现将工业上常用的流速范围列于表 4-9 和表 4-10 中，供设计时参考。

为了使流体流经换热器的压力降不超过 $\Delta p = 10 \sim 100 \text{kPa}$（液体）、$\Delta p = 1 \sim 10 \text{kPa}$（气体）范围，应使 Re 不超过 $Re = 5 \times 10^3 \sim 2 \times 10^4$（液体）、$Re = 10^4 \sim 10^5$（气体）范围。

表 4-9　列管换热器内常用的流速范围

液 体 种 类	流速/m·s^{-1}	
	管　程	壳　程
低黏度液体	$0.5 \sim 3$	$0.2 \sim 1.5$
易结垢液体	>1	>0.5
气体	$5 \sim 30$	$2 \sim 15$

表 4-10　不同黏度液体在列管换热器中的流速（在钢管中）

液体黏度/mPa·s	>1500	$1000 \sim 500$	$500 \sim 100$	$100 \sim 35$	$35 \sim 1$	<1
最大流速/m·s^{-1}	0.6	0.75	1.1	1.5	1.8	2.4

（三）换热管规格和排列方式

对一定的传热面积而言，传热管径越小，换热器单位体积的传热面积越大。对清洁的流体，管径可取小些，而对黏度较大或易结垢的流体，考虑管束的清洗方便或避免管子堵塞，管径可大些。目前我国试行的系列标准中，管径有 $\phi 19 \text{mm} \times 2 \text{mm}$、$\phi 25 \text{mm} \times 2 \text{mm}$ 和 $\phi 25 \text{mm} \times 2.5 \text{mm}$ 等规格。

管长的选用应考虑管材的合理使用及便于清洗。系列标准中推荐换热管的长度为 1.5m、2m、3m、4.5m、6m、9m。

管板上管子的排列方法常用的有等边三角形（即正三角形排列）、正方形直列和正方形错列等，如图 4-51 所示。正三角形排列较紧凑，对相同壳体直径的换热器排的管子较多，传热效果也较好，但管外清洗较困难；正方形排列则管外清洗方便，适用于壳程流体易结垢的情况，但其对流传热系数小于正三角形排列，若将管束斜转 45°安装，可适当增强传热效果。

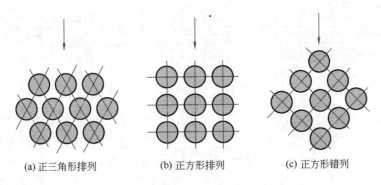

(a) 正三角形排列   (b) 正方形排列   (c) 正方形错列

图 4-51 管子在管板上的排列

（四）折流挡板

换热器内安装折流挡板是为了提高壳程流体的对流传热系数。为了获得良好效果，折流挡板的尺寸和间距必须适当。对于常用的圆缺形挡板，弓形切口太大或大小都会产生流动"死区"（见图 4-52），不利于传热，且增加流体阻力。一般切口高度与直径之比为 0.15～0.45，常见的是 0.20 和 0.25 两种。

挡板间距过小，检修不方便，流体阻力也大；间距过大，不能保证流体垂直流过管束，使对流传热系数降低。一般取挡板间距为壳体内径的 0.2～1.0 倍，通常的挡板间距为 50mm 的倍数，但不小于 100mm。

(a) 切口过小，板间过大   (b) 切口适当   (c) 切口过大

图 4-52 挡板切口和间距对流动的影响

（五）壳体有圆缺形折流挡板时对流传热系数的计算

对管外装有切去 25％（直径）的圆缺形折流挡板时，可用图 4-53 求取对流传热系数。当 $Re=2\times10^3\sim10^6$ 之间时，用下式计算较为简便

$$Nu=0.36Re^{0.55}Pr^{1/3}\left(\frac{\mu}{\mu_w}\right)^{0.14} \tag{4-67}$$

或

$$\alpha=0.36\frac{\lambda}{d_e}\left(\frac{d_e u_0 \rho}{\mu}\right)^{0.55}\left(\frac{c_p \mu}{\rho}\right)^{1/3}\left(\frac{\mu}{\mu_w}\right)^{0.14} \tag{4-68}$$

图 4-53 和式(4-68) 中，定性温度取流体进、出口温度的平均值，仅 μ_w 是取壁温下的流体黏度。当量直径 d_e 可根据图 4-54 所示的管子排列情况，分别用不同的公式计算。

当量直径的定义是

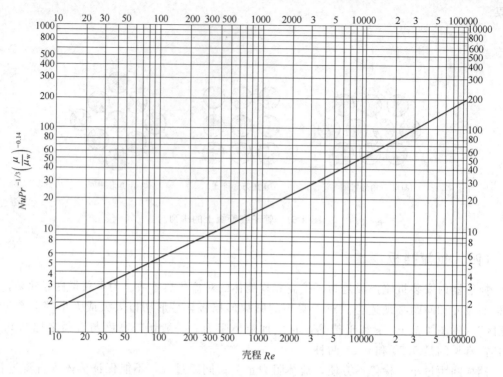

图 4-53 列管式换热器壳程对流传热系数计算用曲线

$$d_e = 4 \times \frac{流体流动截面积}{传热周边}$$

管子正方形排列时 $d_e = 4\left(t^2 - \frac{\pi}{4}d_o^2\right)/(\pi d_o)$

管子正三角形排列时 $d_e = 4\left(\frac{\sqrt{3}}{2}t^2 - \frac{\pi}{4}d_o^2\right)/(\pi d_o)$

式中，t 为相邻两管中心距，m；d_o 为管外径，m。

式(4-68) 中的流速 u_0 根据流体流过管间最大截面积 S 计算

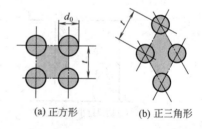

(a) 正方形   (b) 正三角形

图 4-54 管子的排列

$$S = hD(1 - d_o/t) \tag{4-69}$$

式中，h 为两折流挡板间的距离，m；D 为换热器壳体内径，m。

四、系列标准换热器的选用步骤

（一）了解传热任务，掌握工艺特点与基本数据

① 冷、热流体的流量，进、出口温度，操作压力等。

② 冷、热流体的工艺特点，如腐蚀性、悬浮物含量等。

③ 冷、热流体的物性数据。

（二）选用计算内容和步骤

① 计算热负荷。

② 计算平均温度差，先按单壳程多管程计算，如果温度校正系数 $\psi < 0.8$，应增多壳程数。

③ 依据经验（或表 4-7）选取总传热系数，估算传热面积。

④ 确定两流体流经管程或壳程，选定管程流体流速；由流速和流量估算单管程的管子根数，由管子根数和估算的传热面积估算管子长度；再由系列标准选适当型号换热器。

⑤ 分别计算管程和壳程的对流传热系数，确定污垢热阻，求出总传热系数，并与估算时选取的总传热系数比较。如果相差较多，应重新估算。

⑥ 根据计算的总传热系数和平均温度差计算传热面积。并与选定的换热器传热面积比较，应有 $10\% \sim 25\%$ 的余量。

从上述可知，选型计算是一个反复试算的过程，有时要反复试算两三次。

【例 4-27】 车间需一台列管式换热器，用某油品回收柴油的热量。流量为 36000kg/h 的柴油从 180℃降至 130℃，油品从 60℃升至 110℃。试选一适当型号的列管式换热器，物性数据列于下表。

项目	$\rho/\mathrm{kg \cdot m^{-3}}$	$c_p/\mathrm{kJ \cdot kg^{-1} \cdot K^{-1}}$	$\lambda/\mathrm{W \cdot m^{-1} \cdot K^{-1}}$	$\mu/\mathrm{Pa \cdot s}$
柴油	715	2.48	0.133	6.4×10^{-4}
油品	860	2.2	0.119	5.2×10^{-3}

解　（1）计算热负荷（不计热损失）

$$Q = q_{m1} c_{p1}(T_1 - T_2) = \frac{36000}{3600} \times 2.48 \times 10^3 \times (180 - 130) = 1.24 \times 10^6 \,\mathrm{W}$$

（2）平均温度差　逆流 $\Delta t_{\mathrm{m逆}} = 70℃$

$$R = \frac{T_1 - T_2}{t_2 - t_1} = \frac{180 - 130}{110 - 60} = 1.0, \quad P = \frac{t_2 - t_1}{T_1 - t_1} = \frac{110 - 60}{180 - 60} = 0.42$$

查图 4-25 温度校正系数 $\psi = 0.91$，因为 $\psi > 0.8$ 可行。

$$\Delta t_{\mathrm{m}} = \psi \Delta t_{\mathrm{m逆}} = 0.91 \times 70 = 63.7℃$$

（3）估算传热面积 $A_{估}$　参考表 4-7，选总传热系数 $K_{估} = 250\mathrm{W/(m^2 \cdot K)}$，则

$$A_{估} = \frac{Q}{K_{估} \Delta t_{\mathrm{m}}} = 1.24 \times 10^6 / (250 \times 63.7) = 77.9 \mathrm{m^2}$$

（4）试选型号

为减少热损失和充分利用柴油的热量，采用柴油走管程，油品走壳程。管内柴油流速选取 $u_1 = 1\mathrm{m/s}$。选传热管 $\phi 25\mathrm{mm} \times 2.5\mathrm{mm}$，其内径 $d_1 = 0.02\mathrm{m}$，外径 $d_2 = 0.025\mathrm{m}$。

估算单程管子根数为

$$n' = \frac{q_{m1}}{\rho_1 \cdot \frac{\pi}{4} d_1^2 u_1} = \frac{36000}{3600 \times 715 \times 0.785 \times 0.02^2 \times 1} = 45 \,\text{根}$$

根据传热面积 $A_{估}$ 估算管子长度为

$$L' = \frac{A_{估}}{\pi d_2 n'} = \frac{77.9}{\pi \times 0.025 \times 45} = 22\text{m}$$

若用 4 管程，则每管程的管长选用 $l = 6000\text{mm}$。由换热器系列标准初选浮头式换热器型号 BES600-2.5-90-6/25-4 I。

管总数 $N = 188$ 根，每管程的管数 $n = \dfrac{188}{4} = 47$ 根，管中心距 $t = 32\text{mm}$，正方形错列。

壳体内径 $D = 600\text{mm}$，折流挡板间距 $h = 200\text{mm}$，故折流挡板数 $N_B = \dfrac{l}{h} - 1 = \dfrac{6}{0.2} - 1 = 29$ 块。传热面积 $A_{选} = 86.9\text{m}^2$。

（5）校核总传热系数

① 管程对流传热系数 α_1

管内柴油流速 $u_1 = \dfrac{q_{m1}/(3600\rho_1)}{\frac{\pi}{4}d_1^2 n} = \dfrac{36000/(3600 \times 715)}{0.785 \times 0.02^2 \times 47} = 0.948\text{m/s}$

$$Re_1 = \frac{d_1 u_1 \rho_1}{\mu_1} = \frac{0.02 \times 0.948 \times 715}{6.4 \times 10^{-4}} = 2.12 \times 10^4$$

$$Pr_1 = \frac{c_{p1}\mu_1}{\lambda_1} = \frac{2.48 \times 10^3 \times 6.4 \times 10^{-4}}{0.133} = 11.9$$

$$\alpha_1 = 0.023\frac{\lambda_1}{d_1}Re_1^{0.8}Pr_1^{0.3} = 0.023 \times \frac{0.133}{0.02} \times (2.12 \times 10^4)^{0.8} \times 11.9^{0.3} = 930\text{W/(m}^2 \cdot \text{K)}$$

② 壳程对流传热系数 α_2

壳程最大流通截面积 $\quad S = hD\left(1 - \dfrac{d_o}{t}\right) = 0.2 \times 0.6 \times \left(1 - \dfrac{25}{32}\right) = 0.0263\text{m}^2$

油品流量 $\quad q_{m2} = \dfrac{Q}{c_{p2}(t_2 - t_1)} = \dfrac{1.24 \times 10^6}{2.2 \times 10^3 \times (110 - 60)} = 11.3\text{kg/s}$

油品流速 $\quad u_2 = q_{m2}/(\rho_2 S) = 11.3/(860 \times 0.0263) = 0.5\text{m/s}$

正方形排列的当量直径 $\quad d_e = \dfrac{4\left(t^2 - \dfrac{\pi}{4}d_o^2\right)}{\pi d_o} = \dfrac{4\left(0.032^2 - \dfrac{3.14}{4} \times 0.025^2\right)}{3.14 \times 0.025} = 0.027\text{m}$

$$Re_2 = \frac{d_e \rho_2 u_2}{\mu_2} = \frac{0.027 \times 860 \times 0.5}{5.2 \times 10^{-3}} = 2233$$

由图 4-53 查得 $\quad Nu_2 Pr_2^{-1/3}(\mu_2/\mu_w)^{-0.14} = 25$

$$Pr_2 = \frac{c_{p2}\mu_2}{\lambda} = \frac{2.2 \times 10^3 \times 5.2 \times 10^{-3}}{0.119} = 96.1$$

油品被加热，取 $(\mu_2/\mu_w)^{0.14} = 1.05$

$$\alpha_2 = 25\frac{\lambda_2}{d_e}Pr_2^{1/3}(\mu_2/\mu_w)^{0.14} = 25 \times \frac{0.119}{0.027} \times (96.1)^{1/3} \times 1.05 = 530\text{W/(m}^2 \cdot \text{K)}$$

③ 总传热系数 取污垢热阻 $R_{d1} = R_{d2} = 0.0002\text{m}^2 \cdot \text{K/W}$，碳钢的热导率 $\lambda = 45\text{W/(m} \cdot \text{K)}$

$$\frac{1}{K} = \frac{1}{\alpha_2} + R_{d2} + \frac{bd_2}{\lambda d_m} + R_{d1}\frac{d_2}{d_1} + \frac{d_2}{\alpha_1 d_1}$$

$$= \frac{1}{530} + 0.0002 + \frac{0.0025 \times 25}{45 \times 22.5} + 0.0002 \times \frac{25}{20} + \frac{25}{930 \times 20}$$

$$= 3.74 \times 10^{-3}$$

$$K = 267W/(m^2 \cdot K)$$

④ 传热面积 $A = Q/(K\Delta t_m) = 1.24 \times 10^6/(267 \times 63.7) = 72.9 m^2$，与原估值基本相符。$A_{选}/A = 86.9/72.9 = 1.19$，即传热面积有 19% 的裕量。

计算表明所选换热器的规格可用。

五、加热介质与冷却介质

在工业生产中，除了工艺过程本身各种流体之间的热量交换，还需要外来的加热介质（加热剂）和冷却介质（冷却剂）与工艺流体进行热交换。加热介质和冷却介质统称载热体。载热体有许多种，应根据工艺流体温度的要求，选择合适的载热体。载热体的选择可参考下列几个原则：

① 温度必须满足工艺要求；

② 温度容易调节；

③ 腐蚀性小，不易结垢；

④ 不分解，不易燃；

⑤ 价廉易得；

⑥ 传热性能好。

工业上常用的载热体如表 4-11 所示。除表中列出的载热体，加热介质还有液体金属（如钠、汞、铅、铅铋合金等），用于原子能工业，它们的熔点低，容积热容和热导率都较大。冷却介质还有液氨、氢气等。在气体中，氢气的热导率最大，其对流传热系数约为空气的 10 倍。因此，在一些冷却装置中，作为冷却介质使用。

表 4-11 工业上常用的载热体

载 热 体		适用温度范围	说 明
加热剂	热水	40~100℃	利用水蒸气冷凝水或废热水的余热
	饱和水蒸气	100~180℃	180℃水蒸气压力为 1.0MPa,再高压力不经济,温度易调节,冷凝相变热大,对流传热系数大
	矿物油	<250℃	价廉易得,黏度大,对流给热系数小,高于 250℃易分解,易燃
	联苯混合物（如道生油含联苯 26.5% 二苯醚 73.5%）	液体 15~255℃ 蒸气 255~380℃	适用温度范围宽,用蒸气加热时温度易调节,黏度比矿物油小
	熔盐（NaNO₃ 7%、NaNO₂ 40%、KNO₃ 53%）	142~530℃	温度高,加热均匀,热容小
	烟道气	500~1000℃	温度高,热容小,对流传热系数小

载 热 体		适用温度范围	说 明
冷却剂	冷水(有河水、井水、水厂给水、循环水)	15～20℃ 15～35℃	来源广,价格便宜,冷却效果好,调节方便,水温受季节和气温影响,冷却水出口温度宜≤50℃,以免结垢
	空气	<35℃	缺乏水资源地区可用空气,对流传热系数小,温度受季节、气候影响
	冷冻盐水 (氯化钙溶液)	0～－15℃	用于低温冷却,成本高

六、传热过程的强化

所谓强化传热,就是采取措施提高单位面积的传热量 Q/A,或减小单位热负荷所需的传热面积 A/Q,并改进换热器结构以增大单位体积的传热面积 A/V,或在 Q/A 一定的条件下减小两流体之间温度差 Δt_m,以减少有效能损失。

为了提高 Q/A 或减小 A/Q,需要增大 Δt_m,或更需要增大总传热系数 K。为了减小 Δt_m,以降低有效能损失,应增大 K 值。为了增大 A/V,需要提高 K 值的同时改进传热元件的结构。

下面分析讨论增大平均温度差 Δt_m、单位体积的传热面积 A/V 及总传热系数 K 的措施。

(一) 增大传热平均温度差 Δt_m

Δt_m 的增大,可通过提高热流体温度或降低冷流体温度来实现。但工艺流体的温度是由生产工艺条件所决定,一般不能随意变动。若采用冷却或加热介质,可根据提高 Δt_m 的需要选择合适的介质。应该注意的是 Δt_m 增大,会使有效能损失增大。因此,以增大 Δt_m 来强化传热应有一定限度。

当两侧流体为变温传热时,从设备结构上尽可能保证逆流或接近逆流操作。因为逆流操作与并流相比不仅 Δt_m 较大,而且有效能损失也较小。

(二) 增大单位体积的传热面积 A/V

增大传热面积是强化传热的有效途径之一,但不能靠增大换热器体积来实现。有些装置上的换热设备要求轻巧紧凑,这应与提高传热系数相结合,改进传热面结构,扩展传热面,提高单位体积的传热面积。工业上已经使用的各种新型高效强化传热面不仅扩展了传热面积,而且增强了传热面附近流体的湍动程度。最常见的扩展表面是在管外表面加装翅片的翅片管,用于对流传热系数 α 较小的气体一侧的传热面。此外,还有波纹管、螺纹槽管等各种高效强化传热管,如图 4-55 所示。用于板翅式换热器的各种翅片结构如图 4-56 所示。

(三) 增大总传热系数 K

强化传热的最有效途径是增大总传热系数。要想增大 K 值,就必须减小金属壁、污垢及两侧流体等热阻中较大者的热阻。当金属壁很薄,其热导率较大,且壁面无污垢时,则减小两侧流体的对流传热热阻就成为强化传热的主要方面。若两侧流体的对流传热系数 α 相差较大时,增大较小的 α 值对提高 K 值、增强传热效果最有效。

一般无相变流体的 α 值较小,提高其值的措施有以下 3 种。

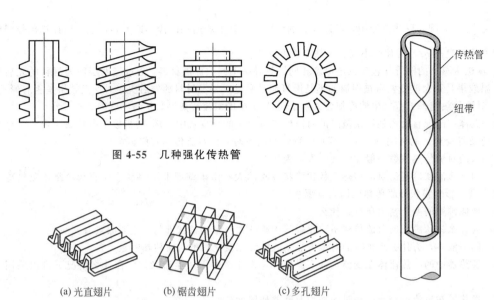

图 4-55　几种强化传热管

(a)光直翅片　　(b)锯齿翅片　　(c)多孔翅片

图 4-56　板翅式换热器的翅片

图 4-57　插入管内的纽带

① 增大流体流速　增大流速 u 可增大流体的湍动程度，减小层流底层厚度，提高 α 效果显著。例如列管式换热器，管程流体湍流 $\alpha \propto u^{0.8}$，层流 $\alpha \propto u^{1/3}$，壳程流体 $\alpha \propto u^{0.55}$。为增大管程和壳程流速，可分别增加管程数和壳内的挡板数。流速的增大也会使流体通过换热器的压力降 Δp 增大，湍流时 $\Delta p \propto u^{1.8}$，层流时 $\Delta p \propto u^{1.0}$。因此，u 的增大受到一定限制。

② 管内插入旋流元件　常见的旋流元件有金属螺旋圈、麻花铁、纽带（见图 4-57）等，可增大壁面附近流体的扰动程度，减小层流底层厚度，增大 α 值。这种方法对强化气体、低 Re 流体及高黏度流体的传热更有效，可降低流体由层流向湍流过渡的 Re，从而强化传热。在低 Re 下采用插入旋流元件，要比湍流时能收到更为显著的效果。

③ 改变传热面形状和增加粗糙度　即把传热面加工成波纹状、螺旋槽状、纵槽状、翅片状等，或挤压成皱纹、小凸起，或烧结一层多孔金属层，增加粗糙程度。它们能改变流体流动方向，增加流体扰动程度，产生涡流，减小壁面层流膜厚度，以增大 α 值。改变传热面形状不仅增大 α 值，而且也扩展了传热面积，适用于以管外热阻为主的单相流体强化传热。

综上所述，强化传热的途径随着科技的发展日趋增多和完善。在实际应用中，应针对具体传热过程采用可靠的技术措施，并对设备费和操作费全面分析，使传热过程的强化经济合理。

思考题

4-1　根据传热机理的不同，有哪 3 种基本传热方式？其传热机理有何不同？

4-2　傅里叶定律 $Q = -\lambda A \dfrac{\mathrm{d}t}{\mathrm{d}x}$ 中的负号是什么意思？

4-3　比较固体、液体、气体三者的热导率，哪个大，哪个小？

4-4　纯金属与其合金相比较，热导率哪个大？

4-5　非金属的保温材料的热导率为什么与密度有关？

4-6　在厚度相同的两层平壁中的热传导，有一层温度差较大，另一层较小。哪一层热阻大？热阻大的原因是什么？

4-7　在平壁热传导中，可以计算平壁总面积 A 的传热速率 Q，也可以计算单位面积的传热速率（即热

流密度 $q=\dfrac{Q}{A}$)。而圆筒壁热传导中,可以计算圆筒壁内、外平均面积的传热速率 Q,也可以计算单位圆筒长度的壁面传热速率 q_l,为什么不能计算热流密度?

4-8 输送水蒸气的圆管外包覆两层厚度相同、热导率不同的保温材料。若改变两层保温材料的先后次序,其保温效果是否会改变?若被保温的不是圆管而是平壁,保温材料的先后次序对保温效果是否有影响?

4-9 对流传热速率方程(牛顿冷却公式)$Q=\alpha A\Delta t$ 中的对流传热系数 α 与哪些因素有关?

4-10 流体在圆形直管内强制湍流时的对流传热系数 α 的计算式中,Pr 的指数 n 由什么决定?流体在管内的流速及管径对 α 的影响有多大?管长、弯管的曲率对管内对流传热有何影响?

4-11 水的对流传热系数一般比空气的大,为什么?

4-12 为什么滴状冷凝的对流传热系数比膜状冷凝的大?由于壁面上不容易形成滴状冷凝,蒸气冷凝多为膜状冷凝。影响膜状冷凝传热的因素有哪些?

4-13 液体沸腾的两个基本条件是什么?

4-14 为什么核状沸腾的对流传热系数比膜状沸腾的大?影响核状沸腾的主要因素有哪些?

4-15 同一液体,为什么沸腾时的对流传热系数比无相变化时的对流传热系数大?

4-16 换热器中的冷热流体在变温条件下操作时,为什么多采用逆流操作?在什么情况下可以采用并流操作?

4-17 换热器在折流或错流操作时的平均温度差如何计算?

4-18 换热器的总传热系数的大小,受哪些因素影响?怎样才能有效地提高总传热系数?

4-19 在换热器中,用饱和蒸汽在换热管外冷凝放热,加热管内流动的空气。总传热系数接近哪种流体的对流传热系数?壁温接近哪种流体的温度?忽略污垢和管壁热阻。要想增大总传热系数,应增大哪侧流体的对流传热系数?

4-20 何谓透热体、白体、黑体、灰体?

4-21 何谓黑度?影响固体表面黑度的主要因素是什么?

4-22 黑度大的灰体对投射来的热辐射能的反射率是大还是小?其辐射能力是大还是小?

4-23 保温瓶的夹层玻璃表面为什么镀一层反射率很高的材料?夹层抽真空的目的是什么?

4-24 两个灰体表面间的辐射传热速率与哪些因素有关?

4-25 常用的强化或削弱物体之间辐射传热的方法有哪两种?

4-26 两物体的温度分别为 200℃ 及 100℃,若将其温度各提高 300℃,维持其温度差不变,其辐射传热的热流量是否变化?

4-27 列管式换热器为什么有些做成多管程的?

4-28 下列流体在列管换热器中宜走管程还是壳程?(1)腐蚀性流体;(2)高压流体;(3)饱和水蒸气冷凝放热;(4)温度不太高,需要冷却的流体;(5)为增大对流传热系数 α,需要提高流速的无相变流体。

4-29 换热器的强化传热中,最有效的途径是增大总传热系数 K,如何增大 K 值?

习　题

热传导

4-1 有一加热器,为了减少热损失,在加热器的平壁外表面包一层热导率为 0.16W/(m·℃)、厚度为 300mm 的绝热材料。已测得绝热层外表面温度为 30℃,另测得距加热器平壁外表面 250mm 处的温度为 75℃,如习题 4-1 附图所示。试求加热器平壁外表面温度 t_1。

4-2 有一冷藏室,其保冷壁是由 30mm 厚的软木做成的。软木的热导率 $\lambda=0.043$W/(m·℃)。若外表面温度为 28℃,内表面温度为 3℃,试计算单位表面积的冷量损失。

4-3 用平板法测定材料的热导率,平板状材料的一侧用电热器加热,另一侧用冷水冷却,同时在板的两侧均用热电偶测量其表面温度。若所测固体的表面积为 0.02m²,材料的厚度为 20mm。现测得电流表的读数为

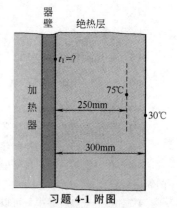

习题 4-1 附图

2.8A，伏特计的读数为 140V，两侧温度分别为 280℃和 100℃。试计算该材料的热导率。

4-4　燃烧炉的平壁由下列三层材料构成：耐火砖层，其热导率 $\lambda=1.05W/(m \cdot ℃)$，厚度 $b=230mm$；绝热砖层，其热导率 $\lambda=0.151W/(m \cdot ℃)$；普通砖层，热导率 $\lambda=0.93W/(m \cdot ℃)$。耐火砖层内侧壁面温度为 1000℃，绝热砖的耐热温度为 940℃，普通砖的耐热温度为 130℃。（1）根据砖的耐热温度，确定砖与砖接触面的温度，然后计算绝热砖层厚度，若每块绝热砖厚度为 230mm，试确定绝热砖层的厚度；（2）若普通砖厚度为 240mm，试计算普通砖层外表面温度。

4-5　有直径为 $\phi38mm \times 2mm$ 的黄铜冷却管，假如管内生成厚度为 1mm 的水垢，水垢的热导率 $\lambda=1.163W/(m \cdot ℃)$。试计算水垢的热阻是黄铜管热阻的多少倍［黄铜的热导率 $\lambda=110W/(m \cdot ℃)$］。

4-6　某工厂用 $\phi170mm \times 5mm$ 的无缝钢管输送水蒸气。为了减少沿途的热损失，在管外包两层绝热材料，第一层为厚 30mm 的矿渣棉，其热导率为 $0.065W/(m \cdot K)$，第二层为厚 30mm 的石棉灰，其热导率为 $0.21W/(m \cdot K)$。管内壁温度为 300℃，保温层外表面温度为 40℃，管道长 50m。试求该管道的散热量。

4-7　水蒸气管道外径为 108mm，其表面包一层超细玻璃棉毡保温，其热导率随温度 t 的变化关系为 $\lambda=0.033+0.00023t$ W/(m · K)。水蒸气管道外表面温度为 150℃，希望保温层外表面温度不超过 50℃，且每米管道的热量损失不超过 160W/m。试确定所需保温层厚度。

对流传热

4-8　冷却水在 $\phi19mm \times 2mm$、长 2m 的钢管中以 1m/s 的流速通过。水温由 15℃升至 25℃。求管壁对水的对流传热系数。

4-9　空气以 4m/s 的流速通过 $\phi75.5mm \times 3.75mm$ 的钢管，管长 5m。空气入口温度为 32℃，出口温度为 68℃。试计算：（1）空气与管壁间的对流传热系数；（2）如空气流速增加一倍，其他条件不变，对流传热系数又为多少；（3）若空气从管壁得到的热量为 578W，钢管内壁的平均温度为多少。

4-10　温度为 10℃、压力为 101.3kPa 的空气以 10m/s 的流速在列管式换热器管间沿管长方向流动，空气出口温度为 30℃。列管式换热器的外壳内径为 190mm，其中装有 37 根 $\phi19mm \times 2mm$ 的钢管，钢管长度为 2m。试求钢管外表面对空气的对流传热系数 α。

4-11　某溶液以 1.1m/s 的流速在套管换热器的内管中被冷却，其进、出口温度分别为 95℃和 45℃。内管直径为 $\phi25mm \times 2.5mm$。管内壁平均温度为 60℃。已知 70℃该溶液的物性数据为 $c_p=1.528kJ/(kg \cdot ℃)$，$\mu=6.4mPa \cdot s$，$\lambda=0.365W/(m \cdot ℃)$，$\rho=1800kg/m^3$，60℃时该溶液的黏度 $\mu_w=8.4mPa \cdot s$。试求管壁对该溶液的对流传热系数。

4-12　有一套管式换热器，内管为 $\phi38mm \times 2.5mm$，外管为 $\phi57mm \times 3mm$ 的钢管，内管的传热管长为 2m。质量流量为 2530kg/h 的甲苯在环隙中流动，进口温度为 72℃，出口温度为 38℃。试求甲苯对内管外表面的对流传热系数。

4-13　甲苯在一蛇管冷却器中由 70℃冷却到 30℃，蛇管由 $\phi45mm \times 2.5mm$ 的钢管 3 根并联而成，蛇管的圈径为 0.6m。若甲苯的体积流量为 $3m^3/h$，试求甲苯对钢管内表面的对流传热系数。

4-14　质量流量为 1650kg/h 的硝酸在管径为 $\phi80mm \times 2.5mm$、长为 3m 的水平管中流过。管外为 300kPa（绝对压力）的饱和水蒸气冷凝，使硝酸得到 3.8×10^4 W 的热量。试求水蒸气在水平管外冷凝时的对流传热系数。

4-15　水在大容器内沸腾，如果绝对压力保持在 $p=200kPa$，加热面温度保持 130℃，试计算加热面上的热流密度 q。

两流体间传热过程的计算

4-16　载热体的流量为 1500kg/h，试计算下列各过程中载热体放出或吸收的热量。（1）100℃的饱和水蒸气冷凝成 100℃的水；（2）苯胺由 383K 降温至 283K；（3）比热容为 3.77kJ/(kg · K) 的 NaOH 水溶液，从 290K 加热到 370K；（4）常压下 20℃的空气加热到 150℃；（5）绝对压力为 250kPa 的饱和水蒸气，冷凝冷却成 40℃的水。

4-17 用冷却水使流量 2000kg/h 的硝基苯从 355K 冷却到 300K，冷却水由 15℃ 升到 35℃，试求冷却水用量。若将冷却水的流量增加到 3.5m³/h，试求冷却水的出口温度。

4-18 在一换热器中，用水使苯从 80℃ 冷却到 50℃，水从 15℃ 升到 35℃。试分别计算并流操作及逆流操作时的平均温度差。

4-19 在 1 壳程 2 管程列管式换热器中用水冷却油，冷却水走管内，进口温度为 20℃，出口温度为 50℃。油进口温度为 120℃，出口温度为 60℃。试计算两种流体的传热平均温度差。

4-20 用绝对压力为 300kPa 的饱和水蒸气将体积流量为 80m³/h 的苯胺从 80℃ 加热到 100℃。苯胺在平均温度下的密度为 955kg/m³，比热容为 2.31kJ/(kg·℃)。试求：(1) 水蒸气用量 (kg/h)；(2) 当总传热系数为 800W/(m²·℃) 时所需传热面积。

4-21 有一套管式换热器，内管为 $\phi180mm\times10mm$ 的钢管，内管中有质量流量为 3000kg/h 的热水，从 90℃ 冷却到 60℃。环隙中冷却水从 20℃ 升到 50℃。总传热系数 $K=2000W/(m²·℃)$。试求：(1) 冷却水用量；(2) 并流流动时的平均温度差及所需传热面积；(3) 逆流流动时的平均温度差及所需传热面积。

4-22 有 1 壳程 2 管程列管式换热器，用 293K 的冷水 30t/h 使流量为 20t/h 的乙二醇从 353K 冷却到 313K，设总传热系数为 1200W/(m²·K)，试计算所需传热面积。

4-23 有一外径为 100mm 的水蒸气管，水蒸气温度为 160℃。为了减少热量损失，在管外包覆厚度各为 25mm 的 A、B 两层绝热材料保温层，A 与 B 的热导率分别为 0.15W/(m·K) 与 0.05W/(m·K)。试计算哪一种材料放在内层好。周围空气温度为 20℃，保温层外表面对周围空气的对流（包括热辐射）传热系数 $\alpha=15W/(m²·℃)$。保温层内表面温度在两种情况下都等于水蒸气温度。

4-24 测定套管式换热器的总传热系数。数据如下：甲苯在内管中流动，质量流量为 5000kg/h，进口温度为 80℃，出口温度为 50℃。水在环隙流动，进口温度为 15℃，出口温度为 30℃。水与甲苯逆流流动，传热面积为 2.5m²。所测得的总传热系数为多大？

4-25 在一套管换热器中，内管中流体的对流传热系数 $\alpha_1=200W/(m²·K)$，内管外侧流体的对流传热系数 $\alpha_2=350W/(m²·K)$。已知两种流体均在湍流条件下进行换热。试回答下列两个问题：(1) 假设内管中流体流速增加一倍；(2) 假设内管外侧流体流速增加两倍。其他条件不变，试问总传热系数增加多少？以百分数表示。管壁热阻及污垢热阻可不计。

4-26 有一套管式换热器，内管为 $\phi57mm\times3mm$，外管为 $\phi114mm\times4mm$。内管中有流量为 4000kg/h 的苯被加热，进口温度为 50℃，出口温度为 80℃。套管的环隙中有绝对压力为 200kPa 的饱和水蒸气冷凝放热，冷凝的对流传热系数为 $10^4 W/(m²·K)$。已知内管的内表面污垢热阻为 0.0004m²·K/W，管壁热阻及管外侧污垢热阻均不计。试计算：(1) 加热水蒸气用量；(2) 管壁对苯的对流传热系数；(3) 完成上述处理量所需套管的有效长度；(4) 由于某种原因，加热水蒸气的绝对压力降至 140kPa。这时，苯出口温度有何变化？应为多少度（设苯的对流传热系数值不变，平均温度差可用算术平均值计算）。

4-27 在一套管换热器中，用绝对压力为 200kPa 的饱和水蒸气使流量为 500kg/h 的氯化苯从 30℃ 加热到 70℃，苯在内管中流动。因某种原因，氯化苯的流量减小到 2500kg/h，但进、出口温度欲保持不变。为此，想把水蒸气压力降低一些，试问水蒸气的绝对压力应降到多少（两种情况下，管内氯化苯均为湍流流动，并且其对流传热系数比水蒸气冷凝的对流传热系数小很多，因此，水蒸气冷凝的热阻及管壁热阻可忽略不计）？

4-28 欲将体积流量为 3000m³/h（标准状态 $p^{\ominus}=101.325kPa$，$T^{\ominus}=273.15K$）的常压空气用绝对压力为 200kPa 的饱和水蒸气加热，空气从 10℃ 加热到 90℃。现有一列管式换热器，其规格如下：钢管直径 $\phi25mm\times2.5mm$，管长 1.6m，管数 271 根。如用此换热器使空气在管内流动，水蒸气在管外冷凝，试验算此换热器面积是否够用？水蒸气冷凝时的对流传热系数可取为 10000W/(m²·K)。

4-29 有一钢制套管式换热器，质量流量为 2000kg/h 的苯在内管中，从 80℃ 冷却到 50℃，冷却水在环隙中从 15℃ 升到 35℃。已知苯对管壁的对流传热系数为 600W/(m²·K)，管壁对水的对流传热系数为 1000W/(m²·K)。计算总传热系数时忽略管壁热阻，按平壁计算。试解答下列问题：(1) 计算冷却水消耗量；（2）计算并流流动时所需传热面积；（3）如改变为逆流流动，其他条件相同，所需传热面积将有何变化？

4-30　在一传热面积为 $20m^2$ 的列管式换热器中，壳程用110℃的饱和水蒸气冷凝以加热管程中的某溶液。溶液的处理量为 $2.5×10^4 kg/h$，比热容为 $4kJ/(kg·K)$。换热器初始使用时可将溶液由20℃加热至80℃。（1）该换热器使用一段时间后，由于溶液结垢，其出口温度只能达到75℃，试求污垢热阻值；（2）若要使溶液出口温度仍维持在80℃，在不变动设备的条件下可采取何种措施？做定量计算。

4-31　有一单管程的列管式换热器，其规格如下：管径为 $\phi25mm×2.5mm$，管长为3m，管数为37根。今拟采用此换热器冷凝并冷却 CS_2 的饱和蒸气，自饱和温度46℃冷却到10℃。CS_2 在管外冷凝，其流量为300kg/h，比汽化热为350kJ/kg。冷却水在管内，进口温度为5℃，出口温度为32℃。逆流流动。已知 CS_2 的冷凝和冷却时的总传热系数分别为 $K_1=291W/(m^2·K)$ 和 $K_2=174W/(m^2·K)$（以内表面为基准）。试问此换热器是否合用？

4-32　在一单管程列管式换热器中，水逆流冷却壳程中的空气，水和空气的进口温度分别为25℃及115℃。在换热器使用的初期，水和空气的出口温度分别为48℃和42℃；使用一年后，由于污垢热阻的影响，在水的流量和入口温度不变的情况下，其出口温度降至40℃。不计热损失。试求：（1）空气出口温度变为多少；（2）总传热系数变为原来的多少倍；（3）若使水流量增大一倍，而空气流量及两流体入口温度都保持不变，则两流体的出口温度变为多少？（水的对流传热系数远大于空气）

热辐射

4-33　外径为50mm、长为10m的氧化钢管敷设在截面为 $200mm×200mm$ 的红砖砌的通道内，钢管外表面温度为250℃，通道壁面温度为20℃。试计算辐射热损失。

4-34　冷藏瓶由真空玻璃夹层构成，夹层中双壁表面上镀银，镀银壁面黑度 $\varepsilon=0.02$。外壁内表面温度为35℃，内壁外表面温度为0℃。试计算由于辐射传热每单位面积容器壁的散热量。

4-35　水蒸气管道横穿室内，其保温层外径为70mm，外表面温度为55℃，室温为25℃，墙壁温度为20℃。试计算每米管道的辐射散热损失及对流散热损失。保温层外表面黑度 $\varepsilon=0.9$。

4-36　温度为25℃的车间内，有一高和宽均为0.6m的炉门，其黑度为0.78，现知炉门的辐射散热量为7.2kW。试求：（1）炉门的温度为多少；（2）若在炉门很近处平行放置一个尺寸与其相同的铝板作为遮热板，铝板的黑度为0.2，此时铝板的温度和炉门的辐射散热速率为多少。

▰▰▰ 本章符号说明 ▰▰▰

英文

A	传热面积，m^2	R_d	污垢热阻，$m^2·℃/W$
b	厚度，m	r	半径，m
C	辐射系数	r	比汽化热，kJ/kg
c_p	流体的定压比热容，$J/(kg·℃)$	S	截面积，m^2
D	壳体内径，m	T	温度，K 或 ℃
d	管径，m	t	温度，K 或 ℃
E	辐射能力，W/m^2	Δt_m	平均温度差，K 或 ℃
g	重力加速度，m/s^2	u	流速，m/s
K	总传热系数，$W/(m^2·℃)$	x	空间坐标
l	长度，m	希文	
p	压力，Pa	α	对流传热系数，$W/(m^2·℃)$
Q	传热速率，热负荷，W	α	辐射吸收率
q	热流密度，W/m^2	β	体积膨胀系数，$1/℃$ 或 $\dfrac{1}{K}$
R	热阻，$m^2·℃/W$		

ε	黑度	φ	角系数
λ	热导率,W/(m·℃)或 W/(m·K)	ψ	温度校正系数
μ	黏度,Pa·s	Gr	格拉晓夫数
ρ	密度,kg/m³	Nu	努塞尔数
ρ	辐射反射率	Pr	普朗特数
σ_b	黑体辐射常数,W/(m²·K⁴)	Re	雷诺数
τ	辐射透过率		

第五章

吸　　收

本章学习要求

掌握的内容

气体在液体中的溶解度、亨利定律及各种表达式和相互间的关系；相平衡的应用；分子扩散、费克定律及其在等摩尔逆向扩散和单方向扩散的应用；对流传质概念；双膜理论要点；总传质系数及总传质速率方程；吸收过程物料衡算及操作线方程；最小液气比概念及吸收剂用量的计算；填料层高度的计算；传质单元高度与传质单元数的定义及物理意义；传质单元数的计算（平均推动力法和吸收因数法）；吸收塔的设计计算。

熟悉的内容

吸收剂的选择；各种形式的单相传质速率方程、传质系数和传质推动力的对应关系；各种传质系数间的关系；气膜控制与液膜控制；传质单元数的图解积分法；吸收塔的操作型分析及计算；解吸的特点及计算；填料塔液泛气速及空塔气速的确定；气体通过填料层的压降计算；吸收过程的强化。

了解的内容

分子扩散系数及影响因素；填料层高度计算基本方程的推导；填料塔的结构及填料特性；填料塔附件。

第一节　概　　述

吸收是典型的传质单元操作。当气体混合物与适当的液体接触，气体中的一个或几个组分溶解于液体中，而不能溶解的组分仍留在气体中，使气体混合物得到了分离，这种利用气体混合物中各组分在液体中的溶解度不同来分离气体混合物的。单元操作称为吸收（absorption）操作。

吸收操作所用的液体称为吸收剂或溶剂（solvent）；混合气中，被溶解的组分称为溶质（solute）或吸收质；不被溶解的组分称为惰性气体（inert gas）或载体；所得到的溶液称为吸收液，其成分是溶剂与溶质；排出的气体称为吸收尾气，如果吸收剂的挥发度很小，则其中主要成分为惰性气体以及残留的溶质。

一、吸收操作的应用

吸收操作在工业生产中得到广泛应用，其目的有下列几项。

① 制取液体产品。例如用水吸收二氧化氮，制取硝酸；用硫酸吸收 SO_3，制取发烟硫酸。

② 回收混合气中有用组分。例如用液态烃吸收石油裂解气中的乙烯和丙烯；用硫酸吸收焦炉气中的氨。

③ 除去工艺气体中有害组分，以净化气体。例如用水或乙醇胺除去合成氨原料气中的 CO_2。

④ 除去工业放空尾气中的有害组分。例如除去尾气中的 H_2S、SO_2 等，以免大气污染。随着工业的发展，要求工业尾气中有害组分的含量越来越少。

二、吸收设备

吸收设备有多种类型，最常用的有填料塔与板式塔，如图 5-1 所示。**填料塔**中装有诸如瓷环之类的填料，气液接触在填料中进行。**板式塔**中安装有筛孔塔板，气液两相在塔板上鼓泡进行接触。

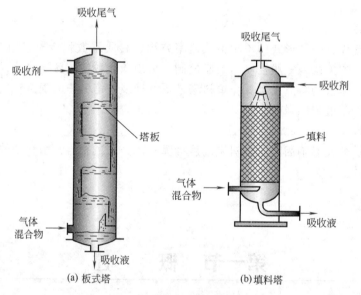

图 5-1　吸收塔

混合气体从塔底引入吸收塔，向上流动；吸收剂从塔顶引入，向下流动。吸收液从塔底引出，吸收尾气从塔顶引出。

填料塔与板式塔的计算方法不同，本章将介绍填料塔的计算。板式塔的计算方法将在下一章介绍。

三、吸收操作的分类

（1）物理吸收与化学吸收　若溶质与吸收剂之间没有化学反应，而只靠溶质在吸收剂中的物理溶解度，则被吸收时称为物理吸收。若溶质靠化学反应与吸收剂相结合，则被吸收时称为化学吸收。

物理吸收时，溶质在溶液上方的分压力较大，而且吸收过程最后只能进行到溶质在气相的分压力略高于溶质在溶液上方的平衡分压为止。

化学吸收时，若为不可逆反应，溶液上方的溶质平衡分压力极小，可以充分吸收；若为可逆反应，溶液上方存在明显的溶质平衡分压力，但比物理吸收时小很多。

工业生产中，化学吸收要比物理吸收用得多。

（2）单组分吸收与多组分吸收　若混合气中只有一个组分被吸收，则称为单组分吸收；若有两个或两个以上的组分被吸收，则称为多组分吸收。

（3）非等温吸收与等温吸收　气体溶解于吸收剂中，通常有溶解热放出。化学反应时还会有反应热。因而，在吸收过程中温度会升高。温度发生明显变化的吸收过程称为非等温吸收。若混合气中溶质含量低，吸收剂用量相对较大时，吸收过程进行中温度变化不大，则称为等温吸收。

本章重点介绍单组分等温的物理吸收过程，包括吸收过程的气液相平衡、传质速率方程、物料衡算与吸收剂用量计算、填料吸收塔的填料层高度与塔径的计算以及填料塔结构等。

四、吸收剂的选择

吸收剂性能对吸收操作有重要影响，通常对吸收剂的性能有下列要求。

① 吸收剂对溶质应具有较大的溶解度，这样，对于一定量的混合气体，所需要的吸收剂用量可以少。同时，因为溶解度大，溶质的平衡分压低，吸收过程的推动力大，传质速率大，吸收设备尺寸可以减小。

② 吸收剂应对溶质具有良好的选择性，即对溶质的溶解度大，而对混合气中其他组分的溶解度小。

③ 混合气中溶质的含量不同，应选用不同的吸收剂。当溶质含量较高（摩尔分数为10％～50％）时可选用物理吸收剂，溶解其中的大部分溶质；当溶质含量较低（摩尔分数为1％～10％）时，可选择一种能与溶质发生快速反应的化学吸收剂；当溶质含量更低时，应选择一种能与溶质发生不可逆反应的化学吸收剂，但其价格较贵，还可能产生固体物质。

现以 H_2S 的吸收为例说明。当气体中 H_2S 浓度较高时，用物理吸收剂（例如乙二醇）吸收 H_2S。当气体中 H_2S 浓度较低时，通常用烷基胺的水溶液，常用的有乙醇胺（$HNCH_2CH_2OH$）。可以看出，这个分子式与 NH_3 很相似，只是其中的一个 H 原子被乙醇取代。它可与酸性气体（如 H_2S）发生可逆反应，为化学吸收剂。当气体中含有微量 H_2S，就可以用 NaOH 水溶液吸收，会产生固体废弃物 NaHS。

④ 吸收剂的挥发度要小，以减少在吸收过程中的挥发损失。

⑤ 若吸收液不是产品，则其中的吸收剂应容易解吸（desorption）而再生，循环使用。解吸就是使被吸收的溶质气体从吸收液中释放出来。通常是用升温和通入惰性气体的方法进行解吸。对于加压吸收所得的吸收液，当减压至常压时，溶质气体将迅速释放出来。

⑥ 吸收剂的黏度要小，有利于气液两相接触良好，提高传质速率。

⑦ 吸收剂应具有化学稳定性好、不易燃、无腐蚀性、无毒、易得、价廉等特点。

实际上，很难找到一种溶剂能满足所有这些要求。因此，应对可供选用的吸收剂作出技术与经济评价后，合理选用。

第二节　气液相平衡

气液相平衡能指出传质过程能否进行、进行的方向以及最终的极限。

一、平衡溶解度

在一定的温度、总压下，混合气与吸收剂接触，溶质向液相传递。当液相中溶质达到饱和时，任一瞬间进入液相的溶质数量等于溶质从液相逸出的数量，即气液两相达到平衡状态。

在平衡状态下，气相中溶质的分压，称为平衡分压或饱和分压；液相中溶质的浓度称为溶质在液相中的平衡溶解度，简称为溶解度。

（一）平衡分压与溶解度的关系

这里以 SO_2 溶解于水为例说明平衡分压与溶解度的关系。图 5-2 给出了不同温度下的溶解度曲线，纵坐标为气相中 SO_2 的分压，单位为 kPa，横坐标为平衡溶解度，以 SO_2 在水中的质量比表示，单位为 $g(SO_2)/1000g(H_2O)$。

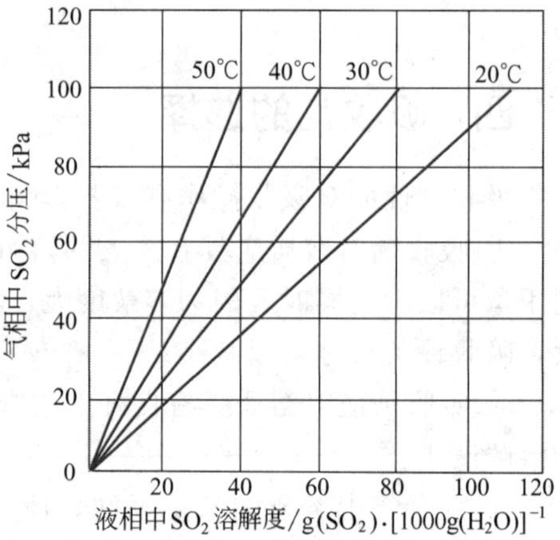

从图 5-2 可知，SO_2 在水中的平衡溶解度随气相中 SO_2 的分压增大而增大，随温度的减小而增大。

图 5-2　SO_2 在水中的溶解度

（二）不同气体在同一吸收剂中的溶解度

以 NH_3、SO_2 与 O_2 在水中的溶解度为例进行比较。在同一温度及同一分压条件下，NH_3 的溶解度最大，其次为 SO_2，O_2 最小。

不同气体用同一吸收剂吸收，所得溶液浓度相同时，易溶气体在溶液上方的平衡分压小，难溶气体在溶液上方的平衡分压大。换言之，欲得到一定浓度的溶液，易溶气体所需的分压低，而难溶气体所需的分压高。

（三）总压对溶解度的影响

对于接近理想气体的低压混合气体，如果其中惰性气体物质的量增多一些，其分压与总压都会相应增大，而溶质的分压不会改变，所以不会改变溶质在吸收剂中的溶解度。在这种情况下，总压对溶解度没有影响，溶解度只取决于溶质在气相中的分压。

如果溶质气体物质的量与惰性气体物质的量按原有的摩尔比都增多一些，它们的分压及总压都会增大。由于溶质分压增大，溶质在吸收剂中的溶解度会增大，在这种情况下，溶质的摩尔分数没有改变。换言之，在溶质的摩尔分数没有改变的情况下，总压增大，会使溶质的分压增大，则溶质在吸收剂中的溶解度会增大。因此，在图 5-3 所示的溶解度曲线图中，因为是用摩尔分数表示气相组成 y 与液相组成 x 的，溶解度与总压有关，需要注明总压的数值。

图 5-4 给出 40℃、不同总压下 SO_2 在水中的溶解度曲线。由图可知，当总压增大，而气相中 SO_2 的摩尔分数不变时，SO_2 的分压增大，相对应的液相中 SO_2 的摩尔分数增大，即溶解度增大。

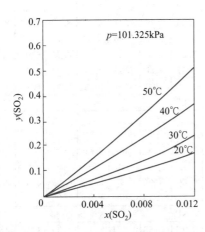 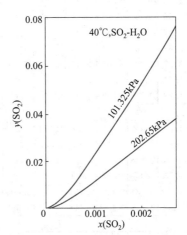

图 5-3　**SO_2-水相平衡曲线（等压）**　　　图 5-4　**SO_2-水相平衡曲线（等温）**

二、亨利定律

当气液相平衡的溶解度曲线为直线时，气液两相组成之间的关系可用亨利定律表达式表示。亨利定律通常适用于稀溶液，溶液越稀，溶质在两相之间的组成关系越能服从亨利定律。

对于易溶气体（例如 NH_3 溶于水），温度高、浓度低时，亨利定律才适用；对于难溶气体（例如 O_2、N_2、H_2 等溶于水），若总压在 5MPa 以下，分压在 0.1MPa 以下，亨利定律才适用。

下面介绍亨利定律的各种表达式及他们之间的关系。

（一）亨利定律

在一定温度下，稀溶液上方气相中溶质的平衡分压与液相中溶质的摩尔分数成正比，其表达式为

$$p_A^* = Ex \tag{5-1}$$

式中，p_A^* 为溶质 A 在气相中的平衡分压，kPa；x 为液相中溶质的摩尔分数；E 为比例系数，称为亨利系数，kPa。

式(5-1) 为亨利（Henry）定律表达式。

由式(5-1) 可知，在一定的气相平衡分压下，E 值小，液相中溶质的摩尔分数大，即溶质的溶解度大。故易溶气体的 E 值小，难溶气体的 E 值大。

亨利系数 E 的值随物系而变化。对一定的物系，温度升高，E 值增大。表 5-1 列出了15 种气体水溶液的 E 值。

表 5-1 15 种气体水溶液的亨利系数 E

气体	温							度/℃								
	0	5	10	15	20	25	30	35	40	45	50	60	70	80	90	100
	$E \times 10^{-6}$/kPa															
H_2	5.87	6.16	6.44	6.70	6.92	7.16	7.39	7.52	7.61	7.70	7.75	7.75	7.71	7.65	7.61	7.55
N_2	5.35	6.05	6.77	7.48	8.15	8.76	9.36	9.98	10.5	11.0	11.4	12.2	12.7	12.8	12.8	12.8
空气	4.38	4.94	5.56	6.15	6.73	7.30	7.81	8.34	8.82	9.23	9.59	10.2	10.6	10.8	10.9	10.8
CO	3.57	4.01	4.48	4.95	5.43	5.88	6.28	6.68	7.05	7.39	7.71	8.32	8.57	8.57	8.57	8.57
O_2	2.58	2.95	3.31	3.69	4.06	4.44	4.81	5.14	5.42	5.70	5.96	6.37	6.72	6.96	7.08	7.10
CH_4	2.27	2.62	3.01	3.41	3.81	4.18	4.55	4.92	5.27	5.58	5.85	6.34	6.75	6.91	7.01	7.10
NO	1.71	1.96	2.21	2.45	2.67	2.91	3.14	3.35	3.57	3.77	3.95	4.24	4.44	4.54	4.58	4.60
C_2H_6	1.28	1.57	1.92	2.90	2.66	3.06	3.47	3.88	4.29	4.69	5.07	5.72	6.31	6.70	6.96	7.01
	$E \times 10^{-5}$/kPa															
C_2H_4	5.59	6.62	7.78	9.07	10.3	11.6	12.9	—	—	—	—	—	—	—	—	—
N_2O	—	1.19	1.43	1.68	2.01	2.28	2.62	3.06	—	—	—	—	—	—	—	—
CO_2	0.738	0.888	1.05	1.24	1.44	1.66	1.88	2.12	2.36	2.60	2.87	3.46	—	—	—	—
C_2H_2	0.73	0.85	0.97	1.09	1.23	1.35	1.48	—	—	—	—	—	—	—	—	—
Cl_2	0.272	0.334	0.399	0.461	0.537	0.604	0.669	0.74	0.80	0.86	0.90	0.97	0.99	0.97	0.96	—
H_2S	0.272	0.319	0.372	0.418	0.489	0.552	0.617	0.686	0.755	0.825	0.689	1.04	1.21	1.37	1.46	1.50
	$E \times 10^{-4}$/kPa															
SO_2	0.167	0.203	0.245	0.294	0.355	0.413	0.485	0.567	0.661	0.763	0.871	1.11	1.39	1.70	2.01	—

由于气相、液相组成有不同的表示方法，亨利定律还有下列 3 种表达式。

① 气相组成用溶质 A 的平衡分压 p_A^* 表示，液相组成用溶质的浓度 c_A 表示时，亨利定律可表示为

$$p_A^* = \frac{c_A}{H} \tag{5-2}$$

式中，c_A 为液相中溶质的浓度，kmol 溶质/m^3 溶液；H 为**溶解度系数**，kmol 溶质/(kPa·m^3 溶液)。

溶解度系数 H 可视为在一定温度下溶质气体分压为 1kPa 时液相的平衡浓度。故 H 值越大，则液相的平衡浓度就越大，即溶解度大。H 值随温度升高而减小。

② 气液两相的组成分别用溶质 A 的摩尔分数 y 与 x 表示，则亨利定律可表示为

$$y^* = mx \tag{5-3}$$

式中，y^* 为溶质在气相中的平衡摩尔分数；m 为相平衡常数。

由式（5-3）可知，在一定的气相平衡摩尔分数下，m 值小，液相中溶质的摩尔分数大，即溶质的溶解度大。故易溶气体的 m 值小，难溶气体的 m 值大。m 值随温度升高而增大。

③ 气液两相的组成用摩尔比表示时的亨利定律表达式

摩尔比的定义为

$$Y = \frac{气相中溶质的物质的量（摩尔数）}{气相中惰性气体的物质的量（摩尔数）} = \frac{y}{1-y}$$

$$X = \frac{液相中溶质的物质的量（摩尔数）}{液相中溶剂的物质的量（摩尔数）} = \frac{x}{1-x} \tag{5-4}$$

由式（5-4）可知

$$x = \frac{X}{1+X}, \quad y = \frac{Y}{1+Y} \tag{5-5}$$

将式(5-5)代入式(5-3)，整理得

$$Y^* = \frac{mX}{1+(1-m)X} \tag{5-6}$$

式中，Y^* 为与 X 相平衡时气相中溶质的摩尔比。

当液相组成 X 很小时，式(5-6)右端分母趋近于 1，则得气液平衡关系表达式为

$$Y^* = mX \tag{5-7}$$

(二) 亨利定律各系数间的关系

1. m 与 E 的关系

由理想气体分压定律，有 $p_A^* = py^*$，代入式(5-1)得

$$y^* = \frac{E}{p}x$$

与式(5-3)比较，得 m 与 E 的关系为

$$m = \frac{E}{p} \tag{5-8}$$

式中，p 为总压。

从式(5-8)可知，随着总压 p 增大，而相平衡常数 m 减小。同时，因亨利系数 E 随温度降低而减小，所以 m 也随温度降低而减小。降低温度，增大总压，能使 m 减小，在气相组成 y 相同的条件下，液相组成将增大，对吸收有利。

2. H 与 E 的关系

由式(5-1)和式(5-2)，得 H 与 E 的关系为

$$H = \frac{c_A}{Ex} \tag{a}$$

溶液中溶质的浓度 c_A 与摩尔分数 x 的关系为

$$c_A = cx \tag{b}$$

式中，c 为溶液的总浓度(溶液中溶剂浓度与溶质浓度之和)，$\dfrac{\text{kmol 溶液}}{\text{m}^3 \text{ 溶液}} = \dfrac{\text{kmol 溶剂} + \text{kmol 溶质}}{\text{m}^3 \text{ 溶液}}$。

将式(b)代入式(a)，得 H 与 E 的关系为

$$H = \frac{c}{E} \tag{5-9a}$$

溶液的总浓度 c 与溶液密度 ρ 的关系为

$$c = \frac{\rho}{M} \tag{c}$$

式中，ρ 为溶液的密度，kg/m^3；M 为溶液的平均摩尔质量，kg/kmol。

对于稀溶液，式(c)可近似为

$$c \approx \frac{\rho_s}{M_s} \tag{d}$$

式中，ρ_s 为溶剂的密度，kg/m^3；M_s 为溶剂的摩尔质量，kg/kmol。

将式（d）代入式(5-9a)，得 H 与 E 之间的近似关系为

$$H \approx \frac{\rho_s}{EM_s} \tag{5-9b}$$

3. E、H 及 m 三者的关系

$$E = mp \approx \frac{\rho_s}{HM_s}$$

式中，m 为气液相平衡常数；E 为亨利系数，kPa；p 为总压，kPa；H 为溶解度系数，kmol 溶质/(kPa·m³ 溶液)；ρ_s 为溶剂的密度，kg/m³；M_s 为溶剂的摩尔质量，kg/kmol。

【例 5-1】 总压为 101.325kPa、温度为 20℃ 时，1000kg 水中溶解 15kg NH₃，此时溶液上方气相中 NH₃ 的平衡分压为 1.2kPa。试求此时的亨利系数 E、溶解度系数 H、相平衡常数 m。

解 NH₃ 的摩尔质量为 17kg/kmol，溶液的质量为 15kg NH₃ 与 1000kg 水之和。故液相组成

$$x = \frac{n_A}{n} = \frac{n_A}{n_A + n_B} = \frac{15/17}{15/17 + 1000/18} = 0.01563 \text{（摩尔分数）}$$

由式(5-1) 求得亨利系数

$$E = \frac{p_A^*}{x} = \frac{1.2}{0.01563} = 76.8 \text{kPa}$$

溶剂水的密度 $\rho_s = 1000 \text{kg/m}^3$，摩尔质量 $M_s = 18 \text{kg/kmol}$，由式(5-9b) 计算溶解度系数

$$H \approx \frac{\rho_s}{EM_s} = \frac{1000}{76.8 \times 18} = 0.723 \text{kmol/(m}^3 \cdot \text{kPa)}$$

由式(5-8) 计算相平衡常数

$$m = \frac{E}{p} = \frac{76.8}{101.325} = 0.758$$

三、气液相平衡在吸收中的应用

吸收过程中，在什么条件下溶质会从气相向液相传递，传质推动力如何表示？下面讨论这个问题。

（一）溶质的传质方向与传质推动力

这个问题可以用相平衡关系来解决。例如，溶质 A 在气相与液相的组成分别为 y 与 x，溶质 A 的传递方向与推动力在图 5-5(a) 中是用气相组成表示的，在图 5-5(b) 中是用液相组成表示的。

(1) 用气相组成 y 表示传质方向与推动力 由相平衡关系求出与液相组成 x 相平衡的气相组成 y^*。

$y > y^*$ 时，溶质从气相向液相传递，为吸收过程。其传质推动力为 $(y - y^*)$，这是以气相摩尔分数差表示的推动力。

$y < y^*$ 时，溶质从液相向气相传递，为解吸过程，其传质推动力为 $(y^* - y)$。

(2) 用液相组成 x 表示传质方向与推动力 由相平衡关系求出与气相组成 y 相平衡的液相成 x^*。

$x^* > x$ 时，溶质从气相向液相传递，为吸收过程。其传质推动力为 $(x^* - x)$，这是

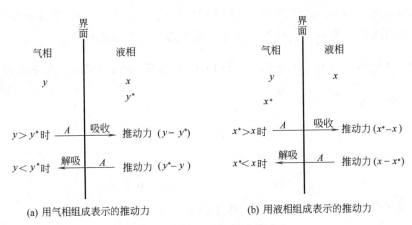

(a) 用气相组成表示的推动力　　(b) 用液相组成表示的推动力

图 5-5　传质方向与传质推动力

以液相摩尔分数差表示的推动力。

$x^* < x$ 时，溶质从液相向气相传递，为解吸过程。其传质推动力为 $(x - x^*)$。

溶质的传质方向与推动力也可以在相平衡曲线图上表示，如图 5-6 所示。曲线上的点代表互成平衡的气液相组成，图中 O 点代表相互接触的气液相组成。

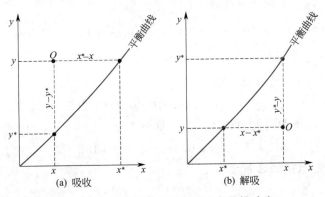

(a) 吸收　　　　　　(b) 解吸

图 5-6　相平衡曲线上的传质方向与推动力

（二）吸收塔的吸收液及尾气的极限浓度

1. 吸收液的最大组成 x_{1max}

一定量的混合气（组成为 y_1）从塔底进入吸收塔，当塔高增高、吸收剂用量减少（即液-气比减小）时，吸收液的组成 x_1 将增大。但即使塔很高、吸收剂用量很小，x_1 也不会无限增大。其最大组成 x_{1max} 为塔底混合气入口组成 y_1 的平衡液相组成 x_1^*，即

$$x_{1max} = x_1^* \tag{5-10}$$

2. 吸收尾气的最小组成 y_{2min}

当吸收剂用量很大，且塔无限高时，塔顶尾气中溶质的组成 y_2 也不会无限降低，其最小组成 y_{2min} 为吸收剂入口组成 x_2 的平衡气相组成 y_2^*，即

$$y_{2min} = y_2^* \tag{5-11}$$

【例 5-2】　在温度 $20℃$、总压 $0.1MPa$ 下，含有 CO_2 0.1（摩尔分数）的空气与含有 CO_2 0.00002（摩尔分数）的水溶液接触，试判断 CO_2 的传质方向，并计算传质推动力。如果水溶

液中 CO_2 的组成为 0.0002（摩尔分数），试判断 CO_2 的传质方向，并计算传质推动力。

解　气液相组成都很小，相平衡关系的计算可用亨利定律表达式 $y^*=mx$。温度 20℃，从表 5-1 查得 CO_2 水溶液的亨利系数 $E=144MPa$，总压 $p=0.1MPa$，相平衡常数 $m=\dfrac{E}{p}=\dfrac{144}{0.1}=1440$。

（1）$y=0.1$，$x=0.00002$

用气相组成判断 CO_2 的传质方向

$$y^*=mx=1440\times0.00002=0.0288$$

因 $y>y^*$，故 CO_2 从气相向液相传递。传质推动力为

$$y-y^*=0.1-0.0288=0.0712$$

用液相组成判断 CO_2 的传质方向

$$x^*=\frac{y}{m}=\frac{0.1}{1440}=0.0000694$$

因 $x^*>x$，故 CO_2 从气相向液相传递。

传质推动力　$x^*-x=0.0000694-0.00002=0.0000494$

（2）$y=0.1$，$x=0.0002$

用气相组成判断 CO_2 的传质方向

$$y^*=mx=1440\times0.0002=0.288$$

因 $y<y^*$，故 CO_2 从液相向气相传递。传质推动力为

$$y^*-y=0.288-0.1=0.188$$

用液相组成判断 CO_2 的传质方向

$$x^*=\frac{y}{m}=\frac{0.1}{1440}=0.0000694$$

因 $x^*<x$，故 CO_2 从液相向气相传递。传质推动力为

$$x-x^*=0.0002-0.0000694=0.0001306$$

第三节　吸收过程的传质速率

用液体吸收剂吸收气体中某一组分，是该组分从气相转移到液相的传质过程。它包括以下 3 个步骤。

① 该组分从气相主体传递到气液两相界面的气相一侧。

② 在相界面上溶解，从相界面的气相一侧进入液相一侧。

③ 再从液相一侧界面向液相主体传递。

气液两相界面与气相或液相之间的传质称为对流传质。对流传质中同时存在分子扩散与湍流扩散。

在讨论对流传质之前，先介绍分子扩散与费克定律。

一、分子扩散与费克定律

当流体内部某一组分存在浓度差时，则因微观的分子热运动使组分从浓度高处扩散到浓度低处，这种现象称为**分子扩散**（molecular diffusion）。

在图 5-7 所示的容器中，左侧盛有气体 A，右侧装有气体 B，两侧压力相同。当抽掉其中间的隔板后，气体 A 将借分子运动通过气体 B 扩散到浓度低的右边，同理气体 B 也向浓度低的左边扩散，过程一直进行到整个容器里 A、B 两组分浓度完全均匀为止。这是一个非稳态分子扩散过程。工业生产中，一般为稳态过程，下面讨论稳态条件下双组分物系的分子扩散。

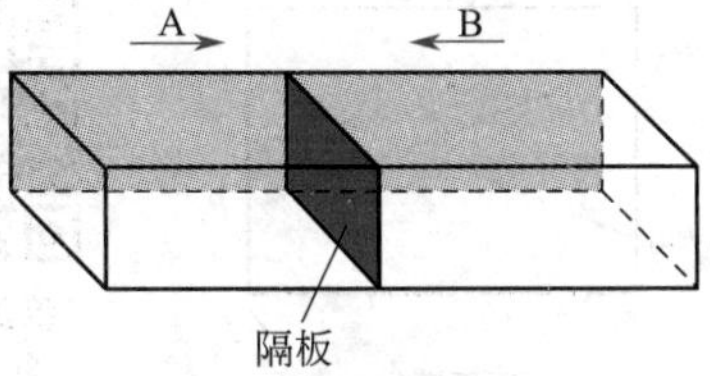

图 5-7　两种气体相互扩散

单位时间通过单位面积扩散的物质量称为**扩散速率**（rate of diffusion），以符号 J 表示，单位为 $kmol/(m^2 \cdot s)$。由两组分 A 与 B 组成的混合物，在恒定温度和恒定压力（指总压力 p）条件下，若组分 A 只沿 z 方向扩散，浓度梯度为 $\dfrac{dc_A}{dZ}$，依据**费克**（Fick）**定律**，A 组分的分子扩散速率 J_A 与浓度梯度 dc_A/dZ 成正比，其表达式为

$$J_A = -D_{AB}\frac{dc_A}{dZ} \tag{5-12a}$$

式中，J_A 为组分 A 的扩散速率，$kmol/(m^2 \cdot s)$；dc_A/dZ 为组分 A 沿扩散方向 Z 上的浓度梯度，$kmol/m^4$；D_{AB} 为比例系数，称为**分子扩散系数**（molecular diffusivity），或简称为**扩散系数**，m^2/s；下标 AB 表示组分 A 在组分 B 中扩散；负号表示扩散沿着组分 A 浓度降低的方向进行，与浓度梯度方向相反。

费克分子扩散定律是在食盐溶解实验中发现的经验定律，只适用于双组分混合物。该定律在形式上与牛顿黏性定律、傅里叶热传导定律相类似。

对于理想气体混合物，组分 A 的浓度 c_A 与其分压力 p_A 的关系为 $c_A = \dfrac{p_A}{RT}$，$dc_A = \dfrac{dp_A}{RT}$，代入式(5-12a)，求得费克定律另一表达式为

$$J_A = -\frac{D_{AB}}{RT}\frac{dp_A}{dZ} \tag{5-12b}$$

式中，p_A 为气体混合物中组分 A 的分压力，kPa；T 为热力学温度，K；R 为摩尔气体常数，$8.314kJ/(kmol \cdot K)$。

下面分两种情况讨论分子扩散：①双组分**等摩尔相互扩散**，或称**等摩尔逆向扩散**（equimolar counter diffusion）；②**单方向扩散**（unidirectional diffusion），或称**组分 A 通过静止组分 B 的扩散**（diffusion of A through stagnant B）。

二、等摩尔逆向扩散

如图 5-8 所示，有温度和总压均相同的两个大容器，分别装有不同浓度的 A、B 混合气体，中间用直径均匀的细管联通，两容器内装有搅拌器，各自保持气体浓度均匀。由于

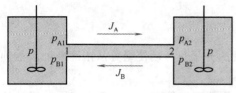

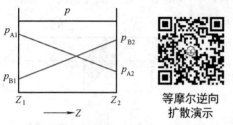

图 5-8　等摩尔逆向扩散

$p_{A1} > p_{A2}$，$p_{B1} < p_{B2}$，在连通管内将发生分子扩散现象，组分 A 向右扩散，而组分 B 向左扩散。在 1、2 两截面上，A、B 的分压各自保持不变，因此为稳定状态下的分子扩散。

因为两容器中气体总压相同，所以 A、B 两组分相互扩散的物质量 n_A 与 n_B 必相等，则称为等摩尔逆向扩散。此时，两组分的扩散速率相等，但方向相反，若以 A 的扩散方向（Z）为正，则有

$$J_A = -J_B \qquad (5\text{-}13)$$

在恒温、恒压（总压力 p）下，当组分 A 产生了分压力梯度 dp_A/dZ 时，组分 B 也会相应产生相反方向的分压力梯度 dp_B/dZ。

组分 A 的扩散速率表达式为

$$J_A = -\frac{D_{AB}}{RT}\frac{dp_A}{dZ} \qquad (5\text{-}14a)$$

式中，D_{AB} 为组分 A 在组分 B 中扩散的分子扩散系数，m^2/s。

组分 B 的扩散速率表达式为

$$J_B = -\frac{D_{BA}}{RT}\frac{dp_B}{dZ} \qquad (5\text{-}14b)$$

式中，D_{BA} 为组分 B 在组分 A 中扩散的分子扩散系数，m^2/s。

如图 5-8 所示，在稳态等摩尔逆向扩散过程中，物系内任一点的总压力 p 都保持不变，总压力 p 等于组分 A 的分压力 p_A 与组分 B 的分压力 p_B 之和，即

$$p = p_A + p_B = 常数$$

因此

$$\frac{dp}{dZ} = \frac{dp_A}{dZ} + \frac{dp_B}{dZ} = 0$$

则

$$\frac{dp_A}{dZ} = -\frac{dp_B}{dZ} \qquad (5\text{-}15)$$

由式(5-13)、式(5-14a)、式(5-14b) 及式(5-15) 可得

$$D_{AB} = D_{BA} = D$$

可见，对于双组分混合物，在等摩尔逆向扩散时，组分 A 与组分 B 的分子扩散系数相等，以 D 表示。

吸收过程中需要计算传质速率。传质速率的定义：单位时间通过单位面积传递的物质量，以 N 表示。在等摩尔逆向扩散中，组分 A 的传质速率等于扩散速率，即

$$N_A = J_A = -\frac{D}{RT}\frac{dp_A}{dZ} \qquad (5\text{-}16a)$$

根据图 5-8 所示的边界条件，将式(5-16a) 在 $Z_1 = 0$ 与 $Z_2 = Z$ 范围内积分，求得等摩尔逆向扩散时的传质速率方程式为

$$N_A = \frac{D}{RTZ}(p_{A1} - p_{A2}) = \frac{D}{Z}(c_{A1} - c_{A2}) \qquad (5\text{-}16b)$$

可见，在等摩尔逆向扩散过程中，分压力梯度为一常数。这种形式的扩散发生在蒸馏等过程中。例如，易挥发组分 A 与难挥发组分 B 的摩尔汽化热相等，冷凝 1mol 难挥发组分 B 所放出的热量正好汽化 1mol 易挥发组分 A，这样两组分以相等的量逆向扩散。当两组分 A 与 B 的摩尔汽化热近似相等，不是严格的等摩尔逆向扩散，可近似按等摩尔逆向扩散处理。

三、组分 A 通过静止组分 B 的扩散

有 A、B 双组分气体混合物与液体溶剂接触，组分 A 溶解于液相，组分 B 不溶于液相，显然液相中不存在组分 B。因此，吸收过程是组分 A 通过"静止"组分 B 的单方向扩散。

在气液界面附近的气相中，有组分 A 向液相溶解，其浓度降低，分压力减小。因此，在气相主体与气相界面之间产生分压力梯度，则组分 A 从气相主体向界面扩散。同时，界面附近的气相总压力比气相主体的总压力稍微低一点，将有 A、B 混合气体从主体向界面移动，称为**整体移动**（bulk motion），如图 5-9 所示。

对于组分 B 来说，在气液界面附近不仅不被液相吸收，而且还随整体移动从气相主体向界面附近传递。因此，界面处组分 B 的浓度增大。在总压力恒定的条件下，

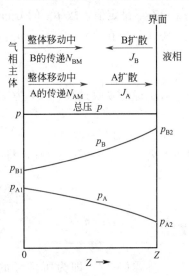

图 5-9 单方向扩散

因界面处组分 A 的分压力减小，则组分 B 的分压力必增大，则在界面与主体之间产生组分 B 的分压力梯度，会有组分 B 从界面向主体扩散，扩散速率用 J_B 表示。而从主体向界面的整体移动所携带的 B 组分，其传递速率以 N_{BM} 表示。J_B 与 N_{BM} 两者数值相等，方向相反，表观上没有组分 B 的传递，表示为

$$J_B = -N_{BM} \tag{a}$$

对组分 A 来说，其扩散方向与气体整体移动方向相同，所以与等摩尔逆向扩散时比较，组分 A 的传递速率较大。下面推导组分 A 的传质速率计算式。

在气相的整体移动中，A 的量与 B 的量之比等于它们的分压力之比，即

$$\frac{N_{AM}}{N_{BM}} = \frac{p_A}{p_B}$$

式中，N_{AM}、N_{BM} 为整体移动中组分 A 的传递速率、组分 B 的传递速率，$kmol/(m^2 \cdot s)$；p_A、p_B 为组分 A 的分压力、组分 B 的分压力，kPa。

$$N_{AM} = N_{BM} \frac{p_A}{p_B} \tag{b}$$

组分 A 从气相主体至界面的传递速率为分子扩散与整体移动两者速率之和，即

$$N_A = J_A + N_{AM} = J_A + \frac{p_A}{p_B} N_{BM} \tag{c}$$

由式(a) 与式(5-13) 得 $N_{BM} = -J_B = J_A$，代入式(c) 得

$$N_A = \left(1 + \frac{p_A}{p_B}\right) J_A$$

将式(5-12b) 代入此式，得

$$N_A = -\frac{D}{RT}\left(1+\frac{p_A}{p_B}\right)\frac{dp_A}{dZ} = -\frac{D}{RT}\frac{p}{p-p_A}\frac{dp_A}{dZ} \tag{d}$$

式中，总压力 $p = p_A + p_B$。

由式(d)可知，单方向扩散时的 N_A 比等摩尔逆向扩散时的 N_A 大，为其 p/p_B 倍。dp_A/dZ 不是定值，故 p_A 的分布为曲线关系如图 5-9 所示。

将式(d)在 $Z=0$，$p_A = p_{A1}$ 与 $Z=Z$，$p_A = p_{A2}$ 之间进行积分。

$$\int_0^Z N_A dZ = -\int_{p_{A1}}^{p_{A2}} \frac{Dp}{RT}\frac{dp_A}{p-p_A}$$

对于稳态吸收过程，N_A 为定值。操作条件一定，D、p、T 均为常数，积分得

$$N_A = \frac{Dp}{RTZ}\ln\frac{p-p_{A2}}{p-p_{A1}} = \frac{Dp}{RTZ}\ln\frac{p_{B2}}{p_{B1}} \tag{e}$$

因 $p = p_{A1} + p_{B1} = p_{A2} + p_{B2}$，将上式改写为

$$N_A = \frac{Dp}{RTZ}\frac{p_{A1}-p_{A2}}{p_{B2}-p_{B1}}\ln\frac{p_{B2}}{p_{B1}}$$

或

$$N_A = \frac{D}{RTZ}\frac{p}{p_{Bm}}(p_{A1}-p_{A2}) \tag{5-17}$$

式(e)与式(5-17)即为所推导的气相中组分 A 单方向扩散时的传质速率方程式，式中 $p_{Bm} = \dfrac{p_{B2}-p_{B1}}{\ln\dfrac{p_{B2}}{p_{B1}}}$ 为组分 B 分压力的对数平均值。

式(5-17)中的 p/p_{Bm} 总是大于 1，所以与式(5-16)比较可知，单方向扩散的传质速率 N_A 比等摩尔逆向扩散时的传质速率 N_A 大。这是因为在单方向扩散时除了有分子扩散，还有混合物的整体移动所致。p/p_{Bm} 值越大，表明整体移动在传质中所占分量就越大。当气相中组分 A 的浓度很小时，各处 p_B 都接近于 p，即 p/p_{Bm} 接近于 1，此时整体移动便可忽略不计，可看作等摩尔逆向扩散（相互扩散）。p/p_{Bm} 称为"漂流因子"或"移动因子"（drift factor）。

根据气体混合物的浓度 c 与压力 p 的关系 $c = p/RT$，可将总浓度 $c = p/RT$、分浓度 $c_A = p_A/RT$ 与 $c_{Bm} = p_{Bm}/RT$ 代入式(5-17)，求得另一气相中组分 A 的单方向扩散时的传质速率方程式

$$N_A = \frac{D}{Z}\frac{c}{c_{Bm}}(c_{A1}-c_{A2}) \tag{5-18}$$

此式也适用于液相。

【例 5-3】 在 20℃及 101.325kPa 下 CO_2 与空气的混合物缓慢地沿 Na_2CO_3 溶液液面流过，空气不溶于 Na_2CO_3 溶液。CO_2 透过厚 1mm 的静止空气层扩散到 Na_2CO_3 溶液中。气体中 CO_2 的摩尔分数为 0.2。在 Na_2CO_3 溶液面上，CO_2 被迅速吸收，故相界面上 CO_2 的浓度极小，可忽略不计。20℃及 101.325kPa 时，CO_2 在空气中的扩散系数 D 为 0.18cm²/s。CO_2 的扩散速率是多少？

解 此题属单方向扩散，可用式(5-17)计算。

扩散系数 $D = 0.18$cm²/s $= 1.8\times10^{-5}$ m²/s，扩散距离 $Z = 1$mm $= 0.001$m，气相总压力 $p = 101.325$kPa，气相主体中 CO_2 的分压力 $p_{A1} = py_{A1} = 101.325\times0.2 = 20.27$kPa，气液界面上 CO_2 的分压力 $p_{A2} = 0$，则气相主体中空气（惰性气体）的分压力 p_{B1} 为

$$p_{B1} = p - p_{A1} = 101.325 - 20.27 = 81.06 \text{kPa}$$

气液界面上空气的分压力 $p_{B2} = 101.325 \text{kPa}$，空气在气相主体和界面上分压力的对数平均值为

$$p_{Bm} = \frac{p_{B2} - p_{B1}}{\ln \frac{p_{B2}}{p_{B1}}} = \frac{101.325 - 81.06}{\ln \frac{101.325}{81.06}} = 90.8 \text{kPa}$$

将上述代入式(5-17)，得

$$N_A = \frac{D}{RTZ} \times \frac{p}{p_{Bm}} \times (p_{A1} - p_{A2}) = \frac{1.8 \times 10^{-5}}{8.314 \times 293 \times 0.001} \times \frac{101.325}{90.8} \times (20.27 - 0)$$

$$= 1.67 \times 10^{-4} \text{kmol/(m}^2 \cdot \text{s)}$$

四、分子扩散系数

分子扩散系数是物质的物性常数之一，表示物质在介质中的扩散能力。扩散系数随介质的种类、温度、浓度及压力的不同而不同。组分在气体中扩散时浓度的影响可以忽略，在液体中扩散时浓度的影响不可忽略，而压力的影响不显著。扩散系数一般由实验确定。在无实验数据的条件下，可借助某些经验或半经验的公式进行估算。

组分在气相中的扩散系数与温度 $T(\text{K})$ 的 1.5 次方成正比，与总压力 p 成反比。

组分在液相中的扩散系数与温度 $T(\text{K})$ 成正比，与黏度 μ 成反比。某些组分在空气中和在水中的扩散系数见表 5-2 与表 5-3。气体扩散系数一般在 $0.1 \sim 1.0 \text{cm}^2/\text{s}$ 之间。液体扩散系数一般比气体的小得多，约在 $1 \times 10^{-5} \sim 5 \times 10^{-5} \text{cm}^2/\text{s}$ 之间。

表 5-2　组分在空气中的分子扩散系数
（25℃，101.325kPa）

组　　分	$D/\text{cm}^2 \cdot \text{s}^{-1}$	组　　分	$D/\text{cm}^2 \cdot \text{s}^{-1}$
H_2	0.410	CH_3OH	0.159
H_2O	0.256	CH_3COOH	0.133
NH_3	0.236	C_2H_5OH	0.119
O_2	0.206	C_6H_6	0.088
CO_2	0.164	$C_6H_5CH_3$	0.084

表 5-3　组分在水中的分子扩散系数
（20℃，稀溶液）

组　　分	$D/\text{cm}^2 \cdot \text{s}^{-1}$	组　　分	$D/\text{cm}^2 \cdot \text{s}^{-1}$
H_2	5.13×10^{-5}	H_2S	1.41×10^{-5}
O_2	1.80×10^{-5}	CH_3OH	1.28×10^{-5}
NH_3	1.76×10^{-5}	Cl_2	1.22×10^{-5}
N_2	1.64×10^{-5}	C_2H_5OH	1.00×10^{-5}
CO_2	1.74×10^{-5}	CH_3COOH	0.88×10^{-5}

【例 5-4】　测定甲苯蒸气在空气中的扩散系数。

如图 5-10 所示，在内径为 3mm 的垂直玻璃管中装入约一半高度的液体甲苯，保持恒温。紧贴液面上方的甲苯蒸气分压为该温度下甲苯的饱和蒸气压。上部水平管内有空气快速流过，带走所蒸发的甲苯蒸气。垂直管管口处空气中甲苯蒸气的分压接近于零。随着甲苯的汽化和扩散，液面降低，扩散距离 Z 逐渐增大。记录时间 θ 与 Z 的关系，即可计算甲苯在空气中的扩散系数。

在 39.4℃、101.325kPa 下，测定两次的实验结果如下。

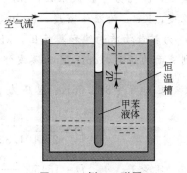

图 5-10　例 5-4 附图

实验序号	管上端到液面的距离 Z/cm		蒸发的时间 θ/s
	开始	终了	
第1次	1.9	7.9	96×10^4
第2次	2.2	6.2	54×10^4

　　用测定数据计算这个物系的扩散系数，设垂直管内的空气没有对流产生。39.4℃时，甲苯的蒸气压 $p_A^\circ=7.64$kPa，液体密度 $\rho=852$kg/m^3，甲苯的摩尔质量 $M=92$kg/kmol。

　　甲苯蒸气通过静止空气层的扩散，可用式(5-17)计算，即扩散速率

$$N_A=\frac{D}{RTZ}\times\frac{p}{p_{Bm}}(p_{A1}-p_{A2})$$

$$p_{A1}=p_A^\circ, \quad p_{A2}=0; \quad p_{B1}=p-p_A^\circ, \quad p_{B2}=p$$

$$p_{Bm}=\frac{p_{B2}-p_{B1}}{\ln\dfrac{p_{B2}}{p_{B1}}}=\frac{p-(p-p_A^\circ)}{\ln\dfrac{p}{p-p_A^\circ}}=\frac{p_A^\circ}{\ln\dfrac{p}{p-p_A^\circ}}$$

代入式(5-17)，得

$$N_A=\frac{Dp}{RTZ}\times\frac{p_A^\circ}{p_A^\circ/\ln\left(\dfrac{p}{p-p_A^\circ}\right)}=\frac{Dp}{RTZ}\ln\frac{p}{p-p_A^\circ} \tag{a}$$

　　设垂直管截面积为 A，在 $d\theta$ 时间内汽化的甲苯量 $\dfrac{\rho}{M}A\,dZ$ 应等于甲苯扩散出管口的量 $N_A A\,d\theta$，即

$$N_A A\,d\theta=\frac{\rho}{M}A\,dZ, \quad N_A=\frac{\rho}{M}\frac{dZ}{d\theta} \tag{b}$$

由式(a)与式(b)，得

$$\frac{DpM}{RT\rho}\ln\frac{p}{p-p_A^\circ}\,d\theta=Z\,dZ$$

式中等号左边除了 $d\theta$ 外，其余均为常量。在 $\theta=0$、$Z=Z_0$ 到 $\theta=\theta$、$Z=Z$ 之间积分，

$$\frac{DpM}{RT\rho}\ln\frac{p}{p-p_A^\circ}\int_0^\theta d\theta=\int_{Z_0}^Z Z\,dZ$$

得

$$\frac{DpM}{RT\rho}\ln\frac{p}{p-p_A^\circ}\theta=\frac{1}{2}(Z^2-Z_0^2)$$

则

$$D=\frac{RT\rho(Z^2-Z_0^2)}{2pM\theta\ln\dfrac{p}{p-p_A^\circ}} \tag{5-19}$$

式中，D 为分子扩散系数，cm^2/s；R 为摩尔气体常数，8.314kJ/(kmol·K)；T 为热力学温度，K；ρ 为液体密度，kg/m^3；p 为总压，kPa；M 为扩散物质的摩尔质量，kg/kmol；p_A° 为扩散物质的饱和蒸气压，kPa；θ 为扩散物质的蒸发时间，s；Z_0 为蒸发开始时管上端到液面的距离，cm；Z 为蒸发终了时管上端到液面的距离，cm。

　　已知 $T=312.55$K、总压力 $p=101.325$kPa，$\ln\dfrac{p}{p-p_A^\circ}=\ln\dfrac{101.325}{101.325-7.64}=0.0784$

$$D=\frac{8.314\times312.55\times852}{2\times101.325\times92\times0.0784}\times\frac{Z^2-Z_0^2}{\theta}=1515\frac{Z^2-Z_0^2}{\theta}$$

实验1　　　　$D=1515\times\dfrac{7.9^2-1.9^2}{96\times10^4}=1515\times\dfrac{58.8}{96\times10^4}=0.0928\text{cm}^2/\text{s}$

实验 2　　　　　　$D=1515\times\dfrac{6.2^2-2.2^2}{54\times10^4}=0.0942\mathrm{cm^2/s}$

五、单相内的对流传质

前面介绍的分子扩散现象，在静止流体或层流流体中存在。但工业生产中常见的是物质在湍流流体中的对流传质现象。与对流传热类似，**对流传质**通常是指流体与某一界面（例如，气体吸收过程的气液两相界面）之间的传质，其中有分子扩散和湍流扩散（或称涡流扩散）同时存在。

当流体流动或搅拌时，由于流体质点的宏观随机运动（湍流），使组分从浓度高处向浓度低处移动，这种现象称为**湍流扩散**（turbulent diffusion）。在湍流状态下，流体内部产生旋涡，故又称为**涡流扩散**（eddy diffusion）。

下面以湿壁塔的吸收过程为例说明单相内的对流传质现象。

（一）单相内对流传质的有效膜模型

对流传质的有效膜模型与对流传热的有效膜模型类似。

设有一直立圆管，吸收剂由上方注入，呈液膜状沿管内壁流下，混合气体自下方进入，两流体作逆流流动，互相接触而传质，这种设备称为湿壁塔（wetted wall column）。把塔的一小段表示在图 5-11(a) 上，分析任意截面上气相浓度的变化。在图 5-11(b) 上，横轴表示离开相界面的扩散距离 Z，纵轴表示此截面上的分压 p_A。

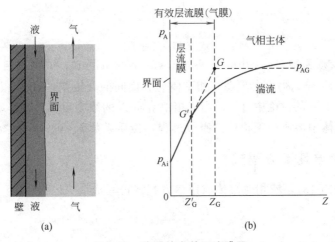

图 5-11　传质的有效层流膜层

气体呈湍流流动，但靠近两相界面处仍有一层层流膜，厚度以 Z_G' 表示，湍流程度愈强烈，则 Z_G' 愈小，层流膜以内为分子扩散，层流膜以外为涡流扩散。

溶质 A 自气相主体向界面转移时，由于气体作湍流流动，大量旋涡所起的混合作用使气相主体内溶质的分压趋于一致，分压线几乎为水平线，靠近层流膜层时才略向下弯曲。在层流膜层内，溶质只能靠分子扩散而转移，没有涡流的帮助，需要较大的分压差才能克服扩散阻力，故分压迅速下降。这种分压变化曲线与对流传热中的温度变化曲线相似，仿照对流传热的处理方法，将层流膜以外的涡流扩散折合为通过一定厚度的静止气体的分子扩散。气相主体的平均分压用 p_{AG} 表示。若将层流膜内的分压梯度线段 $\overline{p_{Ai}G'}$ 延长，与分压线 p_{AG} 相

交于 G 点，G 与相界面的垂直距离为 Z_G。这样，可以认为由气相主体到界面的对流扩散速率等于通过厚度为 Z_G 的膜层的分子扩散速率。厚度为 Z_G 的膜层称为**有效层流膜或虚拟膜**。

上述处理对流传质速率的方式，实质上是把单相内的传质阻力看作为全部都集中在一层虚拟的流体膜层内，这种处理方式是**膜模型**（film model）的基础。

（二）气相传质速率方程式

按上述的膜模型，将流体的对流传质折合成有效层流膜的分子扩散，仿照式(5-17)，将式中扩散距离写为 Z_G，p_{A1} 与 p_{A2} 分别写为 p_{AG} 与 p_{Ai}，则得气相对流传质速率方程式为

$$N_A = \frac{D}{RTZ_G} \times \frac{p}{p_{Bm}}(p_{AG} - p_{Ai}) \tag{5-20}$$

式中，N_A 为气相对流传质速率，$kmol/(m^2 \cdot s)$。

式(5-20) 中有效层流膜（以下简称为气膜）厚度 Z_G 实际上不能直接计算，也难于直接测定。式中之 $\frac{D}{RTZ_G} \times \frac{p}{p_{Bm}}$，对于一定物系，$D$ 为定值；操作条件一定时，p、T、p_{Bm} 亦为定值；在一定的流动状态下，Z_G 也是定值。若令

$$k_G = \frac{D}{RTZ_G} \times \frac{p}{p_{Bm}}$$

且省略 p_{AG} 的下标中的 G 以及 p_{Ai} 下标中的 A，则式(5-20) 可改写为下列气相传质速率方程式

$$N_A = k_G(p_A - p_i) = \frac{p_A - p_i}{\dfrac{1}{k_G}} = \frac{气膜传质推动力}{气膜传质阻力} \tag{5-21}$$

式中，k_G 为**气膜传质系数**（gas-film mass-transfer coefficient），或称气相传质系数，$kmol/(m^2 \cdot s \cdot kPa)$；$p_A - p_i$ 为溶质 A 在气相主体与界面间的分压差，kPa。

在前面对式(5-17) 的讨论中可知，当气相中溶质 A 的浓度很小时，移动因子 $p/p_{Bm} \approx 1$。因此，对于混合气体中溶质浓度很低的吸收过程，传质系数 k_G 可视为与溶质浓度无关。

（三）液相传质速率方程式

同理，仿照式(5-18)，液相对流传质速率方程式可写成

$$N_A = \frac{D}{Z_L} \times \frac{c}{c_{Bm}}(c_{Ai} - c_{AL}) \tag{5-22}$$

式中，N_A 为液相对流传质速率，$kmol/(m^2 \cdot s)$。

若令

$$k_L = \frac{D}{Z_L} \times \frac{c}{c_{Bm}} \tag{5-23}$$

也省略 c_{AL} 的下标中的 L 以及 c_{Ai} 下标中的 A，则式(5-22) 可写为下列液相传质速率方程式

$$N_A = k_L(c_i - c_A) = \frac{c_i - c_A}{\dfrac{1}{k_L}} = \frac{液膜传质推动力}{液膜传质阻力} \tag{5-24}$$

式中，k_L 为**液膜传质系数**，或称液相传质系数，$kmol/(m^2 \cdot s \cdot kmol/m^3)$ 或 m/s；c_i—

c_A 为溶质 A 在界面与液相主体间的浓度差，$kmol/m^3$。

如式(5-21)和式(5-24)所示，把对流传质速率方程式写成了与对流传热方程 $q=\alpha(T-t_w)$ 相类似的形式。k_G 或 k_L 类似于对流传热系数 α，可由实验测定并整理成特征数关联式。

六、两相间传质的双膜理论

（一）双膜理论

前面所讨论的扩散是在一相中进行的。而气体吸收是溶质先从气相主体扩散到气液界面，再从界面扩散到液相主体中的相际间的传质过程。关于两相间的物质传递的机理，应用最广泛的还是较早提出的"双膜理论"（two-film theory），它的**基本论点**如下所述。

① 当气液两相接触时，两相之间有一个相界面，在相界面两侧分别存在着呈层流流动的稳定膜层，即前述的有效层流膜层。溶质以分子扩散的方式连续通过这两个膜层。在膜层外的气液两相主体中呈湍流状态。膜层的厚度主要随流体流速而变，流速愈大厚度愈小。

② 在相界面上气液两相互成平衡，界面上没有传质阻力。

③ 在膜层以外的主体内，由于充分的湍动，溶质的浓度基本上是均匀的，即认为主体中没有浓度梯度存在，换句话说，浓度梯度全部集中在两个膜层内。

通过上述 3 个假定把吸收过程简化为气液两膜层的分子扩散，这两薄膜构成了吸收过程的主要阻力，溶质以一定的分压差及浓度差克服两膜层的阻力，膜层以外几乎不存在阻力。双膜理论示意如图 5-12 所示。图中给出了任意截面上的气相及液相浓度分布。

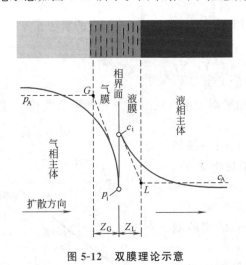
图 5-12 双膜理论示意

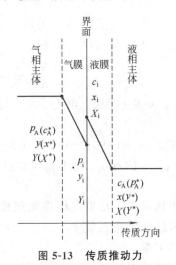
图 5-13 传质推动力

（二）气相与液相的传质速率方程式

下面根据双膜理论写出气相与液相的传质速率方程式。气、液主体及界面处的溶质浓度及组成如图 5-13 所示。

1. 气相传质速率方程

$$N_A = k_G(p_A - p_i) \tag{5-25}$$

$$N_A = k_y(y - y_i) \tag{5-26}$$

$$N_A = k_Y(Y - Y_i) \tag{5-27}$$

式中，N_A 为传质速率，kmol/(m^2·s)；p_A、p_i 为溶质在气相主体处的分压、在界面处的分压，kPa；k_G 为以分压差为推动力的气膜传质系数，kmol/(m^2·s·kPa)；y、y_i 为溶质在气相主体处的摩尔分数、在界面处的摩尔分数；k_y 为以摩尔分数差为推动力的气膜传质系数，kmol/(m^2·s)；Y、Y_i 为溶质在气相主体处的摩尔比、在界面处的摩尔比；k_Y 为以摩尔比差为推动力的气膜传质系数，kmol/(m^2·s)。

2. 液相传质速率方程

$$N_A = k_L(c_i - c_A) \tag{5-28}$$

$$N_A = k_x(x_i - x) \tag{5-29}$$

$$N_A = k_X(X_i - X) \tag{5-30}$$

式中，c_i、c_A 为分别为溶质在界面与液相主体的浓度，kmol/m^3；k_L 为以浓度差为推动力的液膜传质系数，kmol/(m^2·s·kmol/m^3) 或 m/s；x_i、x 为溶质在界面处的摩尔分数、在液相主体的摩尔分数；k_x 为以摩尔分数差为推动力的液膜传质系数，kmol/(m^2·s)；X_i、X 为溶质在界面处的摩尔比、在液相主体的摩尔比；k_X 为以摩尔比差为推动力的液膜传质系数，kmol/(m^2·s)。

要想用上述气相或液相的传质速率方程式计算传质速率，需要知道两相界面的组成。

(三) 气液两相界面的溶质组成

以式(5-27) 与式(5-30) 为例，介绍两相界面的溶质组成 Y_i、X_i 的求法。

由式(5-27) 与式(5-30) 得

$$\frac{Y - Y_i}{X_i - X} = \frac{k_X}{k_Y} \quad \text{或} \quad \frac{Y - Y_i}{X - X_i} = -\frac{k_X}{k_Y} \tag{5-31}$$

若已知 Y、X 及 k_X/k_Y，由式(5-31) 与气液相平衡关系 (见图 5-14 中相平衡曲线)，就可求出 Y_i、X_i。

在图 5-14 中，从 O 点 (坐标为 Y、X) 画一条斜率为 $-k_X/k_Y$ 的直线，与平衡线交点 I 的坐标即为 Y_i、X_i。

由上述可知，要想求出界面组成 Y_i、X_i，需要知气膜及液膜的传质系数 k_Y、k_X。但 k_Y、k_X 的实验测定有许多困难。

要想求出传质速率，最好是想办法把界面处溶质组成消去。下面就按这个思路，用气相与液相传质速率方程式消去界面处溶质组成，推导出总传质速率方程式。

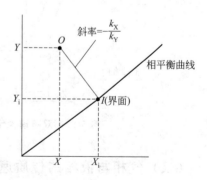

图 5-14　界面组成确定

在推导总传质速率方程时，需要知道气液相平衡关系式。在图 5-12 所示的任意截面上溶质从气相主体到液相主体的传质过程中，在气液两相组成的变化范围内，其相平衡关系有可能符合亨利定律 $Y^* = mX$，若不能用亨利定律表达式时，则可近似用直线 $Y^* = mX + b$ 表示其局部范围内的相平衡关系，称为线性化的相平衡关系式。用式 $Y^* = mX$ 与 $Y^* = mX + b$ 推导总传质速率方程的结果是相同的。下面以 $Y^* = mX + b$ 为例推导总传质速率方程。

七、总传质速率方程

(一) 总传质速率方程

1. 以 ($Y-Y^*$) 为推动力的总传质速率方程

用线性化的气液相平衡关系式 $Y^* = mX + b$，则有

$$X_i = \frac{Y_i - b}{m}, \qquad X = \frac{Y^* - b}{m}$$

代入液相传质速率方程式(5-30)，并将其写成（推动力/阻力）的形式，得

$$N_A = \frac{X_i - X}{\dfrac{1}{k_X}} = \frac{\dfrac{Y_i}{m} - \dfrac{Y^*}{m}}{\dfrac{1}{k_X}} = \frac{Y_i - Y^*}{\dfrac{m}{k_X}}$$

将气相传质速率方程式(5-27) 写成

$$N_A = \frac{Y - Y_i}{\dfrac{1}{k_Y}}$$

在稳态的传质过程中，溶质通过气相的传质速率与通过液相的传质速率恒等，则有

$$N_A = \frac{Y - Y_i}{\dfrac{1}{k_Y}} = \frac{Y_i - Y^*}{\dfrac{m}{k_X}} \tag{5-32}$$

根据串联过程的加和性原则，将上式的 Y_i 消去，得

$$N_A = \frac{Y - Y^*}{\dfrac{1}{k_Y} + \dfrac{m}{k_X}}$$

令

$$K_Y = \frac{1}{\dfrac{1}{k_Y} + \dfrac{m}{k_X}} \tag{5-33}$$

得到以 ($Y-Y^*$) 为推动力的总传质速率方程式为

$$N_A = K_Y(Y - Y^*) \tag{5-34}$$

式中的 K_Y 称为以 ($Y-Y^*$) 为推动力的总传质系数，简称为气相总传质系数，单位为 $kmol/(m^2 \cdot s)$。

将式(5-33) 写成

$$\frac{1}{K_Y} = \frac{1}{k_Y} + \frac{m}{k_X} \tag{5-35}$$

式(5-35) 表明　　　　　相间传质总阻力＝气膜阻力＋液膜阻力

2. 以 (X^*-X) 为推动力的总传质速率方程式

用线性化的气液相平衡关系式 $Y = mX^* + b$，则有

$$Y_i = mX_i + b, \qquad Y = mX^* + b$$

代入气相传质速率方程式(5-27)，得

$$N_A = \frac{Y - Y_i}{\dfrac{1}{k_Y}} = \frac{m(X^* - X_i)}{\dfrac{1}{k_Y}}$$

由此式与液相传质速率方程式(5-30) 得

$$N_A = \frac{X^* - X_i}{\dfrac{1}{mk_Y}} = \frac{X_i - X}{\dfrac{1}{k_X}} \tag{5-36}$$

根据串联过程的加和原则，将 X_i 消去，得

$$N_A = \frac{X^* - X}{\dfrac{1}{mk_Y} + \dfrac{1}{k_X}}$$

令

$$K_X = \frac{1}{\dfrac{1}{mk_Y} + \dfrac{1}{k_X}} \tag{5-37}$$

得到以 $(X^* - X)$ 为推动力的总传质速率方程式为

$$N_A = K_X(X^* - X) \tag{5-38}$$

式中，K_X 称为以 $(X^* - X)$ 为推动力的总传质系数，简称为**液相总传质系数**，单位为 $kmol/(m^2 \cdot s)$。

将式(5-37) 写成

$$\frac{1}{K_X} = \frac{1}{mk_Y} + \frac{1}{k_X} \tag{5-39}$$

相间传质总阻力＝气膜阻力＋液膜阻力

与传质阻力对应的传质推动力在图 5-15 上可以一目了然。式(5-35) 与式(5-39) 比较，可知 **K_X 与 K_Y** 的关系为

$$K_X = mK_Y \tag{5-40}$$

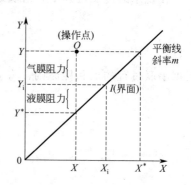

图 5-15　传质推动力与阻力

式(5-34) 与式(5-38) 将在第四节中用于计算填料塔的填料层高度。

（二）气膜控制与液膜控制

这里对式(5-35) 与式(5-39) 作进一步讨论。

（1）**当溶质的溶解度很大**，即其相平衡常数 m 很小时，由式(5-35) 可知，液膜传质阻力 m/k_X 比气膜传质阻力 $1/k_Y$ 小很多，则式(5-35) 可简化为

$$K_Y \approx k_Y \tag{5-41}$$

此时，传质阻力集中于气膜中，称为**气膜阻力控制**或**气膜控制**（gas-film control）。氯化氢溶解于水或稀盐酸中、氨溶解于水或稀氨水中可看成为气膜控制。

下面再作 3 点说明。

① 气膜控制时，液相界面组成 $X_i \approx X$（为液相主体溶质 A 的组成），气膜推动力 $(Y - Y_i) \approx (Y - Y^*)$（为气相总推动力），如图 5-16(a) 所示。

② 相平衡常数 m 很小时，平衡线斜率很小。此时，较小的气相组成 Y 能与较大的液相组成 X^* 相平衡。

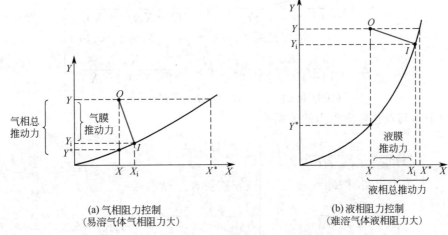

(a) 气相阻力控制　　　　　　　　(b) 液相阻力控制
(易溶气体气相阻力大)　　　　　　(难溶气体液相阻力大)

图 5-16 吸收传质阻力在两相中的分配

③ 气膜控制时，要提高总传质系数 K_Y，应加大气相湍动程度。

（2）当溶质的溶解度很小，即 m 值很大时，由式（5-39）可知，气膜阻力 $1/mk_Y$ 比液膜阻力 $1/k_X$ 小很多，则式（5-39）可简化为

$$K_X \approx k_X \tag{5-42}$$

此时，传质阻力集中于液膜中，称为**液膜阻力控制**或**液膜控制**（liquid-film control）。用水吸收氧或氢是典型的液膜控制的例子。

液膜控制时，气相界面分压 $Y_i \approx Y$（为气相主体溶质 A 的组成），液膜推动力 $(X_i - X) \approx (X^* - X)$（为液相总推动力），如图 5-16（b）所示。液膜控制时，要提高总传质系数 K_X，应增大液相湍动程度。

（3）对于**中等溶解度**的溶质，在传质总阻力中气膜阻力与液膜阻力均不可忽视，要提高总传质系数，必须同时增大气相和液相的湍动程度。

（4）气体在水中溶解度的难易程度区分　通常粗略地用气液相平衡常数 m 来区分。

当 $m < 1$ 时，可以认为是易溶气体；当 $m > 100$ 时，可以认为是难溶气体；当 $m = 1 \sim 100$ 时，可以认为是中等溶解度。

八、传质速率方程式的各种表示形式

前面作为例子介绍了以摩尔比之差值 [气相用 $(Y - Y^*)$，液相用 $(X^* - X)$] 为推动力的总传质速率方程式。

根据推动力的表示方法不同，对于稳态吸收过程的几种传质速率方程式汇总如下（如图 5-13 所示）。

气相	液相	两相间	两相间

$$N_A = k_G(p_A - p_i) = k_L(c_i - c_A) = K_G(p_A - p_A^*) = K_L(c_A^* - c_A) \tag{5-43}$$

$$N_A = k_y(y - y_i) = k_x(x_i - x) = K_y(y - y^*) = K_x(x^* - x) \tag{5-44}$$

$$N_A = k_Y(Y - Y_i) = k_X(X_i - X) = K_Y(Y - Y^*) = K_X(X^* - X) \tag{5-45}$$

传质系数之间的关系

$$k_y = pk_G, k_x = ck_L, K_y = pK_G, K_x = cK_L \tag{5-46}$$

$$
\left.\begin{array}{l}
k_Y=\dfrac{k_y}{(1+Y)(1+Y_i)}, \quad k_X=\dfrac{k_x}{(1+X_i)(1+X)} \\
\qquad（浓度低时 k_Y\approx k_y\approx pk_G，k_X\approx k_x\approx ck_L） \\
K_Y=\dfrac{K_y}{(1+Y)(1+Y^*)}, \quad K_X=\dfrac{K_x}{(1+X^*)(1+X)} \\
\qquad（浓度低时 K_Y\approx K_y\approx pK_G，K_X\approx K_x\approx cK_L）
\end{array}\right\} \tag{5-47}
$$

传质总阻力与双膜传质阻力的关系

$$
\begin{cases} \dfrac{1}{K_G}=\dfrac{1}{k_G}+\dfrac{1}{Hk_L} \\ \text{气膜控制 } K_G\approx k_G \end{cases} \qquad \begin{cases} \dfrac{1}{K_L}=\dfrac{H}{k_G}+\dfrac{1}{k_L} \\ \text{液膜控制 } K_L\approx k_L \end{cases} \qquad K_G=HK_L \tag{5-48}
$$

$$
\begin{cases} \dfrac{1}{K_y}=\dfrac{1}{k_y}+\dfrac{m}{k_x} \\ \text{气膜控制 } K_y\approx k_y \end{cases} \qquad \begin{cases} \dfrac{1}{K_x}=\dfrac{1}{mk_y}+\dfrac{1}{k_x} \\ \text{液膜控制 } K_x\approx k_x \end{cases} \qquad mK_y=K_x \tag{5-49}
$$

$$
\begin{cases} \dfrac{1}{K_Y}=\dfrac{1}{k_Y}+\dfrac{m}{k_X} \\ \text{气膜控制 } K_Y\approx k_Y \end{cases} \qquad \begin{cases} \dfrac{1}{K_X}=\dfrac{1}{mk_Y}+\dfrac{1}{k_X} \\ \text{液膜控制 } K_X\approx k_X \end{cases} \qquad mK_Y=K_X \tag{5-50}
$$

式中，N_A 为传质速率，$kmol/(m^2\cdot s)$；k_G、k_y、k_Y 为气膜传质系数，单位分别为 $kmol/(m^2\cdot s\cdot kPa)$、$kmol/(m^2\cdot s)$、$kmol/(m^2\cdot s)$；$k_L$、$k_x$、$k_x$ 为液膜传质系数，单位分别为 $kmol/(m^2\cdot s\cdot kmol/m^3)$、$kmol/(m^2\cdot s)$、$kmol/(m^2\cdot s)$；$K_G$、$K_y$、$K_Y$ 为气相总传质系数，单位分别与 k_G、k_y、k_Y 相同；K_L、K_x、K_x 为液相总传质系数，单位分别与 k_L、k_x、k_x 相同；H 为溶解度系数，$kmol/(m^3\cdot kPa)$；m 为气液相平衡常数，单位为 1；p 为气相总压力，kPa；c 为溶液总浓度，$kmol(溶质+溶剂)/m^3$。

由于气、液相组成有多种表示方法，同时又因传质推动力可用一相（流体主体与界面）的参数表示，也可用两相（从气相到液相）的参数表示，导致传质速率方程式较传热速率方程要繁杂得多。但是只要有清晰的概念，并了解其规律性，也是不难掌握的。

以上各式中，重点掌握以总传质系数表示的总传质速率方程式以及总阻力与分阻力的关系等。

从上述讨论可以看出，传质系数与传质推动力两者有相互对应的关系。所谓相互对应，一是两者的范畴要一致，即膜传质系数与膜传质推动力相对应，总传质系数与总传质推动力相对应；两者单位要一致，因为传质系数的单位是由传质速率 N_A 的单位 $kmol(m^2\cdot s)$ 与推动力的单位构成的，所以写成 $kmol/(m^2\cdot s\cdot[推动力])$ 的形式，推动力有单位者，就在 [推动力] 处写上单位，但推动力 ΔY、ΔX 等的单位为 1 时，在 [推动力] 处不写单位。

上述各传质速率方程式只适用于表示稳态操作的吸收塔中任一截面上的传质速率，不能直接用来计算全塔的吸收速率，因为全塔上下不同截面处上的传质推动力大小不相同。

以上各节介绍的物质传递的基本概念与基础理论不仅对吸收过程有用，而且是传质过程中各单元操作的理论基础。

【例 5-5】 含氨极少的空气于 101.33kPa、20℃下被水吸收。已知气膜传质系数 $k_G=3.15\times10^{-6} kmol/(m^2\cdot s\cdot kPa)$，液膜传质系数 $k_L=1.81\times10^{-4} kmol/(m^2\cdot s\cdot kmol/m^3)$，溶解度系数 $H=0.72 kmol/(m^3\cdot kPa)$。气液相平衡关系服从亨利定律。求：气相总传质系数 K_G、K_Y；液相总传质系数 K_L、K_X。

解 因为物系的气液平衡关系服从亨利定律，故可由式(5-48) 求 K_G

$$\frac{1}{K_G}=\frac{1}{k_G}+\frac{1}{Hk_L}=\frac{1}{3.15\times10^{-6}}+\frac{1}{0.72\times1.81\times10^{-4}}$$

$$=3.17\times10^5+7.67\times10^3=3.25\times10^5$$

$$K_G=3.08\times10^{-6}\text{kmol}/(\text{m}^2\cdot\text{s}\cdot\text{kPa})$$

由计算结果可见
$$K_G\approx k_G$$

此物系中氨极易溶于水，溶解度甚大，属"气膜控制"系统，传质总阻力几乎全部集中于气膜，所以总传质系数与气膜传质系数极为接近。

气膜阻力占总阻力的分数为

$$\frac{1}{k_G}\bigg/\frac{1}{K_G}=\frac{3.17\times10^5}{3.25\times10^5}=0.975$$

依题意此系统为低浓度气体的吸收，K_Y 可按式(5-47) 来计算。

$$K_Y=pK_G=101.33\times3.08\times10^{-6}=3.12\times10^{-4}\text{kmol}/(\text{m}^2\cdot\text{s})$$

根据式(5-48) 求 K_L

$$\frac{1}{K_L}=\frac{H}{k_G}+\frac{1}{k_L}=\frac{0.72}{3.15\times10^{-6}}+\frac{1}{1.81\times10^{-4}}=2.34\times10^5$$

$$K_L=4.27\times10^{-6}\text{kmol}/(\text{m}^2\cdot\text{s}\cdot\text{kmol}/\text{m}^3)$$

同理，对于低浓度气体的吸收，可用式(5-47) 求 K_X

$$K_X=cK_L$$

由于溶液浓度极稀，c 可按纯溶剂——水来计算。20℃水的密度 $\rho_s=998.2\text{kg}/\text{m}^3$

$$c=\frac{\rho_s}{M_s}=\frac{998.2}{18}=55.5\text{kmol}/\text{m}^3$$

$$K_X=cK_L=55.5\times4.27\times10^{-6}=2.37\times10^{-4}\text{kmol}/(\text{m}^2\cdot\text{s})$$

第四节 吸收塔的计算

常用的吸收塔有填料塔与板式塔。本章介绍气液连续接触式的填料塔，下一章将介绍气液逐级接触式的板式塔。

填料塔内气液两相可作逆流流动，也可作并流流动，通常采用逆流操作。当气液两相进出浓度各为一定值时，逆流的平均传质推动力大于并流。

吸收塔的计算内容有吸收剂用量、填料层高度及塔径。塔径的计算将在第五节介绍。

吸收塔的计算要用相平衡关系（已在前面介绍）、操作线方程及传质速率方程。下面先介绍操作线方程。

一、物料衡算与操作线方程

在吸收塔的计算中，气液相组成采用摩尔比 Y、X 比较方便。因为惰性气体流量 G 及吸收剂流量 L 分别为一定值。

在逆流操作的吸收塔中，塔顶气、液相组成低于塔底，故把塔顶称为稀端，塔底称为浓端。

在图 5-17 所示的塔内，任取 O-O 截面，与塔顶（图示的虚线范围）作溶质的物料衡

算，得

$$LX + GY_2 = LX_2 + GY$$

整理得

$$\frac{L}{G} = \frac{Y - Y_2}{X - X_2} \tag{5-51}$$

或

$$Y = \frac{L}{G}X + \left(Y_2 - \frac{L}{G}X_2\right) \tag{5-52}$$

式中，G 为通过吸收塔的惰性气体流量，kmol/s；L 为通过吸收塔的吸收剂流量，kmol/s；Y、Y_2 为分别为 O-O 截面及塔顶气相中溶质的摩尔比，kmol(溶质)/kmol(惰性气体)；X、X_2 为分别为 O-O 截面及塔顶液相中溶质的摩尔比，kmol(溶质)/kmol(溶剂)。

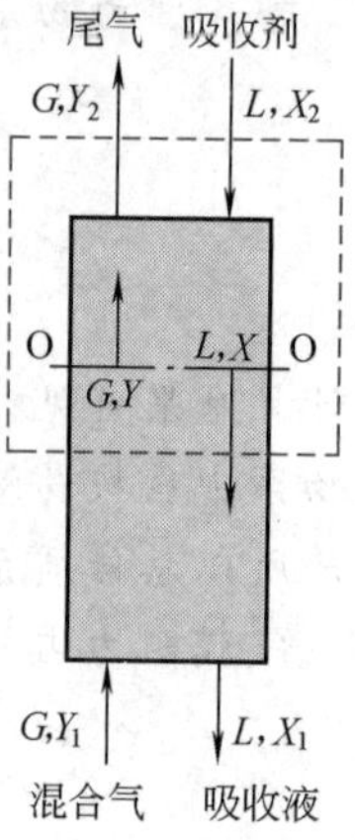

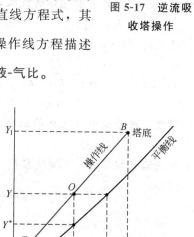

图 5-17 逆流吸收塔操作

式(5-52) 称为**吸收操作线**（operating line）**方程式**。在稳定吸收的条件下，L、G、X_2、Y_2 均为定值。故吸收操作线是一直线方程式，其斜率为 L/G，在 Y-X 图上的截距为 $\left(Y_2 - \frac{L}{G}X_2\right)$，吸收操作线方程描述了塔的任意截面上气液两相组成之间的关系。L/G 称为**液-气比**。

式(5-51) 中的 X 和 Y 如果用塔底截面的 X_1 和 Y_1 代替，便成为全塔的物料衡算式。

$$\frac{L}{G} = \frac{Y_1 - Y_2}{X_1 - X_2} \tag{5-53}$$

在图 5-18 所示的 Y-X 坐标图上，操作线通过点 T $(X_2$、$Y_2)$ 和点 $B(X_1$、$Y_1)$。点 T 代表塔顶（top）的状态，点 B 代表塔底（bottom）的状态。TB 就是**操作线**。操作线上任意一点代表塔内某一截面上的气、液组成。

吸收过程中，气相溶质组成 Y 总是大于液相溶质的平衡组成 Y^*，所以操作线 TB 在平衡线上方。操作线上任一点 O 与平衡线的垂直距离 $(Y - Y^*)$ 及水平距离 $(X^* - X)$ 为塔内该截面处的**传质推动力**。操作线与平衡线距离越远，传质推动力就越大。

图 5-18 吸收过程的操作线

二、吸收剂的用量与最小液-气比

（一）已知量与待求量

吸收塔物料衡算中的已知量有混合气中的惰性气体量 G，进料气体组成 Y_1，吸收剂进料组成 X_2 以及分离要求。待求量为吸收剂用量 L。

（二）分离要求的表示方式

① 当吸收的目的是回收有用物质，通常规定溶质的回收率（或称为吸收率），其定义为

$$\eta = \frac{\text{被吸收的溶质量}}{\text{进塔气体的溶质量}} = \frac{G(Y_1 - Y_2)}{GY_1} = 1 - \frac{Y_2}{Y_1} \tag{5-54}$$

② 当吸收目的是除去气体中有害物质时，一般规定尾气中残留有害物质的组成 Y_2。

（三）最小液-气比

前面介绍了操作线的斜率 L/G，称为液-气比。塔顶的气液组成 Y_2、X_2 为已知，在图 5-19(a) 中，从 T 点（Y_2、X_2）画一条斜率为 L/G 的操作线，与纵坐标为 Y_1（已知）的水平线相交于 B 点（Y_1、X_1 为塔底气液组成）。B 点的位置与操作线的斜率 L/G（液-气比）有关。当惰性气体流量 G 为一定值时，减少吸收剂用量 L，操作线斜率 L/G 将变小，向平衡线靠近，则出塔吸收液的组成 X_1 增大，传质推动力 ΔY 减小。这样，为使尾气达到 Y_2 的分离要求，所需要的填料层高度必增大。

当吸收剂量 L 减少到一定量时，操作线与平衡线相交于图 5-19(a) 中的 B^* 点。在交点 B^*（Y_1、X_1^*）处，气液两相为平衡状态，塔的底端传质推动力 $\Delta Y = 0$。为使尾气达到 Y_2 的分离要求，所需要填料层高度为无穷高。这是液-气比的下限，称为最小液-气比 $(L/G)_{min}$。相应的吸收剂用量为最小吸收剂用量 L_{min}。

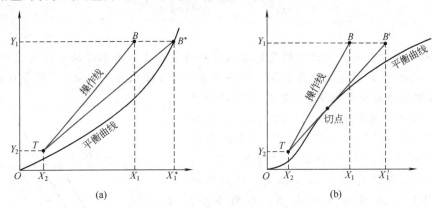

图 5-19　吸收塔的最小液-气比

与最小吸收剂用量 L_{min} 对应的吸收液组成为 X_1^*，X_1^* 是与进塔气体组成 Y_1 平衡的液相组成，是吸收液组成的上限。

最小液-气比 $(L/G)_{min}$ 可用操作线方程与平衡线来确定，下面介绍最小液-气比 $(L/G)_{min}$ 的计算方法。

① 若平衡线如图 5-19(a) 所示的一般情况，便可从图上读得 X_1^* 的数值，代入下式计算最小液-汽比。

$$\left(\frac{L}{G}\right)_{min} = \frac{Y_1 - Y_2}{X_1^* - X_2} \tag{5-55}$$

② 若平衡线如图 5-19(b) 所示的形状，则由 T 点画一条与平衡曲线相切的操作线，与 Y_1 的水平线相交于 B'，切点处的传质推动力 $\Delta Y = 0$。此操作线 TB' 的斜率就是最小液-气比 $(L/G)_{min}$。B' 点的横坐标 X_1' 就是吸收液组成的上限。从图上读出 X_1' 的数值，代入下式计算最小液-气比。

$$\left(\frac{L}{G}\right)_{min} = \frac{Y_1 - Y_2}{X_1' - X_2} \tag{5-56}$$

③ 若气液相平衡关系符合亨利定律时，图 5-19(a) 中 B^* 点的横坐标 $X_1^* = Y_1/m$，代入式(5-55) 得最小液-气比的计算式为

$$\left(\frac{L}{G}\right)_{\min}=\frac{Y_1-Y_2}{Y_1/m-X_2} \tag{5-57}$$

从图 5-19 及式(5-55)可以看出，对于一定的物系，在一定的相平衡条件下，若 Y_1 与 X_2 已定，则最小液-气比与分离要求（Y_2）有关。当要求 Y_2 小一些，则 $(L/G)_{\min}$ 就需要大一些。

（四）适宜液-气比

实际采用的液-气比必须大于最小液-气比。具体采用多大，要由经济核算决定。

当液-气比较小时，吸收剂用量少，操作费用低，但吸收塔较高，设备费用多。反之，当液-气比较大时，吸收剂用量多，操作费用高，但吸收塔较低，设备费用少。因此，操作费与设备费之和有一最低点，通常把总费用最低时的液-气比作为适宜液-气比。根据生产实践经验，适宜液-气比取最小液-气比的 $1.1\sim2.0$ 倍，即

$$\frac{L}{G}=(1.1\sim2.0)\left(\frac{L}{G}\right)_{\min}$$

【**例 5-6**】 由矿石焙烧炉出来的气体进入填料吸收塔中，用水洗涤以除去其中的 SO_2。炉气量为 $1000m^3/h$，炉气温度为 $20℃$。炉气中含 9%（体积分数）SO_2，其余可视为惰性气体（其性质认为与空气相同）。要求 SO_2 的回收率为 90%，吸收剂用量为最小用量的 1.3 倍。已知操作压力为 $101.33kPa$，温度为 $20℃$。在此条件下，SO_2 在水中的溶解度如图 5-20 所示。试求：
(1) 当吸收剂入塔组成 $X_2=0.0003$ 时，吸收剂的用量（kg/h）及离塔溶液组成 X_1 各为多少？
(2) 吸收剂若为清水，即 $X_2=0$，回收率不变，出塔溶液组成 X_1 为多少？此时吸收剂用量比(1)项中的用量大还是小？

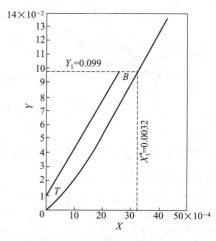

图 5-20 例 5-6 附图

解 将气体入塔组成（体积分数）9% 换算为摩尔比

$$Y_1=\frac{y}{1-y}=\frac{0.09}{1-0.09}=0.099kmol(SO_2)/kmol(惰性气体)$$

根据回收率 $\eta=0.9$ 计算尾气组成 Y_2

$$Y_2=Y_1(1-\eta)=0.099(1-0.9)$$
$$=0.0099kmol(SO_2)/kmol(惰性气体)$$

惰性气体流量为

$$G=\frac{1000}{22.4}\frac{273}{273+20}(1-0.09)=37.9kmol/h$$
$$=0.0105kmol/s$$

从图 5-20 查得与 Y_1 相平衡的液体组成

$$X_1^*=0.0032kmol(SO_2)/kmol(H_2O)。$$

(1) $X_2=0.0003$ 时，求吸收剂用量 L

根据式(5-55)可求得 $\left(\dfrac{L}{G}\right)_{\min}$

$$\left(\frac{L}{G}\right)_{\min}=\frac{Y_1-Y_2}{X_1^*-X_2}=\frac{0.099-0.0099}{0.0032-0.0003}=30.7$$

$$\frac{L}{G}=1.3\left(\frac{L}{G}\right)_{\min}=1.3\times30.7=39.9$$

$$L=37.9\times39.9\times18=27200\text{kg/h}$$

因为 $\dfrac{L}{G}=\dfrac{Y_1-Y_2}{X_1-X_2}$，所以

$$X_1=\frac{Y_1-Y_2}{L/G}+X_2=\frac{0.099-0.0099}{39.9}+0.0003=0.00253\text{kmol}(SO_2)/\text{kmol}(H_2O)$$

(2) $X_2=0$，回收率 η 不变

回收率不变，即出塔炉气中二氧化硫的组成 Y_2 不变，仍为

$$Y_2=0.0099\text{kmol}(SO_2)/\text{kmol}(惰性气体)$$

$$\left(\frac{L}{G}\right)_{\min}=\frac{Y_1-Y_2}{X_1^*-0}=\frac{0.099-0.0099}{0.0032}=27.8$$

$$\left(\frac{L}{G}\right)=1.3\left(\frac{L}{G}\right)_{\min}=1.3\times27.8=36.1$$

吸收剂用量

$$L=37.9\times36.1\times18=24600\text{kg/h}$$

吸收液组成

$$X_1=\frac{Y_1-Y_2}{L/G}+X_2=\frac{0.099-0.0099}{36.1}+0=0.00247\text{kmol}(SO_2)/\text{kmol}(H_2O)$$

由 (1)、(2) 计算结果可以看出，在维持相同回收率的情况下，吸收剂所含溶质组成降低，溶剂用量减少，出口溶液组成降低。所以吸收剂再生时应尽可能完善，但还应兼顾解吸过程的经济性。

三、填料层高度的计算

填料吸收塔的高度主要取决于填料层的高度。在工业吸收操作中，经常要求处理含有少量溶质的混合气体。通常把溶质组成小于 0.1 的混合气体，称为低浓度混合气体。这里仅介绍低浓度气体稳态吸收过程所需填料层高度的计算，至于高浓度气体的吸收情况较复杂，此处不作讨论。

（一）填料层高度的基本计算式

填料塔是连续接触式设备，气、液两相中溶质的组成沿填料层高度连续地变化，因而填料层各截面上的传质推动力和传质速率也都随之变化。因此，填料层高度的计算通常是在填料层中任意取一微元高度，通过积分计算。

如图 5-21 所示，在填料层中取一微元高度 $\text{d}Z$。在 $\text{d}Z$ 高度的填料层内，有气液两相接触面积为

$$\text{d}A=\Omega a\,\text{d}Z$$

式中，Ω 为塔的横截面积，m^2；a 为 1m^3 填料的有效气液传质面

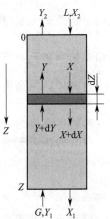

图 5-21 逆流操作填料塔填料高度计算

积，m^2/m^3。

气液两相流经 dZ 段，单位时间内，通过接触面积 dA 从气相向液相传递的溶质 A 的量为 $N_A dA = N_A a\Omega dZ$，气相所减少的溶质量为 GdY，液相所增多的溶质量为 LdX。根据物料衡算，这三者相等，即

$$N_A a\Omega dZ = GdY = LdX \tag{5-58}$$

将物料衡算式(5-58) 与传质速率方程式(5-45) 相联合，得

$$dZ = \frac{GdY}{k_Y a\Omega(Y-Y_i)} = \frac{LdX}{k_X a\Omega(X_i-X)} = \frac{GdY}{K_Y a\Omega(Y-Y^*)} = \frac{LdX}{K_X a\Omega(X^*-X)} \tag{5-59}$$

式中，a 为单位体积填料层内气液两相有效传质面积，它不仅是设备大小和填料特性的函数，而且还受流体物性和流动状况的影响，直接测定有困难。因此，常把 a 与传质系数（k_Y、k_X，K_Y 与 K_X 等）的乘积视为一体，称为**体积传质系数**（$k_Y a$、$k_X a$、$K_Y a$ 与 $K_X a$ 等），实验测定时是合在一起测定的，这样比较方便。它们的单位是 $kmol/(m^3 \cdot s)$。

对稳态操作的吸收塔，气、液相流量 G、L 以及塔的横截面积 Ω 均为定值。对低浓度气体的吸收，$k_Y a$、$k_X a$、$K_Y a$ 与 $K_X a$ 等体积传质系数，在全塔近似为常数，或取平均值处理。

将式(5-59) 中各项从塔顶到塔底积分，得

$$Z = \frac{G}{k_Y a\Omega}\int_{Y_2}^{Y_1}\frac{dY}{Y-Y_i} = \frac{L}{k_X a\Omega}\int_{X_2}^{X_1}\frac{dX}{X_i-X} = \frac{G}{K_Y a\Omega}\int_{Y_2}^{Y_1}\frac{dY}{Y-Y^*} = \frac{L}{K_X a\Omega}\int_{X_2}^{X_1}\frac{dX}{X^*-X} \tag{5-60}$$

这些就是低浓度气体稳态吸收塔计算填料层高度的基本公式。

（二）传质单元高度与传质单元数

为了方便起见，将式(5-60) 改写为用传质单元高度（height of transfer unit）和传质单元数（number of transfer unit）之乘积的形式表达。

$$Z = H_G \times N_G = H_L \times N_L = H_{OG} \times N_{OG} = H_{OL} \times N_{OL} \tag{5-61}$$

气相传质单元高度 $H_G = \dfrac{G}{k_Y a\Omega}$；气相传质单元数 $N_G = \displaystyle\int_{Y_2}^{Y_1}\frac{dY}{Y-Y_i} \tag{5-62}$

液相传质单元高度 $H_L = \dfrac{L}{k_X a\Omega}$；液相传质单元数 $N_L = \displaystyle\int_{X_2}^{X_1}\frac{dX}{X_i-X} \tag{5-63}$

气相总传质单元高度 $H_{OG} = \dfrac{G}{K_Y a\Omega}$；气相总传质单元数 $N_{OG} = \displaystyle\int_{Y_2}^{Y_1}\frac{dY}{Y-Y^*} \tag{5-64}$

液相总传质单元高度 $H_{OL} = \dfrac{L}{K_X a\Omega}$；液相总传质单元数 $N_{OL} = \displaystyle\int_{X_2}^{X_1}\frac{dX}{X^*-X} \tag{5-65}$

可将这些填料层高度计算式写成如下通用表达式

$$填料层高度 = 传质单元高度 \times 传质单元数$$

这就像楼房高度是每层高度与层数的乘积一样。

（1）**传质单元数**　以 N_{OG} 为例，根据积分中值定理，有

$$N_{OG} = \int_{Y_2}^{Y_1}\frac{dY}{Y-Y^*} = \frac{Y_1-Y_2}{(Y-Y^*)_m} = \frac{气相组成变化}{平均传质推动力} \tag{5-66}$$

当所要求的 (Y_1-Y_2) 为一定值时，平均传质推动力 $(Y-Y^*)_m$ 愈大，则传质单元数 N_{OG} 就愈小，所需要的填料层高度就愈小。因此，传质单元数的大小反映传质的难易程度。为了减小 N_{OG}，应设法增大推动力。传质推动力的大小与相平衡关系及液-汽比有关。

（2）**传质单元高度**　例如气相总传质单元高度 H_{OG} 是传质单元数 $N_{OG} = 1$ 时的填料层

高度。从式(5-64) 可知，H_{OG} 为 G/Ω 与 $1/K_Ya$ 的乘积，G/Ω 为单位塔截面积的惰性气体摩尔流量，$1/K_Ya$ 反映传质阻力大小。因此，当 G/Ω 为一定值时，H_{OG} 大小反映传质阻力大小。若传质阻力小，则 H_{OG} 小，填料层高度可以小。

体积传质系数 K_Ya（或 K_Xa、k_Ya、k_Xa）随气、液流量的变化较大，而传质单元高度的变化较小。例如，$K_Ya \propto G^{0.8}$，而 $H_{OG} = \dfrac{G}{K_Ya\Omega}$，所以 $H_{OG} \propto G^{0.2}$。在常用的填料塔中，传质单元高度的数量级为 $0.1 \sim 1.0\text{m}$。

① 气相总传质单元高度 H_{OG} 与气相总压力 p 的关系　由式(5-46) 可知

$$K_Y = pK_G$$

故

$$H_{OG} = \frac{G}{K_Ya\Omega} = \frac{G}{pK_Ga\Omega}$$

即 H_{OG} 与气相总压力 p 成反比。

② 液相总传质单元高度 H_{OL} 与溶液总浓度 c 的关系　由式(5-46) 可知

$$K_X = cK_L$$

故

$$H_{OL} = \frac{L}{K_Xa\Omega} = \frac{L}{cK_La\Omega}$$

即 H_{OL} 与液相总浓度 c 成反比。

③ 各种传质单元高度之间的关系　当气液平衡线的斜率为 m 时，利用式(5-50) 可推导出总传质单元高度 H_{OG}、H_{OL} 与传质单元高度 H_G、H_L 之间的关系。

将式(5-50) $\dfrac{1}{K_Y} = \dfrac{1}{k_Y} + \dfrac{m}{k_X}$ 中各项乘以 $G/a\Omega$，得

$$\frac{G}{K_Ya\Omega} = \frac{G}{k_Ya\Omega} + \frac{mG}{L}\frac{L}{k_Xa\Omega}$$

$$H_{OG} = H_G + \frac{mG}{L}H_L \tag{5-67}$$

同理，由式 $\dfrac{1}{K_X} = \dfrac{1}{mk_Y} + \dfrac{1}{k_X}$ 可推得

$$H_{OL} = \frac{L}{mG}H_G + H_L \tag{5-68}$$

式中，L/mG 为吸收因数（absorption factor），量纲为一。它是操作线斜率 L/G 与平衡线斜率 m 之比，其比值越大，操作线远离平衡线，增大传质推动力，对吸收有利，故称为吸收因数。吸收因数的大小能反映传质推动力的大小。

由式(5-67) 与式(5-68)，可求得 H_{OG} 与 H_{OL} 的关系式，即

$$H_{OG} = \frac{mG}{L}H_{OL} \tag{5-69}$$

（3）N_{OG} 与 N_{OL} 的关系

由于

$$Z = H_{OG}N_{OG} = H_{OL}N_{OL} \tag{5-70}$$

求得 N_{OG} 与 N_{OL} 的关系式为

$$N_{OG} = \frac{L}{mG}N_{OL} \tag{5-71}$$

（三）传质单元数的计算

在确定吸收塔的填料层高度时，通常用气相总传质单元高度 $H_{OG} = \dfrac{G}{K_Y a\Omega}$ 或气相总传质系数 $K_Y a$。这是因为液相通常对溶质有较强的亲和力，其传质阻力主要在气相。气相总传质单元高度 H_{OG} 可用实验测定，或用 $H_{OG} = \dfrac{G}{K_Y a\Omega}$ 计算，也可以从手册上查得。因此，计算填料层高度 Z 的关键问题在于如何求算气相总传质单元数 N_{OG}，即积分 $\displaystyle\int_{Y_2}^{Y_1} \dfrac{dY}{Y - Y^*}$。积分值的求算视不同情况选用不同方法，下面介绍 3 种常用的方法。

1. 对数平均推动力法

由塔底 B 端推动力 $\Delta Y_1 = (Y_1 - Y_1^*)$ 与塔顶 T 端推动力 $\Delta Y_2 = (Y_2 - Y_2^*)$ 求出全塔的平均推动力（如图 5-22 所示）。

当气液相平衡关系服从亨利定律时，可用 $Y^* = mX$（或在所涉及的浓度范围内 $Y^* = mX + b$）来描述，即平衡线为直线。因为操作线与平衡线均为直线，任意截面上的推动力 $\Delta Y = (Y - Y^*)$ 与 Y 也一定成直线关系。读者可参阅第四章传热过程对数平均温度差的推导。

因 $\Delta Y = Y - Y^*$ 与 Y 呈直线关系，必有

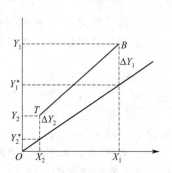

图 5-22 对数平均
推动力法求 N_{OG}

$$\frac{d(\Delta Y)}{dY} = \frac{\Delta Y_1 - \Delta Y_2}{Y_1 - Y_2} = 常数$$

于是，气相总传质单元数

$$N_{OG} = \int_{Y_2}^{Y_1} \frac{dY}{Y - Y^*} = \int_{Y_2}^{Y_1} \frac{dY}{\Delta Y} = \frac{Y_1 - Y_2}{\Delta Y_1 - \Delta Y_2} \int_{\Delta Y_2}^{\Delta Y_1} \frac{d(\Delta Y)}{\Delta Y} = \frac{Y_1 - Y_2}{\Delta Y_1 - \Delta Y_2} \ln\frac{\Delta Y_1}{\Delta Y_2}$$

令

$$\Delta Y_m = \frac{\Delta Y_1 - \Delta Y_2}{\ln\dfrac{\Delta Y_1}{\Delta Y_2}} = \frac{(Y_1 - Y_1^*) - (Y_2 - Y_2^*)}{\ln\left(\dfrac{Y_1 - Y_1^*}{Y_2 - Y_2^*}\right)} \tag{5-72}$$

则

$$N_{OG} = \frac{Y_1 - Y_2}{\Delta Y_m} \tag{5-73}$$

式中，ΔY_m 为气相对数平均推动力。在平衡线和操作线均为直线时，式（5-66）中的 $(Y - Y^*)_m = \Delta Y_m$。

当 $\dfrac{\Delta Y_1}{\Delta Y_2} < 2$ 时，ΔY_m 可用算术平均值代替对数平均值。

当操作线与平衡线平行时，即 $\dfrac{L}{mG} = 1$ 时，

$$\Delta Y_m = \Delta Y_1 = \Delta Y_2 \tag{5-74}$$

式（5-73）可以写成

$$N_{OG} = \frac{Y_1 - Y_2}{\Delta Y_2} = \frac{Y_1 - Y_2}{Y_2 - Y_2^*} = \frac{Y_1 - Y_2}{Y_2 - mX_2} \tag{5-75}$$

2. 吸收因数法

因所推导的传质单元数计算式中含有吸收因数 L/mG，故称为吸收因数法。

当气液相平衡关系服从亨利定律时，由 $Y^* = mX$ 与操作线方程式(5-51) $\dfrac{L}{G} = \dfrac{Y-Y_2}{X-X_2}$ 求得

$$Y^* = m\left[\frac{G}{L}(Y-Y_2)+X_2\right]$$

代入式(5-64) 并积分得

$$N_{OG} = \int_{Y_2}^{Y_1} \frac{\mathrm{d}Y}{Y-Y^*} = \int_{Y_2}^{Y_1} \frac{\mathrm{d}Y}{Y-m\left[\dfrac{G}{L}(Y-Y_2)+X_2\right]} = \int_{Y_2}^{Y_1} \frac{\mathrm{d}Y}{\left(1-\dfrac{mG}{L}\right)Y+\left(\dfrac{mG}{L}Y_2-mX_2\right)}$$

$$= \frac{1}{1-\dfrac{mG}{L}}\ln\frac{\left(1-\dfrac{mG}{L}\right)Y_1+\left(\dfrac{mG}{L}Y_2-mX_2\right)}{\left(1-\dfrac{mG}{L}\right)Y_2+\left(\dfrac{mG}{L}Y_2-mX_2\right)}$$

将上式对数项中的分子中加入 $\left(\dfrac{m^2G}{L}X_2-\dfrac{m^2G}{L}X_2\right)$，整理后，求得**气相总传质单元数** N_{OG}

$$\left.
\begin{aligned}
N_{OG} &= \frac{1}{1-\dfrac{mG}{L}}\ln\left[\left(1-\dfrac{mG}{L}\right)\left(\frac{Y_1-mX_2}{Y_2-mX_2}\right)+\frac{mG}{L}\right]\\[2ex]
\text{或}\quad N_{OG} &= \frac{1}{1-\dfrac{mG}{L}}\ln\left[\left(1-\dfrac{mG}{L}\right)\left(\frac{Y_1-Y_2^*}{Y_2-Y_2^*}\right)+\frac{mG}{L}\right]\\[2ex]
\text{或}\quad \frac{Y_2-mX_2}{Y_1-mX_2} &= \frac{1-\dfrac{mG}{L}}{\exp\left[\left(1-\dfrac{mG}{L}\right)N_{OG}\right]-\dfrac{mG}{L}}
\end{aligned}
\right\}\qquad (5\text{-}76)$$

为了方便计算，以吸收因数 L/mG 为参变量，标绘出 N_{OG} 与 $\dfrac{Y_2-mX_2}{Y_1-mX_2}$ 的关系图，如图 5-23 所示。用此图可以简捷求出 N_{OG} 来。需指出，在 $\dfrac{Y_2-mX_2}{Y_1-mX_2}<0.05$ 及 $\dfrac{L}{mG}>1$ 的范围内使用时，读数较准确，否则误差较大。必要时，仍需用式(5-76) 计算。

当操作线的组成范围内气液相平衡关系为 $Y^* = mX+b$ 时，式(5-76) 与图 5-23 仍可应用。此时，$Y_2^* = mX_2+b$。

下面利用式(5-76) 及图 5-23 分析各种因素对 N_{OG} 的影响。

从式(5-76) 可知，影响 N_{OG} 的因素有 L、G、m、X_2、Y_1 及 Y_2。

(1) L、G 及 m 对 N_{OG} 的影响 当 L 增大，G 减小，m 减小时，都会使 L/mG 增大。若 $\dfrac{Y_2-mX_2}{Y_1-mX_2}$ 为一定值，从图 5-23 可知，N_{OG} 将减小。要想使 m 减小，则需要降低操作温度 t 或增大操作总压力 p。温度降低时，亨利系数 E 减小。由式 $m=E/p$ 可知，温度降低，总压力增大，都会使 m 值减小。

若从传质推动力角度分析，当 L 增大，G 减小时，L/G 将增大，操作线斜率增大，将远离平衡线，使推动力 ΔY_m 增大，N_{OG} 减小。当 m 减小时，平衡线斜率减小，则平衡线远

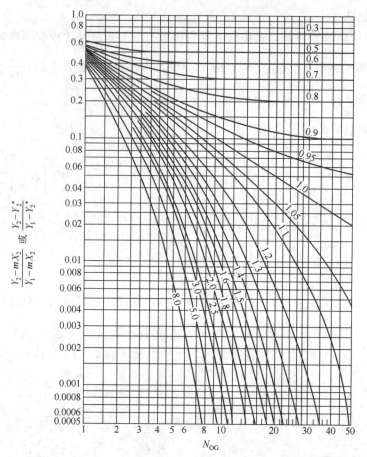

图 5-23　传质单元数〔式(5-76)的图〕(图中参数 L/mG)

离操作线，使推动力 ΔY_m 增大，N_{OG} 将减小。

从上述分析可知，在 G 一定的条件下，增大 $\dfrac{L}{mG}$，则 N_{OG} 减小，塔的填料层高度 Z 可以减小。因此，操作费用增大，而设备费减小。在决定 $\dfrac{L}{mG}$ 时，要从经济和技术上考虑，通常认为 $\dfrac{L}{mG}=1.0\sim2.0$ 范围为宜。

（2）Y_1、Y_2 及 X_2 对 N_{OG} 的影响　从式(5-76)中的 $\dfrac{Y_1-mX_2}{Y_2-mX_2}$ 可知，当 Y_1 减小或 Y_2 增大，都会使 $\dfrac{Y_1-mX_2}{Y_2-mX_2}$ 减小，从而使 N_{OG} 减小。

若将 Y_2 与吸收率 η 的关系式 $Y_2=Y_1(1-\eta)$ 代入 $\dfrac{Y_1-mX_2}{Y_2-mX_2}$，求得

$$\frac{Y_1-mX_2}{Y_2-mX_2}=\frac{1}{1-\dfrac{\eta}{1-\dfrac{mX_2}{Y_1}}} \tag{5-77}$$

从此式可知，当 X_2 减小时，$\dfrac{Y_1-mX_2}{Y_2-mX_2}$ 将减小，因而 N_{OG} 减小。在 L/G 与 m 为一定值的条

件下，X_2 减小时，操作线远离平衡线，传质推动力增大。式(5-77) 也表明在 m、X_2、Y_1 为一定值的条件下，$\dfrac{Y_2-mX_2}{Y_1-mX_2}$ 反映吸收率 η 的大小。

【例 5-7】　空气和氨的混合气体在直径为 0.8m 的填料吸收塔中用清水吸收其中的氨。已知送入的空气量为 1390kg/h，混合气体中氨的分压为 1.33kPa，经过吸收后混合气中有 99.5% 的氨被吸收下来。操作温度为 20℃，压力为 101.325kPa。在操作条件下，平衡关系为 $Y^*=0.75X$。若吸收剂（水）用量为 52kmol/h。已知氨的气相体积吸收总系数 $K_Ya=314\text{kmol}/(\text{m}^3\cdot\text{h})$。试求所需填料层高度。

解　(1) 用对数平均推动力法求填料层高度

依题意
$$y_1=\frac{1.33}{101.325}=0.0131$$

摩尔比组成　$Y_1=\dfrac{y_1}{1-y_1}=\dfrac{0.0131}{1-0.0131}=0.0133\text{kmol}（氨）/\text{kmol}（空气）$

$$Y_2=0.0133(1-0.995)=6.65\times10^{-5}\text{kmol}（氨）/\text{kmol}（空气）$$

$$X_2=0,\quad G=\frac{1390}{29}=47.9\text{kmol}（空气）/h$$

$$X_1=\frac{G(Y_1-Y_2)}{L}=\frac{47.9(0.0133-6.65\times10^{-5})}{52}=0.0122\text{kmol}（氨）/\text{kmol}（水）$$

$$Y_1^*=mX_1=0.75\times0.0122=0.0092\text{kmol}（氨）/\text{kmol}（空气），\quad Y_2^*=mX_2=0$$

$$\Delta Y_1=Y_1-Y_1^*=0.0133-0.0092=0.0041,\quad \Delta Y_2=Y_2-Y_2^*=6.65\times10^{-5}$$

$$\Delta Y_m=\frac{\Delta Y_1-\Delta Y_2}{\ln\dfrac{\Delta Y_1}{\Delta Y_2}}=\frac{0.0041-6.65\times10^{-5}}{\ln\dfrac{0.0041}{0.0000665}}=0.000979$$

$$N_{OG}=\frac{Y_1-Y_2}{\Delta Y_m}=\frac{0.0133-6.65\times10^{-5}}{0.000979}=13.5$$

$$H_{OG}=\frac{G}{K_Ya\Omega}=\frac{47.9}{314\times0.785\times(0.8)^2}=0.304\text{m}$$

$$Z=H_{OG}N_{OG}=0.304\times13.5=4.1\text{m}$$

(2) 用吸收因数法求填料层高度

$$\frac{mG}{L}=\frac{0.75\times47.9}{52}=0.691$$

$$\frac{Y_1-mX_2}{Y_2-mX_2}=\frac{0.0133-0}{6.65\times10^{-5}-0}=200$$

$$N_{OG}=\frac{1}{1-\dfrac{mG}{L}}\ln\left[\left(1-\frac{mG}{L}\right)\left(\frac{Y_1-mX_2}{Y_2-mX_2}\right)+\frac{mG}{L}\right]$$

$$=\frac{1}{1-0.691}\ln[(1-0.691)\times200+0.691]=13.4$$

$$Z=H_{OG}N_{OG}=0.304\times13.4=4.07\text{m}$$

计算结果与用对数平均推动力所计算之值一样。

根据吸收因数 $\dfrac{L}{mG}=1.45$ 及 $\dfrac{Y_2-mX_2}{Y_1-mX_2}=0.005$ 由图 5-23 查得 $N_{OG}=13.5$，与计算结果

相同。

【**例 5-8**】 常压逆流连续操作的填料塔，用清水吸收空气-氨混合气中的氨，惰性气体的流量为 0.02kmol/s，入塔时氨的浓度为 0.05（摩尔比，下同），要求吸收率为 90%，出塔氨水的浓度为 0.05。已知在操作条件下气液平衡关系为 $Y^* = 0.9X$，气相体积传质总系数 $K_Ya = 0.04kmol/(m^3 \cdot s)$，且 $K_Ya \propto G^{0.8}$，塔截面积为 $1m^2$。试求：（1）所需填料层高度为多少；（2）采用部分吸收剂再循环流程，新鲜吸收剂与循环量之比 $L/L_R = 20$，气体流量及新鲜吸收剂用量不变，为达到分离要求，所需填料层的高度为多少？并示意绘出带部分循环与不带循环两种情况下的操作线与平衡线。

解 （1）

$$Y_2 = (1-\eta)Y_1 = (1-0.9) \times 0.05 = 0.005$$

液气比

$$\frac{L}{G} = \frac{Y_1 - Y_2}{X_1 - X_2} = \frac{0.05 - 0.005}{0.05} = 0.9$$

而 $\dfrac{L}{G} = m = 0.9$，此时操作线与相平衡线平行

$$\Delta Y_m = \Delta Y_1 = \Delta Y_2 = 0.005$$

$$N_{OG} = \frac{Y_1 - Y_2}{\Delta Y_m} = \frac{0.05 - 0.005}{0.005} = 9$$

又

$$H_{OG} = \frac{G}{K_Ya\Omega} = \frac{0.02}{0.04 \times 1} = 0.5m$$

$$Z = H_{OG}N_{OG} = 0.5 \times 9 = 4.5m$$

（2）吸收剂再循环

此时吸收剂入口浓度为

$$X_2' = \frac{LX_2 + L_RX_1}{L + L_R} = \frac{0.05}{20 + 1} = 0.00238$$

塔内

$$L' = L + L_R = L + \frac{1}{20}L = 1.05L$$

$$\frac{mG}{L'} = \frac{mG}{1.05L} = \frac{1}{1.05} = 0.952$$

因是易溶气体，且 $K_Ya \propto G^{0.8}$，所以溶剂再循环后，K_Ya 不变，即 H_{OG} 不变

$$N_{OG}' = \frac{1}{1 - \dfrac{mG}{L'}} \ln\left[\left(1 - \frac{mG}{L'}\right)\frac{Y_1 - mX_2'}{Y_2 - mX_2'} + \frac{mG}{L'}\right]$$

$$= \frac{1}{1 - 0.952}\ln\left[(1 - 0.952)\frac{0.05 - 0.9 \times 0.00238}{0.005 - 0.9 \times 0.00238} + 0.952\right]$$

$$= 11.66$$

$$Z' = H_{OG}N_{OG}' = 0.5 \times 11.66 = 5.83m$$

带部分循环与不带循环两种情况下的操作线与平衡线见图 5-24。计算结果显示，部分吸收剂再循环，吸收塔进口液体溶质浓度增加，平均传质推动力减小，若过程为气膜控制，循环吸收剂流量增加，总气相体积传质系数不变，完成指定分离任务所需的填料层高度增加。

在下列情况下可采用溶剂再循环的流程：（1）若吸收过程的热效应很大，以至吸收剂需要塔外冷却来降低吸收温度，这样相平衡常数 m 降低，全塔平均推动力提高，可弥补因部分再循环吸收塔进口液体溶质浓度增加导致的平均传质推动力减小；（2）若吸收工艺要求较小的新鲜吸收剂用量，以至不能保证填料被很好地润湿，致使单位体积填料

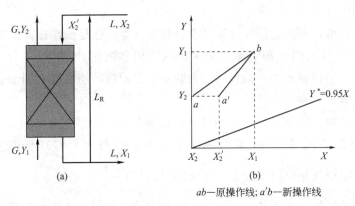

(a)　　　　　　　　　　(b)

ab—原操作线; a'b—新操作线

图 5-24　例 5-8 附图

有效传质面积降低，此时采用部分吸收剂再循环，提高单位体积填料有效传质面积，即提高体积传质系数，补偿了因循环而降低传质推动力，如果总体上使塔高降低，使用再循环是有意义的。

3. 图解积分法

当气液两相的平衡关系 $Y^* = f(X)$ 为一曲线时，虽然操作线为直线，但两线间的距离（即传质推动力）处处不等，如图 5-25(a) 所示。

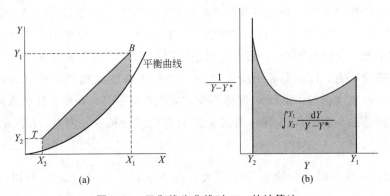

(a)　　　　　　　　　　(b)

图 5-25　平衡线为曲线时 N_{OG} 的计算法

气相总传质单元数积分式 $N_{OG} = \displaystyle\int_{Y_2}^{Y_1} \frac{\mathrm{d}Y}{Y - Y^*}$ 的值等于图 5-25(b) 中曲线下的阴影面积，可用图解积分法求此面积。

如图 5-25(a) 所示，在 Y_2 和 Y_1 之间的操作线上选取若干点，每一点代表塔内某一截面上气液两相的组成。分别从每一点作垂线，与平衡线相交，求出各点的传质推动力 $(Y - Y^*)$ 和 $1/(Y - Y^*)$。作 $1/(Y - Y^*)$ 对 Y 的曲线，如图 5-25(b) 所示，曲线下的面积即为 N_{OG} 值。

四、吸收塔的操作计算

前面介绍了根据已知条件（气相流量 G，气液进口组成 Y_1 与 X_2 及分离要求）计算吸收剂用量 L 及填料层高度 $(Z = H_{OG} N_{OG})$ 的方法。通常把这种计算称为设计计算。这里介绍吸收塔的操作计算。

对于填料吸收塔，不论是设计计算（求填料层高度）还是操作计算，都要用到物料衡算（操作线方程式）、气液相平衡关系（对稀溶液，用亨利定律表达式）和传质速率方程式（N_A＝传质系数×传质推动力）以及由它们联立求得的填料层高度 Z 计算式（Z＝传质单元高度×传质单元数）。

对一定的物系和一定填料层高度的吸收塔，若气相（惰性气体）流量 G 及其入口组成 Y_1 已定，则操作温度 t、总压 p、吸收剂流量 L（或液-气比 L/G）及其进口组成 X_2 等操作条件的改变，将使气相出口组成 Y_2（或回收率 $\eta=1-\dfrac{Y_2}{Y_1}$）改变。

填料吸收塔的操作计算就是在 Z、G、Y_1 给定的条件下，若操作条件（t、p、L、X_2）之一改变时，计算 Y_2（或吸收率 $\eta=1-\dfrac{Y_2}{Y_1}$）是如何变化的。

前面在介绍填料吸收塔的设计计算中，对于气液相平衡关系服从亨利定律条件下 N_{OG} 的计算，介绍了对数平均推动力法与吸收因数法。下面利用这两种计算法，介绍某一操作条件改变时对 Y_2 的影响关系。

已知 Z 为定值，并考虑到操作条件的改变不能太大，从而对 H_{OG} 的大小影响不大，认为 H_{OG} 为定值，所以 $N_{OG}=Z/H_{OG}$ 为定值。

（1）对数平均推动力法　在填料吸收塔的操作中，要想增大吸收率（或降低气相出口组成），就必须想办法增大吸收过程的气相对数平均推动力 ΔY_m。要想增大传质推动力（即增大操作线与相平衡线之间的距离），可以增大液气比 L/G，以改变操作线的位置，或降低操作温度、提高操作压力，以降低相平衡常数 m，使相平衡线远离操作线。另外，也可考虑降低吸收剂进口组成 X_2，L/G 及 m 保持不变，当 X_2 减小时，则操作线会远离平衡线。

（2）吸收因数法　利用式(5-76)及图 5-23 可以定量分析各种因素（L、m 及 X_2）对气相出口组成的影响。

当 L 增大，m 减小时，会使 L/mG 增大。若 N_{OG} 已定，从图 5-23 可知，$\dfrac{Y_2-mX_2}{Y_1-mX_2}$ 将减小。因此，Y_2 将减小。另外，从式(5-76)可知，当 N_{OG}、$\dfrac{L}{mG}$ 已定时，则 $\dfrac{Y_1-mX_2}{Y_2-mX_2}$ 为定值。令该定值为 β，则有 $\dfrac{Y_1-mX_2}{Y_2-mX_2}=\beta$（因 $Y_1>Y_2$，$\beta>1$），解得

$$Y_2=\frac{Y_1+(\beta-1)mX_2}{\beta}$$

由此式可知，当 X_2 减小时，Y_2 将减小。

【例5-9】　在一填料塔中用清水吸收氨-空气中的低浓度氨气，若清水量适量加大，其余操作条件不变，则出口浓度 Y_2、X_1 如何变化？（已知 $k_Ya\propto G^{0.8}$）

解　水吸收氨属于易溶体系，其过程为气膜控制，故 $K_Ya\approx k_Ya\propto G^{0.8}$。

因气体流量 G 不变，所以 k_Ya、K_Ya 近似不变，H_{OG} 不变。

因填料层高度不变，根据 $Z=N_{OG}H_{OG}$ 可得到 N_{OG} 不变。

当清水量加大时，$\dfrac{L}{mG}$ 增大，由图 5-23 可知 $\dfrac{Y_2-mX_2}{Y_1-mX_2}$ 会减小，故 Y_2 将下降。

根据全塔物料衡算 $L(X_1-X_2)=G(Y_1-Y_2)\approx GY_1$ 可近似推出 X_1 将下降。

【例 5-10】　在例 5-7 的基础上，若吸收剂改为含 NH_3 0.1%（摩尔分数）的水溶液，在该吸收塔中吸收气相中的 NH_3。试求 NH_3 的回收率，并与原来的回收率比较。

解　已知 $x_2=0.001$，因浓度很稀，近似 $X_2=0.001$。X_2 的改变，不会改变 H_{OG}。在 Z 一定的条件下，$N_{OG}=Z/H_{OG}$ 也不会改变。从吸收因数法计算 N_{OG} 的计算式

$$N_{OG}=\frac{1}{1-\dfrac{mG}{L}}\ln\left[\left(1-\frac{mG}{L}\right)\left(\frac{Y_1-mX_2}{Y_2-mX_2}\right)+\frac{mG}{L}\right]$$

可知，在新工况与原工况下，N_{OG} 与 $\dfrac{mG}{L}$ 没有改变，所以 $\dfrac{Y_1-mX_2}{Y_2-mX_2}$ 也不会改变，仍为 200，即

$$\frac{Y_1-mX_2}{Y_2-mX_2}=200$$

已知 $Y_1=0.0133$，$X_2=0.001$，$m=0.75$，代入上式，求得 $Y_2=0.000813$，回收率为

$$\eta=1-\frac{Y_2}{Y_1}=1-\frac{0.000813}{0.0133}=0.939=93.9\%$$

与原来的回收率 99.5% 比较，减少了 5.6%。

【例 5-11】　在例 5-7 的基础上，若想用增大吸收剂用量的办法使尾气组成 Y_2 从 6.65×10^{-5} kmol(氨)/kmol(空气) 降至 2.26×10^{-5} kmol(氨)/kmol(空气)，试求清水的用量。

解　已知 $Y_1=0.0133$，$X_2=0$，$Y_2=2.26\times10^{-5}$

$$\frac{Y_2-mX_2}{Y_1-mX_2}=\frac{2.26\times10^{-5}-0}{0.0133-0}=0.0017$$

L 的改变，不会改变 H_{OG}。在 Z 一定的条件下，$N_{OG}=\dfrac{Z}{H_{OG}}$ 也不会改变。故 $N_{OG}=13.4$，从图 5-23 查得 $\dfrac{L}{mG}=1.72$。

已知 $m=0.75$，$G=47.9$ kmol(空气)/h，清水用量为

$$L=1.72\times0.75\times47.9=61.8\text{ kmol(水)/h}$$

原来水用量为 52 kmol(水)/h，多了 9.8 kmol(水)/h。液-汽比由 1.09 增加到 1.29。

【例 5-12】　在例 5-7 的基础上，由于操作温度从 20℃ 升为 25℃，相平衡常数 m 从 0.75 变为 0.98，试求 NH_3 的回收率变为多少？

解　已知：$m=0.98$，$G=47.9$ kmol/h，$L=52$ kmol/h，$Y_1=0.0133$，$X_2=0$。原工况 $N_{OG}=13.4$（见例 5-7），新工况

$$N'_{OG}=\frac{1}{1-\dfrac{mG}{L}}\ln\left[\left(1-\frac{mG}{L}\right)\left(\frac{Y_1-mX_2}{Y'_2-mX_2}\right)+\frac{mG}{L}\right]$$

$$\frac{mG}{L}=\frac{0.98\times47.9}{52}=0.903$$

因 $N'_{OG}=N_{OG}=13.4$

$$13.4=\frac{1}{1-0.903}\ln\left[(1-0.903)\left(\frac{0.0133-0}{Y'_2-0}\right)+0.903\right]$$

解得 $$Y_2' = 0.000466$$

回收率 $$\eta' = 1 - \frac{Y_2'}{Y_1} = 1 - \frac{0.000466}{0.0133} = 0.965 = 96.5\%$$

与原来的回收率99.5%比较，减少了3%。

【例5-13】 有一填料层高度为4m的填料塔，用清水吸收混合气中的 CO_2，CO_2 的组成为0.05（摩尔比），其余气体为惰性气体。液-气比为150，吸收率为95%，操作温度20℃，总压力为1.5MPa。若总压力改为2MPa，试计算 CO_2 的吸收率为多少？

解 已知：$X_2 = 0$，$Y_1 = 0.05$，$L/G = 150$，$Z = 4m$。

原工况：$\eta = 0.95$，$Y_2 = (1-\eta)Y_1 = (1-0.95) \times 0.05 = 0.0025$，温度 $t = 20℃$，查得 CO_2 水溶液的亨利系数 $E = 144MPa$，操作总压力 $p = 1.5MPa$，则相平衡常数

$$m = E/p = 144/1.5 = 96, \qquad \frac{mG}{L} = \frac{96}{150} = 0.64$$

气相总传质单元数

$$N_{OG} = \frac{1}{1-\frac{mG}{L}} \ln\left[\left(1-\frac{mG}{L}\right)\left(\frac{Y_1 - mX_2}{Y_2 - mX_2}\right) + \frac{mG}{L}\right]$$

$$= \frac{1}{1-0.64} \ln\left[(1-0.64)\left(\frac{0.05-0}{0.0025-0}\right) + 0.64\right] = 5.72$$

气相总传质单元高度 $$H_{OG} = \frac{Z}{N_{OG}} = \frac{4}{5.72} = 0.7m$$

新工况：因 $H_{OG} = \frac{G}{K_Y a\Omega} = \frac{G}{pK_G a\Omega}$，$H_{OG}' = \frac{G}{p'K_G a\Omega}$，得

$$H_{OG}' = \frac{p}{p'} H_{OG}$$

已知 $p = 1.5MPa$，$p' = 2MPa$，故

$$H_{OG}' = \frac{1.5}{2} \times 0.7 = 0.525m$$

$$N_{OG}' = Z/H_{OG}' = 4/0.525 = 7.62$$

用气相总传质单元数计算式计算 Y_2'：当 $p' = 2MPa$ 时，$m' = E/p' = 144/2 = 72$，$\frac{m'G}{L} = 72/150 = 0.48$，代入下式求解

$$N_{OG}' = \frac{1}{1-\frac{m'G}{L}} \ln\left[\left(1-\frac{m'G}{L}\right)\left(\frac{Y_1 - m'X_2}{Y_2' - m'X_2}\right) + \frac{m'G}{L}\right]$$

$$7.62 = \frac{1}{1-0.48} \ln\left[(1-0.48)\left(\frac{0.05-0}{Y_2'-0}\right) + 0.48\right]$$

解得 $$Y_2' = 0.000499$$

则 CO_2 的吸收率为 $\eta = 1 - Y_2'/Y_1 = 1 - 0.000499/0.05 = 0.99 = 99\%$

计算结果表示，总压力从1.5MPa改为2MPa，吸收率从95%增加到99%。

五、解吸塔的计算

吸收操作中得到的吸收液若不是产品，都需要将其中的溶质气体与吸收剂分离。吸收剂

回收后，循环使用。

使吸收液中的溶质释放出来的操作称为解吸。解吸是与吸收相反的过程。

通常使用一种与吸收液不互溶的惰性气体与吸收液接触，由于液相中溶质气体的平衡分压 p^* 大于气相中溶质的分压 p，或者说，由于液相中的溶质浓度 c 大于气相中溶质的平衡浓度 c^*，则溶质从液相向气相传递，结果是惰性气体将吸收液中的溶质解吸出来。所以解吸的推动力是 (Y^*-Y) 或 $(X-X^*)$，操作线 TB 在平衡线的下方，与吸收时相反，如图 5-26(b) 所示。

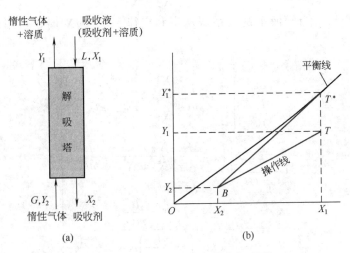

图 5-26　解吸的操作线和最小气-液比

为了增大解吸过程的推动力，通常使溶液加热升温，或在减压条件下操作。因为升温或减压可使气液平衡常数 m 增大。

（一）解吸用气量与最小气-液比

设计计算中（如图 5-26 所示），解吸塔进、出口液体组成 X_1、X_2 以及入口气体组成 Y_2 都是规定的，多数情况下 $Y_2=0$，而出口气体组成 Y_1 则根据适宜的气-液比来计算。

当解吸所用惰性气体量减少，则出口气体 Y_1 增大，操作线的 T 点向平衡线靠近，但 Y_1 增大的极限为与 X_1 成平衡，即达到 T^* 点，此时解吸操作线斜率 L/G 最大，即气-液比为最小。

$$\left(\frac{G}{L}\right)_{\min}=\frac{X_1-X_2}{Y_1^*-Y_2}$$

实际操作时，为使塔顶有一定的推动力，气液比应大于最小气-液比。

（二）解吸塔填料层高度计算

解吸塔填料层高度计算式，与吸收塔的基本相同。由于解吸的溶质质量以 $L\mathrm{d}X$ 表示方便，通常用以液相组成为推动力的计算式。计算填料层高度的计算式为

$$Z=\frac{L}{K_X a\Omega}\int_{X_2}^{X_1}\frac{\mathrm{d}X}{X-X^*}=H_{\mathrm{OL}}N_{\mathrm{OL}} \tag{5-78}$$

传质单元数 N_{OL} 的计算，与吸收相同，有 3 种方法。

（1）图解法

$$N_{\mathrm{OL}}=\int_{X_2}^{X_1}\frac{\mathrm{d}X}{X-X^*}$$

（2）对数平均推动力法 当气液平衡关系服从亨利定律 $Y^* = mX$，或在操作线范围内平衡线可用 $Y^* = mX + b$ 表达时，可用对数平均推动力法计算 N_{OL}，其计算式为

$$N_{OL} = \frac{X_1 - X_2}{\Delta X_m} \tag{5-79}$$

式中

$$\Delta X_m = \frac{(X_1 - X_1^*) - (X_2 - X_2^*)}{\ln \dfrac{X_1 - X_1^*}{X_2 - X_2^*}}$$

（3）解吸因数法 当气液平衡关系服从亨利定律 $Y^* = mX$ 时，可用解吸因数法计算 N_{OL}，其计算式为

$$\left. \begin{aligned}
N_{OL} &= \frac{1}{1 - \dfrac{L}{mG}} \ln \left[\left(1 - \frac{L}{mG}\right) \frac{X_1 - \dfrac{Y_2}{m}}{X_2 - \dfrac{Y_2}{m}} + \frac{L}{mG} \right] \\[2mm]
\text{或 } N_{OL} &= \frac{1}{1 - \dfrac{L}{mG}} \ln \left[\left(1 - \frac{L}{mG}\right) \frac{X_1 - X_2^*}{X_2 - X_2^*} + \frac{L}{mG} \right] \\[2mm]
&= \frac{X_2 - \dfrac{Y_2}{m}}{X_1 - \dfrac{Y_2}{m}} = \frac{1 - \dfrac{L}{mG}}{\exp\left[\left(1 - \dfrac{L}{mG}\right) N_{OL}\right] - \dfrac{L}{mG}}
\end{aligned} \right\} \tag{5-80}$$

式（5-80）与式（5-76）在结构上相同。因此，图 5-23 也可用于求解式（5-80），只是图中的吸收因数 $\frac{L}{mG}$ 要用解吸因数 $\frac{mG}{L}$ 替换，纵坐标的 $\frac{Y_2 - mX_2}{Y_1 - mX_2}$ 要用 $\frac{X_2 - Y_2/m}{X_1 - Y_2/m}$ 替换，横坐标的 N_{OG} 用 N_{OL} 替换。由图 5-23 可知，对于解吸塔，当解吸因数 mG/L 增大，传质单元数 N_{OL} 减少。

【例 5-14】 用洗油吸收焦炉气中的芳烃，含芳烃的洗油经解吸后循环使用。已知洗油流量为 7kmol/h，入解吸塔的组成为 0.12kmol（芳烃）/kmol（洗油），解吸后的组成不高于 0.005kmol（芳烃）/kmol（洗油）。解吸塔的操作压力为 101.325kPa，温度为 120℃。解吸塔底通入过热水蒸气进行解吸，水蒸气消耗量 $G/L = 1.5(G/L)_{min}$。平衡关系为 $Y^* = 3.16X$，液相体积传质系数 $K_X a = 30 \text{kmol/(m}^3 \cdot \text{h)}$。求解吸塔每小时需要多少千克水蒸气？若填料解吸塔的塔径为 0.7m，求填料层高度。

解 水蒸气不含芳烃，故 $Y_2 = 0$；$X_1 = 0.12$，$X_2 = 0.005$，$L = 7 \text{kmol/h}$，$m = 3.16$

$$\left(\frac{G}{L}\right)_{min} = \frac{X_1 - X_2}{Y_1^* - Y_2} = \frac{0.12 - 0.005}{3.16 \times 0.12 - 0} = 0.303$$

$$\frac{G}{L} = 1.5\left(\frac{G}{L}\right)_{min} = 1.5 \times 0.303 = 0.455$$

水蒸气消耗量为

$$G = 0.455L = 0.455 \times 7 = 3.185 \text{kmol/h} = 3.185 \times 18 = 57.3 \text{kg/h}$$

（1）用式（5-80）计算 N_{OL}

$$\frac{X_1 - Y_2/m}{X_2 - Y_2/m} = \frac{X_1}{X_2} = \frac{0.12}{0.005} = 24$$

$$\frac{L}{mG} = \frac{1}{3.16 \times 0.455} = 0.696, \quad 1 - \frac{L}{mG} = 1 - 0.696 = 0.304$$

$$N_{OL} = \frac{1}{1-\dfrac{L}{mG}} \ln\left[\left(1-\frac{L}{mG}\right)\frac{X_1-Y_2/m}{X_2-Y_2/m}+\frac{L}{mG}\right] = \frac{1}{0.304}\ln[0.304\times24+0.696] = 6.84$$

（2）用图 5-23 计算 N_{OL}

用 $(X_2-Y_2/m)/(X_1-Y_2/m)=0.0417$、$mG/L=1.44$，从图 5-23 查得 $N_{OL}=6.9$，与计算值接近。

$$H_{OL} = \frac{L}{K_X a\Omega} = \frac{7}{30\times\dfrac{\pi}{4}\times(0.7)^2} = 0.607\,\mathrm{m}$$

填料层高度　　　　　　　$Z = H_{OL}N_{OL} = 0.607\times6.84 = 4.15\,\mathrm{m}$

【例 5-15】　逆流吸收-解吸系统，两塔的填料层高度相同。已知吸收塔入塔的气体溶质组成为 0.025（摩尔比，下同），要求其回收率为 95%，入塔液体组成为 0.0035。操作条件下吸收系统的气液平衡关系为 $Y^*=0.2X$，液气比为最小液气比的 1.5 倍，气相总传质单元高度为 0.5m。解吸系统用过热水蒸气吹脱，其气液平衡关系为 $Y^*=2.5X$，汽液比为 0.5，试求：（1）吸收塔出塔液体组成和填料层高度；（2）解吸塔的气相总传质单元高度；（3）欲将吸收塔的回收率提高到 96%，定性分析可采取哪些措施？

解　（1）吸收塔

$$Y_2 = (1-\eta)Y_1 = (1-0.95)\times0.025 = 0.00125$$

$$\left(\frac{L}{G}\right)_{\min} = \frac{Y_1-Y_2}{X_1^*-X_2} = \frac{0.025-0.00125}{\dfrac{0.025}{0.2}-0.0035} = 0.195$$

$$\left(\frac{L}{G}\right) = 1.5\left(\frac{L}{G}\right)_{\min} = 1.5\times0.195 = 0.293$$

由全塔物料衡算　　　　　　$L(X_1-X_2) = G(Y_1-Y_2)$

$$X_1 = X_2 + \frac{G}{L}(Y_1-Y_2) = 0.0035 + \frac{1}{0.293}(0.025-0.00125) = 0.0846$$

$$\Delta Y_1 = Y_1 - mx_1 = 0.025 - 0.2\times0.0846 = 0.0081$$

$$\Delta Y_2 = Y_2 - mX_2 = 0.00125 - 0.2\times0.0035 = 0.00055$$

$$\Delta Y_m = \frac{\Delta Y_1-\Delta Y_2}{\ln\left(\dfrac{\Delta Y_1}{\Delta Y_2}\right)} = \frac{0.0081-0.00055}{\ln\left(\dfrac{0.0081}{0.00055}\right)} = 0.0028$$

$$N_{OG} = \frac{Y_1-Y_2}{\Delta Y_m} = \frac{0.025-0.00125}{0.0028} = 8.48$$

填料层高度　　　　　　　$Z = H_{OG}N_{OG} = 0.5\times8.48 = 4.24\,\mathrm{m}$

（2）解吸塔

全塔物料衡算　　　　　　$L(X_1-X_2) = G'(Y_1'-Y_2')$

$$Y_1' = Y_2' + \frac{L}{G'}(X_1-X_2) = \frac{1}{0.5}(0.0846-0.0035) = 0.162$$

$$\Delta Y_1' = m'X_1 - Y_1' = 2.5\times0.0846 - 0.162 = 0.0495$$

$$\Delta Y_2' = m'X_2 - Y_2' = 2.5 \times 0.0035 = 0.00875$$

$$\Delta Y_m' = \frac{\Delta Y_1' - \Delta Y_2'}{\ln\left(\dfrac{\Delta Y_1'}{\Delta Y_2'}\right)} = \frac{0.0495 - 0.00875}{\ln\left(\dfrac{0.0495}{0.00875}\right)} = 0.0235$$

$$N_{OG}' = \frac{Y_1' - Y_2'}{\Delta Y_m'} = \frac{0.162}{0.0235} = 6.89$$

因为吸收塔与解吸塔填料层高度相同，所以

$$H_{OG}' = \frac{Z}{N_{OG}'} = \frac{4.24}{6.89} = 0.615 \text{m}$$

（3）提高吸收塔回收率的措施

① 其他条件不变，增大吸收塔内的液气比，出塔气体的极限浓度与入吸收塔液体组成达到相平衡关系。当 $X_2 = 0.0035$ 时，其平衡的气相组成 $Y_2^* = 0.2 \times 0.0035 = 0.0007$。吸收率为 96% 时，$Y_2 = (1-\eta)Y_1 = (1-0.96) \times 0.02 = 0.0008$。此时 $Y_2 > Y_2^*$，因此增加液气比的措施是可行的。

② 在吸收剂流量不变的情况下，降低吸收剂浓度，可通过增加水蒸气用量来提高解吸塔的解吸效果。

由计算结果可知，吸收和解吸过程是紧密相连的，组成了一个完整的分离过程，吸收操作的变动要求解吸操作要进行相应的变化，吸收的效果直接依赖于解吸，吸收与解吸过程的成本主要在解吸。

第五节　填　料　塔

本节主要介绍填料塔的结构、填料性能、气液两相在填料层内的流动及塔径的计算等。

一、填料塔的结构及填料性能

（一）填料塔的结构

填料塔的结构如图 5-27 所示。塔体为一圆形筒体，筒内分层装有一定高度的填料。自塔上部进入的液体通过分布器均匀喷洒于塔截面上。在填料层内液体沿填料表面呈膜状流下。各层填料之间装有液体再分布器，将液体重新均匀分布于塔截面上，再进入下层填料。气体自塔下部进入，通过填料缝隙中自由空间从塔上部排出。离开填料层的气体可能夹带少量雾状液滴，因此有时需要在塔顶安装除沫器。气液两相在填料塔内进行接触传质。

填料塔简介

填料塔生产情况的好坏与是否正确选用填料有很大关系，因而了解各种填料及其特性是十分必要的。

（二）填料性能

填料可分为两大类，散装填料与整装填料。填料的形状很多，下面介绍几种常用的填料。

1. 散装填料

散装填料有的是乱堆的，有的是整砌的。乱堆填料是把如图 5-28 所示的拉西环、鲍尔环、矩鞍形填料等小型填料不规则地堆放在填料塔内。尺寸较大的填料可以有规则地砌在塔内，称为整砌填料。

（1）拉西环（Raschig ring） 拉西环是最早使用的一种形状简单的圆环形填料，高度与直径相等，常用尺寸为 25～75mm。这种填料的缺点是当横卧放置时，内表面不容易被液体湿润，气体也不能从环内通过，致使流体阻力大，气液接触面积小。因此，拉西环的应用日趋减少。

新近研究表明，减小拉西环填料的高度能减小流体阻力，增大气液接触面积。

（2）鲍尔环（Pall ring） 鲍尔环是在拉西环的环壁上沿圆周方向冲出几个长方形小孔，小孔的母材并不从环上剪下，而是向中心弯入。

鲍尔环的这种构造提高了环内空间及环内表面的利用程度，减小了流体阻力，增大了气液接触面积，是一种性能优良的填料，得到了广泛的应用。材料有陶瓷、金属和塑料。

（3）矩鞍形（Intalox saddle）填料 矩鞍形填料是一种半圆形马鞍状结构，四个边角为直角。这种结构的填料在堆放时相互之间的接触面积较小，因而空隙率较大，流体阻力较小，气液接触面积较大，也是一种性能优良的填料。材料有陶瓷和塑料。

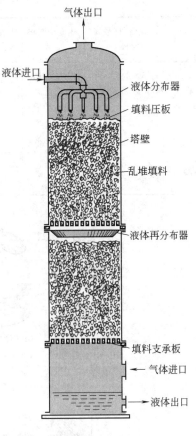

图 5-27 填料塔

2. 整装填料

整装填料是将金属丝网或多孔板压制成波纹状，然后组装成若干个某种高度（50～250mm）的填料层，分层整装进塔内。相邻填料层的波纹片互成 90°。填料层组装时，使波谷线的方向与水平面有一定的夹角（30°或 45°），相邻两波纹片方向相反。如图 5-28 所示。

波纹整装填料的空隙率高，流体阻力小，流体分布均匀，是性能优良的整装填料，但造价高，多用在精密精馏中。

3. 填料性能

各种填料的结构与大小不同，反映在性能上也不同。表 5-4 列出了几种填料的性能数据。

表 5-4 几种填料的性能数据

填料名称	规格（直径×高×厚）/mm	材质及堆积方式	比表面积 a /m²·m⁻³	空隙率 ε /m³·m⁻³	每立方米填料个数	堆积密度 /kg·m⁻³	干填料因子 $\dfrac{a}{\varepsilon^3}$/m⁻¹	填料因子 ϕ /m⁻¹
拉西环	10×10×1.5	瓷质乱堆	440	0.7	720×10³	700	1280	1500
	25×25×2.5	瓷质乱堆	190	0.78	49×10³	505	400	450
	50×50×4.5	瓷质乱堆	93	0.81	6×10³	457	177	205
	80×80×9.5	瓷质乱堆	76	0.68	1.91×10³	714	243	280
	25×25×0.8	钢质乱堆	220	0.92	55×10³	640	290	260
	50×50×1	钢质乱堆	110	0.95	7×10³	430	130	175
	76×76×1.5	钢质乱堆	68	0.95	1.87×10³	400	80	105
	50×50×4.5	瓷质整砌	124	0.72	8.83×10³	673	339	—

续表

填料名称	规格（直径×高×厚）/mm	材质及堆积方式	比表面积 a /m²·m⁻³	空隙率 ε /m³·m⁻³	每立方米填料个数	堆积密度 /kg·m⁻³	干填料因子 $\dfrac{a}{\varepsilon^3}$/m⁻¹	填料因子 ϕ /m⁻¹
鲍尔环	25×25	瓷质乱堆	220	0.76	48×10³	565	—	300
	50×50×4.5	瓷质乱堆	110	0.81	6×10³	457	—	130
	25×25×0.6	钢质乱堆	209	0.94	61.1×10³	480	—	160
	50×50×0.9	钢质乱堆	103	0.95	6.2×10³	355	—	66
	25	塑料乱堆	209	0.90	51.1×10³	72.6	—	107
矩鞍形	40×20×3.0	瓷质	258	0.775	84.6×10³	548	—	320
	75×45×5.0	瓷质	120	0.79	9.4×10³	532	—	130

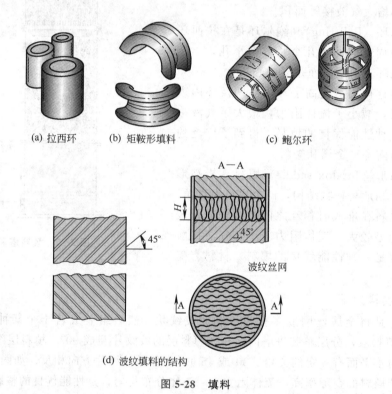

(a) 拉西环　　(b) 矩鞍形填料　　　　(c) 鲍尔环

A—A

波纹丝网

(d) 波纹填料的结构

图 5-28　填料

下面对表 5-4 中几项性能参数作说明。

（1）比表面积 a　比表面积是指单位体积填料层中所具有填料表面积，单位为 m²（表面积）/m³（填料层体积）。

同一种填料，尺寸小者比表面积大。比表面积大的填料被液体湿润的表面积就大，因而气液接触面积大。

不同结构的填料，虽然比表面积相同，但气液接触面积可能相差较大。

（2）空隙率 ε　空隙率是指单位体积填料层中所具有的空隙体积，单位为 m³（空隙体积）/m³（填料层体积）。

气液两相均在填料的空隙中流动，空隙率大时流体阻力小，流通量大。

（3）堆积密度　堆积密度是指单位体积填料层的质量，单位是 kg/m³。

在机械强度允许的条件下，应尽可能减小填料的壁厚，以减小堆积密度，这样既可以增大空隙率，又可以减少材料消耗。

（4）干填料因子 a/ε^3 比表面积 a 与空隙率 ε 所组成的复合量 a/ε^3 称为干填料因子，单位为 m^{-1}。

（5）填料因子 ϕ 填料因子（packing factor）为湿填料因子，以 ϕ 表示，单位为 m^{-1}。填料层中有气液两相流动时，部分空隙被液体占据，空隙率减小，比表面积也会发生变化，因而提出了一个相应的湿填料因子，简称为填料因子，用来关联填料层内气液两相流动参数之间的关系。填料因子由实验测定。

4. 对填料的基本要求

要求比表面积和空隙率较大，堆积密度较小，有足够的机械强度，有良好的化学稳定性及液体的湿润性，价格低廉等。

二、气液两相在填料层内的流动

填料塔内气液两相逆流流动时，液体从上向下流动的过程中，在填料表面上形成膜状流动。由于液膜与填料表面的摩擦以及液膜与上升气体的摩擦，有部分液体停留在填料表面及其空隙中。单位体积填料层中滞留的液体体积称为**持液量**（liquid holdup）。液体流量一定时，气体流量越大，持液量就越大，气体通过填料层的压力降也越大。

下面介绍气体通过每米填料层的压力降 Δp 与液体流量（或称液体喷淋量）L 及空塔气速 u 之间的关系。**空塔气速**是指气体在空塔中流过的速度，即气体体积流量除以塔截面积所得的流速。

（一）气体通过填料层的压力降与液体流量及空塔气速之间的关系

图 5-29 中的实验曲线是以液体流量 L 为参变量，气体通过每米填料层的压力降 Δp 与空塔气速 u 的关系曲线。

当液体流量 $L=0$ 时，气体通过干填料层的压力降与空塔气速的关系为一条直线。其斜率为1.8～2.0，即压力降与空塔气速的1.8～2.0次方成比例。这与气体在管路中湍流流动时的 Δp 与 u 关系类似。

当填料上有液体喷淋时，填料层内的一部分空隙被液体所占据，气流的通道截面减小了。在相同的空塔气速之下，随着液体喷淋量的增加，填料层内的持液量增加，气流的通道随之减小，通过填料层的压力降就增加。如图 5-29 中 L_1、L_2 等曲线所示。

在一定的液体喷淋量 L 条件下，当空塔气速低于 A 点的气速时，液体沿填料表面向下流动，很少受到向上的气流牵制，持液量基本不变。气体压力降随空塔气速增大的关系与干填料时的直线几乎平行。

当空塔气速增大到 A 点之后，填料表面流动的液膜，受气流的阻拦开始明显起来。填料表面的持液量随着气速的增大而增多，气流通道的截面积减

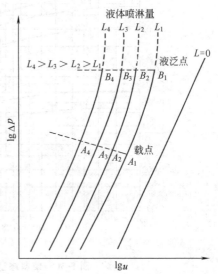

图 5-29 压力降与空塔气速的关系

少，使气体的压力降有较大的增加，压力降-空塔气速的关系曲线斜率增大。曲线上的这个转折点 A 称为**载点**（loading point）。

从载点开始，当空塔气速继续增大，填料层的持液量继续增多。当达到 B 点时，填料层几乎充满液体，气体通过填料层的压力降迅速上升，并有剧烈波动，表现为曲线垂直上升。此时，塔内已发生液泛。点 B 称为**液泛点**（flooding point）。液泛点之后，空塔气速稍有增加，液体将受阻而积聚在填料层中，不能向下流动，甚至从塔顶溢出，所以液泛点是填料塔操作的上限。

流体力学特征

从载点至液泛点之间是填料塔正常操作范围。液泛点所对应的空塔气速称为**泛点气速**。在确定填料塔直径时，首先求出泛点气速，然后取泛点气速的 $0.5\sim0.8$ 倍作为适宜的操作气速，以确保填料塔操作正常。

（二）泛点气速及压力降的关联图

影响泛点气速的因素很多，包括气液两相的流量和密度、液体黏度、填料的特性数据（比表面积，空隙率，填料因子）等。

目前广泛采用图 5-30 所示的埃克特（Eckert）关联图，计算泛点气速及气体压力降。

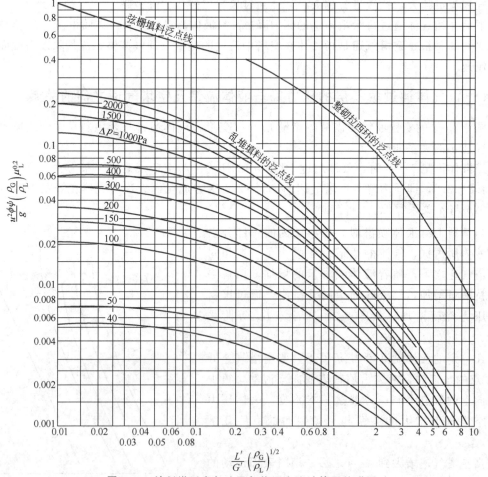

图 5-30 填料塔泛点气速及气体压力降计算用关联图

（图中 Δp 为每米填料层的压力降）

图中的横坐标为 $\dfrac{L'}{G'}\left(\dfrac{\rho_G}{\rho_L}\right)^{1/2}$，纵坐标为 $\dfrac{u^2\phi\psi}{g}\left(\dfrac{\rho_G}{\rho_L}\right)\mu_L^{0.2}$。其中，$L'$、$G'$ 为液体的质量流量、气体的质量流量，kg/s；ρ_G、ρ_L 为气体的密度、液体的密度，kg/m^3；u 为泛点气速或空塔气速，m/s；ϕ 为填料因子，$1/m$；μ_L 为溶液的黏度，$mPa \cdot s$；ψ 为水的密度 ρ_{H_2O} 与液体密度 ρ_L 之比值，$\psi = \rho_{H_2O}/\rho_L$；$g$ 为重力加速度，m/s^2。

图中上方有格状填料泛点线、整砌拉西环泛点线及乱堆填料泛点线。泛点线下面有许多等压力降线，压力降线是气体通过每米乱堆填料层的压力降。

（三）泛点气速及气体压力降的计算

1. 泛点气速计算

由已知的气液质量流量及密度计算出图中横坐标的 $\dfrac{L'}{G'}\left(\dfrac{\rho_G}{\rho_L}\right)^{1/2}$ 值。从横坐标向上作垂直线与泛点线相交，再从纵坐标上的读数，计算出的速度 u 就是泛点气速 u_f。

2. 由已知的气体压力降计算空塔气速

由已知的横坐标数值与等压力降线数值，读出纵坐标数值，就可计算空塔气速 u。

3. 由已知的空塔气速 u 计算气体压力降

由已知的空塔气速计算纵坐标的数值，与横坐标的数值相结合，在图中找到等压力线上的压力降值。

三、塔径的计算

由气体的体积流量与空塔气速计算塔径。

$$D = \sqrt{\dfrac{V_s}{\dfrac{\pi}{4}u}}$$

式中，D 为塔径，m；V_s 为操作条件下混合气体流量，m^3/s；u 为混合气体的空塔气速，m/s。空塔气速一般取泛点气速的 $50\% \sim 80\%$。

若空塔气速较小，则气体的压力降小，动力消耗少，操作费用低，但塔径大，设备费用高。同时，气速太低不利于气液两相充分接触，传质速率低。若空塔气速较大，则塔径小，设备费低，但气体的压力降大，动力消耗多，操作费用高。若空塔气速太高，接近泛点气速时，塔的操作不易稳定，难于控制。空塔气速的选择要从经济上的合理性与技术上的可行性两方面综合考虑。

【**例 5-16**】用清水吸收混合气中的 SO_2，混合气体处理量为 $1000m^3/h$，密度为 $\rho_G = 1.34kg/m^3$，用水量为 $27000kg/h$，溶液密度看作与水的密度相同，$\rho_L = 1000kg/m^3$。操作压力为 $101.325kPa$，温度为 $20℃$。试求填料吸收塔的直径及设计空塔气速下每米填料层的压力降，填料为乱堆。

解 （1）泛点气速的计算

混合气的质量流量　　$G' = \rho_G V = 1.34 \times 1000 = 1340kg/h$

$$\dfrac{L'}{G'}\left(\dfrac{\rho_G}{\rho_L}\right)^{1/2} = \dfrac{27000}{1340}\left(\dfrac{1.34}{1000}\right)^{1/2} = 0.738$$

由图 5-30 横坐标的 0.738 与乱堆填料的泛点线，查得纵坐标 $\dfrac{u_f^2\phi\psi}{g}\left(\dfrac{\rho_G}{\rho_L}\right)\mu_L^{0.2} = 0.028$。

选用 $25\text{mm}\times25\text{mm}\times2.5\text{mm}$ 乱堆瓷拉西环，填料因子 $\phi=450\text{m}^{-1}$，$\psi=\dfrac{\rho_\text{水}}{\rho_\text{L}}=1$。20℃溶液黏度取 20℃水的黏度 $\mu_\text{L}=1\text{mPa}\cdot\text{s}$。

泛点气速
$$u_\text{f}=\sqrt{\frac{0.028g\rho_\text{L}}{\phi\psi\rho_\text{G}\mu_\text{L}^{0.2}}}=\sqrt{\frac{0.028\times9.81\times1000}{450\times1\times1.34\times1^{0.2}}}=0.675\text{m/s}$$

（2）塔径的计算

取空塔气速为 $80\%u_\text{f}$，则 $u=80\%u_\text{f}=0.8\times0.675=0.54\text{m/s}$，计算塔径得

$$D=\sqrt{\frac{V_\text{s}}{\frac{\pi}{4}u}}=\sqrt{\frac{1000}{3600\times0.785\times0.54}}=0.81\text{m}$$

（3）压力降计算

已求空塔气速 $u=0.54\text{m/s}$，图 5-30 的纵坐标 $\dfrac{u^2\phi\psi}{g}\left(\dfrac{\rho_\text{G}}{\rho_\text{L}}\right)\mu_\text{L}^{0.2}=\dfrac{0.54^2\times450\times1}{9.81}\left(\dfrac{1.34}{1000}\right)\times$ $1^{0.2}=0.0179$，横坐标为 0.738，交点在每米填料压力降 $\Delta p=0.5\text{kPa}$ 的等压线上。故气体通过每米填料的压力降为 0.5kPa。

（4）若选用 $50\text{mm}\times50\text{mm}\times4.5\text{mm}$ 乱堆瓷鲍尔环，填料因子 $\phi=130\text{m}^{-1}$。气液相流量、密度不变，即 $\dfrac{L'}{G'}\left(\dfrac{\rho_\text{G}}{\rho_\text{L}}\right)^{1/2}$ 不变，操作条件相同，则 $\dfrac{u_\text{f}^2\phi\psi}{g}\left(\dfrac{\rho_\text{G}}{\rho_\text{L}}\right)\mu_\text{L}^{0.2}$ 不变，填料因子 ϕ 不同，液泛速度 u_f 将改变。u_f 与 $\sqrt{\phi}$ 成反比关系，即

$$u_\text{fp}=u_\text{fr}\sqrt{\frac{\phi_\text{r}}{\phi_\text{p}}}=0.675\sqrt{\frac{450}{130}}=1.26\text{m/s}$$

式中，u_fp 为填料为鲍尔环的液泛气速，m/s；u_fr 为拉西环填料的液泛气速，m/s。

空塔气速 $u=80\%u_\text{fp}=80\%\times1.26=1.0\text{m/s}$，计算塔径得

$$D=\sqrt{\frac{V_\text{s}}{\frac{\pi}{4}u}}=\sqrt{\frac{1000}{3600\times0.785\times1.0}}=0.6\text{m}$$

选用 $50\text{mm}\times50\text{mm}\times4.5\text{mm}$ 瓷鲍尔环比用 $25\text{mm}\times25\text{mm}\times2.5\text{mm}$ 的拉西环塔径减小了。不过应权衡塔体及填料这两方面的价格费用。

空塔气速 $u=1.0\text{m/s}$，填料因子 $\phi=130\text{m}^{-1}$，其他量未改变。图 5-30 的纵坐标 $\dfrac{u^2\phi\psi}{g}$ $\left(\dfrac{\rho_\text{G}}{\rho_\text{L}}\right)\mu_\text{L}^{0.2}=\dfrac{1^2\times130\times1}{9.81}\left(\dfrac{1.34}{1000}\right)\times1^{0.2}=0.0178$，与前面拉西环填料的纵坐标数值相同，故气体通过每米填料层的压力降仍为 0.5kPa。

四、填料塔的附件

（一）填料支承板

填料在塔内无论是乱堆或整砌，均堆放在支承板上。支承板要有足够的强度，足以承受填料层的质量（包括持液的质量）；支承板的气体通道面积应大于填料层的自由截面积（数

值上等于空隙率），否则不仅在支承板处有过大的气体阻力，而且当气速增大时将首先在支承板处出现拦液现象，因而降低塔的通量。

常用的支承板为栅板式，它是由竖立的扁钢组成的，如图 5-31(a) 所示。扁钢条之间的距离一般为填料外径的 0.6～0.8 倍左右。

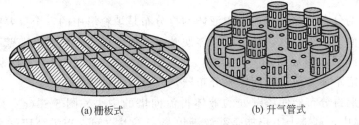

(a) 栅板式　　　　　　　　　　　(b) 升气管式

图 5-31　填料支承板

为了克服支承板的强度与自由截面之间的矛盾，特别是为了适应高空隙率填料的要求，可采用升气管式支承板，如图 5-31(b) 所示。气体由升气管上升，通过顶部的孔及侧面的齿缝进入填料层，而液体经底板上的许多小孔流下。

（二）液体分布器

如液体分布不良，必将减少填料的有效润湿表面积，使液体产生沟流，从而降低了气液两相的有效接触表面，使传质恶化。这就要求液体分布器能为填料层提供良好的液体初始分布，即能提供足够多的均匀分布的喷淋点，且各喷淋点的喷淋液量相等。液体分布装置的结构形式较多，常用的几种介绍如下。

① 莲蓬式喷洒器　喷洒器为一具有半球形外壳，在壳壁上有许多供液体喷淋的小孔，如图 5-32(a) 所示。这种喷洒器的优点是结构简单，缺点是小孔容易堵塞，而且液体的喷洒范围与压头密切有关。一般用于直径 600mm 以下的塔中。

② 多孔管式喷淋器　如图 5-32(b) 所示，多孔管式喷淋器一般在管底部钻有 $\phi 3 \sim 6mm$ 的小孔，多用于直径 600mm 以下的塔。

③ 齿槽式分布器　如图 5-32(c) 所示，用于大直径塔中，对气体阻力小，但安装要求

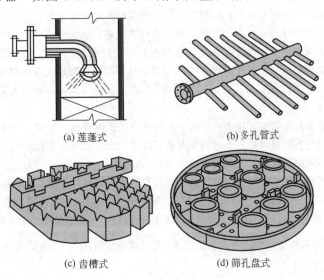

(a) 莲蓬式　　　　　　　　　　　(b) 多孔管式

(c) 齿槽式　　　　　　　　　　　(d) 筛孔盘式

图 5-32　液体分布器

水平高，以保证液体均匀地流出齿槽。

① 筛孔盘式分布器　如图 5-32(d) 所示，液体加至分布盘上，再出盘上的筛孔流下，盘式分布器适用于直径 800mm 以上的塔中。缺点是加工较复杂。

（三）液体再分布器

除塔顶液体的分布之外，填料层中液体的再分布是填料塔中的一个重要问题。往往会发现，在离填料顶面一定距离处，喷淋的液体便开始向塔壁偏流，然后沿塔壁下流，塔中心处填料得不到好的润湿，形成所谓"干锥体"的不正常现象，减少了气液两相的有效接触面积。因此每隔一定距离必须设置液体再分布器，以克服此种现象。

常用的截锥形再分布器使塔壁处的液体再流向塔的中央。图 5-33(a) 型是将截锥体焊（或搁置）在塔体中，截锥上下仍能全部放满填料，不占空间。当需分段卸出填料时，则采用图 5-33(b) 所示结构，截锥上加设支承板，截锥下要隔一段距离再装填料。

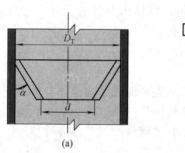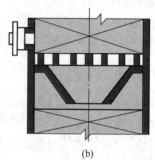

图 5-33　液体再分配

截锥式再分布器适用于直径 $0.6\sim0.8m$ 以下的塔。直径 $0.6m$ 以上的塔宜用图 5-31 所示之升气管式分布器。

思考题

5-1　在选择吸收剂时，应从哪几个方面考虑？

5-2　对于物理吸收，在一定温度下，如何判断气体在水中溶解的难与易？

5-3　亨利定律中的 E、H、m 三者与温度、压力有什么关系？

5-4　气液相平衡关系中，(1) 若温度升高，亨利系数将如何变化？(2) 在一定温度下，气相总压升高，相平衡常数 m 将如何变化？若气相组成 y 为一定值，总压升高，液相组成 x 将如何变化？

5-5　若溶质分压为 p 的气体混合物与溶质浓度为 c 的溶液接触，如何判断溶质是从气相向液相传递还是从液相向气相传递？

5-6　气体分子扩散系数与温度、压力有何关系？液体分子扩散系数与温度、黏度有何关系？

5-7　何谓对流传质的有效膜理论？如何根据有效膜理论写出传质速率方程式？

5-8　何谓两相间传质的双膜理论？其基本论点是什么？

5-9　在稳态的传质过程中，若气液相平衡关系符合亨利定律，如何应用双膜理论推导出总传质速率方程式？气相总传质系数 K_Y（或液相总传质系数 K_X）与气膜传质系数 k_Y 及液膜传质系数 k_X 有何关系？

5-10　在气液两相的传质过程，什么情况属于气膜阻力控制，什么情况属于液膜阻力控制？

5-11　在逆流操作的吸收塔，当进塔气体组成 Y_1 及进塔液体组成 X_2 已定，最小液-气比 $\left(\dfrac{L}{G}\right)_{\min}$ 与溶质的吸收率 η 有何关系？

5-12　传质单元数与传质推动力有何关系？传质单元高度与传质阻力有何关系？

5-13 气相传质单元高度与气相总压力 p 有何关系？液相传质单元高度与液相总浓度 c 有何关系？

5-14 吸收因数（L/mG）的大小对气相总传质单元数 N_{OG} 有何影响？如何说明其原因？

5-15 吸收率 η 对 N_{OG} 有何影响？

5-16 在 N_{OG} 已定的条件下，若 L、G、温度 t、总压 p、吸收剂进口组成 X_2 等改变，对混合气的出口组成 Y_2 有何影响？

习 题

相组成的换算

5-1 空气和 CO_2 的混合气体中，CO_2 的体积分数为 20%，求其摩尔分数 y 和摩尔比 Y 各为多少？

5-2 20℃的 100g 水中溶解 1g NH_3，NH_3 在溶液中的组成用摩尔分数 x、浓度 c 及摩尔比 X 表示时各为多少？

5-3 进入吸收器的混合气体中，NH_3 的体积分数为 10%，吸收率为 90%，求离开吸收器时 NH_3 的组成，以摩尔比 Y 和摩尔分数 y 表示。

吸收率的定义为

$$\eta = \frac{\text{被吸收的溶质量}}{\text{原料气中溶质量}} = \frac{Y_1 - Y_2}{Y_1} = 1 - \frac{Y_2}{Y_1}$$

气液相平衡

5-4 100g 水中溶解 1g NH_3，查得 20℃时溶液上方 NH_3 的平衡分压为 798Pa。此稀溶液的气液相平衡关系服从亨利定律，试求亨利系数 E（单位为 kPa）、溶解度系数 H ［单位为 $kmol/(m^3 \cdot kPa)$］和相平衡常数 m。总压为 100kPa。

5-5 空气中氧的体积分数为 21%，试求总压为 101.325kPa，温度为 10℃时，每立方米水中最大可能溶解多少克氧？已知 10℃时氧在水中的溶解度的表达式为 $p^* = 3.313 \times 10^6 x$，式中 p^* 为氧在气相中的平衡分压，单位为 kPa；x 为溶液中氧的摩尔分数。

5-6 含 NH_3 体积分数 1.5% 的空气-NH_3 混合气，在 20℃ 下用水吸收其中的 NH_3，总压为 203kPa。NH_3 在水中的溶解度服从亨利定律。在操作温度下的亨利系数 $E = 80kPa$。试求氨水溶液的最大浓度，$kmol(NH_3)/m^3$（溶液）。

5-7 温度为 20℃，总压为 0.1MPa 时，CO_2 水溶液的相平衡常数为 $m = 1660$。当总压为 1MPa 时，相平衡常数 m 为多少？温度为 20℃时的亨利系数 E 为多少 MPa？

5-8 用清水吸收混合气中的 NH_3，进入吸收塔的混合气中，含 NH_3 体积分数为 6%，吸收后混合气中含 NH_3 的体积分数为 0.4%，出口溶液的摩尔比为 0.012kmol NH_3/kmol 水。此物系的平衡关系为 $Y^* = 0.76X$。气液逆流流动，试求塔顶、塔底的气相传质推动力各为多少？

5-9 CO_2 分压力为 50kPa 的混合气体，分别与 CO_2 浓度为 0.01kmol/m^3 的水溶液和 CO_2 浓度为 0.05kmol/m^3 的水溶液接触。物系温度均为 25℃，气液平衡关系 $p^* = 1.662 \times 10^5 x$ kPa。试求上述两种情况下两相的推动力（分别以气相分压力差和液相浓度差表示），并说明 CO_2 在两种情况下属于吸收还是解吸。

吸收过程的速率

5-10 如习题 5-10 附图所示，在一细金属管中的水保持 25℃，在管的上口有大量干空气（温度 25℃，总压 101.325kPa）流过，管中的水汽化后在管中的空气中扩散，扩散距离为 100mm。试计算在稳定状态下的汽化速率 ［$kmol/(m^2 \cdot s)$］。

5-11 用图 5-10（例 5-4 附图）所示的装置在温度为 48℃、总压力为 101.325kPa 条件下测定 CCl_4 蒸气在空气中的分子扩散系数。48℃时 CCl_4 的饱和蒸气压为 37.6kPa，液体密度为 1540kg/m^3。垂直管中液面到上端管口的距离在实验开始时为 2cm，终了时为 3cm，CCl_4 的蒸发时间为 1.556×10^4 s。试

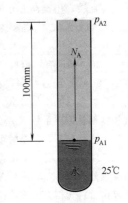

空气(25℃,101.325kPa)

p_{A2}

N_A

100mm

p_{A1}

水 25℃

习题 5-10 附图

48℃时，CCl_4 蒸气在空气中的分子扩散系数。

5-12　用清水在吸收塔中吸收混合气中的溶质 A，吸收塔某截面上，气相主体中溶质 A 的分压为 5kPa，液相中溶质 A 的摩尔分数为 0.015。气膜传质系数 $k_Y=2.5\times10^{-5}$ kmol/($m^2\cdot s$)，液膜传质系数 $k_x=3.5\times10^{-3}$ kmol/($m^2\cdot s$)。气液平衡关系可用亨利定律表示，相平衡常数 $m=0.7$。总压为 101.325kPa。试求：(1) 气相总传质系数 K_Y，并分析吸收过程是气膜控制还是液膜控制；(2) 试求吸收塔该截面上溶质 A 的传质速率 N_A。

5-13　若吸收系统服从亨利定律，界面上气液两相平衡，推导出 K_L 与 k_L、k_G 的关系。

吸收塔的计算

5-14　用 20℃ 的清水逆流吸收氨-空气混合气中的氨。已知混合气体温度为 20℃、总压 101.3kPa，其中氨的分压为 1.013kPa，要求混合气体处理量为 773m^3/h，水吸收混合气中氨的吸收率为 99%。在操作条件下物系的平衡关系为 $Y^*=0.757X$，若吸收剂用量为最小用量的 2 倍，试求：(1) 塔内每小时所需清水的量为多少 kg？(2) 塔底液相浓度（用摩尔分数表示）。

5-15　从矿石焙烧炉送出的气体，含体积分数 9% 的 SO_2，其余视为惰性气体。冷却后送入吸收塔，用水吸收其中所含 SO_2 的 95%。吸收塔的操作温度为 30℃，压力为 100kPa。每小时处理的炉气量为 1000m^3（30℃、100kPa 时的体积流量），所用液-汽比为最小值的 1.2 倍。求每小时的用水量和出塔时水溶液组成。平衡关系数据为

液相中 SO_2 溶解度/kg(SO_2)·[100kg(H_2O)]$^{-1}$	7.5	5.0	2.5	1.5	1.0	0.5	0.2	0.1
气相中 SO_2 平衡分压/kPa	91.7	60.3	28.8	16.7	10.5	4.8	1.57	0.63

5-16　在一吸收塔中，用清水在总压 0.1MPa、温度 20℃ 条件下吸收混合气体中的 CO_2，将其组成从 2% 降至 0.1%（摩尔分数）。20℃ 时 CO_2 水溶液的亨利系数 $E=144$MPa。吸收剂用量为最小用量的 1.2 倍。试求：(1) 液-汽比 L/G 及溶液出口组成 X_1；(2) 总压改为 1MPa 时的 L/G 及 X_1。

5-17　用煤油从苯蒸气与空气的混合物中回收苯，要求回收 99%。入塔的混合气中，含苯 2%（摩尔分数）；入塔的煤油中含苯 0.02%（摩尔分数）。溶剂用量为最小用量的 1.5 倍，操作温度为 50℃，压力为 100kPa，相平衡关系为 $Y^*=0.36X$，气相总传质系数 $K_Ya=0.015$kmol/($m^3\cdot s$)。入塔混合气单位塔截面上的摩尔流量为 0.015kmol/($m^2\cdot s$)。试求填料塔的填料层高度。气相总传质单元数用对数平均推动力法及吸收因数法的计算式计算。

5-18　混合气含 CO_2 体积分数为 10%，其余为空气。在 30℃、2MPa 下用水吸收，使 CO_2 的体积分数降到 0.5%，水溶液出口组成 $X_1=6\times10^{-4}$（摩尔比）。混合气体处理量为 2240m^3/h（按标准状况，273.15K，101325Pa），塔径为 1.5m。亨利系数 $E=188$MPa，液相体积总传质系数 $K_L\cdot a=50$kmol/($m^3\cdot h\cdot kmol/m^3$)。试求每小时用水量及吸收塔的填料层高度。

5-19　气体混合物中溶质的组成 $Y_1=0.02$（摩尔比），要在吸收塔中用吸收剂回收。气液相平衡关系为 $Y^*=1.0X$。试求：(1) 下列 3 种情况下的液相出口组成 X_1 与气相总传质单元数 N_{OG}（利用图 5-23），并进行比较，用推动力分析 N_{OG} 的改变（3 种情况的溶质回收率均为 99%）。① 入塔液体为纯吸收剂，液-气比 $L/G=2$；② 入塔液体为纯吸收剂，液-气比 $L/G=1.2$；③ 入塔液体中含溶质的组成 $X_2=0.0001$（摩尔比），液-气比 $L/G=1.2$。(2) 入塔液体为纯吸收剂，$L/G=0.8$，溶质的回收率最大可达多少？

5-20　某厂有一填料塔，直径 880mm，填料层高 6m，所用填料为 50mm 瓷拉西环，乱堆。每小时处理 2000m^3 混合气（体积按 25℃ 与 101.33kPa 计），其中含丙酮摩尔分数为 5%。用清水作吸收剂。塔顶送出的废气含丙酮摩尔分数为 0.263%。塔底送出来的溶液，每千克含丙酮 61.2g。根据上述测试数据，计算气相体积总传质系数 K_Ya。操作条件下的平衡关系为 $Y^*=2.0X$。

上述情况下，每小时可回收多少千克丙酮？若把填料层加高 3m，可以多回收多少丙酮？

5-21　有一填料吸收塔，用清水吸收混合气中的溶质 A，以逆流方式操作。进入塔底混合气中溶质 A 的摩尔分数为 1%，溶质 A 的吸收率为 90%。此时，水的流量为最小流量的 1.5 倍。平衡线的斜率 $m=1$。试求：(1) 气相总传质单元数 N_{OG}；(2) 若想使混合气中溶质 A 的吸收率为 95%，仍用原塔操作，且假设不存在液泛，气相总传质单元高度 H_{OG} 不受液体流量变化的影响。此时，可调节什么变量，简便而有效

地完成任务？试计算该变量改变的百分数。

5-22　某填料吸收塔填料层高度已定，用清水吸收烟道气中的 CO_2，CO_2 的组成为 0.1（摩尔比），余下气体为惰性气体，液-气比为 180，吸收率为 95%，操作温度为 30℃，总压为 2MPa。CO_2 水溶液的亨利系数由表 5-1 查取。

试计算下列 3 种情况的溶质吸收率 η、吸收液（塔底排出液体）组成 X_1、塔内平均传质推动力 ΔY_m，并与原有情况进行比较。（1）吸收剂由清水改为组成为 0.0001（摩尔比）的 CO_2 水溶液；（2）吸收剂仍为清水，操作温度从 30℃ 改为 20℃；（3）吸收剂为清水，温度为 30℃。由于吸收剂用量的增加，使液-气比从 180 增加到 200。

5-23　有一逆流操作的吸收塔，其塔径及填料层高度各为一定值。用清水吸收某混合气体中的溶质。若混合气体流量 G、吸收剂清水流量 L 及操作温度与压力分别保持不变，而使进口混合气体中的溶质组成 Y_1 增大。试问气相总传质单元数 N_{OG}、混合气出口组成 Y_2、吸收液组成 X_1 及溶质的吸收率 η 将如何变化，并画出操作线示意图。

5-24　在填料高度为 4m 的常压填料塔中，用清水吸收尾气中的可溶组分。已测得如下数据：尾气入塔组成为 0.02（摩尔比，下同），吸收液出塔浓度为 0.008，吸收率为 0.8，并已知此吸收过程为气膜控制，气液平衡关系为 $Y^* = 1.5X$。试求：（1）该塔的 H_{OG} 和 N_{OG}；（2）操作液气比为最小液气比的倍数；（3）若法定的气体排放浓度必须 ≤0.002，可采取哪些可行的措施？并任选其中之一进行计算，求出需改变参数的具体数值，并定性画出改动前后的平衡线和操作线。

5-25　用吸收操作除去某气体混合物中的可溶性有害组分，操作条件下的相平衡关系为 $Y^* = 1.5X$，混合气体的初始浓度为 0.1（摩尔比，下同），吸收剂的入塔浓度为 0.001，液气比为 2.0；在逆流操作时，气体出口浓度为 0.005。试求：在操作条件不变的情况下改为并流操作，气体的出口浓度为多少？逆流操作时所吸收的溶质是并流操作的多少倍？计算时近似认为 $K_Y a$ 与流动方式无关。

5-26　空气和 CCl_4 混合气中含 0.05（摩尔比，下同）的 CCl_4，用煤油吸收其中 90% 的 CCl_4。混合气流率为 150kmol 惰气/($m^2 \cdot h$)，吸收剂分两股入塔，由塔顶加入的一股 CCl_4 组成为 0.004，另一股在塔中一最佳位置（溶剂组成与塔内此截面上液相组成相等）加入，其组成为 0.014，两股吸收剂摩尔流率比为 1:1。在第二股吸收剂入口以上塔内的液气比为 0.5，气相总传质单元高度为 1m，在操作条件下相平衡关系为 $Y^* = 0.5X$，吸收过程可视为气膜控制。试求：（1）第二股煤油的最佳入塔位置及填料层总高度；（2）若将两股煤油混合后从塔顶加入，为保持回收率不变，所需填料层高度为多少？（3）示意绘出上述两种情况下的操作线，并说明由此可得出什么结论？

5-27　在 101.3kPa、25℃ 的条件下，采用塔截面积为 $1.54m^2$ 的填料塔，用纯溶剂逆流吸收两股气体混合物的溶质，一股气体中惰性气体流量为 50kmol/h，溶质含量为 0.05（摩尔比，下同），另一股气体中惰性气体流量为 50kmol/h，溶质含量为 0.03，要求溶质总回收率不低于 90%，操作条件下体系亨利系数为 279kPa，试求：（1）当两股气体混合后从塔底加入，液气比为最小液气比的 1.5 倍时，出塔吸收液浓度和填料层高度 [该条件下气相总体积传质系数为 30kmol/($h \cdot m^3$)，且不随气体流量而变化]；（2）两股气体分别在塔底和塔中适当位置（进气组成与塔内气相组成相同）进入，所需填料层总高度和适宜进料位置，设尾气组成与（1）相同；（3）比较两种加料方式填料层高度变化，并示意绘出两种进料情况下的吸收操作线。

解吸塔计算

5-28　由某种碳氢化合物（摩尔质量为 113kg/kmol）与另一种不挥发性有机化合物（摩尔质量为 135kg/kmol）组成的溶液中碳氢化合物占 8%（质量分数）。要在 100℃、101.325kPa（绝对压力）下，用过热水蒸气进行解吸，使溶液中碳氢化合物残留在 0.2%（质量分数）以内，水蒸气用量为最小用量的 2 倍。气液相平衡常数 $m = 0.526$，填料塔的液相总传质单元高度 $H_{OL} = 0.5m$。试求解吸塔的填料层高度。

本章符号说明

英文

		A	气液接触面积，m^2
a	单位体积填料的有效表面积，m^2/m^3	c_A	溶液中溶质 A 的浓度，$kmol/m^3$
a	单位体积填料的比表面积，m^2/m^3	c	溶液的总浓度（溶液中溶剂浓度与溶质浓度

之和），kmol/m³

c_{Bm} 溶剂在扩散距离两端浓度的对数平均值，kmol/m³

D 分子扩散系数，m²/s

D 塔直径，m

E 亨利系数，kPa

g 重力加速度，m/s²

G 惰性气体流量，kmol/s

H 溶解度系数，kmol/(m³·kPa)

H_{OG} 气相总传质单元高度，m

H_{OL} 液相总传质单元高度，m

k_G 气膜传质系数，kmol/(m²·s·kPa)

k_L 液膜传质系数，kmol/(m²·s·kmol/m³)，m/s

K_G 气相总传质系数，kmol/(m²·s·kPa)

K_L 液相总传质系数，kmol/(m²·s·kmol/m³)，m/s

L 溶剂流量，kmol/s

L 喷淋密度，kmol/(m²·s)

$\overline{M}$ 平均摩尔质量，kg/kmol

m 相平衡常数

N 传质速率，kmol/(m²·s)

N_{OG} 气相总传质单元数

N_{OL} 液相总传质单元数

n 物质的量，kmol

p 总压力，kPa

p_A 溶质 A 的分压力，kPa

p_i 气液界面处溶质 A 的分压力，kPa

p_{Bm} 惰性气体在扩散距离两端分压力的对数平均值，kPa

R 摩尔气体常数，kJ/(kmol·K)

t 温度，K

V 体积，m³

X 溶液中溶质与溶剂的摩尔比

x 溶液中溶质的摩尔分数

Y 混合气体中溶质与惰性气体的摩尔比

y 混合气体中溶质的摩尔分数

Z 扩散距离，m，填料层的高度，m

希文

ε 空隙率，m³/m³

η 回收率

μ 黏度，Pa·s

ρ 密度，kg/m³

ϕ 填料因子，1/m

ψ 水的密度与溶液密度之比

Ω 塔的横截面积，m²

下标

1 浓端（逆流操作的吸收塔底或解吸塔塔顶）

2 稀端（逆流操作的吸收塔顶或解吸塔塔底）

A 溶质

B 惰性气体

f 液泛

G 气相

L 液相

i 界面

s 溶剂

第六章

蒸　馏

本章学习要求

掌握的内容

双组分理想物系的汽液相平衡关系及相图表示；精馏原理及精馏过程分析；双组分连续精馏的计算（包括全塔物料衡算、操作线方程、q 线方程、进料热状况参数 q、最小回流比及回流比、理论板数）；板式塔的结构及汽液流动方式；板式塔非理想流动及不正常操作现象；全塔效率和单板效率。

熟悉的内容

理论板数的简捷计算法；精馏装置的热量衡算；平衡蒸馏、简单蒸馏的特点及计算；塔板的主要类型；塔板负荷性能图的特点及作用；塔高及塔径计算。

了解的内容

其他精馏方式的特点。

蒸馏（distillation）单元操作自古以来就在工业生产中用于分离液体混合物。它是利用液体混合物中各组分的挥发度不同进行组分分离的。多用于分离各种有机物的混合液，也有用于分离无机物混合液的，例如液体空气中氮与氧的分离。

在一定的外界压力下，混合物中沸点低的组分容易挥发，称为**易挥发组分**或**轻组分**，而沸点高的组分难挥发，称为**难挥发组分**或**重组分**。在一定温度下，混合液中饱和蒸气压高的组分容易挥发，低的组分难挥发。

蒸馏有许多操作方式，若按有没有液体回流，可分为**有回流蒸馏**与**无回流蒸馏**。

有回流的蒸馏是把蒸馏出的馏出液一部分送回蒸馏设备，使产品纯度更高。有回流的蒸馏称为**精馏**（rectification）。精馏有**连续精馏**与**间歇精馏**之分。

无回流的蒸馏中有**简单蒸馏**（间歇操作）与**平衡蒸馏**（连续操作）。

当混合液中两组分的挥发度相差不多时，若用普通精馏方法分离，所需精馏塔很高，设备费用较多。还有一些溶液能形成恒沸物，他们用一般的精馏方法不能分离。在这些情况下，需要加入第三组分，用**萃取精馏**或**恒沸精馏**等方法进行分离。

一般混合液多数采用常压蒸馏。有许多有机化合物溶液在常压下沸点较高，容易分解。可采用减压（真空）操作使沸点降低，以避免分解。又有许多在常压下沸点很低的烃类混合物，例如乙烯与丙烯，在常压下的沸点分别为 $-103.7℃$ 与 $-47.4℃$。若在常压下蒸馏，为了保持其为液态，所需冷量太多。为了节约冷量，提高其沸点，可用加压蒸馏。

按原料液中组分的多少可分为二组分精馏与多组分精馏。本章主要介绍常压下双组分混合物的连续精馏。

汽液相平衡是分析精馏原理和精馏塔计算的理论依据，下面首先讨论汽液相平衡。

第一节　双组分溶液的汽液相平衡

蒸馏一般在恒压下操作，本节介绍恒压下不同组成混合液加热汽化达到汽液两相平衡时的平衡温度与液相组成及汽相组成之间的关系。饱和蒸气压是液体的一个重要性质，与汽液相平衡（vapour-liquid phase equilibrium）有密切关系。

一、溶液的蒸气压与拉乌尔定律

在密闭容器内，在一定温度下，纯组分液体的汽液两相达到平衡状态，称为饱和状态。其蒸气称为饱和蒸气，其压力就是饱和蒸气压，简称蒸气压。

一般来说，某一纯组分液体的饱和蒸气压只是温度的函数，随温度升高而增大。在相同温度下，不同液体的饱和蒸气压不同。液体的挥发能力越大，其蒸气压就越大。所以液体的饱和蒸气压是表示液体挥发能力的一个属性。纯组分液体的饱和蒸气压与温度的关系通常用下列经验方程［称为安托因（Antoine）方程］表示。

$$\lg p^{\circ} = A - \frac{B}{t+C} \tag{6-1}$$

式中，p° 为纯组分液体的饱和蒸气压，kPa；t 为温度，℃；A、B、C 为 Antoine 常数。常用液体的 Antoine 常数可由手册查得，本书附录十列出了若干液体的 Antoine 常数。

液体混合物在一温度下也具有一定的蒸气压，其中各组分的蒸气分压与其单独存在时的蒸气压不同。对于二组分混合液，由于 B 组分的存在，使 A 组分在汽相中的蒸气分压比其在纯态下的饱和蒸气压要小。

由溶剂与溶质组成的稀溶液，在一定温度下汽液两相达到平衡时，溶剂 A 在汽相中的蒸气分压 p_A 与其在液相中的组成 x_A（摩尔分数）之间有下列关系

$$p_A = p_A^{\circ} x_A \tag{6-2}$$

式中，p_A° 是同温度下纯溶剂的饱和蒸气压。式（6-2）表明溶液中溶剂 A 的蒸气分压 p_A 等于纯溶剂的蒸气压 p_A° 与其液相组成 x_A 的乘积。这就是拉乌尔根据实验发现的规律，称为拉乌尔（Raoult）定律。

对于大多数溶液来说，拉乌尔定律只有在浓度很低时才适用。因为在很稀的溶液中，溶质的分子很少，溶剂周围几乎都是自己的分子，其处境与在纯态时的情况几乎相同。溶剂分子所受的作用力并未因为少量溶质分子的存在而改变，它从溶液中逸出能力的大小也不变。只是由于溶质分子的存在使溶剂分子的浓度减少了。所以溶液中溶剂的蒸气分压 p_A 就按纯溶剂的饱和蒸气压 p_A° 打了一个折扣，其折扣大小就是溶剂 A 在溶液中的组成 x_A。

拉乌尔定律对大多数的浓溶液都不适用。但由实验发现，由性质极近似的物质所构成的溶液（如苯-甲苯、正己烷-正庚烷、甲醇-乙醇等）在全部浓度范围内拉乌尔定律都适用。这是因为它们的微观特征是分子结构及分子大小非常接近，分子间的相互作用力几乎相等。例如，甲苯分子的存在对苯分子的挥发能力几乎没有影响。这就同稀溶液中的溶剂分子类似，

其蒸气分压符合拉乌尔定律。

　　在全部浓度范围内符合拉乌尔定律的溶液称为**理想溶液**（ideal solution）。上述理想溶液的微观特征在宏观上则表现为各组分混合成溶液时不产生热效应和体积变化。

　　理想溶液中两个组分的蒸气分压都可以用拉乌尔定律表示，对于组分 B，则有

$$p_{B}=p_{B}^{\circ}x_{B}=p_{B}^{\circ}(1-x_{A}) \tag{6-3}$$

式中，p_{B} 为汽相中组分 B 的蒸气分压，kPa；p_{B}° 为同温度下纯组分 B 的饱和蒸气压，kPa；x_{B} 为液相中组分 B 的摩尔分数。

二、理想溶液汽液相平衡

　　本节将介绍在恒压 p 与不同温度 t 下汽液两相达到平衡时的液相组成 x 与汽相组成 y 的关系。x 与 y 均为易挥发组分的摩尔分数。

（一）$t\text{-}y\text{-}x$ 图与 $y\text{-}x$ 图

　　通常用汽液相平衡器测定恒压下汽液相平衡数据，并绘成**温度-组成图**（$t\text{-}y\text{-}x$ 图）。

　　图 6-1 为苯与甲苯混合物在压力为101.325kPa 时的 $t\text{-}y\text{-}x$ 图。图中 A 与 B 两点分别为苯与甲苯的沸点。不同组成的苯-甲苯混合物，其平衡温度在这两个纯组分的沸点之间。上边一条曲线为汽相组成 y 与平衡温度 t 的关系曲线，称为**汽相线**，汽相线上任一点的混合物称为饱和蒸气；下边一条曲线为液相组成 x 与平衡温度 t 的关系曲线，称为**液相线**，液相线上任一点的混合物为饱和液体。汽相线以上的区域为过热蒸气区；液相线以下的区域为冷液区；两条曲线之间的区域为**汽液共存区**。

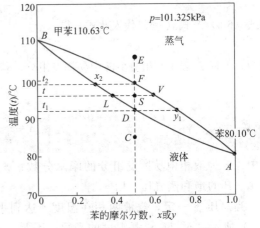

图 6-1　苯-甲苯溶液的 $t\text{-}y\text{-}x$ 图

　　通常又把液相线称为泡点线，汽相线称为露点线。因为若把 C 点的冷液恒压加热，直到 D 点（对应温度为 t_1）时，溶液将开始沸腾起泡（汽泡组成为 y_1），t_1 称为溶液 D 的**泡点**（bubble point）。液相线表示了溶液组成与泡点的关系，故称为**泡点线**。若把 E 点的过热蒸气恒压冷却，直到 F 点（对应温度为 t_2）开始冷凝而析出像露珠似的液滴（液滴组成为 x_2），t_2 称为蒸气 F 的**露点**（dew point）。汽相线表示了蒸气的组成与露点的关系，故称为**露点线**。

　　当混合物的汽液相平衡温度 t 与组成 x_s 位于 S 点时，则必分成互成平衡的汽液两相，液相组成 x 在 L 点，汽相组成 y 在 V 点，$y>x$。这是蒸馏原理的基础。

　　若液相与汽相的量分别用 L 与 V 表示，单位为 kmol，则液汽两相量的比值由杠杆定律确定，即

$$\frac{L}{V}=\frac{\text{线段}\overline{VS}}{\text{线段}\overline{LS}}=\frac{y-x_{s}}{x_{s}-x} \tag{6-4}$$

　　蒸馏计算中要经常用**汽液相平衡曲线图**（$y\text{-}x$ 图），图 6-2 是恒压下苯-甲苯混合物的 $y\text{-}x$ 曲

线图。它表示在不同温度下互成平衡的汽液两相组成 y 与 x 的关系。对于理想溶液，汽相组成恒大于液相组成，故 y-x 图的平衡曲线位于对角线（对角线方程为 $y=x$）上方。y-x 曲线离对角线越远，y 就比 x 越大，混合液就越容易分离。曲线上任一点是该点温度下的 y 与 x 关系。

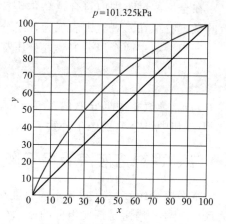

图 6-2 苯-甲苯溶液的 y-x 图

（二）理想溶液的 t-y-x 关系式

1. 温度（泡点）-液相组成关系式

理想溶液服从拉乌尔定律，在一定温度下汽液两相达到平衡时，汽相中组分 A、B 的分压 p_A、p_B 与液相组成 x_A、x_B 的关系分别为

$$p_A = p_A^\circ x_A \tag{6-5}$$

与

$$p_B = p_B^\circ x_B = p_B^\circ (1-x_A) \tag{6-6}$$

当总压 p 不太高时，认为汽相为理想气体，服从道尔顿分压定律，即汽相各组分的分压 p_A 与 p_B 之和等于总压 p。

$$p_A + p_B = p \tag{6-7}$$

将式（6-5）与式（6-6）代入此式，得

$$p_A^\circ x_A + p_B^\circ (1-x_A) = p$$

式中，下标 A 表示双组分溶液中易挥发组分，若略去 x_A 中的下标 A，上式可写成

$$p_A^\circ x + p_B^\circ (1-x) = p$$

解得

$$x = \frac{p - p_B^\circ}{p_A^\circ - p_B^\circ} \tag{6-8}$$

式中，x 为液相中易挥发组分的摩尔分数；p 为总压，kPa；p_A°、p_B° 为溶液温度 t 时纯组分 A、B 的饱和蒸气压，kPa。

当总压 p 一定，汽液两相在温度 t 达到平衡时的液相组成 x 可用式（6-8）计算。如式（6-1）所示，p_A° 与 p_B° 是温度的函数。因此，式（6-8）是**液相组成 x 与温度（泡点）的关系式**。若已知汽液相平衡温度，就可用式（6-8）计算液相组成；若已知液相组成，用式（6-8）以试差法可求出液相的泡点。

2. 恒压下 t-y-x 关系式

由拉乌尔定律表达式 $p_A = p_A^\circ x_A$ 以及分压 p_A 与总压 p 的关系式 $p_A = p y_A$，可得 y_A 与 x_A 的关系式

$$y_A = \frac{p_A^\circ x_A}{p}$$

若略去 y_A 及 x_A 的下标 A，则得恒压下 t-y-x 关系式

$$y = \frac{p_A^\circ x}{p} \tag{6-9}$$

若已知汽液相平衡温度 t 下的液相组成 x，用上式就可求出与 x 平衡的汽相组成 y。

3. 温度（露点）-汽相组成关系式

将式（6-8）代入式（6-9），可得温度（露点）-汽相组成 y 的关系式为

$$y = \frac{p_A^\circ}{p} \times \frac{p - p_B^\circ}{p_A^\circ - p_B^\circ} \tag{6-10}$$

4. 理想溶液的 *t-y-x* 关系式的应用

双组分理想溶液的汽液两相达到平衡时，总压 p、温度 t、汽相组成 y 及液相组成 x 的 4 个变量中，只要决定了两个变量的数值，其他两个变量的数值就被决定了。

下面介绍已知两个量，求其余两个量的计算方法见下表。

已知量	待求量	计算式与计算方法
p,t t,x t,y	$\left.\begin{array}{c} x,y \\ y,p \\ x,p \end{array}\right\}$	由 t 计算 p_A°、p_B°，用式 $x = \dfrac{p-p_B^\circ}{p_A^\circ - p_B^\circ}$ 与 $y = \dfrac{p_A^\circ x}{p}$ 由已知量计算待求量
x,y	p,t	由上二式消去 p，求得 $\dfrac{p_A^\circ}{p_B^\circ} = \dfrac{y(1-x)}{x(1-y)}$，由已知的 x、y 计算 p_A°/p_B° 值。假设 t，计算 p_A°、p_B°，若此 $\dfrac{p_A^\circ}{p_B^\circ}$ 与由 x、y 计算的 p_A°/p_B° 值相等，则假设的 t 值正确
y,p	t,x	假设 t，计算 p_A°、p_B°，计算 $y = \dfrac{p_A^\circ}{p} \cdot \dfrac{p-p_B^\circ}{p_A^\circ - p_B^\circ}$，若与已知的 y 值相同，则假设的 t 值正确。然后计算 $x = \dfrac{p-p_B^\circ}{p_A^\circ - p_B^\circ}$
x,p	t,y	假设 t，计算 p_A°、p_B°，计算 $x = \dfrac{p-p_B^\circ}{p_A^\circ - p_B^\circ}$，若与已知的 x 值相同，则假设的 t 值正确。然后计算 $y = \dfrac{p_A^\circ}{p} \cdot \dfrac{p-p_B^\circ}{p_A^\circ - p_B^\circ}$

【例 6-1】 已知正戊烷（A）与正己烷（B）的饱和蒸气压和温度的关系（见表 6-1），正戊烷-正己烷溶液为理想溶液，试求总压为 101.33kPa 时的 *t-y-x* 数据，并作图表示。

表 6-1 正戊烷-正己烷的饱和蒸气压和温度的关系

温度/℃	36.1	40	45	50	55	60	65	68.7
p_A°/kPa	101.33	115.62	136.05	159.16	185.18	214.35	246.89	273.28
p_B°/kPa	31.98	37.26	45.02	54.04	64.44	76.36	89.96	101.33

解 已知总压 $p = 101.33\text{kPa}$，*t-x* 关系式为 $x = \dfrac{p-p_B^\circ}{p_A^\circ - p_B^\circ}$，*t-y* 关系式为 $y = \dfrac{p_A^\circ}{p} x$，计算结果列于表 6-2。根据计算的 *t-y-x* 平衡数据标绘的 *t-y-x* 图见图 6-3。

表 6-2 正戊烷-正己烷溶液的 *t-y-x* 计算数据 （101.33kPa）

温度/℃	$x = \dfrac{p-p_B^\circ}{p_A^\circ - p_B^\circ}$	$y = \dfrac{p_A^\circ x}{p}$	温度/℃	$x = \dfrac{p-p_B^\circ}{p_A^\circ - p_B^\circ}$	$y = \dfrac{p_A^\circ x}{p}$
36.1	$\dfrac{101.33-31.98}{101.33-31.98}=1$	$\dfrac{101.33}{101.33}\times 1 = 1$	55	$\dfrac{101.33-64.44}{185.18-64.44}=0.31$	$\dfrac{185.18}{101.33}\times 0.31 = 0.57$
40	$\dfrac{101.33-37.26}{115.62-37.26}=0.82$	$\dfrac{115.62}{101.33}\times 0.82 = 0.93$	60	$\dfrac{101.33-76.36}{214.35-76.36}=0.18$	$\dfrac{214.35}{101.33}\times 0.18 = 0.38$
45	$\dfrac{101.33-45.02}{136.05-45.02}=0.62$	$\dfrac{136.05}{101.33}\times 0.62 = 0.83$	65	$\dfrac{101.33-89.96}{246.89-89.96}=0.07$	$\dfrac{246.89}{101.33}\times 0.07 = 0.17$
50	$\dfrac{101.33-54.04}{159.16-54.04}=0.45$	$\dfrac{159.16}{101.33}\times 0.45 = 0.71$	68.7	$\dfrac{101.33-101.33}{273.28-101.33}=0$	$\dfrac{273.28}{101.33}\times 0 = 0$

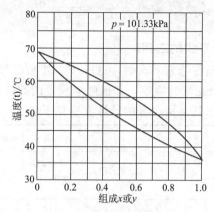

图 6-3　正戊烷-正己烷溶液的 t-y-x 图

【例 6-2】　苯（A）-甲苯（B）物系的汽液相平衡服从拉乌尔定律，试回答下列问题：
（1）温度 $t=100℃$、液相组成 $x=0.3$（摩尔分数）时的汽相平衡组成与总压；（2）总压 101.33kPa、液相组成 $x=0.4$（摩尔分数）时的汽液相平衡温度与汽相组成；（3）液相组成 $x=0.5$、汽相组成 $y=0.71$ 时的平衡温度与总压。

　　解　用 Antoine 方程计算饱和蒸气压（kPa）

　　苯　$\lg p_A^\circ=6.03055-\dfrac{1211.033}{t+220.79}$，　甲苯　$\lg p_B^\circ=6.07954-\dfrac{1344.8}{t+219.482}$

（1）已知 $t=100℃$，$x=0.3$，求 y、p

$t=100℃$ 时 $p_A^\circ=180kPa$，$p_B^\circ=74.17kPa$，$x=0.3$，代入式 $x=\dfrac{p-p_B^\circ}{p_A^\circ-p_B^\circ}$ 求得总压

$$p=(p_A^\circ-p_B^\circ)x+p_B^\circ=(180-74.17)\times 0.3+74.17=105.9kPa$$

汽相组成 $\qquad\qquad\qquad y=\dfrac{p_A^\circ x}{p}=\dfrac{180\times 0.3}{105.9}=0.51$

（2）已知 $p=101.33kPa$，$x=0.4$，求 t、y

汽液相平衡温度 t 必在苯的沸点 $80.1℃$ 与甲苯沸点 $110.63℃$ 之间。

假设 $t=90℃$，计算 $p_A^\circ=136.1kPa$，$p_B^\circ=54.2kPa$，则液相组成为

$$x=\dfrac{p-p_B^\circ}{p_A^\circ-p_B^\circ}=\dfrac{101.33-54.2}{136.1-54.2}=0.575>0.4$$

计算的 x 值大于已知的 x 值，因此所假设的 t 偏小，重新假设大一点的 t，进行计算。将三次假设的 t 与计算的 x 值列表于下，并在图 6-4 上绘成一条曲线。由图解内插法可知，$x=0.4$ 时的平衡温度 $t=95.1℃$。

计算次数	第一次	第二次	第三次
假设 $t/℃$	90	93	97
x	0.575	0.47	0.343

$t=95.1℃$ 时 $p_A^\circ=157.3kPa$，则汽相组成

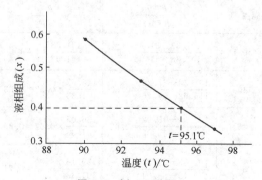

图 6-4　例 6-2 附图

$$y = \frac{p_A^\circ x}{p} = \frac{157.3 \times 0.4}{101.33} = 0.621$$

（3）已知 $x = 0.5$，$y = 0.71$，求 t、p

$$\frac{p_A^\circ}{p_B^\circ} = \frac{y(1-x)}{x(1-y)} = \frac{0.71(1-0.5)}{0.5(1-0.71)} = 2.448$$

待求的温度 t 就是 $p_A^\circ/p_B^\circ = 2.448$ 时的温度，用试差法计算。假设 $t = 95℃$，求得 $p_A^\circ = 156.9\text{kPa}$，$p_B^\circ = 63.58\text{kPa}$，$\dfrac{p_A^\circ}{p_B^\circ} = \dfrac{156.9}{63.58} = 2.468$，大于 2.448。温度 t 越小，则 p_A°/p_B° 越大，故所假设的 t 偏小。假设 $t = 100℃$，求得 $p_A^\circ = 180\text{kPa}$，$p_B^\circ = 74.2\text{kPa}$，$\dfrac{p_A^\circ}{p_B^\circ} = \dfrac{180}{74.2} = 2.426$，小于 2.448。

用比例内插法求 $p_A^\circ/p_B^\circ = 2.448$ 时的温度 t

$$\frac{t-95}{100-95} = \frac{2.448-2.468}{2.426-2.468} = \frac{-0.02}{-0.042}$$

$$t = 95 + (100-95) \times \frac{-0.02}{-0.042} = 97.4℃$$

在此温度下，$p_A^\circ = 167.70\text{kPa}$，$p_B^\circ = 68.5\text{kPa}$，则 $p_A^\circ/p_B^\circ = 167.7/68.5 = 2.448$，故 $t = 97.4℃$ 为待求的温度。求得总压为

$$p = \frac{p_A^\circ x}{y} = \frac{167.7 \times 0.5}{0.71} = 118.1\text{kPa}$$

（三）相对挥发度与理想溶液的 *y-x* 关系式

1. 挥发度（volatility）*v*

挥发度是用来表示物质挥发能力大小的物理量，前面已提到纯组分液体的饱和蒸气压能反映其挥发能力。理想溶液中各组分的挥发能力因不受其他组分存在的影响，仍可用各组分纯态时的饱和蒸气压表示。即挥发度 v 等于饱和蒸气压 p°，对组分 A 与 B 分别表示如下

$$\left.\begin{array}{l} v_A = p_A^\circ \\ v_B = p_B^\circ \end{array}\right\} \tag{6-11}$$

2. 相对挥发度（relative volatility）*α*

溶液中两组分挥发度之比称为相对挥发度 α。对于理想溶液，由式（6-11）得

$$\alpha = \frac{v_A}{v_B} = \frac{p_A^\circ}{p_B^\circ} \tag{6-12}$$

饱和蒸气压 p° 是温度的函数，故 α 也是温度的函数。在一定温度下，若 $p_A^\circ > p_B^\circ$，则 $\alpha > 1$。

3. 理想溶液的汽液相平衡方程式

由式（6-8）与式（6-9）消去总压 p，则得

$$\frac{y_A}{1-y_A} = \frac{p_A^\circ}{p_B^\circ} \times \frac{x_A}{1-x_A}$$

将式（6-12）的 $\alpha = p_A^\circ/p_B^\circ$ 代入上式，并略去 y 与 x 的下标，则得

$$\frac{y}{1-y} = \alpha \frac{x}{1-x} \tag{6-13}$$

或
$$y = \frac{\alpha x}{1 + (\alpha - 1)x} \tag{6-14}$$

或
$$x = \frac{y}{\alpha - (\alpha - 1)y} \tag{6-15}$$

式(6-13)、式(6-14)、式(6-15) 表示互成平衡的汽液两相组成 y 与 x 的关系，称为理想溶液的汽液相平衡方程式。

当 α 值已知，就可由 x(或 y) 求出平衡时的 y（或 x）。

从 t-y-x 图上可知，y-x 平衡数据是温度的函数。y-x 图中曲线上任一点都是该点温度下的 y-x 关系。从 α 的定义式 (6-12) 可知，α 是温度函数。因此，y-x 图中曲线上每一点的 α 值应该不同。

对于理想溶液，其 $\alpha = p_A^\circ / p_B^\circ$，随温度升高略有降低，但随温度变化不大。通常，在操作温度范围内，取最低温度的 α 值与最高温度的 α 值之几何平均值，将其视为常数。这样，用汽液相平衡方程式计算 y-x 数据更为方便。

如图 6-5 所示，α 为常数时，一个 α 值能画出一条 y-x 相平衡曲线。当 $\alpha=1$ 时，相平衡曲线与对角线 $y=x$ 重合。α 值越大，y-x 曲线越远离对角线，与同一 x 值对应的 y 值就越大，表明两组分就越容易分离。

溶液的泡点越高，两组分的相对挥发度 $\alpha = \dfrac{p_A^\circ}{p_B^\circ}$ 就越小。因此，总压增大，泡点也增大，α 将减小。

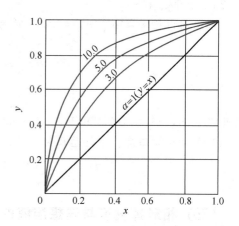

图 6-5 α 为定值的理想溶液相
平衡曲线（恒压）

【例 6-3】 试用汽液相平衡方程式 (6-14) 计算总压 $p = 101.33 \text{kPa}$ 时正戊烷与正己烷混合液（理想溶液）的 y-x 数据。饱和蒸气压数据见例 6-1，并与例 6-1 计算的对应数据进行比较。

解 正戊烷的沸点为 36.1℃，正己烷的沸点为 68.7℃，混合液的汽液相平衡温度在 36.1℃ 到 68.7℃ 的范围内。

两组分的饱和蒸气压，36.1℃ 时分别为 $p_A^\circ = 101.33 \text{kPa}$、$p_B^\circ = 31.98 \text{kPa}$；68.7℃ 时分别为 $p_A^\circ = 273.28 \text{kPa}$，$p_B^\circ = 101.33 \text{kPa}$。

36.1℃ 时 $\alpha_1 = 101.33/31.98 = 3.169$，68.7℃ 时 $\alpha_2 = 273.28/101.33 = 2.697$，从计算结果可知，温度高，$\alpha$ 小。α 的平均值为

$$\alpha = \sqrt{\alpha_1 \alpha_2} = \sqrt{3.169 \times 2.697} = 2.923$$

将 $\alpha = 2.923$ 代入式 (6-14)，求得总压 $p = 101.33 \text{kPa}$ 时正戊烷-正己烷溶液的汽液相平衡近似计算式

$$y = \frac{2.923x}{1 + 1.923x}$$

在 $x = 0 \sim 1$ 范围内给出一个 x 值，就可求出一个对应的 y 值。为了与例 6-1 的计算值比较，用表 6-2 中的 x 值代入上式，求出 y 值，列于表 6-3 中，计算结果基本一致。这表明式 (6-14) 适用于理想溶液的汽液相平衡计算。

表 6-3 例 6-3 正戊烷-正己烷的 t-y-x 计算值（101.33kPa）

温度/℃	36.1	40	45	50	55	60	65	68.7
x	1.0	0.82	0.62	0.45	0.30	0.18	0.07	0
y	1.0	0.93	0.83	0.71	0.56	0.39	0.18	0

三、非理想溶液汽液相平衡

非理想溶液中各组分的蒸气分压不服从拉乌尔定律，他们对拉乌尔定律发生的偏差有正偏差与负偏差两大类。实际溶液中，正偏差的溶液比负偏差者多。

（一）对拉乌尔定律有正偏差的溶液

这种溶液中各组分的蒸气分压均大于拉乌尔定律的计算值，即 $p_A > p_A^\circ x_A$，$p_B > p_B^\circ x_B$。属于正偏差的溶液有两种情况。

（1）无恒沸点的溶液　这种溶液对拉乌尔定律的偏差不太大，如甲醇-水溶液，其 y-x 曲线如图 6-6 所示。

（2）有最低恒沸点的溶液　如乙醇-水溶液。图 6-7 为常压下乙醇-水溶液的 t-y-x 图，汽相线与液相线在 M 点相切。切点温度为 $t_M = 78.15℃$，其乙醇的组成为 $x_M = 0.894$（摩尔分数），且汽相与液相组成相等。若加热 M 点的溶液，将在恒定温度 $t_M = 78.15℃$ 下沸腾，溶液组成 x_M 恒定不变。t_M 称为恒沸点，x_M 称为恒沸组成，M 点处的溶液称为恒沸物（azeotrope 或 azeotropic mixture）。泡点曲线上的温度在 M 点处为最低。故这种对拉乌尔定律具有很大正偏差的非理想溶液又称为具有最低恒沸点的溶液。图 6-8 是乙醇-水溶液在常压下的 y-x 图，M 点位于对角线上，说明 $y = x$，$\alpha = 1$。

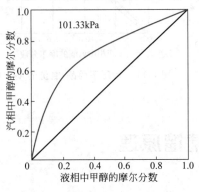

图 6-6　甲醇-水溶液 y-x 曲线
（正偏差，无恒沸点）

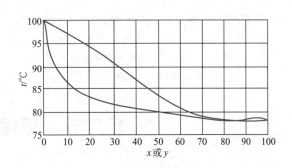

图 6-7　常压下乙醇-水的 t-y-x 图
（$t_M = 78.15℃$，$x_M = 0.894$）

（二）对拉乌尔定律有负偏差的溶液

这种溶液中各组分的蒸气分压均小于拉乌尔定律的计算值，即 $p_A < p_A^\circ x_A$，$p_B < p_B^\circ x_B$。属于负偏差的溶液也有两种情况。

（1）无恒沸点的溶液　这种溶液对拉乌尔定律的偏差不太大，如氯仿-苯溶液，其 y-x 曲线如图 6-9 所示。

（2）有最高恒沸点的溶液　如丙酮-氯仿溶液。图 6-10 为常压下丙酮-氯仿溶液的 t-y-x 图，M 点处的溶液为恒沸物，恒沸组成 $x_M=0.352$（丙酮摩尔分数），恒沸点 $t_M=64.4$℃，为最高温度。故这种具有负偏差的非理想溶液又称为具有最高恒沸点的溶液。图 6-11 是丙酮-氯仿溶液在常压下的 y-x 图。

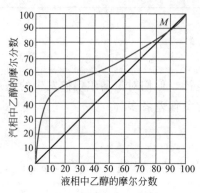

图 6-8　常压下乙醇-水溶液的 y-x 图

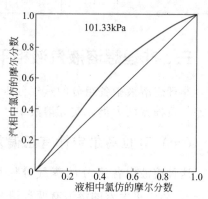

图 6-9　氯仿-苯溶液 y-x 曲线

（负偏差，无恒沸点）

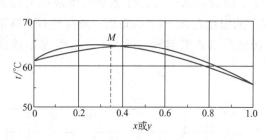

图 6-10　常压下丙酮-氯仿的 t-y-x 图

（$t_M=64.4$℃，$x_M=0.352$）

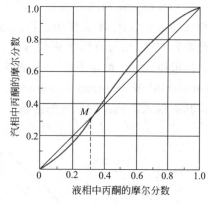

图 6-11　常压下丙酮-氯仿的 y-x 图

第二节　蒸馏与精馏原理

一、简单蒸馏与平衡蒸馏

（一）简单蒸馏（simple distillation）

图 6-12 是简单蒸馏装置图。混合液加入蒸馏釜，在恒压下加热至沸腾，液体不断汽化，蒸气在冷凝器冷凝为液体，称为馏出液。在蒸馏过程中，釜内溶液的易挥发组分浓度不断下降，相应的蒸气中易挥发组分浓度也随之降低。因此，简单蒸馏过程为不稳定过程。馏出液通常按不同浓度范围分罐收集，最后从釜中排出残液。

简单蒸馏只适用于混合液中各组分的挥发度相差较大，而分离要求不高的情况，或者作

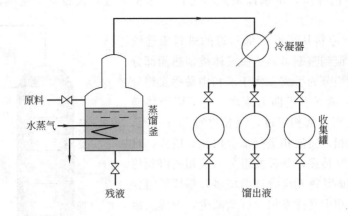

图 6-12　简单蒸馏

为初步加工，粗略分离多组分混合液，例如小批量的原油粗略分离。

（二）平衡蒸馏（equilibrium distillation）

图 6-13 为平衡蒸馏装置图。原料液用泵送入加热器（例如管式加热器），加热后经减压阀喷入分离器。原料液从加热器流到分离器过程中，压力逐渐减小，绝热蒸发。汽液两相充分接触而达到平衡状态。汽液混合物以切线方向闪蒸（flash vaporization）进入分离器（又称闪蒸器），汽相与液相分离。易挥发组分含量较多的汽相从顶部排出后，在冷凝器中冷凝为液体，成为顶部产品。易挥发组分含量较少的液相在离心力作用下沿器壁向下流到分离器底部而排出，成为底部产品。

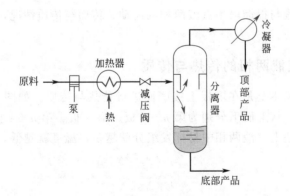

图 6-13　平衡蒸馏

平衡蒸馏为稳定连续过程，生产能力大。适用于原料液的初步分离，例如原油的粗略分离。

二、精馏原理

溶液的精馏是本章重点内容，这里简单介绍精馏过程原理。详细内容将在第三节介绍，第三节是全章的重点。

（一）精馏塔内汽液两相的流动、传热与传质

精馏装置主要由精馏塔、冷凝器与蒸馏釜（或称再沸器）组成。精馏塔有板式塔与填料

塔，填料塔在吸收章已介绍，本章以板式塔为例介绍精馏过程及设备。连续精馏装置如图6-14 所示。

如图 6-14 所示，原料从塔的中部附近的进料板连续进入塔内，沿塔向下流到蒸馏釜。釜中液体被加热而部分汽化，蒸气中易挥发组分的组成 y 大于液相中易挥发组分的组成 x，即 $y>x$。蒸气沿塔向上流动，与下降液体逆流接触，因汽相温度高于液相温度，汽相进行部分冷凝，同时把热量传递给液相，使液相进行部分汽化。因此，难挥发组分从汽相向液相传递，易挥发组分从液相向汽相传递。结果，上升汽相的易挥发组分逐渐增多，难挥发组分逐渐减少；而下降液相中易挥发组分逐渐减少，难挥发组分逐渐增多。由于在塔的进料板以下（包括进料板）的塔段中，上升汽相从下降液相中提出了易挥发组分，故称为提馏段（stripping section）。

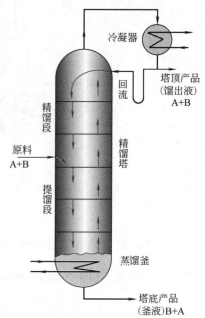

图 6-14　连续精馏装置

提馏段的上升汽相经过进料板继续向上流动，到达塔顶冷凝器，冷凝为液体。冷凝液的一部分回流入塔顶，称为回流液，其余作为塔顶产品（或馏出液）排出。塔内下降的回流液与上升汽相逆流接触，汽相进行部分冷凝，而同时液相进行部分汽化。难挥发组分从汽相向液相传递，易挥发组分从液相向汽相传递。结果，上升汽相中易挥发组分逐渐增多，而下降液相中难挥发组分逐渐增多。由于塔的上半段上升汽相中难挥发组分被除去，而得到了精制，故称为精馏段（rectifying section）。

上面讨论了精馏段与提馏段中汽液两相的流动、传递与传质情况，下面进而讨论塔板上汽液两相的传热与传质。

（二）塔板上汽液两相的传热与传质

板式塔中汽液两相主要是在塔板上接触而进行传热与传质。如图 6-15 所示，在精馏塔中任取相邻三块塔板，从上而下分别为第 $n-1$ 板、第 n 板、第 $n+1$ 板。

在精馏塔中，越往上汽液两相中易挥发组分就越多，温度就越低，即

$$y_{n-1}>y_n>y_{n+1}$$
$$x_{n-1}>x_n>x_{n+1}$$
$$t_{n-1}<t_n<t_{n+1}$$

x_{n-1}、t_{n-1} 的液相与 y_{n+1}、t_{n+1} 的汽相在第 n 板上接触，因汽相温度 t_{n+1} 高于液相温度 t_{n-1}，汽相发生部分冷凝，把热量传递给液相，使液相发生部分汽化。难挥发组分 B 从汽相向液相传递，而易挥发组分 A 从液相向汽相传递。则上升汽相中的 A 组分增多，B 组分减少，而下降液相中 A 组分减少，B 组分增多。即汽相组成变大，$y_{n+1} \rightarrow y_n$，液相组成减小，$x_{n-1} \rightarrow x_n$，如图 6-15(b) 中箭头所示。

在理想情况下，如果汽液两相接触良好，且时间足够长，离开第 n 板的汽液两相可能达到平衡状态，平衡温度为 t_n，汽相组成 y_n 与液相组成 x_n 为平衡关系。这种使汽液两相达到平衡状态的塔板称为一块理论板（theoretical plate）。

实际情况是，汽液两相在塔板上的接触时间有限，接触不够充分。在未达到平衡状态之

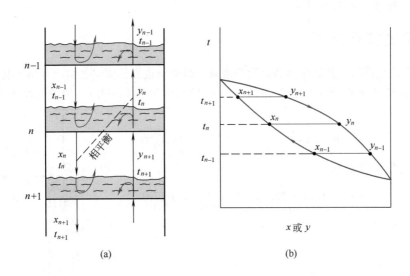

图 6-15　相邻塔板上的温度与汽液组成

前就离开了塔板。因此，A 组分从液相向汽相传递的摩尔数以及 B 组分从汽相向液相传递的摩尔数都要比平衡状态时传递量少。也就是说，实际塔板的分离程度要比理论板小。但理论板可以作为衡量实际板分离程度的最高标准。

精馏塔设计时，先求出理论板数，再根据塔板效率大小确定实际板数。实际板数要比理论板数多。

（三）回流的作用

从以上讨论可知，精馏过程需要汽液两相逐板接触，汽相进行多次部分冷凝，同时液相进行多次部分汽化，使混合物中两组分在汽液两相之间进行传热与传质，以达到两组分的分离。

为此，需要塔顶液体回流以及塔底蒸馏釜的上升蒸气。它们为塔板上汽液两相进行部分冷凝和部分汽化（传热与传质）提供所需的热量和冷量，这是保证精馏操作的必要条件。

通常把塔顶的液体回流称为回流（reflux），而蒸馏釜所产生的上升蒸气通常并不特意称其为回流。为了与塔顶的回流区别起见，而把蒸馏釜的上升蒸气称为**汽相回流**。

蒸馏釜和冷凝器是精馏装置中很重要的两个附属设备。

塔顶蒸气冷凝器可分为全凝器和分凝器两种。

全凝器（total condenser）是把塔顶的蒸气全部冷凝为液体。全凝器用的较多，所以通常称其为冷凝器。

当下一工序需要精馏塔提供汽相产品时，可使塔顶蒸气部分冷凝为液体，作为回流用，其余以蒸气采用。这种冷凝器称为分凝器。也可以在分凝器中冷凝部分蒸气，作为回流，其余蒸气另用冷凝器进行冷凝，作为馏出液采出。

当回流液的温度为泡点，称为泡点回流。若回流液温度低于泡点，则称为冷液回流。

第三节　双组分连续精馏的计算与分析

本节的主要内容是精馏塔的物料衡算、理论塔板数计算、进料板位置确定、精馏过程影响因素分析及精馏塔的操作计算。

一、全塔物料衡算

连续操作的精馏塔，其馏出液和釜液的流量、组成与进料的流量、组成有相互制约关系。各项流量与组成的符号示于图 6-16 中，流量的单位为 kmol/s，组成为摩尔分数。

总物料衡算

$$F = D + W \tag{6-16}$$

易挥发组分物料衡算

$$F x_F = D x_D + W x_W \tag{6-17}$$

由以上二式可求出

$$\frac{D}{F} = \frac{x_F - x_W}{x_D - x_W} \tag{6-18}$$

$$\frac{W}{F} = 1 - \frac{D}{F} = \frac{x_D - x_F}{x_D - x_W} \tag{6-19}$$

式中，D/F、W/F 分别为馏出液和釜液的采出率；F、x_F 通常是给定的。

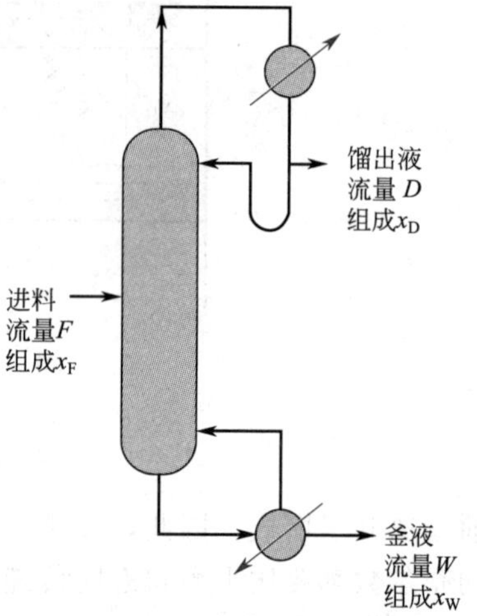

图 6-16　全塔物料衡算

从式(6-18)、式(6-19) 可知以下两点：

① 若 x_D、x_W 已知，则可求出 D、W；

② 流量 D、W 及组成 x_D、x_W 中，若已知其中一个流量和一个组成，则可求出另一流量和组成。

生产中有时希望知道某个有用组分的回收率 η。回收率是某组分所回收的量占进料中该组分总量的分数。

馏出液中易挥发组分的回收率

$$\eta_A = \frac{D x_D}{F x_F} \tag{6-20}$$

釜液中难挥发组分的回收率

$$\eta_B = \frac{W(1 - x_W)}{F(1 - x_F)} \tag{6-21}$$

【例 6-4】 将流量为 5000kg/h 的正戊烷-正己烷混合液在常压操作的连续精馏塔中分离，进料液中正戊烷的摩尔分数为 0.4。要求馏出液与釜液中正戊烷的摩尔分数分别为 0.95 与 0.05。试求馏出液、釜液的流量以及塔顶易挥发组分的回收率。

解　先将进料的质量流量换算为摩尔流量。正戊烷的分子式为 C_5H_{12}，摩尔质量为 72kg/kmol，正己烷的分子式为 C_6H_{14}，摩尔质量为 86kg/kmol，则进料的平均摩尔质量为

$$M = 0.4 \times 72 + 0.6 \times 86 = 80.4 \text{kg/kmol}$$

$$F = 5000/80.4 = 62.2 \text{kmol/h}$$

已知 $x_F = 0.4$，$x_D = 0.95$，$x_W = 0.05$，馏出液流量为

$$D = F \frac{x_F - x_W}{x_D - x_W} = 62.2 \times \frac{0.4 - 0.05}{0.95 - 0.05} = 24.2 \text{kmol/h}$$

釜液流量为　　　　　　$W = F - D = 62.2 - 24.2 = 38\,\text{kmol/h}$

塔顶易挥发组分的回收率

$$\eta_\text{A} = \frac{D x_\text{D}}{F x_\text{F}} = \frac{24.2 \times 0.95}{62.2 \times 0.4} = 0.924$$

二、恒摩尔流量的假设

　　精馏过程的影响因素较多，计算复杂。为了简化计算，引入恒摩尔流量的假设。这种假设在很多情况下接近于实际情况。

　　恒摩尔流量的假设如下（图 6-17）。

　　（1）精馏段　每层塔板上升蒸气的摩尔流量皆相等，以 V 表示；每层塔板下降液体的摩尔流量皆相等，以 L 表示。

　　（2）提馏段　每层塔板上升蒸气的摩尔流量皆相等，以 V' 表示；每层塔板下降液体的摩尔流量皆相等，以 L' 表示。

　　由于进料的影响，两段上升蒸气的摩尔流量 V 与 V' 不一定相等，下降液体的摩尔流量 L 与 L' 也不一定相等，视进料热状态而定。

　　汽液两相在塔板上接触时，若有一摩尔蒸气冷凝能使一摩尔液体汽化，则汽液两相的恒摩尔流量的假设才能成立。

　　冷凝一摩尔蒸气能使一摩尔液体汽化的条件有以下 3 个：

　　① 溶液中两组分的摩尔汽化热相等；

　　② 因汽液两相温度不同而传递的热量可忽略；

　　③ 精馏塔保温良好，其热量损失可以忽略。

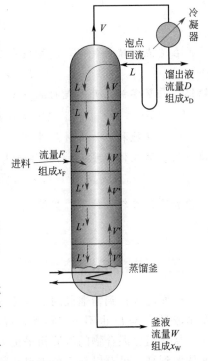

图 6-17　精馏段及提馏段的汽液
两相的恒摩尔流量

　　【例 6-5】　氯仿（$HCCl_3$）和四氯化碳（CCl_4）的溶液（理想溶液）在一连续操作的精馏塔中分离，此物系的平均相对挥发度 $\alpha = 1.66$。馏出液的质量流量为 $1000\,\text{kg/h}$，其中氯仿的摩尔分数为 0.95。塔顶的蒸气进入全凝器，冷凝为泡点液体。部分作馏出液采出，其余作为回流液回流入塔。回流液流量 L 与馏出液流量 D 的比值 $\dfrac{L}{D}$ 称为回流比，以 R 表示。

试求：（1）塔顶第一理论板下降液体的组成；（2）若塔顶液体回流比 $R = 2$，试求精馏段每层塔板下降液体的流量 L 及上升蒸气的流量 V；（3）若进料为饱和液体，以流量 $20\,\text{kmol/h}$ 进入精馏塔中部。试求提馏段每层塔板的下降液体流量及上升蒸气的流量。

　　解　（1）因塔顶冷凝器为全凝器及 $x_\text{D} = 0.95$，所以 $y_1 = x_\text{D} = 0.95$。根据理论板的概念，x_1 与 y_1 为平衡关系。将已知的 $y_1 = 0.95$、$\alpha = 1.66$ 代入汽液相平衡方程，求得

$$x_1 = \frac{y_1}{\alpha - (\alpha - 1) y_1} = \frac{0.95}{1.66 - (1.66 - 1) \times 0.95} = 0.92$$

　　（2）根据恒摩尔流量的假设，精馏段各层塔板下降液体的摩尔流量相等，以 L 表示。

各层塔板上升蒸气的摩尔流量相等，以 V 表示。

先将馏出液的质量流量 1000kg/h 换算为摩尔流量。为此，需要计算出馏出液的摩尔质量。氯仿的摩尔质量 $M_A=119.4$kg/kmol，四氯化碳的摩尔质量 $M_B=153.8$kg/kmol，则馏出液的摩尔质量为

$$M=0.95\times119.4+0.05\times153.8=121\text{kg/kmol}$$

馏出液的摩尔流量为

$$D=\frac{1000}{121}=8.26\text{kmol/h}$$

在泡点回流条件下，精馏段每层塔板下降液体的流量等于回流量

$$L=RD=2\times8.26=16.5\text{kmol/h}$$

精馏段每层塔板上升蒸气的流量 V 等于馏出液量 D 与回流量 L 之和，即

$$V=D+L=8.26+16.5=24.8\text{kmol/h}$$

（3）在饱和液体进料条件下，提馏段下降液体的流量 L' 等于进料流量 $F=20$kmol/h 与精馏段下降液体流量 $L=16.5$kmol/h 之和，即

$$L'=L+F=16.5+20=36.5\text{kmol/h}$$

在饱和液体进料条件下，提馏段上升蒸气流量 V' 等于精馏段上升蒸气的流量 V，即

$$V'=V=24.8\text{kmol/h}$$

三、进料热状态参数 q

前面已经提到精馏段的上升蒸气的摩尔流量 V 与提馏段的 V' 不一定相等，下降液体的摩尔流量 L 与 L' 也不一定相等，视进料的热状态而定。

从双组分混合物的汽液相平衡 t-y-x 图上可以看出，当进料组成 x_F 一定时，按进料温度从低到高，可有以下 5 种进料热状态。

① 温度低于泡点的冷液体；
② 泡点下的饱和液体；
③ 温度介于泡点和露点之间的汽液混合物；
④ 露点下的饱和蒸气；
⑤ 温度高于露点的过热蒸气。

塔板上的液体和蒸气都是饱和状态，不同的进料热状态，对精馏段和提馏段的下降液体量以及上升蒸气量会有明显的影响。

由于进料（流量为 F）所引起的提馏段下降液体流量 L' 与精馏段的 L 不同，其差值为 $(L'-L)$。而单位进料流量所引起的提馏段与精馏段下降液体流量之差值以 q 表示为

$$q=\frac{L'-L}{F} \tag{6-22}$$

改写为

$$L'=L+qF \tag{6-23}$$

对进料板作物料衡算（图 6-17），得

$$F+L+V'=L'+V$$

由此式与式(6-23)求得

$$V'=V+(q-1)F \tag{6-24}$$

从式(6-23)与式(6-24)可知，有了 q 值，就可以从已知的 F、L、V 求出 L'、V'。不同进料热状态的 q 值不同，故 q 称为进料热状态参数。不同进料热状态的影响如图 6-18 所示。

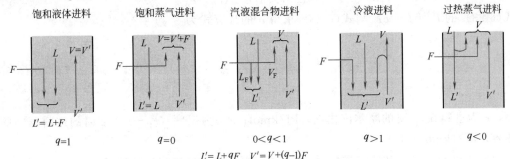

图 6-18　5 种进料热状态下精馏段与提馏段的汽液流量关系

① 饱和液体进料时，$L'=L+F$，$V'=V$ 故 $q=1$。

② 饱和蒸气进料时，$L'=L$，$V'=V-F$，故 $q=0$。

③ 汽液混合物进料时，若进料量 F 中含有液相量为 L_F，汽相量为 V_F，则有 $F=L_F+V_F$，另有 $L'=L+L_F$，　$V=V'+V_F$，与式(6-23)的 $L'=L+qF$ 对比，则有

$$q=\frac{L_F}{F}$$

因此，汽液混合物进料时，q 值范围为 $0<q<1$。

若进料中的汽相组成为 y，液相组成为 x，由物料衡算

$$Fx_F=L_F x+V_F y$$

$$x_F=\frac{L_F}{F}x+\frac{(F-L_F)}{F}y$$

$$x_F=qx+(1-q)y$$

得
$$q=\frac{y-x_F}{y-x} \tag{6-25}$$

因此，若已知进料组成 x_F 与温度 t_F，从 $t\text{-}y\text{-}x$ 相平衡图（图 6-19）上可得汽、液相组成 y 与 x，用上式（杠杆定律）计算出 q 值。

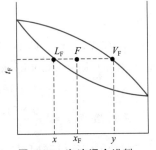

图 6-19　汽液混合进料

式(6-25)也可写成后面第四小节介绍的 q 线方程式(6-47)，即 $y=\dfrac{q}{q-1}x-\dfrac{x_F}{q-1}$。

④ 冷液进料时，因进料温度 t_F 低于泡点 t_b，使提馏段上升蒸气部分冷凝（冷凝量为 $V'-V$），放出冷凝热，将进料 F 加热到泡点 t_b。其热量衡算式为

$$(V'-V)r=F\,\bar{c}_{pL}(t_b-t_F) \tag{6-26}$$

式中，r 为进料在 t_b 时的摩尔汽化热，kJ/kmol；$\bar{c}_{pL}$ 为温度 $(t_b+t_F)/2$ 时的进料液体的摩尔热容，kJ/(kmol·℃)。

由式(6-24)的 $V'=V+(q-1)F$ 与式(6-26)求得 q 的计算式为

$$q=1+\frac{\bar{c}_{pL}(t_b-t_F)}{r} \tag{6-27}$$

由此式可知，当饱和液体进料时 $t_F = t_b$，则 $q = 1$。冷液进料时，$t_b > t_F$，故 $q > 1$。

⑤ 过热蒸气进料时，因进料温度 t_F 高于露点 t_d，进塔后由进料温度降至露点，放出热量，使精馏段下降液体部分汽化，汽化量为 $(L - L')$。其热量衡算式为

$$(L - L')r = F\bar{c}_{pV}(t_F - t_d) \tag{6-28}$$

由式（6-23）的 $L' = L + qF$ 与式（6-28）求得 q 的计算式为

$$q = -\frac{\bar{c}_{pV}(t_F - t_d)}{r} \tag{6-29}$$

式中，r 为进料在 t_d 时的摩尔汽化热，kJ/kmol；$\bar{c}_{pV}$ 为温度 $(t_F + t_d)/2$ 时的进料蒸气的摩尔热容，kJ/(kmol·℃)。

由此式可知，当饱和蒸气进料时 $t_F = t_d$，则 $q = 0$。过热蒸气进料时，$t_F > t_d$，故 $q < 0$。

【例 6-6】 在一连续操作的精馏塔中分离正戊烷-正己烷混合液，进料流量为 62.2kmol/h，组成为 0.4（摩尔分数），温度为 20℃，馏出液流量为 24.2kmol/h，塔顶泡点液体回流量为馏出液量的 1.6 倍。试求：(1) 进料热状态参数 q 值；(2) 提馏段下降液体流量与上升蒸气流量。

解 (1) 由正戊烷-正己烷的 t-y-x 图（见例 6-1）可知，当 $x_F = 0.4$ 时，泡点 $t_b = 51.7$℃，故进料为低于泡点的冷液。

若 r 为进料的平均摩尔汽化热，$\bar{c}_{pL}$ 为进料的摩尔热容，则冷液进料时的 q 值计算式为

$$q = 1 + \frac{\bar{c}_{pL}(t_b - t_F)}{r}$$

$t_b = 51.7$℃ 时，C_5H_{12} 与 C_6H_{14} 的摩尔汽化热分别为：$r_{c5} = 330$kJ/kg $= 23800$kJ/kmol，$r_{c6} = 340$kJ/kg $= 29200$kJ/kmol，则平均摩尔汽化热为

$$r = 23800 \times 0.4 + 29200 \times 0.6 = 27000\text{kJ/kmol}$$

平均温度 $t = \dfrac{20 + 51.7}{2} = 35.9$℃ 时，$C_5H_{12}$ 与 C_6H_{14} 的摩尔热容分别为：$c_{p\cdot c5} = 2.45$kJ/kg·K $= 176$kJ/(kmol·K)，$c_{p\cdot c6} = 2.28$kJ/kg·K $= 196$kJ/(kmol·K)，则平均摩尔热容为

$$\bar{c}_{pL} = 176 \times 0.4 + 196 \times 0.6 = 188\text{kJ/(kmol·K)}$$

故

$$q = 1 + \frac{188(51.7 - 20)}{27000} = 1.22$$

(2) 精馏段下降液体流量 L，等于塔顶液体回流量，为馏出液量 D 的 1.6 倍，即

$$L = 1.6D = 1.6 \times 24.2 = 38.7\text{kmol/h}$$

提馏段下降液体流量

$$L' = L + qF = 38.7 + 1.22 \times 62.2 = 114.6\text{kmol/h}$$

精馏段上升蒸气流量

$$V = L + D = 38.7 + 24.2 = 62.9\text{kmol/h}$$

提馏段上升蒸气流量

$$V' = V + (q - 1)F = 62.9 + (1.22 - 1) \times 62.2 = 76.6\text{kmol/h}$$

四、操作线方程与 q 线方程

操作线方程（operating line equation）是表示两层塔板之间，下层塔板的上升蒸气组成 y_n 与上层塔板下降液体组成 x_{n-1} 之间的关系式。他对塔板数的计算有用。

图 6-20 中示出各项流量与组成，流量的单位为 kmol/h，组成为摩尔分数。下面根据恒摩尔流量的假设，推导操作线方程。

（一）精馏段操作线方程

对图 6-20 中进料以上虚线划定的范围作物料衡算。

总物料衡算 $\qquad V=L+D \qquad$ (6-30)

易挥发组分物料衡算 $\quad Vy_n=Lx_{n-1}+Dx_D \qquad$ (6-31)

改写为精馏段操作线方程

$$y_n=\frac{L}{V}x_{n-1}+\frac{D}{V}x_D \qquad (6-32)$$

式(6-32)表示精馏段中相邻两层塔板之间的上升蒸气组成 y_n 与下降液体组成 x_{n-1} 之间的关系，式中的 L/V 为精馏段的液-汽比。

将式(6-30)中的 $V=\left(\dfrac{L}{D}+1\right)D$ 代入上式，得

$$y_n=\frac{\dfrac{L}{D}}{\dfrac{L}{D}+1}x_{n-1}+\frac{x_D}{\dfrac{L}{D}+1} \qquad (6-33)$$

塔顶冷凝液在泡点下部分回流入塔，称为泡点回流。泡点回流时，精馏段下降液体量 L 等于回流量。回流量 L 与馏出液量 D 的比值称为回流比（reflux ratio），表示为

$$R=L/D \qquad (6-34)$$

代入上式，求得精馏段操作线方程另一表达式为

$$y_n=\frac{R}{R+1}x_{n-1}+\frac{x_D}{R+1} \qquad (6-35)$$

从上述两个精馏段操作线方程的式(6-32)与式(6-35)可知，液-汽比为

$$\frac{L}{V}=\frac{R}{R+1} \qquad (6-36)$$

由此式可知，R 增大能使 L/V 增大，有利于提高精馏段上升汽相的纯度，即提高馏出液的纯度。

（二）提馏段操作线方程

对图 6-20 中进料板以下用虚线划定的范围作物料衡算。

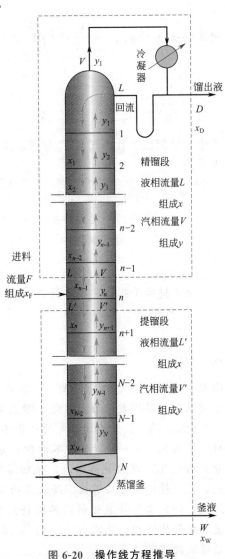

图 6-20 操作线方程推导

总物料衡算 $\qquad L'=V'+W$ $\qquad$ (6-37)

易挥发组分物料衡算 $\qquad L'x_n=V'y_{n+1}+Wx_W$ $\qquad$ (6-38)

改写为提馏段操作线方程

$$y_{n+1}=\frac{L'}{V'}x_n-\frac{W}{V'}x_W \qquad (6-39)$$

式(6-39)表示提馏段中相邻两层塔板之间的上升蒸气组成 y_{n+1} 与下降液体组成 x_n 之间的关系,式中的 L'/V' 为提馏段的液-汽比。

$$L'=L+qF$$
$$V'=V+(q-1)F$$

将式(6-37)中的 $L'=\left(\dfrac{V'}{W}+1\right)W$ 代入式(6-39),得

$$y_{n+1}=\frac{\left(\dfrac{V'}{W}+1\right)}{\dfrac{V'}{W}}x_n-\frac{x_W}{\dfrac{V'}{W}}$$

式中,提馏段上升蒸气量 V' 与釜液 W 之比值称为塔釜的汽相回流比(也可称为蒸出比),表示为

$$R'=V'/W$$

代入上式,求得另一提馏段操作线方程为

$$y_{n+1}=\frac{R'+1}{R'}x_n-\frac{x_W}{R'} \qquad (6-40)$$

从上述两个提馏段操作线方程式(6-39)与式(6-40)可知,提馏段的液-汽比为

$$\frac{L'}{V'}=\frac{R'+1}{R'} \qquad (6-41)$$

或汽液比

$$\frac{V'}{L'}=\frac{R'}{R'+1} \qquad (6-42)$$

由此式可知,增大 R' 能使 V'/L' 增大。提馏段的作用是提馏下降液体中易挥发组分,以减少釜液中的易挥发组分。因此,增大 V'/L' 有利于釜液的提纯。

【例6-7】 在一连续操作的精馏塔中分离苯-甲苯溶液,其平均相对挥发度 $\alpha=2.46$。进料流量为 250kmol/h,其中苯的摩尔分数为 0.4。馏出液流量为 100kmol/h,其中苯的摩尔分数为 0.97。塔顶泡点回流,试回答下列问题:(1)计算塔顶第一层理论板的下降液体组成;(2)精馏段每层塔板下降液体的流量为 200kmol/h,试求塔顶第二层理论板的上升蒸气组成;(3)若为冷液进料,其进料热状态参数 $q=1.2$,试求提馏段每层塔板上升蒸气的流量及塔釜的汽相回流比 R';(4)写出本题条件下的提馏段操作线方程;(5)试求塔釜上一层塔板的下降液体组成。

解 (1)已知 $x_D=0.97$,$y_1=x_D=0.97$,$\alpha=2.46$,用相平衡方程计算 x_1。

$$x_1=\frac{y_1}{\alpha-(\alpha-1)y_1}=\frac{0.97}{2.46-(2.46-1)\times0.97}=0.929$$

(2)已知 $D=100kmol/h$,$L=200kmol/h$,则塔顶回流比 $R=\dfrac{L}{D}=\dfrac{200}{100}=2$。已知

$x_1 = 0.929$，$x_D = 0.97$，用精馏段操作线方程计算 y_2。

$$y_2 = \frac{R}{R+1}x_1 + \frac{x_D}{R+1} = \frac{2}{2+1} \times 0.929 + \frac{0.97}{2+1} = 0.943$$

（3）精馏段每层塔板上升蒸气的流量 $V = L + D = 200 + 100 = 300\text{kmol/h}$，并已知 $F = 250\text{kmol/h}$、$q = 1.2$。提馏段每层塔板上升蒸气的流量为

$$V' = V + (q-1)F = 300 + (1.2-1) \times 250 = 350\text{kmol/h}$$

釜液流量 $\qquad\qquad W = F - D = 250 - 100 = 150\text{kmol/h}$

塔釜的汽相回流比 $\qquad\qquad R' = V'/W = 350/150 = 2.33$

（4）提馏段操作线方程为

$$y = \frac{R'+1}{R'}x - \frac{x_W}{R'}$$

用全塔的易挥发组分物料衡算计算 x_W

$$x_W = \frac{Fx_F - Dx_D}{W} = \frac{250 \times 0.4 - 100 \times 0.97}{150} = 0.02$$

将 $R' = 2.33$、$x_W = 0.02$ 代入提馏段操作线方程，求得本题条件下的提馏段操作线方程为

$$y = 1.43x - 0.00857$$

另一解法，可用提馏段操作线方程

$$y = \frac{L'}{V'}x - \frac{W}{V'}x_W$$

已知 $V' = 350\text{kmol/h}$，而 $L' = L + qF = 200 + 1.2 \times 250 = 500\text{kmol/h}$ 或 $L' = V' + W = 350 + 150 = 500\text{kmol/h}$，代入提馏段操作线方程，求得本题条件下的提馏段操作线方程为

$$y = \frac{500}{350}x - \frac{150}{350} \times 0.02 = 1.43x - 0.00857$$

（5）塔釜上一层塔板的下降液体组成

先用相平衡方程计算塔釜上升蒸气组成

$$y_W = \frac{\alpha x_W}{1 + (\alpha-1)x_W} = \frac{2.46 \times 0.02}{1 + (2.46-1) \times 0.02} = 0.0478$$

用提馏段操作线方程计算塔釜上一层塔板下降液体的组成

$$x = \frac{y_W + 0.0857}{1.43} = \frac{0.0478 + 0.00857}{1.43} = 0.0394$$

或用塔釜的易挥发组分物料衡算，求得

$$x = \frac{V'y_W + Wx_W}{L'} = \frac{350 \times 0.0478 + 150 \times 0.02}{500} = 0.0395$$

（三）塔釜汽相回流比 R' 与塔顶液相回流比 R 及进料热状态参数 q 的关系式

将 $R' = V'/W$ 及 $V = (R+1)D$ 代入

$$V' = V + (q-1)F$$

得 R' 与 R 及 q 的关系式

$$R'W = (R+1)D + (q-1)F \qquad\qquad (6\text{-}43a)$$

改写为 $\qquad\qquad\qquad R' = (R+1)\frac{D}{W} + (q-1)\frac{F}{W} \qquad\qquad (6\text{-}43b)$

将全塔物料衡算式 $\dfrac{D}{W}=\dfrac{x_{\mathrm{F}}-x_{\mathrm{W}}}{x_{\mathrm{D}}-x_{\mathrm{F}}}$ 与 $\dfrac{F}{W}=\dfrac{x_{\mathrm{D}}-x_{\mathrm{W}}}{x_{\mathrm{D}}-x_{\mathrm{F}}}$ 代入上式，得 R' 与 R 及 q 的另一关系式为

$$R'=(R+1)\frac{x_{\mathrm{F}}-x_{\mathrm{W}}}{x_{\mathrm{D}}-x_{\mathrm{F}}}+(q-1)\frac{x_{\mathrm{D}}-x_{\mathrm{W}}}{x_{\mathrm{D}}-x_{\mathrm{F}}} \tag{6-44}$$

【**例 6-8**】 在一连续操作的精馏塔中，分离正戊烷-正己烷溶液。进料温度为 20℃，进料组成为 0.4，馏出液组成为 0.95，釜液组成为 0.05，上述组成均为正戊烷的摩尔分数。精馏段每层塔板下降液体的流量为馏出液流量的 1.6 倍（摩尔比），试写出本题条件下的提馏段操作线方程。

解 按题意，塔顶液相回流比 $R=1.6$。例 6-6 中，已求出 $x_{\mathrm{F}}=0.4$、$t_{\mathrm{F}}=20℃$ 时的 $q=1.22$。并已知 $x_{\mathrm{D}}=0.95$，$x_{\mathrm{W}}=0.05$。

计算塔釜汽相回流比 R'

$$\begin{aligned}
R'&=(R+1)\frac{x_{\mathrm{F}}-x_{\mathrm{W}}}{x_{\mathrm{D}}-x_{\mathrm{F}}}+(q-1)\frac{x_{\mathrm{D}}-x_{\mathrm{W}}}{x_{\mathrm{D}}-x_{\mathrm{F}}}\\
&=(1.6+1)\frac{0.4-0.05}{0.95-0.4}+(1.22-1)\frac{0.95-0.05}{0.95-0.4}=2.01
\end{aligned}$$

本题条件下，提馏段操作线方程为

$$y=\frac{R'+1}{R'}x-\frac{x_{\mathrm{W}}}{R'}=\frac{2.01+1}{2.01}x-\frac{0.05}{2.01}=1.5x-0.0249$$

（四）操作线的绘制与 q 线方程

当分离要求 x_{D}、x_{W} 及进料参数 x_{F}、q 等已知，并选定回流比 R，则可在 $y\text{-}x$ 图上绘制操作线，如图 6-21 所示。

1. 精馏段操作线

精馏段操作线方程为一直线方程，在 y 轴上的截距为 $x_{\mathrm{D}}/(R+1)$，以 I 点表示。当 $x=x_{\mathrm{D}}$ 时，由操作线方程可得 $y=x_{\mathrm{D}}$，在对角线上以 D 点表示。D 点与 I 点的连线即为精馏段操作线，其斜率为 $L/V=R/(R+1)$。

2. 提馏段操作线

提馏段操作线方程也是一直线方程，当 $x=x_{\mathrm{W}}$ 时，由操作线方程可得 $y=x_{\mathrm{W}}$，在对角线上以 W 点表示。以操作线的斜率 $L'/V'=(R'+1)/R'$，从 W 点画出 Wf 直线，即为提馏段操作线。

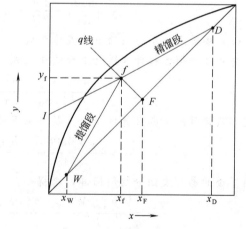

图 6-21 操作线绘制

3. 两操作线交点的坐标与 q 线方程

若已知两操作线交点 f 的坐标 $(x_{\mathrm{f}},\ y_{\mathrm{f}})$，则连线 fD 为精馏段操作线，连线 fW 为提馏段操作线。下面推导交点坐标 $(x_{\mathrm{f}},\ y_{\mathrm{f}})$ 的计算式。

将式(6-43)的 $R'=(R+1)\dfrac{D}{W}+(q-1)\dfrac{F}{W}$ 代入提馏段操作线方程式(6-40)，并利用

$Fx_F = Dx_D + Wx_W$，整理得提馏段操作线方程的另一表达式为

$$y = \frac{RD + qF}{(R+1)D + (q-1)F}x + \frac{Dx_D - Fx_F}{(R+1)D + (q-1)F}$$

此式与精馏段操作线方程式(6-35)联立求得两操作线交点的坐标为

$$x_f = \frac{(R+1)x_F + (q-1)x_D}{R+q} \tag{6-45}$$

$$y_f = \frac{Rx_F + qx_D}{R+q} \tag{6-46}$$

为了能使操作线的绘制更方便，由上二式消去 x_D，求得 q 线方程（省略 x_f、y_f 的下标）为

$$y = \frac{q}{q-1}x - \frac{x_F}{q-1} \tag{6-47}$$

q 线方程是两操作线交点 f 的轨迹方程。由 q 线方程可知，当 $x = x_F$ 时，$y = x_F$。即 q 线为通过图 6-21 中 F 点的一条直线，其斜率为 $q/(q-1)$。q 线与精馏段操作线的交点即为提馏段操作线与精馏段操作线的交点。这样绘制提馏段操作线比较方便。特别是当饱和液体进料时，$q=1$，q 线为垂直线；当饱和蒸气进料时，$q=0$，q 线为水平线。5 种进料热状态下的 q 线在 y-x 图中的方位如图 6-22 所示。

最后总结一下操作线常用的绘制方法。已知 x_F、x_D、x_W、R 及 q，x_D、x_F、x_W 3 条垂直线与对角线交于 D、F 及 W 点。用精馏段操作线的截距 $\dfrac{x_D}{R+1}$ 在 y 轴上定出 I 点，连线 DI 为精馏段操作线。从对角线上 F 点以斜率 $\dfrac{q}{q-1}$ 画出 q 线。

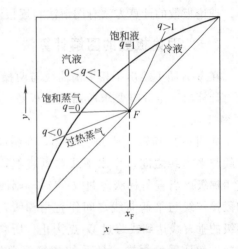

图 6-22　5 种进料状态下的 q 线方位

q 线与精馏段操作线交于 f 点，连线 fW 为提馏段操作线。

【**例 6-9**】　用常压连续精馏塔分离苯-甲苯双组分溶液，其平均相对挥发度为 2.46，馏出液组成为 0.94，釜液组成为 0.04，釜液采出流量为 150kmol/h，回流比为 2.05，q 线方程为 $y = 6x - 1.5$，试求精馏段、提馏段操作线方程。

解　精馏段操作线

$$y = \frac{R}{R+1}x + \frac{x_D}{R+1} = \frac{2.05}{2.05+1}x + \frac{0.94}{2.05+1} = 0.672x + 0.308$$

q 线方程
$$y = \frac{q}{q-1}x - \frac{x_F}{q-1}$$

比较 $y = 6x - 1.5$，得

$$\frac{q}{q-1} = 6, \qquad q = 1.2$$

$$\frac{x_F}{q-1} = 1.5, \qquad x_F = 0.3$$

塔顶采出率

$$\frac{D}{F}=\frac{x_{\mathrm{F}}-x_{\mathrm{W}}}{x_{\mathrm{D}}-x_{\mathrm{W}}}=\frac{0.3-0.04}{0.94-0.04}=0.289$$

提馏段操作线

$$y=\frac{L'}{L'-W}x-\frac{Wx_{\mathrm{W}}}{L'-W}=\frac{L+qF}{(L+qF)-(F-D)}x-\frac{(F-D)x_{\mathrm{W}}}{(L+qF)-(F-D)}$$

$$=\frac{R\dfrac{D}{F}+q}{(R+1)\dfrac{D}{F}+(q-1)}x-\frac{(1-\dfrac{D}{F})x_{\mathrm{W}}}{(R+1)\dfrac{D}{F}+(q-1)}$$

$$=\frac{2.05\times0.289+1.2}{(2.05+1)\times0.289+(1.2-1)}x-\frac{(1-0.289)\times0.04}{(2.05+1)\times0.289+(1.2-1)}$$

$$=1.658x-0.026$$

五、理论板数计算

理论板数的计算方法有图解法与逐板法，分述如下。

（一）理论板数的图解计算法

在 y-x 图上绘出了相平衡曲线与两操作线后，就可以在操作线与平衡曲线之间绘制梯级，计算出一定分离要求所需理论板数，称为图解法。是由 McCabe 与 Thiele 提出的，称为 M-T 法。

如图 6-23 所示，从 D 点开始，在精馏段操作线与平衡线之间，作水平线与垂直线，构成直角梯级。当直角梯级跨过 f 点时，则改在提馏段操作线与平衡曲线之间作直角梯级，直至梯级的垂直线达到或跨过 W 点为止。所绘的梯级数，就是理论板数。最后的梯级为蒸馏釜，跨过 f 点的梯级为进料板。总理论板数为 6，精馏段为 3，第 4 梯级为进料板，从进料板开始为提馏段，其理论板数为 3（包括蒸馏釜）。

几点说明如下：

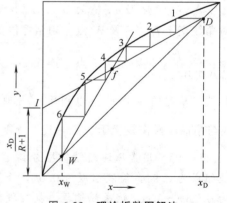

图 6-23　理论板数图解法

① 平衡曲线上各点代表离开该理论板的上升蒸气组成 y_n 与下降液体组成 x_n 的平衡关系；

② 操作线上各点代表相邻两层理论板之间的上升蒸气组成 y_{n+1} 与下降液体组成 x_n 的操作关系；

③ 每一梯级的水平线代表液体向下流经每一理论板，其组成由 x_n 降至 x_{n+1}；

④ 每一梯级的垂直线代表蒸气向上流经每一理论板，其组成由 y_n 升到 y_{n-1}；

⑤ 进料板位置　在前面的理论板数计算中，当某梯级跨过两操作线交点 f 时，便由精馏段操作线改为提馏段操作线，跨过交点的这一梯级为进料板，这样绘制的梯级数最少。这个进料板位置称为最佳进料板位置。此时进料组成与进料板的汽液相组成接近。如果提前改用提馏段操作线，或过了交点仍沿精馏段操作线绘制若干梯级后，改用提馏段操作线，如图

6-24 所示，梯级数增多。此时，改用提馏段操作线
的梯级为进料板。

【**例 6-10**】　想用连续精馏塔分离正戊烷-正己烷
混合液，已知 $x_F = 0.40$，$x_D = 0.95$，$x_W = 0.05$，
$q = 1.22$，$R = 1.6$。试用图解法计算所需要的理论
板数与进料板位置，汽液相平衡数据见例 6-1。

解　利用题中给出的 5 个已知数及汽液相平衡
数据，就可以用图解法求出理论板数与进料板位置，
如图 6-25 所示。

精馏段操作线在 y 轴上的截距为

$$\frac{x_D}{R+1} = \frac{0.95}{1.6+1} = 0.365$$

q 线的斜率　$\dfrac{q}{q-1} = \dfrac{1.22}{1.22-1} = 5.55$

在 y-x 图上，依 $x_D = 0.95$，$x_F = 0.40$，
$x_W = 0.05$ 分别作垂直线，与对角线交于 D、F、
W 3 点。在 y 轴上，按精馏段操作线截距 0.365
定出 I 点，连线 DI 为精馏段操作线。按 q 线的
斜率 5.55 自 F 点绘 q 线，与精馏段操作线交于
f 点，连线 Wf 为提馏段操作线。

从 D 点开始在平衡曲线与精馏段操作线
之间绘直角梯级，第五个梯级的水平线跨过
f 点，此后在提馏段操作线与平衡曲线之间
作梯级，直到第十级水平线与平衡曲线交点
的 x 值小于 x_W 为止，共有 10 个梯级，即总
理论板数为 10。精馏段理论板数为 4，第五
块理论板为进料板，从进料板开始为提馏段，
其理论板数为 6（包括蒸馏釜）。

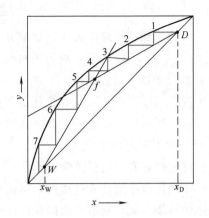

图 6-24　非最佳进料板位置

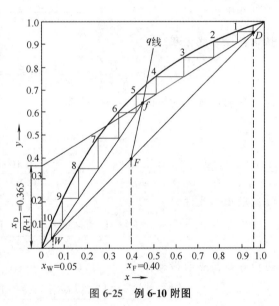

图 6-25　例 6-10 附图

（二）理论板数的逐板计算法

逐板计算法与图解计算法一样，也是在已知 x_F、x_D、x_W、q 及 R 的条件下，应用相
平衡方程与操作线方程从塔顶（或塔底）开始逐板计算各板的汽相与液相组成，从而求得所
需要的理论板数。

参照图 6-20，塔顶第一块塔板上升蒸气进入冷凝器，冷凝为饱和液体。馏出液组成 x_D
与蒸气组成 y_1 相同，即

$$y_1 = x_D$$

离开第一块理论板的液体组成 x_1 应与 y_1 平衡，可由相平衡关系求得。

第二块理论板上升蒸气组成 y_2，可用精馏段操作线方程从 x_1 求得。

同理，用相平衡关系从 y_2 求出 x_2，再用操作线方程从 x_2 求出 y_3。依此类推，即

$$x_D = y_1 \xrightarrow{相平衡} x_1 \xrightarrow{操作线} y_2 \xrightarrow{相平衡} x_2 \xrightarrow{操作线} y_3 \xrightarrow{\quad} \cdots \xrightarrow{\quad} x_{n-1}$$

当计算到某一理论板（例如第 $n-1$ 板）下降液体组成（x_{n-1}）等于两操作线交点组成 x_f 即 $x_{n-1} = x_f$ 时，第 n 板为进料板。或者当 $x_{n-1} > x_f > x_n$ 时，也是第 n 板为进料板。从第 n 板开始以下为提馏段。

进料板以下，从第 n 理论板的下降液体组成 x_n 开始交替使用提馏段操作线方程与相平衡关系，逐板求得各板的上升蒸气组成与下降液体组成。当计算到离开某一理论板（例如第 N 板）的下降液体组成（x_N）等于或小于釜液组成 x_W，即 $x_N \leqslant x_W$ 时，板数 N 就是所需要的理论板总数（包括蒸馏釜）。

在理论板数的计算过程中，每使用一次汽液相平衡关系，就表示需要一块理论板。间接加热的蒸馏釜离开它的汽液两相达到平衡状态，相当于一块理论板。

【例6-11】 将例6-10中的回流比 $R=1.6$ 改为 $R=2.0$，其他条件相同，试用逐板法计算理论板数与加料板位置。正戊烷与正己烷的平均相对挥发度 $\alpha = 2.92$。

解 已知条件有 $x_F = 0.4$，$x_D = 0.95$，$x_W = 0.05$，$q = 1.22$，$R = 2.0$，$\alpha = 2.92$。

相平衡方程
$$x = \frac{y}{\alpha - (\alpha - 1)y} = \frac{y}{2.92 - 1.92y} \tag{a}$$

精馏段操作线方程
$$y = \frac{R}{R+1}x + \frac{x_D}{R+1} = \frac{2}{3}x + \frac{0.95}{3} = 0.667x + 0.317 \tag{b}$$

塔釜汽相回流比 R' 用式(6-44)计算，即
$$R' = (R+1)\frac{x_F - x_W}{x_D - x_F} + (q-1)\frac{x_D - x_W}{x_D - x_F}$$
$$= (2+1) \times \frac{0.40 - 0.05}{0.95 - 0.40} + (1.22 - 1) \times \frac{0.95 - 0.05}{0.95 - 0.40} = 2.27$$

提馏段操作线方程
$$y = \frac{R'+1}{R'}x - \frac{x_W}{R'} = \frac{2.27+1}{2.27}x - \frac{0.05}{2.27} = 1.44x - 0.022 \tag{c}$$

两操作线交点的横坐标为
$$x_f = \frac{(R+1)x_F + (q-1)x_D}{R+q} = \frac{(2+1) \times 0.4 + (1.22-1) \times 0.95}{2+1.22} = 0.43$$

理论板数计算：先交替使用相平衡方程（a）与精馏段操作线方程（b）计算如下

$$
\begin{array}{l}
y_1 = x_D = 0.95 \xrightarrow{相平衡} x_1 = 0.867 \\
y_2 = 0.895 \xrightarrow{操作线} x_2 = 0.745 \\
y_3 = 0.814 \longleftarrow \quad x_3 = 0.600 \\
y_4 = 0.717 \longleftarrow \quad x_4 = 0.465 \\
y_5 = 0.627 \longleftarrow \quad x_5 = 0.365 < x_f
\end{array}
$$

由计算知第5板为加料板。

以下交替使用提馏段操作线方程（c）与相平衡方程（a）计算如下

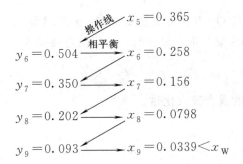

总理论板数为 9（包括蒸馏釜），精馏段理论板数为 4，第 5 板为进料板。

（三）图解法与逐板法的比较

理论板数的图解计算法比较直观形象。不管是理想溶液还是非理想溶液，只要有汽液相平衡数据，画出平衡曲线，就可用图解法计算理论板数。图解法对于精馏过程分析也比较方便。

对于能写出汽液相平衡方程的物系，用逐板法计算方便准确。对于相对挥发度 α 较小的理想溶液，由于理论板数较多，图解法不易准确，宜采用逐板计算法。

六、回流比与进料热状态对精馏过程的影响

为了阅读和讨论方便，把有关量的符号及关系式汇集于图 6-26 中。

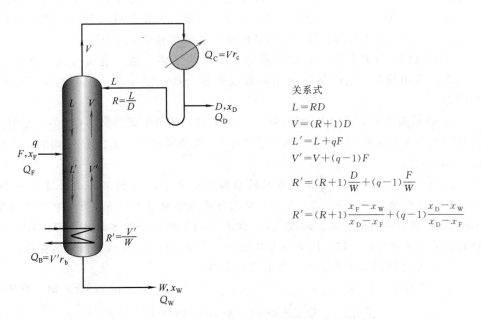

图 6-26　与精馏过程有关量的符号及关系式

（一）R、q 及 R' 对冷凝器及蒸馏釜的热负荷影响

下面分 3 种情况讨论（已知 F 与 D）。

① 当 q 为一定值，若 R 增大，R'、V、V'、L 及 L' 都随之增大，即塔内汽液两相的循

环量增大，冷凝器热负荷 Q_C 与蒸馏釜热负荷 Q_B 也都增大。

若塔顶蒸气 V 全部冷凝为泡点液体时，冷凝器热负荷为

$$Q_C = r_c V$$

式中，r_c 为组成为 x_D 的混合液汽化热。

蒸馏釜热负荷为

$$Q_B = r_b V'$$

式中，r_b 为组成为 x_W 的混合液汽化热。

② 当 R 为一定值时，进入冷凝器的蒸气量 $V = (R+1)D$ 为一定值，所以冷凝器的冷却剂带出的热量 Q_C 也为一定值。

当塔顶及塔底产品的流量与组成一定时，由塔顶与塔底产品带出的热量 Q_D 与 Q_W 必为一定值，由全塔热量衡算

$$Q_F + Q_B = Q_C + Q_D + Q_W$$

可知，进料带入塔内的热量 Q_F 与蒸馏釜热负荷 Q_B 之和应为一定值。当 Q_F 增大（即 q 减小）时，Q_B 应相应减小（V' 减小）。反之，当 Q_F 减小（即 q 增大）时，Q_B 应相应增大（V' 增大）。

当分离条件一定时，是使进料预热好还是增大蒸馏釜热负荷好？若使进料预热后进塔，可以减少蒸馏釜热负荷。另外，进料温度比釜液温度低，有可能利用低品位的热能加热。

通常，在总输入热量不变的情况下，应尽可能在蒸馏釜输入热量，使上升蒸气 V' 在全塔内发挥传热与传质作用。最常见的是把进料预热到泡点附近进塔。

如果原料本身就是蒸气，就不必将其冷凝为液体。蒸气进料可以使蒸馏釜热负荷减少，操作费用减少。这样虽然会使塔板数增多一些，但操作费用的减少可以补偿设备费的增多。

③ 当塔釜汽相回流比 $R' = V'/W$ 为一定值时，则蒸馏釜热负荷 Q_B 为一定值。此时，若进料带入塔内的热量 Q_F 增多（即 q 值减小），则塔顶液相回流比 R 必增大，冷凝器热负荷 Q_C 也必增大。

【例 6-12】 在常压下连续操作的精馏塔中分离乙醇-水溶液，进料流量为 100kmol/h，进料中乙醇的摩尔分数为 0.3。馏出液中乙醇的摩尔分数为 0.8，釜液中乙醇的摩尔分数为 0.005。塔顶泡点回流，回流比为 1.6。试求：（1）塔顶冷凝器的热负荷；（2）饱和液体进料时的蒸馏釜热负荷；（3）汽液混合物进料（汽液比为 1）时的蒸馏釜热负荷。

乙醇-水溶液的相平衡数据，见附录二十四。

解 已知 $F = 100$kmol/h、$x_F = 0.3$、$x_D = 0.8$、$x_W = 0.005$，计算馏出液流量 D 为

$$D = F \frac{x_F - x_W}{x_D - x_W} = 100 \times \frac{0.3 - 0.005}{0.8 - 0.005} = 37.1 \text{kmol/h}$$

已知塔顶泡点回流，回流比 $R = 1.6$，精馏段每层塔板上升蒸气的摩尔流量 V 等于进入冷凝器的蒸气流量。其流量为

$$V = (R+1)D = (1.6+1) \times 37.1 = 96.5 \text{kmol/h}$$

（1）塔顶冷凝器的热负荷 Q_C 从乙醇-水溶液的相平衡数据查得 $x_D = 0.8$ 时的泡点为 78.4℃。

$t = 78.4$℃ 时，乙醇的比汽化热为 860kJ/kg，摩尔汽化热为 $860 \times 46 = 39600$kJ/kmol

$t=78.4$℃时，水的比汽化热为 2400kJ/kg，摩尔汽化热为 $2400×18=43200$kJ/kmol

组成为 $x_D=0.8$ 的乙醇-水溶液的摩尔汽化热为

$$r_c=39600×0.8+43200×0.2=40300kJ/kmol$$

进入冷凝器的组成为 0.8 的蒸气全部冷凝为泡点液体，冷凝器的热负荷为

$$Q_C=r_cV=40300×96.5=3.89×10^6 kJ/h$$

（2）饱和液体进料时的蒸馏釜热负荷　饱和液体进料时，提馏段每层塔板上升蒸气的摩尔流量 V' 等于精馏段每层塔板上升蒸气的摩尔流量 V，即 $V'=V=96.5$kmol/h。

釜液中乙醇的摩尔分数 $x_W=0.005$，釜液可视为纯水。水在 100℃ 下的比汽化热为 2260kJ/kg，摩尔汽化热为 $2260×18=40700$kJ/kmol

蒸馏釜的热负荷为

$$Q_B=r_bV'=40700×96.5=3.93×10^6 kJ/h$$

从计算结果可知，在饱和液体进料条件下，蒸馏釜的热负荷 Q_B 与冷凝器的热负荷 Q_C 基本相等。

（3）汽液混合物进料　已知汽液比为 $\dfrac{V}{L}=1$，因此时的进料热状态参数 $q=0.5$，提馏段每层塔板上升蒸气的摩尔流量为

$$V'=V+(q-1)F=96.5+(0.5-1)×100=46.5kmol/h$$

蒸馏釜的热负荷为

$$Q_B=r_bV'=40700×46.5=1.89×10^6 kJ/h$$

由计算结果可知，在塔顶回流比 R 一定的条件下，进料由饱和液体改为汽液混合物，蒸馏釜热负荷减小。

（二）R、q 与 R' 对理论板数的影响

1. q 值一定，R 对理论板数的影响

如图 6-27 所示，q 值一定时，有一条 q 线。在 x_F、x_D、x_W 一定的条件下，若塔顶液体回流比 R 增大，则精馏段操作线的斜率 $L/V=R/(R+1)$ 增大，精馏段操作线远离平衡曲线，提馏段操作线也远离平衡曲线，对一定分离要求所需理论板数减少。

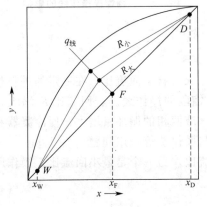

图 6-27　q 值一定时 R 对
理论板数的影响

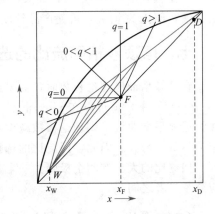

图 6-28　R 一定时 q 值对提馏
段操作线的影响

对于有一定理论板数的精馏塔，当 q 值为一定，而增大回流比时，精馏段的液-汽比 $L/$

V 增大，即精馏段下降液体量相对于上升蒸气量增多，有利于增大汽液两相传质推动力，提高传质速率，从而有利于提高上升蒸气中易挥发组分的组成，使塔顶产品纯度（x_D）增大。

对于提馏段来说，当 q 值一定，而 R 增大时，R' 也增大，其操作线斜率（液-汽比）$L'/V' = (R'+1)/R'$ 减小，而汽液比 V'/L' 增大，即提馏段上升蒸气量相对于下降液体量增多，有利于增大汽液两相传质推动力，提高传质速率，从而有利于减少下降液体中易挥发组分的组成，使塔底产品纯度（$1-x_W$）提高。

总结上述内容，在 x_F、q、x_D、x_W 一定的条件下，当 R 增大时，R' 也增大，所需理论板数将减少。而对于有一定理论板数的精馏塔来说，增大 R，会使 x_D 增大及 x_W 减小。但都需要使 Q_C 与 Q_B 增大。

2. R 一定时，q 值对理论板数的影响

在 x_F、x_D、x_W 一定的条件下，当回流比 R 为一定时，q 值大小不会改变精馏段操作线的位置，而明显改变了提馏段操作线的位置，如图6-28所示。进料带入塔内的热量 Q_F 越少，q 值就越大，提馏段操作线就越远离平衡曲线，所需理论板数就越少。

此时，因回流比 R 为一定值，Q_F 与 Q_B 之和为一定值。当 Q_F 减少时，Q_B 需要增多，理论板数可减少。而对于有一定理论板数的精馏塔，$Q_F + Q_B$ 为一定值时，使 Q_F 减小、Q_B 增大，可使产品纯度增大。

3. R' 一定时，q 值对理论板数的影响

在 x_F、x_D、x_W 一定的条件下，若 $R' = V'/W$ 为一定，则提馏段操作线的斜率 $L'/V' = (R'+1)/R'$ 为一定值。因此，如图 6-29 所示，可画出一条提馏段操作线。在这种情况下，q 值的大小不会改变提馏段操作线的位置，而明显改变了精馏段操作线的位置。进料带入塔内的热量 Q_F 越多，q 值越小，精馏段操作线越远离平衡曲线，所需理论板数减少。因为此时精馏段上升蒸气量增多，塔顶液体回流比 R 增大，冷凝器热负荷 Q_C 增大。而对于有一定理论板数的精馏塔，若 R' 为一定值，Q_B 为一定值，而 Q_F 增大时，q 值减小，塔顶液相回流 R 增大，可使产品纯度增大。

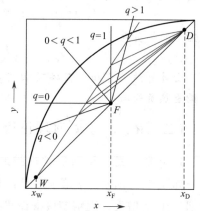

图 6-29　R' 一定时 q 值对
精馏段操作线的影响

七、塔顶液相回流比的选择

在计算精馏塔理论板数时，需要选择一个回流比 R。有了回流比，在一定的进料热状态（q 值一定）下，就可以在 y-x 图上绘出精馏段和提馏段的操作线。若回流比 R 增大，二操作线远离平衡曲线，则理论板数减少。但由于塔内汽液两相的循环量增大，使冷凝器和蒸馏釜的热负荷增大。因此，回流比的选择涉及设备费与操作费等费用问题。

回流比的大小有两个极限，一个是全回流时回流比，另一个是最小回流比。操作回流比应介于二者之间。

（一）全回流与最少理论板数

若塔顶上升蒸气冷凝后全部回流至塔内，称为全回流（total reflux）。在指定的分离程度（x_D，x_W）条件下，全回流时所需理论板数为最少，称为最少理论板数，以 $N_{\min}$ 表示。

下面介绍 N_{min} 的计算。

全回流时，精馏塔不进料，也就没有产品，即 $F=0$，$D=0$，$W=0$。因此，回流比 $R=\frac{L}{D}\rightarrow\infty$，精馏段操作线斜率 $\frac{R}{R+1}=\frac{1}{1+1/R}\xlongequal{R\rightarrow\infty}1$，截距 $\frac{x_D}{R+1}\xlongequal{R\rightarrow\infty}0$。此时，操作线方程为 $y_n=x_{n-1}$，即操作线与 y-x 图上的对角线重合。

全回流时的理论板数可用逐板法或图解法计算。如图 6-30 所示，根据分离要求，从 D 点（x_D，y_D）开始在操作线（与对角线重合）与平衡曲线之间绘直角梯级，直至 $x_N\leqslant x_W$ 为止，梯级数目就是指定分离程度（x_D，x_W）所需要的最少理论板数（包括蒸馏釜）。这个 N_{min} 在后面介绍的理论板数简捷计算法中有用。

图 6-30 全回流时理论板数

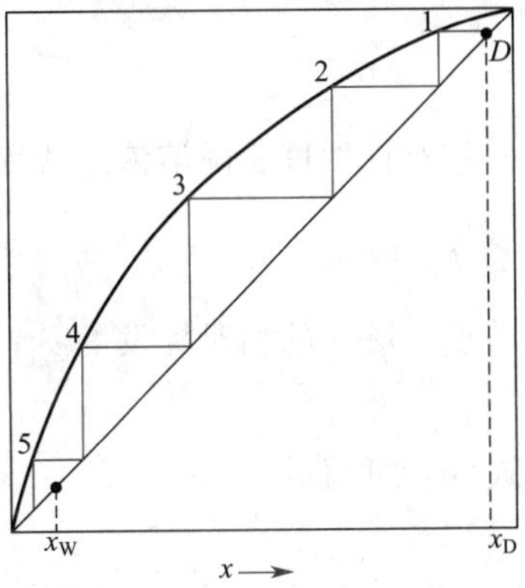

对于理想溶液，N_{min} 也可用芬斯克方程计算，其方程推导如下。

离开第 n 块理论板的汽相（组成 y_n）与液相（组成 x_n）的平衡关系可用第 n 板温度下两组分的相对挥发度 α_n 表示为［式(6-13)］

$$\frac{y_n}{1-y_n}=\alpha_n\frac{x_n}{1-x_n}$$

全回流时，操作线与对角线重合，则操作线方程为

$$y_{n+1}=x_n$$

参照图 6-31 与图 6-32，用上述相平衡方程和操作线方程从塔顶逐板推导出全回流时的 N_{min} 计算式。

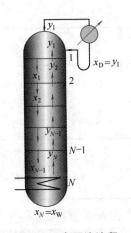

图 6-31 全回流流程

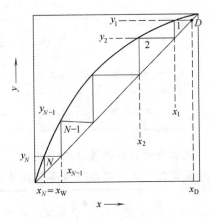

图 6-32 全回流时理论板数

$$\frac{y_1}{1-y_1}\xlongequal[\text{相平衡}]{\text{第一板}}\alpha_1\left(\frac{x_1}{1-x_1}\right)\overset{\text{操作线}}{=}\alpha_1\left(\frac{y_2}{1-y_2}\right)\overset{\text{第二板相平衡}}{=}\alpha_1\left(\alpha_2\frac{x_2}{1-x_2}\right)$$

$$= \alpha_1 \alpha_2 \left(\frac{x_2}{1-x_2} \right) = \cdots = \alpha_1 \alpha_2 \cdots \alpha_{N-1} \left(\alpha_N \frac{x_N}{1-x_N} \right) \tag{a}$$

操作线　　　第 N 板相平衡

因 $y_1 = x_D$, $x_N = x_W$, 将式(a) 改写为

$$\frac{x_D}{1-x_D} = \alpha_1 \alpha_2 \cdots \alpha_{N-1} \alpha_N \frac{x_W}{1-x_W} \tag{b}$$

相对挥发度 α 随溶液组成而变化, 若取平均相对挥发度 α 代替各板上的相对挥发度, 则

$$\alpha = \sqrt[N]{\alpha_1 \alpha_2 \cdots \alpha_{N-1} \alpha_N} \tag{6-48}$$

当塔顶、塔底的相对挥发度 α_1 与 α_N 相差不大时, 可近似取 α_1 与 α_N 的几何平均值, 即

$$\alpha = \sqrt{\alpha_1 \alpha_N} \tag{6-49}$$

则式(b) 可写成

$$\frac{x_D}{1-x_D} = \alpha^N \left(\frac{x_W}{1-x_W} \right)$$

用 N_{min} 表示全回流时所需最小理论板数 (包括蒸馏釜), 并将上式两边取对数, 整理得芬斯克 (Fenske) 方程

$$N_{min} = \frac{\lg \left[\left(\frac{x_D}{1-x_D} \right) \left(\frac{1-x_W}{x_W} \right) \right]}{\lg \alpha} \tag{6-50}$$

式中, N_{min} 为全回流时所需最少理论板数 (包括蒸馏釜); α 为全塔平均相对挥发度。

全回流操作只用于精馏塔的开工、调试或实验研究中。

【例 6-13】　分离正庚烷与正辛烷的混合液 (正庚烷为易挥发组分), $x_F = 0.45$, $x_D = 0.95$, $x_W = 0.05$, 均为摩尔分数。汽液相平衡数据 (压力为 101.3kPa) 如表 6-4。

表 6-4　汽液相平衡数据

温度/℃	98.4	105	110	115	120	125.6
x/摩尔分数	1.0	0.656	0.487	0.311	0.157	0.0
y/摩尔分数	1.0	0.810	0.673	0.491	0.280	0.0

试求全回流时的最少理论板数:(1) 用图解法;(2) 用芬斯克方程。

正庚烷与正辛烷的饱和蒸气压数据如下。

温度/℃	正庚烷(p_A°)/kPa	正辛烷(p_B°)/kPa
98.4	101.3	44.4
125.6	205.3	101.3

解　(1) 图解法求 N_{min}

如图 6-33 所示, 自对角线上的 D 点 ($x_D = 0.95$) 开始, 在对角线与平衡线间作直角梯

级，直至第八级的液相组成 $x_8 < x_W$（0.05）为止。所得 8 块理论板就是根据分离要求（$x_D = 0.95$，$x_W = 0.05$）求得的全回流时最少理论板数，其中包括蒸馏釜。

（2）用芬斯克方程求 N_{min}

先计算相对挥发度，正庚烷-正辛烷混合液可视为理想溶液。塔顶为 98.4℃ 时的相对挥发度

$$\alpha_D = \frac{p_A^\circ}{p_B^\circ} = \frac{101.3}{44.4} = 2.28，塔底为 125.6℃ 时的相$$

对挥发度 $\alpha_W = \dfrac{p_A^\circ}{p_B^\circ} = \dfrac{205.3}{101.3} = 2.03$，平均相对挥发

度 $\alpha = \sqrt{2.28 \times 2.03} = 2.15$。

全回流时所需最少理论板数（包括蒸馏釜）为

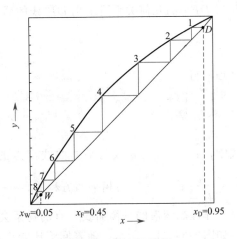

图 6-33　例 6-13 附图

正庚烷-正辛烷溶液全回流时最少理论板数计算

$$N_{min} = \frac{\lg\left[\left(\dfrac{x_D}{1-x_D}\right)\left(\dfrac{1-x_W}{x_W}\right)\right]}{\lg\alpha} = \frac{\lg\left[\left(\dfrac{0.95}{0.05}\right)\left(\dfrac{0.95}{0.05}\right)\right]}{\lg 2.15} = 7.69$$

取整数，$N_{min} = 8$，与图解法计算结果相同。

（二）最小回流比

若回流比减小，两操作线向平衡曲线靠近，为达到指定分离程度（x_D，x_W）所需的理论板数增多。当回流比减少到某一数值时，两操作线的交点 P ［如图 6-34(a) 所示］将落在平衡曲线上。此时，在平衡曲线与操作线之间绘梯级，需要无穷多的梯级才能达到 P 点。这时的回流比称为**最小回流比**（minimum reflux ratio），以 R_{min} 表示。对于一定的分离要求，R_{min} 是回流比的最小值。它可作为选择回流比 R 的基准。

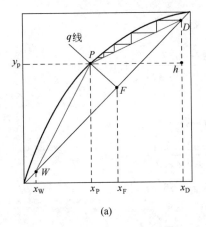

(a)

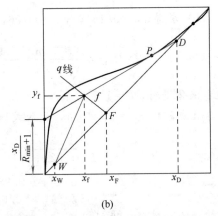

(b)

图 6-34　最小回流比

在 P 点附近（进料板附近），各板汽液组成基本无变化，即无增浓作用。这个区域称为**恒浓区**，P 点称为**夹（紧）点**（pinch point）。

如图 6-34（a）所示，DP 线为最小回流比时的精馏段操作线。在点 D，$y_1 = x_D$，从三

角形 DPh 的几何关系可求出 DP 线的斜率为

$$\frac{R_{\min}}{R_{\min}+1}=\frac{\overline{Dh}}{\overline{Ph}}=\frac{x_{D}-y_{P}}{x_{D}-x_{P}}$$

整理后得

$$R_{\min}=\frac{x_{D}-y_{P}}{y_{P}-x_{P}} \tag{6-51}$$

式中，x_P、y_P 为 q 线与平衡曲线交点的坐标，可用作图法从图中读出，也可用 q 线方程 $y_P=\frac{q}{q-1}x_P-\frac{x_F}{q-1}$ 与相平衡方程 $y_P=\frac{\alpha x}{1+(\alpha-1)x_P}$ 联立求解。

非理想溶液的平衡曲线，有的物系会出现向下弯曲的现象。例如，乙醇水溶液的平衡曲线如图 6-34（b）所示。随着回流比减小，操作线向平衡曲线靠近的过程中，在两操作线交点尚未达到平衡线之前，操作线与平衡线相切于 P 点，切点 P 即为夹点。与这条操作线相对应的回流比即为最小回流比 $R_{\min}$。在这种情况下，$R_{\min}$ 仍可用式(6-51)计算，式中的 x_P、y_P 改用 q 线与精馏段操作线交点（图中 f 点）的坐标（x_f、y_f）。也可以读取精馏段操作线的截距 $x_D/(R_{\min}+1)$，然后计算出 $R_{\min}$。

【例 6-14】 正戊烷-正己烷混合液（理想溶液）连续精馏，其 $x_F=0.4$，$x_D=0.98$（均为摩尔分数），已知平均相对挥发度 $\alpha=2.92$。试计算 3 种进料状态下的最小回流比：（1）冷液进料（$q=1.2$）；（2）饱和液体进料；（3）汽液混合物进料，进料温度为 55℃。

解 （1）冷液进料，$q=1.2$

相平衡方程为

$$y_P=\frac{\alpha x_P}{1+(\alpha-1)x_P}=\frac{2.92x_P}{1+1.92x_P} \tag{a}$$

q 线方程为

$$y_P=\frac{q}{q-1}x_P-\frac{x_F}{q-1}=\frac{1.2}{0.2}x_P-\frac{0.4}{0.2}$$

$$y_P=6x_P-2 \tag{b}$$

由式(a) 与 (b) 求得 $x_P=0.451$，$y_P=0.706$，则

$$R_{\min}=\frac{x_D-y_P}{y_P-x_P}=\frac{0.98-0.706}{0.706-0.451}=1.07$$

（2）饱和液体进料，$q=1$

q 线为垂直线，故 $x_P=x_F=0.4$，代入式(a) 得

$$y_P=\frac{2.92x_P}{1+1.92x_P}=\frac{2.92\times0.4}{1+1.92\times0.4}=0.66$$

$$R_{\min}=\frac{x_D-y_P}{y_P-x_P}=\frac{0.98-0.66}{0.66-0.4}=1.23$$

（3）汽液混合物进料，进料温度 $t_F=55$℃

从例 6-1 表 6-2 中查得 55℃时液相组成 $x=0.31$，汽相组成 $y=0.57$，已知 $x_F=0.4$。

进料中液相分数 q，按杠杆定律为

$$q=\frac{L}{F}=\frac{y-x_F}{y-x}=\frac{0.57-0.4}{0.57-0.31}=0.65$$

q 线方程为

$$y_P = \frac{q}{q-1}x_P - \frac{x_F}{q-1} = \frac{0.65}{-0.35}x_P - \frac{0.4}{-0.35} = -1.86x_P + 1$$

代入式(a)，求得 $x_P = 0.309$，$y_P = 0.565$，故

$$R_{min} = \frac{x_D - y_P}{y_P - x_P} = \frac{0.98 - 0.565}{0.565 - 0.309} = 1.62$$

（三）适宜回流比

前面介绍了全回流时的回流比（$R = \infty$）是回流比的最大值，最小回流比 R_{min} 是回流比的最小值。那么，在实际设计时，回流比 R 在 R_{min} 与 $R\infty$ 之间取多大为适宜呢？这要从精馏过程的设备费用与操作费用两方面来确定。设备费用与操作费用之和为最低的回流比称为适宜回流比（optimum reflux ratio）。

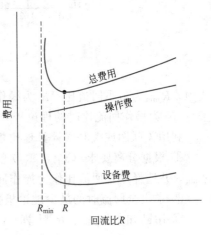

图 6-35　适宜回流比 **R** 的确定

当回流比最小时，塔板数无穷多，因而设备费为无穷大。当 R 稍大于 R_{min} 时，塔板数便锐减，塔的设备费随之锐减。当 R 继续增大，塔板数固然仍随之减少，但已较缓慢。另一方面，由于 R 的增大，塔内上升蒸气量随之增多，从而使塔径、蒸馏釜、冷凝器等尺寸相应增大，故 R 增大到某一数值以后，设备费用又回升，如图 6-35 所示。

精馏过程的操作费用主要有蒸馏釜加热介质费用和冷凝器冷却介质费用。当回流比增大时，加热介质和冷却介质的消耗量随之增多，使操作费相应增大，如图 6-35 所示。

总费用是设备费用与操作费用之和，它与 R 的大致关系如图 6-35 中总费用曲线所示，其最低点对应的 R 即为适宜回流比（optimum reflux ratio）。

在精馏设计中，通常采用由实践总结出来的适宜回流比，其范围为最小回流比的 $1.1 \sim 2.0$ 倍，即

$$R = (1.1 \sim 2.0)R_{min} \tag{6-52}$$

对于难分离的物系，R 值应取得更大些。

八、理论板数的简捷计算法

在精馏塔的初步设计中，有时需用经验关联图快速估算理论板数。图 6-36 是吉利兰（Gilliland）关联图。它对五十多种双组分和多组分精馏进行逐板计算，以最小回流比 R_{min} 与最少理论板数 N_{min} 为基准，以 $(R - R_{min})/(R + 1)$ 为横坐标，$(N - N_{min})/(N + 1)$ 为纵坐标，把理论板数 N（包括蒸馏釜）与回流比 R 关联起来。

关联图中的曲线可近似用下式表示

$$\frac{N - N_{min}}{N + 1} = 0.75 - 0.75\left(\frac{R - R_{min}}{R + 1}\right)^{0.5668} \tag{6-53}$$

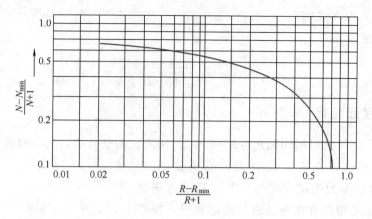

图 6-36 吉利兰关联图

式中，R_{min} 为最小回流比；R 为操作回流比；N_{min} 为全回流时的最少理论板数（包括蒸馏釜）；N 为操作回流比时的理论板数（包括蒸馏釜）。

利用关联图或关联式计算理论板数的步骤如下：

① 根据分离要求（x_D，x_W）、进料组成 x_F 与进料热状态（q 值）求出最小回流比 R_{min}，并选择适宜回流比作为操作回流比 R；

② 求出全回流时的最少理论板数 N_{min}（包括蒸馏釜）；

③ 用已知的 R_{min}、R 计算 $(R-R_{min})/(R+1)$，再用吉利兰关联图或关联式求出 $(N-N_{min})/(N+1)$，进而求出理论板数 N（包括蒸馏釜）。

【例 6-15】 分离正庚烷-正辛烷溶液，饱和液体进料，$x_F=0.45$，$x_D=0.95$（均为摩尔分数）。在例 6-13 中已求出最少理论板数 $N_{min}=7.69$，y-x 平衡曲线如图 6-33（例 6-13 附图）所示。取回流比 $R=1.5R_{min}$，试用简捷计算法求理论板数（包括蒸馏釜）。

解 已知 $x_F=0.45$，$x_D=0.95$

（1）求最小回流比 R_{min} 与操作回流比 R

饱和液体进料，q 线为垂直线，与平衡曲线的交点为夹点 P，其坐标为 $x_P=x_F=0.45$，$y_P=0.636$。

$$R_{min}=\frac{x_D-y_P}{y_P-x_P}=\frac{0.95-0.636}{0.636-0.45}=1.69$$

$$R=1.5R_{min}=1.5\times1.69=2.54$$

（2）简捷计算法求理论板数

$$\frac{R-R_{min}}{R+1}=\frac{2.54-1.69}{2.54+1}=0.24$$

查关联图，得

$$\frac{N-N_{min}}{N+1}=0.415$$

例 6-13 中已求出 $N_{min}=7.69$，代入上式求得全塔理论板数 $N=13.9$，取整数 $N=14$（包括蒸馏釜）。

九、精馏塔的操作计算

已知进料条件（组成 x_F，进料热状态参数 q），根据分离要求（塔顶产品组成 x_D，塔

底产品组成 x_W）以及回流比 R，计算所需要的理论板数及进料板位置，这属于设计计算。

若精馏塔的理论板数及进料板位置已定，由给定的进料条件（x_F，q）及操作条件（回流比 R）计算产品组成 x_D、x_W，或者由 x_D、x_W 计算所需要的操作回流比 R，这些属于操作计算。精馏塔的操作计算也需要用相平衡关系和精馏段、提馏段操作线方程，但需用试差法计算。

【**例 6-16**】 若某精馏塔有 N 块理论板，其中精馏段有 m 块，提馏段（$N-m$）块。进料量为 F，进料组成为 x_F，进料热状况为 q，回流比为 R 时，塔顶及塔釜组成分别为 x_D、x_W。当进料情况及塔顶采出率 D/F 都不变的情况下，R 增加，问塔顶及塔釜组成 x_D、x_W 将如何变化？

解 当回流比 R 增大时，精馏段斜率 $\dfrac{L}{V}=\dfrac{R}{R+1}$ 增大，

提馏段斜率 $\dfrac{L'}{V'}=\dfrac{RD+qF}{RD+qF-(F-D)}$ 减小。

操作达到稳定时，满足全塔物料衡算和理论板数 N 一定的前提下，x_F、q 不变，精馏段和提馏段分离能力增强，馏出液组成 x_D 增加，釜液组成 x_W 减小，如图 6-37 所示。

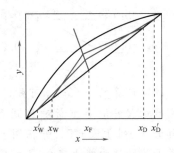

图 6-37 例 6-16 附图

必须指出，在馏出液采出率 D/F 一定的条件下，通过增加回流比 R 来提高 x_D 的方法并非总是有效的，原因有以下几点。

① x_D 的提高受到精馏塔分离能力的限制。对一定塔板数，回流比增至无穷大时（全回流），对应的 x_D 的最高极限值在实际回流比下不可能超过此极限值。

② x_D 的提高受到全塔物料衡算的限制。加大回流比 R 可提高 x_D，但其极限值 $x_{Dmax}=Fx_F/D$。如 $x_{Dmax}=Fx_F/D$ 的数值大于 1，则 x_D 应取的极限值为 1。

此外，操作回流比 R 增加，塔釜和塔顶的热负荷都上升，因此还受到塔釜再沸器及塔顶冷凝器换热面积的限制。

【**例 6-17**】 有一双组分混合液，想要在如图 6-38(a) 所示的精馏塔中分离。精馏段有 5 块理论板，下面有再沸器。泡点进料，进入再沸器，进料组成为 0.5（摩尔分数）。塔顶有全凝器，泡点回流，要求塔顶产品组成为 0.9（摩尔分数）。此物系的平均相对挥发度 $\alpha=2$。试求所需要的回流比 R 及塔底产品组成。

解 （1）本题需要假设一个回流比 R，写出精馏段操作线方程，由已知的 $y_1=x_D=0.9$，从塔顶第一块理论板开始，用相平衡方程及精馏段操作线方程逐板向下计算，当计算到第五块理论板的液相组成 x_5，等于进料组成 $x_F=0.5$（因泡点进料，q 线为 $x_F=0.5$ 的垂直线，q 线与精馏段操作线交点的横坐标 $x_f=x_F=0.5$）时，则所假设的 R 为所需要的回流比。否则，重新假设 R，再计算。

在假设 R 值之前，先求出最小回流比 $R_{min}=1.4$，因适宜回流比 $R=(1.1\sim2)R_{min}$，故在 $R=1.54\sim2.8$ 范围内选择回流比。

先假设 $R=2$，已知 $x_D=0.9$，精馏段操作线方程为

$$y=\frac{R}{R+1}x+\frac{x_D}{R+1}=\frac{2}{3}x+\frac{0.9}{3}=0.667x+0.3$$

已知 $\alpha = 2$，相平衡方程为

$$x = \frac{y}{\alpha - (\alpha - 1)y} = \frac{y}{2 - y}$$

用逐板法计算如下（也可用图解法计算）

$y_1 = x_D = 0.9 \xrightarrow{\text{相平衡}} x_1 = 0.818$

$y_2 = 0.846 \xleftarrow{\text{操作线}} x_2 = 0.733$

$y_3 = 0.789 \longleftarrow x_3 = 0.651$

$y_4 = 0.734 \longleftarrow x_4 = 0.580$

$y_5 = 0.687 \longleftarrow x_5 = 0.523$ 　大于 $x_F(0.5)$

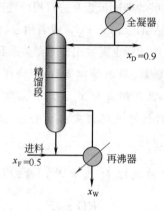

(a) 精馏塔结构示意

从计算的 $x_5 > x_F$ 可知，所假设的 R 比所需要的 R 小，再重新对 R 进行计算。将 3 次计算的 x_5 列于表 6-5，并在图 6-38(b) 上绘成一条曲线。从曲线上可知 $R = 2.25$ 时，$x_5 = 0.5$。故所求的回流比 $R = 2.25$。

表 6-5 　R 与 x_5 的关系

计算次数	第一次	第二次	第三次
回流比 R	2	2.78	2.5
x_5	0.523	0.462	0.480

（2）塔底产品组成 x_W 的计算

将 $x_F = 0.5$ 代入精馏段操作线方程，求出再沸器上升蒸气组成 $y_W = 0.623$。与 $y_W = 0.623$ 成平衡的液相组成，即为 x_W。故将 $y_W = 0.623$ 代入相平衡方程，求得 $x_W = 0.452$。将计算结果用图解法表示在图 6-38(c) 上。

【例 6-18】 分离正戊烷-正己烷溶液（理想溶液，平均相对挥发度 $\alpha = 2.92$）的连续操作精馏塔，进料组成 $x_F = 0.4$，进料热状态参数 $q = 1.22$，理论板数为 10，进料板为第六块。若回流比 $R = 2$，试求馏出液组成 x_D 及釜液组成 x_W。

解 用试差法计算，相平衡方程为

$$x = \frac{y}{\alpha - (\alpha - 1)y} = \frac{y}{2.92 - 1.92y} \qquad \text{(a)}$$

（1）x_D 的计算

假设 $x_D = 0.965$，精馏段操作线方程为

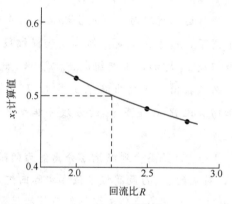

(b) R 与 x_5 的关系

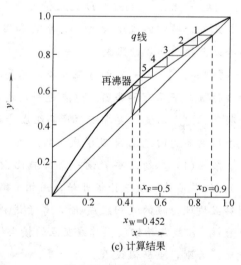

(c) 计算结果

图 6-38 　例 6-17 附图

$$y = \frac{R}{R+1}x + \frac{x_D}{R+1} = \frac{2}{2+1}x + \frac{0.965}{2+1} = 0.6667x + 0.3217 \qquad \text{(b)}$$

两操作线交点的横坐标为

$$x_f = \frac{(R+1)x_F + (q-1)x_D}{R+q} = \frac{(2+1)\times 0.4 + (1.22-1)\times 0.965}{2+1.22} = 0.4386$$

用相平衡方程（a）与精馏段操作线方程（b）计算如下

$$y_1 = x_D = 0.965 \xrightarrow{\text{相平衡}} x_1 = 0.9042$$
$$y_2 = 0.9245 \xrightarrow{\text{操作线}} x_2 = 0.8075$$
$$y_3 = 0.8601 \longrightarrow x_3 = 0.6779$$
$$y_4 = 0.7737 \longrightarrow x_4 = 0.5393$$
$$y_5 = 0.6813 \longrightarrow x_5 = 0.4226 \quad \text{小于 } x_f(0.4386)$$

从计算的 $x_5 < x_f$ 可知，所假设的 x_D 偏小，重新假设大一点的 x_D 进行计算。将 3 次假设的 x_D 与 $(x_f - x_5)$ 的数值列于表 6-6，并在图 6-39 上绘成一条曲线，从曲线上可知 $x_D = 0.968$ 的 $(x_f - x_5) = 0$，故所求的 $x_D = 0.968$。

表 6-6 例 6-18 附表 1

计算次数	第一次	第二次	第三次
假设 x_D	0.965	0.967	0.97
$x_f - x_5$	0.016	0.00578	-0.0113

（2）x_W 的计算

当 $x_D = 0.968$ 时，两操作线交点的坐标为

$$x_f = \frac{(R+1)x_F + (q-1)x_D}{R+q} = \frac{(2+1)\times 0.4 + (1.22-1)\times 0.968}{2+1.22} = 0.4388$$

$$y_f = \frac{Rx_F + qx_D}{R+q} = \frac{2\times 0.4 + 1.22\times 0.968}{2+1.22} = 0.6152$$

设 $x_W = 0.037$，塔釜汽相回流比 R' 为

$$R' = (R+1)\frac{x_F - x_W}{x_D - x_F} + (q-1)\frac{x_D - x_W}{x_D - x_F}$$

$$= (2+1)\frac{0.4 - 0.037}{0.968 - 0.4} + (1.22-1)\frac{0.968 - 0.037}{0.968 - 0.4} = 2.278$$

提馏段操作线方程为

$$y = \frac{R'+1}{R'}x - \frac{x_W}{R'} = \frac{2.278+1}{2.278}x - \frac{0.037}{2.278} = 1.439x - 0.0162 \tag{c}$$

用相平衡方程（a）与提馏段操作线方程（c），从 $y_6 = y_f = 0.6152$ 开始逐板计算如下

$$y_6 = 0.6152 \xrightarrow{\text{相平衡}} x_6 = 0.3538$$
$$y_7 = 0.4929 \xrightarrow{\text{操作线}} x_7 = 0.2497$$
$$y_8 = 0.3431 \longrightarrow x_8 = 0.1517$$
$$y_9 = 0.2021 \longrightarrow x_9 = 0.0798$$
$$y_{10} = 0.0986 \longrightarrow x_{10} = 0.0361 \quad (\text{小于假设的 } x_W)$$

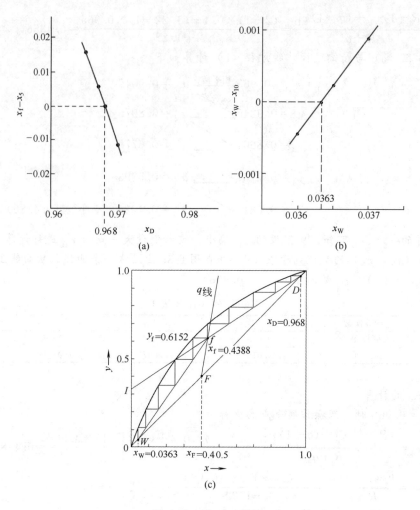

图 6-39　例 6-18 附图

从计算结果可知，所假设的 x_W 偏大，重新假设小一点的 x_W 进行计算。将 3 次假设的 x_W 与 $(x_W - x_{10})$ 的数值列于表 6-7，并在图 6-39(b) 上绘成一条直线。用第二次与第三次的计算结果进行比例内插，即

$$\frac{0.0365 - x_W}{0.0365 - 0.036} = \frac{0.00023 - 0}{0.00023 - (-0.00043)}$$

求得 $\qquad\qquad\qquad\qquad x_W = 0.0363$

表 6-7　例 6-18 附表 2

计算次数	第一次	第二次	第三次
假设 x_W	0.037	0.0365	0.036
$x_W - x_{10}$	0.0009	0.00023	-0.00043

将计算结果用图解法表示在图 6-39(c) 上。

总结精馏塔操作计算方法如下：

① 已知条件有 α、x_F、q、R 及总理论板数 N 与进料板为第 N_F 板；

② 求 x_D 与 x_W。

试差法的计算步骤如下。

① 计算 x_D　假设 x_D，计算两操作线交点的横坐标 x_f。用相平衡方程与精馏段操作线方程，从 $y_1 = x_D$ 开始逐板计算 x_1，y_2，…，当计算到进料板的上一板的液相组成等于 x_f 时，表明所假设的 x_D 正确。否则，需要再假设 x_D，重新计算。

② 计算 x_W　用所求的 x_D 计算两操作线交点的纵坐标 y_f。进料板的汽相组成 y_{N_F} 等于 y_f，从 $y_{N_F} = y_f$ 开始，用相平衡方程与提馏段操作线方程逐板计算。当计算到第 N 块理论板的液相组成等于所假设的 x_W 时，表明所假设的 x_W 正确。否则需要再假设 x_W，重新计算。

十、直接蒸汽加热及两股进料的精馏塔

(一) 直接蒸汽（水蒸气）加热的精馏塔

当分离含有易挥发组分的水溶液时，可将加热蒸汽直接通入塔釜，而省去间接加热设备。

图 6-40(a) 为直接蒸汽（open steam，direct steam）加热的连续精馏装置。水蒸气以鼓泡方式通入釜液中，如有足够的时间，认为离开釜液的上升蒸气与釜液达到平衡状态。

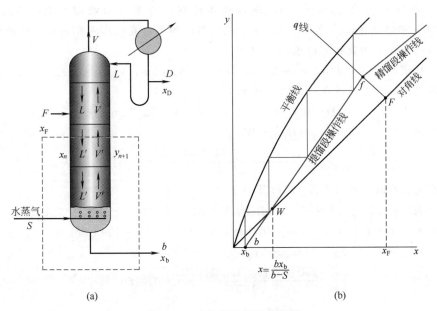

(a)　　　　　　　　　　　　　　(b)

图 6-40　直接蒸汽加热的精馏

塔釜用直接蒸汽加热时的提馏段操作线方程，与间接蒸汽加热时的不同，可通过物料衡算得到，对图 6-40(a) 所示的虚线范围作物料衡算。

总物料衡算 $\qquad L'+S=V'+b$ $\qquad$ (6-54)

易挥发组分衡算 $\qquad L'x_n=V'y_{n+1}+bx_b$ $\qquad$ (6-55)

式中，S 为加热蒸汽量，kmol/h。

依据恒摩尔流假设，有 $S=V'$，$L'=b$。若略去式(6-55)中 y_{n+1} 与 x_n 的下标，可求得提馏段操作线方程为

$$y=\frac{b}{S}x-\frac{b}{S}x_b \qquad (6-56)$$

由此式可知，当 $x=x_b$ 时，$y=0$。即提馏段操作线与 x 轴相交于 x_b 处，即图 6-40(b) 中的 b 点。

当 $y=x$ 时，由式(6-56)可求得

$$x=\frac{bx_b}{b-S} \qquad (6-57)$$

即提馏段操作线与对角线交于 $x=\dfrac{bx_b}{b-S}$。bx_b 为直接水蒸气加热时釜液流量 b 中的易挥发组分的含量，而 $(b-S)$ 为釜液流量减去直接水蒸气流量，它等于间接水蒸气加热时的釜液流量 W，即 $W=b-S$。因此，式(6-57) 中的 $x=x_W$ 即间接水蒸气加热时釜液组成，如图 6-40(b) 中提馏段操作线与对角线的交点 W 所示。两种加热情况下的提馏段操作线是一条直线。

由上述可知，用直接水蒸气加热时，理论板数的图解法与间接水蒸气加热时相同。但应注意，其提馏段操作线与 x 轴交于 x_b，故最后一个梯级必须跨过 x 轴上的 x_b 为止。

直接水蒸气加热时，由于釜液被水蒸气的冷凝液所稀释，其组成较间接水蒸气加热时 x_W 低，在 y-x 图上画的梯级数，一般能多一个梯级。

【例 6-19】 含甲醇 0.45（摩尔分数，下同）的甲醇水溶液，在一常压连续操作的精馏塔中分离。原料流量为 100kmol/h，饱和液体进料，要求馏出液组成为 0.95，流量为 44.4kmol/h。塔顶液体回流比为 1.5，试求间接蒸汽加热与直接蒸汽加热时的理论板数。甲醇水溶液的汽液相平衡数据见附录二十四。

解 已知 $F=100$kmol/h，$x_F=0.45$，$D=44.4$kmol/h，$x_D=0.95$。

间接蒸汽加热时釜液组成 x_W 的计算如下

$$F=D+W, \quad 100=44.4+W, \quad W=55.6\text{kmol/h}$$

$$Fx_F=Dx_D+Wx_W$$

$$x_W=\frac{100\times0.45-44.4\times0.95}{55.6}=0.051$$

直接蒸汽加热时釜液组成 x_b 的计算如下

$$L=RD=1.5\times44.4=66.6\text{kmol/h}, \quad V=RD+D=66.6+44.4=111\text{kmol/h}$$

$$b=L'=L+F=66.6+100=167\text{kmol/h}, \quad S=V'=V=111\text{kmol/h}$$

$$Fx_F=Dx_D+bx_b$$

$$x_b=\frac{100\times0.45-44.4\times0.95}{167}=0.0169$$

精馏段操作线的截距 $\dfrac{x_D}{R+1}=\dfrac{0.95}{1.5+1}=0.38$。已知 $q=1$，在图 6-41 上画出精馏段操作线、q 线以及提馏段操作线，并画出梯级。

间接蒸汽加热时，总梯级数为 7，第五梯级为进料板，精馏段理论板数为 4，提馏段理

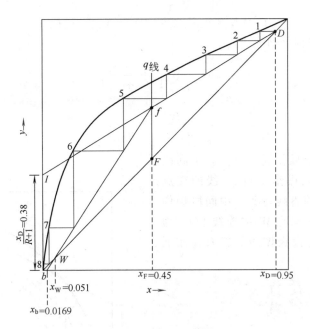

图 6-41　例 6-19 附图

论板数为 3（包括蒸馏釜）。

　　直接蒸汽加热时，总梯级数为 8，精馏段理论板数及进料板位置与间接蒸汽加热时相同，提馏段理论板数为 4（包括蒸馏釜），比间接蒸汽加热时多一块理论板。

（二）两股进料的精馏塔

　　如有成分相同而组成不同的两种原料，一般不将他们混合后进入塔内，而是按其不同组成分别进塔的不同位置。这是因为混合后进塔，所需理论板数增多。如果想使两种情况的理论板数相同，则单股进料时的塔顶回流比要比两股进料时的多，因此蒸馏釜的热负荷需要增多。

　　如图 6-42 所示，两股进料的精馏塔，分为精馏段、中间段与提馏段的 3 段。精馏段与提馏段的操作线与单股进料时相同。

　　从塔的中间段到塔顶作物料衡算，推导中间段操作线方程如下。

　　总物料衡算　　$V'' + F_1 = L'' + D$　　　　（6-58）

易挥发组分物料衡算　　$V''y + F_1 x_{F_1} = L''x + Dx_D$　　（6-59）

整理得中间段操作线方程为

$$y = \frac{L''}{V''}x + \frac{Dx_D - F_1 x_{F_1}}{V''} \qquad (6-60)$$

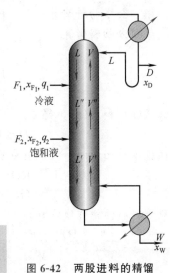

图 6-42　两股进料的精馏

式中，L''、V'' 分别为中间段各层塔板的下降液体流量与上升蒸气流量。

　　塔内各段之间汽液两相流量的关系为

$$L'' = L + q_1 F_1, \quad V'' = V + (q_1 - 1)F_1 \qquad (6-61)$$

$$L'=L''+q_2F_2, \quad V'=V''+(q_2-1)F_2 \tag{6-62}$$

两股进料时的 q 线方程分别为

$$y=\frac{q_1}{q_1-1}x-\frac{x_{F_1}}{q_1-1} \tag{6-63}$$

$$y=\frac{q_2}{q_2-1}x-\frac{x_{F_2}}{q_2-1} \tag{6-64}$$

图 6-43 中给出了操作线示意图，中间段的操作线可由精馏段操作线与 q_1 线的交点 f_1 作斜率为 L''/V'' 的直线得到。中间段操作线与 q_2 线的交点 f_2 与点 W 的连线 Wf_2 为提馏段操作线。这 3 段操作线的斜率存在下列关系

$$\frac{L}{V}<\frac{L''}{V''}<\frac{L'}{V'}$$

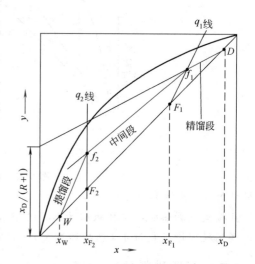

图 6-43 两股进料精馏的操作线

【例 6-20】 在常压连续精馏塔中分离苯-甲苯混合液，第一股进料 $F_1=100\text{kmol/h}$，$x_{F_1}=0.6$（摩尔分数，下同），第二股进料 $F_2=200\text{kmol/h}$、$x_{F_2}=0.3$，均为饱和液体进料，各自在组成相近的塔板加入。要求通过精馏操作分离后馏出液组成不小于 0.9，釜液组成不大于 0.02，回流比为 2，试求两股进料间的操作线方程。

解 全塔物料衡算 $\quad F_1+F_2=D+W$

轻组分物料衡算

$$F_1x_{F_1}+F_2x_{F_2}=Dx_D+Wx_W$$
$$100+200=D+W \tag{a}$$
$$100\times0.6+200\times0.3=D\times0.9+W\times0.02 \tag{b}$$

联立式（a）和式（b），得

$$D=129.5\text{kmol/h}, \quad W=170.5\text{kmol/h}$$

设两股进料间的液、汽流量分别为 L''、V''，则

$$L''=RD+q_1F_1=2\times129.5+1\times100=359\text{kmol/h}$$
$$V''=(R+1)D+(q_1-1)F_1=3\times129.5+0=388.5\text{kmol/h}$$

两股进料间的操作线方程为

$$y=\frac{L''}{V''}x+\frac{Dx_D-F_1x_{F_1}}{V''}=\frac{359}{388.5}x+\frac{129.5\times0.9-100\times0.6}{388.5}=0.924x+0.146$$

第四节 间 歇 精 馏

间歇精馏也称为分批精馏（batch rectification），是将一批原料全部加入蒸馏釜中进行

蒸馏。当釜液组成达到规定值后排出残液,然后开始下一批蒸馏操作。

间歇精馏适用于原料处理量较少且原料的种类、组成或处理量经常改变的情况。通常在小型多品种产品的工厂中使用。图 6-44 为间歇精馏装置。

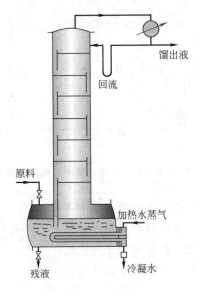

图 6-44 间歇精馏装置

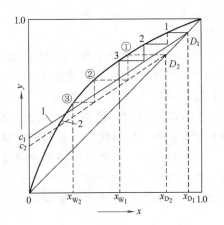

图 6-45 回流比恒定的间歇精馏

间歇精馏的特点如下:

① 属于非稳态操作,塔内各项参数(汽液组成及温度等)随着时间而变化;

② 精馏塔只有精馏段,没有提馏段。

间歇精馏通常有两种操作方式:

① 保持回流比恒定,而馏出液组成逐渐减小;

② 保持馏出液组成恒定,而逐渐增大回流比。

一、回流比恒定的操作

在理论板数一定的条件下,间歇精馏的釜液在精馏过程中逐渐减小。若回流比保持恒定,则馏出液组成必将逐渐减小。

现以三层理论板的间歇精馏塔为例,说明操作过程中操作线是如何变化的。

因回流比 R 保持恒定,则操作线斜率 $R/(R+1)$ 为一定值。随着精馏过程的进行,若釜液组成与馏出液组成分别由 x_{W_1}、x_{D_1} 减小到 x_{W_2}、x_{D_2},则操作线平行下移,如图 6-45 所示。直到釜液组成达到规定值,操作即停止。所得馏出液组成是各瞬间组成的平均值。

二、馏出液组成恒定的操作

在理论板数一定的条件下,间歇精馏的釜液在精馏过程中逐渐减小。若回流比保持恒定,则馏出液组成必将逐渐减小。但为了保持馏出液组成恒定,必须逐渐增大回流比。

现以四层理论板的间歇精馏塔为例,说明操作过程中操作线是如何变化的。

如图 6-46 所示,若馏出液组成保持为 x_D,在回流比 R_1 下操作时,釜液组成为 x_{W_1},此时的操作线为图中的实线。随着操作进行,釜液组成不断减小,回流比不断增大,使馏出

液组成保持为 x_D。当釜液组成减小到 x_{W_2}，回流比增大到 R_2 时，操作线为图中的虚线。这样不断增大回流比，直到釜液组成达到规定要求停止操作。

上述两种操作方式各有优缺点。恒回流比操作时，虽操作方便，但馏出液组成为操作开始到终止时的平均值；而恒馏出液组成操作时，虽然馏出液组成较大，但连续增大回流比操作较困难。

如果将上述两种操作方式结合起来，使连续式增大回流比改为间断地增大回流比，即先在恒定回流比下操作一段时间，当馏出液组成减小到一定数值时，使回流比增大一定量，保持恒定再操作一段时间，如此间断地增大回流比，以保持馏出液组成基本不变。

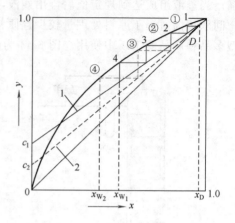

图 6-46　馏出液组成恒定的间歇精馏

在每批精馏的后期，釜液组成很低，回流比很大，馏出液量又很小，经济上不合算。因此，在回流比急剧增大时，终止收集原定组成的馏出液，仍保持较小回流比，蒸出一部分中间馏分，直到釜液组成达到规定为止。中间馏分加入下一批料液中再次精馏。

第五节　恒沸精馏与萃取精馏

当液体混合物属于下列两种情况之一时，通常用恒沸精馏（azeotropic rectification）或萃取精馏（extractive rectification）进行分离。

① 当混合物中两组分的相对挥发度接近于 1 时，若采用普通精馏方法分离，所需理论板数很多，而且回流比也很大，使设备费与操作费都增多，经济上不合算。

② 具有恒沸点的非理想溶液，其恒沸物中两组分的相对挥发度等于 1，用普通精馏方法不能分离。

一、恒沸精馏

（一）恒沸精馏的含义

在双组分溶液中加入一种夹带剂（entrainer），它能与原溶液中一个或两个组分形成双组分或三组分最低恒沸点的恒沸物，所生成的恒沸物与塔底产品之间的沸点相差较大。因此，恒沸物从塔顶蒸出，塔底引出沸点较高的产品。这种精馏操作称为恒沸精馏。

（二）恒沸精馏的实例

例如，稀的乙醇水溶液经普通精馏，只能得到乙醇组成为 0.894 的恒沸物。要想得到纯乙醇，需要在乙醇-水恒沸物中加入苯作为夹带剂，进行恒沸精馏。

乙醇-苯-水三组分非均相恒沸物的沸点为 64.85℃，比乙醇的沸点 78.3 以及乙醇-水的恒沸点 78.15℃都低。因此，精馏时从塔顶馏出。

乙醇-苯-水三组分非均相恒沸物的组成（摩尔分数）为：乙醇 0.24，苯 0.54，水 0.22。

其中的水是原料带来的，只要苯的加入量足够，则原料中的水分几乎能全部转移到三组分非均相恒沸物中去，剩下的几乎是纯乙醇。

乙醇-水恒沸物的恒沸精馏流程如图 6-47 所示。在恒沸精馏塔的中部加入接近恒沸组成的乙醇水溶液，塔顶加入苯。沸点最低的三组分恒沸物由塔顶蒸出，经冷凝冷却到较低的温度，在分层器中分层。上层的苯相回流入恒沸精馏塔，苯作为夹带剂循环使用。釜液为高纯度乙醇。分层中的水相进入苯回收塔，回收其中的苯。塔顶蒸出的三组分恒沸物经冷凝冷却后进入分层器，塔底的稀乙醇水溶液进入乙醇回收塔，回收其中的乙醇，塔底排出废水。

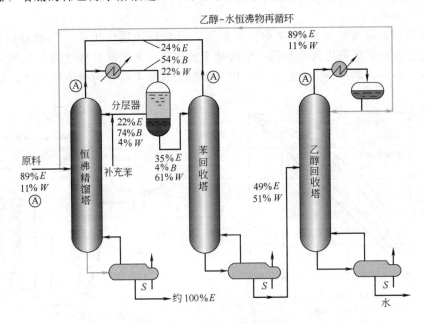

图 6-47　乙醇-水恒沸物的恒沸精馏流程
E—乙醇；B—苯；W—水；S—加热剂；Ⓐ—恒沸物

（三）夹带剂应具备的条件

① 夹带剂能与原料液中的一个或两个组分形成双组分或三组分最低恒沸点的恒沸物。

② 夹带剂应与原料液中含量较少的组分形成恒沸物，从塔顶蒸出，以减小热能消耗。

③ 相对被夹带的组分来说，夹带剂用量要少。

④ 新生成的最低恒沸点的恒沸物，其挥发度应较大，使精馏分离更容易，釜液中不含有夹带剂。

⑤ 夹带剂应回收容易，新生成的恒沸物最好是非均相的，用分层法使夹带剂分离出来。

⑥ 要求夹带剂与原料不起化学反应，对设备不腐蚀，汽化热小，黏度小，来源容易，价格低廉等。

二、萃取精馏

（一）萃取精馏的含义

当双组分溶液中两组分的相对挥发度接近于 1 或形成恒沸物时，在溶液中加入萃取剂。萃取剂的沸点比原溶液中任一组分的沸点都高，挥发度较小。萃取剂能使原溶液中两组分的相对挥发度增大，使两组分容易精馏分离，萃取剂与原溶液中一个组分从塔底采出。这种精馏操作称为萃取精馏。

（二）萃取精馏的实例

例如，异辛烷（沸点 99.3℃）与甲苯（沸点 110.8℃）的相对挥发度很小，如图 6-48所示。若混合液中加入苯酚（沸点 180℃）作为萃取剂，能使异辛烷与甲苯的相对挥发度 α增大，且 α 随苯酚浓度增大而增大。当溶液中含有 83％摩尔分数的苯酚时，能使异辛烷与甲苯很容易分离。

萃取精馏的流程如图 6-49 所示。原料加入萃取精馏塔的中部，苯酚在塔顶附近加入。几乎纯的异辛烷从塔顶进入冷凝器，塔底排出的甲苯与苯酚混合液送到萃取剂回收塔，以普通精馏方法分离，塔顶馏出液是甲苯，塔釜排出的苯酚重新回到萃取精馏塔，循环使用。

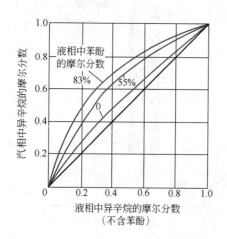

图 6-48　萃取剂苯酚浓度对异辛烷-甲苯
的相对挥发度的影响

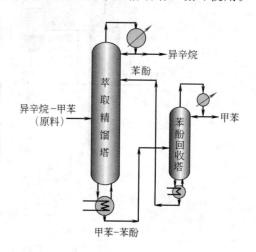

图 6-49　萃取精馏流程

从这个实例可知，萃取剂不是加入塔顶第一层塔板上，而是在塔顶附近某一层塔板上加入。这是为了避免塔顶产品中带有萃取剂。

（三）萃取剂应具备的条件

① 原液中加入少量萃取剂，就能使原液中两组分的相对挥发度有很大的提高。

② 萃取剂的挥发度应比原液中两组分的挥发度足够小，即沸点要足够大。使萃取剂回收容易。

③ 萃取剂应与原液中各组分互溶，以保证液相中萃取剂的浓度，充分挥发萃取剂的分离作用。

④ 萃取剂不与原液中任一组分起化学反应，对设备不腐蚀，黏度小，来源容易，价格低廉。

第六节　板　式　塔

混合物的精馏可以在板式塔中进行，也可以在填料塔中进行。填料塔的结构及汽液两相的流动特性已在吸收章中作了介绍。本节将介绍板式塔。

　　如图 6-50 所示，板式塔是在圆筒形壳体中安装若干层水平塔板构成的。板与板之间有一定间距。塔板上有降液管，供液相逐层向下流动。塔板开有许多孔，供汽相逐板从下向上流动。汽液两相在塔板上呈错流流动，即汽相垂直向上穿过塔板上的液层，液相水平流过塔板。汽液两相互相接触，进行传热与传质。

　　塔板是板式塔的核心部分，它关系到汽液两相传热、传质的好坏。

　　下面分别介绍塔板结构、流体流动状况、板效率以及塔高与塔径的计算。

一、塔板结构

　　随着科学技术的发展，有多种类型的塔板在工业上应用。这里先以图 6-51 所示的筛孔塔板为例，介绍塔板结构。其他类型塔板将在后面介绍。

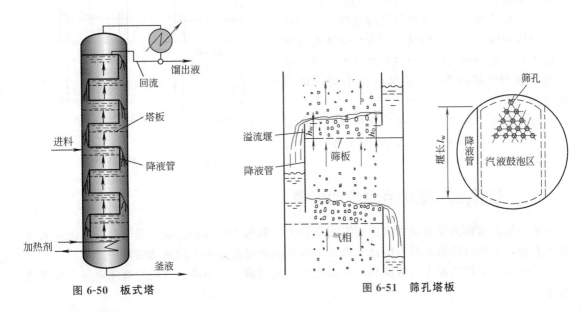

图 6-50　板式塔　　　　　　　　　　图 6-51　筛孔塔板

　　塔板上主要分为汽液鼓泡区与降液管区。

　　1. 汽液鼓泡区

　　在汽液鼓泡区开有许多筛孔，筛孔直径通常是 3～8mm，也有用 12～25mm 的大孔径筛孔。筛孔按正三角形排列，孔中心的距离一般为孔径的（3～4）倍，开孔率＝开孔面积/开孔区面积，由孔径与孔间距决定。

　　2. 溢流堰

　　为了使汽液两相在塔板上进行接触，塔板上需要有一定的液层高度。因此，在塔板的液体出口处安装溢流堰（overflow weir）。堰长 l_w 一般约为塔径的 0.6～0.8 倍。

　　3. 降液管

　　降液管（downcomer）是液体从上层塔板溢流到下层塔板的管道。从降液管流下来的液体横向流过筛孔塔板，经溢流堰和降液管流到下层塔板。

　　降液管一般为弓形。降液管下端离下层塔板有一定高度（图中 h_0）的缝隙，使液体流出。为防止下层塔板上方的汽相窜入降液管中，h_0 应小于溢流堰的高度 h_w。

降液管除了能使液体顺利地流向下层塔板，还应能使液体中夹带的气泡分离出来，以免被带到下层塔板。这就要求在降液管中有足够的分离时间。通常要求液体在降液管中的停留时间不小于 3～5s。

停留时间可根据液体体积流量及其所通过的空间体积之间的关系求出

$$停留时间 = \frac{降液管截面积 \times 降液管中液体高度}{液体体积流量} \tag{6-65}$$

降液管中清液层高度一般约为塔板间距的一半。

4. 塔板上液体流动的安排

依据液体流量及塔径的大小不同，塔板上液体流动有不同的安排，常用的有单流型与双流型，如图 6-52 所示。

（1）单流型　塔板上只有一个降液管，构造简单，制造方便，常用于塔径小于 2m 的塔中。

（2）双流型　塔板上有两个溢流堰，上层塔板的液体分成两半，分别从左右两个降液管流到下层塔板，再分别流向中间的降液管中，经中间降液管流到下层塔板后，液体再由中央向两侧流动。

双流型的塔板结构较复杂，其优点是液体流动路程短，可减小液面落差，适用于液-汽比较大及塔径大的塔。

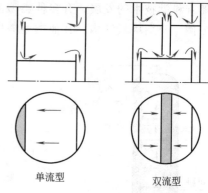

单流型　　　　双流型

图 6-52　塔板上液流的安排

二、塔板上汽液两相的流动现象

从塔板的流体力学实验中可以观察到塔板上汽液两相的各种流动现象。有的流动现象对传质有利，有的对传质不利。因此，需要了解汽液两相在塔板上的流动现象。

下面分别介绍塔板上汽液两相的接触状态、液面落差、漏液、汽相的液沫夹带以及液泛现象等。

（一）汽液接触状态

汽液两相在筛孔塔板上的接触状态大致分为下列 3 种，如图 6-53 所示。

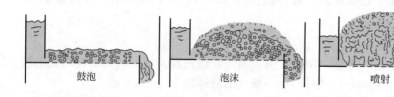

鼓泡　　　　　　　泡沫　　　　　　　喷射

图 6-53　筛孔塔板上汽液接触状态

泡沫接触状态

1. 鼓泡接触状态

当汽相通过筛孔速度很低时，以鼓泡形式通过液层，塔板上汽液两相呈鼓泡接触状态，接触面积为气泡表面。由于气泡数量不多，汽液接触面积不大，并且气泡表面的湍动程度不强，所以传质阻力较大。

2. 泡沫接触状态

随着汽相通过筛孔的速度增大，气泡数量快速增多，气泡相连，气泡之间形成液膜。在气泡不断相互碰撞、合并或破裂的过程中，液膜表面不断更新，形成一些直径较小、扰动剧烈的动态泡沫。塔板上的液体大部分以气泡之间的液膜形式存在。另外，在塔板表面上有一薄层液体，在泡沫层上方空间有汽相夹带的液沫。

汽液两相在泡沫接触状态下，表面积大，且表面不断更新，有利于传热与传质。

3. 喷射接触状态

若汽相通过筛孔的速度继续增大，汽相以喷射状态穿过液层，将塔板上的液体破碎成许多大小不同的液滴，抛向上方空间。较大的液滴落下来，较小的液滴被汽相夹带走，成为液沫夹带。

在喷射状态下，液相变为分散相，汽相变为连续相。众多液滴的外表面就是汽液两相的传质面积，传质面积较大。同时，由于液滴的多次形成与合并使液滴表面不断更新。这些都有利用于汽液两相的传热与传质。

4. 关于泡沫状态与喷射状态下操作的几个问题

① 通常希望在泡沫状态、喷射状态或两者的过渡状态（混合泡沫状态）下操作。常压精馏塔多在混合泡沫状态下操作。

② 在一定的液流量下，气速较小时处于泡沫状态，气速较大时处于喷射状态；而在一定的气速下，液流量较大时处于泡沫状态，液流量较小时处于喷射状态。

总之，液-汽比 L/V 较大时处于泡沫状态，液-汽比较小时处于喷射状态。

③ 易挥发组分与难挥发组分的表面张力 $\sigma_易$ 与 $\sigma_难$ 的相对大小对汽液接触状态有影响。

若双组分混合液的 $\sigma_易 < \sigma_难$，宜在泡沫状态下操作。因为在 $\sigma_易 < \sigma_难$ 条件下，汽液两相所形成的泡沫层中的气泡稳定，泡沫层较高，汽液两相接触面积大，塔板效率高。

为什么在 $\sigma_易 < \sigma_难$ 条件下泡沫层中的气泡稳定呢？如图 6-54 所示，气泡的液膜局部产生汽化，其中易挥发组分的汽化量较多，剩余的难挥发组分较多，所以该处的表面张力大于周围液膜的表面张力，把周围液膜拉过去，使已经汽化掉的部分得到修复，使泡沫层中的气泡稳定。

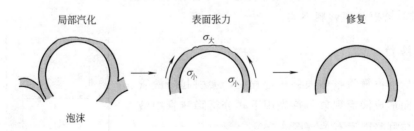

局部汽化　　　　表面张力　　　　修复

$\sigma_大$

$\sigma_小$　$\sigma_小$

泡沫

图 6-54　$\sigma_易 < \sigma_难$ 对液膜稳定性的影响

若双组分混合液的 $\sigma_易 > \sigma_难$，宜在喷射状态下操作。因为在喷射状态下形成的液滴，局部表面产生汽化，如图 6-55 所示。其中易挥发组分的汽化量较多，剩余的难挥发组分较多，所以该处的表面张力小于周围液体的表面张力，该处液体被周围液体拉过去，使较大的液滴分裂为较小的液滴。所以在 $\sigma_易 > \sigma_难$ 条件下以喷射状态下操作，塔板上的液滴层较高，汽

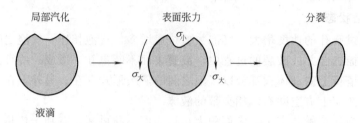

图 6-55 $\sigma_{易}>\sigma_{难}$ 对液滴稳定性的影响

液接触面积大，塔板效率高。

例如，正庚烷-甲苯溶液，正庚烷为易挥发组分，表面张力为 $\sigma_{庚}=20.1\times10^{-3}\,N/m$，甲苯的表面张力为 $\sigma_{甲}=27.9\times10^{-3}\,N/m$，因 $\sigma_{庚}<\sigma_{甲}$，宜在泡沫条件下操作。

对于水-乙酸溶液，水为易挥发组分，表面张力为 $\sigma_{水}=72.8\times10^{-3}\,N/m$，乙酸的表面张力为 $\sigma_{乙}=23.9\times10^{-3}\,N/m$，因 $\sigma_{水}>\sigma_{乙}$，宜在喷射状态下操作。

④ 筛孔塔板的筛孔孔径与开孔率较大时易形成泡沫接触状态，筛孔孔径与开孔率较小时易形成喷射接触状态。

（二）塔板上的液面落差

当液体从塔板进口流向出口的过程中，为了克服流体阻力，液面逐渐降低。塔板进、出口之间的清液层高度差称为液面落差。液体流量越大，行程越长，液面落差就越大。由于有液面落差，进口处液层厚，汽相穿过液层的阻力大，则气速较小。而出口处液层薄，则气速较大。气速分布不均匀，对汽液两相的传热、传质不利。

为了减小液面落差，当液体流量与塔径较大时宜采用双流型塔板。

（三）塔板筛孔漏液

当汽相通过筛孔的速度较小时，液体会从整个塔板上漏下来。随着气速增大，漏液会减少，甚至不漏液。漏液量太大会影响塔板效率。通常认为相对漏液量（漏液量/液流量）小于 10％时对塔板效率影响不大。

严重漏液　　　液泛

（四）液泛

随着塔板上汽液流量增大到一定程度，会引起降液管内充满液体而形成液泛现象。首先用下式分析降液管中液体高度 H_d 与哪些因素有关（图 6-56）。

$$H_d=h_w+h_{0w}+\Delta+h_p+\sum H_f \qquad (6-66)$$

式中，H_d 为降液管中液体高度，m；h_w 为溢流堰高度，m；Δ 为液面落差，m；h_{0w} 为堰上液高，m；h_p 为汽相通过塔板的压力损失，$h_p=\dfrac{p_1-p_2}{\rho g}$，m；$p_1-p_2$ 为汽相

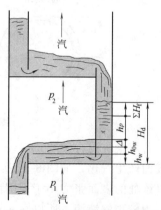

图 6-56　降液管中清液层高度

通过塔板的压力降，Pa；$\sum H_f$ 这液体通过降液管的阻力损失，m。

塔板上液体流量增大时，h_{0w}、Δ、h_p 及 $\sum H_f$ 等都会增大。汽相流量增大也会使 h_p 增大。因此，h_p 太大通常是降液管中液面太高的主要原因。

液泛时，塔板不能正常操作，应控制汽液流量，避免发生液泛现象。

（五）液沫夹带

汽相穿过板上液层时，无论是喷射状态操作还是泡沫状态操作，都会产生数量甚多、大小不一的液滴，这些液滴中的一部分被上升气流夹带至上层塔板，这种现象称为液沫夹带（entrainment）。浓度较低的下层塔板上的液体被气流带到上层塔板，使塔板的提浓作用变差，对传质是一不利因素。

液沫夹带量与气速和板间距有关，板间距越小，夹带量就越大。同样的板间距若气速过大，夹带量也会增加，为保证传质达到一定效果，夹带量不允许超过 0.1kg 液体/kg 干蒸气。

泡沫状态操作时，液沫夹带量较少，板间距可以小一些。而喷射状态操作时，液沫夹带量较多，板间距应大一些。

三、塔板效率

塔板效率有全塔板效率与单板效率之分，下面分别介绍。

（一）全塔板效率（或总塔板效率）

在第三节介绍了精馏塔的理论板数计算，如何计算实际板数呢？

理论板数的定义是离开塔板的汽液两相达到平衡状态，而实际塔板则不同，离开塔板的汽液两相达不到平衡状态。因此，实际塔板数要比理论塔板数多一些。

理论板数 $N_{理}$ 与实际板数 $N_{实}$ 之比称为全塔板效率（overall efficiency），以 E_0 表示

$$E_0 = N_{理} / N_{实} \tag{6-67}$$

式中，$N_{理}$ 为理论板数；$N_{实}$ 为实际板数。

全塔板效率之值恒小于 1。若已知全塔板效率就可以从理论板数求出实际板数。

影响塔板效率的因素很多，有混合物的物性、塔板结构及操作条件等。全塔板效率的可靠数据只能靠实验测定得到。

图 6-57 是奥康内尔（O'Connell）用相对挥发度 α 与进料液体黏度 μ_L 的乘积 $\alpha\mu_L$ 关联的精馏塔的全塔板效率。α 和 μ_L 均取塔顶和塔底平均温度下的值。μ_L 的单位为 mPa·s。此关联图适用于泡罩塔及碳氢化合物的精馏。

（二）单板效率

单板效率通常用莫弗里（Murphree）提出的板效率（plate efficiency）表示方法表示，称为莫弗里板效率。可以用汽相组成表示，也可以用液相组成表示（图 6-58）。

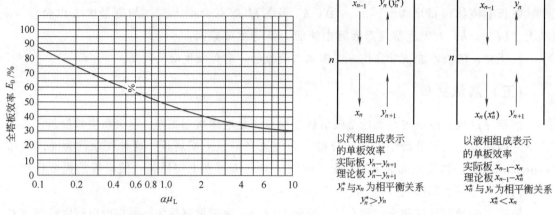

图 6-57 精馏塔全塔板效率关联图

α—塔平均温度下的相对挥发度；

μ_L—塔平均温度下的进料液体黏度，mPa·s

图 6-58 单板效率

以汽相组成表示的第 n 板单板效率为

$$E_{MV} = \frac{y_n - y_{n+1}}{y_n^* - y_{n+1}} = \frac{\text{实际板的汽相组成增高值}}{\text{理论板的汽相组成增高值}} \qquad (6\text{-}68)$$

式中，y_n、y_{n+1} 为离开第 n 板的汽相组成、离开第 $n+1$ 板的汽相组成（摩尔分数）；y_n^* 为与离开第 n 板的液体组成 x_n 平衡的汽相组成（摩尔分数）。

以液相组成表示的第 n 板单板效率为

$$E_{mL} = \frac{x_{n-1} - x_n}{x_{n-1} - x_n^*} = \frac{\text{实际板的液相组成降低值}}{\text{理论板的液相组成降低值}} \qquad (6\text{-}69)$$

式中，x_{n-1}、x_n 为离开第 $n-1$ 板的液相组成、离开第 n 板的液相组成（摩尔分数）；x_n^* 为与离开第 n 板的汽相组成 y_n 平衡的液相组成，摩尔分数。

单板效率通常由实验测定。

【例 6-21】某双组分混合液在一连续精馏塔中进行全回流操作，分别测得离开第 $n-1$ 与第 n 板的液相组成为 $x_{n-1} = 0.75$、$x_n = 0.60$（易挥发组分摩尔分数）。在操作条件下，物系的平均相对挥发度为 $\alpha = 2.5$。试求以液相组成表示的第 n 板的单板效率。

解 用式(6-69)计算 E_{mL}，已知 $x_{n-1} = 0.75$，$x_n = 0.60$。

为了计算 E_{mL}，需用汽液相平衡方程，由 y_n 求出 x_n^*。在全回流操作条件下，$y_n = x_{n-1} = 0.75$。相平衡方程为

$$x_n^* = \frac{y_n}{\alpha - (\alpha - 1)y_n} = \frac{0.75}{2.5 - 1.5 \times 0.75} = 0.545$$

已知数据代入式(6-69)，求得以液相组成表示的第 n 板单板效率为

$$E_{mL} = \frac{x_{n-1} - x_n}{x_{n-1} - x_n^*} = \frac{0.75 - 0.60}{0.75 - 0.545} = 0.732$$

四、塔高的确定

板式塔的有效段（汽液接触段）高度，由实际塔板数 $N_实$ 和板间距决定

$$Z = N_实 \cdot H_T \tag{6-70}$$

式中，Z 为塔的有效段高度，m；H_T 为板间距，m。

板间距与塔径有关，通常可参考表 6-8 选取。

表 6-8　不同塔径的板间距

塔径/mm	800～1200	1400～2400	2600～6600
板间距/mm	300,350,400,450,500	400,450,500,550,600,650,700	450,500,550,600,650,700,750,800

全塔的高度应为有效段、塔顶及塔釜三部分高度之和。

对于填料式精馏塔，在确定塔内填料层高度时可使用等板高度（H. E. T. P.，height equivalent to a theoretical plate）概念。所谓等板高度，是与一层理论板的传质作用相当的填料层高度。

填料式精馏塔的填料层高度 Z 为

$$Z = 理论板数 \times 等板高度 \tag{6-71}$$

等板高度的数据可由实验测定。表 6-9 中所列出的数据可供参考。

表 6-9　等板高度

填料类型或应用情况	25mm 直径填料	38mm 直径填料	50mm 直径填料	吸收	小直径塔（<0.6m 直径）	真空塔
H.E.T.P./m	0.46	0.66	0.90	1.5～1.8	塔径	塔径+0.1

注：等板高度数据来源为 Coulson, J. M. and Richardson, J. F.："Chemical Engineering"，Volume two, 3rd ed. 514（1978）。

五、塔径的计算

按照圆管流体的体积流量公式，塔径可表示为

$$D_T = \sqrt{V_s \Big/ \left(\frac{\pi}{4} u\right)} \tag{6-72}$$

式中，D_T 为塔径，m；V_s 为塔内汽相的体积流量，m^3/s；u 为汽相的空塔速度，m/s。

显然，计算塔径的关键在于确定适宜的空塔气速。所谓空塔气速是指汽相通过塔整个截面时的速度。

空塔气速与塔径及板间距有关。空塔气速增大，塔径可以小，但板间距需要增大。以免液沫夹带增多。反之，空塔气速减小，板间距可以小，但塔径需要增大。

为了确定适宜的空塔气速，先按下列计算式求出最大允许空塔气速 u_{max}

$$u_{max} = C \sqrt{\frac{\rho_L - \rho_V}{\rho_V}} \tag{6-73}$$

式中，C 为汽相负荷因子，m/s；ρ_L、ρ_V 分别为液相密度、汽相密度，kg/m^3。

汽相负荷因子可由图 6-59 查得。图中 L、V 分别为塔内液相、汽相的体积流量，单位

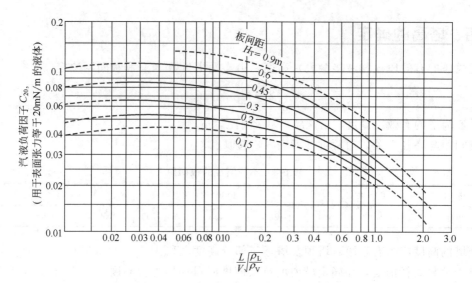

图 6-59 计算筛板塔汽液负荷因子用的曲线图（L、V 为液、汽体积流量）

为 m^3/s 或 m^3/h；H_T 为板间距。

图 6-59 是按液体表面张力为 20mN/m 的物系绘制的。若所处理的物系表面张力 σ 为其他值时，则从图中查出的 C_{20} 值应按下式校正。

$$C = C_{20}\left(\frac{\sigma}{20}\right)^{0.2} \tag{6-74}$$

式中，C_{20} 为表面张力为 20mN/m 时的 C 值；σ 为液体表面张力，mN/m；C 为表面张力为 σ 时的值。

按式(6-73)求出 u_{max} 后，再乘以安全系数，求得适宜空塔气速，即

$$u = (0.6 \sim 0.8)u_{max} \tag{6-75}$$

【例 6-22】 分离苯-甲苯混合物的常压连续精馏塔，泡点进料，进料中苯含量为 0.4 (摩尔分数，下同)，要求馏出液含苯 0.98，釜液中含苯不大于 0.03。馏出液量为 24.6kmol/h，操作回流比为 2.3。试以塔顶的已知数据估算精馏段的塔径。

解 (1) 塔顶汽液两相体积流量

苯与甲苯的摩尔质量为 $M_A = 78$kg/kmol，$M_B = 92$kg/kmol

馏出液的摩尔质量

$$M = x_D M_A + (1 - x_D)M_B$$
$$= 0.98 \times 78 + 0.02 \times 92 = 78.3 \text{kg/kmol}$$

馏出液的密度按纯苯计算，苯的沸点为 80.1℃，从附录四查得苯在 80.1℃ 时的密度为 $\rho_L = 815$kg/m^3。

塔顶汽相在压力 101.3kPa、温度 80.1℃ 时的密度用气体状态方程计算

$$\rho_V = \frac{pM}{RT} = \frac{101.3 \times 78.3}{8.314 \times (273 + 80.1)} = 2.70 \text{kg/m}^3$$

液相体积流量

$$L = \frac{RDM}{\rho_L} = \frac{2.3 \times 24.6 \times 78.3}{815} = 5.44 \text{m}^3/\text{h}$$

汽相体积流量

$$V = \frac{(R+1)DM}{\rho_V} = \frac{(2.3+1) \times 24.6 \times 78.3}{2.70} = 2350 \text{m}^3/\text{h}$$

(2) 计算汽相负荷因子 C 参考表 6-8，选取板间距 $H_T = 0.35$m。

$$\frac{L}{V}\sqrt{\frac{\rho_L}{\rho_V}}=\frac{5.44}{2350}\sqrt{\frac{815}{2.70}}=0.0402$$

从图 6-59 查得 $C_{20}=0.07\text{m/s}$，从附录二十查得苯在 80.1℃时的表面张力 $\sigma=21.2\text{mN/m}$。修正表面张力后的 C 值为

$$C=C_{20}\left(\frac{\sigma}{20}\right)^{0.2}=0.07\left(\frac{21.2}{20}\right)^{0.2}=0.0708\text{m/s}$$

（3）计算塔径

最大允许空塔气速为

$$u_{max}=C\sqrt{\frac{\rho_L-\rho_V}{\rho_V}}=0.0708\sqrt{\frac{815-2.7}{2.7}}=1.23\text{m/s}$$

选取空塔气速　　$u=0.75u_{max}=0.75\times1.23=0.923\text{m/s}$

塔径　　　　　　$D_T=\sqrt{\frac{V_s}{\frac{\pi}{4}u}}=\sqrt{\frac{2350/3600}{0.785\times0.923}}=0.949\text{m}$

塔径圆整为 1.0m。

六、塔板类型

塔板有各种类型，通常要求塔板的生产能力大（生产能力是指单位塔截面积所处理的液相流量），操作弹性大（操作弹性是指在正常操作条件下，汽相的最大处理量与最小处理量之比值），汽相通过塔板的压力降较小，塔板效率高，结构简单，造价低廉等。

塔板类型

下面对几种常见的塔板作简要介绍。

（一）泡罩塔板

如图 6-60 所示，泡罩塔板（bubble-cap tray）是最早使用的一种塔板，塔板上有许多升气管，升气管上面有泡罩。泡罩的下边开有许多小孔或锯齿形缝，称为齿缝。从下层塔板上升的汽相进入升气管，再经过泡罩下边的齿缝在塔板上的液层中鼓泡，形成泡沫层，为汽液两相提供了大量的传质界面。

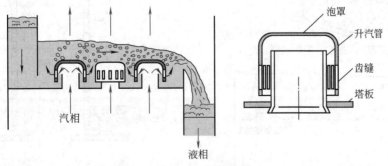

图 6-60　泡罩塔板

泡罩塔板因为有升气管，在很低的气速下操作也不会产生严重漏液现象。因此，操作弹

性大且稳定。其缺点是结构复杂，制造成本高，安装、检修不方便。汽相通道曲折，塔板压降大。因此，液泛气速低，生产能力小。现已逐步被其他类型塔板取代。但在有些场合对操作的稳定性要求较高时，可以使用泡罩塔板。

（二）浮阀塔板

浮阀塔板（valve tray）是塔板上开有许多阀孔，孔中装有浮阀，浮阀由阀片与 3 个阀腿构成，如图 6-61 所示。浮阀能随汽相流量的变化而自动上下浮动。当阀脚钩住塔板时是浮阀的最大开度。

浮阀塔板的最大特点就是浮阀能自动地随着汽量的变化调节阀片与塔板之间的缝隙开度，以保证缝隙的气速基本不变，或变化不大。所以，能在较大的汽量变化范围内正常操作，操作弹性较大。并且，汽相以水平方向吹入液层，汽液接触时间较长，而液沫夹带量较小，故塔板效率较高。

浮阀塔板结构比较简单，造价较低，得到了广泛应用。

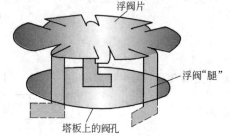

图 6-61　浮阀塔板

（三）筛孔塔板

筛孔塔板简称为筛板（sieve plate），其最大特点是结构简单，造价低廉，安装、维修方便。在操作性能方面，其操作弹性较小，而生产能力、塔板效率、板压降等与浮阀塔板的接近，优于泡罩塔板。

（四）导向筛板

导向筛板（即 Linde 筛板，如图 6-62 所示）是在筛孔塔板的基础上作了如下两项改进。

① 在筛板上开有一定数量的导向孔，导向孔的开口方向与液流方向相同。汽相通过导

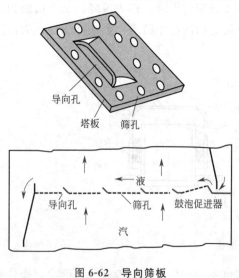

图 6-62　导向筛板

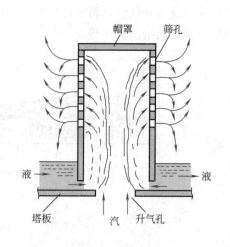

图 6-63　垂直筛板

向孔推动液体，可以减小液面落差。

② 在塔板的液相进口处，将塔板制成翘起的斜台式鼓泡促进装置。

普通筛板在操作时，由于有液面落差，液体进口处液层厚，汽相不容易穿过液层，容易漏液，成为非鼓泡区。把液体进口处抬高，是为了降低该区域的液层厚度，使汽相容易穿过液层形成鼓泡。液体一进入塔板，就能与汽相接触。

由于采取上述改进措施，使塔板上的液面梯度较小，液层的鼓泡均匀，塔板压降较小，操作弹性增大，塔板效率提高。

（五）垂直筛板

垂直筛板（如图 6-63 所示）是在塔板开口上方安装许多帽罩，帽罩侧壁上开有许多小孔。操作时，塔板上液体经帽罩底边与塔板的缝隙流入罩内。下层塔板上升的蒸气经升气孔进入帽罩，使液体在升气孔周边形成环状喷流，汽液两相穿过帽罩侧壁的小孔喷出。汽液分离后，汽相向上流，而液体落回塔板，并与塔板上的液体混合。混合后的液体一部分再进入帽罩循环，另一部分沿塔板流到下一排帽罩。各帽罩之间对喷的汽液两相流能使塔板效率增大。垂直筛板的特点是汽液处理量大。

思考题

6-1 何谓拉乌尔定律？

6-2 何谓理想溶液？

6-3 在一定的总压 p 下，理想溶液的汽液两相达到平衡时，液相组成 x 与平衡温度 t（泡点）的关系式如何表示？汽相组成 y 与平衡温度 t（露点）的关系式如何表示？

6-4 何谓泡点、露点？对于一定的压力与组成，二者大小关系如何？

6-5 双组分理想溶液的汽液两相达到平衡时，若已知平衡温度 t 与液相组成 x，如何计算汽相组成 y 与总压 p？反之，若已知总压 p 与汽相组成 y，如何计算平衡温度 t 与液相组成 x？

6-6 双组分理想溶液的相对挥发度 α 如何计算？α 与什么因素有关？α 的大小对两组分的分离有何影响？

6-7 如何应用平均相对挥发度 α 表示平衡条件下的液相组成 x 与汽相组成 y 之间的关系？

6-8 在一定的总压 p 下，双组分理想溶液的平均相对挥发度是如何计算的？

6-9 相对挥发度 $\alpha=1$ 时，用普通精馏是否能分离混合物？

6-10 何谓非理想溶液？在什么条件下出现最低恒沸点或最高恒沸点？

6-11 平衡蒸馏与简单蒸馏有何不同？

6-12 精馏塔的塔顶液相回流及塔底的汽相回流对溶液的精馏起什么作用？

6-13 在板式精馏塔的塔板上，汽液两相是怎样进行传热、传质的？

6-14 何谓理论板？实际塔板上的汽液两相传质情况与理论板有何不同？

6-15 精馏塔一般有精馏段与提馏段，他们的作用有什么不同？

6-16 上、下相邻两层塔板的温度、流相组成及汽相组成有何不同？

6-17 精馏塔中汽相组成、液相组成及温度沿塔高如何变化？

6-18 $\dfrac{D}{F}=\dfrac{x_F-x_W}{x_D-x_W}$，$\dfrac{W}{F}=\dfrac{x_D-x_F}{x_D-x_W}$，$\dfrac{D}{W}=\dfrac{x_F-x_W}{x_D-x_F}$ 这 3 个物料衡算式中，各流量的摩尔比与各组成的差值之比值有什么规律？如何记忆？

6-19 当进料流量 F 及组成 x_F 一定时，若馏出液流量 D 增多而釜液流量 W 减少时，馏出液组成 x_D 及釜液组成 x_W 将如何变化？

试用物料衡算式 $\dfrac{D}{W}=\dfrac{x_F-x_W}{x_D-x_F}$ 分析。

6-20 当 $\dfrac{D}{W}$ 一定时，若 x_F 增大，x_D 及 x_W 将如何变化？

6-21 何谓恒摩尔流量的假设？其成立的条件是什么？在精馏塔计算中有何意义？

6-22 精馏塔的进料热状态有哪几种？他们对精馏段及提馏段的下降液体流量及上升蒸气流量有什么影响？

6-23 何谓进料热状态参数？不同的进料热状态的 q 值有何不同？如何计算？

6-24 若已知 q 值，如何从精馏段下降液体流量 L 计算提馏段下降液体流量 L'？又如何从精馏段上升蒸气流量 V 计算提馏段上升蒸气流量 V'？

6-25 操作线是表示哪一层塔板的汽相组成与哪一层塔板的液相组成之间的关系？操作线为直线的条件是什么？

6-26 何谓塔顶液相回流比？何谓塔釜汽相回流比？他们的大小有什么联系？用什么关系式相互换算？

6-27 精馏段操作线与提馏段操作线的斜率分别是用什么表示的，是大于 1 还是小于 1，为什么？

6-28 对正在操作的精馏塔，增大精馏段的液-汽比对馏出液的组成有何影响？增大提馏段的汽液比（注意，不是液-汽比），对釜液的组成有何影响？如何增大精馏段的液-汽比及提馏段的汽液比？

6-29 对正在操作的精馏塔，增大塔顶液相回流比对馏出液组成有何影响？增大塔釜汽相回流比对釜液组成有何影响？怎样操作才能增大塔顶液相回流比及塔釜汽相回流比？

6-30 何谓 q 线方程？5 种进料热状态下，q 线在 y-x 图上的方位如何表示？

6-31 如何在 y-x 图上绘制精馏段操作线及提馏段操作线？需要已知哪些必要的数据？

6-32 如何用图解法计算理论板数，如何确定进料板位置？

6-33 如何用逐板法计算理论板数，如何确定进料板位置？

6-34 在进料流量 F 与进料热状态参数 q 为一定值条件下，若馏出液流量 D 一定，而增大塔顶液相回流比 R，塔内汽液两相的循环量如何变化？冷凝器热负荷 Q_C 及蒸馏釜的热负荷 Q_B 将如何变化？Q_C 与 Q_B 如何计算？

6-35 当馏出液及釜液的流量与组成为一定值，若塔顶液相回流比 R 一定时，进料带入塔内的热量 Q_F 与蒸馏釜热负荷 Q_B 之和应为一定值。在这种条件下，是使进料预热好，还是增大蒸馏釜的热负荷好呢？

6-36 当蒸馏釜热负荷 Q_B 为一定值，若进料带入塔内的热量 Q_F 增多，则塔顶液相回流比 R 将如何变化？冷凝器热负荷 Q_C 将如何变化？

6-37 在 x_F、x_D、x_W 一定的条件下，进料热状态参数 q 值一定时，若塔顶回流比 R 增大，对一定分离要求所需理论板数将如何变化？对于有一定理论板数的精馏塔，若 R 增大，对馏出液组成及釜液组成有何影响？

6-38 在 x_F、x_D、x_W 一定的条件下，当塔顶回流比 R 为一定值时，若进料热状态参数 q 值增大，操作线位置如何变化？对一定分离要求所需理论板数将如何变化？另外，R 值一定，对于有一定理论板数的精馏塔，若 q 值增大，产品纯度将如何变化？

6-39 在 x_F、x_D、x_W 一定的条件下，当塔釜汽相回流比 R' 为一定值时，若进料热状态参数 q 值减小，操作线位置将如何变化？对一定分离要求所需理论板数将如何变化？对于有一定理论板数的精馏塔，R' 值一定，若 q 值减小，产品纯度将如何变化？

6-40 何谓全回流？在什么情况下应用全回流操作？

6-41 何谓最小理论板数？如何计算？有何应用？

6-42 什么是最小回流比？如何计算？

6-43 适宜回流比的选取，应考虑哪些因素？适宜回流比 R 通常为最小回流比 R_{min} 的多少倍？

6-44 精馏塔的操作计算与设计计算在已知条件和所需要计算的项目有何不同？

6-45 精馏塔操作计算中，若已知进料组成 x_F、进料热状态参数 q 值、塔顶回流比 R、总理论板数及进料板位置，要求计算馏出液组成与釜液组成时，如何用逐板法进行计算？

6-46 间歇精馏主要有哪两种操作方式？一般在什么情况下应用间歇精馏？

6-47 何谓恒沸精馏？何谓萃取精馏？通常在什么情况下采用恒沸精馏或萃取精馏？

6-48 筛板塔板上的汽液两相接触状态主要有哪两种？他们是在什么条件下形成的？

6-49 双组分溶液中的易挥发组分与难挥发组分的表面张力分别为 $\sigma_易$、$\sigma_难$。当 $\sigma_易 > \sigma_难$ 时，是在泡沫状态下操作，塔板效率高；还是在喷射状态操作塔板效率高？

6-50 塔板有各种类型，评价塔板优劣的标准有哪些？

习　题

相平衡

6-1 苯（A）和甲苯（B）的饱和蒸气压数据如下。

温度/℃	80.1	84	88	92	96	100	104	108	110.6
苯饱和蒸气压(p_A°)/kPa	101.33	113.59	127.59	143.72	160.52	179.19	199.32	221.19	234.60
甲苯饱和蒸气压(p_B°)/kPa	38.8	44.40	50.60	57.60	65.66	74.53	83.33	93.93	101.33

根据上表数据绘制总压为 101.33kPa 时苯-甲苯溶液的 t-y-x 图及 y-x 图。此溶液服从拉乌尔定律。

6-2 在总压 101.325kPa 下，正庚烷-正辛烷的汽-液相平衡数据如下。

温度/℃	98.4	105	110	115	120	125.6
液相中正庚烷的摩尔分数(x)	1.0	0.656	0.487	0.311	0.157	0
汽相中正庚烷的摩尔分数(y)	1.0	0.81	0.673	0.491	0.280	0

试求：(1) 在总压 101.325kPa 下，溶液中正庚烷为 0.35（摩尔分数）时的泡点及平衡汽相的瞬间组成；(2) 在总压 101.325kPa 下，组成 $x=0.35$ 的溶液，加热到 117℃，处于什么状态？溶液加热到什么温度，全部汽化为饱和蒸气？

6-3 甲醇（A）-丙醇（B）物系的气-液平衡服从拉乌尔定律。试求：(1) 温度 $t=80$℃、液相组成 $x=0.5$（摩尔分数）时的汽相平衡组成与总压；(2) 总压为 101.33kPa、液相组成 $x=0.4$（摩尔分数）时的汽-液平衡温度与汽相组成；(3) 液相组成 $x=0.6$、汽相组成 $y=0.84$ 时的平衡温度与总压。组成均为摩尔分数。

用 Antoine 方程计算饱和蒸气压（kPa），甲醇 $\lg p_A^\circ = 7.19736 - \dfrac{1574.99}{t+238.86}$，丙醇 $\lg p_B^\circ = 6.74414 - \dfrac{1375.14}{t+193}$。

式中，t 为温度，℃。

6-4 甲醇（A）-乙醇（B）溶液（可视为理想溶液）在温度 20℃ 下达到汽-液相平衡，若液相中甲醇和乙醇各为 100g，试计算汽相中甲醇与乙醇的分压以及总压，并计算汽相组成。已知 20℃时甲醇的饱和蒸气压为 11.83kPa，乙醇为 5.93kPa。

6-5 总压为 120kPa，正戊烷（A）与正己烷（B）汽相混合物的组成为 0.6（摩尔分数），冷却冷凝到 55℃，汽液成平衡状态。试求液相量与汽相量之比值（摩尔比）。此物系为理想物系。55℃下纯组分的饱和蒸气压分别为 $p_A^\circ = 185.18$kPa，$p_B^\circ = 64.44$kPa。

6-6 利用习题 6-1 的苯-甲苯饱和蒸气压数据，(1) 计算平均相对挥发度 α；(2) 写出汽液相平衡方程；(3) 计算 y-x 的系列相平衡数据，并与习题 6-1 作比较。

6-7 甲醇和丙醇在 80℃ 时的饱和蒸气压分别为 181.1kPa 和 50.93kPa。甲醇-丙醇溶液为理想溶液。

试求：（1）80℃时甲醇与丙醇的相对挥发度 α；（2）在 80℃下汽液两相平衡时的液相组成为 0.5，试求汽相组成；（3）计算此时的汽相总压。

物料衡算及恒摩尔流量假设

6-8 由正庚烷与正辛烷组成的溶液，在常压连续精馏塔内进行分离。原料的流量为 5000kg/h，其中正庚烷的质量分数为 0.3。要求馏出液中能回收原料中 88% 的正庚烷，釜液中正庚烷的质量分数不超过 0.05。试求馏出液与釜液的摩尔流量及馏出液中正庚烷的摩尔分数。

6-9 在压力为 101.325kPa 的连续操作的精馏塔中，分离含甲醇 30%（摩尔分数）的甲醇水溶液。要求馏出液组成为 0.98，釜液组成为 0.01（均为摩尔分数）。试求：（1）甲醇的回收率；（2）进料的泡点。

6-10 在一连续操作的精馏塔中，分离苯-甲苯混合液，原料液中苯的组成为 0.28（摩尔分数）。馏出液组成为 0.98（摩尔分数），釜液组成为 0.03（摩尔分数）。精馏段上升蒸气的流量为 $V=1000\text{kmol/h}$，从塔顶进入全凝器，冷凝为泡点液体，一部分以回流液 L 进入塔顶，剩余部分作为馏出液 D 采出。若回流比 $R=\dfrac{L}{D}=1.5$，试计算：（1）馏出液流量 D 与精馏段下降液体流量 L；（2）进料量 F 及塔釜釜液采出量 W；（3）若进料为饱和液体，计算提馏段下降液体流量 L' 与上升蒸气流量 V'；（4）若从塔顶进入全凝器的蒸气温度为 82℃，计算塔顶的操作压力。苯与甲苯的饱和蒸气压用 Antoine 方程计算，其计算式见例 6-2。

6-11 在一连续操作的精馏塔中，分离苯-甲苯溶液。进料量为 100kmol/h，进料中苯的组成为 0.4（摩尔分数），饱和液体进料。馏出液中苯的组成为 0.95（摩尔分数），釜液中苯的组成为 0.04（摩尔分数），回流比 $R=3$。试求从冷凝器回流入塔顶的回流液摩尔流量以及从塔釜上升蒸气的摩尔流量。

进料热状态参数

6-12 在 101.325kPa 下连续操作的精馏塔中分离甲醇-水溶液。进料流量为 100kmol/h，进料中甲醇的组成为 0.3（摩尔分数），馏出液流量为 50kmol/h，回流比 $R=2$。甲醇-水汽液相平衡数据，见附录。试求：（1）进料液体为 40℃时进料热状态参数 q 值。并计算精馏段及提馏段的下降液体流量及上升蒸气流量；（2）若进料为汽液混合物，汽液比为 7：3，试求 q 值。

操作线方程与 q 线方程

6-13 在一常压下连续操作的精馏塔中分离某双组分溶液，该物系的平均相对挥发度 $\alpha=2.92$。（1）离开塔顶第二理论板的液相组成 $x_2=0.75$（摩尔分数），试求离开该板的汽相组成 y_2；（2）从塔顶第一理论板进入第二理论板的液相组成 $x_1=0.88$（摩尔分数），若精馏段的液-汽比 L/V 为 2/3，试用进、出第二理论板的汽液两相的物料衡算计算从下面第三理论板进入第二理论板的汽相组成。（如习题 6-13 附图所示）；（3）若为泡点回流，试求塔顶回流比 R；（4）试用精馏段操作线方程计算馏出液组成 x_D。

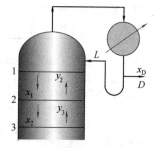

习题 6-13 附图

6-14 在一连续操作的精馏塔中分离某双组分溶液。进料组成为 0.3，馏出液组成为 0.95，釜液组成为 0.04，均为易挥发组分的摩尔分数。进料热状态参数 $q=1.2$，塔顶液相回流比 $R=2$。试写出本题条件下的精馏段及提馏段操作线方程。

6-15 某连续操作的精馏塔，泡点进料。已知操作线方程为：精馏段 $y=0.8x+0.172$，提馏段 $y=1.3x-0.018$。试求塔顶液体回流比 R、馏出液组成、塔釜汽相回流比 R'、釜液组成及进料组成。

6-16 在一连续操作的精馏塔分离含 50%（摩尔分数）正戊烷的正戊烷-正己烷混合物。进料为汽液混合物，其中汽液比为 1：3（摩尔比）。常压下正戊烷-正己烷的平均相对挥发度 $\alpha=2.923$，试求进料中的汽相组成与液相组成。

理论板数计算

6-17 想用一连续操作的精馏塔分离含甲醇 0.3 摩尔分数的水溶液。要求得到含甲醇 0.95 摩尔分数的馏出液及含甲醇 0.03 摩尔分数的釜液。回流比 $R=1.0$，操作压力为 101.325kPa。

在饱和液体进料及冷液进料（$q=1.07$）的两种条件下，试用图解法求理论板数及加料板位置。101.325kPa 下的甲醇-水溶液相平衡数据见附录。

6-18 想用一常压下连续操作的精馏塔分离苯的质量分数为 0.4 的苯-甲苯混合液。要求馏出液中苯的摩尔分数为 0.94，釜液中苯的摩尔分数为 0.06。塔顶液相回流比 $R=2$，进料热状态参数 $q=1.38$，苯-甲苯溶液的平均相对挥发度 $\alpha=2.46$。试用逐板法计算理论板数及加料板位置。

冷凝器及蒸馏釜的热负荷

6-19　在一连续操作的精馏塔中分离正戊烷-正己烷混合液。进料流量为 60kmol/h，馏出液流量为 25kmol/h，馏出液中正戊烷的摩尔分数为 0.95，釜液中正戊烷的摩尔分数为 0.05。塔顶回流比 $R=1.6$，进料热状态参数 $q=1.22$（冷液进料）。试计算冷凝器及蒸馏釜的热负荷。

正戊烷-正己烷溶液 t-y-x 数据见例 6-1。

最小回流比

6-20　想用一连续操作精馏塔分离含甲醇 0.3 摩尔分数的水溶液，要求得到含甲醇 0.95 摩尔分数的馏出液。操作压力为 101.325kPa。

在饱和液体进料及冷液进料（$q=1.2$）的两种条件下，试求最小回流比 R_{min}。101.325kPa 下的甲醇-水溶液相平衡数据见附录。

6-21　含丙酮 0.25 摩尔分数的水溶液在常压下连续操作的精馏塔中分离。要求塔顶产品含丙酮 0.95 摩尔分数，原料液温度为 25℃。试求其最小回流比 R_{min}。101.325kPa 下的丙酮-水溶液的相平衡数据见附录。

6-22　用常压下操作的连续精馏塔分离苯-甲苯混合液。进料中含苯 0.4 摩尔分数，要求馏出液含苯 0.97 摩尔分数。苯-甲苯溶液的平均相对挥发度为 2.46。试计算下列两种进料热状态下的最小回流比：（1）冷液进料，其进料热状态参数 $q=1.38$；（2）进料为汽液混合物，汽液比为 3:4。

理论板数的简捷计算法

6-23　用常压下连续操作的精馏塔分离含苯 0.4 摩尔分数的苯-甲苯溶液。要求馏出液含苯 0.97 摩尔分数，釜液含苯 0.02 摩尔分数。塔顶回流比为 2.2，泡点进料。苯-甲苯溶液的平均相对挥发度为 2.46。试用简捷计算法求所需理论板数。

精馏塔的操作计算

6-24　分离乙醇-异丁醇混合液（理想溶液，平均相对挥发度 $\alpha=5.18$）的连续操作精馏塔，进料组成为 $x_F=0.4$，饱和液体进料，理论板数为 9，进料板为第五板。若回流比 $R=0.6$，试求馏出液组成 x_D 及釜液组成 x_W。

6-25　在精馏塔操作中，若 F、V' 维持不变，而 x_F 由于某种原因降低，问可用哪些措施使 x_D 维持不变？并比较这些方法的优缺点。

直接水蒸气加热的提馏塔

6-26　在压力 202.6kPa 下连续操作的提馏塔（如习题 6-26 附图所示）用直接水蒸气加热，分离含氨 0.3 摩尔分数的氨水溶液。塔顶进料为饱和液体，进料流量为 100kmol/h。塔顶产品流量为 40kmol/h，氨的回收率为 98%。塔顶蒸气全部冷凝为液体产品，而不回流。试求所需要的理论板数及水蒸气用量。压力在 202.6kPa 时的氨水溶液汽液相平衡数据如下。

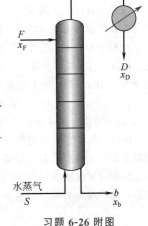

习题 6-26 附图

液相组成 x（氨的摩尔分数）	汽相组成 y（氨的摩尔分数）	液相组成 x（氨的摩尔分数）	汽相组成 y（氨的摩尔分数）
0.0	0.0	0.514	0.977
0.1053	0.474	0.614	0.987
0.2094	0.742	0.712	0.99
0.312	0.891	0.809	0.995
0.414	0.943		

具有侧线采出产品的精馏塔

6-27　含甲醇 20% 的水溶液，用一常压下连续操作的精馏塔分离，如习题 6-27 附图所示。希望得到 96% 及 50% 的甲醇水溶液各半，釜液中甲醇含量不高于 2%，以上均为摩尔分数。回流比为

2.2，泡点进料。试求：（1）所需理论板数、加料板位置及侧线采出出料板的位置；（2）若只在塔顶采出 96% 的甲醇水溶液，需要多少理论板？较（1）计算的理论板数是多还是少？甲醇水溶液的汽液相平衡数据见附录。

具有分凝器的精馏塔

6-28　在常压连续精馏塔中分离二元理想混合物。塔顶蒸气通过分凝器后，3/5 的蒸气冷凝成液体作为回流液，其浓度为 0.86。其余未凝的蒸气经全凝器后全部冷凝，并作为塔顶产品送出，其浓度为 0.9（以上均为轻组分的摩尔分数）。若已知操作回流比为最小回流比的 1.2 倍，泡点进料，试求：（1）塔内第一块板下降的液体组成；（2）原料液的组成。

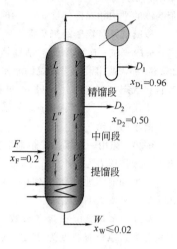

习题 6-27 附图

具有两股进料的精馏塔

6-29　在常压连续精馏塔中分离 A、B 混合液，两股进料流量及组分分别为 $F_1 = 100\text{kmol/h}$，$x_{F1} = 0.5$（摩尔分数，下同），$F_2 = 300\text{kmol/h}$，$x_{F2} = 0.2$，均为饱和液体进料，各自从塔板组成相近处加入。要求塔顶 $x_D = 0.9$，塔釜 $x_W = 0.05$，回流比为最小回流比的 1.3 倍，体系的相对挥发度 $\alpha = 2.47$，塔釜为间接蒸汽加热，塔顶为全凝器，泡点回流。试求精馏段操作线方程以及两股进料间的操作线方程。

全塔板效率与实际塔板数

6-30　在一常压下连续操作的精馏塔中分离含丙酮 0.25（摩尔分数）、流量为 1000kg/h 的丙酮水溶液。要求馏出液中含丙酮 0.99（质量分数）。进料中的丙酮，有 80%（摩尔）进入馏出液中。进料温度为 25℃，回流比为最小回流比的 2.5 倍。蒸馏釜的加热水蒸气绝对压力为 0.25MPa。塔顶蒸气先进入一个分凝器中进行部分冷凝，冷凝液用于塔顶回流，为泡点回流。其余蒸气继续进入全凝器中冷凝，并冷却至 20℃作为馏出液。101.325kPa 下丙酮水溶液的相平衡数据见附录。试计算：（1）理论板数及实际板数，取全塔板效率为 0.65，全塔板效率 $E_0 = \dfrac{\text{理论板数（不包括蒸馏釜）}}{\text{实际板数}}$；（2）计算蒸馏釜的水蒸气消耗量。

板式塔的单板效率

6-31　在连续操作的板式精馏塔中分离苯-甲苯混合液。在全回流条件下测得相邻三层塔板上液体组成分别为 0.28，0.41 和 0.57 摩尔分数。试求这三层塔板中，下面两层以汽相组成表示的单板效率。

在操作条件下，苯-甲苯的汽液相平衡数据如下。

液相中苯的摩尔分数 x　0.26　0.38　0.51
汽相中苯的摩尔分数 y　0.45　0.60　0.72

6-32　有相对挥发度为 2 的理想溶液，用板式精馏塔分离。馏出液流量为 100kmol/h，回流比 $R = 2$。测得进入第 n 板的汽液组成分别为 $y_{n+1} = 0.8$、$x_{n-1} = 0.82$，若塔板的以汽相组成表示的单板效率 $E_{MV} = 0.5$，试计算离开第 n 板的汽液两相组成。

6-33　如习题 6-33 附图所示，用一个蒸馏釜和一层实际板组成的精馏塔分离二元理想溶液。组成为 0.2 的料液在泡点温度下由塔顶加入，系统的相对挥发度为 3.5。若使塔顶轻组分的回收率达到 80%，并要求塔顶产品组成为 0.30，试求该层塔板的液相默弗里板效率。

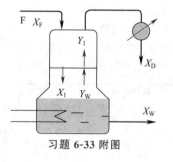

习题 6-33 附图

━━━━━━━━━ **本章符号说明** ━━━━━━━━━

英文		c_p	比热容，kJ/(kg·K)
C	汽相负荷因子，m/s	D	塔顶产品（馏出液）流量，kmol/h

D_T	塔径，m	W	塔底产品（釜液）流量，kmol/h
E_M	塔板的单板效率	x	液相中易挥发组分的摩尔分数，
E_O	全塔板效率	y	汽相中易挥发组分的摩尔分数
F	进料流量，kmol/h	希文	
H_T	塔板间距，m	α	相对挥发度
L	下降液体流量，kmol/h	η	回收率
N	塔板数	ρ	密度，kg/m³
p_A、p_B	组分 A、B 的分压，Pa	σ	表面张力，N/m
p	总压，Pa	下标	
$p°$	纯物质饱和蒸气压，Pa	A	易挥发组分
Q	热流量，热负荷，kJ/h	B	难挥发组分
q	进料热状态参数	D	塔顶产品（馏出液）
R	塔顶液相回流比	F	进料
R'	塔底汽相回流比	L	液相
r	汽化热，kJ/kmol	min	最小
t	温度，℃	n	塔板序号
V	上升蒸气流量，kmol/h	V	汽相
v	挥发度，Pa	W	塔底产品（釜液）

第七章

干 燥

本章学习要求

掌握的内容

干燥过程原理及目的；湿空气性质及计算、湿度图构成及应用；水分在气-固相间的平衡；干燥过程的物料衡算；干燥过程中空气状态的确定；结合水分、非结合水分、平衡水分、自由水分、临界水分的概念及相互关系；恒速干燥与降速干燥的特点。

熟悉的内容

干燥过程的热量衡算；干燥器的热效率及提高干燥过程经济性的途径；恒定干燥条件下干燥速率与干燥时间计算；干燥过程的强化途径。

了解的内容

常用干燥器的性能特点及选用原则；各种干燥方法的基本原理、特点及应用。

第一节 概 述

一、固体物料的去湿方法

化学工业中，有些固体原料、半成品和成品中含有水分或其他溶剂（统称为湿分）需要除去，简称去湿。常用的去湿方法有机械去湿法和加热去湿法。

（1）机械去湿法 对于含有较多液体的悬浮液，通常先用沉降、过滤或离心分离等机械分离法，除去其中的大部分液体。这种方法能量消耗较少，一般用于初步去湿。

（2）加热去湿法 对湿物料加热，使所含的湿分汽化，并及时移走所生成的蒸气。这种去湿法称为物料的干燥，其热能消耗较多。

工业生产中，通常将上述两种去湿方法进行联合操作，先用机械去湿法除去物料中的大部分湿分，然后用加热法进行干燥，使物料中含湿量达到规定的要求。

干燥的目的是使物料便于运输、加工处理、贮藏和使用。例如，聚氯乙烯的含水量须低于 0.2%，否则在其制品中将有气泡生成；抗菌素的含水量太高则会影响其使用期限等。干燥在其他工农业部门中也得到普遍的应用，如农副产品的加工、造纸、纺织、制革、木材加工和食品工业中，干燥都是必不可少的操作。

二、湿物料的干燥方法

根据对湿物料的加热方法不同，干燥操作可分为下列几种。

(1) 热传导干燥法　利用热传导方式将热量通过干燥器的壁面传给湿物料，使其中的湿分汽化。

(2) 对流传热干燥法　使热空气或热烟道气等干燥介质与湿物料接触，以对流方式向物料传递热量，使湿分汽化，并带走所产生的蒸气。

(3) 红外线辐射干燥法　红外线是电磁波，其波长范围为 $0.72 \sim 1000 \mu m$，介于可见光与微波之间。在红外线波段中，可划分为近红外、远红外。通常把 $0.72 \sim 2.5 \mu m$ 波段称为近红外，$2.5 \sim 1000 \mu m$ 波段称为远红外。

红外线辐射器中有金属氧化物涂层和发热体或热源。涂层是保证在一定温度下能发射出具有所需的波段宽度和一定辐射功率的辐射线。发热体是指电热式电阻发热体；热源是指水蒸气、燃气等。它们是向涂层供给能源，以保证正常发射辐射线所必需的工作温度。

红外线辐射到被干燥的湿物料，有部分被反射和透过，其余被吸收，吸收的多少反映了加热的效果。当构成物质的分子的运动频率（固有频率）与射入的红外线频率相等时产生共振现象，使物质的分子运动振幅增大，物质内部发生激烈摩擦而产生热能。因此，在采用红外线干燥时，应尽量使被干燥物料的分子运动固有频率与红外线的频率相匹配，以节省能源。红外线干燥法特别适用于涂料的涂层、纸张、印染织物等片状物料的干燥。

(4) 微波加热干燥法　微波是一种超高频电磁波，微波加热也是一种辐射现象。微波发生器中的微波管将电能转换为微波能量，再传输到微波干燥器中，对物料加热干燥。其原理是湿物料中水分子的偶极子在微波能量的作用下发生激烈的旋转运动而产生热能，这种加热属于物料内部加热方式，干燥时间短，干燥均匀。常用的微波频率为 $2450 MHz$。

(5) 冷冻干燥法　物料冷冻后，使干燥器抽成真空，并使载热体循环，对物料提供必要的升华热。使冰升华为水汽，水汽用真空泵排出。仅对物料提供少量热量，应避免物料熔化。冰的蒸气压很低，$0℃$ 时为 $6.11 Pa$（绝对压力），所以冷冻干燥需要很低的压力或高真空。物料中的水分通常以溶液状态或结合状态存在，必须使物料冷却到 $0℃$ 以下，以保持冰为固态。冷冻干燥法常用于医药品、生物制品及食品的干燥。

按操作压力不同，干燥可分为常压干燥与真空干燥。真空干燥的特点有以下 5 个。

① 操作温度低，干燥速度快，热的经济性好。

② 适用于维生素、抗菌素等热敏性产品以及在空气中易氧化、易燃易爆的物料。

③ 适用于含有溶剂或有毒气体的物料，溶剂回收容易。

④ 在真空下干燥，产品含水量可以很低，适用于要求低含水量的产品。

⑤ 由于加料口与产品排出口等处的密封问题，大型化、连续化生产有困难。

工业上应用最多的是对流加热干燥法，本章主要介绍以热空气为干燥介质，除去的湿分为水的对流加热干燥。

三、对流干燥过程的传热与传质

对流加热干燥过程中，热空气与湿物料直接接触，向物料传递热量 Q。传热的推动力为空气温度 t 与物料表面温度 θ 的温度差 $\Delta t = t - \theta$。同时，物料表面的水汽 W 向空气主体传递，并被空气带走。水汽传递的推动力为物料表面的水汽分压 p_w 与空气主体的水汽分压 p_v 的分压差 $\Delta p_v = p_w - p_v$，如图 7-1 所示。因此，物料的干燥过程是传热和传质并存的过程。在干燥器中，空气既要为物料提供水分汽化所需热量，又要带走所汽化的水汽，以保证干燥过程的进行。因此，空气既是载热体，又是载湿体。空气在进干燥器之前需要经预热器加热到一定温度。在干燥器中，空气从进口到出口逐渐降温增湿，最后作为废气排出。

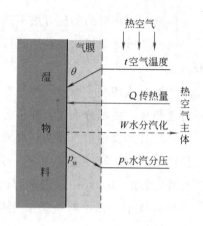

图 7-1　热空气与物料间的传热与传质

第二节　湿空气的性质及湿度图

一、湿空气的性质

湿空气是干空气和水汽的混合物。在湿物料的对流干燥过程中，湿空气中的水汽含量不断增加，而其中的干空气作为载体（载湿体、载热体），质量流量是不变的。因此，湿空气的许多物理性质的量值以单位质量干空气为基准表示较为方便。干燥操作压力（总压力 p）较低，湿空气可视为理想气体。

（一）湿空气中湿含量的表示方法

1. 湿空气中水汽分压 p_v

作为干燥介质的湿空气是不饱和空气，其总压力 p 与水汽分压力 p_v 及干空气分压力 p_g 的关系为

$$p = p_v + p_g \tag{7-1}$$

并有

$$p_v = py \tag{7-2}$$

当总压力 p 一定时，水汽分压力 p_v 越大，则湿空气中水汽的含量（摩尔分数 y）就越高。当水汽分压力等于该空气温度下水的饱和蒸气压 p_s 时，表明湿空气被水汽饱和，已达到水汽分压力的最高值。

2. 相对湿度 φ

在一定总压力下，相对湿度（relative humidity）φ 的定义为

$$\varphi = \frac{p_v}{p_s} (\times 100\%) \tag{7-3}$$

φ 与水汽分压力 p_v 及空气温度 t ［因水的饱和蒸气压 $p_s = f(t)$］有关，当 t 一定时，φ 随 p_v 增大而增大。当 $p_v = 0$ 时，$\varphi = 0$，为干空气；当 $p_v < p_s$ 时，$\varphi < 1$，为未饱和湿空

气；当 $p_v = p_s$ 时，$\varphi = 1$，为饱和湿空气。

3. 湿度 H

湿空气的湿度（humidity）又称为比湿度，其定义为

$$H = \frac{\text{湿空气中水汽的质量 } m_v}{\text{湿空气中干空气的质量 } m_g} \quad \text{kg(水)/kg(干气)}$$

因此，湿度实际上是水汽与干空气的质量比。若水汽与干空气的摩尔质量分别为 M_v、M_g，则质量比 $\dfrac{m_v}{m_g}$ 与摩尔比 $\dfrac{n_v}{n_g}$（可称为摩尔湿度）的关系为

$$H = \frac{m_v}{m_g} = \frac{M_v n_v}{M_g n_g} \tag{7-4}$$

而摩尔比 $\dfrac{n_v}{n_g}$ 与分压力比 $\dfrac{p_v}{p_g} = \dfrac{p_v}{p - p_v}$ 的关系为 $\dfrac{n_v}{n_g} = \dfrac{p_v}{p - p_v}$，代入上式，得湿度的计算式

$$H = \frac{M_v}{M_g} \cdot \frac{p_v}{p - p_v} \tag{7-5}$$

式(7-5)虽然是针对湿空气推导的，但对任何不凝性干气体中含有可凝性蒸气的物系都适用。

对于湿空气，将 $M_v = 18.02\text{kg/kmol}$、$M_g = 28.95\text{kg/kmol}$ 代入上式，得湿度的计算式

$$H = 0.622\frac{p_v}{p - p_v} \tag{7-6}$$

式(7-6)表明，湿度 H 与总压力 p 及水汽分压力 p_v 有关。p_v 增大或 p 减小，则 H 增大。

当水汽分压 p_v 等于该空气温度下水的饱和蒸气压 p_s，即 $p_v = p_s$ 时，湿空气呈饱和状态。此时，空气的湿度称为饱和湿度 H_s，即

$$H_s = 0.622\frac{p_s}{p - p_s} \tag{7-7}$$

由式(7-3)知，在一定总压力 p 下，$p_v = \varphi p_s$，代入式(7-6)，得湿度的计算式

$$H = 0.622\frac{\varphi p_s}{p - \varphi p_s} \tag{7-8}$$

此式表明，当总压力 p 一定时，湿空气的湿度 H 随空气的相对湿度 φ 和空气温度 t（因水的饱和蒸气压 p_s 与温度 t 有关）而变化。

（二）湿空气的比体积、比热容和焓

1. 湿空气的比体积 v_H

湿空气的比体积简称为湿比体积（humid volume），其定义为

$$v_H = \frac{\text{湿空气的体积}}{\text{湿空气中干空气的质量}} \quad \text{m}^3 \text{湿气/kg 干气}$$

湿度为 H 的湿空气，以 1kg 干空气为基准的湿空气物质的量为

$$n_g + n_v = \frac{1}{M_g} + \frac{H}{M_v} \quad \text{kmol 湿气/kg 干气} \tag{7-9}$$

在标准状况（101.325kPa，273.15K）下，气体的标准摩尔体积为 22.41m³/kmol。因此，总压力 p/kPa、温度 T/K、湿度 H 的湿空气的比体积为

$$v_H = 22.41\left(\frac{1}{M_g} + \frac{H}{M_v}\right)\frac{T}{273} \times \frac{101.33}{p} \tag{7-10}$$

将 $M_g = 28.95\text{kg/kmol}$，$M_v = 18.02\text{kg/kmol}$ 代入上式，得湿空气的比体积计算式

$$v_H = (0.774 + 1.244H)\frac{T}{273} \times \frac{101.33}{p} \tag{7-11}$$

2. 湿空气的比热容 c_H

湿空气的比热容简称为湿比热容（humid heat）。它是湿度为 H 的湿空气温度升高 1K 所需的热量。它是以 1kg 干空气为基准，等于 1kg 干空气和 Hkg 水汽升高温度 1K 所需的热量，单位为 kJ/(kg 干气·K)。

$$c_H = c_g + c_v H \tag{7-12}$$

在 273～393K 范围内，干空气及水汽的平均定压比热容分别为 $c_g = 1.01\text{kJ/(kg 干气·K)}$、$c_v = 1.88\text{kJ/(kg 水汽·K)}$。代入上式，得湿空气的比热容计算式

$$c_H = 1.01 + 1.88H \tag{7-13}$$

即湿空气的比热容只随空气的湿度而变化。

3. 湿空气的焓 I

湿空气（温度 t，湿度 H）的焓 I 为 1kg 干气的焓 I_g 与所含 Hkg 水汽的焓 HI_v 之和，即

$$I = I_g + HI_v \tag{7-14}$$

式中，I_g 为干空气的比焓，kJ/kg 干气；I_v 为水汽的比焓，kJ/kg 水汽。

以 0℃ 干空气的焓为基准，干空气的比焓 I_g(kJ/kg 干气) 为

$$I_g = c_g t \tag{7-15a}$$

式中，c_g 为干空气的定压比热容，$c_g = 1.01\text{kJ/(kg·℃)}$；$t$ 为湿空气的温度，℃。

以 0℃ 液态水的焓为基准，水汽的比焓 I_v(kJ/kg 水汽) 为

$$I_v = r_0 + c_v t \tag{7-15b}$$

式中，r_0 为 0℃ 时水的比汽化热，$r_0 = 2492\text{kJ/kg 水}$；c_v 为水汽的定压比热容，$c_v = 1.88\text{kJ/(kg 水汽·℃)}$。

将式(7-15a) 与式(7-15b) 代入式(7-14)，得湿空气的焓 I 计算式

$$I = (c_g + c_v H)t + r_0 H = (1.01 + 1.88H)t + 2492H \tag{7-16}$$

湿空气的焓 I 值随空气的温度 t、湿度 H 的增大而增大。

（三）湿空气的温度

1. 湿空气的干球温度 t

在湿空气中，用普通温度计测得的温度，称为湿空气的干球温度（dry bulb temperature），为湿空气的真实温度。

2. 湿空气的露点 t_d

总压力 p、温度 t、湿度 H（或水汽分压 p_v）的未饱和湿空气在 p、H（或 p_v）不变的情况下进行冷却降温，当出现第一滴液滴时，湿空气达到饱和状态，此时的温度称为露点（dew point）t_d。此时湿空气的湿度 H 就是其露点 t_d 下的饱和湿度 H_s。空气的湿度 H

（或水汽分压 p_v）愈大，则露点 t_d 就愈高。若测得湿空气的露点 t_d，由 t_d 查得水的饱和蒸气压 p_s，用式(7-7)就可求得一定总压力 p 下的湿空气的湿度 H，即

$$H = H_s = 0.622 \frac{p_s}{p - p_s}$$

上式为露点法测定空气湿度的依据。由上述可知，空气的露点是反映空气湿度的一个特征温度。

【例 7-1】 总压力 $p = 101.325\text{kPa}$、温度 $t = 20℃$ 的湿空气，测得露点为 $10℃$。试求此湿空气的湿度 H、相对湿度 φ、比体积 v_H、比热容 c_H 及焓 I。

解 （1）露点 $t_d = 10℃$，它是空气湿度 H 或水汽分压 p_v 不变时冷却到饱和状态时的温度，所以由 $t_d = 10℃$ 查得水的饱和蒸气压 $p_s = 1.227\text{kPa}$ 就是湿空气中水汽分压 $p_v = 1.227\text{kPa}$。因此，湿空气的湿度为

$$H = 0.622 \frac{p_v}{p - p_v} = 0.622 \times \frac{1.227}{101.325 - 1.227} = 0.00762\text{kg 水/kg 干气}$$

（2）$t = 20℃$ 时，湿空气中水汽的饱和蒸气压 $p_s = 2.338\text{kPa}$。因此，湿空气的相对湿度为

$$\varphi = \frac{p_v}{p_s} = 1.227/2.338 = 0.525 = 52.5\%$$

（3）湿空气的总压 $p = 101.325\text{kPa}$、温度 $t = 20℃$、湿度 $H = 0.00762\text{kg 水/kg 干气}$，其比体积为

$$v_H = (0.774 + 1.244H)\frac{T}{273} = (0.774 + 1.244 \times 0.00762)\frac{273 + 20}{273} = 0.841\text{m}^3/\text{kg 干气}$$

（4）湿空气的比热容为

$$c_H = 1.01 + 1.88H = 1.01 + 1.88 \times 0.00762 = 1.024\text{kJ/kg 干气}$$

（5）湿空气的焓

$$I = c_H t + 2492H = 1.024 \times 20 + 2492 \times 0.00762 = 39.5\text{kJ/kg 干气}$$

3. 湿空气的湿球温度 t_w

图 7-2 为干、湿球温度计的示意图。干球温度计的感温球露在空气中，所测温度为空气的干球温度 t，通常简称为空气的温度。而湿球温度计的感温球用湿纱布包裹，纱布下端浸在水中，因毛细管作用，能使纱布保持湿润。所测温度为空气的湿球温度 t_w（wet bulb temperature）。未饱和湿空气的湿球温度 t_w，恒低于其干球温度 t。

测定湿球温度 t_w 的机理：有大量未饱和的湿空气（温度 t，水汽分压 p_v，湿度 H）以一定流速（通常大于 5m/s）流过湿球温度计的湿球表面。若开始时湿球上的水温与湿空气的温度 t 相同，空气与湿球上的水之间没有热量传递。但湿球表面水的饱和蒸气压 p_s 大于空气中水汽分压 p_v，有水汽化到空气中去。因而湿球上的水温下降，与空气之间产生了温度差，则有热量从空气向湿球传递。因传递的热量尚不够水汽化所需热量，湿球的水温将继续下降，传递的热量继续增大。同时，因湿球的水温下降，其表面水的饱

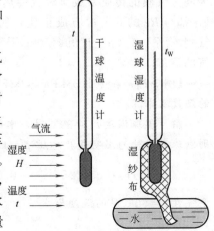

图 7-2　干球温度计和湿球温度计

和蒸气压 p_w 减小，汽化量也随之减少。当空气向湿球传递的热量正好等于湿球表面水汽化所需热量时，过程达到动态平衡（dynamic equilibrium），湿球的水温不再下降，而达到一个稳定的温度。这个动态平衡条件下的稳定温度就是该空气状态（温度 t，湿度 H）下的湿球温度 t_w。

因湿空气流量大，湿球表面汽化的水量很少，可认为空气流过湿球时，其温度 t 和湿度 H 保持不变。不论湿球的初始温度是多少度，只要空气的温度 t、湿度 H 保持不变，最后总会达到上述热量传递和水汽化所需热量的动态平衡，以及达到同一湿球温度 t_w。

湿球温度 t_w 是湿球上水的温度，它是由流过湿球的大量空气的温度 t 和湿度 H 所决定。例如，当空气的温度 t 一定时，其湿度 H 越大，则湿球温度 t_w 也越高；对于饱和湿空气，则湿球温度与干球温度以及露点三者相等。因此，湿球温度 t_w 是湿空气的状态参数。

湿球温度 t_w 与湿空气的温度 t 及湿度 H 之间的函数关系推导如下。

当湿球温度达到稳定时，从空气向湿球表面的对流传热速率为

$$Q = \alpha A(t - t_w) \tag{7-17}$$

式中，Q 为传热速率，W；α 为空气主体与湿球表面之间的对流传热系数，$W/(m^2 \cdot ℃)$；A 为湿球表面积，m^2。

同时，湿球表面的水汽向空气主体的对流传质速率为

$$N = k_H A(H_w - H) \tag{7-18}$$

式中，N 为传质速率，kg 水/s；k_H 为以湿度差为推动力的对流传质系数，kg 干气/$(m^2 \cdot s)$；H_w 为湿球表面处的空气在湿球温度 t_w 下的饱和湿度，kg 水/kg 干气。

单位时间内，从空气主体向湿球表面传递的热量 Q 正好等于湿球表面水汽化带回空气主体的热量 Nr_w，则有

$$\alpha A(t - t_w) = k_H A(H_w - H)r_w$$

整理得
$$t_w = t - \frac{k_H r_w}{\alpha}(H_w - H) \tag{7-19}$$

式中，r_w 为湿球温度 t_w 下水的比汽化热，kJ/kg。

式(7-19) 即为湿球温度 t_w 与湿空气温度 t 及湿度 H 之间的函数关系式。式中 α/k_H 为同一气膜的传质系数与对流传热系数之比，单位为 kJ/(kg 干气·℃)。实验证明，α 与 k_H 都与 Re 的 0.8 次方成正比，所以 α/k_H 值与流速无关，只与物系性质有关。对于空气-水物系，$\alpha/k_H \approx 1.09$kJ/(kg 干气·℃)。根据上述原理，**可用干、湿球温度计测定空气的湿度。**

【例 7-2】 在 101.33kPa 总压下，湿空气的温度为 60℃，湿球温度为 30℃。试求该空气的湿度及露点。

解 湿球温度 $t_w = 30℃$ 时，水的饱和蒸气压 $p_s = 4.241$kPa，比汽化热 $r_w = 2424$kJ/kg，则湿球表面处的湿空气在总压 $p = 101.33$kPa 及湿球温度 $t_w = 30℃$ 时的湿度为

$$H_w = 0.622\frac{p_s}{p - p_s} = 0.622 \times \frac{4.241}{101.33 - 4.241} = 0.0272\text{kg 水/kg 干气}$$

空气在 $t = 60℃$ 时的湿度为

$$H = H_w - \frac{\alpha}{k_H r_w}(t - t_w) = 0.0272 - \frac{1.09}{2424}(60 - 30) = 0.0137\text{kg 水/kg 干气}$$

露点 t_d 时的湿空气饱和湿度 $H_s = H = 0.0137$kg 水/kg 干气，用 $H_s = 0.0137$kg 水/kg 干气计算饱和蒸气压 p_s。

$$H_s = 0.622\ \frac{p_s}{p - p_s}$$

$$p_s = \frac{H_s p}{0.622 + H_s} = \frac{0.0137 \times 101.33}{0.622 + 0.0137} = 2.18\ \text{kPa}$$

用 $p_s = 2.18$kPa，从饱和水蒸表查得露点 $t_d = 18.4℃$。

4. 绝热饱和温度 t_{as}

如图 7-3 所示，有一定流量的未饱和湿空气（温度 t，湿度 H）连续流过绝热饱和器。开始时与温度为 t 的大量循环喷洒水充分接触。由于水滴表面的水汽分压高于空气中的水汽分压，水向空气中汽化，水温开始降低，与空气之间产生了温度差，则有热量从空气向水传递。因传递的热量不够水汽化所需热量，水温将继续下降，直到水温降到稳定值 t_{as}，t_{as} 低于湿空气进口温度 t。同时，空气也将由温度 t 降至与水相同的温度 t_{as}，湿度由 H 增大到 t_{as} 下的饱和湿度 H_{as}。在 t_{as} 下热量传递与水汽的传递将不再进行，空气与水之间达到了静态平衡（static equilibrium）而排

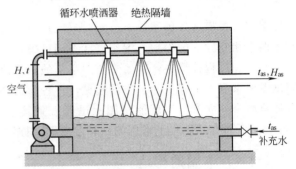

图 7-3　绝热饱和器

出饱和器，温度 t_{as} 称为湿空气（t，H）的绝热饱和温度（adiabatic saturation temperature）。

后来进入饱和器的湿空气都将与温度为 t_{as} 的大量循环水充分接触，在绝热条件下降温增湿，而水向空气汽化。空气降温放出的热量全部供水汽化所需热量，又回到空气中。空气从进口到出口的绝热降温增湿过程（绝热饱和过程）中，其焓值基本上没有变化，可视为等焓过程。

以温度 t_{as} 为基准对饱和器作焓衡算。因空气的绝热饱和过程是等焓过程，有进入饱和器的湿空气（t,H）焓等于离开饱和器的湿空气（t_{as},H_{as}）焓

$$c_{Has}(t - t_{as}) + H r_{as} = c_{Has}(t_{as} - t_{as}) + H_{as} r_{as} \tag{7-20}$$

整理得
$$t_{as} = t - \frac{r_{as}}{c_{Has}}(H_{as} - H) \tag{7-21}$$

式中，r_{as} 为水在 t_{as} 时的比汽化热，kJ/kg；c_{Has} 为湿空气在 H_{as} 时的比热容，kJ/(kg 干气·℃)。

由式(7-21) 可知，湿空气（t，H）的绝热饱和温度 t_{as} 只由该湿空气的 t 和 H 决定。因此，t_{as} 也是空气的状态参数。

实验测定证明，对空气-水物系，$\alpha/k_H \approx c_{Has}$。因此，由式(7-19) 与式(7-21) 可知 $t_{as} \approx t_w$。

应强调指出，上述**湿球温度 t_w 和绝热饱和温度 t_{as} 都是湿空气的 t 与 H 的函数，并且对空气-水物系，二者数值近似相等**，但它们分别由两个完全不同的概念求得。湿球温度 t_w 是大量空气与少量水接触，水的稳定温度；而绝热饱和温度 t_{as} 是大量水与少量空气接触，空气达到饱和状态时的稳定温度与大量水的温度 t_{as} 相同。少量水达到湿球温度 t_w 时，空气与

水之间处于热量传递和水汽传递的动态平衡状态；而少量空气达到绝热饱和温度 t_{as} 时，空气与水的温度相同，处于静态平衡状态。

从以上讨论可知，表示湿空气性质的特征温度，有干球温度 t、露点 t_d、湿球温度 t_w 及绝热饱和温度 t_{as}。对于空气-水物系，$t_w \approx t_{as}$，并且有下列关系。

不饱和湿空气	$t > t_w > t_d$	
饱和湿空气	$t = t_w = t_d$	(7-22)

二、湿空气的湿度图及其应用

湿空气性质的各项参数 p_v、φ、H、I、t、t_d、$t_w = t_{as}$，在一定的总压力下，只要规定其中两个相互独立的参数，湿空气状态即可确定。

在干燥过程计算中，需要知道湿空气的某些参数，用公式计算比较繁琐，而且有时还需用试差法求解。工程上为了方便起见，将各参数之间的关系标绘在坐标图上，只要知道湿空气任意两个独立参数，就能从图上迅速查到其他参数，这种图通常称为湿度图（humidity chart）。下面介绍工程上常用的一种湿度图，称焓湿图（I-H 图）。

(一) I-H 图的构造

如图 7-4 所示的 I-H 图是在总压力 $p = 101.325 \text{kPa}$ 下，以湿空气的焓 I 为纵坐标，湿度 H 为横坐标绘制的。图中共有 5 种线，分别介绍如下。

（1）等湿度线（等 H 线） 等 H 线是一系列平行于纵轴的直线。同一条等 H 线上，不同点代表不同状态的湿空气，但具有相同的湿度。

露点 t_d 是湿空气在等 H 条件下冷却到饱和状态（相对湿度 $\varphi = 100\%$）时的温度。因此，状态不同而湿度 H 相同的湿空气具有相同的露点。

（2）等焓线（等 I 线） 等 I 线是一系列与水平线呈 45° 的斜线。同一条等 I 线上，不同点代表不同状态的湿空气，但具有相同的焓值。

空气的绝热降温增湿过程近似为等 I 过程。因此，等 I 线也是绝热降温增湿过程中空气状态点变化的轨迹线。

空气绝热降温增湿过程达到饱和状态（相对湿度 $\varphi = 100\%$）时的温度为绝热饱和温度 t_{as}，湿球温度 $t_w \approx t_{as}$。

（3）等干球温度线（等 t 线） 将式(7-16)写成

$$I = 1.01t + (1.88t + 2492)H$$

由此式可知，当 t 为定值，I 与 H 呈直线关系。因直线斜率（$1.88t + 2492$）随 t 的升高而增大，所以这些等 t 线互不平行。

（4）等相对湿度线（等 φ 线） 等 φ 线是用前面介绍的式(7-8) $H = \dfrac{0.622\varphi p_s}{p - \varphi p_s}$ 绘制的。式中的总压力 $p = 101.325 \text{kPa}$，因 $\varphi = f(H, p_s)$，$p_s = f(t)$，所以对于某一 φ 值，在 $t = 0 \sim 100℃$ 范围内给出一系列 t 值，可求得一系列 p_s 值，用式(7-8)计算出相应的一系列 H 值，在图上标绘一系列 (t, H) 点，可连接成一条等 φ 线。图中标绘了 $\varphi = 5\% \sim 100\%$ 的一组等 φ 线。

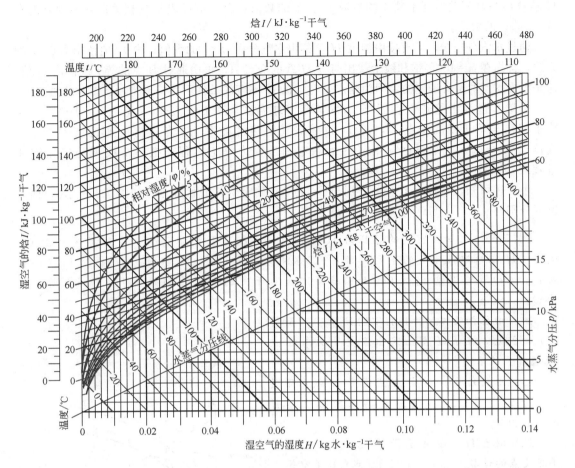

图 7-4　湿空气的 *I-H* 图（总压 101.325kPa）

　　$\varphi=100\%$ 的等 φ 线为饱和空气线，此时空气完全被水汽所饱和。饱和线以上（$\varphi<$ 100%）为不饱和区域。当空气的湿度 H 为一定值时，其温度 t 越高，则相对湿度 φ 值就越低。作为干燥介质时，其吸收水汽的能力应越强。故湿空气进入干燥器之前，必须先经预热以提高温度 t。目的是提高湿空气的焓值，使其作为载热体，也是为了降低其相对湿度而作载湿体。

　　（5）水蒸气分压线　水蒸气分压线标绘在饱和空气线（$\varphi=100\%$）的下方，是水汽分压 p_v 与湿度 H 之间的关系曲线，是在总压力 $p=$ 101.325kPa 下用前面介绍的式(7-6)标绘的。水蒸气分压 p_v 的坐标位于图的右端纵轴上。

（二）*I-H* 图的用法

　　利用 *I-H* 图查取湿空气的各项参数非常方便。

　　已知湿空气的某一状态点 A 的位置，如图7-5所示。可直接读出通过点 A 的4条参数线的数值，它们是相互独立的参数 t、φ、H 及 I。进而可由

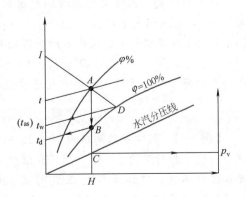

图 7-5　*I-H* 图的用法

H 值读出与其相关但互不独立的参数 p_v、t_d 的数值；由 I 值读出与其相关但互不独立的参数 $t_{as} \approx t_w$ 的数值。

通过水汽分压线，可直接由湿度 H 值读出水汽分压力 p_v 的数值。由 H 值读出露点 t_d 的方法，首先在 $\varphi = 100\%$ 饱和线上找出与等 H 线的交点 B，再由通过 B 点的等 t 线读出 t_d 值。这是根据露点的定义确定的，因为露点是空气在 H 不变的条件下冷却到饱和状态时的温度。

由焓 I 值读出绝热饱和温度 t_{as}（等于湿球温度 t_w）的方法，首先在 $\varphi = 100\%$ 饱和线上找出与等 I 线的交点 D，点 D 为湿空气绝热饱湿度 H_{as} 点，再由通过点 D 的等 t 线读出 $t_{as} \approx t_w$。这是根据湿空气的绝热饱和过程为等 I 过程，把等 I 线视为绝热饱和过程线。

由上述可知，温度 t 不仅可分别与 φ、H、I 确定空气的状态点（如图 7-5 所示），而且也可分别与 p_v、t_d 及 t_w 确定空气的状态点。

【例 7-3】 已知湿空气的总压为 101.325kPa，相对湿度为 50%，干球温度为 $20℃$。试用 $I\text{-}H$ 图求取此空气的下列参数：(1)水汽分压 p_v；(2)湿度 H；(3)热焓 I；(4)露点 t_d；(5)湿球温度 t_w；(6)如将含 500kg/h 干气的湿空气预热至 $117℃$，求所需热量 Q。

解 由已知条件 $p = 101.325\text{kPa}$、$\varphi_0 = 50\%$ 及 $t_0 = 20℃$，在 $I\text{-}H$ 图上定出湿空气状态 A 点（如图 7-6 所示）。

(1) 水汽分压 p_v 由 A 点沿等 H 线向下交水汽分压线于 C 点，在图右端纵坐标上读行 $p_v = 1.2\text{kPa}$。

(2) 湿度 H 由 A 点沿等 H 线向下，与水平轴交点的读数为 $H = 0.0075\text{kg}$ 水/kg 干空气。

(3) 焓 I 沿 A 点作等 I 线，与纵轴交点的读数为 $I_0 = 39\text{kJ/kg}$ 干气。

(4) 露点 t_d 由 A 点沿等 H 线与 $\varphi = 100\%$ 饱和线相交于 B 点，由等 t 线读得 $t_d = 10℃$。

(5) 湿球温度 t_w（绝热饱和温度 t_{as}） 由 A

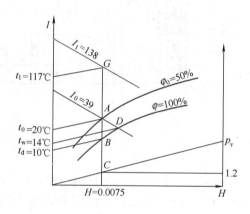

图 7-6 例 7-3 附图

点沿等 I 线与 $\varphi = 100\%$ 饱和线相交于 D 点，由等 t 线读得 $t_w = 14℃$（即 $t_{as} = 14℃$）。

(6) 热量 Q 因湿空气通过预热器加热时其湿度不变，所以可由 A 点沿等 H 线向上与 $t_1 = 117℃$ 线相交于 G 点，读得 $I_1 = 138\text{kJ/kg}$ 干气（即湿空气离开预热器的焓值）。含有 1kg 干空气的湿空气通过预热器所获得的热量为

$$Q' = I_1 - I_0 = 138 - 39 = 99\text{kJ/kg} \text{ 干气}$$

每小时含有 500kg 干空气的湿空气通过预热器所获得的热量为

$$Q = 500Q' = 500 \times 99 = 49500\text{kJ/h} = 13.8\text{kW}$$

【例 7-4】 湿空气的总压为 101.325kPa，干球温度为 $20℃$，湿度为 0.01kg 水/kg 干气。试求：(1) 相对湿度 φ；(2) 总压和湿度不变，将温度提高至 $50℃$ 时的相对湿度 φ；(3) 温度和湿度不变，将湿空气总压提高至 120kPa 时的相对湿度 φ；(4) 若总压继续提高至 300kPa，温度仍为 $20℃$ 时的相对湿度 φ 和湿度 H。

解 由已知条件 $p = 101.325\text{kPa}$，$t = 20℃$，$H_0 = 0.01\text{kg}$ 水/kg 干气。

（1）查图 7-4，读出相对湿度为 $\varphi = 70\%$。

（2）由原来的状态点沿等湿度线向上，与 $t = 50℃$ 线相交，得 $\varphi = 13\%$。

（3）总压升高，图 7-4 中总压为 101.325kPa，此时 $I\text{-}H$ 图不适用。总压上升，H 不变，水汽分压 p_v 增加

$$H = 0.622 \frac{p_v'}{p' - p_v'}$$

$$0.622 \frac{p_v'}{120 - p_v'} = 0.01\text{kg 水/kg 干气}$$

解得
$$p_v' = 1.89\text{kPa}$$

20℃时，水的饱和蒸气压 $p_s = 2.338\text{kPa}$

$$\varphi' = \frac{p_v'}{p_s} = \frac{1.89}{2.338} = 80.8\%$$

（4）如果压力进一步增加，同理可以计算出 $p_v'' = 4.72\text{kPa}$，$t = 20℃$，$p_s = 2.338\text{kPa}$，$p_v'' > p_s$，表明加压到 300kPa 后，湿空气析出水分，空气处于饱和状态，相对湿度为 $\varphi = 100\%$。湿度为

$$H = H_s = 0.622 \frac{p_s}{p - p_s} = 0.622 \frac{2.338}{300 - 2.338} = 0.0049\text{kg 水汽/kg 干气}$$

从本题的计算结果可知，预热可降低湿空气的相对湿度，对干燥过程有利；而提高压力对干燥过程不利。

通过上面例题的计算过程说明，采用焓湿图求取湿空气的各项参数，与用数学式计算相比，不仅计算迅速简便，而且物理意义也较明确。

第三节　干燥过程的物料衡算和热量衡算

对流干燥过程是用热空气除去被干燥物料中的水分，所以空气在进入干燥器前应经预热器加热。热空气在干燥器中供给湿物料中水分汽化所需的热量，而汽化的水分又由空气带走，所以干燥过程的计算中应通过干燥器的物料衡算和热量衡算计算出湿物料中水分蒸发量、空气用量和所需热量，再依此选择适宜型号的鼓风机、设计或选择换热器等。

一、干燥过程的物料衡算

（一）物料含水量的表示方法

（1）湿基含水量 w　是以湿物料为计算基准的水分的质量分数，即

$$w = \frac{\text{湿物料中水分的质量}}{\text{湿物料的总质量}} \quad \text{kg 水分/kg 湿料} \tag{7-23}$$

（2）干基含水量 X　是以湿物料中绝干物料为计算基准的水分的质量比，即

$$X = \frac{\text{湿物料中水分的质量}}{\text{湿物料中绝干物料的质量}} \quad \text{kg 水分/kg 干料} \tag{7-24}$$

在工业生产中，通常用湿基含水量表示物料含水量的多少。但在干燥计算中，由于湿

物料中的绝干物料的质量在干燥过程中是不变的，故用干基含水量计算较为方便。这两种含水量之间的换算关系为

$$X = \frac{w}{1-w} \text{kg 水/kg 干料}, \qquad w = \frac{X}{1+X} \text{kg 水/kg 湿料} \tag{7-25}$$

（二）物料衡算

在干燥过程中，需要将湿物料干燥到规定的含水量。通过物料衡算可求出干燥产品流量、物料的水分蒸发量和空气消耗量。对图 7-7 所示的连续干燥器作物料衡算。

（1）干燥产品流量 L_2　若不计干燥过程中物料损失量，则在干燥前、后的物料中绝干物料质量流量 L_c 不变，则有

$$L_c = L_1(1-w_1) = L_2(1-w_2) \tag{7-26}$$

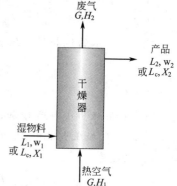

图 7-7　干燥器的物料衡算

式中，L_c 为湿物料中绝干物料的质量流量，kg 干料/h；L_1 为进入干燥器的湿物料质量流量，kg/h；L_2 为出干燥器的产品质量流量，kg/h；w_1、w_2 为干燥前、后物料的湿基含水量，kg 水/kg 湿料。

利用式(7-26)，可求得干燥产品流量 L_2。

（2）水分蒸分量 W　对干燥器作水分的物料衡算，得

$$W = L_c(X_1 - X_2) = G(H_2 - H_1) \tag{7-27}$$

式中，W 为湿物料在干燥器内蒸发的水分量，kg 水分/h；G 为干空气的质量流量，kg 干气/h；H_1、H_2 为进、出干燥器的湿空气湿度，kg 水/kg 干气；X_1、X_2 为湿物料和产品的干基含水量，kg 水/kg 干料。

（3）空气消耗量　由式(7-27)可知，干空气消耗量 G 与水分蒸发量 W 的关系为

$$G = \frac{W}{H_2 - H_1} \tag{7-28}$$

因此，蒸发 1kg 水分消耗的干空气量（称为单位空气消耗量，单位为 kg 干气/kg 水分）为

$$\frac{G}{W} = \frac{1}{H_2 - H_1} \tag{7-29}$$

由式(7-29)可知，空气消耗量随着进干燥器的空气湿度 H_1 的增大而增多。因此，一般按夏季的空气湿度确定全年中最大空气消耗量，以此风量选择鼓风机。在选用风机型号时，应把空气消耗量的质量流量换算为标定状态（20℃，101.325kPa）下的体积流量 q_V（即风量）。将上述空气消耗量 G 乘以式(7-11)计算的标定状态下湿空气比体积 v_H 即可。

【例 7-5】　今有一干燥器，处理湿物料量为 800kg/h。要求物料干燥后含水量由 30% 减至 4%（均为湿基）。干燥介质为空气，初温 15℃，相对湿度为 50%，经预热器加热至 120℃ 进入干燥器，出干燥器时降温至 45℃，相对湿度为 80%。

试求：(1)水分蒸发量 W；(2)空气消耗量 G；(3)如鼓风机装在进口处，求鼓风机之风量 q_V。

解　(1)水分蒸发量 W

已知 $L_1 = 800\text{kg/h}$，$w_1 = 30\%$，$w_2 = 4\%$，则

$$L_c=L_1(1-w_1)=800\times(1-0.3)=560\text{kg/h}$$

$$X_1=\frac{w_1}{1-w_1}=\frac{0.3}{1-0.3}=0.429, \quad X_2=\frac{w_2}{1-w_2}=\frac{0.04}{1-0.04}=0.042$$

$$W=L_c(X_1-X_2)=560\times(0.429-0.042)=216.7\text{kg 水/h}$$

（2）空气消耗量

由 I-H 图中查得，空气在 $t_0=15℃$，$\varphi_0=50\%$ 时的湿度为 $H_0=0.005\text{kg 水/kg 干气}$。在 $t_2=45℃$，$\varphi_2=80\%$ 时的湿度为 $H_2=0.052\text{kg 水/kg 干气}$。

空气通过预热器湿度不变，即 $H_0=H_1=0.005\text{kg 水/kg 干气}$。

干空气消耗量　$G=\dfrac{W}{H_2-H_1}=\dfrac{W}{H_2-H_0}=\dfrac{216.7}{0.052-0.005}=4610\text{kg 干气/h}$

原湿空气消耗量　$G'=G(1+H_1)=4610\times(1+0.005)=4633\text{kg 湿气/h}$

（3）风量 q_V　用式(7-11)计算 $15℃$、101.325kPa 下的湿空气比体积为

$$v_H=(0.774+1.244H_0)\frac{15+273}{273}=(0.774+1.244\times0.005)\times\frac{288}{273}=0.823\text{m}^3/\text{kg 干气}$$

则有 $q_V=Gv_H=4610\times0.823=3794\text{m}^3/\text{h}$，用此风量选用鼓风机。

二、干燥过程的热量衡算

通过干燥系统的热量衡算，可以求出物料干燥所消耗的热量和干燥器排出废气的湿度 H_2 与焓 I_2 等状态参数。

（一）预热器的加热量 Q_P

如图 7-8 所示，空气流量为 G（kg 干气/s），不计热损失，则预热器的加热量为

$$Q_P=G(I_1-I_0)\ \text{kW} \tag{7-30}$$

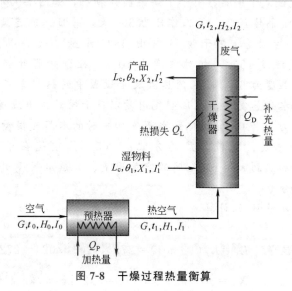

图 7-8　干燥过程热量衡算

（二）干燥器的热量衡算

基准温度取 $0℃$，湿空气（t，H）焓的计算，用式(7-16)，即

$$I = (c_g + c_v H)t + r_0 H \quad \text{kJ/kg 干气}$$

式中，$c_g = 1.01 \text{kJ/(kg 干气·K)}$，$c_v = 1.88 \text{kJ/(kg 水汽·K)}$，$r_0 = 2492 \text{kJ/kg 水}$。

湿物料的温度为 $\theta \text{℃}$，干基含水量为 X（kg 水/kg 干料），其焓的计算式为

$$I' = c_s \theta + X c_w \theta = (c_s + X c_w)\theta \quad \text{kJ/kg 干料} \tag{7-31}$$

式中，c_s 为绝干料的平均比热容，kJ/(kg 干料·℃)；c_w 为液态水的平均比热容，$c_w \approx 4.187 \text{kJ/(kg 水·℃)}$。

干燥器的热量衡算式为

$$GI_1 + L_c I'_1 + Q_D = GI_2 + L_c I'_2 + Q_L \tag{7-32}$$

或

$$G(I_1 - I_2) = L_c(I'_2 - I'_1) + Q_L - Q_D \tag{7-32a}$$

式中，G 为干空气质量流量，kg 干气/h；L_c 为绝干物料质量流量，kg 干料/h；I_1、I_2 为空气进干燥器的焓、出干燥器的焓，kJ/kg 干气；I'_1、I'_2 为物料进干燥器的焓、出干燥器的焓，kJ/kg 干料；Q_D 为单位时间内向干燥器补充的热量，kW；Q_L 为单位时间内干燥器向周围损失的热量，kW。

利用上述干燥器的热量衡算式(7-32a)与干燥器的物料衡算式(7-27)相结合，可求得干燥器排出废气的状态参数（湿度 H_2、焓 I）或确定干燥系统所消耗的热量及加热剂用量。详见下面例题 7-5。

如果热量衡算式(7-32a)的等号右侧各项之和等于零，则有 $I_1 = I_2$，即空气从干燥器进口到出口的状态变化为**等焓降温增湿过程**。在这种情况下，只要知道干燥器出口废气的某一个独立参数（如温度 t_2 或相对湿度 φ_2），在 I-H 图上，从干燥器进口的状态点 1（温度 t_1，湿度 H_1，焓 I_1）沿等 I 线可找到出口状态点 2（温度 t_2，湿度 H_2，焓 $I_2 = I_1$）。

加入干燥系统的总热量 $Q = Q_P + Q_D$，用于①加热空气；②蒸发物料中的水分；③加热物料；④补偿周围热损失 Q_L。

【例 7-6】 有一气流式干燥器，用于干燥某晶体物料，如图 7-9 所示。已知干燥器的生产能力为每年 2×10^6 kg 晶体产品，年工作日为 300 天，每日三班连续生产。物料的湿基含水量 $w_1 = 20\%$，$w_2 = 2\%$，在干燥器内由 15℃ 升至 45℃，晶体比热容 $c_s = 1.25$ kJ/(kg·℃)。冷空气温度 15℃，相对湿度为 70%，经预热器升温至 90℃ 送入干燥器。若废气离开干燥器的温度为 65℃，且预热器及干燥器中的热损失不计，干燥器内也不补充加热。试求：(1) 水分蒸发量；(2) 空气用量以及干燥器排出废气的湿度 H_2 与焓 I_2；(3) 预热器用绝对压力为 200kPa 的饱和水蒸气加热时的水蒸气用量；(4) 预热器加热量用于空气加热、水分蒸发、物料加热的分配；(5) 热空气在干燥器内放出的热量；(6) 空气在预热器中加热到 $t_1 = 100$℃ 时的空气用量、加热水蒸气用量、空气加热所需热量占预热器加热量的分数。

解 (1) 水分蒸发量 W 的计算

产品流量　　　　　$L_2 = 2 \times 10^6 / (300 \times 24) = 278 \text{kg/h}$

产品中绝干物料流量　$L_c = L_2(1 - w_2) = 278 \times (1 - 0.02) = 272 \text{kg 干料/h}$

$$X_1 = \frac{w_1}{1 - w_1} = \frac{0.2}{1 - 0.2} = 0.25 \text{kg 水/kg 干料}$$

$$X_2 = \frac{w_2}{1 - w_2} = \frac{0.02}{1 - 0.02} = 0.0204 \text{kg 水/kg 干料}$$

水分蒸发量　　　　$W = L_c(X_1 - X_2) = 272 \times (0.25 - 0.0204) = 62.5 \text{kg/h}$

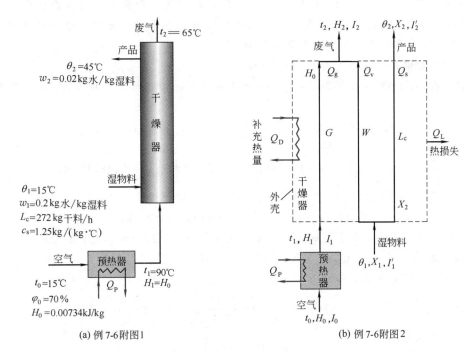

(a) 例7-6附图1　　　　　　(b) 例7-6附图2

图 7-9　例 7-6 附图

（2）空气用量 G 及 H_2、I_2 的计算

湿空气焓 I 用式(7-16) 计算，$t_1=90℃$、$H_1=0.00734$ kg 水/kg 干气时，求得 $I_1=110$ kJ/kg 干气；$t_2=65℃$、H_2 时，求得

$$I_2=65.7+2610H_2 \tag{a}$$

物料的焓 I' 用式(7-31) 计算。

$\theta_1=15℃$，$X_1=0.25$ kg 水/kg 干料时，求得 $I_1'=34.5$ kJ/kg 干料；$\theta_2=45℃$，$X_2=0.0204$ kg 水/kg 干料时，求得 $I_2'=60.1$ kJ/kg 干料。

已知 $Q_D=Q_L=0$，将已知数据代入干燥器的热量衡算式(7-32a)，得

$$G(I_1-I_2)=L_c(I_2'-I_1')$$

$$G(110-65.7-2610H)=272×(60.1-34.5)$$

求得

$$G(44.3-2610H)=6960 \tag{b}$$

将已知数据代入干空气消耗量 G 的计算式(7-29)，得

$$G=\frac{W}{H_2-H_1}=\frac{62.5}{H_2-0.00734} \tag{c}$$

式(b) 与式(c) 有两个待求量 G 与 H_2，联立解得

空气消耗量　　　　　　　$G=6760$ kg 干气/h

空气出干燥器的湿度　　　$H_2=0.0166$ kg 水/kg 干气

将 H_2 代入式(a)，求得空气出干燥器的焓

$$I_2=65.7+2610H_2=65.7+2610×0.0166=109 \text{ kJ/kg 干气}$$

计算结果表明 $I_2=109$ kJ/kg 干气与 $I_1=110$ kJ/kg 干气接近。因此，此干燥过程接近等焓过程。

由式(7-32a) 可知，当干燥器的热损失 $Q_L=0$，没有补充热量 $Q_D=0$，物料进、出干燥

器的焓相等，即 $L_c(I'_2 - I'_1) = 0$ 时，则 $I_1 = I_2$，即空气在干燥器中的状态变化是等焓过程。这个过程在 I-H 图上沿等 I 线变化，只要知道空气在干燥器出口的任一独立变量（例如 t_2），就可确定空气出口的其他变量（例如 H_2）。

（3）预热器中加热水蒸气用量 D 的计算

湿空气在 $H_0 = H_1 = 0.00734$ kg 水/kg 干气条件下，从 $t_0 = 15℃$ 加热到 $t_1 = 90℃$ 所需热量为

$$Q_P = \frac{G}{3600}(I_1 - I_0) = \frac{G}{3600}(1.01 + 1.88 H_0)(t_1 - t_0)$$

$$= \frac{6760}{3600}(1.01 + 1.88 \times 0.00734)(90 - 15) = 143 \text{kW}$$

200kPa 下水蒸气的比汽化热 $r = 2205$ kJ/kg，则水蒸气用量为

$$D = Q_P/r = 143/2205 = 0.0649 \text{kg/s} = 233 \text{kg/h}$$

（4）预热器加热量用于空气加热、水分蒸发及物料加热的分配（见附图2）

① 空气加热所需热量 Q_g 空气在 $H_0 = 0.00734$（kg 水/kg 干气）条件下，从 $t_0 = 15℃$ 加热到 $t_2 = 65℃$ 所需热量为

$$Q_g = \frac{G}{3600}(1.01 + 1.88 H_0)(t_2 - t_0) = \frac{6760}{3600}(1.01 + 1.88 \times 0.00734)(65 - 15)$$

$$= 96.1 \text{kW}$$

② 水分蒸发所需热量 Q_v 湿物料进干燥器的温度为 θ_1，湿物料蒸发的水分为 W kg/h，是从温度 θ_1 的液态水转变为温度 t_2 的水汽。取 $0℃$ 为基准温度，由式（7-15b）可知，t_2 时水汽的焓

$$I_v = r_0 + c_v t_2 \qquad \text{kJ/kg 水汽}$$

$\theta_1℃$ 时，液态水的焓

$$I_w = c_w \theta_1 \qquad \text{kJ/kg 水}$$

因此，蒸发物料的水分 $W = 62.5$ kg 水/h，所需热量为

$$Q_v = \frac{W}{3600}(I_v - I_w) = \frac{W}{3600}(r_0 + c_v t_2 - c_w \theta_1)$$

$$= \frac{62.5}{3600}(2492 + 1.88 \times 65 - 4.187 \times 15) = 44.3 \text{kW}$$

③ 物料加热所需热量 Q_s 用干燥器产品含水量 $X_2 = 0.0204$ kg 水/kg 干料，计算物料从 $\theta_1 = 15℃$ 加热到 $\theta_2 = 45℃$ 所需热量 Q_s。从物料的焓计算式（7-31）可知，物料的平均比热容为 $(c_s + X c_w)$ kJ/(kg 干料·℃)。因此，物料加热所需热量为

$$Q_s = \frac{L_c}{3600}(c_s + X_2 c_w)(\theta_2 - \theta_1) = \frac{272}{3600}(1.25 + 0.0204 \times 4.187)(45 - 15) = 30.3 \text{kW}$$

上述三项热量之和为

$$Q = Q_g + Q_v + Q_s = 96.1 + 44.3 + 3.03 = 143 \text{kW}$$

这与预热器的加热量相符，各项所需热量占加热量的分数为

空气加热 $\dfrac{Q_g}{Q_P} = 67.1\%$，   水分蒸发 $\dfrac{Q_v}{Q_P} = 30.8\%$，   物料加热 $\dfrac{Q_s}{Q_P} = 2.1\%$

（5）热空气在干燥器内放出的热量 Q'_D 计算

冷空气（t_0，H_0）在预热器内加入热量 Q_P，温度升为 t_1，而湿度 $H_1 = H_0$。热空气在干燥器中放出一部分热量 Q'_D，在湿度 $H_1 = 0.00734$（kg 水/kg 干气）条件下由 $t_1 = 90℃$ 降至出口温度 $t_2 = 65℃$。

$$Q'_D = \frac{G}{3600}(1.01+1.88H_1)(t_1-t_2) = \frac{6760}{3600}(1.01+1.88\times0.00734)(90-65) = 48\text{kW}$$

热量 Q'_D 用于蒸发物料中水分以及物料由温度 θ_1 升至 θ_2 所需热量。

(6) 若空气在预热器中加热到 $t_1=100℃$ 时，试求空气用量、加热水蒸气用量、空气加热所需热量占预热器加热量的分数。经计算求得空气用量 $G=4820\text{kg}$ 干气/h，湿度 $H_2=0.0203\text{kg}$ 水/kg 干气，则预热器加入热量

$$Q_P = \frac{G}{3600}(1.01+1.88H_1)(t_1-t_0) = \frac{4820}{3600}(1.01\times1.88\times0.00734)(100-15) = 117\text{kW}$$

加热水蒸气用量 $D=Q_P/r_0 = 117/2205 = 0.0531\text{kg/s} = 191\text{kg/h}$

空气加热所需热量

$$Q_g = \frac{G}{3600}(1.01+1.88H_0)(t_2-t_0) = \frac{4820}{3600}(1.01+1.88\times0.00734)(65-15) = 68.5\text{kW}$$

Q_g 占 Q_P 中的分数 $Q_g/Q_P = 68.5/117 = 59\%$

由上述计算结果可知，在相同的空气出口温度 $t_2=65℃$ 条件下，当进入干燥器的湿空气温度由 90℃ 升至 100℃ 时，其出口湿度 H_2 由 0.0166kg 水/kg 干气升到 0.0203kg/kg 干气；空气用量由 6760kg 干气/h 减至 4820kg 干气/h；预热器加入热量 Q_P 由 143kW 减至 117kW；加热水蒸气用量由 233kg/h 减至 191kg/h；空气加热所需热量 Q_g 由 96kW 减至 68.5kW；Q_g/Q_P 由 67.1% 减至 59%。

第四节 物料的平衡含水量与干燥速率

为确定物料的干燥时间和干燥器尺寸，需要知道物料的平衡含水量与干燥速率。下面分别介绍物料的干燥实验曲线、平衡含水量曲线以及干燥速率。

一、物料的干燥实验曲线

(一) 干燥实验曲线

通过干燥实验曲线可以了解干燥过程中物料的含水量与温度随时间的变化关系。干燥实验曲线的测定方法，是在恒定条件（即空气温度、湿度、流速及其与物料的接触状况等保持恒定）下的大量空气中将少量湿物料的试样悬挂在如图 7-10 所示的干燥实验装置的天平上。定时测量物料的质量 L 及其表面温度 θ，直到物料质量恒定为止。然后将物料放入电烘箱内烘干到质量恒定，即可得到绝干物料的质量 L_c，并求得干基含水量 $X=(L-L_c)/L_c$。试样的含水量 X 及其表面温度 θ 随时间 τ 的变化关系如图 7-11 中的 $X\text{-}\tau$ 曲线及 $\theta\text{-}\tau$ 曲线所示，称为物料的干燥实验曲线。从实验曲线上可以看出，物料的干燥过程可分 AB、BC 及 CDE 3 个阶段。

(二) 干燥过程的三阶段

1. 预热阶段 AB

刚开始，物料的温度 θ 小于该空气条件 (t, H) 下的湿球温度 t_w，由于空气与物料之间的温度差 $(t-\theta)$，空气向物料传递热量，物料温度上升。同时，由于物料表面的水汽压

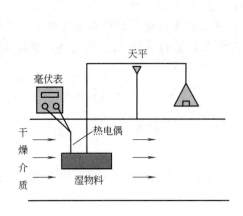

图 7-10　干燥实验装置

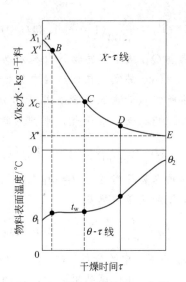

图 7-11　恒定干燥条件下物料
的干燥实验曲线

力大于空气中水汽分压 p_v，物料表面的水分汽化，开始的汽化量较小，所以汽化所需热量小于空气传入物料的热量，物料温度 θ 继续上升，水分汽化速率或物料含水量的变化率 $-\mathrm{d}X/\mathrm{d}\tau$ 也逐渐增大。当水分汽化所需热量等于空气传入物料的热量时，$\theta=t_w$，此时物料的预热阶段结束，而进入恒速干燥阶段。

2. 恒速干燥阶段 BC

此阶段物料表面润湿，呈现连续水膜。若为纤维性物料，由于毛细管力的作用，其内部水分向表面补充，表面水分的汽化与湿球温度计湿球上的水分汽化原理类似。物料表面温度始终保持该空气条件 $(t，H)$ 下的湿球温度 t_w，所以空气向物料的传热推动力 $(t-t_w)$ 以及水分从物料表面（此处空气的湿度为 t_w 下的饱和湿度 H_w）向空气汽化的推动力 (H_w-H) 均恒定不变，水分汽化速率保持恒定，故此阶段称为**恒速干燥阶段**。X-τ 线为一向下的斜直线，物料的含水量 X 随时间 τ 成正比减小，即 $-\mathrm{d}X/\mathrm{d}\tau=$ 常数。此阶段的干燥速率决定于物料表面的水分汽化速率，故又称为表面汽化控制阶段。

3. 降速干燥阶段 CDE

干燥实验曲线的转折点 C 称为恒速干燥阶段与降速干燥阶段的临界点。该点的物料含水量，称为临界含水量 X_c。

物料的含水量降到 C 点时，内部水分向表面的移动速率已下降到来不及向表面补充足够的水分以维持整个表面的润湿，因而开始出现不润湿点，水分汽化速率或 $-\mathrm{d}X/\mathrm{d}\tau$ 逐渐减小。当润湿表面继续减小到 D 点，表面完全不润湿，从**第一降速阶段**（CD 段）进入**第二降速阶段**（DE 段）。汽化表面逐渐从物料表面向内部转移，汽化所需热量通过固体传到汽化区域，汽化了的水汽穿过固体孔隙向外部扩散，故水分的汽化速率进一步降低，直到点 E 时，物料的含水量将降到该空气条件 $(t，H)$ 下的**平衡含水量** X^*。此时物料所产生的水汽压力与空气中水汽分压力相等，物料的水分汽化速率等于零，$-\mathrm{d}X/\mathrm{d}\tau=0$。降速阶段的干燥速率主要决定于水分和水汽在物料内部的传递速率，故又称为内部扩散控制阶段。此阶段由于水分汽化量逐渐减小，空气传给物料的热量部分用于水分汽化，部分用于物料温度的上升。当物料达到平衡含水量 X^* 时，物料温度 θ 将等于空气温度 t。

从上述可知，湿物料的平衡含水量为物料干燥的极限，临界含水量为恒速干燥阶段与降速干燥阶段的界限点，不同干燥阶段的干燥速率不同。为了深入理解物料的干燥过程，下面分别介绍平衡含水量与干燥速率。

二、物料的平衡含水量曲线

本节主要介绍物料的含水量与湿空气的温度 t、相对湿度 φ 之间的平衡关系，以及物料的平衡水分与自由水分、结合水分与非结合水分等内容。

（一）物料的平衡含水量曲线

由前节介绍的某物料在某恒定干燥条件（空气温度 t，相对湿度 φ）下测定的干燥实验曲线可知，物料的含水量最终达到该空气条件下的**平衡含水量**（equilibrium moisture content）X^*。同一物料（丝）在同一空气温度 t 下，若改变空气的相对湿度 φ，可测得该物料的平衡含水量曲线，如图 7-12 所示。X^* 随 φ 增大而增大，当 $\varphi=0$ 时，$X^*=0$，即只有当物料与 $\varphi=0$ 的空气接触，才有可能获得绝干物料。

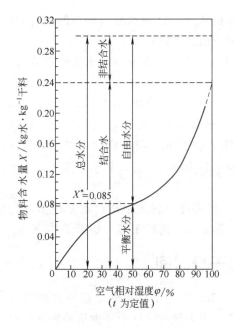

图 7-12　固体物料（丝）的
平衡含水量曲线

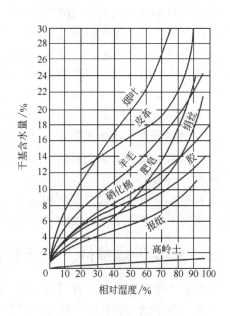

图 7-13　某些物料的平衡
含水量曲线（25℃）

当干基含水量为 X 的湿物料与一定温度 t 及相对湿度 φ 的空气接触时，从平衡含水量曲线上可以找到平衡含水量 X^* 的数值。若物料含水量 X 大于平衡含水量 X^*，则物料被干燥；若物料含水量 X 小于平衡含水量 X^*，则物料吸收空气中的水分。故平衡含水量曲线上方为干燥区，下方为吸湿区。

在一定的空气温度和湿度条件下，物料的干燥极限为 X^*。要想进一步干燥，应减小空气湿度或增大温度，但温度的影响较小。

不同的物料在不同的空气条件（t，φ）下的平衡含水量曲线不同，图 7-13 示出空气温度在 25℃ 时某些物料的平衡含水量曲线。

（二）自由水分与平衡水分

物料的含水量大于平衡含水量 X^* 的那一部分，称为**自由水分**（freemoisture）。平衡含水量也称为平衡水分。物料的含水量为自由水分与平衡水分之和，如图 7-12 所示。自由水分是在一定干燥条件（空气的 t、H）下可以除去的水分。

（三）结合水分与非结合水分

前节介绍的物料干燥特性曲线告知，干燥过程可分为恒速干燥阶段和降速干燥阶段。这主要是由于湿物料中水分存在于物料中的状况不同而引起的。通常根据水分与物料的结合状况不同分为**结合水分**（bound water）与**非结合水分**（unbound water）。

1. 结合水分

结合水分的存在状态有两种，即生物细胞或纤维壁中的水分，其中溶有固体物质；非常细小的毛细管中的水。这些水分与物料的结合力强，其蒸气压低于同温下纯水的饱和蒸气压，致使干燥过程的水分汽化推动力降低。所以，干燥结合水分较困难。

2. 非结合水分

包括附着于固体表面的润湿水分和较大孔隙中的水分。这种水分与物料的结合力较弱，其蒸气压与同温度下纯水的蒸气压相同。所以干燥非结合水较容易。

湿物料所含水分为结合水分与非结合水分之和。因非结合水分与纯水的存在状况相同，汽化容易，在干燥过程中首先除去非结合水分。

湿物料中结合水分与非结合水分的划分没有确切的方法。有的文献是以物料干燥实验曲线的临界含水量 X_c 为界划分，大于 X_c 的水分为非结合水分。也有的文献是以物料在空气 $\varphi = 100\%$ 时的最大平衡含水量 X_m^* 为界划分。如图 7-12 所示，将平衡含水量曲线延长，与 $\varphi = 100\%$ 轴线的交点为该物料的 X_m^*，该点以下的水分为结合水分，其水分蒸气压低于同温度下纯水的饱和蒸气压。

含有较多结合水的物料通常称为吸水性物料。吸水性物料的平衡含水量较多，例如皮革、毛织物等；非吸水性物料的平衡含水量较少，例如砂、高岭土等（如图 7-13 所示）。

三、恒定干燥条件下的干燥速率与干燥时间

为确定干燥时间和干燥器尺寸，应知道干燥速率。恒定干燥条件是指空气的温度、湿度、气速以及空气与物料的接触方式等都恒定不变。用大量的空气干燥少量湿物料，可以认为是恒定干燥条件。

（一）间歇干燥过程的干燥速率曲线

干燥速率 u 是单位时间内单位干燥表面积上的汽化水分量，单位为 kg 水/(m² · h)。

在间歇干燥过程中，不同瞬间的干燥速率不同，用微分式表示为

$$u = \frac{\mathrm{d}W}{A\,\mathrm{d}\tau} \tag{7-33}$$

式中，u 为干燥速率，kg 水/(m² · h)；W 为水分蒸发量，kg；A 为物料的干燥面积，m²；τ 为干燥时间，h。

因为 $\mathrm{d}W = -L_c\mathrm{d}X$，则式（7-33）可写成

$$u = \frac{dW}{A\,d\tau} = -\frac{L_c\,dX}{A\,d\tau} \tag{7-34}$$

式中，L_c 为湿物料中绝干物料质量，kg；X 为湿物料干基含水量，kg 水/kg 干料。

式(7-34)中的负号表示物料的含水量 X 随时间的增加而减小。

将图 7-11 中 $X\text{-}\tau$ 曲线斜率 $-dX/d\tau$ 及实测的 G_c、A 等数据代入式(7-34)，求得干燥速率 u，与物料含水量 X 标绘成图 7-14 所示的**干燥速率曲线**。这种曲线能非常清楚地表示出物料的干燥特性，故又称为干燥特性曲线。图中预热阶段 AB 的时间很短，干燥计算中可忽略不计。BC 为恒速干燥阶段，CDE 为降速干燥阶段。

下面分别介绍恒速干燥阶段与降速干燥阶段影响干燥速率的因素及干燥时间计算。

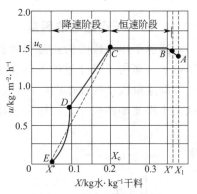

图 7-14　恒定干燥条件下的干燥速率曲线

（二）恒速干燥阶段

1. 影响干燥速率的因素

恒速干燥阶段的特点是物料表面充满着非结合水，表面温度为湿球温度 t_w，干燥速率与物料的性质关系很小，而主要与湿空气的温度 t、湿度 H、流速 w 及其与湿物料的接触方式有关。从前面的湿球温度原理中介绍的传热速率式(7-17) 与传质速率式(7-18) 可知以下 3 点。

① 提高空气温度 t、降低湿度 H，可增大传热及传质推动力 $(t-t_w)$ 与 (H_w-H)。

② 提高空气流速，可增大对流传热系数 α 与对流传质系数 k_H。

③ 水从物料表面汽化的速率还与空气同物料接触方式有关。物料颗粒分散悬浮于气流中者最佳，这不仅使 α 与 k_H 增大，而且与物料的接触表面积 A 也大；其次是气流穿过物料层；而气流掠过物料层表面者，与物料接触不良，干燥速率较低。

2. 恒速阶段的干燥时间计算

在恒定干燥条件下，物料从最初含水量 X_1 干燥到临界含水量 X_c 所需的时间 τ_1，可根据所测定的干燥速率曲线，利用式(7-34) 求取。恒速阶段的干燥速率 u 等于临界点的干燥速率 u_c，故将式(7-34) 改写为

$$d\tau = -\frac{L_c\,dX}{Au_c}$$

分离变量积分 $\int_0^{\tau_1} d\tau = -\frac{L_c}{Au_c}\int_{X_1}^{X_c} dX$ ，得恒速阶段的干燥时间计算式

$$\tau_1 = \frac{L_c}{Au_c}(X_1 - X_c) \tag{7-35}$$

式中，τ_1 为恒速干燥阶段的干燥时间，h；L_c 为湿物料中的绝干物料量，kg；A 为物料的干燥表面积，m^2；X_1 为物料的最初含水量，kg 水/kg 干料；X_c 为物料的临界含水量，kg 水/kg 干料；u_c 为物料的临界干燥速率，kg 水/$(m^2 \cdot h)$。

由式(7-35) 可知，计算恒速阶段的干燥时间 τ_1 需要知道物料的临界含水量 X_c 与临界

干燥速率 u_c 的实验数据。临界干燥速率 u_c 就是恒速阶段的干燥速率。

（三）降速干燥阶段

1. 影响干燥速率的因素

降速干燥阶段的特点是湿物料只有结合水分，干燥速率主要受物料的结构、形状和尺寸影响大，而与干燥介质的条件关系不大。

降速阶段干燥速率曲线的形状因物料的内在性质不同而异。图 7-15 所示为 4 种典型形状的干燥速率曲线，它们能明显地表现出物料的特性，简要介绍如下。

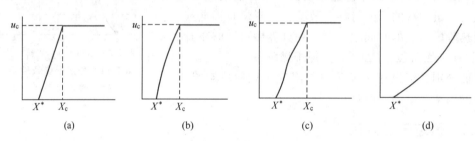

图 7-15　4 种典型形状的干燥速率曲线

图 7-15(a) 为大孔隙粒状物料层干燥、粉粒状物料分散干燥、液滴干燥及薄片状物料、粉粒状物料的片状滤渣等的干燥，其降速阶段的干燥速率与含水量近似呈线性关系。

图 7-15(b) 为非亲水性细粉粒堆积层或纤维状物料层的干燥，依靠毛细管力的作用使水分通过细小孔隙向物料表面传递。

图 7-15(c) 为纤维性物料（木材、纺织物、皮革、纸张）或细小粉粒物料（黏土、淀粉）等亲水性物料的干燥，第一降速干燥阶段水分的传递主要依靠毛细管力，而第二降速阶段水分与水汽的传递主要依靠扩散作用。

图 7-15(d) 为肥皂、胶类等能与水形成均相溶液的无孔吸湿性物料的干燥，物料内部与表面有浓度差，水分借扩散作用向表面传递，在表面汽化。这类物料不存在恒速干燥阶段。

2. 降速阶段的干燥时间计算

降速干燥阶段物料含水量由 X_c 下降到 X_2 所需的时间 τ_2，可由式(7-34) 积分求得，即

$$\tau_2 = \int_0^{\tau_2} \mathrm{d}\tau = -\frac{L_c}{A}\int_{X_c}^{X_2}\frac{\mathrm{d}X}{u} = \frac{L_c}{A}\int_{X_2}^{X_c}\frac{\mathrm{d}X}{u} \tag{7-36}$$

式中积分项的计算方法有以下两种。

（1）图解积分法　当 u 与 X 不呈直线关系时，式(7-36) 可根据干燥速率曲线的形状用图解积分法求解 τ_2。以 X 为横坐标，$1/u$ 为纵坐标，在图中标绘 $1/u$ 与对应的 X，由纵线 $X=X_c$ 与 $X=X_2$、横坐标轴及曲线所包围的面积为积分项的值。

（2）解析计算法　当 u 与 X 呈线性关系时，任一瞬间的 u 与对应的 X 有下列关系。

$$u = K_X(X - X^*) \tag{7-37a}$$

式中，K_X 为降速阶段干燥速率线的斜率，kg 干料/（m² · h）。

式(7-37a) 代入式(7-36)，积分得降速阶段干燥时间计算式

$$\tau_2 = \frac{L_c}{AK_X}\int_{X_2}^{X_c}\frac{\mathrm{d}X}{X - X^*}$$

$$\tau_2 = \frac{L_c}{AK_X} \ln \frac{X_c - X^*}{X_2 - X^*} \tag{7-38}$$

式中，τ_2 为降速干燥阶段的干燥时间，h；L_c 为湿物料中绝干物料量，kg；A 为物料的干燥表面积，m^2；X_c 为物料的临界含水量，kg 水/kg 干料；X_2 为物料的最终含水量，kg 水/kg干料；X^* 为物料的平衡含水量，kg 水/kg 干料；K_X 为降速干燥阶段干燥速率线的斜率，kg 水/$(m^2 \cdot h)$。

K_X 可用临界干燥速率 u_c 计算如下

$$K_X = \frac{u_c}{X_c - X^*} \tag{7-37b}$$

式中，K_X 为降速干燥阶段干燥速率线的斜率，kg 水/$(m^2 \cdot h)$；u_c 为物料的临界干燥速率，kg 水/$(m^2 \cdot h)$；X_c 为物料的临界含水量，kg 水/kg 干料；X^* 为物料的平衡含水量，kg 水/kg干料。

物料干燥所需总时间为恒速阶段与降速阶段的干燥时间之和，即

$$\tau = \tau_1 + \tau_2$$

【例 7-7】 有一间歇操作干燥器，有一批物料的干燥速率曲线如图 7-14 所示。若将该物料由含水量 $w_1 = 27\%$ 干燥到 $w_2 = 5\%$（均为湿基），湿物料的质量为 200kg，干燥表面积为 $0.025m^2$/kg 干料，装卸时间 $\tau' = 1h$，试确定每批物料的干燥周期。

解 绝对干物料量 $L_c = L_1(1 - w_1) = 200 \times (1 - 0.27) = 146$kg

干燥总表面积 $A = 146 \times 0.025 = 3.65m^2$

将物料中的水分换算成干基含水量

$$最初含水量 X_1 = \frac{w_1}{1 - w_1} = \frac{0.27}{1 - 0.27} = 0.37kg 水/kg 干料$$

$$最终含水量 X_2 = \frac{w_2}{1 - w_2} = \frac{0.05}{1 - 0.05} = 0.053kg 水/kg 干料$$

由图 7-14 中查到该物料的临界含水量 $X_c = 0.20$kg 水/kg 干料，平衡含水量 $X^* = 0.05$kg 水/kg 干料，由于 $X_2 < X_c$，所以干燥过程应包括恒速和降速两个阶段，各段所需的干燥时间分别计算。

① 恒速阶段 τ_1

由 $X_1 = 0.37$ 至 $X_c = 0.20$，由图 7-14 中查得 $u_c = 1.5$kg/$(m^2 \cdot h)$。

$$\tau_1 = \frac{L_c}{u_c A}(X_1 - X_c) = \frac{146}{1.5 \times 3.65} \times (0.37 - 0.20) = 4.53h$$

② 降速阶段 τ_2

由 $X_c = 0.20$ 至 $X_2 = 0.053$，$X^* = 0.05$ 代入式(7-37b) 求得

$$K_X = \frac{u_c}{X_c - X^*} = \frac{1.5}{0.20 - 0.05} = 10kg 水/(m^2 \cdot h)$$

$$\tau_2 = \frac{L_c}{K_X A} \ln \frac{X_c - X^*}{X_2 - X^*} = \frac{146}{10 \times 3.65} \ln \frac{0.20 - 0.05}{0.053 - 0.05} = 15.7h$$

③ 每批物料的干燥周期 τ

$$\tau = \tau_1 + \tau_2 + \tau' = 4.53 + 15.7 + 1 = 21.2h$$

(四) 临界含水量 X_c

X_c 值愈大，干燥过程将较早地由恒速阶段进入降速阶段，使相同干燥任务所需要的干燥时间增长。无论从产品质量和经济角度考虑都是不利的。因此，X_c 值是干燥设计的重要参数，它不仅与物料的含水性质、大小、形态、堆积厚度有关，而且与干燥介质的温度、湿度、流速以及同物料的接触状态（由干燥器类型决定）有关，通常由实验测定。

① 同样大小和形态的吸水性物料（硅胶、皮革等）与非吸水性物料（砂粒、陶瓷）比较，其 X_c 值大。若把一块厚的吸水性物料（木材）改为若干薄片，都与空气接触，水分从内部向外表面移动比较容易，其 X_c 值要比一块厚的低很多。

② 同一种粉粒状物料，当呈堆积状态干燥时，其 $X_c \approx 0.10$；若改为分散状态干燥时，$X_c \approx 0.01$。同理，对于膏糊状物料，若以层状干燥时，其 $X_c > 0.3$，若边干燥边破碎成粉粒状，可降至 $X_c \approx 0.01$，两者 X_c 值相差很大。

③ 恒速干燥阶段的干燥速率与空气的温度、湿度及流速有关。当空气温度升高、湿度减小、流速增大时，物料的干燥速率增高，X_c 值也将增大。

【例 7-8】 某湿物料 12kg，均匀地平摊在长 0.8m、宽 0.5m 的平底浅盘内，并在恒定的空气条件下进行干燥，物料的初始含水量为 15%，干燥 5h 后含水量降为 8%。已知在此条件下物料的平衡含水量为 1%，临界含水量为 6%（皆为湿基），并假定降速阶段的干燥速率与物料的自由含水量（干基）呈线性关系。试求：(1) 将物料继续干燥至含水量为 2%，所需的总干燥时间；(2) 现将物料均匀地平摊在两个相同的浅盘内，并在同样空气条件下进行干燥，只需 5h 便可将物料的水分降至 2%，问物料的临界含水量有何变化？恒速干燥阶段的时间为多少？

解 (1) 绝对干物料量 $L_c = L_1(1 - w_1) = 12 \times (1 - 0.15) = 10.2 \text{kg}$

将物料中的水分换算成干基含水量

初始含水量 $X_1 = \dfrac{w_1}{1 - w_1} = \dfrac{0.15}{1 - 0.15} = 0.176 \text{kg 水/kg 干料}$

干燥 5h 后含水量 $X = \dfrac{w}{1 - w} = \dfrac{0.08}{1 - 0.08} = 0.087 \text{kg 水/kg 干料}$

平衡含水量 $X^* = \dfrac{w^*}{1 - w^*} = \dfrac{0.01}{1 - 0.01} = 0.0101 \text{kg 水/kg 干料}$

临界含水量 $X_c = \dfrac{w_c}{1 - w_c} = \dfrac{0.06}{1 - 0.06} = 0.0638 \text{kg 水/kg 干料}$

最终含水量 $X_2 = \dfrac{w_2}{1 - w_2} = \dfrac{0.02}{1 - 0.02} = 0.0204 \text{kg 水/kg 干料}$

因为 $w > w_c$，故整个 5h 全部是恒速干燥，恒速干燥速率

$$u_c = \frac{L_c}{A\tau}(X_1 - X) = \frac{10.2}{0.8 \times 0.5 \times 5}(0.176 - 0.087) = 0.454 \text{kg/(m}^2 \cdot \text{h)}$$

将物料干燥到临界含水量所需时间为

$$\tau_1 = \frac{L_c}{Au_c}(X_1 - X_c) = \frac{10.2}{0.8 \times 0.5 \times 0.454}(0.176 - 0.0638) = 6.3 \text{h}$$

继续将物料干燥到 X_2 所需时间为

$$\tau_2 = \frac{L_c}{AK_X} \ln \frac{X_c - X^*}{X_2 - X^*} = \frac{L_c(X_c - X^*)}{Au_c} \ln \frac{X_c - X^*}{X_2 - X^*}$$

$$= \frac{10.2 \times (0.0638 - 0.0101)}{0.8 \times 0.5 \times 0.454} \ln \frac{0.0638 - 0.0101}{0.0204 - 0.0101} = 4.98h$$

所需总时间为　　　　　　　　$\tau = \tau_1 + \tau_2 = 6.3 + 4.98 = 11.28h$

（2）湿物料性质一定时，物料的平衡含水量只与空气的状态有关，物料在恒速阶段的干燥速率只取决于空气的状态与流速，故将物料均匀平摊在两个盘子里，干燥面积加倍，此时平衡含水量及恒速干燥速率都不变。设此时物料的临界含水量为 X_c'，将物料干燥到临界含水量所需时间为

$$\tau_1 = \frac{L_c}{2Au_c}(X_1 - X_c') = \frac{10.2}{2 \times 0.8 \times 0.5 \times 0.454}(0.176 - X_c')$$

继续将物料干燥到 X_2 所需时间为

$$\tau_2 = \frac{L_c(X_c' - X^*)}{2Au_c} \ln \frac{X_c' - X^*}{X_2 - X^*} = \frac{10.2 \times (X_c' - 0.0101)}{2 \times 0.8 \times 0.5 \times 0.454} \ln \frac{X_c' - 0.0101}{0.0204 - 0.0101}$$

所需总时间为　　　　　　　　$\tau = \tau_1 + \tau_2 = 5h$

假设 $X_c' = 0.049$，计算得到 $\tau_1 = 3.566h$，$\tau_2 = 1.451h$，$\tau = 5.02h \approx 5h$，故 X_c' 的假定值正确，以上计算有效。

从本题计算结果可知，减少料层厚度不仅可以增加传热和传质面积，而且降低了物料的临界含水量，使更多的水分在恒速干燥阶段除去，故物料所需干燥时间减少，设备生产能力提高。

第五节　干　燥　设　备

一、常用对流干燥器简介

（一）厢式干燥器（盘式干燥器）

图 7-16 为常压厢式干燥器（compartment dryer），或称盘式干燥器（tray dryer）。湿物料装在盘架上的浅盘中，盘架用小推车推进厢内。空气从进口吸入，与废气混合后，经风机增压，少量由出口排出，其余经加热器预热后沿挡板均匀地进入各层，与湿物料表面接触，增湿降温后的废气再循环进入风机。浅盘中的物料干燥一定时间后达到产品质量要求，由器内取出。恒速干燥阶段少量废气循环；降速干燥阶段增多循环量。

厢式干燥器的优点是构造简单，设备费用低；对物料的适应性较大，可同时干燥几种物料，适用于小批量的粉粒状、片状、膏状物

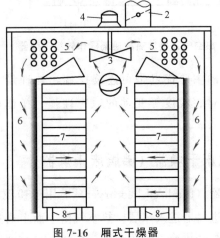

图 7-16　厢式干燥器

1—空气入口；2—空气出口；3—风机；
4—电动机；5—加热器；6—挡板；
7—盘架；8—移动轮

厢式干燥器工
作状态

料以及易碎的脆性物料。其缺点是装卸料劳动强度大；热空气只与表面物料直接接触，产品的干燥不均匀，且干燥时间较长。对于粒状物料，若用网式浅盘，热空气穿过物料层可增大气固接触面积、减小干燥时间。

（二）转筒干燥器

转筒干燥器（rotary cylinder dryer）用于粉粒状、片状及块状物料的连续干燥；图 7-17 所示为热空气直接加热式转筒干燥器，其圆形筒体与水平略成倾斜，慢速旋转，物料自高端加入，低端排出，筒体内壁装有若干抄板，在筒体旋转过程中把物料抄起来，再洒落，以增大物料与热空气的接触面积，提高干燥速率。干燥介质可用热空气、烟道气或其他气体，与物料可作并流或逆流流动。

并流操作时，高温气体与刚进入的湿物料接触，物料在水分表面汽化阶段保持温球温度，物料在接近出口时温度进入上升阶段，因气体温度已下降，物料温度不会升高很多，因此有些物料（如热敏性物料）并流操作时用温度较高的气体也不会影响产品质量。逆流操作时，高温气体与刚要排出的物料接触，此操作适用于耐高温且在第二干燥阶段较难除去水分的物料，且因物料以高温排出，带出热量较多。

气流速度由物料粒度与密度决定，以物料不随气流飞扬为依据，通常气速较低。物料的停留时间可用调节转筒的转数来改变，以满足产品含水量降至要求值。

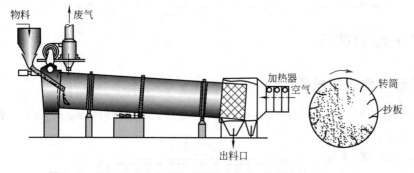

图 7-17　热空气直接加热的逆流操作转筒干燥器　　　　**转筒干燥器工作状态**

转筒干燥器的主要优点是可连续操作，处理量大；与气流干燥器、流化床干燥器相比，对物料含水量、粒度等变动的适应性强；操作稳定可靠。缺点是设备笨重、占地面积大。

（三）流化床干燥器（沸腾床干燥器）

流化床干燥器（fluidized-bed dryer）适用于粉粒状物料，图 7-18 所示为单层流化床干燥器。湿物料经进料器进入床层，热空气由下而上通过多孔式气体分布板。当气速（指空床气速）较低时，颗粒床层呈静止状态，气流穿过颗粒间的空隙，此时颗粒床层为固定床。当气速增加到一定程度后，颗粒床层开始松动，并略有膨胀，在小范围内变换位置。气速再增大到某一数值后，颗粒在气流中呈悬浮状态，形成颗粒与气体的混合层，恰如液体沸腾状态，气固两相激烈运动相互接触。这种状态的床层称为流化床或沸腾床。由固定床转为流化床时的气速称为临界流化速度。

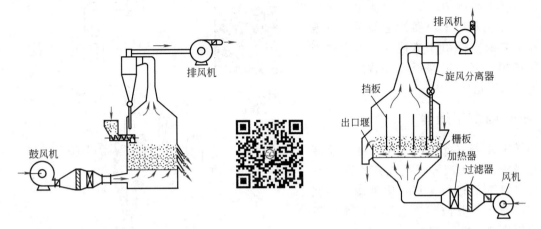

图 7-18　单层流化床干燥器　　沸腾床干燥器工作状态　　图 7-19　卧式多室流化床干燥器

气速愈大，流化床层就愈高。当气速增大到颗粒的自由沉降速度 u_t 时，颗粒开始同气流一起向上流动，成为气流干燥状态；故亦称 u_t 为流化床的带出速度，流化床的气速应在临界流化速度与带出速度之间。

湿物料在流动床中与热空气进行热量及水汽的传递，达到干燥的目的。干燥后的产品由床层侧面出料管溢流排出，气流由顶部排出，经旋风分离器回收其中夹带的粉尘。

在流化床中，有的颗粒因短路而在床层中的停留时间很短，未达到干燥要求即排出；有的颗粒因返混，停留时间较长。为了提高物料在床层中停留时间分布的均匀性，可以改用如图 7-19 所示的卧式多室流化床干燥器。它是在长方形床层中沿垂直于颗粒流动方向安装若干垂直挡板，分隔为几个室，挡板下端距多孔分布板有一定距离，使颗粒能逐室流动，颗粒的停留时间分布较为均匀，以防止未干颗粒排出。

流化床干燥器的主要优点是床层温度均匀，并可调节；因传热速度快，处理能力大；停留时间可在几分钟到几小时范围内调节，使物料含水量降至很低；物料依靠进、出口床层高差自动流向出口，不需输送装置；结构简单，可动部件少，操作稳定。缺点是物料的形状和粒度有限制。

（四）气流干燥器

气流干燥器为气流输送式干燥器（pneumatic-conveying dryer），如图 7-20 所示。直立干燥管的直径为 300～500mm，高为 10～20m。干燥管下部有笼式破碎机，其作用是使加料器送来的滤饼等泥状物料及煤、硅藻土等软质块状物料进行破碎，同时使物料与热空气剧烈搅拌，可除去总含水量的 50%～80%。当物料含水量较多，加料有困难时，可送回一部分干燥产品粉末与湿料混合。对于散粒状湿物料，不必使用破碎机。物料在干燥管中被高速上升的热气流分散并呈悬浮状，与热气流并流向上，到了干燥管顶端，应达到规定的干燥要求。

气流干燥器的主要优点是粉粒状物料分散悬浮于热风中，气固两相间扰动程度和接触面积都大，所以传热与传质速率也都较大，干燥速度快，干燥时间短，从湿物料投入到产品排出只需 1～2s。气流干燥可称为"瞬间干燥"；过滤后的湿滤饼也能经瞬间干燥，获得粉末状干燥产品，且干燥均匀；由于热风与物料并流操作，即使热风高达 700～800℃，而产品温度不超过 70～90℃，适用于热敏性和低熔点物料；干燥器构造简单，占地面积小。其缺点是由于流速大，压力损失大，物料颗粒有一定磨损，对晶体有一定要求的物料不适用。

（五）喷雾干燥器

喷雾干燥器（spray dryer）是用喷雾器将悬浮液、乳浊液等喷洒成直径为 10～200μm 的液滴后进行干燥，因液滴小，饱和蒸气压很大，分散于热气流中，水分迅速汽化而达到干燥目的。

图 7-21 为喷雾干燥流程，料液由三联柱塞高压往复泵以 3～20MPa 的压力送到干燥器顶部的压力喷嘴，喷成雾状液滴，与鼓风机送来的热空气充分混合后并流向下，经干燥室物料中水分汽化，流至气固两相分离室，空气经旋风分离器和排风机排出，干燥产品由分离室底部排出。由此

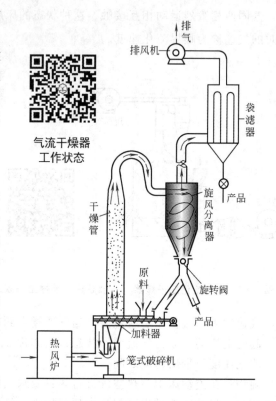

图 7-20　气流干燥器

可知，喷雾干燥有 4 个过程：①溶液喷雾；②空气与雾滴混合；③雾滴干燥；④产品的分离和收集。喷雾干燥器也可逆流操作，即热空气从干燥室下部沿圆周分布进入。喷雾器为重要部件，喷雾优劣将影响产品质量。

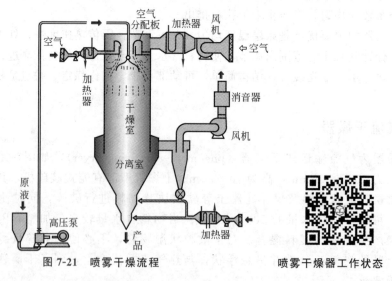

图 7-21　喷雾干燥流程　　　　　　喷雾干燥器工作状态

液体在压力喷嘴式喷雾器的旋转室中剧烈旋转后，通过锐孔形成膜状喷射出来，在雾滴的中心留有空气，形成中空粉粒产品。用这种喷雾干燥生产的洗衣粉就是中空粉粒状，溶解性能良好。

为了避免粉粒黏附于器壁，有两处引入冷空气保护。一处是在干燥器的顶部空气分配板沿圆周引入，分布于热空气的周围向下流动。另一处是在分离室锥底下部引入已去湿的15～20℃冷空气，并有对产品的冷却与干燥作用，以保证底部堆积的粒状干燥产品质量。

喷雾干燥器的主要优点是由于液滴直径小，气液接触面积大，扰动剧烈，所以干燥速度快，干燥时间短，约20～30s；恒速干燥阶段（即液滴水分多的阶段）其温度接近湿球温度（当热风温度为180℃时，其温度约为45℃），所以温度较低，因此适用于热敏性物料的大量生产。其缺点是为了减小产品的含水量需要增大空气量（减小排出空气的湿度）和提高排气温度，导致干燥器体积较大，热量消耗较多。

二、干燥器的选用

干燥操作中所处理的物料，由于其形态与性质的多样性，以及各种产品质量要求不同，有各种不同类型的干燥器可供选用。下面简要介绍选用对流干燥器时应考虑的若干问题。

（一）　根据物料的形态选择干燥器类型

① 厢式和输送带式干燥器，对物料形态的适应性较宽，从粉粒状、块状、片状、短纤维状到膏糊状物料均能适用。

② 转筒式干燥器适用于粉粒状、块状、片状及膏糊状物料。

③ 流化床式及气流式干燥器主要用于粉粒状物料，带有破碎机的气流干燥器也可用于干燥膏糊状物料。

④ 喷雾干燥器用于悬浮液和乳浊液。

（二）　与干燥器大小及构造有关事项

（1）物料的干燥特性　在确定湿物料的干燥条件时需了解其干燥特性。特别是干燥时间估算时需要干燥速率曲线，至少也要知道临界含水量 X_c。需要注意的是，X_c 值随物料的含水性质、大小、形态、堆积厚度及与空气的接触状态（与干燥器种类有关）的不同而异，并且与空气的温度、湿度及流速有关。若不能在所选用类型的干燥器中作干燥试验，也应在实验室作物料与热风接触状态的近似试验，求出临界含水量。

增大干燥速率可缩短干燥时间，使设备小型化，通常应设法增大干燥速率。缩短干燥时间可从两个方面着手：①降低临界含水量，使更多的水分在恒速阶段除去；②增大降速阶段的干燥速率。对这两个方面都有效的办法是使物料分散于热气流中。恒速阶段的干燥速率还与热空气的温度、湿度及流速有关系，适当降低温度、增大湿度或减小流速，可降低临界含水量。

（2）物料的黏附性　湿物料从湿到干的干燥过程中，对其黏附性的变化应了解。它关系到连续式干燥器的加料、器内流动及产品排出等是否能顺利进行。若物料黏附于设备壁上，将造成操作困难，应在构造上采取相应措施。

（三）　与干燥产品质量有关事项

（1）物料的热敏性　药物、食品及合成树脂等有机物，有的在高温或长时间受热条件下会因分解、碳化等变质。这种情况应规定最高操作温度和干燥时间。为了避免产品质量变坏，应设法降低临界含水量 X_c。因为大于 X_c 的水分，在恒速阶段干燥，物料的温度较低，为湿球温度，且干燥速率高于降速阶段，可使总的干燥时间缩短。有的物料在高温短时间条件下干燥，比在低温长时间干燥时的质量好。热敏性物料宜用并流操作。为了保证产品质量，操作温度应控制在所规定的温度。

（2）产品的形态与质量　有些干燥产品的形态、粒度大小影响其质量及商品价格。例如奶粉、洗衣粉，其喷雾条件和干燥条件都会影响产品的粒度分布和形态。对于脆性物料的晶体，应避免因碰撞而粉碎。有些吸水性物料不宜干燥太快，否则可能由于内部水分来不及扩散到物料表面而引起表面变形、起皱或裂开（如木材），使产品质量变坏。或者在降速干燥的初期，因干燥过快，局部表面结成一层硬壳，内部水分无法通过硬壳，反而降低了干燥速度，甚至使干燥难以继续进行。因此，应根据物料的性质、形态及干燥所要求的产品质量适当调节干燥速率。调节干燥速度可采用部分废气循环法。在恒速阶段，使循环废气量减小，多进一些新鲜空气以调节湿度；降速阶段，使循环废气量增多，少进一些新空气，使湿度调大，与干燥速度相配合。

（四）节约热能

干燥过程蒸发物料中的水分，热能消耗较多，为了提高热能利用的经济性，应降低废气和产品带出的热量。降低废气带出热量的有效办法是减少干燥介质用量，或使部分废气再循环利用。在物料耐热的允许条件下尽可能提高干燥介质进入温度，以减少其用量，缩短干燥时间。并流操作时，产品排出温度较低，带去热量较少。

（五）其他

① 排放废气中所含粉尘、毒气、臭味以及噪声对环境的影响。
② 干燥系统设备的占地面积。

■ 思考题 ■

7-1　湿物料的对流干燥过程中，热空气与湿物料之间是怎样传热与传质的？传热与传质的推动力是什么？

7-2　湿空气中湿含量的表示方法有哪几种？他们之间有什么关系？

7-3　何谓湿空气的湿度？它受哪些因素影响？是如何影响的？

7-4　不同干球温度或不同总压对每千克干空气所能容纳的最大水汽量有何影响？

7-5　总压为 101.3kPa、干球温度为 30℃、相对湿度为 40% 的湿空气，若干球温度保持不变，总压增大一倍，相对湿度将如何变化？

7-6　表示湿空气性质的特征温度有哪几种？各自的含义是什么？对于水-空气系统，它们的大小有何关系？何时相等？

7-7　何谓湿空气的露点？已知湿空气的湿度，如何计算在一定总压下的露点？若已知湿空气的总压及其中水汽分压，如何计算湿空气的露点？如何根据湿空气的露点计算湿空气的湿度？

7-8　何谓湿空气的湿球温度？湿空气的干球温度与湿度对湿球温度有何影响？如何根据湿空气的干球温度与湿球温度计算湿空气的湿度？在什么条件下，湿空气的湿球温度与干球温度及露点相等？

7-9　湿空气的干球温度及湿度对绝热饱和温度有何影响？

7-10　利用 I-H 图如何求得某状态下的湿空气的湿球温度？

7-11　在干燥器的热量衡算中，湿空气的焓及湿物料的焓如何计算？温度以 0℃ 为基准，湿空气以 1kg 干空气为基准，湿物料以 1kg 干物料为基准。

7-12　已知湿物料中绝干物料的质量流量为 L_c、湿物料进、出干燥器的干基含水量及温度，并已知湿空气进干燥器的状态及出干燥器的温度。如何利用物料衡算式与热量衡算式计算空气排出干燥器时的湿度、焓及干空气消耗量。

7-13　空气在干燥器中的状态变化是等焓过程。若湿空气进干燥器的温度 t_1 增大，湿度 H_1 不变，而出干燥器的温度 t_2 不变，空气（废气）排出干燥器时的湿度 H_2 将如何变化？空气用量将如何变化？空气（废气）带出的热量 Q_g 将如何变化？

7-14　在空气预热器及干燥器的加热器，向干燥系统加入的热量，除了补偿周围热损失，其余都用于加热什么了？

7-15　干燥实验曲线是在恒定干燥条件下测定的。何谓恒定干燥条件？

7-16　何谓被干燥物料的临界含水量？它受哪些因素影响？临界含水量的大小对物料的干燥时间有何影响？

7-17　何谓物料的平衡含水量（也称为平衡水分）？一定的物料，在一定的空气温度下，物料的平衡含水量与空气的相对湿度有何关系？

7-18　湿物料所含水分是结合水分与非结合水分之和，二者有什么区别？

7-19　恒速干燥阶段中，影响物料干燥速率的主要因素有哪些？

7-20　在恒定干燥条件下，恒速干燥阶段中，空气与物料之间是怎样进行热量传递与水汽传递的？其传热推动力与传质推动是什么？如何能增大干燥速率？

7-21　降速干燥阶段中，影响物料干燥速率的主要因素有哪些？

7-22　在恒定干燥条件下，对于有恒速干燥阶段与降速干燥阶段的物料，通常采用什么办法缩短干燥时间？

习　题

湿空气的性质

7-1　湿空气的总压为 101.3kPa，（1）试计算空气为 40℃ 和相对湿度为 $\varphi = 60\%$ 时的湿度与焓；（2）已知湿空气中水蒸气分压为 9.3kPa，求该空气在 50℃ 时的相对湿度 φ 与湿度 H。

7-2　空气的总压为 101.33kPa，干球温度为 303K，相对湿度 $\varphi = 70\%$，试用计算式求空气的下列各参数：（1）湿度 H；（2）饱和湿度 H_s；（3）露点 t_d；（4）焓 I；（5）空气中的水汽分压 p_v。

7-3　在总压为 101.3kPa 下测得湿空气的干球温度为 50℃，湿球温度为 30℃，试计算湿空气的湿度与水汽分压。

7-4　利用湿空气的 I-H 图填写下表的空白。

干球温度/℃	湿球温度/℃	湿度/kg 水·(kg 干气)⁻¹	相对湿度 φ/%	焓/kJ·(kg 干气)⁻¹	水汽分压/kPa	露点/℃
50	30					
40						20
20			60			
		0.04		160		
30					1.5	

7-5　空气的总压力为 101.3kPa，干球温度为 25℃，湿球温度为 15℃。该空气经过一预热器，预热至 50℃ 后送入一干燥器。热空气在干燥器中经历等焓降温过程。离开干燥器时相对湿度 $\varphi = 80\%$。利用 I-H 图，试求：（1）原空气的湿度、露点、相对湿度、焓及水汽分压；（2）空气离开预热器的湿度、相对湿度及焓；（3）100m³ 原空气经预热器加热，所增加的热量；（4）离开干燥器时空气的温度、焓、露点及湿度；（5）100m³ 原空气在干燥器中等焓降温增湿过程中使物料所蒸发的水分量。

7-6　在去湿设备中，将空气中的部分水汽除去，操作压力为 101.3kPa，空气进口温度为 20℃，空气中水汽分压为 6.7kPa，出口处水汽分压为 1.33kPa。试计算 100m³ 湿空气所除去的水分量。

7-7 湿空气的总压为 101.3kPa，温度为 10℃，湿度为 0.005kg 水/kg 干气。试计算：(1) 空气的相对湿度 φ_1；(2) 空气温度升到 35℃ 时的相对湿度 φ_2；(3) 温度仍为 35℃，总压提高到 115kPa 时的相对湿度 φ_3；(4) 温度仍为第 (1) 问的 10℃，若总压从 101.3kPa 增大到 500kPa，试求此条件下的湿空气饱和湿度 H_s，并与原空气的湿度 H 比较，求出加压后每千克干空气所冷凝的水分量。

7-8 氮气与苯蒸气混合气体的总压力为 102.4kPa。在 24℃ 时，混合气体的相对湿度为 60%。试计算：(1) 混合气体的湿度，单位为 kg 苯蒸气/kg 氮气；(2) 使混合气中的苯蒸气冷凝 70% 时的饱和湿度 H_s；(3) 若混合气温度降为 10℃，总压力增加到多大才能使苯蒸气冷凝 70%。

干燥过程的物料衡算与热量衡算

7-9 某干燥器的湿物料处理量为 100kg 湿料/h，其湿基含水量为 10%（质量分数），干燥产品的湿基含水量为 2%（质量分数）。进干燥器的干燥介质为流量 500kg 湿气/h，温度 85℃，相对湿度 10% 的空气，操作压力为 101.3kPa。试求物料的水分蒸发量和空气出干燥器时的湿度 H_2。

7-10 某干燥器的生产能力为 700kg 湿料/h，将湿物料由湿基含水量 0.4（质量分数）干燥到湿基含水量 0.05（质量分数）。空气的干球温度为 20℃，相对湿度为 40%，经预热器加热到 100℃，进入干燥器，从干燥器排出时的相对湿度为 $\varphi=60\%$。若空气在干燥器中为等焓过程，试求空气消耗量及预热器的加热量。操作压力为 101.3kPa。

7-11 在常压干燥器中将某物料从湿基含水量为 0.05（质量分数）干燥到湿基含水量为 0.005（质量分数）。干燥器的生产能力为 7200kg 干料/h，物料进、出口温度分别为 25℃ 与 65℃。热空气进干燥器的温度为 120℃，湿度为 0.007kg 水/kg 干气，出干燥器的温度为 80℃。空气最初温度为 20℃。干物料的比热容为 1.8kJ/(kg·℃)。若不计热损失，试求：(1) 干空气的消耗量 G，空气离开干燥器时的湿度 H_2；(2) 预热器对空气的加热量。

7-12 在常压连续逆流干燥器中，采用废气循环流程干燥某湿物料，即由干燥器出来的部分废气与新鲜空气混合，进入预热器加热到一定的温度后再送入干燥器。已知新鲜空气的温度为 25℃、湿度为 0.006kg/kg 干气，废气的温度为 40℃、湿度为 0.035kg/kg 干气，循环比（循环废气中绝干空气质量与混合气中绝干空气质量之比）为 0.8。湿物料的处理量为 1000kg/h，湿基含水量由 50% 下降至 4%。假设预热器的热损失可忽略，干燥过程可视为等焓干燥过程。试求：(1) 在 I-H 图上定性绘出空气的状态变化过程；(2) 新鲜空气用量；(3) 预热器中的加热量。

7-13 某湿物料用热空气进行干燥，空气的初始温度为 20℃，初始湿含量为 0.006kg 水/kg 干空气，为保证干燥产品的质量，空气进入干燥器的温度不得高于 90℃。若空气的出口温度选定为 60℃，并假定为理想干燥过程，试求：(1) 将空气预热至最高允许温度即 90℃ 进入干燥器，蒸发每千克水分所需要的空气量及供热量各为多少？(2) 在干燥器适当位置设置一台中间加热器，将已降至 60℃ 的空气再度加热至 90℃，假设两段干燥过程皆为理想过程，计算蒸发每千克水分所需要的空气量、供热量？

干燥速率与干燥时间

7-14 在恒速干燥阶段，用下列 4 种状态的空气作为干燥介质，试比较当湿度 H 一定而温度 t 升高，以及温度 t 一定而湿度 H 增大时干燥过程的传热推动力 $\Delta t=t-t_w$ 与水汽化传质推动力 $\Delta H=H_w-H$ 有何变化，并指出下列哪种情况下的推动力最大。

(1) $t=50℃$，$H=0.01$kg 水/kg 干气；(2) $t=100℃$，$H=0.01$kg 水/kg 干气；
(3) $t=100℃$，$H=0.05$kg 水/kg 干气；(4) $t=50℃$，$H=0.05$kg 水/kg 干气。

7-15 在恒定干燥条件下，将物料从 $X_1=0.33$kg 水/kg 干料干燥至 $X_2=0.09$kg 水/kg 干料，共需 7h，问继续干燥至 $X_2'=0.07$kg 水/kg 干料，再需多少时间？已知物料的临界含水量为 0.16kg 水/kg 干料，平衡含水量为 0.05kg 水/kg 干料（以上均为干基含水量）。降速阶段的干燥速率与物料的含水量近似呈线性关系。

7-16 有一盘架式干燥器，器内有 50 只盘（正方形），每盘的深度为 0.02m，边长为 0.7m，盘内装有某湿物料，其含水率由 0.9kg 水/kg 干料干燥至 0.01kg 水/kg 干料。空气在盘表面平行掠过，其温度为 77℃，相对湿度为 10%，流速为 2m/s；空气与物料的对流传热系数 $\alpha=14.3G^{0.8}$，G 为空气质量流速，单位为 kg/(m² · s)。物料的临界含水量与平衡含水量分别为 0.3kg 水/kg 干料和 0.002kg 水/kg 干料，干燥后物料的密度为 600kg/m³。假设降速阶段的干燥速率近似为直线，试求总的干燥时间。

本章符号说明

英文

A	传热面积（干燥面积），m²	p_s	饱和空气中水汽的分压力，kPa
c_g	干空气的比热容，kJ/(kg · ℃)	Q	传热速率，kW
c_H	湿空气的比热容，kJ/(kg · ℃)	Q_D	干燥器补充热量，kW
c_M	物料的比热容，kJ/(kg · ℃)	Q_L	干燥器的热损失，kW
c_s	绝对干物料的比热容，kJ/(kg · ℃)	Q_p	预热器中加入热量，kW
c_v	水汽的比热容，kJ/(kg · ℃)	r	比汽化热，kJ/kg
c_w	水的比热容，kJ/(kg · ℃)	r_w	t_w 时水的比汽化热，kJ/kg
L_1、L_2	进、出干燥器的湿物料质量，kg/h	t	空气的干球温度，℃
L_C	湿物料中绝对干料的质量，kg/h	t_{as}	绝热饱和温度，℃
H	湿度，kg 水/kg 干气	t_d	露点，℃
H_{as}	t_{as} 时空气的饱和湿度，kg 水/kg 干气	t_w	湿球温度，℃
H_w	t_w 时空气的饱和湿度，kg 水/kg 干气	u	干燥速率，kg/(m² · h)
I	湿空气的焓，kJ/kg 干气	u_c	恒速阶段的干燥速率，kg/(m² · h)
I_v	水汽的比焓，kJ/kg 水	v_H	湿空气的比体积，m³/kg 干气
I_g	干空气的比焓，kJ/kg 干气	W	水分蒸发量，kg/h
K_X	降速干燥阶段干燥曲率线的斜率，kg/(m² · h)	w	物料的湿基含水量，kg 水/kg 湿料
G	干空气消耗量，kg 干气/h	X	物料的干基含水量，kg 水/kg 干气
M_g	空气的平均摩尔质量，kg/kmol	X_C	物料的临界含水量，kg 水/kg 干料
M_w	水汽的摩尔质量，kg/kmol	X^*	物料的平衡含水量，kg 水/kg 干料
p	总压力，kPa	**希文**	
p_v	水汽的分压力，kPa	θ	湿物料温度，℃
p_g	干空气的分压力，kPa	τ	干燥时间，h
		τ'	装卸物料所需时间，h
		φ	相对湿度

附　录

一、单位换算

单位名称与符号	换算系数	单位名称与符号	换算系数
1. 长度		毫米汞柱 mmHg	133.322Pa
英寸　　in	2.54×10^{-2}m	毫米水柱 mmH$_2$O	9.80665Pa
英尺　　ft(=12in)	0.3048m	托　　　Torr	133.322Pa
英里　　mile	1.609344km	6. 表面张力	
埃　　　Å	10^{-10}m	达因每厘米 dyn/cm	10^{-3}N/m
码　　　yd(=3ft)	0.9144m	7. 动力黏度（通称黏度）	
2. 体积		泊　　　P[=1g/(cm·s)]	10^{-1}Pa·s
英加仑 UKgal	4.54609dm^3	厘泊　　cP	10^{-3}Pa·s(mPa·s)
美加仑 USgal	3.78541dm^3	8. 运动黏度	
3. 质量		斯托克斯 St(=1cm^2/s)	10^{-4}m^2/s
磅　　　lb	0.45359237kg	厘斯　　cSt	10^{-6}m^2/s
短吨　（=2000lb）	907.185kg	9. 功、能、热	
长吨　（=2240lb）	1016.05kg	尔格 erg(=1dyn·cm)	10^{-7}J
4. 力		千克力米 kgf·m	9.80665J
达因　　dyn(g·cm/s^2)	10^{-5}N	国际蒸汽表卡 cal	4.1868J
千克力 kgf	9.80665N	英热单位 Btu	1.05506kJ
磅力　　lbf	4.44822N	10. 功率	
5. 压力（压强）		尔格每秒 erg/s	10^{-7}W
巴　　　bar(10^6dyn/cm^2)	10^5Pa	千克力米每秒 kgf·m/s	9.80665W
千克力每平方厘米 kgf/cm^2	980665Pa	英马力 hp	745.7W
（又称工程大气压 at）		千卡每小时 kcal/h	1.163W
磅力每平方英寸 1bf/in^2(psi)	6.89476kPa	米制马力(=75kgf·m/s)	735.499W
标准大气压 atm	101.325kPa	11. 温度	
（760mmHg）		华氏度°F	$\frac{5}{9}(t_F-32)$℃

二、基本物理常数

（1）摩尔气体常数　$R=8.314510$J/(mol·K) 或 kJ/(kmol·K)

（2）标准状况压力　$p^{\ominus}=1.01325 \times 10^5$Pa （以前），$p^{\ominus}=10^5$Pa

（3）理想气体标准摩尔体积

　　　　$p^{\ominus}=1.01325 \times 10^5$Pa，$T^{\ominus}=273.15$K 时，$V^{\ominus}=22.41383$m^3/kmol

　　　　$p^{\ominus}=10^5$Pa，$T^{\ominus}=273.15$K 时，$V^{\ominus}=22.71108$m^3/kmol

（4）标准自由落体加速度（标准重力加速度）　$g=9.80665$m/s^2

三、饱和水的物理性质

温度 (t) /℃	饱和蒸 气压 (p)/kPa	密度 (ρ) /kg·m^{-3}	比焓 (H) /kJ·kg^{-1}	比热容 ($c_p \times 10^{-3}$) /J·kg^{-1}· K^{-1}	热导率 ($\lambda \times 10^2$) /W·m^{-1}· K^{-1}	黏度 ($\mu \times 10^6$) /Pa·s	体积膨 胀系数 ($\beta \times 10^4$) /K^{-1}	表面张力 ($\sigma \times 10^4$) /N·m^{-1}	普朗特数 Pr
0	0.611	999.9	0	4.212	55.1	1788	−0.81	756.4	13.67
10	1.227	999.7	42.04	4.191	57.4	1306	+0.87	741.6	9.52
20	2.338	998.2	83.91	4.183	59.9	1004	2.09	726.9	7.02
30	4.241	995.7	125.7	4.174	61.8	801.5	3.05	712.2	5.42
40	7.375	992.2	167.5	4.174	63.5	653.3	3.86	696.5	4.31
50	12.335	988.1	209.3	4.174	64.8	549.4	4.57	676.9	3.54
60	19.92	983.1	251.1	4.179	65.9	469.9	5.22	662.2	2.99
70	31.16	977.8	293.0	4.187	66.8	406.1	5.83	643.5	2.55
80	47.36	971.8	355.0	4.195	67.4	355.1	6.40	625.9	2.21
90	70.11	965.3	377.0	4.208	68.0	314.9	6.96	607.2	1.95
100	101.3	958.4	419.1	4.220	68.3	282.5	7.50	588.6	1.75
110	143	951.0	461.4	4.233	68.5	259.0	8.04	569.0	1.60
120	198	943.1	503.7	4.250	68.6	237.4	8.58	548.4	1.47
130	270	934.8	546.4	4.266	68.6	217.8	9.12	528.8	1.36
140	361	926.1	589.1	4.287	68.5	201.1	9.68	507.2	1.26
150	476	917.0	632.2	4.313	68.4	186.4	10.26	486.6	1.17
160	618	907.0	675.4	4.346	68.3	173.6	10.87	466.0	1.10
170	792	897.3	719.3	4.380	67.9	162.8	11.52	443.4	1.05
180	1003	886.9	763.3	4.417	67.4	153.0	12.21	422.8	1.00
190	1255	876.0	807.8	4.459	67.0	144.2	12.96	400.2	0.96
200	1555	863.0	852.8	4.505	66.3	136.4	13.77	376.7	0.93
210	1908	852.3	897.7	4.555	65.5	130.5	14.67	354.1	0.91
220	2320	840.3	943.7	4.614	64.5	124.6	15.67	331.6	0.89
230	2798	827.3	990.2	4.681	63.7	119.7	16.80	310.0	0.88
240	3348	813.6	1037.5	4.756	62.8	114.8	18.08	285.5	0.87
250	3978	799.0	1085.7	4.844	61.8	109.9	19.55	261.9	0.86
260	4694	784.0	1135.7	4.949	60.5	105.9	21.27	237.4	0.87
270	5505	767.9	1185.7	5.070	59.0	102.0	23.31	214.8	0.88
280	6419	750.7	1236.8	5.230	57.4	98.1	25.79	191.3	0.90
290	7445	732.3	1290.0	5.485	55.8	94.2	28.84	168.7	0.93
300	8592	712.5	1344.9	5.736	54.0	91.2	32.73	144.2	0.97
310	9870	691.1	1402.2	6.071	52.3	88.3	37.85	120.7	1.03
320	11290	667.1	1462.1	6.574	50.6	85.3	44.91	98.10	1.11
330	12865	640.2	1526.2	7.244	48.4	81.4	55.31	76.71	1.22
340	14608	610.1	1594.8	8.165	45.7	77.5	72.10	56.70	1.39
350	16537	574.4	1671.4	9.504	43.0	72.6	103.7	38.16	1.60
360	18674	528.0	1761.5	13.984	39.5	66.7	182.9	20.21	2.35
370	21053	450.5	1892.5	40.321	33.7	56.9	676.7	4.709	6.79

注：β 值选自 Steam Tables in SI Units，2nd Ed.，Ed. by Grigull, U. et. al.，Springer-Verlag，1984。

四、某些液体的物理性质

序号	名 称	分子式	相对分子质量	密度(20℃)/kg·m⁻³	沸点(101.3 kPa)/℃	比汽化热(101.3 kPa)/kJ·kg⁻¹	比热容(20℃)/kJ·kg⁻¹·K⁻¹	黏度(20℃)/mPa·s	热导率(20℃)/W·m⁻¹·K⁻¹	体积膨胀系数(20℃)/10⁻⁴℃⁻¹	表面张力(20℃)/10⁻³N·m⁻¹
1	水	H_2O	18.02	998	100	2258	4.183	1.005	0.599	1.82	72.8
2	盐水(25%NaCl)	—		1186	107		3.39	2.3	0.57	(4.4)	
				(25℃)					(30℃)		
3	盐水(25%CaCl₂)	—		1228	107		2.89	2.5	0.57	(3.4)	
4	硫酸	H_2SO_4	98.08	1831	340		1.47	—	0.38	5.7	
					(分解)		(98%)				—
5	硝酸	HNO_3	63.02	1513	86	481.1		1.17	—	—	—
								(10℃)			
6	盐酸(30%)	HCl	36.47	1149	—	—	2.55	2	0.42		
								(31.5%)			
7	二硫化碳	CS_2	76.13	1262	46.3	352	1.005	0.38	0.16	12.1	32
8	戊烷	C_5H_{12}	72.15	626	36.07	357.4	2.24	0.229	0.113	15.9	16.2
							(15.6℃)				
9	己烷	C_6H_{14}	86.17	659	68.74	335.1	2.31	0.313	0.119		18.2
							(15.6℃)				
10	庚烷	C_7H_{16}	100.20	684	98.43	316.5	2.21	0.411	0.123	—	20.1
							(15.6℃)				
11	辛烷	C_8H_{18}	114.22	703	125.67	306.4	2.19	0.540	0.131	—	21.8
							(15.6℃)				
12	三氯甲烷	$CHCl_3$	119.38	1489	61.2	253.7	0.992	0.58	0.138	12.6	28.5
									(30℃)		(10℃)
13	四氯化碳	CCl_4	153.82	1594	76.8	195	0.850	1.0	0.12		26.8
14	1,2-二氯乙烷	$C_2H_4Cl_2$	98.96	1253	83.6	324	1.260	0.83	0.14		30.8
									(50℃)		
15	苯	C_6H_6	78.11	879	80.10	393.9	1.704	0.737	0.148	12.4	28.6
16	甲苯	C_7H_8	92.13	867	110.63	363	1.70	0.675	0.138	10.9	27.9
17	邻二甲苯	C_8H_{10}	106.16	880	144.42	347	1.74	0.811	0.142	—	30.2
18	间二甲苯	C_8H_{10}	106.16	864	139.10	343	1.70	0.611	0.167	10.1	29.0
19	对二甲苯	C_8H_{10}	106.16	861	138.35	340	1.704	0.643	0.129		28.0
20	苯乙烯	C_8H_9	104.1	911	145.2	(352)	1.733	0.72	—		
				(15.6℃)							
21	氯苯	C_6H_5Cl	112.56	1106	131.8	325	1.298	0.85	0.14	—	32
									(30℃)		
22	硝基苯	$C_6H_5NO_2$	123.17	1203	210.9	396	1.466	2.1	0.15	—	41
23	苯胺	$C_6H_5NH_2$	93.13	1022	184.4	448	2.07	4.3	0.17	8.5	42.9
24	苯酚	C_6H_5OH	94.1	1050	181.8	511	—	3.4			
				(50℃)	40.9			(50℃)			
					(熔点)						
25	萘	$C_{15}H_8$	128.17	1145	217.9	314	1.80	0.59			
				(固体)	80.2		(100℃)	(100℃)			
					(熔点)						
26	甲醇	CH_3OH	32.04	791	64.7	1101	2.48	0.6	0.212	12.2	22.6
27	乙醇	C_2H_5OH	46.07	789	78.3	846	2.39	1.15	0.172	11.6	22.8
28	乙醇(95%)	—		804	78.3			1.4			
29	乙二醇	$C_2H_4(OH)_2$	62.05	1113	197.6	780	2.35	23			
30	甘油	$C_3H_5(OH)_3$	92.09	1261	290	—	—	1499	0.59	53	
					(分解)						
31	乙醚	$(C_2H_5)_2O$	74.12	714	34.6	360	2.34	0.24	0.14	16.3	—
32	乙醛	CH_3CHO	44.05	783	20.2	574	1.9	1.3	—	—	—
				(18℃)				(18℃)			
33	糠醛	$C_5H_4O_2$	96.09	1168	161.7	452	1.6	1.15	—	—	—
								(50℃)			
34	丙酮	CH_3COCH_3	58.08	792	56.2	523	2.35	0.32	0.17	—	—
35	甲酸	$HCOOH$	46.03	1220	100.7	494	2.17	1.9	0.26		

续表

序号	名 称	分子式	相对分子质量	密度 (20℃) /kg·m^{-3}	沸点 (101.3 kPa) /℃	比汽化热 (101.3 kPa) /kJ·kg^{-1}	比热容 (20℃) /kJ·kg^{-1}·K^{-1}	黏度 (20℃) /mPa·s	热导率 (20℃) /W·m^{-1}·K^{-1}	体积膨胀系数 (20℃) /10^{-4}℃$^{-1}$	表面张力 (20℃) /10^{-3} N·m^{-1}
36	醋酸	CH$_3$COOH	60.03	1049	118.1	406	1.99	1.3	0.17	10.7	—
37	乙酸乙酯	CH$_3$COOC$_2$H$_5$	88.11	901	77.1	368	1.92	0.48	0.14 (10℃)	—	—
38	煤油			780~820	—	—	—	3	0.15	10.0	—
39	汽油			680~800	—	—	—	0.7~0.8	0.19 (30℃)	12.5	—

五、某些有机液体的相对密度（液体密度与4℃水的密度之比）

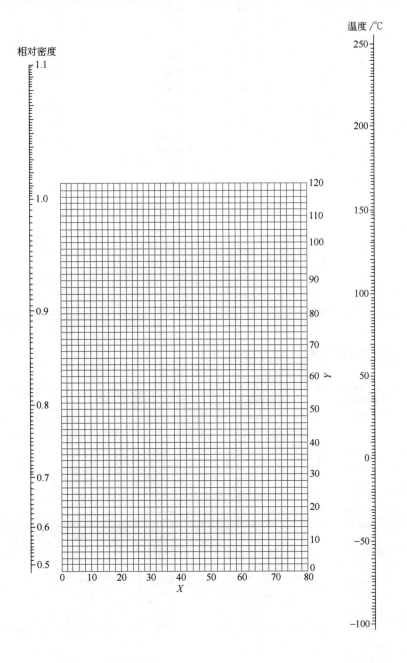

有机液体相对密度共线图的坐标值

有机液体	X	Y	有机液体	X	Y
乙炔	20.8	10.1	甲酸乙酯	37.6	68.4
乙烷	10.3	4.4	甲酸丙酯	33.8	66.7
乙烯	17.0	3.5	丙烷	14.2	12.2
乙醇	24.2	48.6	丙酮	26.1	47.8
乙醚	22.6	35.8	丙醇	23.8	50.8
乙丙醚	20.0	37.0	丙酸	35.0	83.5
乙硫醇	32.0	55.5	丙酸甲酯	36.5	68.3
乙硫醚	25.7	55.3	丙酸乙酯	32.1	63.9
二乙胺	17.8	33.5	戊烷	12.6	22.6
二硫化碳	18.6	45.4	异戊烷	13.5	22.5
异丁烷	13.7	16.5	辛烷	12.7	32.5
丁酸	31.3	78.7	庚烷	12.6	29.8
丁酸甲酯	31.5	65.5	苯	32.7	63.0
异丁酸	31.5	75.9	苯酚	35.7	103.8
丁酸(异)甲酯	33.0	64.1	苯胺	33.5	92.5
十一烷	14.4	39.2	氟苯	41.9	86.7
十二烷	14.3	41.4	癸烷	16.0	38.2
十三烷	15.3	42.4	氨	22.4	24.6
十四烷	15.8	43.3	氯乙烷	42.7	62.4
三乙胺	17.9	37.0	氯甲烷	52.3	62.9
三氢化磷	28.0	22.1	氯苯	41.7	105.0
己烷	13.5	27.0	氯丙烷	20.1	44.6
壬烷	16.2	36.5	氯甲烷	21.8	44.9
六氢吡啶	27.5	60.0	环己烷	19.6	44.0
甲乙醚	25.0	34.4	醋酸	40.6	93.5
甲醇	25.8	49.1	醋酸甲酯	40.1	70.3
甲硫醇	37.3	59.6	醋酸乙酯	35.0	65.0
甲硫醚	31.9	57.4	醋酸丙酯	33.0	65.5
甲醚	27.2	30.1	甲苯	27.0	61.0
甲酸甲酯	46.4	74.6	异戊醇	20.5	52.0

六、饱和水蒸气表（按温度排列）

温度 /℃	绝对压力 /kPa	蒸汽密度 /kg·m^{-3}	比焓/kJ·kg^{-1}		比汽化热 /kJ·kg^{-1}
			液体	蒸汽	
0	0.6082	0.00484	0	2491	2491
5	0.8730	0.00680	20.9	2500.8	2480
10	1.226	0.00940	41.9	2510.4	2469
15	1.707	0.01283	62.8	2520.5	2458
20	2.335	0.01719	83.7	2530.1	2446
25	3.168	0.02304	104.7	2539.7	2435
30	4.247	0.03036	125.6	2549.3	2424
35	5.621	0.03960	146.5	2559.0	2412
40	7.377	0.05114	167.5	2568.6	2401
45	9.584	0.06543	188.4	2577.8	2389
50	12.34	0.0830	209.3	2587.4	2378
55	15.74	0.1043	230.3	2596.7	2366
60	19.92	0.1301	251.2	2606.3	2355
65	25.01	0.1611	272.1	2615.5	2343

续表

温度 /℃	绝对压力 /kPa	蒸汽密度 /kg・m⁻³	比焓/kJ・kg⁻¹		比汽化热 /kJ・kg⁻¹
			液　体	蒸　汽	
70	31.16	0.1979	293.1	2624.3	2331
75	38.55	0.2416	314.0	2633.5	2320
80	47.38	0.2929	334.9	2642.3	2307
85	57.88	0.3531	355.9	2651.1	2295
90	70.14	0.4229	376.8	2659.9	2283
95	84.56	0.5039	397.8	2668.7	2271
100	101.33	0.5970	418.7	2677.0	2258
105	120.85	0.7036	440.0	2685.0	2245
110	143.31	0.8254	461.0	2693.4	2232
115	169.11	0.9635	482.3	2701.3	2219
120	198.64	1.1199	503.7	2708.9	2205
125	232.19	1.296	525.0	2716.4	2191
130	270.25	1.494	546.4	2723.9	2178
135	313.11	1.715	567.7	2731.0	2163
140	361.47	1.962	589.1	2737.7	2149
145	415.72	2.238	610.9	2744.4	2134
150	476.24	2.543	632.2	2750.7	2119
160	618.28	3.252	675.8	2762.9	2087
170	792.59	4.113	719.3	2773.3	2054
180	1003.5	5.145	763.3	2782.5	2019
190	1255.6	6.378	807.6	2790.1	1982
200	1554.8	7.840	852.0	2795.5	1944
210	1917.7	9.567	897.2	2799.3	1902
220	2320.9	11.60	942.4	2801.0	1859
230	2798.6	13.98	988.5	2800.1	1812
240	3347.9	16.76	1034.6	2796.8	1762
250	3977.7	20.01	1081.4	2790.1	1709
260	4693.8	23.82	1128.8	2780.9	1652
270	5504.0	28.27	1176.9	2768.3	1591
280	6417.2	33.47	1225.5	2752.0	1526
290	7443.3	39.60	1274.5	2732.3	1457
300	8592.9	46.93	1325.5	2708.0	1382

七、饱和水蒸气表（按压力排列）

绝对压力 /kPa	温度 /℃	蒸汽密度 /kg・m⁻³	比焓/kJ・kg⁻¹		比汽化热 /kJ・kg⁻¹
			液　体	蒸　汽	
1.0	6.3	0.00773	26.5	2503.1	2477
1.5	12.5	0.01133	52.3	2515.3	2463
2.0	17.0	0.01486	71.2	2524.2	2453
2.5	20.9	0.01836	87.5	2531.8	2444
3.0	23.5	0.02179	98.4	2536.8	2438
3.5	26.1	0.02523	109.3	2541.8	2433
4.0	28.7	0.02867	120.2	2546.8	2427
4.5	30.8	0.03205	129.0	2550.9	2422
5.0	32.4	0.03537	135.7	2554.0	2418
6.0	35.6	0.04200	149.1	2560.1	2411
7.0	38.8	0.04864	162.4	2566.3	2404

绝对压力 /kPa	温度 /℃	蒸汽密度 /kg·m⁻³	比焓/kJ·kg⁻¹		比汽化热 /kJ·kg⁻¹
			液 体	蒸 汽	
8.0	41.3	0.05514	172.7	2571.0	2398
9.0	43.3	0.06156	181.2	2574.8	2394
10.0	45.3	0.06798	189.6	2578.5	2389
15.0	53.5	0.09956	224.0	2594.0	2370
20.0	60.1	0.1307	251.5	2606.4	2355
30.0	66.5	0.1909	288.8	2622.4	2334
40.0	75.0	0.2498	315.9	2634.1	2312
50.0	81.2	0.3080	339.8	2644.3	2304
60.0	85.6	0.3651	358.2	2652.1	2394
70.0	89.9	0.4223	376.6	2659.8	2283
80.0	93.2	0.4781	39.01	2665.3	2275
90.0	96.4	0.5338	403.5	2670.8	2267
100.0	99.6	0.5896	416.9	2676.3	2259
120.0	104.5	0.6987	437.5	2684.3	2247
140.0	109.2	0.8076	457.7	2692.1	2234
160.0	113.0	0.8298	473.9	2698.1	2224
180.0	116.6	1.021	489.3	2703.7	2214
200.0	120.2	1.127	493.7	2709.2	2205
250.0	127.2	1.390	534.4	2719.7	2185
300.0	133.3	1.650	560.4	2728.5	2168
350.0	138.8	1.907	583.8	2736.1	2152
400.0	143.4	2.162	603.6	2742.1	2138
450.0	147.7	2.415	622.4	2747.8	2125
500.0	151.7	2.667	639.6	2752.8	2113
600.0	158.7	3.169	676.2	2761.4	2091
700.0	164.7	3.666	696.3	2767.8	2072
800	170.4	4.161	721.0	2773.7	2053
900	175.1	4.652	741.8	2778.1	2036
1×10^3	179.9	5.143	762.7	2782.5	2020
1.1×10^3	180.2	5.633	780.3	2785.5	2005
1.2×10^3	187.8	6.124	797.9	2788.5	1991
1.3×10^3	191.5	6.614	814.2	2790.9	1977
1.4×10^3	194.8	7.103	829.1	2792.4	1964
1.5×10^3	198.2	7.594	843.9	2794.5	1951
1.6×10^3	201.3	8.081	857.8	2796.0	1938
1.7×10^3	204.1	8.567	870.6	2797.1	1926
1.8×10^3	206.9	9.053	883.4	2798.1	1915
1.9×10^3	209.8	9.539	896.2	2799.2	1903
2×10^3	212.2	10.03	907.3	2799.7	1892
3×10^3	233.7	15.01	1005.4	2798.9	1794
4×10^3	250.3	20.10	1082.9	2789.8	1707
5×10^3	263.8	25.37	1146.9	2776.2	1629
6×10^3	275.4	30.85	1203.2	2759.5	1556
7×10^3	285.7	36.57	1253.2	2740.8	1488
8×10^3	294.8	42.58	1299.2	2720.5	1404
9×10^3	303.2	48.89	1343.5	2699.1	1357

八、干空气的热物理性质（$p = 1.01325 \times 10^5 \, \text{Pa}$）

温度(t) /℃	密度(ρ) /kg·m^{-3}	比热容(c_p) /kJ·kg^{-1}·℃$^{-1}$	热导率($\lambda \times 10^2$) /W·m^{-1}·℃$^{-1}$	黏度($\mu \times 10^6$) /Pa·s	运动黏度($\nu \times 10^6$) /m^2·s^{-1}	普朗特数 Pr
−50	1.584	1.013	2.04	14.6	9.23	0.728
−40	1.515	1.013	2.12	15.2	10.04	0.728
−30	1.453	1.013	2.20	15.7	10.80	0.723
−20	1.395	1.009	2.28	16.2	11.61	0.716
−10	1.342	1.009	2.36	16.7	12.43	0.712
0	1.293	1.005	2.44	17.2	13.28	0.707
10	1.247	1.005	2.51	17.6	14.16	0.705
20	1.205	1.005	2.59	18.1	15.06	0.703
30	1.165	1.005	2.67	18.6	16.00	0.701
40	1.128	1.005	2.76	19.1	16.96	0.699
50	1.093	1.005	2.83	19.6	17.95	0.698
60	1.060	1.005	2.90	20.1	18.97	0.696
70	1.029	1.009	2.96	20.6	20.02	0.694
80	1.000	1.009	3.05	21.1	21.09	0.692
90	0.972	1.009	3.13	21.5	22.10	0.690
100	0.946	1.009	3.21	21.9	23.13	0.688
120	0.898	1.009	3.34	22.8	25.45	0.686
140	0.854	1.013	3.49	23.7	27.80	0.684
160	0.815	1.017	3.64	24.5	30.09	0.682
180	0.779	1.022	3.78	25.3	32.49	0.681
200	0.746	1.026	3.93	26.0	34.85	0.680
250	0.674	1.038	4.27	27.4	40.61	0.677
300	0.615	1.047	4.60	29.7	48.33	0.674
350	0.566	1.059	4.91	31.4	55.46	0.676
400	0.524	1.068	5.21	33.0	63.09	0.678
500	0.456	1.093	5.74	36.2	79.38	0.687
600	0.404	1.114	6.22	39.1	96.89	0.699
700	0.362	1.135	6.71	41.8	115.4	0.706
800	0.329	1.156	7.18	44.3	134.8	0.713
900	0.301	1.172	7.63	46.7	155.1	0.717
1000	0.277	1.185	8.07	49.0	177.1	0.719
1100	0.257	1.197	8.50	51.2	199.3	0.722
1200	0.239	1.210	9.15	53.5	233.7	0.724

九、某些气体的重要物理性质

名称	分子式	相对分子质量	密度(0℃, 101.325kPa) /kg·m^{-3}	定压比热容 (20℃, 101.325kPa) /kJ·kg^{-1}·K^{-1}	$K = \dfrac{c_p}{c_v}$	黏度(0℃, 101.325 kPa) /μPa·s	沸点 (101.325 kPa) /℃	比汽化热 (101.325 kPa) /kJ·kg^{-1}	临界点		热导率 (0℃, 101.325 kPa)/ W·m^{-1}·K^{-1}
									温度 /℃	压力 /kPa	
空气	—	28.95	1.293	1.009	1.40	17.3	−195	197	−140.7	3769	0.0244
氧	O$_2$	32	1.429	0.653	1.40	20.3	−132.98	213	−118.82	5038	0.0240
氮	N$_2$	28.02	1.251	0.745	1.40	17.0	−195.78	199.2	−147.13	3393	0.0228
氢	H$_2$	2.016	0.0899	10.13	1.407	8.42	−252.75	454.2	−239.9	1297	0.163
氦	He	4.00	0.1785	3.18	1.66	18.8	−268.95	19.5	−267.96	229	0.144
氩	Ar	39.94	1.7820	0.322	1.66	20.9	−185.87	163	−122.44	4864	0.0173
氯	Cl$_2$	70.91	3.217	0.355	1.36	12.9(16°)	−33.8	305	+144.0	7711	0.0072

名称	分子式	相对分子质量	密度(0℃, 101.325kPa) /kg·m⁻³	定压比热容(20℃, 101.325kPa) /kJ·kg⁻¹·K⁻¹	$K=\dfrac{c_p}{c_v}$	黏度(0℃, 101.325 kPa) /μPa·s	沸点(101.325 kPa) /℃	比汽化热(101.325 kPa) /kJ·kg⁻¹	临界点 温度/℃	临界点 压力/kPa	热导率(0℃, 101.325 kPa) /W·m⁻¹·K⁻¹
氨	NH_3	17.03	0.771	0.67	1.29	9.18	−33.4	1373	+132.4	1130	0.0215
一氧化碳	CO	28.01	1.250	0.754	1.40	16.6	−191.48	211	−140.2	3499	0.0226
二氧化碳	CO_2	44.01	1.976	0.653	1.30	13.7	−78.2	574	+31.1	7387	0.0137
二氧化硫	SO_2	64.07	2.927	0.502	1.25	11.7	−10.8	394	+157.5	7881	0.0077
二氧化氮	NO_2	46.01	—	0.615	1.31	—	+21.2	712	+158.2	10133	0.0400
硫化氢	H_2S	34.08	1.539	0.804	1.30	11.66	−60.2	548	+100.4	19140	0.0131
甲烷	CH_4	16.04	0.717	1.70	1.31	10.3	−161.58	511	−82.15	4620	0.0300
乙烷	C_2H_6	30.07	1.357	1.44	1.20	8.50	−88.50	486	+32.1	4950	0.0180
丙烷	C_3H_8	44.1	2.020	1.65	1.13	7.95(18°)	−42.1	427	+95.6	4357	0.0148
丁烷（正）	C_4H_{10}	58.12	2.673	1.73	1.108	8.10	−0.5	386	+152	3800	0.0135
戊烷（正）	C_5H_{12}	72.15	—	1.57	1.09	8.74	−36.08	151	+197.1	3344	0.0128
乙烯	C_2H_4	28.05	1.261	1.222	1.25	9.85	+103.7	481	+9.7	5137	0.0164
丙烯	C_3H_6	42.08	1.914	1.436	1.17	8.35(20℃)	−47.7	440	+91.4	4600	—
乙炔	C_2H_2	26.04	1.171	1.352	1.24	9.35	−83.66（升华）	829	+35.7	6242	0.0184
氯甲烷	CH_3Cl	50.49	2.308	0.582	1.28	9.89	−24.1	406	+148	6687	0.0085
苯	C_6H_6	78.11	—	1.139	1.1	7.2	+80.2	394	+288.5	4833	0.0088

十、液体饱和蒸气压 $p°$ 的安托因（Antoine）常数

液　　体	A	B	C	温度范围/℃
甲烷（CH_4）	5.82051	405.42	267.78	−181～−152
乙烷（C_2H_6）	5.95942	663.7	256.47	−143～−75
丙烷（C_3H_8）	5.92888	803.81	246.99	−108～−25
丁烷（C_4H_{10}）	5.93886	935.86	238.73	−78～19
戊烷（C_5H_{12}）	5.97711	1064.63	232.00	−50～58
己烷（C_6H_{14}）	6.10266	1171.530	224.366	−25～92
庚烷（C_7H_{16}）	6.02730	1268.115	216.900	−2～120
辛烷（C_8H_{18}）	6.04867	1355.126	209.517	19～152
乙烯	5.87246	585.0	255.00	−153～91
丙烯	5.9445	785.85	247.00	−112～−28
甲醇	7.19736	1574.99	238.86	−16～91
乙醇	7.33827	1652.05	231.48	−3～96
丙醇	6.74414	1375.14	193.0	12～127
醋酸	6.42452	1479.02	216.82	15～157
丙酮	6.35647	1277.03	237.23	−32～77
四氯化碳	6.01896	1219.58	227.16	−20～101
苯	6.03055	1211.033	220.79	−16～104
甲苯	6.07954	1344.8	219.482	6～137
水	7.07406	1657.46	227.02	10～168

注：$\lg p° = A - B/(t+C)$，式中 $p°$ 的单位为 kPa，t 为℃。

十一、水在不同温度下的黏度

温度/℃	黏度/mPa·s	温度/℃	黏度/mPa·s	温度/℃	黏度/mPa·s
0	1.7921	34	0.7371	69	0.4117
1	1.7313	35	0.7225	70	0.4061
2	1.6728	36	0.7085	71	0.4006
3	1.6191	37	0.6947	72	0.3952
4	1.5674	38	0.6814	73	0.3900
5	1.5188	39	0.6685	74	0.3849
6	1.4728	40	0.6560	75	0.3799
7	1.4284	41	0.6439	76	0.3750
8	1.3860	42	0.6321	77	0.3702
9	1.3462	43	0.6207	78	0.3655
10	1.3077	44	0.6097	79	0.3610
11	1.2713	45	0.5988	80	0.3565
12	1.2363	46	0.5883	81	0.3521
13	1.2028	47	0.5782	82	0.3478
14	1.1709	48	0.5683	83	0.3436
15	1.1404	49	0.5588	84	0.3395
16	1.1111	50	0.5494	85	0.3355
17	1.0828	51	0.5404	86	0.3315
18	1.0559	52	0.5315	87	0.3276
19	1.0299	53	0.5229	88	0.3239
20	1.0050	54	0.5146	89	0.3202
20.2	1.0000	55	0.5064	90	0.3165
21	0.9810	56	0.4985	91	0.3130
22	0.9579	57	0.4907	92	0.3095
23	0.9359	58	0.4832	93	0.3060
24	0.9142	59	0.4759	94	0.3027
25	0.8937	60	0.4688	95	0.2994
26	0.8737	61	0.4618	96	0.2962
27	0.8545	62	0.4550	97	0.2930
28	0.8360	63	0.4483	98	0.2899
29	0.8180	64	0.4418	99	0.2868
30	0.8007	65	0.4355	100	0.2838
31	0.7840	66	0.4293		
32	0.7679	67	0.4233		
33	0.7523	68	0.4174		

十二、液体黏度共线图

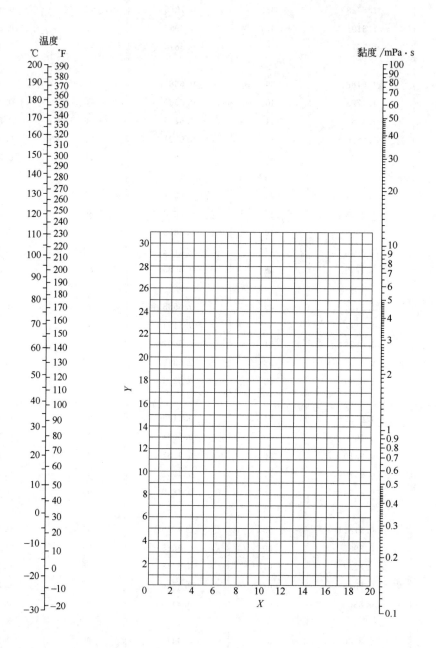

用法举例：求苯在 50℃时的黏度，从本表序号 15 查得苯的 $X=12.5$，$Y=10.9$。把这两个数值标在共线图的 Y-X 坐标上得一点，把这点与图中左方温度标尺上 50℃的点连成一直线，延长，与右方黏度标尺相交，由此交点定出 50℃苯的黏度为 0.44mPa·s。

液体黏度共线图坐标值

序号	液　　体		X	Y	序号	液　　体		X	Y
1	乙醛		15.2	14.8	55	氟利昂-21($CHCl_2F$)		15.7	7.5
2	醋酸	100%	12.1	14.2	56	氟利昂-22($CHClF_2$)		17.2	4.7
3		70%	9.5	17.0	57	氟利昂-113($CCl_2F\text{-}CClF_2$)		12.5	11.4
4	醋酸酐		12.7	12.8	58	甘油	100%	2.0	30.0
5	丙酮	100%	14.5	7.2	59		50%	6.9	19.6
6		35%	7.9	15.0	60	庚烷		14.1	8.4
7	丙烯醇		10.2	14.3	61	己烷		14.7	7.0
8	氨	100%	12.6	2.0	62	盐酸	31.5%	13.0	16.6
9		26%	10.1	13.9	63	异丁醇		7.1	18.0
10	醋酸戊酯		11.8	12.5	64	异丁醇		12.2	14.4
11	戊醇		7.5	18.4	65	异丙醇		8.2	16.0
12	苯胺		8.1	18.7	66	煤油		10.2	16.9
13	苯甲醚		12.3	13.5	67	粗亚麻仁油		7.5	27.2
14	三氯化砷		13.9	14.5	68	水银		18.4	16.4
15	苯		12.5	10.9	69	甲醇	100%	12.4	10.5
16	氯化钙盐水	25%	6.6	15.9	70		90%	12.3	11.8
17	氯化钠盐水	25%	10.2	16.6	71		40%	7.8	15.5
18	溴		14.2	13.2	72	乙酸甲酯		14.2	8.2
19	溴甲苯		20	15.9	73	氯甲烷		15.0	3.8
20	乙酸丁酯		12.3	11.0	74	丁酮		13.9	8.6
21	丁醇		8.6	17.2	75	萘		7.9	18.1
22	丁酸		12.1	15.3	76	硝酸	95%	12.8	13.8
23	二氧化碳		11.6	0.3	77		60%	10.8	17.0
24	二硫化碳		16.1	7.5	78	硝基苯		10.6	16.2
25	四氯化碳		12.7	13.1	79	硝基甲苯		11.0	17.0
26	氯苯		12.3	12.4	80	辛烷		13.7	10.0
27	三氯甲烷		14.4	10.2	81	辛醇		6.6	21.1
28	氯磺酸		11.2	18.1	82	五氯乙烷		10.9	17.3
29	氯甲苯（邻位）		13.0	13.3	83	戊烷		14.9	5.2
30	氯甲苯（间位）		13.3	12.5	84	酚		6.9	20.8
31	氯甲苯（对位）		13.3	12.5	85	三溴化磷		13.8	16.7
32	甲酚（间位）		2.5	20.8	86	三氯化磷		16.2	10.9
33	环己醇		2.9	24.3	87	丙酸		12.8	13.8
34	二溴乙烷		12.7	15.8	88	丙醇		9.1	16.5
35	二氯乙烷		13.2	12.2	89	溴丙烷		14.5	9.6
36	二氯甲烷		14.6	8.9	90	氯丙烷		14.4	7.5
37	草酸乙酯		11.0	16.4	91	碘丙烷		14.1	11.6
38	草酸二甲酯		12.3	15.8	92	钠		16.4	13.9
39	联苯		12.0	18.3	93	氢氧化钠	50%	3.2	25.8
40	草酸二丙酯		10.3	17.7	94	四氯化锡		13.5	12.8
41	乙酸乙酯		13.7	9.1	95	二氧化硫		15.2	7.1
42	乙醇	100%	10.5	13.8	96	硫酸	110%	7.2	27.4
43		95%	9.8	14.3	97		98%	7.0	24.8
44		40%	6.5	16.6	98		60%	10.2	21.3
45	乙苯		13.2	11.5	99	二氯二氧化硫		15.2	12.4
46	溴乙烷		14.5	8.1	100	四氯乙烷		11.9	15.7
47	氯乙烷		14.8	6.0	101	四氯乙烯		14.2	12.7
48	乙醚		14.5	5.3	102	四氯化钛		14.4	12.3
49	甲酸乙酯		14.2	8.4	103	甲苯		13.7	10.4
50	碘乙烷		14.7	10.3	104	三氯乙烯		14.8	10.5
51	乙二醇		6.0	23.6	105	松节油		11.5	14.9
52	甲酸		10.7	15.8	106	醋酸乙烯		14.0	8.8
53	氟利昂-11(CCl_3F)		14.4	9.0	107	水		10.2	13.0
54	氟利昂-12(CCl_2F_2)		16.8	5.6					

十三、气体黏度共线图 (101.325kPa)

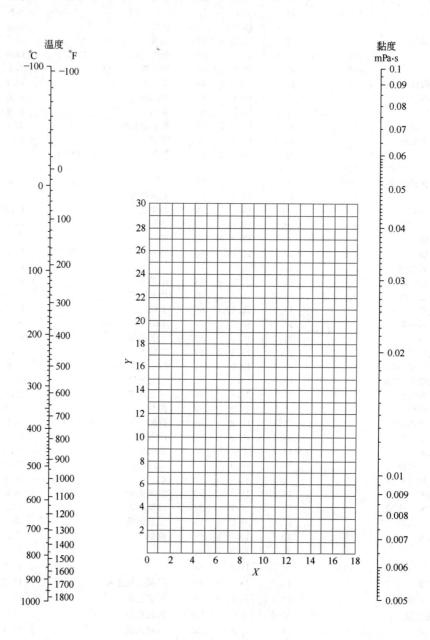

气体黏度共线图坐标值

序号	气　　体	X	Y	序号	气　　　体	X	Y
1	醋酸	7.7	14.3	29	氟利昂-113(CCl_2F-$CClF_2$)	11.3	14.0
2	丙酮	8.9	13.0	30	氦	10.9	20.5
3	乙炔	9.8	14.9	31	己烷	8.6	11.8
4	空气	11.0	20.0	32	氢	11.2	12.4
5	氨	8.4	16.0	33	$3H_2+1N_2$	11.2	17.2
6	氩	10.5	22.4	34	溴化氢	8.8	20.9
7	苯	8.5	13.2	35	氯化氢	8.8	18.7
8	溴	8.9	19.2	36	氰化氢	9.8	14.9
9	丁烯(butene)	9.2	13.7	37	碘化氢	9.0	21.3
10	丁烯(butylene)	8.9	13.0	38	硫化氢	8.6	18.0
11	二氧化碳	9.5	18.7	39	碘	9.0	18.4
12	二硫化碳	8.0	16.0	40	水银	5.3	22.9
13	一氧化碳	11.0	20.0	41	甲烷	9.9	15.5
14	氯	9.0	18.4	42	甲醇	8.5	15.6
15	三氯甲烷	8.9	15.7	43	一氧化氮	10.9	20.5
16	氰	9.2	15.2	44	氮	10.6	20.0
17	环己烷	9.2	12.0	45	五硝酰氯	8.0	17.6
18	乙烷	9.1	14.5	46	一氧化二氮	8.8	19.0
19	乙酸乙酯	8.5	13.2	47	氧	11.0	21.3
20	乙醇	9.2	14.2	48	戊烷	7.0	12.8
21	氯乙烷	8.5	15.6	49	丙烷	9.7	12.9
22	乙醚	8.9	13.0	50	丙醇	8.4	13.4
23	乙烯	9.5	15.1	51	丙烯	9.0	13.8
24	氟	7.3	23.8	52	二氧化硫	9.6	17.0
25	氟利昂-11(CCl_3F)	10.6	15.1	53	甲苯	8.6	12.4
26	氟利昂-12(CCl_2F_2)	11.1	16.0	54	2,3,3-三甲(基)丁烷	9.5	10.5
27	氟利昂-21($CHCl_2F$)	10.8	15.3	55	水	8.0	16.0
28	氟利昂-22($CHClF_2$)	10.1	17.0	56	氙	9.3	23.0

十四、固体材料的热导率

（1）常用金属材料的热导率

单位：$W \cdot m^{-1} \cdot \mathbb{C}^{-1}$

温度/℃	0	100	200	300	400
铝	228	228	228	228	228
铜	384	379	372	367	363
铁	73.3	67.5	61.6	54.7	48.9
铅	35.1	33.4	31.4	29.8	—
镍	93.0	82.6	73.3	63.97	59.3
银	414	409	373	362	359
碳钢	52.3	48.9	44.2	41.9	34.9
不锈钢	16.3	17.5	17.5	18.5	—

（2）常用非金属材料的热导率

单位：$W \cdot m^{-1} \cdot \mathbb{C}^{-1}$

名　　称	温度/℃	热导率	名　　称	温度/℃	热导率
石棉绳	—	0.10~0.21	云母	50	0.430
石棉板	30	0.10~0.14	泥土	20	0.698~0.930
软木	30	0.0430	冰	0	2.33
玻璃棉	—	0.0349~0.0698	膨胀珍珠岩散料	25	0.021~0.062
保温灰	—	0.0698	软橡胶	—	0.129~0.159
锯屑	20	0.0465~0.0582	硬橡胶	0	0.150
棉花	100	0.0698	聚四氟乙烯	—	0.242
厚纸	20	0.14~0.349	泡沫塑料	—	0.0465
玻璃	30	1.09	泡沫玻璃	−15	0.00489
	−20	0.76		−80	0.00349
搪瓷	—	0.87~1.16	木材（横向）	—	0.14~0.175

十五、某些液体的热导率

单位：W·m^{-1}·℃$^{-1}$

液体名称	温度/℃						
	0	25	50	75	100	125	150
甲醇	0.214	0.2107	0.2070	0.205	—	—	—
乙醇	0.189	0.1832	0.1774	0.1715	—	—	—
异丙醇	0.154	0.150	0.1460	0.142	—	—	—
丁醇	0.156	0.152	0.1483	0.144	—	—	—
丙酮	0.1745	0.169	0.163	0.1576	0.151	—	—
甲酸	0.2605	0.256	0.2518	0.2471	—	—	—
乙酸	0.177	0.1715	0.1663	0.162	—	—	—
苯	0.151	0.1448	0.138	0.132	0.126	0.1204	—
甲苯	0.1413	0.136	0.129	0.123	0.119	0.112	—
二甲苯	0.1367	0.131	0.127	0.1215	0.117	0.111	—
硝基苯	0.1541	0.150	0.147	0.143	0.140	0.136	
苯胺	0.186	0.181	0.177	0.172	0.1681	0.1634	0.159
甘油	0.277	0.2797	0.2832	0.286	0.289	0.292	0.295

十六、气体热导率共线图

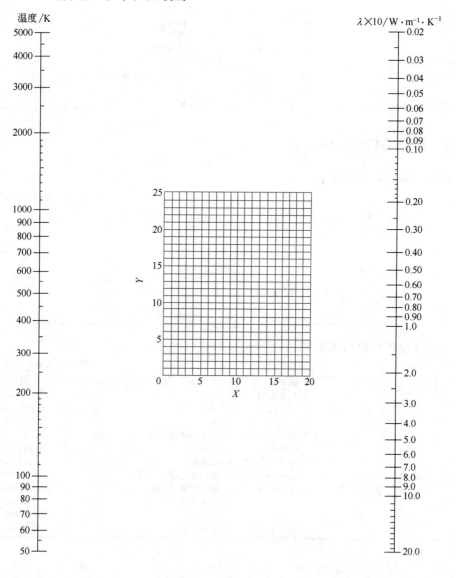

气体的热导率共线图坐标值（常压下用）

气体或蒸气	温度范围/K	X	Y	气体或蒸气	温度范围/K	X	Y
乙炔	200～600	7.5	13.5	氟利昂-113($CCl_2F \cdot CClF_2$)	250～400	4.7	17.0
空气	50～250	12.4	13.9	氖	50～500	17.0	2.5
空气	250～1000	14.7	15.0	氖	500～5000	15.0	3.0
空气	1000～1500	17.1	14.5	正庚烷	250～600	4.0	14.8
氨	200～900	8.5	12.6	正庚烷	600～1000	6.9	14.9
氩	50～250	12.5	16.5	正己烷	250～1000	3.7	14.0
氩	250～5000	15.4	18.1	氢	50～250	13.2	1.2
苯	250～600	2.8	14.2	氢	250～1000	15.7	1.3
三氟化硼	250～400	12.4	16.4	氢	1000～2000	13.7	2.7
溴	250～350	10.1	23.6	氯化氢	200～700	12.2	18.5
正丁烷	250～500	5.6	14.1	氪	100～700	13.7	21.8
异丁烷	250～500	5.7	14.0	甲烷	100～300	11.2	11.7
二氧化碳	200～700	8.5	15.5	甲烷	300～1000	8.5	11.0
二氧化碳	700～1200	13.3	15.4	甲醇	300～500	5.0	14.3
一氧化碳	80～300	12.3	14.2	氯甲烷	250～700	4.7	15.7
一氧化碳	300～1200	15.2	15.2	氖	50～250	15.2	10.2
四氯化碳	250～500	9.4	21.0	氖	250～5000	17.2	11.0
氯	200～700	10.8	20.1	氧化氮	100～1000	13.2	14.8
氘	50～100	12.7	17.3	氮	50～250	12.5	14.0
丙酮	250～500	3.7	14.8	氮	250～1500	15.8	15.3
乙烷	200～1000	5.4	12.6	氮	1500～3000	12.5	16.5
乙醇	250～350	2.0	13.0	一氧化二氮	200～500	8.4	15.0
乙醇	350～500	7.7	15.2	一氧化二氮	500～1000	11.5	15.5
乙醚	250～500	5.3	14.1	氧	50～300	12.2	13.8
乙烯	200～450	3.9	12.3	氧	300～1500	14.5	14.8
氟	80～600	12.3	13.8	戊烷	250～500	5.0	14.1
氦	600～800	18.7	13.8	丙烷	200～300	2.7	12.0
氟利昂-11(CCl_3F)	250～500	7.5	19.0	丙烷	300～500	6.3	13.7
氟利昂-12(CCl_2F_2)	250～500	6.8	17.5	二氧化硫	250～900	9.2	18.5
氟利昂-13($CClF_3$)	250～500	7.5	16.5	甲苯	250～600	6.4	14.8
氟利昂-21($CHCl_2F$)	250～450	6.2	17.5	氟利昂-22($CHClF_2$)	250～500	6.5	18.6

十七、液体比热容共线图

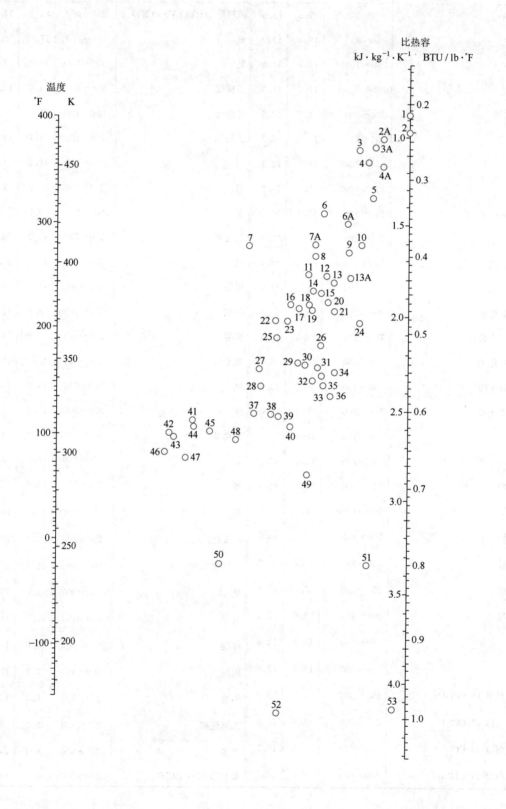

液体比热容共线图中的编号

编号	液　　体	温度范围 /℃	编号	液　　体	温度范围 /℃
29	醋酸 100%	0～80	7	碘乙烷	0～100
32	丙酮	20～50	39	乙二醇	−40～200
52	氨	−70～50	2A	氟利昂-11(CCl_3F)	−20～70
37	戊醇	−50～25	6	氟利昂-12(CCl_2F_2)	−40～15
26	乙酸戊酯	0～100	4A	氟利昂-21($CHCl_2F$)	−20～70
30	苯胺	0～130	7A	氟利昂-22($CHClF_2$)	−20～60
23	苯	10～80	3A	氟利昂-113($CCl_2F\text{-}CClF_2$)	−20～70
27	苯甲醇	−20～30	38	三元醇	−40～20
10	卡基氧	−30～30	28	庚烷	0～60
49	$CaCl_2$ 盐水 25%	−40～20	35	己烷	−80～20
51	NaCl 盐水 25%	−40～20	48	盐酸 30%	20～100
44	丁醇	0～100	41	异戊醇	10～100
2	二硫化碳	−100～25	43	异丁醇	0～100
3	四氯化碳	10～60	47	异丙醇	−20～50
8	氯苯	0～100	31	异丙醚	−80～20
4	三氯甲烷	0～50	40	甲醇	−40～20
21	癸烷	−80～25	13A	氯甲烷	−80～20
6A	二氯乙烷	−30～60	14	萘	90～200
5	二氯甲烷	−40～50	12	硝基苯	0～100
15	联苯	80～120	34	壬烷	−50～125
22	二苯甲烷	80～100	33	辛烷	−50～25
16	二苯醚	0～200	3	过氯乙烯	−30～140
16	道舍姆 A(Dowtherm A)	0～200	45	丙醇	−20～100
24	乙酸乙酯	−50～25	20	吡啶	−51～25
42	乙醇 100%	30～80	9	硫酸 98%	10～45
46	95%	20～80	11	二氧化硫	−20～100
50	50%	20～80	23	甲苯	0～60
25	乙苯	0～100	53	水	−10～200
1	溴乙烷	5～25	19	二甲苯(邻位)	0～100
13	氯乙烷	−80～40	18	二甲苯(间位)	0～100
36	乙醚	−100～25	17	二甲苯(对位)	0～100

十八、气体比热容共线图（101.325kPa）

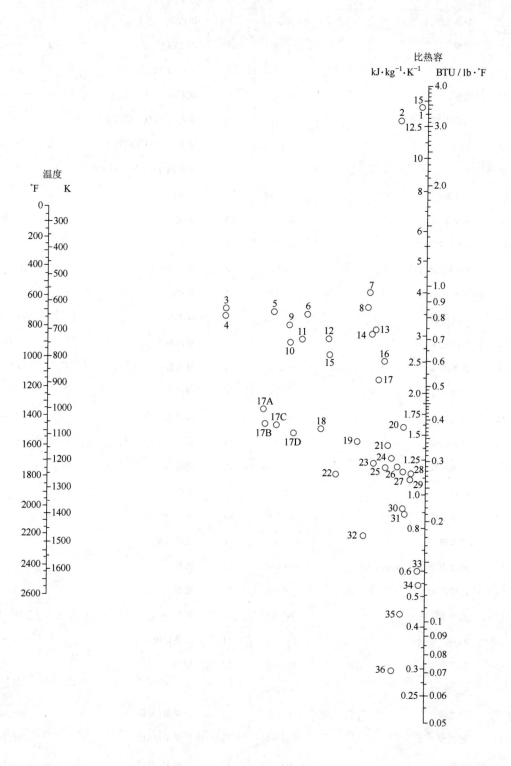

气体比热容共线图中的编号

编号	气 体	温度范围/K	编号	气 体	温度范围/K
10	乙炔	273~473	1	氢	273~873
15	乙炔	473~673	2	氢	873~1673
16	乙炔	673~1673	35	溴化氢	273~1673
27	空气	273~1673	30	氯化氢	273~1673
12	氨	273~873	20	氟化氢	273~1673
14	氨	873~1673	36	碘化氢	273~1673
18	二氧化碳	273~673	19	硫化氢	273~973
24	二氧化碳	673~1673	21	硫化氢	973~1673
26	一氧化碳	273~1673	5	甲烷	273~573
32	氯	273~473	6	甲烷	573~973
34	氯	473~1673	7	甲烷	973~1673
3	乙烷	273~473	25	一氧化氮	273~973
9	乙烷	473~873	28	一氧化氮	973~1673
8	乙烷	873~1673	26	氮	273~1673
4	乙烯	273~473	23	氧	273~773
11	乙烯	473~873	29	氧	773~1673
13	乙烯	873~1673	33	硫	573~1673
17B	氟利昂-11(CCl_3F)	273~423	22	二氧化硫	273~673
17C	氟利昂-21($CHCl_2F$)	273~423	31	二氧化硫	673~1673
17A	氟利昂-22($CHClF_2$)	278~423	17	水	273~1673
17D	氟利昂-113($CCl_2F\text{-}CClF_2$)	273~423			

液体比汽化热共线图中的编号

编号	液 体	t_c/℃	t_c-t/℃	编号	液 体	t_c/℃	t_c-t/℃
30	水	374	100~500	7	三氯甲烷	263	140~270
29	氨	133	50~200	2	四氯化碳	283	30~250
19	一氧化氮	36	25~150	17	氯乙烷	187	100~250
21	二氧化碳	31	10~100	13	苯	289	10~400
4	二硫化碳	273	140~275	3	联苯	527	175~400
14	二氧化硫	157	90~160	27	甲醇	240	40~250
25	乙烷	32	25~150	26	乙醇	243	20~140
23	丙烷	96	40~200	24	丙醇	264	20~200
16	丁烷	153	90~200	13	乙醚	194	10~400
15	异丁烷	134	80~200	22	丙酮	235	120~210
12	戊烷	197	20~200	18	醋酸	321	100~225
11	己烷	235	50~225	2	氟利昂-11	198	70~225
10	庚烷	267	20~300	2	氟利昂-12	111	40~200
9	辛烷	296	30~300	5	氟利昂-21	178	70~250
20	一氯甲烷	143	70~250	6	氟利昂-22	96	50~170
8	二氯甲烷	216	150~250	1	氟利昂-113	214	90~250

用法举例：求水在 $t=100℃$ 时的比汽化热，从表中查得水的编号为 30，又查得水的临界温度 $t_c=374℃$，故得 $t_c-t=374-100=274℃$，在前页共线图的 t_c-t 标尺上定出 274℃ 的点，与图中编号为 30 的圆圈中心点连一直线，延长到比汽化热的标尺上，读出交点读数为 2260kJ/kg。

十九、液体比汽化热共线图

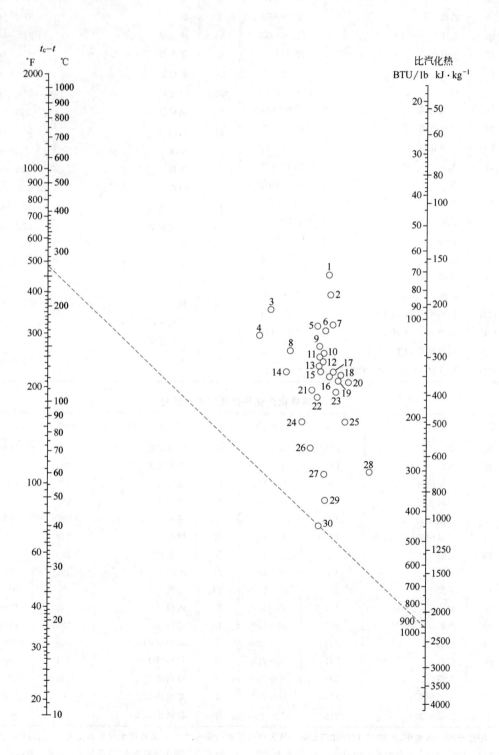

二十、液体表面张力共线图

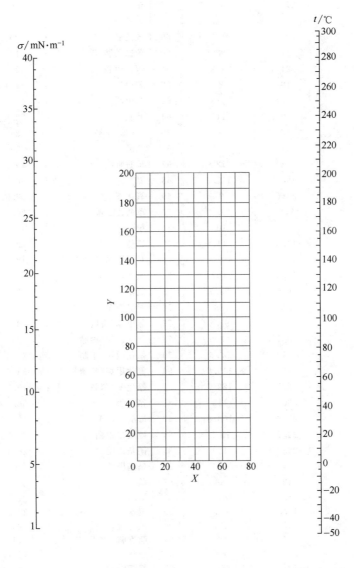

液体表面张力共线图坐标值

序号	液体名称	X	Y	序号	液体名称	X	Y
1	环氧乙烷	42	83	52	二乙(基)酮	20	101
2	乙苯	22	118	53	异戊醇	6	106.8
3	乙胺	11.2	83	54	四氯化碳	26	104.5
4	乙硫醇	35	81	55	辛烷	17.7	90
5	乙醇	10	97	56	亚硝酰氯	38.5	93
6	乙醚	27.5	64	57	苯	30	110
7	乙醛	33	78	58	苯乙酮	18	163
8	乙醛肟	23.5	127	59	苯乙醚	20	134.2
9	乙酰胺	17	192.5	60	苯二乙胺	17	142.6
10	乙醛二乙酸乙酯	21	132	61	苯二甲胺	20	149
11	二乙醇缩乙醛	19	88	62	苯甲醚	24.4	138.9
12	间二甲苯	20.5	118	63	苯甲酸乙酯	14.8	151
13	对二甲苯	19	117	64	苯胺	22.9	171.8
14	二甲胺	16	66	65	苯(基)甲胺	25	156
15	二甲醚	44	37	66	苯酚	20	168
16	1,2-二氯乙烯	32	122	67	苯骈吡啶	19.5	183
17	二硫化碳	35.8	117.2	68	氨	56.2	63.5
18	丁酮	23.6	97	69	氧化亚氮	62.5	0.5
19	丁醇	9.6	107.5	70	草酸乙二酯	20.5	130.8
20	异丁醇	5	103	71	氯	45.5	59.2
21	丁酸	14.5	115	72	氯仿	32	101.3
22	异丁酸	14.8	107.4	73	对氯甲苯	18.7	134
23	丁酸乙酯	17.5	102	74	氯甲烷	45.8	53.2
24	丁(异)酸乙酯	20.9	93.7	75	氯苯	23.5	132.5
25	丁酸甲酯	25	88	76	对氯溴苯	14	162
26	丁(异)酸甲酯	24	93.8	77	氯甲苯(吡啶)	34	138.2
27	三乙胺	20.1	83.9	78	氰化乙烷(丙腈)	23	108.6
28	三甲胺	21	57.6	79	氰化丙烷(丁腈)	20.3	113
29	1,3,5-三甲苯	17	119.8	80	氰化甲烷(乙腈)	33.5	111
30	三苯甲烷	12.5	182.7	81	氰化苯(苯腈)	19.5	159
31	三氯乙醛	30	113	82	氰化氢	30.6	66
32	三聚乙醛	22.3	103.8	83	硫酸二乙酯	19.5	139.5
33	己烷	22.7	72.2	84	硫酸二甲酯	23.5	158
34	六氢吡啶	24.7	120	85	硝基乙烷	25.4	126.1
35	甲苯	24	113	86	硝基甲烷	30	139
36	甲胺	42	58	87	萘	22.5	165
37	间甲酚	13	161.2	88	溴乙烷	31.6	90.2
38	对甲酚	11.5	160.5	89	溴苯	23.5	145.5
39	邻甲酚	20	161	90	碘乙烷	28	113.2
40	甲醇	17	93	91	茴香脑	13	158.1
41	甲酸甲酯	38.5	88	92	醋酸	17.1	116.5
42	甲酸乙酯	30.5	88.8	93	醋酸甲酯	34	90
43	甲酸丙酯	24	97	94	醋酸乙酯	27.5	92.4
44	丙胺	25.5	87.2	95	醋酸丙酯	23	97
45	对异丙基甲苯	12.8	121.2	96	醋酸异丁酯	16	97.2
46	丙酮	28	91	97	醋酸异戊酯	16.4	130.1
47	异丙醇	12	111.5	98	醋酸酐	25	129
48	丙醇	8.2	105.2	99	噻吩	35	121
49	丙酸	17	112	100	环己烷	42	86.7
50	丙酸乙酯	22.6	97	101	磷酰氯	26	125.2
51	丙酸甲酯	29	95				

二十一、管子规格

(1) 低压流体输送用焊接钢管规格（GB 3091—93，GB 3092—93）

公称直径		外径	壁厚/mm		公称直径		外径	壁厚/mm	
mm	in	/mm	普通管	加厚管	mm	in	/mm	普通管	加厚管
6	⅛	10.0	2.00	2.50	40	1½	48.0	3.50	4.25
8	¼	13.5	2.25	2.75	50	2	60.0	3.50	4.50
10	⅜	17.0	2.25	2.75	65	2½	75.5	3.75	4.50
15	½	21.3	2.75	3.25	80	3	88.5	4.00	4.75
20	¾	26.8	2.75	3.50	100	4	114.0	4.00	5.00
25	1	33.5	3.25	4.00	125	5	140.0	4.50	5.50
32	1¼	42.3	3.25	4.00	150	6	165.0	4.50	5.50

注：1. 本标准适用于输送水、煤气、空气、油和取暖蒸汽等一般较低压力的流体。

2. 表中的公称直径系近似内径的名义尺寸，不表示外径减去两个壁厚所得的内径。

3. 钢管分镀锌钢管（GB 3091—93）和不镀锌钢管（GB 3092—93），后者简称黑管。

(2) 普通无缝钢管（GB 8163—87）

① 热轧无缝钢管（摘录）

外径 /mm	壁厚/mm		外径 /mm	壁厚/mm		外径 /mm	壁厚/mm	
	从	到		从	到		从	到
32	2.5	8	76	3.0	19	219	6.0	50
38	2.5	8	89	3.5	(24)	273	6.5	50
42	2.5	10	108	4.0	28	325	7.5	75
45	2.5	10	114	4.0	28	377	9.0	75
50	2.5	10	127	4.0	30	426	9.0	75
57	3.0	13	133	4.0	32	450	9.0	75
60	3.0	14	140	4.5	36	530	9.0	75
63.5	3.0	14	159	4.5	36	630	9.0	(24)
68	3.0	16	168	5.0	(45)			

注：壁厚系列有 2.5mm，3mm，3.5mm，4mm，4.5mm，5mm，5.5mm，6mm，6.5mm，7mm，7.5mm，8mm，8.5mm，9mm，9.5mm，10mm，11mm，12mm，13mm，14mm，15mm，16mm，17mm，18mm，19mm，20mm 等；括号内尺寸不推荐使用。

② 冷拔（冷轧）无缝钢管

冷拔无缝钢管质量好，可以得到小直径管，其外径可为 6～200mm，壁厚为 0.25～14mm，其中最小壁厚及最大壁厚均随外径增大而增加，系列标准可参阅有关手册。

③ 热交换器用普通无缝钢管（摘自 GB 9948—88）

外径/mm	壁厚/mm	外径/mm	壁厚/mm
19	2,2.5	57	4,5,6
25	2,2.5,3	89	6,8,10,12
38	3,3.5,4		

二十二、IS 型单级单吸离心泵规格（摘录）

泵型号	流量 /m³·h⁻¹	扬程 /m	转速 /r·min⁻¹	汽蚀余量 /m	泵效率 /%	功率/kW	
						轴功率	配带功率
IS50-32-125	7.5	22	2900		47	0.96	2.2
	12.5	20	2900	2.0	60	1.13	2.2
	15	18.5	2900		60	1.26	2.2
	3.75		1450				0.55
	6.3	5	1450	2.0	54	0.16	0.55
	7.5		1450				0.55
IS50-32-160	7.5	34.3	2900		44	1.59	3
	12.5	32	2900	2.0	54	2.02	3
	15	29.6	2900		56	2.16	3
	3.75		1450				0.55
	6.3	8	1450	2.0	48	0.28	0.55
	7.5		1450				0.55
IS50-32-200	7.5	525	2900	2.0	38	2.82	5.5
	12.5	50	2900	2.0	48	3.54	5.5
	15	48	2900	2.5	51	3.84	5.5
	3.75	13.1	1450	2.0	33	0.41	0.75
	6.3	12.5	1450	2.0	42	0.51	0.75
	7.5	12	1450	2.5	44	0.56	0.75
IS50-32-250	7.5	82	2900	2.0	28.5	5.67	11
	12.5	80	2900	2.0	38	7.16	11
	15	78.5	2900	2.5	41	7.83	11
	3.75	20.5	1450	2.0	23	0.91	1.5
	6.3	20	1450	2.0	32	1.07	1.5
	7.5	19.5	1450	2.5	35	1.14	1.5
IS65-50-125	15	21.8	2900		58	1.54	3
	25	20	2900	2.0	69	1.97	3
	30	18.5	2900		68	2.22	3
	7.5		1450				0.55
	12.5	5	1450	2.0	64	0.27	0.55
	15		1450				0.55
IS65-50-160	15	35	2900	2.0	54	2.65	5.5
	25	32	2900	2.0	65	3.35	5.5
	30	30	2900	2.5	66	3.71	5.5
	7.5	8.8	1450	2.0	50	0.36	0.75
	12.5	8.0	1450	2.0	60	0.45	0.75
	15	7.2	1450	2.5	60	0.49	0.75
IS65-40-200	15	63	2900	2.0	40	4.42	7.5
	25	50	2900	2.0	60	5.67	7.5
	30	47	2900	2.5	61	6.29	7.5
	7.5	13.2	1450	2.0	43	0.63	1.1
	12.5	12.5	1450	2.0	66	0.77	1.1
	15	11.8	1450	2.5	57	0.85	1.1

泵型号	流量 /m³·h⁻¹	扬程 /m	转速 /r·min⁻¹	汽蚀余量 /m	泵效率 /%	功率/kW	
						轴功率	配带功率
IS65-40-250	15		2900				15
	25	80	2900	2.0	63	10.3	15
	30		2900				15
IS65-40-315	15	127	2900	2.5	28	18.5	30
	25	125	2900	2.5	40	21.3	30
	30	123	2900	3.0	44	22.8	30
IS80-65-125	30	22.5	2900	3.0	64	2.87	5.5
	50	20	2900	3.0	75	3.63	5.5
	60	18	2900	3.5	74	3.93	5.5
	15	5.6	1450	2.5	55	0.42	0.75
	25	5	1450	2.5	71	0.48	0.75
	30	4.5	1450	3.0	72	0.51	0.75
IS80-65-160	30	36	2900	2.5	61	4.82	7.5
	50	32	2900	2.5	73	5.97	7.6
	60	29	2900	3.0	72	6.59	7.5
	15	9	1450	2.5	66	0.67	1.5
	25	8	1450	2.5	69	0.75	1.5
	30	7.2	1450	3.0	68	0.86	1.5
IS80-50-200	30	53	2900	2.5	55	7.87	15
	50	50	2900	2.5	69	9.87	15
	60	47	2900	3.0	71	10.8	15
	15	13.2	1450	2.5	51	1.06	2.2
	25	12.5	1450	2.5	65	1.31	2.2
	30	11.8	1450	3.0	67	1.44	2.2
IS80-50-250	30	84	2900	2.5	52	13.2	22
	50	80	2900	2.5	63	17.3	22
	60	75	2900	3.0	64	19.2	22
IS80-50-315	30	128	2900	2.5	41	25.5	37
	50	125	2900	2.5	54	31.5	37
	60	123	2900	3.0	57	35.3	37
IS100-80-125	60	24	2900	4.0	67	5.86	11
	100	20	2900	4.5	78	7.00	11
	120	16.5	2900	5.0	74	7.28	11

二十三、热交换器系列标准（摘录）

（一）浮头式换热器（摘自 JB/T 4714—92）型号及其表示方法

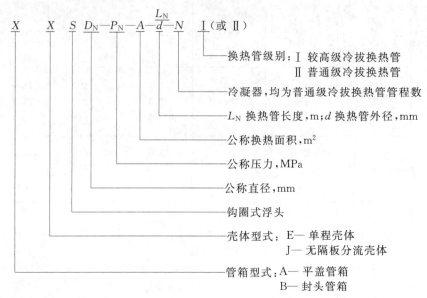

$$X \quad X \quad S \quad D_N\text{-}P_N\text{-}A\text{-}\dfrac{L_N}{d}\text{-}N \quad I（或 II）$$

换热管级别：I 较高级冷拔换热管
II 普通级冷拔换热管

冷凝器，均为普通级冷拔换热管管程数

L_N 换热管长度，m；d 换热管外径，mm

公称换热面积，m^2

公称压力，MPa

公称直径，mm

钩圈式浮头

壳体型式：E— 单程壳体
J— 无隔板分流壳体

管箱型式：A— 平盖管箱
B— 封头管箱

举例如下。

① 平盖管箱　公称直径为 500mm，管、壳程压力均为 1.6MPa，公称换热面积为 55m^2，是较高级的冷拔换热管，外径 25mm，管长 6m，4 管程，单壳程的浮头式内导流换热器，其型号为 AES 500-1.6-55-6/25-4 I。

② 封头管箱　公称直径 600mm，管、壳程压力均为 1.6MPa，公称换热面积 55m^2，是普通级冷拔换热管，外径 19mm，管长 3m，2 管程，单壳程的浮头式内导流换热器，其型号为 BES 600-1.6-55-3/19-2 II。

（二）浮头式（内导流）换热器的主要参数

公称直径(D_N)/mm	管程数 N	管根数[①]		中心排管数		管程流通面积/m^2			A[②]/m^2							
		管外径(d)/mm				$d \times \delta_t$(壁厚)			管长 $L=3m$		管长 $L=4.5m$		管长 $L=6m$		管长 $L=9m$	
		19	25	19	25	19×2	25×2	25×2.5	19	25	19	25	19	25	19	25
325	2	60	32	7	5	0.0053	0.0055	0.0050	10.5	7.4	15.8	11.1	—	—	—	—
	4	52	28	6	4	0.0023	0.0024	0.0022	9.1	6.4	13.7	9.7	—	—	—	—
426 400	2	120	74	8	7	0.0106	0.0126	0.0116	20.9	16.9	31.6	25.6	42.3	34.4	—	—
	4	108	68	9	6	0.0048	0.0059	0.0053	18.8	15.6	28.4	23.6	38.1	31.6	—	—
500	2	206	124	11	8	0.0182	0.0215	0.0194	35.7	28.3	54.1	42.8	72.5	57.4	—	—
	4	192	116	11	9	0.0085	0.0100	0.0091	33.2	26.4	50.4	40.1	67.6	53.7	—	—
600	2	324	198	14	11	0.0286	0.0343	0.0311	55.8	44.9	84.8	68.2	113.9	91.5	—	—
	4	308	188	14	10	0.0136	0.0163	0.0148	53.1	42.6	80.7	64.8	108.2	86.9	—	—
	6	284	158	14	10	0.0083	0.0091	0.0083	48.9	35.8	74.4	54.4	99.8	73.1	—	—

续表

公称直径 (D_N)/mm	管程数 N	管根数①		中心排管数		管程流通面积/m²			A②/m²							
		管外径(d)/mm				$d\times\delta_t$(壁厚)			管长 $L=3$m		管长 $L=4.5$m		管长 $L=6$m		管长 $L=9$m	
		19	25	19	25	19×2	25×2	25×2.5	19	25	19	25	19	25	19	25
700	2	468	268	16	13	0.0414	0.0464	0.0421	80.4	60.6	122.2	92.1	164.1	123.7	—	—
	4	448	256	17	12	0.0198	0.0222	0.0201	76.9	57.8	117.0	87.9	157.1	118.1	—	—
	6	382	224	15	10	0.0112	0.0129	0.0116	65.6	50.6	99.8	76.9	133.9	103.4	—	—
800	2	610	366	19	15	0.0539	0.0634	0.0575	—	—	158.9	125.4	213.5	168.5	—	—
	4	588	352	18	14	0.0260	0.0305	0.0276	—	—	153.2	120.6	205.8	162.1	—	—
	6	518	316	16		0.0152	0.0182	0.0165	—	—	134.9	108.3	181.3	145.5	—	—
900	2	800	472	22	17	0.0707	0.0817	0.0741	—	—	207.6	161.2	279.2	216.8	—	—
	4	776	456	21	16	0.0343	0.0395	0.0353	—	—	201.4	155.7	270.8	209.4	—	—
	6	720	426	21	16	0.0212	0.0246	0.0223	—	—	186.9	145.5	251.3	195.6	—	—
1000	2	1006	606	24	19	0.0890	0.105	0.0952	—	—	260.6	206.6	350.6	277.9	—	—
	4	980	588	23	18	0.0433	0.0509	0.0462	—	—	253.9	200.4	341.6	269.7	—	—
	6	892	564	21	18	0.0262	0.0326	0.0295	—	—	231.1	192.2	311.0	258.7	—	—
1100	2	1240	736	27	21	0.1100	0.1270	0.1160	—	—	320.3	250.2	431.3	336.8	—	—
	4	1212	716	26	20	0.0536	0.0620	0.0562	—	—	313.1	243.4	421.6	327.7	—	—
	6	1120	692	24	18	0.0329	0.0399	0.0362	—	—	289.3	235.2	389.6	316.7	—	—
1200	2	1452	880	28	22	0.1290	0.1520	0.1380	—	—	374.4	298.6	504.3	402.2	764.2	609.4
	4	1424	860	28	22	0.0629	0.0745	0.0675	—	—	367.2	291.8	494.6	393.1	749.5	595.6
	6	1348	828	27	21	0.0396	0.0478	0.0434	—	—	347.6	280.9	468.2	378.4	709.5	573.4
1300	4	1700	1024	31	24	0.0751	0.0887	0.0804	—	—	—	—	589.3	467.1	—	—
	6	1616	972	29	24	0.0476	0.0560	0.0509	—	—	—	—	560.2	443.3	—	—
1400	4	1972	1192	32	26	0.0871	0.1030	0.0936	—	—	—	—	682.6	542.9	1035.6	823.6
	6	1890	1130	30	24	0.0557	0.0652	0.0592	—	—	—	—	654.2	514.7	992.5	780.8
1500	4	2304	1400	34	29	0.1020	0.1210	0.1100	—	—	—	—	795.9	636.3	—	—
	6	2252	1332	34	28	0.0663	0.0769	0.0697	—	—	—	—	777.9	605.4	—	—
1600	4	2632	1592	37	30	0.1160	0.1380	0.1250	—	—	—	—	907.6	722.3	1378.7	1097.3
	6	2520	1518	37	29	0.0742	0.0876	0.0795	—	—	—	—	869.0	688.8	1320.0	1047.2
1700	4	3012	1856	40	32	0.1330	0.1610	0.1460	—	—	—	—	1036.1	840.1	—	—
	6	2834	1812	38	32	0.0835	0.0981	0.0949	—	—	—	—	974.9	820.2	—	—
1800	4	3384	2056	43	34	0.1490	0.1780	0.1610	—	—	—	—	1161.3	928.4	1766.9	1412.5
	6	3140	1986	37	30	0.0925	0.1150	0.1040	—	—	—	—	1077.5	896.7	1639.5	1364.4

① 排管数按正方形旋转45°排列计算。

② 计算换热面积按光管及公称压力 2.5MPa 的管板厚度确定，$A=\pi d(L-2\delta-0.006)n$。

二十四、双组分溶液的汽液相平衡数据

（一）甲醇-水 （101.325kPa）

温度/℃	液相中甲醇的摩尔分数	汽相中甲醇的摩尔分数	温度/℃	液相中甲醇的摩尔分数	汽相中甲醇的摩尔分数
100	0.00	0.00	75.3	0.40	0.729
96.4	0.02	0.134	73.1	0.50	0.779
93.5	0.04	0.234	71.2	0.60	0.825
91.2	0.06	0.304	69.3	0.70	0.870
89.3	0.08	0.365	67.6	0.80	0.915
87.7	0.10	0.418	66.0	0.90	0.958
84.4	0.15	0.517	65.0	0.95	0.979
81.7	0.20	0.579	64.5	1.00	1.00
78.0	0.30	0.665			

（二）丙酮-水 （101.325kPa）

温度/℃	液相中丙酮的摩尔分数	汽相中丙酮的摩尔分数	温度/℃	液相中丙酮的摩尔分数	汽相中丙酮的摩尔分数	温度/℃	液相中丙酮的摩尔分数	汽相中丙酮的摩尔分数
100	0.0	0.0	62.1	0.20	0.815	58.2	0.80	0.898
92.7	0.01	0.253	61.0	0.30	0.830	57.5	0.90	0.935
86.5	0.02	0.425	60.4	0.40	0.839	57.0	0.95	0.963
75.8	0.05	0.624	60.0	0.50	0.849	56.13	1.0	1.0
66.5	0.10	0.755	59.7	0.60	0.859			
63.4	0.15	0.793	59.0	0.70	0.874			

（三）乙醇-水 （101.325kPa）

温度/℃	乙醇的摩尔百分数/%		温度/℃	乙醇的摩尔百分数/%	
	液 相	汽 相		液 相	汽 相
100	0.00	0.00	81.5	32.73	58.26
95.5	1.90	17.00	80.7	39.65	61.22
89.0	7.21	38.91	79.8	50.79	65.64
86.7	9.66	43.75	79.7	51.98	65.99
85.3	12.38	47.04	79.3	57.32	68.41
84.1	16.61	50.89	78.74	67.63	73.85
82.7	23.37	54.45	78.41	74.72	78.15
82.3	26.08	55.80	78.15	89.43	89.43

二十五、常用化学元素的相对原子质量

元素符号	元素名称	相对原子质量	元素符号	元素名称	相对原子质量	元素符号	元素名称	相对原子质量
Ag	银	107.9	Co	钴	58.93	N	氮	14.01
Al	铝	26.98	Cr	铬	52	Na	钠	22.99
Ar	氩	39.94	Cu	铜	63.54	Ne	氖	20.17
As	砷	74.92	F	氟	19	Ni	镍	58.7
Au	金	196.97	Fe	铁	55.84	O	氧	16
B	硼	10.81	H	氢	1.008	P	磷	30.97
Ba	钡	137.3	Hg	汞	200.5	Pb	铅	207.2
Br	溴	79.9	I	碘	126.9	S	硫	32.06
C	碳	12.01	K	钾	39.1	Se	硒	78.9
Ca	钙	40.08	Mg	镁	24.3	Si	硅	28.09
Cl	氯	35.45	Mn	锰	54.94	Zn	锌	65.38

联系图

一、流体流动

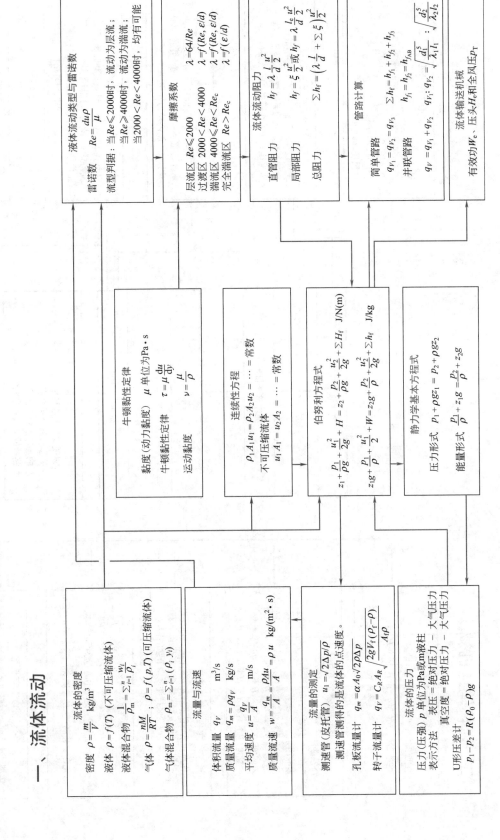

二、流体输送机械

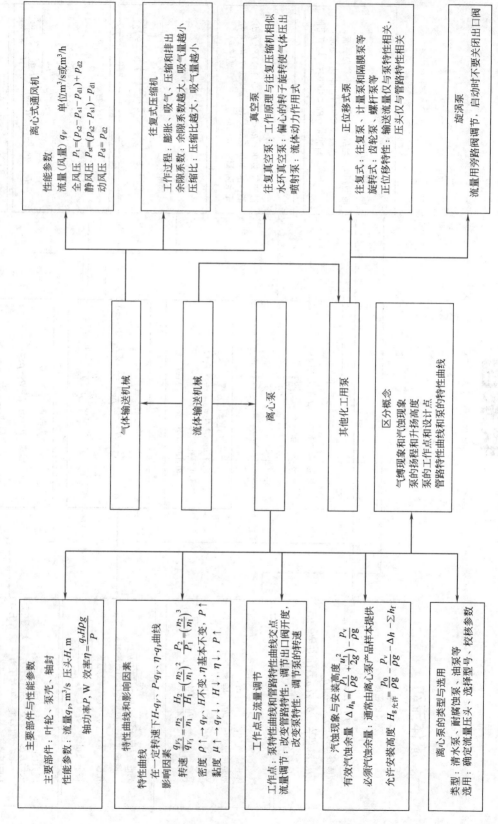

气体输送机械 ⇄ 流体输送机械

离心式通风机
性能参数
流量(风量) q_V 单位:m³/s或m³/h
全风压 $P_t = (P_{s2} - P_{s1}) + P_{d2}$
静风压 $P_{st} = (P_{s2} - P_{s1}) - P_{d1}$
动风压 $P_d = P_{d2}$

往复式压缩机
工作过程:膨胀、吸气、压缩和排出
余隙系数:余隙系数越大,吸气量越小
压缩比:压缩比越大,吸气量越小

真空泵
往复真空泵:工作原理与往复压缩机相似
水环真空泵:偏心的转子旋转使气体压出
喷射泵:流体动力作用式

正位移式泵
往复式:往复泵、计量泵和隔膜泵等
旋转泵:齿轮泵、螺杆泵等
正位移特性:输送流量仅与泵特性相关
压头仅与管路特性相关

旋涡泵
流量用旁路阀调节,启动时不要关闭出口阀

离心泵

其他化工用泵

区分概念
气缚现象和汽蚀现象
泵的扬程和升扬高度
泵的工作点和设计点
管路特性曲线和泵的特性曲线

主要部件与性能参数
主要部件:叶轮、泵壳、轴封
性能参数:流量q_V,m³/s 压头H,m
轴功率P,W 效率$\eta = \dfrac{q_V H \rho g}{P}$

特性曲线和影响因素
特性曲线
在一定转速下H-q_V、P-q_V、η-q_V曲线
影响因素
转速 $\dfrac{q_{V2}}{q_{V1}} = \dfrac{n_2}{n_1}$,$\dfrac{H_2}{H_1} = \left(\dfrac{n_2}{n_1}\right)^2$,$\dfrac{P_2}{P_1} = \left(\dfrac{n_2}{n_1}\right)^3$
密度 $\rho \uparrow \rightarrow q_V$,$q_V$不变,$H$不变,$P \uparrow$
黏度 $\mu \uparrow \rightarrow q_V \downarrow$,$H \downarrow$,$\eta \downarrow$,$P \uparrow$

工作点与流量调节
工作点:泵特性曲线和管路特性曲线交点
流量调节:改变管路特性,调节出口阀开度;
改变泵特性:调节泵的转速

汽蚀现象与安装高度
有效汽蚀余量 $\Delta h_a = \left(\dfrac{P_0}{\rho g} + \dfrac{u_0^2}{2g}\right) - \dfrac{P_V}{\rho g}$
必须汽蚀余量:通常由离心泵产品样本提供
允许安装高度 $H_{g允许} = \dfrac{P_0}{\rho g} - \dfrac{P_V}{\rho g} - \Delta h - \Sigma h_f$

离心泵的类型与选用
类型:清水泵、耐腐蚀泵、油泵等
选用:确定流量压头、选择型号、校核参数

三、沉降与过滤

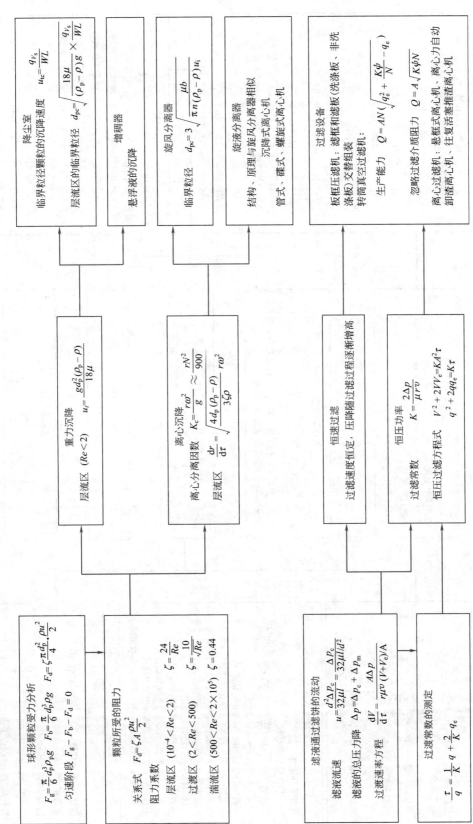

球形颗粒受力分析
$$F_g = \frac{\pi}{6} d_p^3 \rho_p g \qquad F_b = \frac{\pi}{6} d_p^3 \rho g \qquad F_d = \zeta \frac{\pi}{4} d_p^2 \cdot \frac{\rho u^2}{2}$$
匀速阶段　$F_g - F_b - F_d = 0$

颗粒所受的阻力　$F_d = \zeta A \frac{\rho u^2}{2}$
关系式
阻力系数
层流区（$10^{-4} < Re < 2$）　$\zeta = \frac{24}{Re}$
过渡区（$2 < Re < 500$）　$\zeta = \frac{10}{\sqrt{Re}}$
湍流区（$500 < Re < 2\times10^5$）　$\zeta = 0.44$

层流区（$Re<2$）
重力沉降　$u_t = \frac{g d_p^2 (\rho_p - \rho)}{18\mu}$

离心分离因数　$K_c = \frac{r\omega^2}{g}$
离心沉降　$\frac{dr}{d\tau} = \sqrt{\frac{4 d_p (\rho_p - \rho)}{3\rho}}$
层流区　$\frac{r\omega^2}{r\omega^2} \approx \frac{rN^2}{900}$

降尘室
临界粒径颗粒的沉降速度　$u_{tc} = \frac{q_{Vs}}{WL}$
层流区的临界粒径　$d_{pc} = \sqrt{\frac{18\mu}{(\rho_p - \rho)g} \times \frac{q_{Vs}}{WL}}$

增稠器
悬浮液的沉降

旋风分离器
临界粒径　$d_{pc} = \sqrt{\dfrac{3}{\pi}\dfrac{\mu b}{n(\rho_p - \rho)u_i}}$

旋液分离器
结构、原理与旋风分离器相似
沉降式离心机
管式、碟式、螺旋式离心机

滤液通过滤饼的流动
滤液流速　$u = \frac{d^2 \Delta p_c}{32\mu l} = \frac{\Delta p_c}{32\mu l/d^2}$
滤液的总压力降　$\Delta p = \Delta p_c + \Delta p_m$
过滤速率方程　$\frac{dV}{d\tau} = \frac{A\Delta p}{r\mu\upsilon(V+V_e)/A}$

过滤常数的测定
$$\frac{\tau}{q} = \frac{1}{K}q + \frac{2}{K}q_e$$

恒速过滤
过滤速度恒定
压降随过滤过程逐渐增高

恒压过滤
过滤常数　$K = \frac{2\Delta p}{\mu r \upsilon}$
恒压功率
恒压过滤方程式　$V^2 + 2VV_e = KA^2\tau$
$q^2 + 2qq_e = K\tau$

过滤设备
板框式压滤机：滤框和滤板（洗涤板、非洗涤板）交替组装
转筒真空过滤机：
生产能力　$Q = AN\left(\sqrt{q_e^2 + \frac{K\psi}{N}} - q_e\right)$
忽略过滤介质阻力　$Q = A\sqrt{K\psi N}$
离心过滤机：悬框式离心机、离心力自动卸落离心机、任复活塞推渣离心机

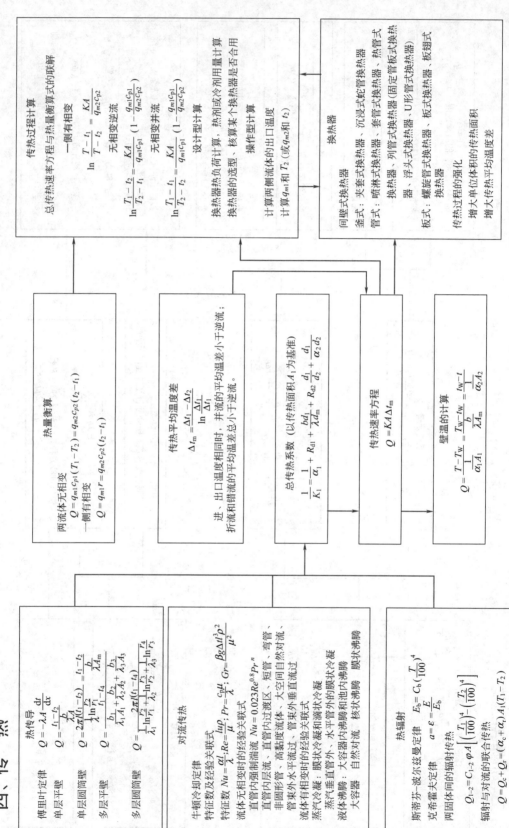

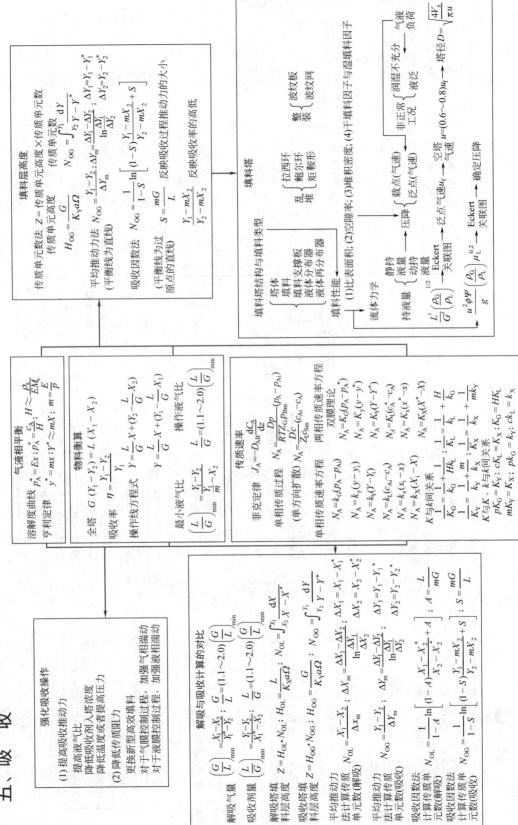

五、吸收

强化吸收操作

(1) 提高传质推动力
- 提高气液比
- 降低吸收剂入塔液度
- 降低温度或者提高压力

(2) 降低传质阻力
- 更换新型高效填料
- 对于气膜控制过程，加强气相湍动
- 对于液膜控制过程，加强液相湍动

气液相平衡

溶解度曲线

亨利定律　$p_A^* = Ex; p_A = \dfrac{c_A}{H}; H \sim \dfrac{\rho_s}{EM_s}; \dfrac{E}{p}$

$y^* = mx; Y^* \sim mX; m \sim \dfrac{E}{p}$

物料衡算

全塔　$G(Y_1 - Y_2) = L(X_1 - X_2)$

吸收率　$\eta = \dfrac{Y_1 - Y_2}{Y_1}$

操作线方程式　$Y = \dfrac{L}{G}X + (Y_2 - \dfrac{L}{G}X_2)$

$Y = \dfrac{L}{G}X + (Y_1 - \dfrac{L}{G}X_1)$

操作液气比　$\dfrac{L}{G} = (1.1 \sim 2.0)\left(\dfrac{L}{G}\right)_{min}$

最小液气比　$\left(\dfrac{L}{G}\right)_{min} = \dfrac{Y_1 - Y_2}{\dfrac{Y_1}{m} - X_2}$

传质速率

菲克定律　$J_A = -D_{AB}\dfrac{dC_A}{dz}$

单相传质过程　$N_A = \dfrac{Dp}{RTZ_GPB_m}(p_A - p_{Ai})$

（单向扩散）$N_A = \dfrac{Dc}{Z_Sc_{Sm}}(c_{Ai} - c_A)$

两相传质速率方程

双膜理论

$N_A = k_G(p_A - p_{Ai})$　　$N_A = K_G(p_A - p_A^*)$

$N_A = k_y(y - y_i)$　　$N_A = K_y(y - y^*)$

$N_A = k_Y(Y - Y_i)$　　$N_A = K_Y(Y - Y^*)$

$N_A = k_L(c_{Ai} - c_A)$　　$N_A = K_L(c_A^* - c_A)$

$N_A = k_x(x_i - x)$　　$N_A = K_x(x^* - x)$

$N_A = k_X(X_i - X)$　　$N_A = K_X(X^* - X)$

K 与 k 间关系式

$\dfrac{1}{K_G} = \dfrac{1}{k_G} + \dfrac{H}{k_L}$；$\dfrac{1}{K_L} = \dfrac{1}{Hk_G} + \dfrac{1}{k_L}$

$\dfrac{1}{K_y} = \dfrac{1}{k_y} + \dfrac{m}{k_x}$；$\dfrac{1}{K_x} = \dfrac{1}{mk_y} + \dfrac{1}{k_x}$

$\dfrac{1}{K_Y} = \dfrac{1}{k_Y} + \dfrac{m}{k_X}$；$K_G = HK_L$

$pK_G = K_y; cK_L = k_x; K_G = K_X; ck_L = k_Y; pk_G = k_X$

$pK_G = K_Y; mK_Y = K_x; K'yK = k_Y$

填料层高度

传质单元数法　$Z = $ 传质单元高度 × 传质单元数

　　　　　　传质单元高度　传质单元数

$H_{OG} = \dfrac{G}{K_Y a\Omega}$　$N_{OG} = \displaystyle\int_{Y_2}^{Y_1}\dfrac{dY}{Y - Y^*}$

平均推动力法　$N_{OG} = \dfrac{Y_1 - Y_2}{\Delta Y_m}; \Delta Y_m = \dfrac{\Delta Y_1 - \Delta Y_2}{\ln\dfrac{\Delta Y_1}{\Delta Y_2}}$

（平衡线为直线）

$\Delta Y_1 = Y_1 - Y_1^*$　$\Delta Y_2 = Y_2 - Y_2^*$

吸收因数法　$N_{OG} = \dfrac{1}{1 - S}\ln\left[(1 - S)\dfrac{Y_1 - mX_2}{Y_2 - mX_2} + S\right]$

（平衡线为过　$S = \dfrac{mG}{L}$　反映吸收过程推动力的高低

原点的直线）　$S = \dfrac{Y_1 - mX_2}{Y_2 - mX_2}$　反映吸收率高低

填料塔

填料塔结构与填料类型

$$填料塔\begin{cases}塔体\\填料\\填料支撑板\\液体分布器\end{cases}$$

$$填料\begin{cases}乱堆\begin{cases}拉西环\\鲍尔环\\鞍形\end{cases}\\整装\begin{cases}波纹板\\波纹网\end{cases}\end{cases}$$

填料性能　(1)比表面积；(2)空隙率；(3)堆积密度；(4)干填料因子与湿填料因子

流体力学

$$持液量\begin{cases}静持\quad液量\\动持\quad液量\end{cases}$$

　　　　　载点（气速）　气液
　　　　　 ┌─────────┐　气液负荷
非正常（润湿不充分）
工况　液泛
正常
空塔 $u = (0.6 \sim 0.8)u_f$　气速

压降　─→泛点气速 u_f ─→ Eckert 关联图 ─→确定压降

$\dfrac{u^2\varphi\psi}{g}\left(\dfrac{\rho_G}{\rho_L}\right)\mu_L^{0.2}$　Eckert ─→泛点气速 u_f　关联图

$\dfrac{L'}{G'}\left(\dfrac{\rho_G}{\rho_L}\right)^{1/2}$

塔径 $D = \sqrt{\dfrac{4V_s}{\pi u}}$

解吸与吸收计算的对比

解吸气量　$\left(\dfrac{G}{L}\right)_{min} = \dfrac{X_1 - X_2}{Y_1^* - Y_2}$；$\dfrac{G}{L} = (1.1 \sim 2.0)\left(\dfrac{G}{L}\right)_{min}$

吸收剂量　$\left(\dfrac{L}{G}\right)_{min} = \dfrac{Y_1 - Y_2}{X_1^* - X_2}$；$\dfrac{L}{G} = (1.1 \sim 2.0)\left(\dfrac{L}{G}\right)_{min}$

解吸塔填料层高度　$Z = H_{OL} \cdot N_{OL}; H_{OL} = \dfrac{L}{K_X a\Omega}; N_{OL} = \displaystyle\int_{X_2}^{X_1}\dfrac{dX}{X - X^*}$

吸收塔填料层高度　$Z = H_{OG} \cdot N_{OG}; H_{OG} = \dfrac{G}{K_Y a\Omega}; N_{OG} = \displaystyle\int_{Y_2}^{Y_1}\dfrac{dY}{Y - Y^*}$

平均推动力法计算解吸单元数（解吸）　$N_{OL} = \dfrac{X_1 - X_2}{\Delta X_m}; \Delta X_m = \dfrac{\Delta X_1 - \Delta X_2}{\ln\dfrac{\Delta X_1}{\Delta X_2}}; \Delta X_1 = X_1 - X_1^*; \Delta X_2 = X_2 - X_2^*$

平均推动力法计算传质单元数（吸收）　$N_{OG} = \dfrac{Y_1 - Y_2}{\Delta Y_m}; \Delta Y_m = \dfrac{\Delta Y_1 - \Delta Y_2}{\ln\dfrac{\Delta Y_1}{\Delta Y_2}}; \Delta Y_1 = Y_1 - Y_1^*; \Delta Y_2 = Y_2 - Y_2^*$

吸收因数法计算传质单元数（解吸）　$N_{OL} = \dfrac{1}{1 - A}\ln\left[(1 - A)\dfrac{X_1 - X_2^*}{X_2 - X_2^*} + A\right]$；$A = \dfrac{L}{mG}$

吸收因数法计算传质单元数（吸收）　$N_{OG} = \dfrac{1}{1 - S}\ln\left[(1 - S)\dfrac{Y_1 - mX_2}{Y_2 - mX_2} + S\right]$；$S = \dfrac{mG}{L}$

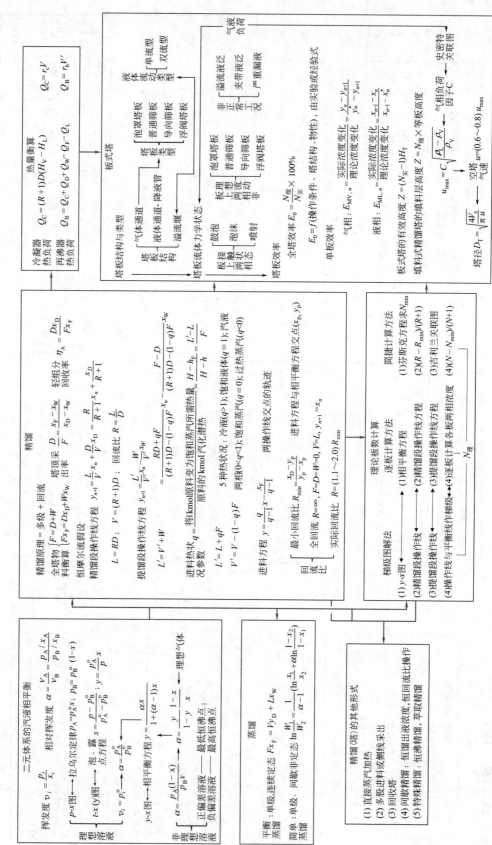

六、蒸馏

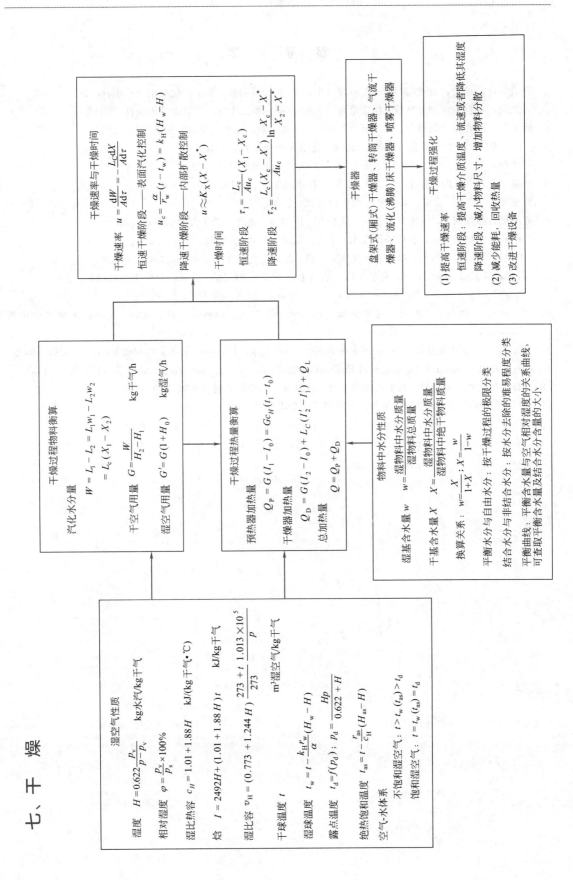

七、干 燥

湿空气性质

湿度 $H = 0.622\dfrac{p_v}{p-p_v}$ kg水汽/kg干气

相对湿度 $\varphi = \dfrac{p_v}{p_s}\times 100\%$

湿比热容 $c_H = 1.01 + 1.88H$ kJ/(kg干气·℃)

焓 $I = 2492H + (1.01+1.88H)t$ kJ/kg干气

湿比容 $v_H = (0.773 + 1.244H)\dfrac{273+t}{273}\cdot\dfrac{1.013\times10^5}{p}$ m³湿空气/kg干气

干球温度 t

湿球温度 $t_w = t - \dfrac{k_H r_w'}{\alpha}(H_w - H)$

露点温度 $t_d = f(p_d)$; $p_d = \dfrac{Hp}{0.622+H}$

绝热饱和温度 $t_{as} = t - \dfrac{r_{as}}{c_H}(H_{as} - H)$

空气-水体系

不饱和湿空气: $t > t_w(t_{as}) > t_d$

饱和湿空气: $t = t_w(t_{as}) = t_d$

干燥过程物料衡算

汽化水分量

$W = L_1 - L_2 = L_1 w_1 - L_2 w_2 = L_c(X_1 - X_2)$ kg干气/h

干空气用量 $G = \dfrac{W}{H_2 - H_1}$ kg干气/h

湿空气用量 $G' = G(1+H_0)$ kg湿气/h

干燥过程热量衡算

预热器加热量 $Q_P = G(I_1 - I_0) = Gc_H(t_1 - t_0)$

干燥器加热量 $Q_D = G(I_2 - I_0) + L_c(I_2' - I_1') + Q_L$

总加热量 $Q = Q_P + Q_D$

物料中水分性质

湿基含水量 w $w = \dfrac{湿物料中水分质量}{湿物料总质量}$

干基含水量 X $X = \dfrac{湿物料中水分质量}{湿物料中绝干物料质量}$

换算关系: $w = \dfrac{X}{1+X}$; $X = \dfrac{w}{1-w}$

平衡水分与自由水分: 按干燥过程的极限分类

结合水分与非结合水分: 按水分去除的难易程度分类

平衡曲线: 平衡含水量是湿空气相对湿度的关系曲线,可查取平衡含水量及结合水含量的大小

干燥速率与干燥时间

干燥速率 $u = \dfrac{dW}{Ad\tau} = -\dfrac{L_c dX}{Ad\tau}$

恒速干燥阶段——表面汽化控制 $u_c = \dfrac{\alpha}{r_w'}(t-t_w) = k_H(H_w - H)$

降速干燥阶段——内部扩散控制 $u \approx K_X(X - X^*)$

干燥时间

恒速阶段 $\tau_1 = \dfrac{L_c}{Au_c}(X_1 - X_c)$

降速阶段 $\tau_2 = \dfrac{L_c(X_c - X^*)}{Au_c}\ln\dfrac{X_c - X^*}{X_2 - X^*}$

干燥器

盘架式(厢式)干燥器、转筒干燥器、气流干燥器、流化(沸腾)床干燥器、喷雾干燥器

干燥过程强化

(1)提高干燥速率

恒速阶段:提高干燥介质温度、流速或者降低其湿度

降速阶段:减小物料尺寸,增加物料分散

(2)减少能耗,回收热量

(3)改进干燥设备

参 考 文 献

1 陈敏恒，丛德滋，方图南等. 化工原理（上、下册）. 第四版. 北京：化学工业出版社，2015.

2 蒋维钧，雷良恒，刘茂林等. 化工原理（下册）. 第三版. 北京：清华大学出版社，2010.

3 姚玉英，陈常贵，柴诚敬. 化工原理学习指南. 第二版. 天津：天津大学出版社，2013.

4 王瑶，贺高红. 化工原理（上册）. 北京：化学工业出版社，2016.

5 潘艳秋，吴雪梅. 化工原理（下册）. 北京：化学工业出版社，2016.

6 何潮洪，冯霄. 化工原理. 第二版. 北京：科学出版社，2016.

7 曹玉璋. 传热学. 北京：航空航天大学出版社，2001.

8 菲尼莫，弗朗茨尼. 流体力学及其工程应用. 影印本. 北京：清华大学出版社，2003.

9 兰州石油机械研究所. 现代塔器技术. 北京：烃加工出版社，1990.

10 B. M. 拉姆. 气体吸收. 第二版. 刘凤志等译. 北京：化学工业出版社，1985.

11 时钧，汪家鼎，余国琮等. 化学工程手册（上、下卷）. 第二版. 北京：化学工业出版社，2002.

12 King C J. Separation Processes. 2nd ed. New York：Mc Graw-Hill，1980.

13 （美）E. L. 柯斯乐. 扩散，流体系统中的传质. 第二版. 王宇新，姜忠义译. 北京：化学工业出版社，2002.

14 Wankat P C. Equilibrium Stage Separations. New York：Elsevier Science Publishing Co.，Inc.，1988.

15 Perry R H，Chilton C H. Chemical Engineers Handbook. 6th ed. New York：McGraw-Hill，Inc.，1984.

16 （日）河東準，岡田功. 蒸留の理論と計算. 東京：工學圖書株式會社，1973.

17 姚仲鹏，王瑞君. 传热学. 北京：北京理工大学出版社，2007.

18 李慎安，陈维新，鲍大中. 新编法定计量单位应用手册. 北京：机械工业出版社，1996.

19 （美）J. D. Seader，Emest J. Henley. 分离过程原理. 第二版. 朱开宏，吴俊生译. 上海：华东理工大学出版社，2007.